经济数学

总主编 赵斯泓

概率论与数理统计
学 习 辅 导

主编／雷 平

立信会计出版社

LIXIN ACCOUNTING PUBLISHING HOUSE

图书在版编目(CIP)数据

概率论与数理统计学习辅导 / 雷平主编. —上海：
立信会计出版社，2014.3(2019.12 重印)
（经济数学）
ISBN 978 - 7 - 5429 - 4157 - 2

Ⅰ.①概…　Ⅱ.①雷…　Ⅲ.①概率论-高等学校-教
学参考资料②数理统计-高等学校-教学参考资料 Ⅳ.
①O21

中国版本图书馆 CIP 数据核字(2014)第 042503 号

责任编辑　　　蔡莉萍
封面设计　　　周崇文

概率论与数理统计学习辅导

出版发行	立信会计出版社		
地　　址	上海市中山西路 2230 号	邮政编码	200235
电　　话	(021)64411389	传　　真	(021)64411325
网　　址	www.lixinaph.com	电子邮箱	lixinaph2019@126.com
网上书店	http://lixin.jd.com		http://lxkjcbs.tmall.com
经　　销	各地新华书店		

印　　刷	江苏凤凰数码印务有限公司
开　　本	787 毫米×960 毫米　　　　　1/16
印　　张	32
字　　数	510 千字
版　　次	2014 年 3 月第 1 版
印　　次	2019 年 12 月第 3 次
书　　号	ISBN 978 - 7 - 5429 - 4157 - 2/O
定　　价	49.80 元

如有印订差错,请与本社联系调换

《经济数学》编写组

总主编　赵斯泓(上海立信会计学院)

编　委　(以姓氏笔画为序)

王洁明(上海第二工业大学)　　　　车荣强(上海金融学院)

庄海根(上海应用技术学院)　　　　许建强(上海应用技术学院)

孙　劼(上海应用技术学院)　　　　孙海云(上海应用技术学院)

李晓彬(上海金融学院)　　　　　　杨敏华(上海立信会计学院)

沈春根(上海金融学院)　　　　　　宋殿霞(上海海洋大学)

陈春宝(上海海事大学)　　　　　　周伟良(上海立信会计学院)

赵斯泓(上海立信会计学院)　　　　费伟劲(上海商学院)

钱　锦(上海海关学院)　　　　　　徐　洁(上海海事大学)

雷　平(上海对外贸易学院)

前　言

随着我国高等教育的大众化和经管类专业的迅速发展,高校经管类数学课程的重要性日益凸现。数学课程教学必须按照培养高素质创新型人才的根本目标,适应新形势下大学本科学生的实际状况,立足经管类专业对数学知识能力的基本要求,深入研究教学内容、教学方法、教学手段的改革创新,使经管类数学课程的教学更具针对性和有效性。

《经济数学》是面向普通高校经管类专业数学基础课程的系列教材,包括《微积分》、《线性代数》、《概率论与数理统计》三册。由上海立信会计学院、上海对外贸易学院、上海金融学院、上海应用技术学院、上海第二工业大学、上海海事大学、上海海洋大学、上海海关学院等多所高校联合编写。

《经济数学辅导》是与《经济数学》系列教材配套出版的学习辅导书,对教材的知识结构,教学基本要求和每章的知识点进行归纳总结。通过范例分析解题思路和方法,提供教材习题全解,并配备每章的同步自测题及参考答案,以帮助学生更好地理解掌握教材内容和自我检测学习情况。

《经济数学辅导》由赵斯泓任总主编。第三册《概率论与数理统计辅导》由雷平任主编,孙劼、周伟良、宋殿霞任副主编。参加编写的有:宋殿霞(第一章),赵斯泓(第二章、第三章),孙劼(第四章),雷平(第五章、第六章、第八章第三部分),周伟良(第七章、第八章第一、第二、第四部分)。全书由雷平统稿,赵斯泓负责定稿。

由于编者水平有限,书中难免存在不妥之处,恳请广大专家、同行和读者批评指正。

赵斯泓

2014 年 3 月

目 录

第一章 随机事件及其概率

本章介绍概率论中最基本的概念与运算,包括:随机试验与样本空间,随机事件及其关系与运算,随机事件的概率的有关定义,概率的基本性质与计算公式,古典概型与几何概型,条件概率及相关公式,随机事件的独立性及伯努利概型.

一、知识结构与教学基本要求

(一)知识结构

本章的知识结构见图 1-1.

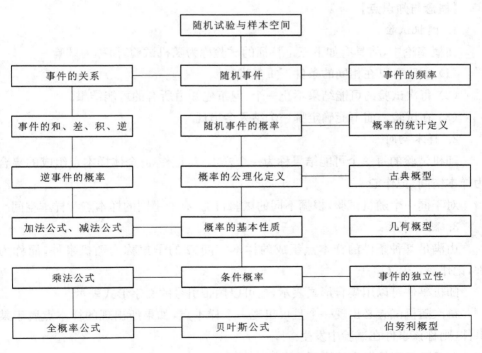

图 1-1　第一章知识结构

（二）教学基本要求

（1）了解随机现象与随机试验，了解样本空间的概念，理解随机事件的概念，掌握事件之间的关系与运算.

（2）了解事件频率的概念，理解概率的统计定义，了解概率的古典定义，会计算简单的古典概率.

（3）了解概率的公理化定义，理解概率的基本性质，了解概率的加法定理.

（4）了解条件概率的概念、概率的乘法定理与全概率公式，会应用贝叶斯公式解决比较简单的问题.

（5）理解事件的独立性概念.

（6）了解伯努利概型和二项概率的计算方法.

二、内容简析与范例

（一）随机事件

【概念与知识点】

1. 随机试验

在概率论中，将具有如下三个特征的试验称为随机试验，简称为试验.

（1）试验可以在相同的条件下重复进行.

（2）每次试验的可能结果不止一个，但事先知道所有的可能结果.

（3）在试验之前不能确定哪一个结果会出现.

2. 样本空间

随机试验的每一个可能结果称为一个样本点，记作 ω；全体样本点组成的集合称为样本空间，记作 Ω.

对于同一个随机试验，根据不同的试验目的，有着不同的样本点和样本空间.

3. 随机事件

由满足某种条件的样本点组成的样本空间 Ω 的子集称为随机事件，简称为事件，记作 A，B，C，…

随机事件可以用集合形式表示，也可以用带引号的文字形式表示.

每次随机试验必出现一个且仅出现一个样本点，如果所出现的样本点属于某个事件，则称该事件在试验中发生.

关于随机事件概念的说明：

（1）仅含一个样本点事件称为基本事件；由两个及以上的样本点组成的事件称

为复合事件.

(2) 样本空间 Ω 称为必然事件.

(3) 空集 $\varnothing$ 称为不可能事件.

必然事件和不可能事件可以理解为随机事件的两个极端情形.

4. 事件的关系和运算

随机事件是样本空间的子集,事件的关系与运算等同于集合的关系与运算.

(1) 事件的包含:如果事件 A 的样本点都属于事件 B,则称 A 包含于 B,或称 B 包含 A,记作 $A \subset B$,或 $B \supset A$.

事件包含的意义:事件 A 包含于事件 B,意味着 A 发生时 B 必发生.

(2) 事件的相等(等价):如果事件 A 与事件 B 相互包含,即 $A \subset B$ 且 $B \subset A$,则称 A 与 B 相等或等价,记作 $A = B$.

(3) 事件的和(并):由事件 A 与事件 B 的所有样本点组成的事件,称为 A 与 B 的和事件或并事件,记作 $A \cup B$,即

$$A \cup B = \{\omega \mid \omega \in A \text{ 或 } \omega \in B\}$$

有限个或可列个事件 $A_1, A_2, \cdots, A_n, \cdots$ 的和事件,可简记为 $\bigcup_i A_i$,即

$$\bigcup_i A_i = A_1 \cup A_2 \cup \cdots \cup A_n \cup \cdots$$

(4) 事件的积(交):由事件 A 与事件 B 的共有样本点组成的事件,称为 A 与 B 的积事件或交事件,记作 $A \cap B$,简记为 AB,即

$$AB = A \cap B = \{\omega \mid \omega \in A \text{ 且 } \omega \in B\}$$

有限个或可列个事件 $A_1, A_2, \cdots, A_n, \cdots$ 的积事件,可简记为 $\bigcap_i A_i$,即

$$\bigcap_i A_i = A_1 A_2 \cdots A_n \cdots$$

(5) 事件的差:由事件 A 中不属于事件 B 的所有样本点组成的事件,称为 A 与 B 的差事件,记作 $A - B$,即

$$A - B = \{\omega \mid \omega \in A \text{ 且 } \omega \notin B\}$$

(6) 事件的互斥(互不相容):如果事件 A 与事件 B 满足 $AB = \varnothing$,则称 A 与 B 互斥或互不相容.

(7) 事件的互逆(对立):如果事件 A 与事件 B 满足 $AB = \varnothing$ 且 $A \cup B = \Omega$,则称 A 与 B 互逆或对立,并称 B 为 A 的逆事件或对立事件,记作 $B = \overline{A}$.

逆事件 $\overline{A}$ 由样本空间 Ω 中不属于 A 的所有样本点组成,即

$$\overline{A} = \Omega - A = \{\omega \mid \omega \in \Omega \text{ 且 } \omega \notin A\}$$

在许多场合,用集合的方式表达事件更容易理解. 重要的是要从事件的角度理解集合的关系与运算,并能用这些关系与运算表示各种复杂的事件.

集合与事件对照表见表 1-1.

表 1-1 集合与事件对照表

记号	集合的意义	事件的意义及解释
ω	元素	样本点,基本事件
Ω	全集	样本空间,必然事件:每次试验都发生
$\varnothing$	空集	不可能事件:每次试验都不发生
A	Ω 的子集	随机事件:每次试验不能确定是否发生
$A \subset B$	A 是 B 的子集	A 包含于 B:A 发生 B 必发生
$A = B$	A 与 B 相等	A 与 B 等价:A 发生当且仅当 B 发生
$A \cup B$	A 与 B 的并集	A 与 B 的和事件:$A \cup B$ 发生则 A 与 B 至少有一个发生
$A \cap B$	A 与 B 的交集	A 与 B 的积事件:$A \cap B$ 发生则 A 与 B 都发生
$A - B$	A 与 B 的差集	A 与 B 的差事件:$A - B$ 发生则 A 发生且 B 不发生
$A \cap B = \varnothing$	A 与 B 不交	A 与 B 互斥:A 与 B 不能同时发生
$\Omega - A = B$	A 与 B 互补	A 与 B 互逆:A 与 B 必有一个且仅有一个发生
$\overline{A}$	A 的补集	A 的逆事件:$\overline{A}$ 发生当且仅当 A 不发生

5. 事件的运算律

(1) 交换律:$A \cup B = B \cup A$,$AB = BA$.

(2) 结合律:$A \cup B \cup C = (A \cup B) \cup C = A \cup (B \cup C)$,$ABC = (AB)C = A(BC)$.

(3) 分配律:$A(B \cup C) = AB \cup AC$,$A \cup BC = (A \cup B)(A \cup C)$.

(4) 对偶律:$\overline{A \cup B} = \overline{A}\,\overline{B}$,$\overline{AB} = \overline{A} \cup \overline{B}$.

上述各运算律均可推广到有限个或可列个事件的情形.

【范例与方法】

例 1 写出下列随机试验的样本空间:

(1) 同时掷三颗骰子,记录三颗骰子的点数之和.

(2) 某班级有 n 个同学,记录该班数学考试的平均成绩.

(3) 生产产品直到得到 10 件正品,记录产品的总件数.

(4) 将一尺之棰折成三段,观察各段的长度.

分析 要正确写出随机试验的样本空间,必须明确试验的目的.

解 (1) 掷一颗骰子可能出现的点数为 1,2,3,4,5,6,同时掷三颗骰子,可能出现的点数之和为 3,4,$\cdots$,18,故样本空间 $\Omega = \{3,4,5,\cdots,18\}$.

(2) 某班级有 n 个同学,每个同学考分可能为 0,1,2,$\cdots$,100,故平均分可为 $\frac{0}{n}, \frac{1}{n}, \frac{2}{n}, \cdots, \frac{n \times 100}{n}$,故样本空间为 $\Omega = \left\{ 0, \frac{1}{n}, \frac{2}{n}, \cdots, 100 \right\}$.

(3) 要得到 10 件正品,产品的总件数至少为 10 件,故样本空间为

$$\Omega = \{10, 11, 12, \cdots\}.$$

(4) 设 x, y, z 分别为折成的第一段、第二段、第三段的长度,它们应满足的关系为:

$$0 < x < 1, \quad 0 < y < 1, \quad 0 < z < 1,$$

故样本空间为

$$\Omega = \{(x, y, z) \mid x > 0, y > 0, z > 0, x + y + z = 1\}$$

例 2 某运动员射击目标是 3 个半径分别为 $r_1 = 0.1$ m, $r_2 = 0.2$ m, $r_3 = 0.3$ m 的同心圆环域,令 $A_i = \{$击中半径为 r_i 的圆环域$\}$($i = 1, 2, 3$),试以事件的集合表示下列情况:

(1) 击中 0.3 m 半径的圆环域外.

(2) 击中任一圆环域内.

(3) 击中 0.1 m 半径的圆环域内.

(4) 击中 0.1 m 半径的圆环域外,0.2 m 半径的圆环域内.

分析 对于事件的集合表示,重要的是要学会用概率的语言来解释集合间的关系和运算,并能运用它们.

解 (1) 击中 0.3 m 半径的圆环域外可表示为 $\overline{A_3}$.

(2) 击中任一圆环域内可表示为 $A_1 \cup A_2 \cup A_3$.

(3) 击中 0.1 m 半径的圆环域内可表示为 A_1.

(4) 击中 0.1 m 半径的圆环域外,0.2 m 半径的圆环域内可表示为 $A_2 - A_1$.

例 3 一批产品中有合格品也有废品,从中有放回地抽取 3 件产品,以 A_i 表示

第 i 次抽到废品,则下列事件各表示什么含义:

(1) $A_1 \bigcup A_2$. (2) $A_1 \bigcap \overline{A}_2 \bigcap \overline{A}_3$. (3) $A_1 A_2 A_3$. (4) $A_1 \bigcup A_2 \bigcup A_3$.

(5) $\overline{A}_1 A_2 A_3 \bigcup A_1 \overline{A}_2 A_3 \bigcup A_1 A_2 \overline{A}_3$.

分析 此题与例 3 属于同一个问题的两个不同的方面.

解 (1) $A_1 \bigcup A_2$ 表示第一次和第二次至少抽到一件废品.

(2) $A_1 \bigcap \overline{A}_2 \bigcap \overline{A}_3$ 表示只有第一次抽到废品.

(3) $A_1 A_2 A_3$ 表示 3 次都抽到废品.

(4) $A_1 \bigcup A_2 \bigcup A_3$ 表示 3 次至少有一次抽到废品.

(5) $\overline{A}_1 A_2 A_3 \bigcup A_1 \overline{A}_2 A_3 \bigcup A_1 A_2 \overline{A}_3$ 表示恰有 2 次抽到废品.

例 4 化简下列事件:

(1) $(A \bigcup B)(A \bigcup C)$. (2) $\overline{(\overline{AB} \bigcup C)\overline{AC}}$.

分析 利用集合间的运算律.

解 (1) $(A \bigcup B)(A \bigcup C) = AA \bigcup BA \bigcup AC \bigcup BC = A \bigcup BC$

(2) $\overline{(\overline{AB} \bigcup C)\overline{AC}} = \overline{(\overline{AB} \bigcup C)} \bigcup AC = (\overline{\overline{AB}} \, \overline{C}) \bigcup AC = (A \bigcup B)\overline{C} \bigcup AC$

$= A\overline{C} \bigcup B\overline{C} \bigcup AC = A \bigcup B\overline{C}$

(二) 随机事件的概率

【概念与知识点】

1. 频率和概率

设在 n 次重复试验中,事件 A 的发生次数为 n_A,则称

$$f_n(A) = \frac{n_A}{n}$$

为事件 A 发生的频率.

容易证明,频率具有如下基本性质:

(1) 非负性:对任一事件 A,有 $f_n(A) \geqslant 0$.

(2) 规范性:对必然事件 Ω,有 $f_n(\Omega) = 1$.

(3) 可加性:对任意有限个或可列个两两互斥的事件 A_1,A_2,$\cdots$,A_n,$\cdots$,有

$$f_n(\bigcup_i A_i) = \sum_i f_n(A_i)$$

事件发生的频率反映事件在重复试验中发生的频繁程度,频率的大小与事件发生可能性的大小密切相关. 随着试验次数的增加,事件发生的频率会逐渐稳定地在某个数值附近摆动,因此在大量重复试验的基础上,频率可以作为事件发生可能性

大小的近似估计.

在相同条件下进行重复试验,如果事件 A 发生的频率在某个数值 p 附近摆动,并且摆动的幅度一般随着试验次数的增加而减小,则称数值 p 为事件 A 的概率,记作

$$P(A) = p$$

2. 概率的公理化定义

设随机试验的样本空间为 Ω. 如果对于试验中的每一个事件 A,都赋予一个实数值 $P(A)$,并且赋值规则满足下列三条公理:

(1) 非负性:对任一事件 A,有 $P(A) \geqslant 0$.

(2) 规范性:对必然事件 Ω,有 $P(\Omega) = 1$.

(3) 可加性:对任意有限个或可列个两两互斥的事件 A_1, A_2, $\cdots$, A_n, $\cdots$,有

$$P(\bigcup_i A_i) = \sum_i P(A_i)$$

则称 $P(A)$ 为事件 A 的概率.

概率的公理化定义揭示了概率的数学本质:概率是随机事件的满足三条公理的实值函数. 基于三条公理建立的概率公理化体系,为概率论奠定了严密的逻辑基础,使概率论成为一门严格的数学分支.

3. 概率的性质

(1) 对不可能事件 $\varnothing$,有 $P(\varnothing) = 0$.

(2) 对于事件 A 的逆事件 $\overline{A}$,有

$$P(\overline{A}) = 1 - P(A)$$

(3) 对任一事件 A,有

$$0 \leqslant P(A) \leqslant 1$$

(4)(减法公式) 对任意两个事件 A, B,有

$$P(A - B) = P(A) - P(AB)$$

推论 如果 $B \subset A$,则有

$$P(A - B) = P(A) - P(B)$$

(5)(加法公式) 对任意两个事件 A, B,有

$$P(A \bigcup B) = P(A) + P(B) - P(AB)$$

特别地,当 A 与 B 互斥时,有 $P(AB) = 0$,上式即为概率的可加性

$$P(A \bigcup B) = P(A) + P(B)$$

一般地,对任意 n 个事件 A_1, A_2, $\cdots$, A_n,有加法公式

$$P\left(\bigcup_{i=1}^{n} A_i\right) = \sum_{i=1}^{n} P(A_i) - \sum_{1 \leqslant i < j \leqslant n} P(A_i A_j) + \sum_{1 \leqslant i < j < k \leqslant n} P(A_i A_j A_k) - \cdots$$
$$+ (-1)^{n-1} P(A_1 A_2 \cdots A_n)$$

利用概率的性质和公式,可以计算比较复杂的事件的概率.

【范例与方法】

例 1 已知 $P(\overline{A} \bigcup B) = 0.75$, $P(\overline{A} \bigcup \overline{B}) = 0.8$, $P(B) = 0.3$,求下列概率:

(1) $P(AB)$. (2) $P(A)$. (3) $P(A \bigcup B)$. (4) $P(\overline{A}\overline{B})$.

(5) $P(B - A)$. (6) $P(A \bigcup \overline{B})$.

分析 此例为基本的概率计算题,可利用事件的关系与运算以及概率的性质与公式计算.

解 根据已知条件,分别计算如下:

(1) $P(AB) = 1 - P(\overline{AB}) = 1 - P(\overline{A} \bigcup \overline{B}) = 1 - 0.8 = 0.2$

(2) $P(A) = P(AB) + P(A\overline{B}) = P(AB) + 1 - P(\overline{A} \bigcup B)$

　　　　　 $= 0.2 + 1 - 0.75 = 0.45$

(3) $P(A \bigcup B) = P(A) + P(B) - P(AB) = 0.45 + 0.3 - 0.2 = 0.55$

(4) $P(\overline{A}\overline{B}) = P(\overline{A \bigcup B}) = 1 - P(A \bigcup B) = 1 - 0.55 = 0.45$

(5) $P(B - A) = P(B) - P(AB) = 0.3 - 0.2 = 0.1$

(6) $P(A \bigcup \overline{B}) = 1 - P(\overline{A \bigcup \overline{B}}) = 1 - P(\overline{A}B)$

　　　　　 $= 1 - P(B - A) = 1 - 0.1 = 0.9$

例 2 已知 $P(A) = 0.7$, $P(A - B) = 0.3$,求 $P(\overline{A} \bigcup \overline{B})$.

分析 此例可利用对偶率及逆事件概率计算.

解 由 $P(A - B) = P(A) - P(AB)$,可得

$$P(AB) = P(A) - P(A - B) = 0.7 - 0.3 = 0.4$$

从而所求概率为

$$P(\overline{A} \bigcup \overline{B}) = P(\overline{AB}) = 1 - P(AB) = 1 - 0.4 = 0.6$$

例 3 设 $P(A) = 0.4$，$P(B) = 0.3$，且 A 与 B 互斥，求下列概率：

(1) $P(A \bigcup B)$.

(2) $P(\overline{A} \bigcup B)$.

分析 此例要利用加法公式计算.

解 由 A 与 B 互斥，有 $P(AB) = 0$. 根据加法公式，所求概率为

(1) $P(A \bigcup B) = P(A) + P(B) - P(AB) = 0.4 + 0.3 - 0 = 0.7$

(2) $P(\overline{A} \bigcup B) = P(\overline{A}) + P(B) - P(\overline{A}B)$

$$= [1 - P(A)] + P(B) - [P(B) - P(AB)]$$

$$= 1 - P(A) + P(AB) = 1 - 0.4 + 0 = 0.6$$

例 4 某市发行 A，B 两种报纸，经调查，在两种报纸的订户中，订阅 A 报的有 45%，订阅 B 报的有 35%，同时订阅 A，B 两种报纸的有 10%，求只订一种报纸的概率.

分析 令 $A = \{$订阅 A 报$\}$，$B = \{$订阅 B 报$\}$，则 $A\overline{B} \bigcup \overline{A}B = \{$只订阅一种报纸$\}$. 已知 $P(A)$，$P(B)$ 和 $P(AB)$，可利用概率的性质求 $P(A\overline{B} \bigcup \overline{A}B)$.

解 根据题意，有 $P(A) = 45\%$，$P(B) = 35\%$，$P(AB) = 10\%$，故所求概率为

$$P(A\overline{B} \bigcup \overline{A}B) = P(A\overline{B}) + P(\overline{A}B) - P(A\overline{B} \bigcap \overline{A}B)$$

$$= [P(A) - P(AB)] + [P(B) - P(AB)] - P(\varnothing)$$

$$= P(A) + P(B) - 2P(AB)$$

$$= 45\% + 35\% - 2 \times 10\% = 60\%$$

例 5 设 $P(A) = a$，$P(B) = 2a$，$P(C) = 3a$，$P(AB) = P(BC) = b$，证明 $a \leqslant \dfrac{1}{4}$.

分析 此例可利用概率的性质证明.

证 根据题意及概率的性质，有

$$P(B \bigcup C) = P(B) + P(C) - P(BC) = 2a + 3a - b = 5a - b \leqslant 1$$

又由 $AB \subset A$，有 $b = P(AB) \leqslant P(A) = a$，从而有

$$4a \leqslant 5a - b \leqslant 1$$

由此可得 $a \leqslant \dfrac{1}{4}$.

9

（三）古典概型与几何概型

【概念与知识点】

1. 古典概型

设随机试验仅有有限个可能结果,并且每次试验中各种结果出现的可能性相同,这类随机试验模型中的概率可通过计算样本点个数确定,称为古典概型.

古典概型中的概率定义为:设古典概型的样本空间 Ω 含有 n 个样本点,事件 A 含有 k 个样本点,则事件 A 的概率为

$$P(A) = \frac{k}{n} = \frac{\text{事件 } A \text{ 所含样本点的个数}}{\text{样本空间 } \Omega \text{ 所含样本点的个数}}$$

按上述定义计算的概率称为古典概率. 计算古典概率的关键是求出样本空间和事件所含样本点的个数,通常需要用到排列组合知识.

2. 几何概型

设随机试验的样本空间为某个有界几何区域,并且每次试验中各样本点等可能出现,这类随机试验模型中的概率可通过几何方法确定,称为几何概型.

几何概型中的概率定义为:设几何概型的样本空间 Ω 为一有界区域,其测度为 $m(\Omega)$;事件 A 为样本空间 Ω 的子区域,其测度为 $m(A)$,则事件 A 的概率为

$$P(A) = \frac{m(A)}{m(\Omega)} = \frac{\text{事件 } A \text{ 的测度}}{\text{样本空间 } \Omega \text{ 的测度}}$$

按上述定义计算的概率称为几何概率. 计算几何概率的关键是求出样本空间和事件区域的测度,有时需要用到积分知识.

【范例与方法】

例 1 袋内有 m 个白球和 n 个黑球,求下列事件的概率:

(1) 有放回地每次任取 1 球,第 k 次取到白球.

(2) 无放回地每次任取 1 球,第 k 次取到白球.

分析 此例是古典概型中常见的摸球问题. 用排列组合知识求解古典概型问题时,要考虑事件是否与顺序有关,从而确定用排列还是用组合来计算事件的概率. 同此,此例反映了"抽签原理":不论是有放回取球还是无放回取球,取到白球的概率均与取球的先后次序无关,在体育比赛和其他一些机会均等的活动场合常用到这一原理.

解 令 $A = \{$第 k 次取到白球$\}$,下面分别讨论:

(1) 有放回地从 m 个白球和 n 个黑球中每次任取 1 球,连取 k 次,共有 $(m+n)^k$ 种取法;第 k 次取到白球有 $m(m+n)^{k-1}$ 种取法,所求概率为

$$P(A) = \frac{m(m+n)^{k-1}}{(m+n)^k} = \frac{m}{m+n}$$

(2) 无放回地从 m 个白球和 n 个黑球中每次任取 1 球,连取 k 次,共有 P_{m+n}^k 种取法. 第 k 次取到白球有 mP_{m+n-1}^{k-1} 种取法,所求概率为

$$P(A) = \frac{mP_{m+n-1}^{k-1}}{P_{m+n}^k} = \frac{m}{m+n}$$

例 2 袋内有 4 个白球和 5 个黑球,分别按"一次任取 2 球"和"无放回地每次任取 1 球,连取 2 次"的取球方式,求下列事件的概率:

(1) 取到 2 个白球.

(2) 取到 1 个白球和 1 个黑球.

(3) 至少取到 1 个黑球.

分析 此例分别是组合和不重复排列问题. 实际上,从 n 个球中"一次任取 m 个球"和"无放回地每次任取 1 球,连取 m 次",其结果是等价的. 但要注意,在计算概率时用组合还是用排列应保持一致.

解 令 $A=\{$取到 2 个白球$\}$,$B=\{$取到 1 个白球和 1 个黑球$\}$,$C=\{$至少取到 1 个黑球$\}$,按两种取球方式分别讨论:

第一种取球方式:从 4 个白球和 5 个黑球中一次任取 2 球,共有 C_9^2 种取法;取到 2 个白球有 C_4^2 种取法;取到 1 个白球和 1 个黑球有 $C_4^1C_5^1$ 种取法;至少取到 1 个黑球有 $C_4^1C_5^1+C_5^2$ 种取法,故所求概率为

(1) $P(A) = \frac{C_4^2}{C_9^2} = \frac{1}{6}$

(2) $P(B) = \frac{C_4^1C_5^1}{C_9^2} = \frac{5}{9}$

(3) $P(B) = \frac{C_4^1C_5^1+C_5^2}{C_9^2} = \frac{5}{6}$

第二种取球方式:无放回地从 4 个白球和 5 个黑球中每次任取 1 球,连取 2 次,共有 P_9^2 种取法;取到 2 个白球有 P_4^2 种取法;取到 1 个白球和 1 个黑球有 $2P_4^1P_5^1$ 种取法;至少取到 1 个黑球有 $2P_4^1P_5^1+P_5^2$ 种取法,故所求概率为

(1) $P(A) = \frac{P_4^2}{P_9^2} = \frac{1}{6}$

(2) $P(B) = \frac{2P_4^1P_5^1}{P_9^2} = \frac{5}{9}$

11

(3) $P(C) = \dfrac{2P_4^1 P_5^1 + P_5^2}{P_9^2} = \dfrac{5}{6}$

例 3 某单位新录用了 12 名研究员,其中有 3 名博士,将他们随机地平均分到三个研究室,求下列事件的概率:

(1) 每个研究室各分到 1 名博士.

(2) 3 名博士分到同一个研究室.

分析 此例是古典概型中常见的质点入盒问题,要用到不全相异元素的排列公式,即:设 n 个元素分为 m 个不同的类,每一类各有 $k_1, k_2, \cdots, k_m$ 个元素($k_1 + k_2 + \cdots + k_m = n$),则 n 个元素全部取出的排列称为不全相异元素的全排列,其不同排列的总数为

$$N = \dfrac{n!}{k_1! k_2! \cdots k_m!}$$

解 令 $A = \{$每个研究室各分到 1 名博士$\}$,$B = \{3$ 名博士分到同一个研究室$\}$.

根据不全相异元素的排列公式,将 12 名研究员随机地平均分到三个研究室,共有 $\dfrac{12!}{(4!)^3}$ 种分法;每个研究室各分到 1 名博士有 $\dfrac{9!}{(3!)^3} \cdot P_3^3$ 种分法;3 名博士分到同一个研究室有 $\dfrac{9!}{(4!)^2} \times 3$ 种分法,故所求概率为

(1) $P(A) = \dfrac{\dfrac{9!}{(3!)^3} \cdot P_3^3}{\dfrac{12!}{(4!)^3}} = \dfrac{16}{55}$

(2) $P(B) = \dfrac{\dfrac{9!}{(4!)^2} \times 3}{\dfrac{12!}{(4!)^3}} = \dfrac{3}{55}$

例 4 从 1,2,3,4,5 中任取 3 个数字,按任意次序排成一个三位数,求下列事件的概率:

(1) 排成的三位数是偶数.

(2) 排成的三位数不小于 200.

分析 此例是古典概型中常见的取数问题,由于排成的三位数与 3 个数字的排列次序有关,要用排列数计算.

解 令 $A = \{$排成的三位数是偶数$\}$,$B = \{$排成的三位数不小于 200$\}$.

从 1,2,3,4,5 中任取 3 个数字排列,共有 P_5^3 种排法;要使排成的三位数是偶

数,则个位数必须是 2,4,有 $2P_4^1 P_3^1$ 种排法;要使排成的三位数不小于 200,则百位数必须是 2,3,4,5,有 $4P_4^1 P_3^1$ 种排法,故所求概率分别为

(1) $P(A) = \dfrac{2P_4^1 P_3^1}{P_5^3} = \dfrac{2}{5}$

(2) $P(B) = \dfrac{4P_4^1 P_3^1}{P_5^3} = \dfrac{4}{5}$

例 5 设有 n 个小球和 n 个盒子,均编号为 $1,2,\cdots,n$. 将 n 个小球随机投入 n 个盒子,每盒 1 球,求至少有 1 个小球与投入的盒子编号相同的概率.

分析 此例称为配对问题,有一定难度. 在古典概型中带有"至少"的问题,一般通过逆事件求解较为方便,但该方法对此例并不适用. 如果用事件 A_i 表示"i 号小球投入 i 号盒子",则 $A_1,A_2,\cdots,A_n$ 既不独立,也不互斥,故要用 n 个事件的加法公式计算.

解 令 $A_i = \{i$ 号小球投入 i 号盒子$\}$,$i = 1,2,\cdots,n$,则有

$$P(A_i) = \frac{(n-1)!}{n!} = \frac{1}{n}, \quad 1 \leqslant i \leqslant n$$

$$P(A_i A_j) = \frac{(n-2)!}{n!} = \frac{1}{n(n-1)}, \quad 1 \leqslant i < j \leqslant n$$

$$P(A_i A_j A_k) = \frac{(n-3)!}{n!} = \frac{1}{n(n-1)(n-2)}, \quad 1 \leqslant i < j < k \leqslant n$$

$$\cdots \cdots \cdots \cdots$$

$$P(A_1 A_2 \cdots A_n) = \frac{(n-n)!}{n!} = \frac{1}{n!}$$

注意到 $\bigcup_{i=1}^{n} A_i = \{$至少有 1 个小球与投入的盒子编号相同$\}$,根据 n 个事件的加法公式计算,所求概率为

$$P\left(\bigcup_{i=1}^{n} A_i\right) = \sum_{i=1}^{n} P(A_i) - \sum_{1 \leqslant i < j \leqslant n} P(A_i A_j) + \sum_{1 \leqslant i < j < k \leqslant n} P(A_i A_j A_k) - \cdots$$

$$+ (-1)^{n-1} P(A_1 A_2 \cdots A_n) = \sum_{i=1}^{n} \frac{1}{n} - \sum_{1 \leqslant i < j \leqslant n} \frac{1}{n(n-1)}$$

$$+ \sum_{1 \leqslant i < j < k \leqslant n} \frac{1}{n(n-1)(n-2)} - \cdots + (-1)^{n-1} \frac{1}{n!} = n \cdot \frac{1}{n} - C_n^2 \cdot \frac{1}{n(n-1)}$$

$$+ C_n^3 \cdot \frac{1}{n(n-1)(n-2)} - \cdots + (-1)^{n-1} \frac{1}{n!} = 1 - \frac{1}{2!} + \frac{1}{3!} - \cdots$$

$$+ (-1)^{n-1} \frac{1}{n!} = \sum_{i=1}^{n} \frac{(-1)^{i-1}}{i!}$$

例 6 设 ξ 在区间 $[0,5]$ 上等可能地随机取值,求方程

$$x^2 + \xi x + 0.25(\xi+2) = 0$$

有实根的概率.

分析 此例是一维几何概型问题,结合代数知识和概率知识求解.

解 由 ξ 在 $[0,5]$ 上取值,可知样本空间 $\Omega = [0,5]$,有 $m(\Omega) = 5 - 0 = 5$. 根据代数知识,方程 $x^2 + \xi x + 0.25(\xi+2) = 0$ 有实根的充要条件为

$$\Delta = \xi^2 - 4 \times 0.25(\xi+2) = (\xi+1)(\xi-2) \geqslant 0$$

即 $\xi \in (-\infty, -1] \bigcup [2, +\infty)$.

令 $A = \{$方程 $x^2 + \xi x + 0.25(\xi+2) = 0$ 有实根$\}$,则 A 发生当且仅当

$$\xi \in [0, 5] \bigcap \{(-\infty, -1] \bigcup [2, +\infty)\} = [2, 5]$$

故有 $m(A) = 5 - 2 = 3$,从而所求概率为

$$P(A) = \frac{m(A)}{m(\Omega)} = \frac{3}{5}$$

例 7 将长度为 a 的线段任意分成三段,求所分成的三段可以构成三角形的概率.

分析 此例是二维几何概型问题,结合三角知识和概率知识求解.

解 设线段所分成的三段的长度分别为 x,y,$a-x-y$,则样本空间为

$$\Omega = \{(x, y) \mid 0 < x < a, 0 < y < a,$$
$$0 < x + y < a\}$$

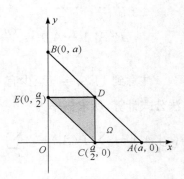

图 1-2 样本空间 Ω 与事件 A

如图 1-2 所示,其面积为

$$m(\Omega) = S_{OAB} = \frac{1}{2}a^2$$

令 $A = \{$所分成的三段可以构成三角形$\}$,由三角形两边之和大于第三边,有

$$A = \left\{(x, y) \mid 0 < x < \frac{a}{2}, 0 < y < \frac{a}{2}, \frac{a}{2} < x + y < a\right\}$$

如图 1-2 中阴影部分所示,其面积为 $m(A) = S_{CDE} = \frac{1}{2}\left(\frac{a}{2}\right)^2 = \frac{1}{8}a^2$,故所求概率为

$$P(A) = \frac{m(A)}{m(\Omega)} = \frac{\frac{1}{8}a^2}{\frac{1}{2}a^2} = \frac{1}{4}$$

例8 在区间$(0,1)$内任取两个数,求两个数的乘积不大于$\frac{1}{4}$的概率.

分析 此例是二维几何概型问题,结合微积分知识和概率知识求解.

解 设所取两数为x,y,则样本空间为

$$\Omega = \{(x, y) \mid 0 < x < 1, 0 < y < 1\}$$

如图 1-3 所示,其面积为$m(\Omega) = 1$.

令 $A = \left\{ \text{两个数的乘积不大于} \frac{1}{4} \right\}$,则

$$A = \Big\{ (x, y) \Big| 0 < x < 1, 0 < y < 1,$$

$$xy \leqslant \frac{1}{4} \Big\}$$

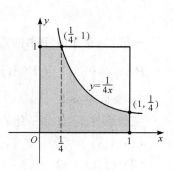

图 1-3 样本空间 Ω 与事件 A

如图 1-2 中阴影部分所示,其面积为$m(A) = \frac{1}{4} + \int_{\frac{1}{4}}^{1} \frac{1}{4x} \mathrm{d}x = \frac{1 + \ln 4}{4}$,故所求概率为

$$P(A) = \frac{m(A)}{m(\Omega)} = \frac{1 + \ln 4}{4}$$

(四)条件概率

【概念与知识点】

1. 条件概率的概念

设A,B为两个事件,且$P(A) > 0$,定义

$$P(B \mid A) = \frac{P(AB)}{P(A)}$$

称为在事件A发生的条件下,事件B的条件概率.

条件概率满足概率的三条公理,即

(1) 非负性:对任一事件B,有$P(B \mid A) \geqslant 0$.

(2) 规范性:对必然事件Ω,有$P(\Omega \mid A) = 1$.

(3) 可加性:对任意有限个或可列个两两互斥的事件$B_1, B_2, \cdots, B_i, \cdots$,有

$$P(\bigcup_i B_i \mid A) = \sum_i P(B_i \mid A)$$

因此,条件概率具有概率的所有性质.

2. 乘法公式

设 A, B 为两个事件,且 $P(A) > 0$,则有

$$P(AB) = P(A)P(B \mid A)$$

一般地,对于 n 个事件 A_1, A_2, $\cdots$, A_n,当 $P(A_1 A_2 \cdots A_{n-1}) > 0$ 时,有

$$P(A_1 A_2 \cdots A_n) = P(A_1)P(A_2 \mid A_1)P(A_3 \mid A_1 A_2) \cdots P(A_n \mid A_1 A_2 \cdots A_{n-1})$$

3. 全概率公式

完备事件组:如果一组有限个或可列个事件 A_1, A_2, $\cdots$,满足

(1) $A_i A_j = \varnothing$, $i \neq j$, $i, j = 1, 2, \cdots$.

(2) $\bigcup_i A_i = \Omega$.

则称 A_1, A_2, $\cdots$ 为完备事件组.

利用完备事件组 A_1, A_2, $\cdots$ 可以将任一事件 B 分解为两两互斥的事件之和

$$B = \Omega B = (\bigcup_i A_i)B = \bigcup_i A_i B$$

其直观意义如图 1-4 所示.

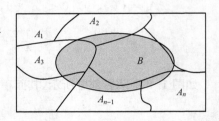

图 1-4 完备事件组与事件 B

全概率公式:设随机试验的样本空间为 Ω,且 A_1, A_2, $\cdots$ 为完备事件组,满足 $P(A_i) > 0$, $i = 1, 2, \cdots$,则对任一事件 B,有

$$P(B) = \sum_i P(A_i)P(B \mid A_i)$$

4. 贝叶斯公式

设随机试验的样本空间为 Ω,且 A_1, A_2, $\cdots$ 为完备事件组,B 为任一事件,满足 $P(A_i) > 0$, $i = 1, 2, \cdots$, $P(B) > 0$,则有

$$P(A_i \mid B) = \frac{P(A_i)P(B \mid A_i)}{\sum_j P(A_j)P(B \mid A_j)}, \quad i = 1, 2, \cdots$$

【范例与方法】

例 1 设某家庭有 3 个孩子,在已知至少有 1 个女孩的条件下,求该家庭至少有

1 个男孩的概率(假定每个小孩是男是女为等可能的).

分析 此例属于条件概率问题.求条件概率 $P(B|A)$ 通常有两种方法:

(1) 公式法:先分别求出 $P(A)$ 和 $P(AB)$,再按定义计算条件概率

$$P(B \mid A) = \frac{P(AB)}{P(A)}$$

(2) 样本缩减法:在古典概型中,以事件 A 所含样本点为样本空间,由此计算事件 B 的概率即为条件概率,即

$$P(B \mid A) = \frac{积事件\ AB\ 所含样本点的个数}{事件\ A\ 所含样本点的个数}$$

解 令 $A=\{$该家庭至少有 1 个女孩$\}$,$B=\{$该家庭至少有 1 个男孩$\}$,则 $AB=$ $\{$该家庭既有女孩又有男孩$\}$.用公式法计算:

该家庭 3 个小孩的性别排列共有 2^3 个样本点;排除 3 个全是男孩的情形,A 中含有 2^3-1 个样本点;再排除 3 个全是女孩的情形,AB 中含有 2^3-2 个样本点,故有

$$P(A) = \frac{2^3-1}{2^3} = \frac{7}{8}, \quad P(B) = \frac{2^3-2}{2^3} = \frac{6}{8}$$

所求条件概率为

$$P(B \mid A) = \frac{P(AB)}{P(A)} = \frac{6/8}{7/8} = \frac{6}{7}$$

例 2 n 个人排成一队,已知甲排在乙前面,求乙紧跟在甲后面的概率.

分析 对于古典概型的条件概率问题,用样本缩减法比较简单.

解 令 $A=\{$甲排在乙前面$\}$,$B=\{$乙紧跟在甲后面$\}$,则有 $AB=B$.用样本缩减法计算:

n 个人全排列共有 $n!$ 个样本点;由对称性可知,A 中含有 $\frac{n!}{2}$ 个样本点;由 $AB=$ B 可知,AB 中含有 $(n-1)!$ 个样本点,所求条件概率为

$$P(B \mid A) = \frac{积事件\ AB\ 所含样本点的个数}{事件\ A\ 所含样本点的个数} = \frac{(n-1)!}{n!/2} = \frac{2}{n}$$

例 3 甲班有 30 名学生,其中女生 15 名;乙班有 40 名学生,其中女生 25 名,从两个班中任选 1 名学生,已知选到的是甲班学生,求选到女生的概率.

分析 此例为古典概型的条件概率问题,用两种方法计算.

解 令 $A=\{$选到甲班学生$\}$，$B=\{$选到女生$\}$，则 $AB=\{$选到甲班女生$\}$. 用公式法计算，有

$$P(B\mid A)=\frac{P(AB)}{P(A)}=\frac{15/70}{30/70}=\frac{1}{2}$$

用样本缩减法计算，有

$$P(B\mid A)=\frac{\text{积事件 } AB \text{ 所含样本点的个数}}{\text{事件 } A \text{ 所含样本点的个数}}=\frac{15}{30}=\frac{1}{2}$$

例 4 一批产品共 100 件，其中正品 90 件，次品 10 件. 从该批产品中不放回地每次任取 1 件，连取 3 次，求第三次才取到正品的概率.

分析 此例可按产品的抽取过程，用乘法公式计算.

解 令 $A_i=\{$第 i 次取到正品$\}$，$i=1, 2, 3$，则 $\overline{A_1}\overline{A_2}A_3=\{$第三次才取到正品$\}$. 根据乘法公式，所求概率为

$$P(\overline{A_1}\overline{A_2}A_3)=P(\overline{A_1})P(\overline{A_2}\mid\overline{A_1})P(A_3\mid\overline{A_1}\overline{A_2})=\frac{10}{100}\times\frac{9}{99}\times\frac{90}{98}\approx0.008$$

例 5 甲、乙两机空战，甲机先开火，击落乙机的概率为 0.2；乙机若未被击落则反击，击落甲机的概率为 0.3；甲机若未被击落则再进攻，击落乙机的概率为 0.4. 求在上述几个回合中：

(1) 甲机被击落的概率.

(2) 乙机被击落的概率.

分析 此例要用乘法公式及概率的可加性计算.

解 令 $A=\{$第一回合甲击落乙$\}$，$B=\{$第二回合乙击落甲$\}$，$C=\{$第三回合乙击落甲$\}$，$D=\{$甲机被击落$\}$，$E=\{$乙机被击落$\}$，则分别有

$$P(A)=0.2, P(B\mid\overline{A})=0.3, P(C\mid\overline{A}B)=0.4$$

从而有

$$P(\overline{A})=1-P(A)=0.8, P(\overline{B}\mid\overline{A})=1-P(B\mid\overline{A})=0.7$$

故所求概率分别为

(1) $P(D)=P(\overline{A}B)=P(\overline{A})P(B\mid\overline{A})=0.8\times0.3=0.24$

(2) $P(E)=P(A\bigcup\overline{A}\overline{B}C)=P(A)+P(\overline{A}\overline{B}C)-P(A\overline{A}\overline{B}C)$

$=P(A)+P(\overline{A})P(\overline{B}\mid\overline{A})P(C\mid\overline{A}\overline{B})-P(\varnothing)$

$=0.2+0.8\times0.7\times0.4=0.424$

例 6 袋中有 3 个白球和 7 个黑球,甲、乙两人轮流从袋中每次取 1 球,由甲先取,取出黑球不再放回,直到取出白球为止,求各人先取到白球的概率.

分析 此例要用乘法公式及概率的可加性计算,解题的关键是找出甲先取到白球的所有可能情况.

解 因为取出黑球不再放回,所以最多取球 8 次,必可取到白球.

令 $A_i = \{$第 i 次取球时取到白球$\}$,$i=1$, 2, $\cdots$, 8;$A=\{$甲先取到白球$\}$,则

$$A = A_1 \bigcup \overline{A}_1 \overline{A}_2 A_3 \bigcup \overline{A}_1 \overline{A}_2 \overline{A}_3 \overline{A}_4 A_5 \bigcup \overline{A}_1 \overline{A}_2 \overline{A}_3 \overline{A}_4 \overline{A}_5 \overline{A}_6 A_7$$

其中,各事件两两互斥,且相关概率为

$$P(A_1) = \frac{3}{10}$$

$$P(\overline{A}_1 \overline{A}_2 A_3) = \frac{7}{10} \times \frac{6}{9} \times \frac{3}{8} = \frac{7}{40}$$

$$P(\overline{A}_1 \overline{A}_2 \overline{A}_3 \overline{A}_4 A_5) = \frac{7}{10} \times \frac{6}{9} \times \frac{5}{8} \times \frac{4}{7} \times \frac{3}{6} = \frac{1}{12}$$

$$P(\overline{A}_1 \overline{A}_2 \overline{A}_3 \overline{A}_4 \overline{A}_5 \overline{A}_6 A_7) = \frac{7}{10} \times \frac{6}{9} \times \frac{5}{8} \times \frac{4}{7} \times \frac{3}{6} \times \frac{2}{5} \times \frac{3}{4} = \frac{1}{12}$$

故甲先取到白球的概率为

$$
\begin{aligned}
P(A) &= P(A_1 \bigcup \overline{A}_1 \overline{A}_2 A_3 \bigcup \overline{A}_1 \overline{A}_2 \overline{A}_3 \overline{A}_4 A_5 \bigcup \overline{A}_1 \overline{A}_2 \overline{A}_3 \overline{A}_4 \overline{A}_5 \overline{A}_6 A_7) \\
&= P(A_1) + P(\overline{A}_1 \overline{A}_2 A_3) + P(\overline{A}_1 \overline{A}_2 \overline{A}_3 \overline{A}_4 A_5) + P(\overline{A}_1 \overline{A}_2 \overline{A}_3 \overline{A}_4 \overline{A}_5 \overline{A}_6 A_7) \\
&= \frac{3}{10} + \frac{7}{40} + \frac{1}{12} + \frac{1}{40} = \frac{7}{12}
\end{aligned}
$$

从而,乙先取到白球的概率为

$$P(\overline{A}) = 1 - P(A) = 1 - \frac{7}{12} = \frac{5}{12}$$

例 7 2 台机床生产同一种产品,第一台机床出废品的概率为 0.03,第二台机床出废品的概率为 0.02,2 台机床的产品放在一起.已知第一台机床的产量比第二台机床的产量多 1 倍,求:

(1) 任意抽取一件产品是合格品的概率.

(2) 任意取到一件废品是第二台机床生产的概率.

分析 此例要用全概率公式和贝叶斯公式计算.

一般地,在求一个复杂事件 B 的概率 $P(B)$ 时,可通过分析导致 B 发生的各种情

况或原因 A_1，A_2，$\cdots$，A_n，分别求出概率 $P(A_1)$，$P(A_2)$，$\cdots$，$P(A_n)$ 及条件概率 $P(B|A_1)$，$P(B|A_2)$，$\cdots$，$P(B|A_n)$，再用全概率公式计算 $P(B)$.

在已知事件 B 发生的情况下，研究分别是由原因 A_1，A_2，$\cdots$，A_n 所导致的概率，则要用贝叶斯公式分别计算条件概率 $P(A_1 \mid B)$，$P(A_2 \mid B)$，$\cdots$，$P(A_n \mid B)$.

概括而言，全概率公式是"由因求果"，从导致某事件发生的各种原因着手，求该事件的概率；贝叶斯公式是"由果寻因"，在某事件已经发生的情况下，寻求导致该事件发生的各种原因的概率.

解 令 $A_i=\{$取到第 i 台机床的产品$\}$，$i=1$，2；$B=\{$取到合格品$\}$，则有

$$P(A_1) = \frac{2}{3},\ P(A_2) = \frac{1}{3},\ P(\overline{B}|A_1) = 0.03,\ P(\overline{B}|A_2) = 0.02$$

从而有

$$P(B \mid A_1) = 1 - P(\overline{B}|A_1) = 0.97,\ P(B \mid A_2) = 1 - P(\overline{B}|A_2) = 0.98$$

(1) 根据全概率公式，任意抽取 1 件产品是合格品的概率为

$$P(B) = P(A_1)P(B \mid A_1) + P(A_2)P(B \mid A_2) = \frac{2}{3} \times 0.97 + \frac{1}{3} \times 0.98 = 0.973$$

(2) 根据贝叶斯公式，任意取到 1 件废品是第二台机床生产的概率为

$$P(A_2 \mid \overline{B}) = \frac{P(A_2\overline{B})}{P(\overline{B})} = \frac{P(A_2)P(\overline{B} \mid A_2)}{1 - P(B)} = \frac{\frac{1}{3} \times 0.02}{1 - 0.973} = 0.247$$

例 8 已知 10 个产品中有 2 个次品，无放回地每次任取 1 个，连取 2 次，求第二次取到次品的概率.

分析 此例可用全概率公式计算.

解 令 $A_i=\{$第 i 次取到次品$\}$，$i=1$，2，则所求概率为

$$P(A_2) = P(A_1)P(A_2 \mid A_1) + P(\overline{A_1})P(A_2 \mid \overline{A_1}) = \frac{2}{10} \times \frac{1}{9} + \frac{8}{10} \times \frac{2}{9} = \frac{1}{5}$$

例 9 某卫生机构的统计资料表明：患肺癌的人中吸烟的占 90%，不患肺癌的人中吸烟的占 20%. 设患肺癌的人占人群的 0.1%，求吸烟的人患肺癌的概率.

分析 此例要用贝叶斯公式计算.

解 令 $A=\{$被观察者吸烟$\}$，$B=\{$被观察者患肺癌$\}$. 根据题意有

$$P(A \mid B) = 0.9, \quad P(A \mid \overline{B}) = 0.2, \quad P(B) = 0.001$$

从而有

$$P(\overline{B}) = 1 - P(B) = 0.999$$

根据贝叶斯公式,所求概率为

$$P(B \mid A) = \frac{P(AB)}{P(A)} = \frac{P(B)P(A \mid B)}{P(B)P(A \mid B) + P(\overline{B})P(A \mid \overline{B})}$$

$$= \frac{0.001 \times 0.9}{0.001 \times 0.9 + 0.999 \times 0.2} = 0.0045$$

例 10 已知某批产品的合格率为 90%. 检验员在检验时,将合格品误认为次品的概率为 0.02,将次品误认为合格品的概率为 0.05,求

(1) 任一产品被检验为合格品的概率.

(2) 被检验为合格品的产品确实是合格品的概率.

分析 此例要用全概率公式和贝叶斯公式计算.

解 令 $A = \{$产品被检验为合格品$\}$, $B = \{$产品是合格品$\}$,则有

$$P(B) = 0.9, \quad P(\overline{A} \mid B) = 0.02, \quad P(A \mid \overline{B}) = 0.05$$

从而有

$$P(\overline{B}) = 1 - P(B) = 0.1, \quad P(A \mid B) = 1 - P(\overline{A} \mid B) = 0.98$$

根据全概率公式和贝叶斯公式计算,所求概率分别为

(1) $P(A) = P(B)P(A \mid B) + P(\overline{B})P(A \mid \overline{B}) = 0.9 \times 0.98 + 0.1 \times 0.05$

$\qquad = 0.887$

(2) $P(B \mid A) = \dfrac{P(AB)}{P(A)} = \dfrac{P(B)P(A \mid B)}{P(A)} = \dfrac{0.9 \times 0.98}{0.887} = 0.994$

(五)事件的独立性

【概念与知识点】

1. 两个事件的独立性

如果两个事件 A, B 满足

$$P(AB) = P(A)P(B)$$

则称事件 A 与 B 相互独立,简称独立.

应当注意,独立与互斥是不同的概念:两个事件互斥是指一个事件发生时另一

事件不可能发生;两个事件独立是指一个事件的发生不影响另一事件的概率.事实上,独立必不互斥,互斥必不独立.

关于两个事件的独立性,有下列性质:

(1) 当 $P(A) > 0$ 时,A 与 B 独立的充分必要条件是 $P(B \mid A) = P(B)$.

(2) 如果 A 与 B 独立,则 $\overline{A}$ 与 B,A 与 $\overline{B}$,$\overline{A}$ 与 $\overline{B}$ 各对事件均独立.

(3) 如果 $P(A) = 0$ 或 1,则 A 与任何事件独立.

性质(3)表明,必然事件和不可能事件与任何事件独立.但应注意,概率为 0 的事件未必是不可能事件,概率为 1 的事件也未必是必然事件.

2. 有限个事件的独立性

如果三个事件 A,B,C 满足

$$\begin{cases} P(AB) = P(A)P(B) \\ P(BC) = P(B)P(C) \\ P(AC) = P(A)P(C) \end{cases}$$

则称事件 A,B,C 两两独立.如果同时还满足

$$P(ABC) = P(A)P(B)P(C)$$

则称事件 A,B,C 相互独立.

根据定义可知,两两独立未必相互独立,相互独立一定两两独立.

一般地,对于有限个事件的独立性,有如下定义:

如果 n 个事件 A_1,A_2,$\cdots$,A_n 中的任意 k 个事件 A_{i_1},A_{i_2},$\cdots$,A_{i_k},$2 \leqslant k \leqslant n$,$1 \leqslant i_1 < i_2 < \cdots < i_k \leqslant n$,均满足

$$P(A_{i_1} A_{i_2} \cdots A_{i_k}) = P(A_{i_1})P(A_{i_2})\cdots P(A_{i_k})$$

则称事件 A_1,A_2,$\cdots$,A_n 相互独立.

关于 n 个事件的独立性,有下列性质:

(1) 如果 n 个事件 A_1,A_2,$\cdots$,A_n 相互独立,则其中任意 $m(2 \leqslant m \leqslant n)$ 个事件均相互独立.

(2) 如果 n 个事件 A_1,A_2,$\cdots$,A_n 相互独立,则将其中任意 $m(2 \leqslant m \leqslant n)$ 个事件替换成相应的逆事件后,所得到的 n 个事件仍相互独立.

(3) 如果 n 个事件 A_1,A_2,$\cdots$,A_n 相互独立,则有

$$P\left(\bigcup_{i=1}^{n} A_i\right) = 1 - \prod_{i=1}^{n}(1 - P(A_i))$$

利用事件的独立性及相关性质,可以简化概率的计算. 在实际问题中,判断事件的独立性往往不是根据定义,而是根据问题的实际意义判断事件之间是否存在关系,独立意味着不存在任何关系. 例如,在抽样问题中容易知道,有放回抽样的结果相互独立,无放回抽样的结果相互不独立.

【范例与方法】

例1 设 $P(A) = 0.4$,$P(A \bigcup B) = 0.7$,在下列条件下求 $P(B)$:

(1) A 与 B 互斥.　　(2) A 与 B 独立.　　(3) $A \subset B$.

分析 此例是利用互斥、独立、包含等概念及性质计算概率.

解 由 $P(A \bigcup B) = P(A) + P(B) - P(AB)$,有

$$P(B) = P(A \bigcup B) - P(A) + P(AB)$$

根据题意,分别计算 $P(B)$:

(1) 当 A 与 B 互斥时,则 $P(AB) = 0$,由此可得

$$P(B) = P(A \bigcup B) - P(A) = 0.3$$

(2) 当 A 与 B 独立时,有 $P(AB) = P(A)P(B)$,由

$$P(B) = P(A \bigcup B) - P(A) + P(A)P(B)$$

可以求得

$$P(B) = \frac{P(A \bigcup B) - P(A)}{1 - P(A)} = 0.5$$

(3) 当 $A \subset B$ 时,有 $P(AB) = P(A)$,由此可得

$$P(B) = P(A \bigcup B) = 0.7$$

例2 加工某一产品共需 3 道工序,设第 1、第 2、第 3 道工序的次品率分别为 2%,3%,5%,且各道工序相互独立,求产品的次品率.

分析 此例是利用事件的独立性计算概率.

解 令 $A_i = \{$第 i 道工序未出次品$\}$,$i = 1, 2, 3$;$A = \{$产品为合格品$\}$,则根据题意,A_1,A_2,A_3 相互独立,且 $A = A_1 A_2 A_3$,故产品的合格率为

$$P(A) = P(A_1)P(A_2)P(A_3) = [1 - P(A_1)][1 - P(A_2)][1 - P(A_3)]$$
$$= (1 - 0.02) \times (1 - 0.03) \times (1 - 0.05) = 0.90307$$

从而产品的次品率为

$$P(\overline{A}) = 1 - P(A) = 0.09693$$

例 3 设每门高射炮独立射击,且击中飞机的概率都是 0.6,求:

(1) 三门高射炮同时射击,飞机被击中的概率.

(2) 欲以 99% 以上概率击中飞机,至少需要多少门高射炮?

分析 此例为独立事件的并事件的概率问题. 一般地,若各事件两两互斥,则并事件的概率等于各事件概率的和;若各事件互相独立,则可利用对偶律求并事件的概率,即当 A_1, A_2, $\cdots$, A_n 相互独立时,有

$$P\left(\bigcup_{i=1}^{n} A_i\right) = 1 - P\left(\overline{\bigcup_{i=1}^{n} A_i}\right) = 1 - P\left(\prod_{i=1}^{n} \overline{A_i}\right) = 1 - \prod_{i=1}^{n} P(\overline{A_i})$$

$$= 1 - \prod_{i=1}^{n}(1 - P(A_i))$$

解 (1) 令 $A_i = \{$第 i 门高射炮击中飞机$\}$ $(i = 1, 2, 3)$,$A = \{$飞机被击中$\}$,则根据题意,A_1, A_2, A_3 相互独立,且 $A = A_1 \bigcup A_2 \bigcup A_3$,所求概率为

$$P(A) = P(A_1 \bigcup A_2 \bigcup A_3) = 1 - P(\overline{A_1 \bigcup A_2 \bigcup A_3}) = 1 - P(\overline{A_1}\overline{A_2}\overline{A_3})$$

$$= 1 - P(\overline{A_1})P(\overline{A_2})P(\overline{A_3}) = 1 - (1 - 0.6)^3 = 0.936$$

(2) 设以 99% 以上概率击中飞机,至少需要 n 门高射炮. 令 $A_i = \{$第 i 门高射炮击中飞机$\}$ $(i = 1, 2, \cdots, n)$,$A = \{$飞机被击中$\}$,则根据题意,A_1, A_2, $\cdots$, A_n 相互独立,且 $A = A_1 \bigcup A_2 \bigcup \cdots \bigcup A_n$,有

$$P(A) = P(A_1 \bigcup A_2 \bigcup \cdots \bigcup A_n) = 1 - P(\overline{A_1})P(\overline{A_2})\cdots P(\overline{A_n}) = 1 - 0.4^n \geqslant 0.99$$

由此可得

$$n \geqslant \frac{\ln 0.01}{\ln 0.4} \approx 5.026$$

故至少需要 6 门高射炮.

(六) 伯努利概型

【概念与知识点】

如果随机试验只有两种可能的结果,则称为伯努利试验. 如果在相同条件下将伯努利试验重复进行 n 次,并且各次试验的结果相互独立,则称为 n 重伯努利试验或

伯努利概型.

设在每次试验中,事件 A 发生的概率为 p,$0<p<1$,则在 n 重伯努利试验中,事件 A 恰好发生 k 次的概率为

$$P_n(k) = C_n^k p^k (1-p)^{n-k}, \quad k = 0, 1, 2, \cdots, n$$

伯努利概型是概率论中最早研究的独立重复试验模型,具有重要的理论意义和广泛的实际应用.

【范例与方法】

例 1 某种疾病的自然痊愈率为 0.25,为试验一种新药是否有效,把它给 10 个病人服用,若 10 个病人中至少有 4 人痊愈,则认为该新药有效,反之,则认为无效,求:

(1) 虽然新药有效,且把痊愈率提高到 0.35,但通过试验却被否定的概率;

(2) 新药完全无效,但通过试验却被认为有效的概率.

分析 本例是伯努利概型,伯努利概型的常见题型有:(1)确定试验的重数 n 及一次试验中事件 A 发生的概率;(2)确定事件 A 发生的次数 k;(3)求 n 次试验中事件 A 发生 k 次的概率等.

解 (1) 令 $A = \{$新药有效但通过试验被否定$\}$.根据题意,新药有效,且痊愈率为 0.35,但当 10 个病人中不足 4 人痊愈时,认为新药无效,故

$$P(A) = \sum_{k=0}^{3} C_{10}^k (0.35)^k (1-0.35)^{10-k} \approx 0.514$$

(2) 令 $B = \{$新药无效但通过试验被认为有效$\}$.根据题意,新药无效,痊愈率为自然痊愈率 0.25,但当 10 个病人中至少有 4 人痊愈时,认为新药有效,故

$$P(B) = \sum_{k=4}^{10} C_{10}^k (0.25)^k (1-0.25)^{10-k} \approx 0.224$$

例 2 设在 4 重伯努利试验中,事件 A 至少出现一次的概率为 65/81,试求一次试验中事件 A 出现的概率.

分析 此例为伯努利概型中确定一次试验中事件发生的概率问题.

解 令一次试验中事件 A 出现的概率为 p,根据题意,有

$$\sum_{k=1}^{4} C_4^k p^k (1-p)^{4-k} = 1 - C_4^0 p^0 (1-p)^4 = 1 - (1-p)^4 = \frac{65}{81}$$

由此可得

$$p = \frac{1}{3}$$

例3 设 n 重伯努利试验的每次试验中,事件 A 出现的概率为 $p=0.2$,若要使事件 A 至少出现一次的概率为 $369/625$,试求试验的重数 n.

分析 此例为伯努利概型中确定试验重数的问题.

解 根据题意,有

$$\sum_{k=1}^{n} C_n^k (0.2)^k (1-0.2)^{n-k} = 1 - C_n^0 0.2^0 (1-0.2)^n = 1 - 0.8^n = \frac{369}{625}$$

即 $(0.8)^n = \dfrac{256}{625}$,由此可得 $n=4$.

例4 设某商场各柜台每月被投诉 $0,1,2$ 次的概率分别为 $0.6,0.3,0.1$,有关部门每月抽查商场的 2 个柜台. 如果抽查的 2 个柜台被投诉合计超过 1 次,则给予商场通报批评;如果 1 年内商场被通报批评超过 2 次,则给予商场挂牌处分,求商场被挂牌处分的概率.

分析 此例为综合性问题,涉及概率的加法公式和伯努利概型.

解 在对商场某月的抽查中,令 $A_i = \{$第一个柜台被投诉 i 次$\}$,$i = 0,1,2$;$B_j = \{$第二个柜台被投诉 j 次$\}$,$j = 0,1,2$;$C = \{$商场被通报批评$\}$,则 A_i 与 B_j 相互独立,且

$$C = A_2 B_0 \bigcup A_0 B_2 \bigcup \overline{A}_0 \overline{B}_0$$

易知 $A_2 B_0$,$A_0 B_2$,$\overline{A}_0 \overline{B}_0$ 两两互斥,故有

$$
\begin{aligned}
P(C) &= P(A_2 B_0 \bigcup A_0 B_2 \bigcup \overline{A}_0 \overline{B}_0)\\
&= P(A_2 B_0) + P(A_0 B_2) + P(\overline{A}_0 \overline{B}_0)\\
&= P(A_2)P(B_0) + P(A_0)P(B_2) + P(\overline{A}_0)P(\overline{B}_0)\\
&= 0.1 \times 0.6 + 0.6 \times 0.1 + 0.4 \times 0.4 = 0.28
\end{aligned}
$$

记 1 年内商场被通报批评次数为 X,则商场被挂牌处分的概率为

$$P(X > 2) = 1 - \sum_{k=0}^{2} P(X=k) = 1 - \sum_{k=0}^{2} C_{12}^k 0.28^k (1-0.28)^{12-k} = 0.696$$

三、习题全解

习 题 1-1

1. 将一枚硬币连掷 2 次, 设事件 A, B, C 分别为"第一次出现正面", "2 次出现同一面", "至少有一次出现正面". 试写出样本空间 Ω 及事件 A, B, C 的样本点.

解 根据样本空间、随机事件的定义, 有

$$\Omega = \{(\text{正}, \text{正})(\text{正}, \text{反})(\text{反}, \text{正})(\text{反}, \text{反})\}$$
$$A = \{(\text{正}, \text{正}), (\text{正}, \text{反})\}$$
$$B = \{(\text{正}, \text{正}), (\text{反}, \text{反})\}$$
$$C = \{(\text{正}, \text{正}), (\text{正}, \text{反}), (\text{反}, \text{正})\}$$

2. 袋内有编号 1, 2, 3, 4 的 4 个球, 从中任取 1 球后不放回, 再任取 1 球. 设事件 A, B 分别为"第一次取到的编号为 1", "2 次取到的编号之和为 6 或 8".

(1) 试写出事件 A, B 的样本点.

(2) 将取球方式改为第一次取球后放回, 再第二次取球, 试写出事件 A, B 的样本点.

解 根据随机事件的定义, 有

(1) $A = \{(1, 2), (1, 3), (1, 4)\}$; $B = \{(2, 4), (4, 2)\}$

(2) $A = \{(1, 1), (1, 2), (1, 3), (1, 4)\}$; $B = \{(2, 4), (3, 3), (4, 2), (4, 4)\}$

3. 某城市共发行日报、晚报和体育报 3 种报纸. 设事件 A, B, C 分别为"订阅日报", "订阅晚报", "订阅体育报", 试用 A, B, C 表示下列事件:

(1) 只订日报.　　(2) 只订日报和晚报.　　(3) 只订一种报纸.

(4) 恰好订两种报纸.　(5) 至少订一种报纸.　(6) 不订任何报纸.

(7) 至多订一种报纸.　(8) 3 种报纸全订.　　(9) 3 种报纸不全订.

解 根据事件间的关系和运算, 有

(1) $A\bar{B}\bar{C}$.　(2) $AB\bar{C}$.　(3) $A\bar{B}\bar{C} \cup \bar{A}B\bar{C} \cup \bar{A}\bar{B}C$.　(4) $\bar{A}BC \cup A\bar{B}C \cup AB\bar{C}$.

(5) $A \cup B \cup C$ 或 $A\bar{B}\bar{C} \cup \bar{A}B\bar{C} \cup \bar{A}\bar{B}C \cup \bar{A}BC \cup A\bar{B}C \cup AB\bar{C} \cup ABC$.

(6) $\bar{A}\bar{B}\bar{C}$.　(7) $\bar{A}\bar{B}\bar{C} \cup A\bar{B}\bar{C} \cup \bar{A}B\bar{C} \cup \bar{A}\bar{B}C$.　　(8) ABC.

(9) $\bar{A} \cup \bar{B} \cup \bar{C}$ 或 $\overline{ABC}$.

4. 某射手向靶子射击 3 次,设事件 A_i 为"第 i 次射击中靶",$i=1,2,3$,试说明下列事件的意义:

(1) $A_1A_2A_3$.   (2) $\overline{A_1A_2A_3}$.   (3) $A_1 \bigcup A_2 \bigcup A_3$.

(4) $\overline{A_1 \bigcup A_2 \bigcup A_3}$.   (5) $A_1 - A_2 - A_3$.   (6) $A_1 - A_2A_3$.

解 根据事件间的关系和运算,有

(1) 3 次都中靶.   (2) 至少有一次未中靶.   (3) 至少有一次中靶.

(4) 3 次都未中靶.   (5) 仅第一次中靶.   (6) 第一次中靶且后两次未都中靶.

5. 设 A,B 为 2 个事件,试化简下列事件:

(1) $AB \bigcup \overline{A}B \bigcup A\overline{B} \bigcup \overline{A}\overline{B}$.

(2) $(A \bigcup B)(A \bigcup \overline{B})(\overline{A} \bigcup B)(\overline{A} \bigcup \overline{B})$.

解 根据事件运算的分配律和结合律,得

$$(1)\ AB \bigcup \overline{A}B \bigcup A\overline{B} \bigcup \overline{A}\overline{B} = (AB \bigcup \overline{A}B) \bigcup (A\overline{B} \bigcup \overline{A}\overline{B})$$
$$= [(A \bigcup \overline{A})B] \bigcup [(A \bigcup \overline{A})\overline{B}]$$
$$= B \bigcup \overline{B} = \Omega$$

$$(2)\ (A \bigcup B)(A \bigcup \overline{B})(\overline{A} \bigcup B)(\overline{A} \bigcup \overline{B}) = [(A \bigcup B)(A \bigcup \overline{B})][(\overline{A} \bigcup B)(\overline{A} \bigcup \overline{B})]$$
$$= [A \bigcup (B \bigcap \overline{B})][\overline{A} \bigcup (B \bigcap \overline{B})]$$
$$= A \bigcap \overline{A} = \varnothing$$

习 题 1-2

1. 设 $P(A)=0.1$, $P(A \bigcup B)=0.3$,且 A 与 B 互不相容,求 $P(B)$.

解 根据概率的加法公式,有

$$P(A \bigcup B) = P(A) + P(B) - P(AB)$$

因为 A 与 B 互不相容,所以 $P(AB)=0$,得

$$P(B) = P(A \bigcup B) - P(A) = 0.3 - 0.1 = 0.2$$

2. 设 $P(A)=0.5$, $P(B)=0.4$, $P(A-B)=0.3$,求 $P(A \bigcup B)$ 和 $P(\overline{A} \bigcup \overline{B})$.

解 根据概率的减法公式,有

$$P(A-B) = P(A) - P(AB)$$

所以 $P(AB)=P(A)-P(A-B)=0.5-0.3=0.2$,由此可得

$$P(A \bigcup B) = P(A) + P(B) - P(AB) = 0.5 + 0.4 - 0.2 = 0.7$$
$$P(\overline{A} \bigcup \overline{B}) = P(\overline{AB}) = 1 - P(AB) = 1 - 0.2 = 0.8$$

3. 设 $P(A) = \frac{1}{3}$, $P(B) = \frac{1}{4}$, $P(A \bigcup B) = \frac{1}{2}$, 求 $P(\overline{A} \bigcup \overline{B})$.

解 根据概率的加法公式,有

$$P(A \bigcup B) = P(A) + P(B) - P(AB)$$

所以 $P(AB) = P(A) + P(B) - P(A \bigcup B) = \frac{1}{3} + \frac{1}{4} - \frac{1}{2} = \frac{1}{12}$, 由此可得

$$P(\overline{A} \bigcup \overline{B}) = P(\overline{AB}) = 1 - P(AB) = 1 - \frac{1}{12} = \frac{11}{12}$$

4. 已知 $P(A) = P(B) = P(C) = \frac{1}{4}$, $P(AB) = 0$, $P(AC) = P(BC) = \frac{1}{16}$, 求事件 A, B, C 都不发生的概率.

解 因为 $P(AB) = 0$, 所以 $P(ABC) = 0$, 从而所求概率为

$$P(\overline{A}\overline{B}\overline{C}) = P(\overline{A \bigcup B \bigcup C}) = 1 - P(A \bigcup B \bigcup C)$$
$$= 1 - [P(A) + P(B) + P(C) - P(AB) - P(AC) - P(BC) + P(ABC)]$$
$$= 1 - \left(\frac{1}{4} \times 3 - \frac{1}{16} \times 2 + 0\right) = \frac{3}{8}$$

5. 设 $P(A) = \frac{1}{3}$, $P(B) = \frac{1}{2}$, 试就以下 3 种情况分别求 $P(B\overline{A})$

(1) $AB = \varnothing$.　　(2) $A \subset B$.　　(3) $P(AB) = \frac{1}{8}$.

解 根据概率的减法公式,有

$$P(B\overline{A}) = P(B) - P(AB)$$

(1) 当 $AB = \varnothing$ 时, $P(AB) = 0$, $P(B\overline{A}) = P(B) = \frac{1}{2}$

(2) 当 $A \subset B$ 时, $P(AB) = P(A) = \frac{1}{3}$, $P(B\overline{A}) = P(B) - P(A) = \frac{1}{2} - \frac{1}{3} = \frac{1}{6}$

(3) 当 $P(AB) = \frac{1}{8}$ 时, $P(B\overline{A}) = P(B) - P(AB) = \frac{1}{2} - \frac{1}{8} = \frac{3}{8}$

6. 设 $P(A) = 0.6$，$P(B) = 0.7$. 试分别求 $P(A \bigcup B)$ 和 $P(AB)$ 可能取到的最大值与最小值.

解 因为 $P(A \bigcup B) = P(A) + P(B) - P(AB)$，所以当 $P(AB)$ 值最小时，$P(A \bigcup B)$ 取值最大；又 $P(A \bigcup B) \leqslant 1$，故 $\max P(A \bigcup B) = 1$，此时

$$\min P(AB) = P(A) + P(B) - P(A \bigcup B) = 0.6 + 0.7 - 1 = 0.3$$

因为 $P(A \bigcup B) \geqslant P(A) = 0.6$，$P(A \bigcup B) \geqslant P(B) = 0.7$，故 $\min P(A \bigcup B) = 0.7$，此时

$$\max P(AB) = P(A) + P(B) - P(A \bigcup B) = 0.6 + 0.7 - 0.7 = 0.6$$

7. 设事件 $A \subset B$，证明 $P(A) \leqslant P(B)$.

证 因为 $P(B - A) = P(B) - P(AB) \geqslant 0$，又 $A \subset B$，有 $AB = A$，故 $P(AB) = P(A)$，从而 $P(B) - P(A) \geqslant 0$，即 $P(A) \leqslant P(B)$

8. 对任意一组事件 A_1，A_2，$\cdots$，A_n，证明
(1) $P(A_1 A_2) \geqslant P(A_1) + P(A_2) - 1$.
(2) $P(A_1 A_2 \cdots A_n) \geqslant P(A_1) + P(A_2) + \cdots + P(A_n) - (n-1)$.

证 （1）因为 $P(A_1 \bigcup A_2) = P(A_1) + P(A_2) - P(A_1 A_2) \leqslant 1$，所以

$$P(A_1 A_2) \geqslant P(A_1) + P(A_2) - 1$$

（2）由（1）已知，$P(A_1 A_2) \geqslant P(A_1) + P(A_2) - 1$
根据数学归纳法，假设
$P(A_1 A_2 \cdots A_{n-1}) \geqslant P(A_1) + P(A_2) + \cdots + P(A_{n-1}) - (n-2)$ 成立，则可推出

$$P(A_1 A_2 \cdots A_n) = P(A_1 A_2 \cdots A_{n-1}) + P(A_n) - P[(A_1 A_2 \cdots A_{n-1}) \bigcup A_n]$$
$$\geqslant P(A_1) + P(A_2) + \cdots + P(A_{n-1}) - (n-2) + P(A_n) - 1$$
$$= P(A_1) + P(A_2) + \cdots + P(A_n) - (n-1)$$

习 题 1-3

1. 有一批桶装酒共 14 桶，其中甲级 6 桶，乙级 8 桶，不小心把标签搞混了. 现随意取 3 桶酒，试问恰好取到 1 桶甲级酒、2 桶乙级酒的概率是多少？

解 令 $A = \{$恰好取到 1 桶甲级酒、2 桶乙级酒$\}$，在 14 桶酒中任取 3 桶，共有 C_{14}^3 种取法，恰好取到 1 桶甲级酒、2 桶乙级酒的有 $C_6^1 C_8^2$ 种取法，故所求概率为

$$P(A) = \frac{C_6^1 C_8^2}{C_{14}^3} = \frac{6}{13}$$

2. 有不同的数学书 6 本,物理书 4 本,化学书 3 本. 从中任取 2 本,试求 2 本书属不同学科的概率.

解 令 $A = \{$取到的 2 本书属不同学科$\}$,在 13 本书中任取 2 本,共有 C_{13}^2 种取法,2 本书属不同学科的有 $C_6^1 C_4^1 + C_6^1 C_3^1 + C_4^1 C_3^1$ 种取法,故所求概率为

$$P(A) = \frac{C_6^1 C_4^1 + C_6^1 C_3^1 + C_4^1 C_3^1}{C_{13}^2} = \frac{9}{13}$$

3. 设 10 把钥匙中有 3 把能打开门,从中任取 2 把,求能打开门的概率.

解 令 $A = \{$能打开门$\}$,在 10 把钥匙中任取 2 把,共有 C_{10}^2 种取法,能打开门的取法有 $C_7^1 C_3^1 + C_3^2$ 种,故所求概率为

$$P(A) = \frac{C_7^1 C_3^1 + C_3^2}{C_{10}^2} = \frac{8}{15}$$

4. 袋内有编号为 1 到 5 的 5 个球,从中有放回地每次取 1 球,连取 3 次,问 3 个球的编号组成奇数的概率为多少?

解 令 $A = \{$3 个球的编号组成奇数$\}$,从 5 个球中有放回地取球 3 次,共有 5^3 种取法,3 个球的编号组成奇数有 $5^2 \times 3$ 种取法,故所求概率为

$$P(A) = \frac{5^2 \times 3}{5^3} = \frac{3}{5}$$

5. 从 5 双不同的鞋子中任取 4 只,问这 4 只鞋子中至少有 2 只配成一双的概率是多少?

解 令 $A = \{$4 只中至少有 2 只能配成一双$\}$,从 5 双鞋子中任取 4 只,共有 C_{10}^4 种取法,4 只中至少有 2 只能配成一双的有 $C_5^2 + C_5^1 C_4^2 C_2^1 C_2^1$ 种取法,故所求概率为

$$P(A) = \frac{C_5^2 + C_5^1 C_4^2 C_2^1 C_2^1}{C_{10}^4} = \frac{13}{21}$$

或者考虑对立事件 $\overline{A}$ 中包含的样本点为 $C_5^4 C_2^1 C_2^1 C_2^1 C_2^1$ 个,从而

$$P(A) = 1 - P(\overline{A}) = 1 - \frac{C_5^4 C_2^1 C_2^1 C_2^1 C_2^1}{C_{10}^4} = \frac{13}{21}$$

6. 一批产品共 100 件,其中 98 件正品,2 件次品,从中任取 3 件. 分别有 3 种取

法:一次取 3 件;有放回地连取 3 件;无放回地连取 3 件,求下列事件的概率:

(1) 取出的 3 件产品中恰有 1 件次品的概率.

(2) 取出的 3 件产品中至少有 1 件次品的概率.

解 令 $A=\{$取出的 3 件产品中恰有 1 件是次品$\}$,$B=\{$取出的 3 件产品中至少有 1 件是次品$\}$,分别讨论下列情况:

1. 从 100 件中一次任取 3 件,共有 C_{100}^3 种取法,A 中包含 $C_{98}^2 C_2^1$ 个样本点,B 中包含 $C_2^1 C_{98}^2+C_2^2 C_{98}^1$ 个样本点,从而

(1) $P(A)=\dfrac{C_{98}^2 C_2^1}{C_{100}^3}=0.0588$

(2) $P(B)=\dfrac{C_2^1 C_{98}^2+C_2^2 C_{98}^1}{C_{100}^3}=0.0594$

2. 从 100 件中有放回地连取 3 件,共有 100^3 种取法,A 中包含 $98^2\times2\times3$ 个样本点,B 中包含 $98^2\times2\times3+2^2\times98\times3$ 个样本点,从而

(1) $P(A)=\dfrac{98^2\times2\times3}{100^3}=0.0576$

(2) $P(B)=\dfrac{98^2\times2\times3+2^2\times98\times3}{100^3}=0.0588$

3. 从 100 件中无放回地连取 3 件,共有 P_{100}^3 种取法,A 中包含 $3P_{98}^2 P_2^1$ 个样本点,B 中包含 $3P_{98}^2 P_2^1+3P_2^2 P_{98}^1$ 个样本点,从而

(1) $P(A)=\dfrac{3P_{98}^2 P_2^1}{P_{100}^3}=0.0588$

(2) $P(B)=\dfrac{3P_{98}^2 P_2^1+3P_2^2 P_{98}^1}{P_{100}^3}=0.0594$

7. 从 0,1,2,3 这 4 个数字中任取 3 个,求能排成一个末位数不是 2 的三位数的概率.

解 令 $A=\{$排成的三位数末位不是 2$\}$,从 0,1,2,3 这 4 个数字中任取 3 个数排列,总共有 P_4^3 种排法,排成末位不是 2 的三位数有 $P_3^2+2P_2^1 P_2^1$ 种排法,故所求概率为

$$P(A)=\frac{P_3^2+2P_2^1 P_2^1}{P_4^3}=\frac{7}{12}$$

8. 从 0,1,$\cdots$,9 中任取 3 个不同的数字,试求下列事件的概率:

(1) 3 个数字中含有 0 或 5.

(2) 3 个数字中不含 0 和 5.

解 从 0, 1, …, 9 中任取 3 个不同的数字有 C_{10}^3 种取法,令 $A=\{$取出的 3 个数字中含有 0$\}$,$B=\{$取出的 3 个数字中含有 5$\}$,则 A,B 中均含有 C_9^2 个样本点,所求概率为

(1) $P(A \bigcup B) = P(A) + P(B) - P(AB) = \dfrac{2C_9^2 - C_8^1}{C_{10}^3} = \dfrac{8}{15}$

(2) $P(\overline{A}\,\overline{B}) = P(\overline{A \bigcup B}) = 1 - P(A \bigcup B) = 1 - \dfrac{8}{15} = \dfrac{7}{15}$

9. 某宾馆有 3 部电梯,现有 5 人在一楼要乘电梯上楼,假定每个人都等可能地进入任何一部电梯,求每部电梯中至少有 1 人的概率.

解 令 $A_i=\{$第 i 部电梯内无人$\}$,$i=1,2,3$,$B=\{$每部电梯中至少有 1 人$\}$,则 $\overline{B}=A_1 \bigcup A_2 \bigcup A_3$,由

$$P(A_i) = \frac{2^5}{3^5}, i=1,2,3, \quad P(A_iA_j) = \frac{1^5}{3^5}, i,j=1,2,3, i \neq j, \quad P(A_1A_2A_3)$$

$=0$,根据加法公式,有

$$P(\overline{B}) = P(A_1 \bigcup A_2 \bigcup A_3) = P(A_1) + P(A_2) + P(A_3) - P(A_1A_2)$$

$$- P(A_1A_3) - P(A_2A_3) + P(A_1A_2A_3) = 3 \times \frac{2^5}{3^5} - 3 \times \frac{1^5}{3^5} + 0 = \frac{31}{81}$$

故所求概率为

$$P(B) = 1 - P(\overline{B}) = 1 - \frac{31}{81} = \frac{50}{81}$$

10. 某公共汽车从始发站开出时有 8 名乘客,沿途将停靠 10 个车站,假设这 8 名乘客每人都等可能地在各站下车. 试求下列事件的概率.

(1) 8 人在不同站下车.

(2) 8 人在同一站下车.

(3) 8 人都在终点站下车.

(4) 8 人中恰有 3 人在终点站下车.

解 $A_1=\{$8 人在不同站下车$\}$,$A_2=\{$8 人在同一站下车$\}$,$A_3=\{$8 人都在终点站下车$\}$,$A_4=\{$8 人中恰有 3 人在终点站下车$\}$. 8 名乘客下车方式共有 10^8 种,A_1 中包含 $C_{10}^8 8!$ 个样本点,A_2 中包含 C_{10}^1 个样本点,A_3 中只包含 1 个样本点,A_4 中包含 $C_8^3 \cdot 9^5$ 个样本点,故所求概率分别为

(1) $P(A_1) = \dfrac{C_{10}^8 \cdot 8!}{10^8}$

(2) $P(A_2) = \dfrac{C_{10}^1}{10^8} = \dfrac{1}{10^7}$

(3) $P(A_3) = \dfrac{1}{10^8}$

(4) $P(A_3) = \dfrac{C_8^3 \cdot 9^5}{10^8}$

11. 一个小组有 5 名成员,其中每人在一星期 7 天中等可能地任选 1 天参加义务劳动,试求下列事件的概率.

(1) 指定的 5 天各有 1 人参加劳动.

(2) 有 5 天各有 1 人参加劳动.

解 令 $A = \{$指定的 5 天各有 1 人参加劳动$\}$,$B = \{$有 5 天各有 1 人参加劳动$\}$. 5 名成员任选 1 天参加劳动共有 7^5 种选法,A 中含有 $5!$ 个样本点,B 中含有 $C_7^5 \cdot 5!$ 个样本点,故所求概率分别为

(1) $P(A) = \dfrac{5!}{7^5}$

(2) $P(B) = \dfrac{C_7^5 \cdot 5!}{7^5}$

12. 公共汽车站每隔 5 分钟有 1 辆公共汽车通过,乘客在任一时刻等可能地到达车站,求乘客候车时间不超过 3 分钟的概率.

解 令 $A = \{$乘客候车时间不超过 3 分钟$\}$. 以乘客到达车站的时刻为样本点,分钟为单位,记上 1 辆车经过车站的时刻为 0.

根据题意,候车时间不会超过 5 分钟,考虑乘客在时间区间 $(0, 5]$ 内任一时刻等可能到达车站,故 $\Omega = (0, 5]$,区间长度 $m(\Omega) = 5 - 0 = 5$.

要使候车时间不超过 3 分钟,则乘客须在时间区间 $[2, 5]$ 内到达车站,故 $A = [2, 5]$,区间长度 $m(A) = 5 - 2 = 3$,故所求概率为

$$P(A) = \frac{m(A)}{m(\Omega)} = \frac{3}{5}$$

13. 在区间 $(0, 1)$ 内任取 2 个实数,试求两数之和小于 $\dfrac{6}{5}$ 的概率.

解 记所取两个数分别为 x, y,则 (x, y) 的取值区域为

$$\Omega = \{(x, y) \mid 0 < x < 1, 0 < y < 1\}$$

如图 1-5 所示,其面积 $m(\Omega)=1$.

令 $A=\left\{\text{两数之和小于}\dfrac{6}{5}\right\}$,则

$$A=\left\{(x,y)\mid 0<x<1,\ 0<y<1,\ x+y\leqslant\dfrac{6}{5}\right\}$$

如图 1-5 中阴影部分所示,其面积为 $m(A)=1-$
$\dfrac{1}{2}\times0.8^2=0.68$,故所求概率为

$$P(A)=\dfrac{m(A)}{m(\Omega)}=\dfrac{0.68}{1}=0.68$$

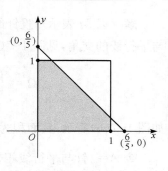

图 1-5　全集 Ω 与集合 A

14. 某码头只能容纳 1 艘船停靠,现预知某日将
有 2 艘船到来,且在 24 小时内任一时刻到来的可能
性相等. 如果 2 艘船停靠的时间分别为 4 小时和 6 小
时,试求有 1 艘船要在江心等待的概率.

解　设两艘船分别为甲船和乙船,甲船停靠 4
小时,到达时间为 x;乙船停靠 6 小时,到达时间为
y,则 (x,y) 的取值区域为

$$D=\{(x,y)\mid 0<x<24,\ 0<y<24\}$$

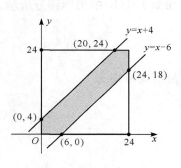

图 1-6　全集 Ω 与集合 A

如图 1-6 所示,其面积 $m(\Omega)=24^2$.

令 $A=\{$有一艘船要在江心等待$\}$. 如果甲船先到,则当 $y-x\leqslant4$ 时,乙船要等
待;如果乙船先到,则当 $x-y\leqslant6$ 时,甲船要等待,故有

$$A=\{(x,y)\mid 0<x<1,\ 0<y<1,\ -6\leqslant y-x\leqslant4\}$$

如图 1-6 中阴影部分所示,其面积为

$$m(A)=24^2-\dfrac{1}{2}\times18^2-\dfrac{1}{2}\times20^2=214$$

故所求概率为

$$P(A)=\dfrac{m(A)}{m(\Omega)}=\dfrac{214}{24^2}=0.372$$

15. (蒲丰投针问题)设平面上一系列平行线的间距为 a,向平面投一长为 l 的针
$(l<a)$,求针与平行线相交的概率.

解 以 M 表示所投针的中点，x 表示中点 M 到最近的平行线的距离，φ 表示针与平行线的交角，见图 1-7(a)；则 (x, φ) 的取值区域为

$$\Omega = \left\{ (x, \varphi) \,\middle|\, 0 \leqslant x < \frac{a}{2}, \ 0 \leqslant \varphi < \pi \right\}$$

如图 1-7(b)所示，其面积为 $m(\Omega) = \dfrac{a\pi}{2}$.

令 $A = \{$针与平行线相交$\}$，则

$$A = \left\{ (x, \varphi) \,\middle|\, 0 \leqslant x < \frac{l}{2} \sin \varphi, \ 0 \leqslant \varphi < \pi \right\}$$

如图 1-7(b)中阴影部分所示，其面积为

$$m(A) = \int_0^\pi \frac{1}{2} \sin \varphi \, \mathrm{d}\varphi = l$$

故所求概率为

$$P(A) = \frac{m(A)}{m(\Omega)} = \frac{l}{a\pi/2} = \frac{2l}{a\pi}$$

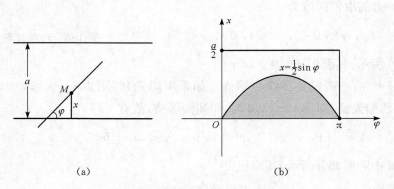

(a)　　　　　　　　　　(b)

图 1-7　角 φ、区域 Ω 与集合 A

习　题　1-4

1. 已知 $P(A) = \dfrac{1}{4}$, $P(B \mid A) = \dfrac{1}{3}$, $P(A \mid B) = \dfrac{1}{2}$, 求 $P(A \cup B)$.

解 根据概率的乘法公式，有

$$P(AB) = P(A)P(B \mid A) = \frac{1}{4} \times \frac{1}{3} = \frac{1}{12}, \ P(B) = \frac{P(AB)}{P(A \mid B)} = \frac{1/12}{1/2} = \frac{1}{6}$$

由此可得

$$P(A \bigcup B) = P(A) + P(B) - P(AB) = \frac{1}{4} + \frac{1}{6} - \frac{1}{12} = \frac{1}{3}$$

2. 设 10 件产品中有 4 件次品,从中任取 2 件. 已知所取 2 件产品中有一件次品,求另一件也是次品的概率.

解 令 $A = \{2$ 件产品中至少有 1 件次品$\}$,$B = \{2$ 件产品都是次品$\}$,则由 $B \subset A$,有 $AB = B$. 根据题意,A 中含有 $C_4^2 + C_4^1 C_6^1$ 个样本点;B 中含有 C_4^2 个样本点,按缩减样本法计算,所求概率为

$$P(B \mid A) = \frac{C_4^2}{C_4^2 + C_4^1 C_6^1} = \frac{1}{5}$$

3. 为防止意外,矿井内同时装有两种报警系统. 系统 Ⅰ 和系统 Ⅱ 单独使用时,有效的概率分别为 0.92 和 0.93. 在系统 Ⅰ 失灵的条件下,系统 Ⅱ 仍有效的概率为 0.85,求:

(1) 系统 Ⅰ 和系统 Ⅱ 都有效的概率.

(2) 系统 Ⅱ 失灵而系统 Ⅰ 有效的概率.

(3) 在系统 Ⅱ 失灵的条件下,系统 Ⅰ 仍有效的概率.

解 令 $A = \{$系统 Ⅰ 有效$\}$,$B = \{$系统 Ⅱ 有效$\}$,则根据题意,有

$$P(A) = 0.92, \ P(B) = 0.93, \ P(B \mid \bar{A}) = \frac{P(\bar{A}B)}{P(\bar{A})} = \frac{P(B) - P(AB)}{1 - P(A)} = 0.85$$

从而所求概率分别为

(1) $P(AB) = P(B) - [1 - P(A)]P(B \mid \bar{A}) = 0.93 - 0.85 \times 0.08 = 0.862$

(2) $P(A\bar{B}) = P(A) - P(AB) = 0.92 - 0.862 = 0.058$

(3) $P(A \mid \bar{B}) = \frac{P(A\bar{B})}{P(\bar{B})} = \frac{P(A) - P(AB)}{1 - P(B)} = \frac{0.92 - 0.862}{1 - 0.93} = 0.8286$

4. 某人忘了电话号码的最后一个数字而随意拨号,求能在 3 次拨号内接通电话的概率. 如果已知最后一个数字是奇数,则此概率是多少?

解 令 $A_i = \{$第 i 次拨号接通电话$\}$,$i = 1, 2, 3$;$B = \{3$ 次拨号内接通电话$\}$,则 $B = A_1 \bigcup \bar{A}_1 A_2 \bigcup \bar{A}_1 \bar{A}_2 A_3$,所求概率为

$$P(B) = P(A_1 \bigcup \overline{A}_1 A_2 \bigcup \overline{A}_1 \overline{A}_2 A_3) = P(A_1) + P(\overline{A}_1 A_2) + P(\overline{A}_1 \overline{A}_2 A_3)$$
$$= P(A_1) + P(\overline{A}_1)P(A_2 \mid \overline{A}_1) + P(\overline{A}_1)P(\overline{A}_2 \mid \overline{A}_1)P(A_3 \overline{A}_1 \mid \overline{A}_2)$$
$$= \frac{1}{10} + \frac{9}{10} \times \frac{1}{9} + \frac{9}{10} \times \frac{8}{9} \times \frac{1}{8} = \frac{3}{10}$$

如果已知最后一个数字是奇数,则此概率为

$$P(B) = P(A_1) + P(\overline{A}_1)P(A_2 \mid \overline{A}_1) + P(\overline{A}_1)P(\overline{A}_2 \mid \overline{A}_1)P(A_3 \overline{A}_1 \mid \overline{A}_2)$$
$$= \frac{1}{5} + \frac{4}{5} \times \frac{1}{4} + \frac{4}{5} \times \frac{3}{4} \times \frac{1}{3} = \frac{3}{5}$$

5. 有 2 箱相同型号的零件,第一箱装 50 件,其中 10 件一等品;第二箱装 30 件,其中 18 件一等品. 现从二箱中任选 1 箱,再从该箱中无放回地每次取 1 件,连取 2 次. 试求:

(1) 第一次取到一等品的概率;

(2) 在第一次取到一等品的条件下,第二次也取到一等品的概率.

解 令 $A_i = \{$取到第 i 箱产品$\}$,$B_i = \{$第 i 次取到一等品$\}$,$i = 1, 2$,则 $A_1 \bigcap A_2 = \varnothing$,$A_1 \bigcup A_2 = \Omega$,从而所求概率分别为

(1) $P(B_1) = P(A_1 B_1 \bigcup A_2 B_1) = P(A_1 B_1) + (A_2 B_1)$
$$= P(A_1)P(B_1 \mid A_1) + P(A_2)P(B_1 \mid A_2)$$
$$= \frac{1}{2} \times \frac{10}{50} + \frac{1}{2} \times \frac{18}{30} = \frac{2}{5}$$

(2) $P(B_2 \mid B_1) = \dfrac{P(B_1 B_2)}{P(B_1)} = \dfrac{P(A_1 B_1 B_2 \bigcup A_2 B_1 B_2)}{P(B_1)}$

$$= \frac{P(A_1 B_1 B_2) + P(A_2 B_1 B_2)}{P(B_1)}$$

$$= \frac{P(A_1)P(B_1 B_2 \mid A_1) + P(A_2)P(B_1 B_2 \mid A_2)}{2/5}$$

$$= \frac{5}{2}\left(\frac{1}{2} \cdot \frac{P_{10}^2}{P_{50}^2} + \frac{1}{2} \cdot \frac{P_{18}^2}{P_{30}^2}\right) = 0.4856$$

6. 在一批产品中,甲、乙、丙三厂的产品分别占 40%,50%,10%. 已知三厂产品的次品率分别为 0.2,0.1,0.3,试求这批产品的次品率.

解 $A_1 = \{$取到甲厂产品$\}$,$A_2 = \{$取到乙厂产品$\}$,$A_3 = \{$取到丙厂产品$\}$,$B = \{$任取 1 件产品为次品$\}$,则 A_1,A_2,A_3 两两互斥,$A_1 \bigcup A_2 \bigcup A_3 = \Omega$,从而所求概率为

$$P(B) = P(A_1B \bigcup A_2B \bigcup A_3B)$$
$$= P(A_1B) + P(A_2B) + P(A_3B)$$
$$= P(A_1)P(B \mid A_1) + P(A_2)P(B \mid A_2) + P(A_3)P(B \mid A_3)$$
$$= 0.4 \times 0.2 + 0.5 \times 0.1 + 0.1 \times 0.3 = 0.16$$

7. 甲袋中有 2 个白球和 4 个黑球,乙袋中有 5 个白球和 3 个黑球. 先从甲袋中任取 2 球放入乙袋,再从乙袋中任取 1 球. 试求

（1）从乙袋中取到的是白球的概率.

（2）已知从乙袋中取到的是黑球,求从甲袋中取出的是 1 个黑球、1 个白球的概率.

解　令 $A_i = \{$从甲袋中取到 i 个白球$\}$, $i = 0$, 1, 2, $B = \{$从乙袋中取到的是白球$\}$, 则 A_0, A_1, A_2 两两互斥, $A_0 \bigcup A_1 \bigcup A_2 = \Omega$, 从而所求概率分别为

（1） $P(B) = P(A_0B \bigcup A_1B \bigcup A_2B)$
$$= P(A_0B) + P(A_1B) + P(A_2B)$$
$$= P(A_0)P(B \mid A_0) + P(A_1)P(B \mid A_1) + P(A_2)P(B \mid A_2)$$
$$= \frac{C_4^2}{C_6^2} \cdot \frac{C_5^1}{C_{10}^1} + \frac{C_4^1 C_2^1}{C_6^2} \cdot \frac{C_6^1}{C_{10}^1} + \frac{C_2^2}{C_6^2} \cdot \frac{C_7^1}{C_{10}^1} = \frac{17}{30}$$

（2） $P(A_1 \mid \overline{B}) = \dfrac{P(A_1\overline{B})}{P(\overline{B})} = \dfrac{P(A_1)P(\overline{B} \mid A_1)}{1 - P(B)} = \dfrac{\dfrac{C_4^1 C_2^1}{C_6^2} \cdot \dfrac{C_4^1}{C_{10}^1}}{1 - \dfrac{17}{30}} = \dfrac{32}{65}$

8. 设 10 张奖券中有 4 张可以中奖,每人依次任取 1 张,求

（1）第 1 人中奖的概率.

（2）第 2 人中奖的概率.

（3）前 3 人中恰有一人中奖的概率.

解　令 $A_i = \{$第 i 个人中奖$\}$, $i = 1$, 2, 3, 则所求概率分别为

（1） $P(A_1) = \dfrac{C_4^1}{C_{10}^1} = \dfrac{2}{5}$

（2） $P(A_2) = P(A_1A_2) + P(\overline{A_1}A_2) = P(A_1)P(A_2 \mid A_1) + P(\overline{A_1})P(A_2 \mid \overline{A_1})$
$$= \frac{C_4^1}{C_{10}^1} \times \frac{C_3^1}{C_9^1} + \frac{C_6^1}{C_{10}^1} \times \frac{C_4^1}{C_9^1} = \frac{2}{5}$$

（3） $P(A_1\overline{A_2}\,\overline{A_3} \bigcup \overline{A_1}A_2\overline{A_3} \bigcup \overline{A_1}\,\overline{A_2}A_3) = P(A_1\overline{A_2}\,\overline{A_3}) + P(\overline{A_1}A_2\overline{A_3}) + P(\overline{A_1}\,\overline{A_2}A_3)$
$$= P(A_1)P(\overline{A_2} \mid A_1)P(\overline{A_3} \mid A_1\overline{A_2}) + P(\overline{A_1})P(A_2 \mid \overline{A_1})P(\overline{A_3} \mid \overline{A_1}A_2)$$

$$+ P(\overline{A}_1)P(\overline{A}_2 \mid \overline{A}_1)P(A_3 \mid \overline{A}_1\overline{A}_2)$$

$$= \frac{C_4^1}{C_{10}^1} \times \frac{C_6^1}{C_9^1} \times \frac{C_5^1}{C_8^1} + \frac{C_6^1}{C_{10}^1} \times \frac{C_4^1}{C_9^1} \times \frac{C_5^1}{C_8^1} + \frac{C_6^1}{C_{10}^1} \times \frac{C_5^1}{C_9^1} \times \frac{C_4^1}{C_8^1} = \frac{1}{2}$$

9. 有朋友自远方来,乘火车、轮船、汽车、飞机的概率分别为 0.3,0.2,0.1,0.4;乘各种交通工具迟到的概率相应为 0.25,0.3,0.1,0. 现已知朋友迟到了,问乘哪种交通工具的可能性最大.

解 根据题意可知,朋友肯定不是乘飞机来的. 令 $A_1=\{$朋友乘火车$\}$,$A_2=\{$朋友乘轮船$\}$,$A_3=\{$朋友乘汽车$\}$,$B=\{$朋友迟到$\}$,则 A_1,A_2,A_3 两两互斥,$A_1 \bigcup A_2 \bigcup A_3=\Omega$,有

$$P(B) = P(A_1B \bigcup A_2B \bigcup A_3B)$$
$$= P(A_1B) + P(A_2B) + P(A_3B)$$
$$= P(A_1)P(B \mid A_1) + P(A_2)P(B \mid A_2) + P(A_3)P(B \mid A_3)$$
$$= 0.3 \times 0.25 + 0.2 \times 0.3 + 0.1 \times 0.1 = 0.145$$

$$P(A_1 \mid B) = \frac{P(A_1B)}{P(B)} = \frac{P(A_1)P(B \mid A_1)}{P(B)} = \frac{0.3 \times 0.25}{0.145} = \frac{75}{145}$$

$$P(A_2 \mid B) = \frac{P(A_2B)}{P(B)} = \frac{P(A_2)P(B \mid A_2)}{P(B)} = \frac{0.2 \times 0.3}{0.145} = \frac{60}{145}$$

$$P(A_3 \mid B) = \frac{P(A_3B)}{P(B)} = \frac{P(A_3)P(B \mid A_3)}{P(B)} = \frac{0.1 \times 0.1}{0.145} = \frac{10}{145}$$

由此可知,朋友乘火车来的可能性最大.

10. 玻璃杯成箱出售,每箱 20 只,其中有 0,1,2 个次品的概率分别为 0.8,0.1,0.1.顾客在购买时任选 1 箱,开箱任取 4 个察看,如果未发现次品就买下该箱,否则退回.试求

(1) 顾客买下该箱的概率.

(2) 顾客买下的该箱中确实没有次品的概率.

解 令 $A_i=\{$该箱内有 i 件次品$\}$,$i=0,1,2$,$B=\{$顾客买下该箱玻璃杯$\}$,则 $A_0 \bigcap A_1 \bigcap A_2=\varnothing$,$A_0 \bigcup A_1 \bigcup A_2=\Omega$,从而所求概率分别为

(1) $P(B) = P(A_0B \bigcup A_1B \bigcup A_2B)$
$$= P(A_0B) + P(A_1B) + P(A_2B)$$
$$= P(A_0)P(B \mid A_0) + P(A_1)P(B \mid A_1) + P(A_2)P(B \mid A_2)$$

$$= 0.8 \times 1 + 0.1 \times \frac{C_{19}^4}{C_{20}^4} + 0.1 \times \frac{C_{18}^4}{C_{20}^4} = \frac{448}{475} = 0.943$$

(2) $P(A_0 \mid B) = \dfrac{P(A_0 B)}{P(B)} = \dfrac{P(A_0) P(B \mid A_0)}{P(B)} = \dfrac{0.8 \times 1}{448/475} = 0.85$

11. 来自三个地区的考生报名表分别为 10 份、15 份、25 份；其中女生报名表分别为 3 份、7 份、5 份. 任取一个地区的报名表，从中无放回地先后抽取 2 份，试求

(1) 先抽到的 1 份是女生表的概率.

(2) 已知后抽到的 1 份是男生表，求先抽到的 1 份是女生表的概率.

解 令 $A_i = \{$报名表来自第 i 个地区$\}$, $i=1, 2, 3$；$B_j = \{$第 j 次抽到的是女生表$\}$, $j=1, 2$. 则 A_1, A_2, A_3 两两互斥，$A_1 \bigcup A_2 \bigcup A_3 = \Omega$，分别计算如下：

(1) $P(B_1) = P(A_1 B_1 \bigcup A_2 B_1 \bigcup A_3 B_1) = P(A_1 B_1) + P(A_2 B_1) + P(A_3 B_1)$
$$= P(A_1) P(B_1 \mid A_1) + P(A_2) P(B_1 \mid A_2) + P(A_3) P(B_1 \mid A_3)$$
$$= \frac{1}{3} \times \frac{3}{10} + \frac{1}{3} \times \frac{7}{15} + \frac{1}{3} \times \frac{5}{25} = \frac{29}{90}$$

(2) 类似于(1)的计算，有

$$P(B_1 \overline{B}_2) = P(A_1) P(B_1 \overline{B}_2 \mid A_1) + P(A_2) P(B_1 \overline{B}_2 \mid A_2) + P(A_3) P(B_1 \overline{B}_2 \mid A_3)$$
$$= \frac{1}{3} \cdot \frac{P_3^1 P_7^1}{P_{10}^2} + \frac{1}{3} \cdot \frac{P_7^1 P_8^1}{P_{15}^2} + \frac{1}{3} \cdot \frac{P_5^1 P_{20}^1}{P_{25}^2} = \frac{2}{9}$$

$$P(\overline{B}_1 \overline{B}_2) = P(A_1) P(\overline{B}_1 \overline{B}_2 \mid A_1) + P(A_2) P(\overline{B}_1 \overline{B}_2 \mid A_2) + P(A_3) P(\overline{B}_1 \overline{B}_2 \mid A_3)$$
$$= \frac{1}{3} \cdot \frac{P_7^2}{P_{10}^2} + \frac{1}{3} \cdot \frac{P_8^2}{P_{15}^2} + \frac{1}{3} \cdot \frac{P_{20}^2}{P_{25}^2} = \frac{41}{90}$$

由此可得

$$P(\overline{B}_2) = P(B_1 \overline{B}_2 \bigcup \overline{B}_1 \overline{B}_2) = P(B_1 \overline{B}_2) + P(\overline{B}_1 \overline{B}_2) = \frac{2}{9} + \frac{41}{90} = \frac{61}{90}$$

所求概率为

$$P(B_1 \mid \overline{B}_2) = \frac{P(B_1 \overline{B}_2)}{P(\overline{B}_2)} = \frac{2/9}{61/90} = \frac{20}{61}$$

习 题 1-5

1. 设事件 A 与 B 相互独立，且 2 个事件中仅有 A 发生的概率和仅有 B 发生的

概率均为 $\frac{1}{4}$,求 $P(A)$ 和 $P(B)$.

解 根据题意,有

$$P(A\bar{B}) = P(A) - P(AB) = P(A) - P(A)P(B) = \frac{1}{4}$$

$$P(\bar{A}B) = P(B) - P(AB) = P(B) - P(A)P(B) = \frac{1}{4}$$

从而可知 $P(A)=P(B)$,且

$$P(A) - P^2(A) = \frac{1}{4}$$

由此解得

$$P(A) = P(B) = \frac{1}{2}$$

2. 设 $P(A)=0.4$, $P(A \cup B)=0.7$,试就以下两种情况求 $P(B)$:

(1) 事件 A 与 B 互斥.

(2) 事件 A 与 B 独立.

解 由 $P(A \cup B) = P(A) + P(B) - P(AB)$,有

$$P(B) = P(A \cup B) - P(A) + P(AB)$$

(1) 如果 A 与 B 互斥,则 $P(AB)=0$,可得

$$P(B) = P(A \cup B) - P(A) = 0.7 - 0.4 = 0.3$$

(2) 如果 A 与 B 独立,则 $P(AB)=P(A)P(B)$,可得

$$P(B) = \frac{P(A \cup B) - P(A)}{1 - P(A)} = \frac{0.7 - 0.4}{1 - 0.4} = \frac{1}{2}$$

3. 证明:如果 $P(A)>0$, $P(B)>0$,则

(1) 当 A 与 B 独立时,A 与 B 不互斥.

(2) 当 A 与 B 互斥时,A 与 B 不独立.

证 如果 $P(A)>0$, $P(B)>0$,则

(1) 当 A 与 B 独立时,有 $P(AB)=P(A)P(B)>0$,故 A 与 B 不互斥.

(2) 当 A 与 B 互斥时,有 $P(AB)=0 \neq P(A)P(B)$,故 A 与 B 不独立.

4. 设事件 A, B, C 相互独立,证明:$A \cup B$ 与 C 相互独立.

证 由 A, B, C 相互独立,有

$$P[(A \cup B)C] = P(AC \cup BC)$$
$$= P(AC) + P(BC) - P(ABC)$$
$$= P(A)P(C) + P(B)P(C) - P(A)P(B)P(C)$$
$$= [P(A) + P(B) - P(A)P(B)]P(C)$$
$$= P(A \cup B)P(C)$$

故 $A \cup B$ 与 C 相互独立.

5. 自动报警器由雷达和计算机两部分组成,任一部分发生故障都将导致报警器失灵. 设两部分的工作状态相互独立,且发生故障的概率分别为 0.1 和 0.3,求报警器不失灵的概率.

解 令 $A = \{$雷达发生故障$\}$,$B = \{$计算机发生故障$\}$.根据题意,A 与 B 独立,且 $P(A) = 0.1$,$P(B) = 0.3$.由 A 与 B 独立,可知 $\overline{A}$ 与 $\overline{B}$ 独立,由此可得

$$P(\overline{A}\,\overline{B}) = P(\overline{A})P(\overline{B}) = [1 - P(A)][1 - P(B)]$$
$$= (1 - 0.1)(1 - 0.3) = 0.63$$

6. 3 个人各自独立地破译一个密码,且破译成功的概率分别为 $\frac{1}{5}$,$\frac{1}{4}$,$\frac{1}{3}$,求密码被破译的概率.

解 令 $A_i = \{$第 i 个人破译成功$\}$,$i = 1, 2, 3$,$B = \{$密码被破译$\}$,则 A_1, A_2, A_3 相互独立,$A = A_1 \cup A_2 \cup A_3$,从而所求概率为

$$P(A) = P(A_1 \cup A_2 \cup A_3) = 1 - P(\overline{A_1})P(\overline{A_2})P(\overline{A_3}) = 1 - \frac{4}{5} \times \frac{3}{4} \times \frac{2}{3} = \frac{2}{5}$$

7. 3 台独立工作的机床由 1 个人照管. 设 3 台机床不需要照管的概率分别为 0.9,0.8,0.85,求有机床因无人照管而停工的概率.

解 令 $A_i = \{$第 i 需要照管$\}$,$i = 1, 2, 3$,$B = \{$有机床因无人照管而停工$\}$,则 A_1, A_2, A_3 相互独立,$B = A_1 A_2 \cup A_1 A_3 \cup A_2 A_3$,从而所求概率为

$$P(B) = P(A_1 A_2 \cup A_1 A_3 \cup A_2 A_3)$$
$$= P(A_1 A_2) + P(A_1 A_3) + P(A_2 A_3) - 2P(A_1 A_2 A_3)$$
$$= P(A_1)P(A_2) + P(A_1)P(A_3) + P(A_2)P(A_3) - 2P(A_1)P(A_2)P(A_3)$$
$$= 0.1 \times 0.2 + 0.1 \times 0.15 + 0.2 \times 0.15 - 2 \times 0.1 \times 0.2 \times 0.15$$
$$= 0.059$$

8. 加工某种零件可采用 2 种工艺,第一种工艺有 3 道工序,各道工序的废品率分别为 0.1,0.2,0.3;第二种工艺有 2 道工序,各道工序的废品率都是 0.3.采用第一种工艺,合格品中的一级品率为 0.9;采用第二种工艺,合格品中的一级品率为 0.8,试问哪一种工艺加工得到一级品的概率大?

解 令 $A=\{$零件为合格品$\}$,$B=\{$零件为一级品$\}$,则 $B \subset A$,故 $AB=B$.

(1) 采用第一种工艺的情况:令 $A_i=\{$第 i 道工序为废品$\}$,$i=1,2,3$,则 A_1,A_2,A_3 相互独立,$A=\overline{A_1}\,\overline{A_2}\,\overline{A_3}$,从而

$$P(A)=P(\overline{A_1})P(\overline{A_2})P(\overline{A_3})=0.9 \times 0.8 \times 0.7 = 0.504$$

根据题意,有 $P(B|A)=0.9$,可得

$$P(B)=P(AB)=P(A)P(B \mid A)=0.504 \times 0.9 = 0.4536$$

(2) 采用第二种工艺的情况:令 $A_i=\{$第 i 道工序为废品$\}$,$i=1,2$,则 A_1,A_2 相互独立,$A=\overline{A_1}\,\overline{A_2}$,从而

$$P(A)=P(\overline{A_1})P(\overline{A_2})=0.7 \times 0.7 = 0.49$$

根据题意,有 $P(B|A)=0.8$,可得

$$P(B)=P(AB)=P(A)P(B \mid A)=0.49 \times 0.8 = 0.392$$

44

故采用第一种工艺加工得到的一级品概率大.

9. 设构成系统的每个元件的可靠性为 p,$0<p<1$,各元件的工作状态相互独立,分别求图 1-8 所示两个系统的可靠性.

解 令 $A_i=\{$第 i 个元件正常工作$\}$,$i=1,2,\cdots,2n$,$A=\{$图 1-8(a) 所示系统可靠$\}$,$B=\{$图 1-8(b) 所示系统可靠$\}$,则 A_1,A_2,$\cdots$,A_{2n} 相互独立,且

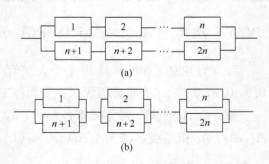

图 1-8 两个系统

$$A=A_1 A_2 \cdots A_n \bigcup A_{n+1} A_{n+2} \cdots A_{2n},$$
$$B=(A_1 \bigcup A_{n+1})(A_2 \bigcup A_{n+2})\cdots(A_n \bigcup A_{2n})$$

由此分别求得

$$P(A) = P(A_1 A_2 \cdots A_n \bigcup A_{n+1} A_{n+2} \cdots A_{2n})$$
$$= P(A_1 A_2 \cdots A_n) + P(A_{n+1} A_{n+2} \cdots A_{2n}) - P(A_1 A_2 \cdots A_n A_{n+1} A_{n+2} \cdots A_{2n})$$
$$= p^n + p^n - p^{2n} = p^n (2 - p^n)$$

$$P(B) = P(A_1 \bigcup A_{n+1}) P(A_2 \bigcup A_{n+2}) \cdots P(A_n \bigcup A_{2n})$$
$$= [1 - P(\overline{A}_1 \overline{A}_{n+1})][1 - P(\overline{A}_2 \overline{A}_{n+2})] \cdots [1 - P(\overline{A}_n \overline{A}_{2n})]$$
$$= [1 - (1-p)^2]^n = p^n (2 - p)^n$$

10. 甲、乙两袋内均有 2 个白球和 2 个黑球,从甲、乙两袋中各取 1 球,设事件 A 为"甲袋中取到白球",事件 B 为"乙袋中取到黑球",事件 C 为"两袋中取到同色球",试证事件 A, B, C 两两独立但不相互独立.

证 根据题意可知,$\overline{A} = \{$甲袋中取到黑球$\}$,$\overline{B} = \{$乙袋中取到白球$\}$,则 $C = A\overline{B} \bigcup \overline{A}B$,从而 $AC = A\overline{B}$, $BC = \overline{A}B$, $ABC = \varnothing$. 易知 A 与 B 独立,且有

$$P(A) = P(\overline{A}) = P(B) = P(\overline{B}) = \frac{1}{2}$$

$$P(C) = P(A\overline{B} \bigcup \overline{A}B) = P(A)P(\overline{B}) + P(\overline{A})P(B) = \frac{1}{2}$$

由此可得

$$P(AC) = P(A\overline{B}) = P(A)P(\overline{B}) = \frac{1}{4} = P(A)P(C)$$

$$P(BC) = P(\overline{A}B) = P(\overline{A})P(B) = \frac{1}{4} = P(B)P(C)$$

连同 A 与 B 独立可知,A, B, C 两两独立. 但由 $ABC = \varnothing$,有

$$P(ABC) = 0 \neq \frac{1}{8} = P(A)P(B)P(C)$$

故 A, B, C 不相互独立.

11. 办公室中有甲、乙、丙 3 人,办公室里只有一部电话. 据统计,来电话时打给甲、乙、丙的概率分别为 $\frac{2}{5}$, $\frac{2}{5}$, $\frac{1}{5}$,且甲、乙、丙外出办事的概率分别为 $\frac{1}{2}$, $\frac{1}{4}$, $\frac{1}{4}$. 设 3 人是否外出相互独立,试求:

(1) 来电话时无人接的概率.

(2) 来电话时被呼叫人在办公室的概率.

(3) 连续 3 个电话打给同一个人的概率.

(4) 连续 3 个电话打给不同的人的概率.

解 令 $A=\{$电话打给甲$\}$，$B=\{$电话打给乙$\}$，$C=\{$电话打给丙$\}$，$A_0=\{$甲外出$\}$，$B_0=\{$乙外出$\}$，$C_0=\{$丙外出$\}$. 根据题意，有

$$P(A)=\frac{2}{5}, \ P(B)=\frac{2}{5}, \ P(C)=\frac{1}{5}; \ P(A_0)=\frac{1}{2}, \ P(B_0)=\frac{1}{4}, \ P(C_0)=\frac{1}{4}$$

且 A，B，C 两两互斥，$A\cup B\cup C=\Omega$；A_0，B_0，C_0 相互独立，由此可得

(1) $P(A_0 B_0 C_0)=P(A_0)P(B_0)P(C_0)=\frac{1}{2}\times\frac{1}{4}\times\frac{1}{4}=\frac{1}{32}$

(2) $P(A\overline{A}_0 \cup B\overline{B}_0 \cup C\overline{C}_0)=P(A\overline{A}_0)+P(B\overline{B}_0)+P(C\overline{C}_0)$

$$=P(A)P(\overline{A}_0\mid A)+P(B)P(\overline{B}_0\mid B)+P(C)P(\overline{C}_0\mid C)$$

$$=\frac{2}{5}\times\frac{1}{2}+\frac{2}{5}\times\frac{3}{4}+\frac{1}{5}\times\frac{3}{4}=\frac{13}{20}$$

令 $A_i=\{$第 i 个电话打给甲$\}$，$B_i=\{$第 i 个电话打给乙$\}$，$C_i=\{$第 i 个电话打给丙$\}(i=1,2,3)$，则其中下标相同的任何 3 个事件均两两互斥，下标不同的任何 3 个事件均相互独立，由此可得

(3) $P(A_1 A_2 A_3 \cup B_1 B_2 B_3 \cup C_1 C_2 C_3)=P(A_1 A_2 A_3)+P(B_1 B_2 B_3)+P(C_1 C_2 C_3)$

$$=\left(\frac{2}{5}\right)^3+\left(\frac{2}{5}\right)^3+\left(\frac{1}{5}\right)^3=\frac{17}{125}$$

(4) $P(A_1 B_2 C_3 \cup A_1 B_3 C_2 \cup A_2 B_1 C_3 \cup A_2 B_3 C_1 \cup A_3 B_1 C_2 \cup A_3 B_2 C_1)$

$=P(A_1 B_2 C_3)+P(A_1 B_3 C_2)+P(A_2 B_1 C_3)$

$\quad +P(A_2 B_3 C_1)+P(A_3 B_1 C_2)+P(A_3 B_2 C_1)$

$=6\times\left(\frac{2}{5}\times\frac{2}{5}\times\frac{1}{5}\right)=\frac{24}{125}$

习 题 1-6

1. 某车间有 10 台功率各为 7.5 千瓦的机床，如果每台机床平均每小时开动 12 分钟，且各台机床的工作状态相互独立. 求 10 台机床用电总功率超过 48 千瓦的概率.

解 令 $B_k=\{$有 k 台机床同时开动$\}$，$0\leqslant k\leqslant 10$，记每台机床开动的概率为 p，根据题意，有

$$p = \frac{12}{60} = 0.2, \ 1 - p = 0.8$$

所求概率为

$$P(7.5k > 48) = P(k > 6.4) = P(B_7 \bigcup B_8 \bigcup B_9 \bigcup B_{10}) = \sum_{k=7}^{10} P(B_k)$$

$$= \sum_{k=7}^{10} C_{10}^k (0.2)^k (0.8)^{10-k} = 0.000864$$

2. 进行重复独立试验,设每次试验中事件 A 发生的概率为 0.3,当 A 发生超过 2 次时,指示灯将发出信号. 求:

(1) 进行 5 次试验,指示灯发出信号的概率.

(2) 进行 7 次试验,指示灯发出信号的概率.

解 令 $B_k = \{$重复独立试验中 A 发生 k 次$\}$,$0 \leqslant k \leqslant 7$. 根据题意,有

$$P(A) = p = 0.3, \ P(\overline{A}) = 1 - p = 0.7$$

所求概率分别为

$$(1) \ P(k > 2) = P(B_3 \bigcup B_4 \bigcup B_5) = \sum_{k=3}^{5} P(B_k)$$

$$= \sum_{k=3}^{5} C_5^k (0.3)^k (0.7)^{5-k} = 0.163$$

$$(2) \ P(k > 2) = 1 - P(B_0 \bigcup B_1 \bigcup B_2) = 1 - \sum_{k=0}^{2} P(B_k)$$

$$= 1 - \sum_{k=0}^{2} C_7^k (0.3)^k (0.7)^{7-k} = 0.353$$

3. 一批产品的验收方案为:先做第一次检验,任取 10 件产品,如果其中无次品则接受该批产品,如果次品数大于 2 则拒收;否则做第二次检验,再任取 5 件产品,当且仅当其中无次品时接受该批产品. 设产品的次品率为 10%,求

(1) 该批产品经第一次检验即被接受的概率.

(2) 该批产品需做第二次检验的概率.

(3) 该批产品经第二次检验方被接受的概率.

(4) 该批产品被接受的概率.

解 令 $A_i = \{$第 1 次检验有 i 件次品$\}$,$0 \leqslant i \leqslant 10$,$B_j = \{$第 2 次检验有 j 件次品$\}$,$0 \leqslant j \leqslant 5$. 记任意一件产品为次品的概率为 p,根据题意有

$$p = 0.1, \ 1 - p = 0.9$$

47

所求概率分别为

(1) $P(A_0) = C_{10}^0 (0.1)^0 (0.9)^{10} = 0.349$

(2) $P(A_1 \bigcup A_2) = P(A_1) + P(A_2) = C_{10}^1 (0.1)^1 (0.9)^9 + C_{10}^2 (0.1)^2 (0.9)^8$
$$= 0.581$$

(3) $P[(A_1 \bigcup A_2) B_0] = P(A_1 \bigcup A_2) P(B_0) = 0.581 \cdot C_5^0 (0.1)^0 (0.9)^5 = 0.343$

(4) $P[A_0 \bigcup (A_1 \bigcup A_2) B_0] = P(A_0) + P[(A_1 \bigcup A_2) B_0] = 0.349 + 0.343$
$$= 0.692$$

4. 某厂生产的仪器以概率 0.7 可以直接出厂,以概率 0.3 需进一步调试. 经调试后的仪器以概率 0.80 可以出厂,以概率 0.20 定为不合格品不能出厂.设该厂生产了 $n(n \geqslant 2)$ 台仪器,且各台仪器是否合格相互独立,求

(1) n 台仪器全部能出厂的概率.

(2) n 台仪器中恰有 2 台不能出厂的概率.

(3) n 台仪器中至少有 2 台不能出厂的概率.

解 对于任意一台仪器,令 $A_1 = \{$可以直接出厂$\}$,$A_2 = \{$经调试后可以出厂$\}$.根据题意,有 $P(A_1) = 0.7$, $P(A_2 | \overline{A_1}) = 0.8$,记该仪器不能出厂的概率为 p,则

$$p = P(\overline{A_1} \overline{A_2}) = P(\overline{A_1}) P(\overline{A_2} | \overline{A_1}) = (1 - 0.7)(1 - 0.8) = 0.06, \quad 1 - p = 0.94$$

令 $B_i = \{n$ 台仪器中恰有 k 台不能出厂$\}$,$0 \leqslant k \leqslant n$,所求概率分别为

(1) $P(B_0) = C_n^0 p^0 (1-p)^n = (0.94)^n$

(2) $P(B_2) = C_n^2 p^2 (1-p)^{n-2} = C_n^2 (0.06)^2 (0.94)^{n-2}$

(3) $P(B_2 \bigcup B_3 \bigcup \cdots \bigcup B_n) = 1 - P(B_0) - P(B_1)$
$$= 1 - C_n^0 p^0 (1-p)^n - C_n^1 p^1 (1-p)^{n-1}$$
$$= 1 - (0.94)^n - C_n^1 (0.06)(0.94)^{n-1}$$

5. 设 n 把钥匙中只有 1 把能打开门,从中有放回地每次任取 1 把钥匙试开,求第 r 次才打开门的概率.

解 令 $A_r = \{$第 r 次才打开门$\}$.根据题意,每次试开能打开门的概率均为 $p = \frac{1}{n}$,且各次试开的结果相互独立,故所求概率为

$$P(A_r) = (1-p)^{r-1} \cdot p = \frac{1}{n} \left(1 - \frac{1}{n}\right)^{r-1}$$

6. 进行独立重复试验,设每次试验成功的概率为 p,试求下列事件的概率:

(1) 在 n 次试验中有 r 次成功.

(2) 直到第 n 次试验才取得 r 次成功.

解 令 $A=\{n$ 次试验中有 r 次成功$\}$, $B=\{$直到第 n 次试验才取得 r 次成功$\}$, 则所求概率分别为

(1) $P(A)=C_n^r p^r (1-p)^{n-r}$

(2) $P(B)=C_{n-1}^{r-1} p^{r-1}(1-p)^{n-r}\cdot p=C_{n-1}^{r-1}p^r(1-p)^{n-r}$

总 习 题 一

1. 袋内有 10 个球, 其编号从 1 到 10. 从袋中任取 1 球, 观察其编号.

(1) 写出试验的样本空间.

(2) 设事件 A 为"取到球的编号为奇数", 事件 B 为"取到球的编号为偶数", 事件 C 为"取到球的编号小于 5", 用样本点表示下列事件:

$$A\bigcup B,\ AB,\ \overline{C},\ \overline{AC},\ \overline{B\bigcup C}$$

(3) 事件 A 与 B 是否互斥, 是否互逆?

(4) 事件 AC 与 $\overline{AC}$ 是否互斥, 是否互逆?

解 (1) 根据样本空间的定义, $\Omega=\{1,2,3,\cdots,10\}$

(2) 根据题意, $A=\{1,3,5,7,9\}$, $B=\{2,4,6,8,10\}$, $C=\{1,2,3,4\}$, 从而

$$A\bigcup B=\Omega,\ AB=\varnothing,\ \overline{C}=\{5,6,7,8,9,10\}$$
$$\overline{AC}=\{6,8,10\},\ \overline{B\bigcup C}=\{5,7,9\}$$

(3) 由 $AB=\varnothing$, $A\bigcup B=\Omega$, 可知 A 与 B 互斥, 而且互逆.

(4) 由 $AC=\{1,3\}$, $\overline{AC}=\{6,8,10\}$, 可知 AC 与 $\overline{AC}$ 互斥, 但不互逆.

2. 设 A,B 为 2 个事件, 已知 $P(A)=0.5$, $P(B)=0.6$, $P(B|\overline{A})=0.4$, 求:

(1) $P(\overline{A}B)$.   (2) $P(AB)$.   (3) $P(A\bigcup B)$.

解 (1) $P(\overline{A}B)=P(\overline{A})P(B|\overline{A})=(1-0.5)\times0.4=0.2$

(2) 由 $P(\overline{A}B)=P(B)-P(AB)$, 可得

$$P(AB)=P(B)-P(\overline{A}B)=0.6-0.2=0.4$$

(3) $P(A\bigcup B)=P(A)+P(B)-P(AB)=0.5+0.6-0.4=0.7$

3. 设 3 个事件 A,B,C 两两独立, 满足:

$$ABC=\varnothing,\ P(A)=P(B)=P(C)<\frac{1}{2},\ P(A\bigcup B\bigcup C)=\frac{9}{16}$$

试求 $P(A)$.

解 根据题意及加法公式,有

$$P(A \bigcup B \bigcup C) = P(A) + P(B) + P(C) - P(AB) - P(AC)$$
$$- P(BC) + P(ABC) = \frac{9}{16}$$

由 $ABC = \varnothing$, 有 $P(ABC) = 0$;由 A, B, C 两两独立,$P(A) = P(B) = P(C)$,有

$$P(AB) = P(A)P(B) = P^2(A)$$
$$P(AC) = P(A)P(C) = P^2(A)$$
$$P(BC) = P(B)P(C) = P^2(A)$$

综上可得方程

$$3P(A) - 3P^2(A) = \frac{9}{16}$$

解出方程的两个根为

$$P(A) = \frac{1}{4} \text{ 或 } P(A) = \frac{3}{4}$$

根据条件有 $P(A) < \frac{1}{2}$,由此求得 $P(A) = \frac{1}{4}$.

4. 袋内有 m 个白球,n 个黑球,从袋中不放回地每次任取 1 球,连取 3 次,试求取到球的颜色依次为白、黑、白的概率.

解 令 $A_i = \{$第 i 次取到白球$\}$,$i = 1, 2, 3$,则所求概率为

$$P(A_1 \overline{A}_2 A_3) = P(A_1)P(\overline{A}_2 \mid A_3)P(A_3 \mid A_1 \overline{A}_2)$$
$$= \frac{m}{m+n} \cdot \frac{n}{m+n-1} \cdot \frac{m-1}{m+n-2}$$
$$= \frac{mn(n-1)}{(m+n)(m+n-1)(m+n-2)}$$

5. 设 1500 个产品中有 400 个次品. 任取 200 个产品,试求:

(1) 恰好取到 90 个次品的概率.

(2) 至少取到 2 个次品的概率.

解 令 $A_i = \{$取到 i 个次品$\}$,$0 \leqslant i \leqslant 200$,则所求概率分别为

(1) $P(A_{90}) = \dfrac{C_{400}^{90} C_{1100}^{110}}{C_{1500}^{200}}$

(2) $P(A_2 \bigcup A_3 \bigcup \cdots \bigcup A_{200}) = 1 - P(A_0) - P(A_1) = 1 - \dfrac{C_{400}^{0} C_{1100}^{200} + C_{400}^{1} C_{1100}^{199}}{C_{1500}^{200}}$

6. 设 9 位乘客随机进入共有 3 节车厢的列车,试求:

(1) 第一节车厢有 3 位乘客的概率.

(2) 每节车厢都有 3 位乘客的概率.

(3) 3 节车厢分别有 4,3,2 位乘客的概率.

解 令 $A = \{$第一节车厢有 3 位乘客$\}$,$B = \{$每节车厢都有 3 位乘客$\}$,$C = \{3$ 节车厢分别有 4,3,2 位乘客$\}$,9 位乘客随机进入有 3 节车厢的列车共有 3^9 种方式,故所求概率分别为

(1) $P(A) = \dfrac{C_9^3 2^6}{3^9}$

(2) $P(B) = \dfrac{C_9^3 C_6^3 C_3^3}{3^9}$

(3) $P(C) = \dfrac{C_9^4 C_5^3 C_2^2 3!}{3^9}$

7. 将 3 个球随机放入 4 个杯中,求一个杯中球的最大个数分别为 1,2,3 的概率.

解 令 $A_i = \{$一个杯中球的最大个数为 $i\}$,$i = 1,2,3$,3 个球随机放入 4 个杯中共有 4^3 种方式,故所求概率分别为

$$P(A_1) = \frac{C_4^3 P_3^3}{4^3} = \frac{3}{8}$$

$$P(A_2) = \frac{C_4^1 C_3^2 C_3^1}{4^3} = \frac{9}{16}$$

$$P(A_3) = \frac{C_4^1}{4^3} = \frac{1}{16}$$

8. 在电话号码簿中任取一个电话号码,求后面 4 位数全不相同的概率.

解 令 $A = \{$电话号码后面 4 位数全不相同$\}$,则所求概率为

$$P(A) = \frac{C_{10}^4 P_4^4}{10^4} = 0.504$$

9. 向圆域 $\Omega = \{(x, y) \mid x^2 + y^2 \leqslant 2x\}$ 内随机投一点,设投点落到 Ω 中任何一点的可能性相同,试求投点到原点的连线与 x 轴的夹角小于 $\frac{\pi}{4}$ 的概率.

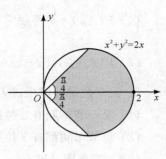

解 圆域 $\Omega = \{(x, y) \mid x^2 + y^2 \leqslant 2x\}$ 如图 1-9 所示,其面积 $m(\Omega) = \pi$.

令 $A = \Big\{$ 投点到原点的连线与 x 轴的夹角小于 $\frac{\pi}{4} \Big\}$,则 A 所表示的区域如图 1-9 中阴影部分所示,其面积

图 1-9　全集 Ω 与集合 A

$$m(A) = \iint\limits_{A} \mathrm{d}\sigma = 2\int_0^{\frac{\pi}{4}} \mathrm{d}\theta \int_0^{2\cos\theta} r\mathrm{d}r = \frac{\pi}{2} + 1$$

从而

$$P(A) = \frac{m(A)}{m(\Omega)} = \frac{\frac{\pi}{2} + 1}{\pi} = \frac{\pi + 2}{2\pi}$$

10. 在区间 $[0, 1]$ 中随机取 2 个数,求下列事件的概率:

(1) 两数之差的绝对值小于 $\frac{1}{2}$.

(2) 两数之和小于 $\frac{4}{5}$.

(3) 两数之积小于 $\frac{1}{9}$.

解 令两数分别为 x, y,则 (x, y) 的取值区域为

$$\Omega = \{(x, y) \mid 0 \leqslant x \leqslant 1, 0 \leqslant y \leqslant 1\}$$

其面积 $m(\Omega) = 1$.

令 $A = \Big\{$ 两数之差的绝对值小于 $\frac{1}{2} \Big\}$,$B = \Big\{$ 两数之和小于 $\frac{4}{5} \Big\}$,$C = \Big\{$ 两数之积小于 $\frac{1}{9} \Big\}$,则

(1) 区域 $A = \Big\{(x, y) \Big| |x - y| < \frac{1}{2} \Big\}$ 如图

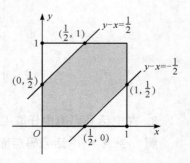

图 1-10　区域 Ω、A

1-10 中阴影部分所示,其面积

$$m(A) = 1 - \frac{1}{2} \times \frac{1}{2} = \frac{3}{4}$$

所求概率为

$$P(A) = \frac{m(A)}{m(\Omega)} = \frac{3}{4}$$

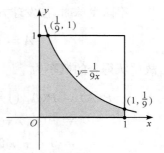

(2) 区域 $B = \left\{ (x, y) \,\middle|\, x+y < \frac{4}{5} \right\}$ 如图 1-11 中阴影

部分所示,其面积

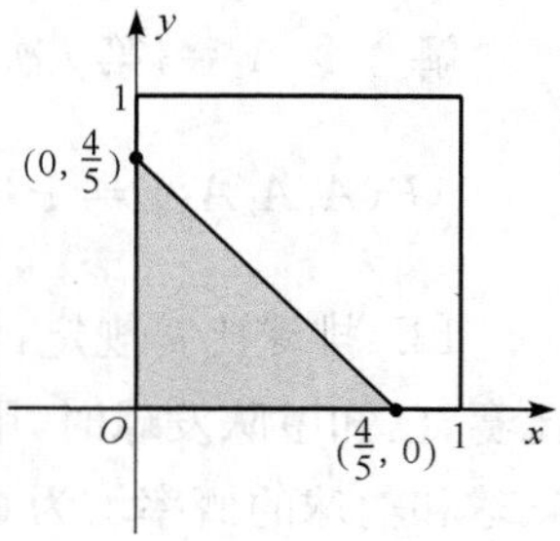

$$m(B) = \frac{1}{2} \times \frac{4}{5} \times \frac{4}{5} = \frac{8}{25}$$

所求概率为

图 1-11　区域 Ω、B

$$P(B) = \frac{m(B)}{m(\Omega)} = \frac{8}{25}$$

(3) 区域 $C = \left\{ (x, y) \,\middle|\, xy < \frac{1}{9} \right\}$ 如图 1-12 中阴影

部分所示,其面积

$$m(C) = 1 \times \frac{1}{9} + \int_{\frac{1}{9}}^{1} \frac{1}{9x} \mathrm{d}x = \frac{1}{9}(1 + 2\ln 3)$$

所求概率为

图 1-12　区域 Ω、C

$$P(C) = \frac{m(C)}{m(\Omega)} = \frac{1}{9}(1 + 2\ln 3)$$

11. 已知 $P(\overline{A}) = 0.3$,$P(B) = 0.4$,$P(A\overline{B}) = 0.5$,求条件概率 $P(B|A \cup \overline{B})$.

解　根据题意及加法公式,有

$$P(A \cup \overline{B}) = P(A) + P(\overline{B}) - P(A\overline{B}) = (1 - 0.3) + (1 - 0.4) - 0.5 = 0.8$$

因为 $B(A \cup \overline{B}) = AB$,由 $P(A\overline{B}) = P(A) - P(AB) = 0.5$,可得

$$P(AB) = P(A) - 0.5 = (1 - 0.3) - 0.5 = 0.2$$

故所求概率为

$$P(B \mid A \cup \overline{B}) = \frac{P[B(A \cup \overline{B})]}{P(A \cup \overline{B})} = \frac{P(AB)}{P(A \cup \overline{B})} = \frac{0.2}{0.8} = 0.25$$

12. 袋内有 5 个白球,3 个黑球.每次从袋中任取 1 球观察颜色后放回,并添入 2 个同色球,连续取球 3 次.试求前两次取到白球,第三次取到黑球的概率.

解 令 $A_i=\{$第 i 次取到白球$\}$,$i=1,2,3$,则所求概率为

$$P(A_1A_2\overline{A}_3)=P(A_1)P(A_2\mid A_1)P(\overline{A}_3\mid A_1A_2)=\frac{5}{8}\times\frac{7}{10}\times\frac{3}{12}=\frac{7}{64}$$

13. 排球比赛规定:发球方赢球时得分,输球时对方获得发球权.甲、乙两队进行比赛,已知甲队发球时,甲队赢球和输球的概率分别为 0.4 和 0.6;乙队发球时,甲队赢球和输球的概率均为 0.5.求甲队发球时各队得分的概率.

解 令 $A=\{$甲队发球时,甲队得分$\}$,$A_i=\{$甲队第 i 次发球赢球$\}$,$B_i=\{$乙队第 i 次发球赢球$\}$,$i=1,2,\cdots$,则根据题意,有

$$P(A_i)=0.4,\ P(\overline{A}_i)=0.6;P(B_i)=P(\overline{B}_i)=0.5$$

甲队发球时,按发球方赢球时得分的规定,甲队得分可表示为

$$A=A_1\bigcup\overline{A}_1\overline{B}_1A_2\bigcup\overline{A}_1\overline{B}_1\overline{A}_2\overline{B}_2A_3\bigcup\cdots$$

故甲队得分的概率为

$$\begin{aligned}P(A)&=P(A_1\bigcup\overline{A}_1\overline{B}_1A_2\bigcup\overline{A}_1\overline{B}_1\overline{A}_2\overline{B}_2A_3\bigcup\cdots)\\&=P(A_1)+P(\overline{A}_1\overline{B}_1A_2)+P(\overline{A}_1\overline{B}_1\overline{A}_2\overline{B}_2A_3)+\cdots\\&=0.4+0.6\times0.5\times0.4+0.6\times0.5\times0.6\times0.5\times0.4+\cdots\\&=0.4\times(1+0.3+0.3^2+\cdots)=\frac{4}{7}\end{aligned}$$

乙队得分的概率为

$$P(\overline{A})=1-P(A)=1-\frac{4}{7}=\frac{3}{7}$$

14. 对飞机进行了 3 次射击,设命中率依次为 0.4,0.5,0.7;飞机中弹 1 次而被击落的概率为 0.2,中弹 2 次而被击落的概率为 0.6,中弹 3 次则必被击落.求飞机未被击落的概率.

解 令 $A_i=\{$第 i 次射击命中飞机$\}$,$i=1,2,3$;$B_j=\{$飞机中弹 j 次$\}$,$j=1,2,3$;$C=\{$飞机被击落$\}$.则 A_1,A_2,A_3 相互独立,且

$$P(A_1)=0.4,\quad P(A_2)=0.5,\quad P(A_3)=0.7$$

根据题意,分别有

$$P(B_1) = P(A_1\overline{A_2}\overline{A_3} \bigcup \overline{A_1}A_2\overline{A_3} \bigcup \overline{A_1}\overline{A_2}A_3)$$
$$= P(A_1\overline{A_2}\overline{A_3}) + P(\overline{A_1}A_2\overline{A_3}) + P(\overline{A_1}\overline{A_2}A_3)$$
$$= 0.4 \times 0.5 \times 0.3 + 0.6 \times 0.5 \times 0.3 + 0.6 \times 0.5 \times 0.7 = 0.36$$
$$P(B_2) = P(A_1A_2\overline{A_3} \bigcup A_1\overline{A_2}A_3 \bigcup \overline{A_1}A_2A_3)$$
$$= P(A_1A_2\overline{A_3}) + P(A_1\overline{A_2}A_3) + P(\overline{A_1}A_2A_3)$$
$$= 0.4 \times 0.5 \times 0.3 + 0.4 \times 0.5 \times 0.7 + 0.6 \times 0.5 \times 0.7 = 0.41$$
$$P(B_3) = P(A_1A_2A_3) = 0.4 \times 0.5 \times 0.7 = 0.14$$

由此求得飞机被击落的概率为

$$P(C) = P(B_1)P(C \mid B_1) + P(B_2)P(C \mid B_2) + P(B_3)P(C \mid B_3)$$
$$= 0.36 \times 0.2 + 0.41 \times 0.6 + 0.14 \times 1 = 0.458$$

从而飞机未被击落的概率为

$$P(\overline{C}) = 1 - P(C) = 1 - 0.458 = 0.542$$

15. 设有编号为 1,2,3 的 3 个口袋. 1 号袋内有 2 个 1 号球,1 个 2 号球,1 个 3 号球;2 号袋内有 2 个 1 号球,1 个 3 号球;3 号袋内有 3 个 1 号球,2 个 2 号球. 先从 1 号袋中任取一球,放入与球上号码相同编号的口袋,再从该袋中任取一球,求第二次取到几号球的概率最大.

解 令 $A_i = \{$第一次取到 i 号球$\}, i = 1, 2, 3; B_j = \{$第二次取到 j 号球$\}, j = 1, 2, 3.$ 则有

$$P(A_1) = \frac{2}{4}, \ P(A_2) = \frac{1}{4}, \ P(A_3) = \frac{1}{4}$$

根据题意,分别有

$$P(B_1 \mid A_1) = \frac{2}{4}, \ P(B_1 \mid A_2) = \frac{2}{4}, \ P(B_1 \mid A_3) = \frac{3}{6}$$
$$P(B_2 \mid A_1) = \frac{1}{4}, \ P(B_2 \mid A_2) = \frac{1}{4}, \ P(B_2 \mid A_3) = \frac{2}{6}$$
$$P(B_3 \mid A_1) = \frac{1}{4}, \ P(B_3 \mid A_2) = \frac{1}{4}, \ P(B_3 \mid A_3) = \frac{1}{6}$$

由此可得

$$P(B_1) = \sum_{i=1}^{3} P(A_i)P(B_1 \mid A_i) = \frac{2}{4} \times \frac{2}{4} + \frac{1}{4} \times \frac{2}{4} + \frac{1}{4} \times \frac{3}{6} = \frac{24}{48}$$

$$P(B_2) = \sum_{i=1}^{3} P(A_i) P(B_2 \mid A_i) = \frac{2}{4} \times \frac{1}{4} + \frac{1}{4} \times \frac{1}{4} + \frac{1}{4} \times \frac{2}{6} = \frac{13}{48}$$

$$P(B_3) = \sum_{i=1}^{3} P(A_i) P(B_3 \mid A_i) = \frac{2}{4} \times \frac{1}{4} + \frac{1}{4} \times \frac{1}{4} + \frac{1}{4} \times \frac{1}{6} = \frac{11}{48}$$

比较可知,第二次取到 1 号球的概率最大.

16. 设事件 A_1, A_2, $\cdots$, A_n 相互独立,且 $P(A_i) = p_i$, $i = 1$, 2, $\cdots$, n,求下列事件的概率:

(1) A_1, A_2, $\cdots$, A_n 均不发生.

(2) A_1, A_2, $\cdots$, A_n 中至多发生 $n-1$ 个.

(3) A_1, A_2, $\cdots$, A_n 中恰好发生一个.

解 根据题意,所求概率分别为

(1) $P(\overline{A_1}\overline{A_2}\cdots\overline{A_n}) = P(\overline{A_1}) P(\overline{A_2}) \cdots P(\overline{A_n}) = (1-p_1)(1-p_2)\cdots(1-p_n)$

$$= \prod_{i=1}^{n}(1-p_i)$$

(2) $P(\overline{A_1 A_2 \cdots A_n}) = 1 - P(A_1) P(A_2) \cdots P(A_n) = 1 - p_1 p_2 \cdots p_n = 1 - \prod_{i=1}^{n} p_i$

(3) $P(A_1\overline{A_2}\cdots\overline{A_n} \bigcup \overline{A_1}A_2\cdots\overline{A_n} \bigcup \cdots \bigcup \overline{A_1}\overline{A_2}\cdots A_n)$

$\quad = P(A_1) P(\overline{A_2}) \cdots P(\overline{A_n}) + P(\overline{A_1}) P(A_2) \cdots P(\overline{A_n}) + \cdots + P(\overline{A_1}) P(\overline{A_2}) \cdots P(A_n)$

$\quad = p_1(1-p_2)\cdots(1-p_n) + (1-p_1)p_2\cdots(1-p_n) + \cdots + (1-p_1)(1-p_2)\cdots p_n$

$\quad = \sum_{i=1}^{n} p_i \prod_{j \neq i} (1-p_j)$

17. 某人有甲、乙 2 盒火柴,每盒有 n 根. 每次使用时随机地从其中一盒中取 1 根,试求:当发现一盒火柴已用完时,另一盒中还有 r 根火柴的概率.

解 令 $A_1 = \{$发现甲盒火柴已用完时,乙盒中还有 r 根火柴$\}$,$A_2 = \{$发现乙盒火柴已用完时,甲盒中还有 r 根火柴$\}$,$A = \{$发现一盒火柴已用完时,另一盒中还有 r 根火柴$\}$,则 A_1,A_2 互斥,且 $A = A_1 \bigcup A_2$.

如果发现甲盒火柴已用完时,乙盒中还有 r 根火柴,则共取火柴 $2n-r+1$ 次,前 $2n-r$ 次中,在甲盒中取 n 次,在乙盒中取 $n-r$ 次,第 $2n-r+1$ 次在甲盒中取时发现已用完. 因为每次取火柴时,取到甲盒和乙盒的概率均为 $\frac{1}{2}$,故有

$$P(A_1) = C_{2n-r}^{n} \left(\frac{1}{2}\right)^n \times \left(\frac{1}{2}\right)^{n-r} \times \frac{1}{2} = C_{2n-r}^{n} \left(\frac{1}{2}\right)^{2n-r+1}$$

同理可得

$$P(A_2) = C_{2n-r}^n \left(\frac{1}{2} \right)^{2n-r+1}$$

从而所求概率为

$$P(A) = P(A_1 \bigcup A_2) = P(A_1) + P(A_2) = 2C_{2n-r}^n \left(\frac{1}{2} \right)^{2n-r+1} = \frac{C_{2n-r}^n}{2^{2n-r}}$$

四、同步自测题及参考答案

自 测 题 A

一、单项选择题

1. 设 A，B，C 为 3 个随机事件，则 $(\overline{A \bigcup B})C = ($ $)$.

  A. $\overline{A}\overline{B}C$ B. $\overline{A}\overline{B} \bigcup C$ C. $(\overline{A} \bigcup \overline{B})C$ D. $(\overline{A} \bigcup \overline{B}) \bigcup C$

2. 设 $P(A) = 0.7$，$P(B) = 0.3$，$P(A|B) = 0.7$，则下列说法正确的是(   ).

  A. A 与 B 相互独立   B. A 与 B 互不相容

  C. $A \bigcup B = \Omega$ D. $P(A \bigcup B) = P(A) + P(B)$

3. 设 A，B 为 2 个随机事件，则 $A - B$ 不等于(   ).

  A. $A - AB$ B. $A\overline{B}$ C. $\overline{A}B$ D. $(A \bigcup B) - B$

4. 如果事件 A，B 满足 $P(A) + P(B) > 1$，则 A 与 B 一定(   ).

  A. 不独立   B. 不互斥   C. 独立   D. 互斥

5. 对于任意 2 个事件 A 与 B，下面结论正确的是(   ).

  A. 如果 $P(A) = 0$，则 A 是不可能发生的事件

  B. 如果 $P(A) = 0$，$P(B) \geqslant 0$，则事件 B 包含事件 A

  C. 如果 $P(A) = 0$，$P(B) = 1$，则事件 A 与 B 对立

  D. 如果 $P(A) = 0$，则事件 A 与 B 独立

6. 某射手的命中率为 $p(0 < p < 1)$，该射手连续射击 n 次才命中 k 次的概率为(   ).

  A. $p^k (1-p)^{n-k}$ B. $C_n^k p^k (1-p)^{n-k}$

C. $C_{n-1}^{k-1}p^{k-1}(1-p)^{n-k}$ D. $C_{n-1}^{k-1}p^{k}(1-p)^{n-k}$

7. 将 6 本语文书和 4 本数学书在书架上任意摆放,则 4 本数学书放在一起的概率为(　　).

A. $\dfrac{4!\ 6!}{10!}$ B. $\dfrac{7}{10}$ C. $\dfrac{4!\ 7!}{10!}$ D. $\dfrac{4}{10}$

8. 已知 A,B,C 两两独立,且 $P(A)=P(B)=P(C)=\dfrac{1}{2}$,$P(ABC)=\dfrac{1}{5}$,则 $P(AB\overline{C})=(\quad)$.

A. $\dfrac{1}{40}$ B. $\dfrac{1}{20}$ C. $\dfrac{1}{10}$ D. $\dfrac{1}{4}$

9. 关于事件的独立性,下列说法错误的是(　　).

A. 若 $A_1,A_2,\cdots,A_n$ 相互独立,则其中任意一组事件均相互独立

B. 若 $A_1,A_2,\cdots,A_n$ 相互独立,则将其中任意一组事件换成其对立事件后仍相互独立

C. 若 A 与 B 相互独立,B 与 C 相互独立,C 与 A 相互独立,则 A,B,C 相互独立

D. 若 A,B,C 相互独立,则 $A\cup B$ 与 C 相互独立

10. 设 A 与 B 互斥,且 $P(A)>0$,$P(B)>0$,则下列结论中正确的是(　　).

A. $P(B|A)>0$ B. $P(A|B)=P(A)$

C. $P(A|B)=0$ D. $P(AB)=P(A)P(B)$

二、填空题

1. 已知 $P(A)=\dfrac{1}{2}$,$P(B|A)=\dfrac{1}{3}$,则 $P(A-B)=$ _____.

2. 设 A 与 B 互斥,$P(A)=0.4$,$P(B)=0.3$,则 $P(\overline{A}\,\overline{B})=$ _____.

3. 设 A 与 B 独立,$P(A)=P(\overline{B})=a-1$,$P(A\cup B)=\dfrac{7}{9}$,则 $a=$ _____.

4. 一批产品共有 10 个正品和 2 个次品,从中不放回地每次任取一个,连取 2 次,则第二次取到次品的概率为 _____.

5. 一射手对同一目标独立进行 4 次射击,如果至少命中 1 次的概率为 $\dfrac{80}{81}$,则该射手的命中率为 _____.

6. 一批产品中一、二、三等品各占 60%,30%,10%,从中任取一件产品,已知不是三等品,则取到的是一等品的概率为 _____.

7. 设 A 与 B 独立, $P(A)=0.2$, $P(B)=0.4$, 则 $P(A \cup B)=$ _____.

8. 在区间 $(0,1)$ 中随机地取 2 个数, 则两数之差的绝对值小于 0.5 的概率为 _____.

三、计算题

1. 设 10 个产品中有 3 个次品, 从中不放回地每次任取一个, 连取 2 次, 求:

(1) 第一次取到次品后, 第二次又取到次品的概率.

(2) 2 次都取到次品的概率.

2. 从厂外给厂内车间打电话需经总机转接, 设外线接通总机的概率为 0.6, 车间分机占线的概率为 0.3, 且两者相互独立, 求厂外给车间打电话能接通的概率.

3. 设有 12 台机器各自独立运行, 某段时间内每台机器需要维修的概率均为 0.1, 求该段时间内至少有 2 台机器需要维修的概率.

4. 某学生接连参加同一门课程的 2 次考试, 设第一次考试及格的概率为 p, 如果第一次及格, 则第二次及格的概率也为 p; 如果第一次不及格, 则第二次及格的概率为 $\frac{p}{2}$, 求:

(1) 2 次考试都及格的概率.

(2) 第二次考试及格的概率.

(3) 2 次考试至少有一次及格的概率.

(4) 在第二次考试及格的条件下, 第一次考试及格的概率.

5. 装有 5 件一等品, 3 件二等品, 2 件三等品的箱子中丢失了 1 件产品. 现从箱中任意取出的 2 件产品都是一等品, 求丢失的 1 件也是一等品的概率.

自测题 A 参考答案

一、单项选择题

1. A; 2. A; 3. C; 4. B; 5. D; 6. D; 7. C; 8. B; 9. C; 10. C.

二、填空题

1. $\frac{1}{3}$; 2. 0.3; 3. $\frac{4}{3}$ 或 $\frac{5}{3}$; 4. $\frac{1}{6}$; 5. $\frac{2}{3}$; 6. $\frac{2}{3}$; 7. 0.52; 8. 0.75.

三、计算题

1. **解** 令 $A_i = \{$第 i 次取到次品$\}$ $(i=1, 2)$. 根据题意分别计算:

（1）在已取到一个次品不放回的条件下，还剩 9 个产品，其中有 2 个次品，由样本缩减法直接可得

$$P(A_2 \mid A_1) = \frac{2}{9}$$

（2）由乘法公式可得

$$P(A_1 A_2) = P(A_1)P(A_2 \mid A_1) = \frac{3}{10} \times \frac{2}{9} = \frac{1}{15}$$

2. 解 令 $A=\{$外线接通总机$\}$，$B=\{$总机接通车间分机$\}$. 由题意知 A 与 B 独立，所求概率为

$$P(AB) = P(A)P(B) = 0.6 \times (1-0.3) = 0.42$$

3. 解 令 $A_i=\{$有 i 台机器需要维修$\}$，$i=1, 2, \cdots, 12$，所求概率为

$$
\begin{aligned}
P(A_2 \bigcup A_3 \bigcup \cdots \bigcup A_{12}) &= 1 - P(A_0) - P(A_1) \\
&= 1 - C_{12}^0 (0.1)^0 (0.9)^{12} - C_{12}^1 (0.1)^1 (0.9)^{11} \\
&= 0.341
\end{aligned}
$$

4. 解 令 $A_i=\{$该学生第 i 次考试及格$\}$，$i=1, 2$. 根据题意，有

$$P(A_1) = p, \quad P(A_2 \mid A_1) = p, \quad P(A_2 \mid \overline{A_1}) = \frac{p}{2}$$

所求概率分别为

（1）$P(A_1 A_2) = P(A_1)P(A_2 \mid A_1) = p^2$

（2）$P(A_2) = P(A_1)P(A_2 \mid A_1) + P(\overline{A_1})P(A_2 \mid \overline{A_1})$

$$= p^2 + (1-p) \cdot \frac{p}{2} = \frac{p(1+p)}{2}$$

（3）$P(A_1 \bigcup A_2) = P(A_1) + P(A_2) - P(A_1 A_2)$

$$= p + \frac{p(1+p)}{2} - p^2 = \frac{p(3-p)}{2}$$

（4）$P(A_1 \mid A_2) = \dfrac{P(A_1 A_2)}{P(A_2)} = \dfrac{p^2}{p(1+p)/2} = \dfrac{2p}{1+p}$

5. 解 令 $A=\{$从箱中取出的 2 件都是一等品$\}$，$B_i=\{$丢失的 1 件是 i 等品$\}$，$i=1, 2, 3$. 根据题意，有

$$P(A) = \sum_{i=1}^{3} P(B_i)P(A \mid B_i) = \frac{5}{10} \cdot \frac{C_4^2}{C_9^2} + \frac{3}{10} \cdot \frac{C_5^2}{C_9^2} + \frac{2}{10} \cdot \frac{C_5^2}{C_9^2} = \frac{2}{9}$$

所求概率为

$$P(B_1 \mid A) = \frac{P(AB_1)}{P(A)} = \frac{P(B_1)P(A \mid B_1)}{P(A)} = \frac{\frac{5}{10} \cdot \frac{C_4^2}{C_9^2}}{2/9} = \frac{3}{8}$$

自 测 题 B

一、单项选择题

1. 设 A 表示事件"甲产品畅销,乙产品滞销",则逆事件 $\overline{A}$ 表示(   ).

　　A. 甲产品滞销,乙产品畅销　　　　B. 甲、乙两种产品均畅销

　　C. 甲产品滞销或乙产品畅销　　　　D. 甲产品滞销

2. 设 $P(A) = 0.7$, $P(B) = 0.3$, $P(A \mid B) = 0.7$,则下列说法中正确的是(   ).

　　A. A 与 B 独立　　　　　　　　B. A 与 B 互斥

　　C. $A \cup B = \Omega$　　　　　　　D. $P(A \cup B) = P(A) + P(B)$

3. 设 A, B 为 2 个随机事件,且 $P(B) > 0$,则下列各式中正确的是(   ).

　　A. $P(A \cup B) \geqslant P(A) + P(B)$　　　B. $P(A - B) \geqslant P(A) - P(B)$

　　C. $P(AB) \geqslant P(A)P(B)$　　　　D. $P(A \mid B) \geqslant \frac{P(A)}{P(B)}$

4. 如果 $P(\overline{A \cup B}) = P(\overline{A})P(\overline{B})$,则 A 与 B 应满足(   ).

　　A. A 与 B 互斥　　　　　　　　B. $B \subset A$

　　C. $\overline{A}$ 与 $\overline{B}$ 互斥　　　　　D. A 与 B 独立

5. 设 A, B 为任意 2 个随机事件,且 $A \subset B$, $P(B) > 0$,则下列结论中一定成立的是(   ).

　　A. $P(A) < P(A \mid B)$　　　　　B. $P(A) \leqslant P(A \mid B)$

　　C. $P(A) > P(A \mid B)$　　　　　D. $P(A) \geqslant P(A \mid B)$

6. 进行一系列独立重复试验,设每次试验成功的概率均为 p, $0 < p < 1$,则在试验成功 3 次之前至少失败 2 次的概率为(   ).

　　A. $1 - p^3 - (1-p)p^3$　　　　B. $1 - p^3 - 2(1-p)p^3$

　　C. $1 - p^3 - 3(1-p)p^3$　　　　D. $1 - p^3 - 4(1-p)p^3$

7. 如果事件 A，B 同时发生时，事件 C 必发生，则下列各式中正确的是（　　）.

　　A. $P(C)=P(AB)$　　　　　　B. $P(C)=P(A\cup B)$

　　C. $P(C)\leqslant P(A)+P(B)-1$　　　D. $P(C)\geqslant P(A)+P(B)-1$

8. 向单位圆 $x^2+y^2<1$ 内随机地投 3 个点，则 3 个点中恰有 2 个点落在第一象限内的概率为（　　）.

　　A. $\dfrac{1}{16}$　　　　B. $\dfrac{3}{64}$　　　　C. $\dfrac{9}{64}$　　　　D. $\dfrac{1}{4}$

9. 设 A，B 为任意 2 个随机事件，且 $A\subset B$，$0<P(B)<1$，则下列结论中一定成立的是（　　）.

　　A. $P(A\cup B)<P(A)+P(B)$　　　B. $P(A-B)=P(A)-P(B)$

　　C. $P(AB)>P(A)P(B|A)$　　　　D. $P(A)\neq P(A|B)$

10. 设随机事件 A，B，C 相互独立，且 $0<P(C)<1$，则下列四对事件中不独立的是（　　）.

　　A. $A\cup B$ 与 C　　　　　　B. $\overline{AC}$ 与 $\overline{C}$

　　C. $\overline{A-B}$ 与 C　　　　　D. AB 与 $\overline{C}$

二、填空题

1. 设 $P(A)=3P(B)$，$P(\overline{A}\,\overline{B})=2P(AB)$，$P(B)=\dfrac{2}{9}$，则 $P(A-B)$ =_____.

2. 设 $P(A)=0.4$，$P(B)=0.3$，$P(A\cup B)=0.6$，则 $P(A\overline{B})=$_____.

3. 甲乙 2 人独立地对同一目标射击一次，其命中率分别为 0.6 和 0.5. 已知目标被击中，则是甲击中的概率为_____.

4. 设在区间 $(0,1)$ 中随机地取 2 个数 u，v，则关于 x 的一元二次方程 $x^2-2ux+v=0$ 有实根的概率为_____.

5. 设 2 个相互独立的事件 A，B 都不发生的概率为 $\dfrac{1}{9}$，A 发生 B 不发生的概率与 B 发生 A 不发生的概率相等，则 $P(A)=$_____.

6. 从 1，2，…，20 中任取一个数，设取到数 k 的概率与 k 成正比，则取到的数是 3 的倍数的概率为_____.

7. 设一批产品的合格率为 95%，在合格品中有 80% 为优质品，则该批产品的优质品率为_____.

8. 设 $\overline{A}$ 与 B 相互独立，且 $P(\overline{A})=0.7$，$P(B)=0.4$，则 $P(AB)=$_____.

三、计算题

1. 将 7 个字母 c，c，e，e，i，n，s 任意排成一排，求恰好排成 $science$ 的概率.

2. 用一台机器连接独立地加工 3 个零件，设第 i 个零件不合格的概率为 $\dfrac{1}{i+1}$，$i=1$，2，3，求加工的 3 个零件中恰有一个不合格的概率.

3. 某种仪器由 3 个部件组装而成，设 3 个部件的质量互不影响，其优质品率分别为 0.8，0.7，0.9. 已知当 3 个部件都是优质品时，组装的仪器一定合格；如果有一个部件不是优质品，则仪器的不合格率为 0.2；如果有 2 个部件不是优质品，则仪器的不合格率为 0.6；如果 3 个部件都不是优质品，则仪器的不合格率为 0.9，求：

(1) 仪器的不合格率.

(2) 已知一台仪器不合格，该仪器上有几个部件不是优质品的概率最大.

4. 进行 4 次独立重复试验，每次试验中事件 A 发生的概率均为 0.3. 如果 4 次试验中 A 没有发生，则 B 也不发生；如果 A 发生一次，则 B 发生的概率为 0.6；如果 A 发生 2 次或以上，则 B 一定发生. 求事件 B 发生的概率.

5. 某单位招聘员工有 4 个考核项目，设第一、第二、第三、第四项考核的通过率分别为 0.6，0.8，0.91，0.95，且各项考核相互独立，比较下列两种考核方式下的淘汰率：

(1) 应聘者参加全部 4 个项目的考核，如果有一项不通过则被淘汰.

(2) 应聘者按项目顺序参加考核，如果某一项不通过即被淘汰，不再参加后面项目的考核.

自测题 B 参考答案

一、单项选择题

1. C； 2. A； 3. B； 4. D； 5. B； 6. C； 7. D； 8. C； 9. D； 10. B.

二、填空题

1. $\dfrac{5}{9}$； 2. 0.3； 3. 0.75； 4. $\dfrac{1}{3}$； 5. $\dfrac{2}{3}$； 6. $\dfrac{3}{10}$； 7. 0.76； 8. 0.12.

三、计算题

1. **解**   令 $A=\{$恰好排成 $science\}$，将 7 个字母排成一行共有 $7!$ 种排法，A 中含有 $1\times2\times1\times2\times1\times1\times1=4$ 种排法，故所求概率为

$$P(A)=\frac{4}{7!}=\frac{1}{1260}$$

2. **解** 令 $A_i=\{$第 i 个零件不合格$\}$, $i=1,2,3$, $A=\{$加工的 3 个零件中恰有 1 个不合格$\}$, 则 $A=A_1\overline{A}_2\overline{A}_3 \bigcup \overline{A}_1A_2\overline{A}_3 \bigcup \overline{A}_1\overline{A}_2A_3$. 根据题意, 有

$$P(A_1)=\frac{1}{2}, \quad P(A_2)=\frac{1}{3}, \quad P(A_3)=\frac{1}{4}$$

且 A_1, A_2, A_3 相互独立, 故所求概率为

$$
\begin{aligned}
P(A) &= P(A_1\overline{A}_2\overline{A}_3 \bigcup \overline{A}_1A_2\overline{A}_3 \bigcup \overline{A}_1\overline{A}_2A_3)\\
&= P(A_1\overline{A}_2\overline{A}_3)+P(\overline{A}_1A_2\overline{A}_3)+P(\overline{A}_1\overline{A}_2A_3)\\
&= P(A_1)P(\overline{A}_2)P(\overline{A}_3)+P(\overline{A}_1)P(A_2)P(\overline{A}_3)+P(\overline{A}_1)P(\overline{A}_2)P(A_3)\\
&= \frac{1}{2}\times\frac{2}{3}\times\frac{3}{4}+\frac{1}{2}\times\frac{1}{3}\times\frac{3}{4}+\frac{1}{2}\times\frac{2}{3}\times\frac{1}{4}=\frac{11}{24}
\end{aligned}
$$

3. **解** 令 $A_i=\{$仪器上有 i 个部件不是优质品$\}$, $i=0,1,2,3$, $B=\{$仪器不合格$\}$, 则 A_0, A_1, A_2, A_3 两两互斥, $A_0\bigcup A_1\bigcup A_2\bigcup A_3=\Omega$. 根据题意, 有

$P(A_0)=0.8\times0.7\times0.9=0.504$

$P(A_1)=0.2\times0.7\times0.9+0.8\times0.3\times0.9+0.8\times0.7\times0.1=0.398$

$P(A_2)=0.2\times0.3\times0.9+0.2\times0.7\times0.1+0.8\times0.3\times0.1=0.092$

$P(A_3)=0.2\times0.3\times0.1=0.006$

$P(B\mid A_0)=0, \quad P(B\mid A_1)=0.2, \quad P(B\mid A_2)=0.6, \quad P(B\mid A_3)=0.9$

(1) 由全概率公式可得

$$
\begin{aligned}
P(B) &= \sum_{i=0}^{3}P(A_i)P(B\mid A_i)\\
&= 0.504\times0+0.398\times0.2+0.092\times0.6+0.006\times0.9\\
&= 0.1402
\end{aligned}
$$

(2) 由贝叶斯公式可得

$$P(A_0\mid B)=\frac{P(A_0B)}{P(B)}=\frac{P(A_0)P(B\mid A_0)}{P(B)}=0$$

$$P(A_1\mid B)=\frac{P(A_1B)}{P(B)}=\frac{P(A_1)P(B\mid A_1)}{P(B)}=\frac{0.398\times0.2}{0.1402}=\frac{796}{1402}$$

$$P(A_2\mid B)=\frac{P(A_2B)}{P(B)}=\frac{P(A_2)P(B\mid A_2)}{P(B)}=\frac{0.092\times0.6}{0.1402}=\frac{552}{1402}$$

$$P(A_3\mid B)=\frac{P(A_3B)}{P(B)}=\frac{P(A_3)P(B\mid A_3)}{P(B)}=\frac{0.006\times0.9}{0.1402}=\frac{54}{1402}$$

比较可知,一台不合格的仪器上有一个部件不是优质品的概率最大.

4. **解** 令 $A_0 = \{A$ 没有发生$\}$，$A_1 = \{A$ 发生 1 次$\}$，$A_2 = \{A$ 发生 2 次或以上$\}$。根据题意,有

$$P(A_0) = C_4^0 (0.3)^0 (0.7)^4 = 0.2401$$

$$P(A_1) = C_4^1 (0.3)^1 \cdot (0.7)^3 = 0.4116$$

$$P(A_2) = 1 - P(A_0) - P(A_1) = 0.3483$$

$$P(B \mid A_0) = 0, \ P(B \mid A_1) = 0.6, \ P(B \mid A_2) = 1$$

所求概率为

$$P(B) = \sum_{i=0}^{2} P(A_i) P(B \mid A_i)$$

$$= 0.2401 \times 0 + 0.4116 \times 0.6 + 0.3483 \times 1$$

$$= 0.59526$$

5. **解** 令 $A_i = \{$应聘者通过第 i 项考核$\}$，$i = 1, 2, 3, 4$。根据题意,有

$$P(A_1) = 0.6, \ P(A_2) = 0.8, \ P(A_3) = 0.91, \ P(A_4) = 0.95$$

且 A_1, A_2, A_3, A_4 相互独立.

(1) 第一种考核方式下的淘汰率为

$$P(\overline{A_1} \bigcup \overline{A_2} \bigcup \overline{A_3} \bigcup \overline{A_4}) = P(\overline{A_1 A_2 A_3 A_4}) = 1 - P(A_1 A_2 A_3 A_4)$$

$$= 1 - 0.6 \times 0.8 \times 0.91 \times 0.95$$

$$= 0.58504$$

(2) 第二种考核方式下的淘汰率为

$$P(\overline{A_1} \bigcup A_1 \overline{A_2} \bigcup A_1 A_2 \overline{A_3} \bigcup A_1 A_2 A_3 \overline{A_4})$$

$$= P(\overline{A_1}) + P(A_1 \overline{A_2}) + P(A_1 A_2 \overline{A_3}) + P(A_1 A_2 A_3 \overline{A_4})$$

$$= 0.4 + 0.6 \times 0.2 + 0.6 \times 0.8 \times 0.09 + 0.6 \times 0.8 \times 0.91 \times 0.05$$

$$= 0.58504$$

比较可知,两种考核方式下的淘汰率相同.

第二章　随机变量及其分布

　　本章首先引入随机变量的概念,介绍离散型随机变量及其分布律.再从统一描述随机变量分布的角度引入分布函数的概念,介绍连续型随机变量及其密度函数.最后介绍随机变量的函数及其分布.

一、知识结构与教学基本要求

(一) 知识结构

本章的知识结构见图 2-1.

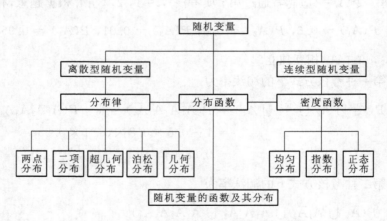

图 2-1　第二章知识结构

(二) 教学基本要求

　　(1) 理解随机变量的概念,了解分布函数的概念与性质,会计算与随机变量相联系的事件的概率.

　　(2) 理解离散型随机变量及其分布律的概念,掌握 0—1 分布、二项分布和泊松分布.

　　(3) 理解连续型随机变量及其密度函数的概念,掌握正态分布、均匀分布和指数分布.

（4）会根据随机变量的分布求简单随机变量函数的分布.

二、内容简析与范例

（一）随机变量的概念

【概念与知识点】

设随机试验的样本空间为 Ω，如果对每一个样本点 $\omega \in \Omega$，均有唯一的实数 $X(\omega)$ 与之对应，则称

$$X = X(\omega), \ \omega \in \Omega$$

为样本空间 Ω 上的随机变量.

随机变量 X 是样本点 ω 的函数，其取值由随机试验的结果而定. 随机试验的结果具有不确定性，但事先知道所有可能的结果，并且每种结果的出现都有确定的概率. 相应地，随机变量的取值具有不确定性，但事先知道所有可能的取值，并且取每个值或在某范围内取值都有确定的概率. 随机变量的取值及相应的概率，称为随机变量的分布.

通过引入随机变量，可以将随机试验的结果用数值形式表示，将随机事件用随机变量的数学表达式表示，从而可以利用高等数学的工具和方法，使概率论从研究具体随机事件的概率扩大为研究一般随机现象的统计规律性.

【范例与方法】

例 1 袋内有 2 个白球，3 个黑球. 每次从袋中任取一球，无放回地连取 3 次. 以 X 表示取到的白球个数，求 X 的可能取值及相应的概率.

分析 根据问题的实际意义确定 X 的可能取值，再由 X 的取值所对应的随机事件计算相应的概率.

解 由题意知，X 的可能取值为 $0,1,2$；对应的随机事件为

$$\{X = 0\} = \{(黑, 黑, 黑)\}$$
$$\{X = 1\} = \{(白, 黑, 黑), (黑, 白, 黑), (黑, 黑, 白)\}$$
$$\{X = 2\} = \{(白, 白, 黑), (白, 黑, 白), (黑, 白, 白)\}$$

相应的概率分别为

67

$$P\{X = 0\} = \frac{3}{5} \times \frac{2}{4} \times \frac{1}{3} = \frac{6}{60}$$

$$P\{X = 1\} = \frac{2}{5} \times \frac{3}{4} \times \frac{2}{3} + \frac{3}{5} \times \frac{2}{4} \times \frac{2}{3} + \frac{3}{5} \times \frac{2}{4} \times \frac{2}{3} = \frac{36}{60}$$

$$P\{X = 2\} = \frac{2}{5} \times \frac{1}{4} \times \frac{3}{3} + \frac{2}{5} \times \frac{3}{4} \times \frac{1}{3} + \frac{3}{5} \times \frac{2}{4} \times \frac{1}{3} = \frac{18}{60}$$

上述概率也可直接计算:从 2 个白球和 3 个黑球中无放回地连取 3 个球,对于取到的白球个数 X,有

$$P\{X = k\} = \frac{C_2^k C_3^{3-k}}{C_5^3}, \ k = 0, 1, 2$$

(二) 离散型随机变量及其分布
【概念与知识点】

1. 离散型随机变量及其分布律

离散型随机变量 X 的可能取值为有限个或可列个值 $x_1, x_2, \cdots$ 其取值概率

$$p_i = P\{X = x_i\}, \quad i = 1, 2, \cdots$$

称为 X 的分布律

为直观起见,通常将分布律用列表方式表示,见表 2-1.

表 2-1　分布律

X	x_1	x_2	$\cdots$	x_i	$\cdots$
P	p_1	p_2	$\cdots$	p_i	$\cdots$

分布律的基本性质:

(1) 非负性:$p_i \geqslant 0$, $i = 1, 2, \cdots$.

(2) 规范性:$\sum_i p_i = 1$.

以上基本性质也是判别某个数列是否为分布律的充分必要条件.

离散型随机变量 X 在任意实数集合 D 上取值的概率为

$$P\{X \in D\} = \sum_{x_i \in D} P\{X = x_i\} = \sum_{x_i \in D} p_i$$

2. 常用离散型分布

(1) 两点分布:设随机变量 X 仅可能取两个值 x_1, x_2,分布律为

$$P\{X = x_1\} = p, \ P\{X = x_2\} = 1 - p$$

其中 $0 < p < 1$,则称 X 服从参数为 p 的两点分布.

特别地,当 $x_1 = 1$,$x_2 = 0$ 时,称 X 服从参数为 p 的 $0-1$ 分布,其分布律为

$$p_k = P\{X = k\} = p^k(1-p)^{1-k}, \quad k = 0, 1$$

(2)二项分布:设随机变量 X 的可能取值为 $0, 1, \cdots, n$,分布律为

$$p_k = P\{X = k\} = C_n^k p^k (1-p)^{n-k}, \quad k = 0, 1, \cdots, n$$

其中 $0 < p < 1$,则称 X 服从参数为 n,p 的二项分布,记作 $X \sim B(n, p)$.

当 $n = 1$ 时,二项分布 $B(1, p)$ 就是参数为 p 的 $0-1$ 分布.

二项分布与伯努利试验的关系:对于 n 重伯努利试验,记每次试验中事件 A 发生的概率为 p,以 X 表示 n 次试验中事件 A 发生的次数,则 $X \sim B(n, p)$.

(3)超几何分布:设随机变量 X 的可能取值为 $0, 1, \cdots, n$,分布律为

$$p_k = P\{X = k\} = \frac{C_M^k C_N^{n-k}}{C_{M+N}^n}, \quad k = 0, 1, \cdots, \min\{n, M\}$$

其中 M,N 为正整数,且 $n \leqslant M + N$,则称 X 服从参数为 n,M,N 的超几何分布,记作 $X \sim H(n, M, N)$.

当 $n \ll M + N$ 时,超几何分布 $H(n, M, N)$ 可用二项分布 $B\left(n, \dfrac{M}{M+N}\right)$ 作为近似,有

$$\frac{C_M^k C_N^{n-k}}{C_{M+N}^n} \approx C_n^k \left(\frac{M}{N+M}\right)^k \left(\frac{N}{N+M}\right)^{n-k}, \quad k = 0, 1, \cdots, \min\{n, M\}$$

二项分布、超几何分布与抽样概率模型:对由 M 个第一类元素和 N 个第二类元素组成的有限总体进行 n 次抽样,每次任取一个元素.以 X 表示取到第一类元素的次数,则有放回抽样时 $X \sim B\left(n, \dfrac{M}{M+N}\right)$,无放回抽样时 $X \sim H(n, M, N)$.

(4)泊松分布:设随机变量 X 的可能取值为 $0, 1, 2, \cdots$,分布律为

$$p_k = P\{X = k\} = \frac{\lambda^k}{k!} e^{-\lambda}, \quad k = 0, 1, 2, \cdots$$

其中 $\lambda > 0$,则称 X 服从参数为 λ 的泊松分布,记作 $X \sim P(\lambda)$.

当 n 很大而 p 很小时,二项分布 $B(n, p)$ 可用泊松分布 $P(np)$ 作为近似,有

$$C_n^k p^k (1-p)^{n-k} \approx \frac{(np)^k}{k!}\mathrm{e}^{-np}, \quad k = 0, 1, \cdots, n$$

(5) 几何分布:设随机变量 X 的可能取值为 $1, 2, \cdots$,分布律为

$$P\{X = k\} = (1-p)^{k-1}p, \quad k = 1, 2, \cdots$$

其中 $0<p<1$,则称 X 服从参数为 p 的几何分布,记作 $X \sim G(p)$.

几何分布与伯努利试验的关系:重复进行伯努利试验,记每次试验中事件 A 发生的概率为 p,以 X 表示事件 A 首次发生时的试验次数,则 $X \sim G(p)$.

【范例与方法】

例 1 设随机变量 X 的分布律为

$$P\{X = k\} = \frac{c}{k!}, \quad k = 0, 1, 2, \cdots$$

求常数 c,并求 X 取偶数的概率.

分析 在离散型随机变量可能取可列个值的情况下,求分布律中的未知参数及计算有关概率时,经常会用到下列幂级数求和公式:

$$\sum_{k=0}^{\infty} x^k = \frac{1}{1-x}, -1 < x < 1$$

$$\sum_{k=0}^{\infty} \frac{x^k}{k!} = \mathrm{e}^x, -\infty < x < +\infty$$

解 根据分布律的非负性和规范性,应有 $c>0$,且

$$\sum_{k=0}^{\infty} P\{X = k\} = \sum_{k=0}^{\infty} \frac{c}{k!} = c\sum_{k=0}^{\infty} \frac{1}{k!} = c\mathrm{e} = 1.$$

由此可得 $c = \mathrm{e}^{-1}$. 下面求 X 取偶数的概率,注意到

$$\sum_{k=0}^{\infty} \frac{1}{(2k)!} = \frac{1}{2}\sum_{k=0}^{\infty} \frac{1+(-1)^k}{k!} = \frac{1}{2}\left(\sum_{k=0}^{\infty} \frac{1}{k!} + \sum_{k=0}^{\infty} \frac{(-1)^k}{k!}\right) = \frac{1}{2}(\mathrm{e} + \mathrm{e}^{-1})$$

故 X 取偶数的概率为

$$\sum_{k=0}^{\infty} P\{X = 2k\} = \sum_{k=0}^{\infty} \frac{\mathrm{e}^{-1}}{(2k)!} = \frac{\mathrm{e}^{-1}}{2}(\mathrm{e} + \mathrm{e}^{-1}) = \frac{1}{2}(1 + \mathrm{e}^{-2})$$

例 2 在一副 52 张扑克牌中每次任取 1 张,连取 5 次,以 X 表示取到黑桃的次数,分别按有放回和无放回两种取牌方式,求 X 的分布律.

分析 52 张扑克牌分为 13 张黑桃和 39 张其他花色,此例是含两类元素的有限总体抽样问题.相应于两种取牌方式,X 分别服从二项分布和超几何分布.

解 有放回取牌时,5 次取牌相互独立,每次取到黑桃的概率 $p=\dfrac{1}{4}$,故 X 服从二项分布 $B\left(5,\dfrac{1}{4}\right)$,分布律为

$$P\{X=k\}=C_5^k\left(\dfrac{1}{4}\right)^k\left(\dfrac{3}{4}\right)^{5-k}, \quad k=0, 1, \cdots, 5$$

无放回取牌时,5 次取牌取到黑桃的次数相当于任取 5 张牌中黑桃的张数,故 X 服从超几何分布 $H(5, 13, 39)$,分布律为

$$P\{X=k\}=\dfrac{C_{13}^k C_{39}^{5-k}}{C_{52}^5}, \quad k=0, 1, \cdots, 5$$

例3 在一副 52 张扑克牌中每次任取一张,直到取到黑桃为止,以 X 表示取牌次数,分别按有放回和无放回两种取牌方式,求 X 的分布律.

分析 X 为首次取到黑桃时的取牌次数.在取到黑桃以前,如果每次取牌有放回,则 X 服从几何分布;如果每次取牌无放回,则需按条件概率求 X 的分布.

解 有放回取牌时,各次取牌相互独立.每次取到黑桃的概率为 $p=\dfrac{1}{4}$,故 X 服从几何分布 $G\left(\dfrac{1}{4}\right)$,分布律为

$$P\{X=k\}=\left(\dfrac{3}{4}\right)^{k-1}\times\dfrac{1}{4}, \quad k=1, 2\cdots$$

无放回取牌时,X 的可能取值为 $1, 2, \cdots, 40$.事件 $\{X=k\}$ 表示前 $k-1$ 次均取到其他花色而第 k 次取到黑桃,也即在 52 张牌中任取 $k-1$ 张其他花色后,再在余下的 $52-(k-1)=53-k$ 张牌中任取一张黑桃,故 X 的分布律为

$$P\{X=k\}=\dfrac{C_{39}^{k-1}}{C_{52}^{k-1}}\cdot\dfrac{13}{53-k}, \quad k=1, 2, \cdots, 40$$

例4 设某书每页上印刷错误的个数 X 服从泊松分布,且各页上印刷错误的个数相互独立.已知该书中有一个印刷错误与有 2 个印刷错误的页数相同,求任意翻开的 2 页中至少有一页没有印刷错误的概率.

分析 首先确定泊松分布的参数,求出任意一页上没有印刷错误的概率,而检

查翻开的 2 页上有无印刷错误则相当于二重伯努利试验.

解 设 X 服从参数为 λ 的泊松分布,则分布律为

$$P\{X=k\} = \frac{\lambda^k}{k!}e^{-\lambda}, \quad k = 0, 1, 2, \cdots$$

其中 $\lambda > 0$. 根据已知条件有 $P\{X=1\} = P\{X=2\}$,即

$$\frac{\lambda}{1!}e^{-\lambda} = \frac{\lambda^2}{2!}e^{-\lambda}$$

由此可得 $\lambda=2$,故任意一页上没有印刷错误的概率为

$$P\{X=0\} = \frac{2^0}{0!}e^{-2} = e^{-2}$$

以 Y 表示翻开的两页中没有印刷错误的页数,则有

$$P\{Y=i\} = C_2^i (e^{-2})^i (1-e^{-2})^{2-i}, \quad i = 0, 1, 2$$

故两页中至少有 1 页没有印刷错误的概率为

$$P\{Y \geqslant 1\} = 1 - P\{Y=0\} = 1 - (1-e^{-2})^2 = e^{-2}(2-e^{-2})$$

(三) 随机变量的分布函数

【概念与知识点】

随机变量 X 的分布可以用函数

$$F(x) = F_X(x) = P\{X \leqslant x\}, \, x \in (-\infty, +\infty)$$

描述,称 $F(x)$ 为 X 的分布函数.

对于给定的实数 x,分布函数 $F(x)$ 的值表示随机变量 X 在区间 $(-\infty, x]$ 上取值的概率,也即随机事件 $\{X \leqslant x\} = \{\omega | X(\omega) \leqslant x, \omega \in \Omega\}$ 发生的概率.

分布函数的基本性质:

(1) 非减性:对任意的 $x_1 < x_2$,有 $F(x_1) \leqslant F(x_2)$.

(2) 规范性:对任意的 x,有 $0 \leqslant F(x) \leqslant 1$,且 $F(-\infty) = 0$,$F(+\infty) = 1$.

(3) 右连续性:对任意的 x,有 $F(x+0) = F(x)$.

以上基本性质也是判别某个函数是否为分布函数的充分必要条件.

分布函数完整描述了随机变量的分布,由随机变量 X 生成的各种随机事件的概率均可用分布函数 $F(x)$ 表示. 例如

$$P\{X < x\} = F(x-0)$$
$$P\{X = x\} = P\{X \leqslant x\} - P\{X < x\} = F(x) - F(x-0)$$
$$P\{X > x\} = 1 - P\{X \leqslant x\} = 1 - F(x)$$

离散型随机变量 X 的分布函数 $F(x)$ 与分布律 $P\{X=x_i\}$，$i=1,2,\cdots$ 的关系为

$$F(x) = P\{X \leqslant x\} = \sum_{x_i \leqslant x} P\{X = x_i\}$$
$$P\{X = x_i\} = F(x_i) - F(x_i - 0)$$

【范例与方法】

例1 设随机变量 X 的分布律如表 2-2 所示

表 2-2 **X 的分布律**

X	1	2	3
P	0.25	$3a-1$	a^2

求常数 a，并求 X 的分布函数.

分析 求分布律中的未知参数时，通常要用到分布律的非负性和规范性. 由分布律求分布函数时，可利用列表计算的方法.

解 根据分布律的非负性和规范性，应有

$$3a-1 \geqslant 0, \ 0.25 + (3a-1) + a^2 = 1$$

由此解得 $a=0.5$，故 X 的分布律如表 2-3 所示.

表 2-3 **X 的分布律**

X	1	2	3
P	0.25	0.5	0.25

根据 X 的分布律，列表计算分布函数 $F(x)$ 的相应取值如表 2-4 所示.

表 2-4 **F(x) 的相应取值**

x	$(-\infty, 1)$	$[1, 2)$	$[2, 3)$	$[3, +\infty)$
$F(x)$	0	0.25	$0.25+0.5$	$0.25+0.5+0.25$

由此求得 X 的分布函数为

$$F(x) = \begin{cases} 0, & x < 1 \\ 0.25, & 1 \leqslant x < 2 \\ 0.75, & 2 \leqslant x < 3 \\ 1, & x \geqslant 3 \end{cases}$$

例 2 设随机变量 X 的分布函数为

$$F(x) = \begin{cases} 0, & x < 0 \\ 0.5, & 0 \leqslant x < 1 \\ 0.8, & 1 \leqslant x < 2 \\ 1, & x \geqslant 2 \end{cases}$$

求 X 的分布律.

分析 对于离散型随机变量 X,其分布函数 $F(x)$ 的间断点 x 就是 X 的可能取值,并且 X 取值 x 的概率为 $P\{X=x\}=F(x)-F(x-0)$.

解 根据 $F(x)$ 的间断点知,X 的可能取值为 $0,1,2$,且

$$P\{X = 0\} = F(0) - F(0-0) = 0.5 - 0 = 0.5$$
$$P\{X = 1\} = F(1) - F(1-0) = 0.8 - 0.5 = 0.3$$
$$P\{X = 2\} = F(2) - F(2-0) = 1 - 0.8 = 0.2$$

故 X 的分布律如表 2-5 所示.

表 2-5 X 的分布律

X	0	1	2
P	0.5	0.3	0.2

例 3 设随机变量 X 的分布函数为

$$F(x) = \begin{cases} 0, & x < -1 \\ a, & -1 \leqslant x < 0 \\ 0.8-a, & 0 \leqslant x < 1 \\ a+b, & x \geqslant 1 \end{cases}$$

求常数 a,b 应满足的条件. 如果已知 $P\{X=1\}=0.5$,求 a,b 的值.

分析 求分布函数 $F(x)$ 中的未知参数时,通常要用到分布函数的非减性、规范性和右连续性,以及关系式 $P\{X=x\}=F(x)-F(x-0)$.

解 根据分布函数的非减性和规范性,应有

$$0 \leqslant a \leqslant 0.8 - a \leqslant a + b, \quad F(+\infty) = a + b = 1$$

故 a，b 应满足 $0 \leqslant a \leqslant 0.4$，$b = 1 - a$.

如果已知 $P\{X = 1\} = 0.5$，则有

$$P\{X = 1\} = F(1) - F(1 - 0) = a + b - (0.8 - a) = 0.5$$

再由 $b = 1 - a$，可求得 $a = 0.3$，$b = 0.7$.

例 4 设 $F(x)$，$G(x)$ 均为分布函数，对于 $0 \leqslant \lambda \leqslant 1$，记

$$H(x) = \lambda F(x) + (1 - \lambda)G(x)$$

证明 $H(x)$ 也是分布函数.

分析 要证明某个函数是分布函数，只需证明该函数满足分布函数的三条基本性质.

证 由 $F(x)$，$G(x)$ 均为分布函数及 $\lambda \geqslant 0$，$1 - \lambda \geqslant 0$，容易验证：

对任意的 $x_1 < x_2$，有

$$H(x_1) = \lambda F(x_1) + (1 - \lambda)G(x_1) \leqslant \lambda F(x_2) + (1 - \lambda)G(x_2) = H(x_2)$$

对任意的 x，有

$$0 \leqslant H(x) = \lambda F(x) + (1 - \lambda)G(x) \leqslant 1，且 H(-\infty) = 0, H(+\infty) = 1$$

$$H(x + 0) = \lambda F(x + 0) + (1 - \lambda)G(x + 0) = \lambda F(x) + (1 - \lambda)G(x) = H(x)$$

综上可知，$H(x)$ 满足分布函数的三条基本性质，故也是分布函数.

（四）连续型随机变量及其分布

【概念与知识点】

1. 连续型随机变量及其密度函数

连续型随机变量 X 的可能取值充满某个区间，对于其分布函数 $F(x)$，存在非负可积函数 $f(x)$，使得

$$F(x) = \int_{-\infty}^{x} f(t)\mathrm{d}t, \quad x \in (-\infty, +\infty)$$

称 $f(x)$ 为 X 的密度函数，称 $f(x) > 0$ 的区间为 X 的取值区间.

在分布函数 $F(x)$ 导数存在的点处，有

$$F'(x) = f(x)$$

应当注意，对于给定的实数 x，密度函数 $f(x)$ 的值表示的是 X 在点 x 处的概率

密度而不是概率. 连续型随机变量 X 取任一特定值 x 的概率恒为 0.

密度函数的基本性质：

(1) 非负性：$f(x) \geqslant 0$, $x \in (-\infty, +\infty)$.

(2) 规范性：$\int_{-\infty}^{+\infty} f(x) \mathrm{d}x = 1$.

以上基本性质也是判别某个函数是否为密度函数的充分必要条件.

连续型随机变量 X 在以 a, b 为端点的区间上取值的概率为

$$P\{a \leqslant X \leqslant b\} = P\{a < X \leqslant b\} = P\{a \leqslant X < b\} = P\{a < X < b\}$$
$$= \int_a^b f(x) \mathrm{d}x$$

2. 常用连续型分布

(1) 均匀分布：设随机变量 X 的密度函数为

$$f(x) = \begin{cases} \dfrac{1}{b-a}, & a < x < b \\ 0, & \text{其他} \end{cases}$$

则称 X 服从区间 (a, b) 上的均匀分布, 记作 $X \sim U(a, b)$.

(2) 指数分布：设随机变量 X 的密度函数为

$$f(x) = \begin{cases} \lambda \mathrm{e}^{-\lambda x}, & x > 0 \\ 0, & x \leqslant 0 \end{cases}$$

其中, $\lambda > 0$, 则称 X 服从参数为 λ 的指数分布, 记作 $X \sim E(\lambda)$.

(3) 正态分布：设随机变量 X 的密度函数为

$$f(x) = \frac{1}{\sqrt{2\pi}\sigma} \mathrm{e}^{-\frac{(x-\mu)^2}{2\sigma^2}}, \quad -\infty < x < +\infty$$

其中 $\mu \in \mathbf{R}$, $\sigma > 0$, 则称 X 服从参数为 μ, σ 的正态分布, 记作 $X \sim N(\mu, \sigma^2)$.

参数 $\mu = 0$, $\sigma = 1$ 的正态分布称为标准正态分布, 记作 $N(0, 1)$, 其密度函数和分布函数分别用 $\varphi(x)$ 和 $\Phi(x)$ 表示, 即

$$\varphi(x) = \frac{1}{\sqrt{2\pi}} \mathrm{e}^{-\frac{x^2}{2}}, \quad \Phi(x) = \frac{1}{\sqrt{2\pi}} \int_{-\infty}^{x} \mathrm{e}^{-\frac{t^2}{2}} \mathrm{d}t$$

其中, 标准正态分布函数 $\Phi(x)$ 满足

$$\Phi(-x) = 1 - \Phi(x)$$

正态分布的标准化:设随机变量 $X \sim N(\mu, \sigma^2)$,则标准化随机变量

$$\frac{X - \mu}{\sigma} \sim N(0, 1)$$

相应地,一般正态分布函数 $F(x)$ 与标准正态分布函数 $\Phi(x)$ 的关系为

$$F(x) = P(X \leqslant x) = P\left(\frac{X - \mu}{\sigma} \leqslant \frac{x - \mu}{\sigma}\right) = \Phi\left(\frac{x - \mu}{\sigma}\right)$$

【范例与方法】

例 1 设随机变量 X 的密度函数为

$$f(x) = \begin{cases} ax^2 + \dfrac{1}{3}, & 0 < x < 1 \\ 0, & \text{其他} \end{cases}$$

求常数 a,并求分布函数 $F(x)$.

分析 求密度函数中的未知参数时,通常要用到密度函数的非负性和规范性.由密度函数求分布函数时,要按密度函数在分段区间上的表达式计算积分.

解 根据密度函数的规范性,应有

$$\int_{-\infty}^{+\infty} f(x)\mathrm{d}x = \int_{-\infty}^{0} 0\mathrm{d}x + \int_{0}^{1}\left(ax^2 + \frac{1}{3}\right)\mathrm{d}x + \int_{1}^{+\infty} 0\mathrm{d}x = \frac{a}{3} + \frac{1}{3} = 1$$

由此可得 $a = 2$. 下面求分布函数 $F(x)$:

当 $x < 0$ 时,有

$$F(x) = \int_{-\infty}^{x} 0\mathrm{d}t = 0$$

当 $0 \leqslant x < 1$ 时,有

$$F(x) = \int_{-\infty}^{0} 0\mathrm{d}t + \int_{0}^{x}\left(2t^2 + \frac{1}{3}\right)\mathrm{d}t = \frac{2}{3}x^3 + \frac{1}{3}x$$

当 $x \geqslant 1$ 时,有

$$F(x) = \int_{-\infty}^{0} 0\mathrm{d}t + \int_{0}^{1}\left(2t^2 + \frac{1}{3}\right)\mathrm{d}t + \int_{1}^{x} 0\mathrm{d}t = 1$$

综上,求得 X 的分布函数为

$$F(x) = \begin{cases} 0, & x < 0 \\ \dfrac{1}{3}(2x^3 + x), & 0 \leqslant x < 1 \\ 1, & x \geqslant 1 \end{cases}$$

例 2 设随机变量 X 的分布函数为

$$F(x) = \begin{cases} 0, & x < -1 \\ a + b\arcsin x, & -1 \leqslant x < 1 \\ 1, & x \geqslant 1 \end{cases}$$

求常数 a, b;并求密度函数 $f(x)$.

分析 连续型随机变量的分布函数是连续函数,其导数即为密度函数. 在分布函数的不可导点处,密度函数可取任意的非负值.

解 根据连续型随机变量的分布函数的连续性,在 $x = -1$ 和 $x = 1$ 处,分别有

$$F(-1 - 0) = a - b\frac{\pi}{2} = 0 = F(-1)$$

$$F(1 - 0) = a + b\frac{\pi}{2} = 1 = F(1)$$

由此可得 $a = \dfrac{1}{2}$, $b = \dfrac{1}{\pi}$,故分布函数为

$$F(x) = \begin{cases} 0, & x < -1 \\ \dfrac{1}{2} + \dfrac{1}{\pi}\arcsin x, & -1 \leqslant x < 1 \\ 1, & x \geqslant 1 \end{cases}$$

求导得到 X 的密度函数为

$$f(x) = F'(x) = \begin{cases} \dfrac{1}{\pi\sqrt{1 - x^2}}, & -1 < x < 1 \\ 0, & \text{其他} \end{cases}$$

其中,$F(x)$ 在 $x = -1$ 和 $x = 1$ 处不可导,取 $f(-1) = f(1) = 0$.

例 3 设随机变量 X 的密度函数 $f(x)$ 满足 $f(-x) = f(x)$. 证明:对 X 的分布函数 $F(x)$,有

$$F(-x) = 1 - F(x) = \frac{1}{2} - \int_0^x f(t)\,\mathrm{d}t$$

分析 由 $f(x)$ 为偶函数及分布函数 $F(x) = \int_{-\infty}^{x} f(t)\mathrm{d}t$ 的几何意义,可以直观得出上述结论,具体证明要用到换元积分法.

证 根据 $f(-x) = f(x)$ 及密度函数的规范性,可得

$$F(-x) = \int_{-\infty}^{-x} f(t)\mathrm{d}t \xrightarrow{t=-u} -\int_{+\infty}^{x} f(-u)\mathrm{d}u$$

$$= \int_{x}^{+\infty} f(u)\mathrm{d}u = 1 - \int_{-\infty}^{x} f(u)\mathrm{d}u$$

$$= 1 - F(x)$$

在上式中取 $x = 0$,有 $F(0) = 1 - F(0)$,故 $F(0) = \int_{-\infty}^{0} f(t)\mathrm{d}t = \dfrac{1}{2}$,由此可得

$$F(-x) = 1 - F(x) = 1 - \int_{-\infty}^{x} f(u)\mathrm{d}u$$

$$= 1 - \int_{-\infty}^{0} f(u)\mathrm{d}u - \int_{0}^{x} f(u)\mathrm{d}u$$

$$= \frac{1}{2} - \int_{0}^{x} f(t)\mathrm{d}t$$

例 4 在区间 $(0,5)$ 上任取一点记为 X,求概率 $P\{X^2 - 4X + 3 \geqslant 0\}$.

分析 区间 $(0,5)$ 上任一点被取到的可能性相同,故 X 服从均匀分布 $U(0,5)$.由 $X^2 - 4X + 3 \geqslant 0$ 确定 X 的相应取值范围,即可计算所求概率.

解 根据均匀分布的定义,X 的密度函数为

$$f(x) = \begin{cases} \dfrac{1}{5}, & 0 < x < 5 \\ 0, & \text{其他} \end{cases}$$

因为 X 在区间 $(0,5)$ 上取值,由不等式

$$X^2 - 4X + 3 = (X-1)(X-3) \geqslant 0$$

有 $X \leqslant 1$ 或 $X \geqslant 3$,故 $\{X^2 - 4X + 3 \geqslant 0\} = \{0 < X \leqslant 1\} \bigcup \{3 \leqslant X < 5\}$,所求概率为

$$P\{X^2 - 4X + 3 \geqslant 0\} = P\{0 < X \leqslant 1\} + P\{3 \leqslant X < 5\}$$

$$= \int_{0}^{1} \frac{1}{5}\mathrm{d}x + \int_{3}^{5} \frac{1}{5}\mathrm{d}x$$

$$= \frac{3}{5}$$

例 5　设急救中心 t 小时内接到呼救的次数 $N(t)$ 服从参数为 λt 的泊松分布,求相继 2 次呼救的时间间隔 T 的分布.并求一小时无呼救的概率;以及在已经一小时无呼救的情况下,再一小时无呼救的概率.

分析　注意到 t 小时内无呼救的充分必要条件是呼救的时间间隔 $T>t$,即事件 $\{N(t)=0\}$ 与 $\{T>t\}$ 等价,由此即可求得 T 的分布.

解　根据泊松分布的定义,t 小时内呼救次数 $N(t)$ 的分布律为

$$P\{N(t)=k\} = \frac{(\lambda t)^k}{k!}\mathrm{e}^{-\lambda t}, \quad k=0,1,2,\cdots$$

记呼救时间间隔 T 的分布函数为 $F(t)$,则

当 $t<0$ 时,有 $F(t)=P\{T\leqslant t\}=0$.

当 $t\geqslant 0$ 时,有

$$F(t) = P\{T\leqslant t\} = 1-P\{T>t\} = 1-P\{N(t)=0\} = 1-\mathrm{e}^{-\lambda t}$$

综上,可得 T 的分布函数为

$$F(t) = \begin{cases} 1-\mathrm{e}^{-\lambda t}, & t\geqslant 0 \\ 0, & t<0 \end{cases}$$

故 T 服从参数为 λ 的指数分布.

由 T 的分布函数求得,1 小时无呼救的概率为

$$P\{N(1)=0\} = P\{T>1\} = 1-P\{T\leqslant 1\} = 1-F(1) = \mathrm{e}^{-\lambda}$$

根据指数分布的无记忆性可知,在已经一小时无呼救的情况下,再一小时无呼救的概率为

$$P\{T>2 \mid T>1\} = P\{T>1\} = \mathrm{e}^{-\lambda}$$

例 6　设有 1000 人参加招聘考试,考试成绩 X 近似服从正态分布,且 90 分以上有 36 人,60 分以下有 115 人.如果按分数从高到低依次录取 250 人,问考试成绩为 80 分能否被录取?

分析　按考试成绩服从正态分布考虑,先根据分数段人数比例确定正态分布的两个参数,再根据录取人数比例确定最低录取分数.

解　设考试成绩 X 服从正态分布 $N(\mu, \sigma^2)$,其分布函数为 $F(x)$,则

$$F(x) = \Phi\left(\frac{x-\mu}{\sigma}\right)$$

其中 $\Phi(x)$ 为标准正态分布函数,满足 $\Phi(-x)=1-\Phi(x)$.

根据 90 分以上和 60 分以下的人数比例,分别有

$$\Phi\left(\frac{90-\mu}{\sigma}\right) = F(90) = P\{X \leqslant 90\} = 1 - P\{X > 90\} = 1 - \frac{36}{1000} = 0.964$$

$$\Phi\left(\frac{\mu-60}{\sigma}\right) = 1 - \Phi\left(\frac{60-\mu}{\sigma}\right) = 1 - F(60) = 1 - P\{X \leqslant 60\} = 1 - \frac{115}{1000} = 0.885$$

反查标准正态分布表得

$$\frac{90-\mu}{\sigma} = 1.8, \quad \frac{\mu-60}{\sigma} = 1.2$$

联立解得 $\mu = 72$,$\sigma = 10$,故 $X \sim N(72, 10^2)$.

记最低录取分数为 a,根据录取人数比例,有

$$\Phi\left(\frac{a-72}{10}\right) = F(a) = P\{X \leqslant a\} = 1 - P\{X > a\} = 1 - \frac{250}{1000} = 0.75$$

反查标准正态分布表得

$$\frac{a-72}{10} = 0.67$$

故最低录取分数 $a = 78.7$,考试成绩为 80 分能够被录取.

(五) 随机变量的函数及其分布

【概念与知识点】

1. 随机变量的函数

设 X 为随机变量,函数 $y = g(x)$ 在 X 的取值范围上有定义,称

$$Y = g(X)$$

为随机变量 X 的函数.

随机变量 X 的函数 $Y = g(X)$ 也是随机变量,并且 Y 的分布可以由 X 的分布完全确定.

2. 离散型随机变量函数的分布

离散型随机变量 X 的函数 $Y = g(X)$ 也是离散型随机变量,根据 X 的分布律可确定 Y 的分布律.

设随机变量 X 的分布律如表 2-6 所示.

表 2-6　X 的分布律

X	x_1	x_2	$\cdots$	x_i	$\cdots$
P	p_1	p_2	$\cdots$	p_i	$\cdots$

则 $Y = g(X)$ 的分布律如表 2-7 所示.

表 2-7　Y 的分布律

Y	$g(x_1)$	$g(x_2)$	$\cdots$	$g(x_i)$	$\cdots$
P	p_1	p_2	$\cdots$	p_i	$\cdots$

如果 $g(x_1)$，$g(x_2)$，$\cdots$ 中有相同的值，则应予以合并，将对应的概率相加.

　　3. 连续型随机变量函数的分布

　　连续型随机变量 X 的函数 $Y = g(X)$ 可能是连续型随机变量，也可能是离散型随机变量，其分布可由 X 的密度函数 $f_X(x)$ 确定.

　　如果在 X 的取值区间上，$Y = g(X)$ 的可能取值为有限或可列个值 y_1，y_2，$\cdots$，则 Y 是离散型随机变量，其分布律为

$$P\{Y = y_i\} = P\{g(X) = y_i\} = \int_{g(x) = y_i} f_X(x) \mathrm{d}x, \quad i = 1, 2, \cdots$$

其中积分区间为 X 的取值区间上满足 $g(x) = y_i$ 的部分区间.

　　如果在 X 的取值区间上，$Y = g(X)$ 的可能取值充满某个区间，则 Y 是连续型随机变量，其分布函数为

$$F_Y(y) = P\{Y \leqslant y\} = P\{g(X) \leqslant y\} = \int_{g(x) \leqslant y} f_X(x) \mathrm{d}x$$

其中积分区间为 X 的取值区间上满足 $g(x) \leqslant y$ 的部分区间.

　　在已知 X 的分布函数 $F_X(x)$ 的情况下，上述积分无须计算. 只需由 $g(X) \leqslant y$ 解出关于 X 的不等式，即可将 $F_Y(y)$ 用 $F_X(x)$ 表示.

　　特别地，如果函数 $y = g(x)$ 在 X 的取值区间上严格单调且可导，则可根据 X 的密度函数 $f_X(x)$，求得 $Y = g(X)$ 的密度函数为

$$f_Y(y) = \begin{cases} f_X[g^{-1}(y)] \, |[g^{-1}(y)]'|, & \alpha < y < \beta \\ 0, & \text{其他} \end{cases}$$

其中 (α, β) 是由 X 的取值区间所确定的 $Y = g(X)$ 的相应取值区间.

　　【范例与方法】

　　例 1　设随机变量 X 的分布律如表 2-8 所示.

表 2-8 X 的分布律

X	0	1	2	3
P	0.1	0.2	0.3	0.4

求 $Y=X(X-1)$ 的分布律.

    分析 此例中 X 的可能取值为有限个值,可利用表格形式求 $Y=X(X-1)$ 的分布律.

    解 根据 X 的分布律,直接得到 $Y=X(X-1)$ 的取值及概率如表 2-9 所示.

表 2-9 Y 的取值及概率

Y	0	0	2	6
P	0.1	0.2	0.3	0.4

将相同取值 $Y=0$ 的两项合并,求得 $Y=X(X-1)$ 的分布律如表 2-10 所示.

表 2-10 Y 的分布律

Y	0	2	6
P	0.3	0.3	0.4

    例 2 设随机变量 X 的分布律为

$$P\{X=k\}=\frac{c}{k(k+2)}, \quad k=1,2,\cdots$$

求常数 c,并求 $Y=\cos(\pi X)$ 的分布律.

    分析 此例中 X 的可能取值为可列个值,先根据分布律的基本性质确定参数 c,再由 X 的分布律求 $Y=\cos(\pi X)$ 的分布律.

    解 根据分布律的规范性,有

$$\sum_{k=1}^{\infty}P\{X=k\}=\sum_{k=1}^{\infty}\frac{c}{k(k+2)}=\frac{c}{2}\lim_{n\to\infty}\sum_{k=1}^{n}\left(\frac{1}{k}-\frac{1}{k+2}\right)$$

$$=\frac{c}{2}\lim_{n\to\infty}\left(1+\frac{1}{2}-\frac{1}{n+1}-\frac{1}{n+2}\right)$$

$$=\frac{3c}{4}=1$$

由此可得 $c=\dfrac{4}{3}$.相应于 X 的可能取值 $1,2,\cdots$,有

$$Y = \cos(\pi X) = \begin{cases} -1, & X \text{ 为奇数} \\ 1, & X \text{ 为偶数} \end{cases}$$

计算 Y 的取值概率,有

$$P\{Y = 1\} = \sum_{i=1}^{\infty} P\{X = 2i\} = \frac{4}{3} \sum_{i=1}^{\infty} \frac{1}{2i(2i+2)} = \frac{1}{3}$$

$$P\{Y = -1\} = 1 - P\{Y = 1\} = \frac{2}{3}$$

综上,求得 $Y = \cos(\pi X)$ 的分布律如表 2-11 所示.

表 2-11   Y 的分布律

Y	-1	1
P	$\frac{2}{3}$	$\frac{1}{3}$

例 3 设随机变量 X 的密度函数为

$$f(x) = \frac{1}{\pi(1+x^2)}, \quad -\infty < x < +\infty$$

定义 X 的函数

$$Y = \begin{cases} -1, & X \leqslant -1 \\ 0, & -1 < X < 1 \\ 1, & X \geqslant 1 \end{cases}$$

求 Y 的分布律.

分析 此例中 X 为连续型随机变量,Y 为离散型随机变量.可由 X 的密度函数计算 Y 的取值概率,求得 Y 的分布律.

解 在 X 的取值区间 $(-\infty, +\infty)$ 上,Y 的可能取值为 $-1, 0, 1$,取值概率为

$$P\{Y = -1\} = P\{X \leqslant -1\} = \int_{-\infty}^{-1} \frac{1}{\pi(1+x^2)} \mathrm{d}x = \frac{1}{4}$$

$$P\{Y = 0\} = P\{-1 < X < 1\} = \int_{-1}^{1} \frac{1}{\pi(1+x^2)} \mathrm{d}x = \frac{1}{2}$$

$$P\{Y = 1\} = P\{X \geqslant 1\} = \int_{1}^{+\infty} \frac{1}{\pi(1+x^2)} \mathrm{d}x = \frac{1}{4}$$

综上,求得 Y 的分布律如表 2-12 所示.

表 2-12 Y 的分布律

Y	-1	0	1
P	$\dfrac{1}{4}$	$\dfrac{1}{2}$	$\dfrac{1}{4}$

例 4 设随机变量 $X \sim N(0,1)$,求 $Y = |X|$ 的密度函数.

分析 此例可通过将 Y 的分布函数 $F_Y(y)$ 用 X 的分布函数 $\Phi(x)$ 表示,求导得到 Y 的密度函数 $f_Y(y)$.

解 根据标准正态分布的定义,X 的密度函数为

$$\varphi(x) = \frac{1}{\sqrt{2\pi}} e^{-\frac{x^2}{2}}, \ -\infty < x < +\infty$$

由 X 的取值区间 $(-\infty, +\infty)$ 可知 $Y = |X|$ 的取值区间为 $[0, +\infty)$.

当 $y < 0$ 时,有 $f_Y(y) = 0$.

当 $y \geqslant 0$ 时,在 X 的取值区间 $(-\infty, +\infty)$ 上,有

$$F_Y(y) = P\{Y \leqslant y\} = P\{|X| \leqslant y\} = P\{-y \leqslant X \leqslant y\} = 2\Phi(y) - 1$$

$$f_Y(y) = F_Y'(y) = 2\Phi'(y) = 2\varphi(y) = \frac{2}{\sqrt{2\pi}} e^{-\frac{y^2}{2}}$$

在 $y = 0$ 处,$F_Y(y)$ 不可导,取 $f_Y(0) = 0$.

综上,求得 $Y = |X|$ 的密度函数为

$$f_Y(y) = \begin{cases} \dfrac{2}{\sqrt{2\pi}} e^{-\frac{y^2}{2}}, & y > 0 \\ 0, & y \leqslant 0 \end{cases}$$

例 5 设随机变量 $X \sim E(\lambda)$,求 $Y = e^X$ 的密度函数.

分析 此例可根据 X 的密度函数 $f_X(x)$,按公式

$$f_Y(y) = \begin{cases} f_X[g^{-1}(y)] |[g^{-1}(y)]'|, & \alpha < y < \beta \\ 0, & \text{其他} \end{cases}$$

求得 $Y = e^X$ 的密度函数.

解 根据指数分布的定义,X 的密度函数为

$$f_X(x) = \begin{cases} \lambda e^{-\lambda x}, & x > 0 \\ 0, & x \leqslant 0 \end{cases}$$

85

由 X 的取值区间 $(0, +\infty)$ 可知 $Y = e^X$ 的取值区间为 $(1, +\infty)$.

在 X 的取值区间 $(0, +\infty)$ 上, 函数 $y = e^x$ 严格单调且可导, 其反函数为 $x = \ln y$, 按公式求得 $Y = e^X$ 的密度函数为

$$f_Y(y) = \begin{cases} f_X(\ln y) \mid (\ln y)' \mid, & y > 1 \\ 0, & y \leqslant 1 \end{cases}$$

$$= \begin{cases} \dfrac{\lambda}{y^{\lambda+1}}, & y > 1 \\ 0, & y \leqslant 1 \end{cases}$$

例 6 设随机变量 $X \sim U(0, \pi)$, 求 $Y = \sin X$ 的密度函数.

分析 此例中 X 的取值区间为 $(0, \pi)$, 函数 $y = \sin x$ 在 $(0, \pi)$ 上非单调. 对于给定的 y, 需根据 $\sin X \leqslant y$ 分析确定 X 的相应取值范围.

解 根据均匀分布的定义, X 的密度函数为

$$f_X(x) = \begin{cases} \dfrac{1}{\pi}, & 0 < x < \pi \\ 0, & 其他 \end{cases}$$

由 X 的取值区间 $(0, \pi)$ 可知 $Y = \sin X$ 的取值区间为 $(0, 1]$.

当 $y \leqslant 0$ 或 $y > 1$ 时, 有 $f_Y(y) = 0$.

当 $0 < y \leqslant 1$ 时, 在 X 的取值区间 $(0, \pi)$ 上, 有

$$\begin{aligned} F_Y(y) &= P\{Y \leqslant y\} = P\{\sin X \leqslant y\} \\ &= P\{0 < X \leqslant \arcsin y\} + P\{\pi - \arcsin y \leqslant X < \pi\} \\ &= \int_0^{\arcsin y} \frac{1}{\pi} dx + \int_{\pi - \arcsin y}^{\pi} \frac{1}{\pi} dx \\ &= \frac{2}{\pi} \arcsin y \end{aligned}$$

$$f_Y(y) = F'_Y(y) = \frac{2}{\pi} \cdot \frac{1}{\sqrt{1 - y^2}} \quad (0 < y < 1)$$

在 $y = 1$ 处, $F_Y(y)$ 不可导, 取 $f_Y(1) = 0$.

综上, 求得 $Y = \sin X$ 的密度函数为

$$f_Y(y) = \begin{cases} \dfrac{2}{\pi\sqrt{1 - y^2}}, & 0 < y < 1 \\ 0, & 其他 \end{cases}$$

三、习题全解

习 题 2-1

1. 一批产品中含有正品和次品,从中每次任取 1 件,有放回地连取 3 次,以 X 表示取到的次品数.

(1) 写出 X 的可能取值及对应事件的样本点.

(2) 设该批产品的次品率为 p,求 X 的取值概率.

解 有放回地连取 3 次,每次都可能取到次品,且取到次品的概率均为 p.

(1) X 的可能取值为 0,1,2,3;对应事件的样本点为

$$\{X = 0\} = \{(\text{正},\text{正},\text{正})\}$$
$$\{X = 1\} = \{(\text{次},\text{正},\text{正}),(\text{正},\text{次},\text{正}),(\text{正},\text{正},\text{次})\}$$
$$\{X = 2\} = \{(\text{次},\text{次},\text{正}),(\text{次},\text{正},\text{次}),(\text{正},\text{次},\text{次})\}$$
$$\{X = 3\} = \{(\text{次},\text{次},\text{次})\}$$

(2) 每次取到次品的概率为 p,连取 3 次相当于 3 重伯努利试验,故

$$P\{X = k\} = C_3^k p^k (1-p)^{3-k}, \quad k = 0,1,2,3$$

2. 从自然数 1,2,3,4 中无放回地连取 2 个数,以 X 表示两数之差的绝对值.

(1) 写出 X 的可能取值及对应事件的样本点.

(2) 求 X 的取值概率.

解 从 1,2,3,4 中无放回地连取 2 个数,样本空间

$$\Omega = \{(i,j) \mid i,j = 1,2,3,4; i \neq j\}$$

含有 $P_4^2 = 12$ 个样本点,各样本点等可能出现.

(1) 两数之差的绝对值 X 可能取值 1,2,3;对应事件的样本点为

$$\{X = 1\} = \{(1,2),(2,1),(2,3),(3,2),(3,4),(4,3)\}$$
$$\{X = 2\} = \{(1,3),(3,1),(2,4),(4,2)\}$$
$$\{X = 3\} = \{(1,4),(4,1)\}$$

(2) 根据 X 取值所对应事件的样本点数,求得

$$P\{X=1\} = \frac{6}{12}, \ P\{X=2\} = \frac{4}{12}, \ P\{X=3\} = \frac{2}{12}$$

可统一表示为

$$P\{X=k\} = \frac{4-k}{6}, \quad k=1,2,3$$

3. 将一颗骰子连掷 2 次,以 X 表示掷出的最大点数,求 X 的可能取值及相应的取值概率.

解 一颗骰子连掷 2 次,其样本空间

$$\Omega = \{(i,j) \mid i,j=1,2,\cdots,6\}$$

含有 $6^2 = 36$ 个样本点,各样本点等可能出现.

掷出的最大点数 X 可能取值 $1,2,\cdots,6$,对应事件

$$\{X=k\} = \{(k,1),\cdots,(k,k),(1,k),\cdots,(k-1,k)\}$$

含有 $2k-1$ 个样本点,故 X 的取值概率为

$$P\{X=k\} = \frac{2k-1}{36}, \quad k=1,2,\cdots,6$$

4. 某车站每 60 分钟发一班车,乘客在任意时刻随机到达车站. 以 X 表示乘客的候车时间,求

(1) X 的可能取值范围.

(2) 乘客候车超过 20 分钟的概率.

解 考虑任一时间段内的前后两班车,发车间隔为 60 分钟.

(1) 如果乘客到达车站正好赶上前一班车发车,则候车时间 $X=0$;否则要等后一班车,候车时间 $X \in (0,60)$,故 X 的可能取值范围为区间 $[0,60)$.

(2) 记前一班车发车时刻为 0,乘客在发车间隔时间区间 $[0,60)$ 内随机到达车站,候车超过 20 分钟意味着乘客在时间区间 $(0,40)$ 内到达. 根据几何概率有

$$P\{X>20\} = \frac{\text{区间}(0,40)\text{ 的长度}}{\text{区间}[0,60)\text{ 的长度}} = \frac{40}{60} = \frac{2}{3}$$

5. 向一个半径为 1 米的圆形靶子射击,设射击都能中靶,并且命中靶上任一同心圆的概率与该圆的面积成正比. 以 X 表示弹着点与圆心的距离,求

(1) X 的可能取值范围.

(2) 命中靶上半径为 x 的同心圆的概率.

解 考虑由弹着点确定的以 X 为半径的同心圆.

(1) 因为射击都能中靶,故 X 的可能取值范围为区间 $[0,1]$.

(2) 对任一 $x\in[0,1]$,事件 $\{0\leqslant X\leqslant x\}$ 表示命中靶上半径为 x 的同心圆,其概率为

$$P\{0\leqslant X\leqslant x\}=\lambda\pi x^2$$

由 $\{0\leqslant X\leqslant 1\}=\Omega$,有

$$P\{0\leqslant X\leqslant 1\}=\lambda\pi=1$$

可得 $\lambda=\dfrac{1}{\pi}$,故命中靶上半径为 x 的同心圆的概率为

$$P\{0\leqslant X\leqslant x\}=x^2,\ 0\leqslant x\leqslant 1$$

习 题 2-2

1. 下列各表(见表 2-12 至表 2-14)是否为离散型随机变量的分布律?

表 2-12 X 与 P 的对应取值

(1)

X	-1	0	1
P	-0.1	0.5	0.6

表 2-13 X 与 P 的对应取值

(2)

X	1	2	3
P	0.1	0.3	0.5

表 2-14 X 与 P 的对应取值

(3)

X	1	2	3	$\cdots$	k	$\cdots$
P	$\dfrac{1}{2}$	$\dfrac{1}{2^2}$	$\dfrac{1}{2^3}$	$\cdots$	$\dfrac{1}{2^k}$	$\cdots$

解 根据分布律的基本性质判别：

(1) 否,因为 $P\{X=-1\}=-0.1<0$,不满足非负性.

(2) 否,因为 $\sum\limits_{k=1}^{3}P\{X=k\}=0.1+0.3+0.5=0.9\neq 1$,不满足规范性.

(3) 是,因为 $\dfrac{1}{2^k}>0$, $k=1, 2, \cdots$;且 $\sum\limits_{k=1}^{\infty}\dfrac{1}{2^k}=1$,满足分布律的基本性质.

2. 求下列随机变量 X 的分布律中的常数 a.

(1) $P\{X=k\}=\dfrac{a}{N}$, $\quad k=1, 2, \cdots, N$.

(2) $P\{X=k\}=\dfrac{ka}{2^k}$, $\quad k=1, 2, 3, 4$.

(3) $P\{X=k\}=2a^k$, $\quad k=1, 2, \cdots$.

解 根据分布律的规范性计算：

(1) 由 $\sum\limits_{k=1}^{N}\dfrac{a}{N}=N\dfrac{a}{N}=1$,可得 $a=1$.

(2) 由 $\sum\limits_{k=1}^{4}\dfrac{ka}{2^k}=\left(\dfrac{1}{2}+\dfrac{2}{4}+\dfrac{3}{8}+\dfrac{4}{16}\right)a=\dfrac{13}{8}a=1$,可得 $a=\dfrac{8}{13}$.

(3) 由 $\sum\limits_{k=1}^{\infty}2a^k=2a\lim\limits_{n\to\infty}\dfrac{1-a^n}{1-a}=1$,应有 $\dfrac{2a}{1-a}=1$,可得 $a=\dfrac{1}{3}$.

3. 某射手用 5 发子弹射击目标,每次射击的命中率为 p. 如果命中目标就停止
射击,否则一直射击到子弹耗尽,求射击次数 X 的分布律.

解 X 的可能取值为 $1, 2, 3, 4, 5$.

当 $k<5$ 时,第 k 次射击命中目标,前 $k-1$ 次射击均未命中,有

$$P\{X=k\}=(1-p)^{k-1}p, \quad k=1, 2, 3, 4$$

当 $k=5$ 时,前 4 次射击均未命中,第 5 次射击可能命中也可能不中,有

$$P\{X=5\}=(1-p)^4 p+(1-p)^5=(1-p)^4$$

综上求得 X 的分布律如表 2-15 所示.

表 2-15　X 的分布律

X	1	2	3	4	5
P	p	$(1-p)p$	$(1-p)^2 p$	$(1-p)^3 p$	$(1-p)^4$

4. 袋内有 1 个白球和 2 个黑球,从中每次任取一球,连取 2 次,以 X 表示取到白

球的次数.求下列两种情况下 X 的分布律.

(1) 第一次取球后不放回.

(2) 第一次取球后放回.

解 袋内仅有一个白球,无放回取球至多取到一次,有放回取球至多取到两次.

(1) 无放回取球时,X 的可能取值为 $0,1$.根据超几何分布,有

$$P\{X=k\} = \frac{C_1^k C_2^{2-k}}{C_3^2}, \quad k=0,1$$

计算得到 X 的分布律如表 2-16 所示.

表 2-16 X 的分布律

X	0	1
P	$\frac{1}{3}$	$\frac{2}{3}$

(2) 有放回取球时,X 的可能取值为 $0,1,2$.根据二项分布,有

$$P\{X=k\} = C_2^k \left(\frac{1}{3}\right)^k \left(1-\frac{1}{3}\right)^{2-k}, \quad k=0,1,2$$

计算得到 X 的分布律如表 2-17 所示.

表 2-17 X 的分布律

X	0	1	2
P	$\frac{4}{9}$	$\frac{4}{9}$	$\frac{1}{9}$

5. 重复进行伯努利试验,设每次试验成功的概率为 p,以 X 表示取得第 r 次成功时的试验次数,求 X 的分布律.

解 X 的可能取值为 $r,r+1,\cdots$.事件 $\{X=k\}$ 意味着第 k 次试验为成功,且前 $k-1$ 次试验中有 $r-1$ 次成功,故 X 的分布律为

$$P\{X=k\} = C_{k-1}^{r-1} p^{r-1} (1-p)^{(k-1)-(r-1)} p = C_{k-1}^{r-1} p^r (1-p)^{k-r}, \quad k=r,r+1,\cdots$$

6. 数轴上一质点从原点出发,每次以概率 p 向右移动或以概率 $1-p$ 向左移动一个单位,且各次移动相互独立.以 X_n 表示第 n 次移动后质点的坐标,求 X_n 的分布律.

解 事件 $\{X_n=k\}$ 表示经过 n 次移动后质点的坐标为 k.将 n 次移动视作 n 重伯

努利试验,设其中有 i 次向右移动,j 次向左移动,则有 $i+j=n$,$i-j=k$,故 k 与 n 的奇偶性相同,且

$$i=\frac{n+k}{2}, \quad j=\frac{n-k}{2}$$

由此求得 X_n 的分布律为

$$P\{X_n=k\}=\begin{cases} C_n^{\frac{n+k}{2}} p^{\frac{n+k}{2}} (1-p)^{\frac{n-k}{2}}, & k=-n,-n+2,-n+4,\cdots,n \\ 0, & \text{其他} \end{cases}$$

7. 某车间共有 9 台机床,各台机床在工作中开动的概率均为 0.2,且工作状态相互独立. 如果供给该车间的电力至多允许 6 台机床同时开动,求出现电力不足状况的概率.

解 以 X 表示同时开动的机床数,则 X 服从二项分布 $B(9,0.2)$,分布律为

$$P\{X=k\}=C_9^k 0.2^k (1-0.2)^{9-k}, \quad k=0,1,\cdots,9$$

当 $X>6$ 时将出现电力不足状况,出现的概率为

$$P\{X>6\}=\sum_{k=7}^{9}P\{X=k\}=\sum_{k=7}^{9}C_9^k 0.2^k 0.8^{9-k}=0.0003$$

8. 设某商店每月销售某种商品的数量服从参数为 8 的泊松分布,求该种商品月初应准备多少库存,才能有 99% 以上的把握保证当月不脱销.

解 以 X 表示当月销售量,则 X 服从泊松分布 $P(8)$,分布律为

$$P\{X=k\}=\frac{8^k}{k!}\mathrm{e}^{-8}, \quad k=0,1,2,\cdots$$

设月初准备库存为 n,要有 99% 以上的把握保证当月不脱销,应有

$$P\{X\leqslant n\}=\sum_{k=0}^{n}\frac{8^k}{k!}\mathrm{e}^{-8}\geqslant 0.99$$

查泊松分布表可得 $n=15$.

9. 设某交叉路口在 t 分钟内通过的汽车数服从参数与 t 成正比的泊松分布,已知在 1 分钟内没有汽车通过的概率为 0.2,求在 2 分钟内最多有 1 辆汽车通过的概率.

解 以 X_t 表示 t 分钟内通过的汽车数,则 X_t 服从泊松分布 $P(\lambda t)$,分布律为

$$P\{X_t = k\} = \frac{(\lambda t)^k}{k!} e^{-\lambda t}, \quad k = 0, 1, 2, \cdots$$

根据 1 分钟内没有汽车通过的概率

$$P\{X_1 = 0\} = \frac{\lambda^0}{0!} e^{-\lambda} = 0.2$$

可得 $\lambda = \ln 5$，故 2 分钟内最多有一辆汽车通过的概率为

$$P\{X_2 \leqslant 1\} = \sum_{k=0}^{1} P\{X_2 = k\} = \sum_{k=0}^{1} \frac{(2\ln 5)^k}{k!} e^{-2\ln 5} = \frac{1}{25}(1 + 2\ln 5)$$

10. 一批种子的发芽率为 0.995，从中任取 600 粒做发芽试验，用泊松分布近似计算 600 粒种子中没有发芽的比例不超过 1‰ 的概率.

解 每粒种子不发芽的概率为 $p = 1 - 0.995 = 0.005$，以 X 表示 600 粒种子中没有发芽的种子数，则 X 服从二项分布 $B(600, 0.005)$，分布律为

$$P\{X = k\} = C_{600}^k 0.005^k (1 - 0.005)^{600-k}, \quad k = 1, 2, \cdots, 600$$

用参数 $\lambda = np = 600 \times 0.005 = 3$ 的泊松分布 $P(3)$ 近似计算，有

$$P\{X = k\} \approx \frac{3^k}{k!} e^{-3}, \quad k = 1, 2, \cdots, 600$$

故 600 粒种子中没有发芽的比例不超过 1‰，即 $X \leqslant 6$ 的概率为

$$P\{X \leqslant 6\} = \sum_{k=0}^{6} P\{X = k\} \approx \sum_{k=0}^{6} \frac{3^k}{k!} e^{-3} = 0.9665$$

11. 设某厂共有 100 台设备，各台设备的状态相互独立，且发生故障的概率均为 0.01. 求下列两种情况下，设备发生故障而不能得到及时修理的概率.

(1) 配备 5 名维修工，每人负责 20 台设备.

(2) 配备 3 名维修工，共同负责 100 台设备.

解 如果同一时刻发生故障的设备数超过相应负责的维修工数，则故障不能得到及时修理.

(1) 以 X_i，$i = 1, 2, \cdots, 5$ 分别表示 5 名维修工各自负责的 20 台设备中同时发生故障的设备数，则 X_i 相互独立，均服从二项分布 $B(20, 0.01)$. 当任一 $X_i > 1$ 时，将有设备发生故障而不能及时修理，其概率为

$$P\{\bigcup_{i=1}^{5}\{X_i > 1\}\} = 1 - P\{\bigcap_{i=1}^{5}\{X_i \leqslant 1\}\} = 1 - \prod_{i=1}^{5} P\{X_i \leqslant 1\}$$

$$= 1 - \left(\sum_{k=0}^{1} C_{20}^{k} 0.01^k 0.99^{20-k}\right)^5$$

$$= 0.0815$$

(2) 以 X 表示 100 台设备中同时发生故障的设备数,则 X 服从二项分布 $B(100, 0.01)$. 当 $X > 3$ 时,将有设备发生故障而不能及时修理,其概率为

$$P\{X > 3\} = 1 - P\{X \leqslant 3\} = 1 - \sum_{k=0}^{3} P\{X = k\}$$

$$= 1 - \sum_{k=0}^{3} C_{100}^{k} 0.01^k 0.99^{100-k}$$

$$= 0.0184$$

12. 设一天内进入某商场的顾客数服从参数为 λ 的泊松分布,每位顾客购物的概率为 p,且各位顾客是否购物相互独立. 以 X 表示一天内在该商场购物的顾客数,求 X 的分布律.

解 以 Y 表示一天内进入商场的顾客数,则 Y 服从泊松分布 $P(\lambda)$,有 n 位顾客进入商场的概率为

$$P\{Y = n\} = \frac{\lambda^n}{n!}e^{-\lambda},\ n = 0, 1, 2, \cdots$$

在进入商场的 n 位顾客中,购物的顾客数 X 服从二项分布 $B(n, p)$,故在 $Y = n$ 的条件下,$X = k$ 的条件概率为

$$P\{X = k \mid Y = n\} = C_n^k p^k (1-p)^{n-k},\quad k = 0, 1, 2, \cdots, n$$

根据全概率公式,求得 X 的分布律为

$$P\{X = k\} = \sum_{n=k}^{\infty} P\{Y = n\}P\{X = k \mid Y = n\} = \sum_{n=k}^{\infty} \frac{\lambda^n}{n!}e^{-\lambda} \cdot C_n^k p^k (1-p)^{n-k}$$

$$= \frac{e^{-\lambda}\lambda^k p^k}{k!} \sum_{n=k}^{\infty} \frac{[\lambda(1-p)]^{n-k}}{(n-k)!} = \frac{e^{-\lambda}\lambda^k p^k}{k!} e^{\lambda(1-p)}$$

$$= \frac{(\lambda p)^k}{k!} e^{-\lambda p},\quad k = 0, 1, 2, \cdots$$

即 X 服从参数为 λp 的泊松分布.

习 题 2-3

1. 下列函数是否为随机变量的分布函数?

(1) $F(x) = \begin{cases} 0, & x < 0 \\ \dfrac{1}{2}, & 0 \leqslant x < 1. \\ 1, & x \geqslant 1 \end{cases}$

(2) $F(x) = \begin{cases} 0, & x < 0 \\ \dfrac{1}{2}, & 0 \leqslant x \leqslant 1. \\ 1, & x > 1 \end{cases}$

(3) $F(x) = \dfrac{1}{1+x^2}, \quad -\infty < x < +\infty.$

解 根据分布函数的基本性质判别.

(1) 是,因为 $F(x)$ 满足非减性,规范性和右连续性.

(2) 否,因为 $F(1+0) = 1 \neq \dfrac{1}{2} = F(1)$,不满足右连续性.

(3) 否,因为 $F(x)$ 在 $(0, +\infty)$ 内递减,且 $F(+\infty) = 0$,不满足非减性和规范性.

2. 设下列函数为随机变量 X 的分布函数,求常数 a, b.

(1) $F(x) = \begin{cases} 0, & x \leqslant -1 \\ ax + b, & -1 < x \leqslant 1. \\ 1, & x > 1 \end{cases}$

(2) $F(x) = a + b\arctan x, \quad -\infty < x < +\infty.$

(3) $F(x) = \begin{cases} 0, & x \leqslant a \\ \sin x, & a < x \leqslant b. \\ 1, & x > b \end{cases}$

解 根据分布函数的基本性质分析计算.

(1) 根据 $F(x)$ 的右连续性,应有

$$F(-1+0) = -a + b = 0 = F(-1)$$
$$F(1+0) = 1 = a + b = F(1)$$

由此可得 $a = b = \dfrac{1}{2}$.

（2）根据 $F(x)$ 的规范性，应有

$$F(-\infty) = a - b\frac{\pi}{2} = 0, \quad F(+\infty) = a + b\frac{\pi}{2} = 1$$

由此可得 $a = \dfrac{1}{2}$，$b = \dfrac{1}{\pi}$.

（3）根据 $F(x)$ 的右连续性和非减性，应有

$$F(a+0) = \sin a = 0 = F(a)$$
$$F(b+0) = 1 = \sin b = F(b)$$

且 $F(x)$ 在 $(a, b]$ 上单调非减，由此可得 $a = 2k\pi$，$b = 2k\pi + \dfrac{\pi}{2}$，$\quad k = 0, \pm 1, \pm 2, \cdots$.

3. 设离散型随机变量 X 的分布律如表 2-18 所示.

表 2-18　X 的分布律

X	-1	0	1
P	$\dfrac{1}{2}$	a	a^2

求常数 a，并求分布函数 $F(x)$.

解　根据分布律的非负性和规范性，应有

$$a \geqslant 0, \quad \frac{1}{2} + a + a^2 = 1$$

由此可得 $a = \dfrac{\sqrt{3}-1}{2}$，故 X 的分布律如表 2-19 所示.

表 2-19　X 的分布律

X	-1	0	1
P	$\dfrac{1}{2}$	$\dfrac{\sqrt{3}-1}{2}$	$\dfrac{2-\sqrt{3}}{2}$

并由分布律求得 X 的分布函数为

$$F(x) = \begin{cases} 0, & x < -1 \\ \dfrac{1}{2}, & -1 \leqslant x < 0 \\ \dfrac{\sqrt{3}}{2}, & 0 \leqslant x < 1 \\ 1, & x \geqslant 1 \end{cases}$$

4. 某设备在试运行过程中,有 3 个独立的部件可能需要调准,其概率分别为 0.1,0.2 和 0.3. 以 X 表示需要调准的部件数,求 X 的分布律和分布函数.

解 记第 i 个部件需要调准的事件为 A_i,$i=1,2,3$. 则

$$P\{X=0\} = P\{\overline{A}_1\overline{A}_2\overline{A}_3\} = 0.9 \times 0.8 \times 0.7 = 0.504$$

$$P\{X=1\} = P\{A_1\overline{A}_2\overline{A}_3 \bigcup \overline{A}_1A_2\overline{A}_3 \bigcup \overline{A}_1\overline{A}_2A_3\} = 0.056 + 0.126 + 0.216$$
$$= 0.398$$

$$P\{X=2\} = P\{A_1A_2\overline{A}_3 \bigcup A_1\overline{A}_2A_3 \bigcup \overline{A}_1A_2A_3\} = 0.014 + 0.024 + 0.054$$
$$= 0.092$$

$$P\{X=3\} = P\{A_1A_2A_3\} = 0.1 \times 0.2 \times 0.3 = 0.006$$

综上,求得 X 的分布律如表 2-20 所示.

表 2-20 X 的分布律

X	0	1	2	3
P	0.504	0.398	0.092	0.006

根据分布律求得 X 的分布函数为

$$F(x) = \begin{cases} 0, & x < 0 \\ 0.504, & 0 \leqslant x < 1 \\ 0.902, & 1 \leqslant x < 2 \\ 0.994, & 2 \leqslant x < 3 \\ 1, & x \geqslant 3 \end{cases}$$

5. 设离散型随机变量 X 的分布函数为

$$F(x) = \begin{cases} 0, & x < 0 \\ 0.2, & 0 \leqslant x < 1 \\ 0.5, & 1 \leqslant x < 2 \\ 0.8, & 2 \leqslant x < 3 \\ 1, & x \geqslant 3 \end{cases}$$

求:(1) X 的分布律.

(2) 概率 $P\{0<X<3\}$.

(3) 条件概率 $P\{X>0|X<3\}$.

解 根据分布函数求出分布律,再计算有关概率.

(1) 由 $F(x)$ 的间断点及 $P\{X=x\}=F(x)-F(x-0)$,求得 X 的分布律如表

2-21 所示.

表 2-21 X 的分布律

X	0	1	2	3
P	0.2	0.3	0.3	0.2

（2）根据 X 的分布律求得

$$P\{0 < X < 3\} = P\{X = 1\} + P\{X = 2\} = 0.3 + 0.3 = 0.6$$

（3）按条件概率的定义及 X 的分布律,可得

$$P\{X > 0 \mid X < 3\} = \frac{P\{0 < X < 3\}}{P\{X < 3\}} = \frac{0.6}{0.8} = 0.75$$

习 题 2-4

1. 设随机变量 X 的密度函数为

$$f(x) = \begin{cases} \sin x, & 0 < x < \dfrac{\pi}{2} \\ 0, & \text{其他} \end{cases}$$

求概率 $P\left\{\dfrac{\pi}{6} \leqslant X \leqslant \dfrac{\pi}{3}\right\}$,并求分布函数 $F(x)$.

解 根据密度函数 $f(x)$,所求概率为

$$P\left\{\frac{\pi}{6} \leqslant X \leqslant \frac{\pi}{3}\right\} = \int_{\frac{\pi}{6}}^{\frac{\pi}{3}} f(x)\mathrm{d}x = \int_{\frac{\pi}{6}}^{\frac{\pi}{3}} \sin x \mathrm{d}x = \frac{\sqrt{3}-1}{2}$$

注意到密度函数 $f(x) = 0$ 的区间上积分为零,求得分布函数为

$$F(x) = \int_{-\infty}^{x} f(t)\mathrm{d}t = \begin{cases} 0, & x < 0 \\ \int_{0}^{x} \sin t \mathrm{d}t, & 0 \leqslant x < \dfrac{\pi}{2} \\ \int_{0}^{\frac{\pi}{2}} \sin t \mathrm{d}t, & x \geqslant \dfrac{\pi}{2} \end{cases}$$

$$= \begin{cases} 0, & x < 0 \\ 1 - \cos x, & 0 \leqslant x < \dfrac{\pi}{2} \\ 1, & x \geqslant \dfrac{\pi}{2} \end{cases}$$

2. 设随机变量 X 的密度函数为

$$f(x) = \begin{cases} a\sqrt{x}, & 0 < x < 1 \\ 0, & \text{其他} \end{cases}$$

求：(1) 常数 a.

(2) 常数 c，使 $P\{X < c\} = P\{X > c\}$.

(3) 分布函数 $F(x)$.

解 (1) 根据密度函数的规范性，有

$$\int_{-\infty}^{+\infty} f(x)\,\mathrm{d}x = \int_0^1 a\sqrt{x}\,\mathrm{d}x = \frac{2}{3}a = 1$$

由此可得 $a = \dfrac{3}{2}$.

(2) 由 $P\{X < c\} = P\{X > c\} = 1 - P\{X < c\}$，有 $2P\{X < c\} = 1$，故

$$P\{X < c\} = \int_{-\infty}^{c} f(x)\,\mathrm{d}x = \int_0^c \frac{3}{2}\sqrt{x}\,\mathrm{d}x = c^{\frac{3}{2}} = \frac{1}{2}$$

由此可得 $c = \dfrac{1}{\sqrt[3]{4}}$.

(3) 由密度函数

$$f(x) = \begin{cases} \dfrac{3}{2}\sqrt{x}, & 0 < x < 1 \\ 0, & \text{其他} \end{cases}$$

求得分布函数为

$$F(x) = \int_{-\infty}^{x} f(t)\,\mathrm{d}t = \begin{cases} 0, & x < 0 \\ \displaystyle\int_0^x \frac{3}{2}\sqrt{t}\,\mathrm{d}t, & 0 \leqslant x < 1 \\ \displaystyle\int_0^1 \frac{3}{2}\sqrt{t}\,\mathrm{d}t, & x \geqslant 1 \end{cases}$$

$$= \begin{cases} 0, & x < 0 \\ \sqrt{x^3}, & 0 \leqslant x < 1 \\ 1, & x \geqslant 1 \end{cases}$$

3. 设随机变量 X 的密度函数为

$$f(x) = a\mathrm{e}^{-|x|}, \ -\infty < x < +\infty$$

求常数 a,并求分布函数 $F(x)$.

解 根据密度函数的规范性,有

$$\int_{-\infty}^{+\infty} f(x)\mathrm{d}x = \int_{-\infty}^{+\infty} a\mathrm{e}^{-|x|}\mathrm{d}x = \int_{-\infty}^{0} a\mathrm{e}^{x}\mathrm{d}x + \int_{0}^{+\infty} a\mathrm{e}^{-x}\mathrm{d}x = 2a = 1$$

由此可得 $a = \dfrac{1}{2}$.

由密度函数 $f(x) = \dfrac{1}{2}\mathrm{e}^{-|x|}$,求得分布函数为

$$F(x) = \int_{-\infty}^{x} f(t)\mathrm{d}t = \begin{cases} \displaystyle\int_{-\infty}^{x} \dfrac{1}{2}\mathrm{e}^{t}\mathrm{d}t, & x < 0 \\ \displaystyle\int_{-\infty}^{0} \mathrm{e}^{t}\mathrm{d}t + \dfrac{1}{2}\int_{0}^{x} \mathrm{e}^{-t}\mathrm{d}t, & x \geqslant 0 \end{cases}$$

$$= \begin{cases} \dfrac{1}{2}\mathrm{e}^{x}, & x < 0 \\ 1 - \dfrac{1}{2}\mathrm{e}^{-x}, & x \geqslant 0 \end{cases}$$

4. 设随机变量 X 的分布函数为

$$F(x) = \begin{cases} a + b\mathrm{e}^{-x^2}, & x > 0 \\ 0, & x \leqslant 0 \end{cases}$$

求常数 a, b;并求密度函数 $f(x)$.

解 根据分布函数的右连续性和规范性,有

$$a + b = F(0+0) = F(0) = 0, \quad F(+\infty) = a = 1$$

由此可得 $a = 1, b = -1$.

由分布函数

$$F(x) = \begin{cases} 1 - \mathrm{e}^{-x^2}, & x > 0 \\ 0, & x \leqslant 0 \end{cases}$$

求导得到密度函数为

$$f(x) = F'(x) = \begin{cases} 2x\mathrm{e}^{-x^2}, & x > 0 \\ 0, & x \leqslant 0 \end{cases}$$

5. 设随机变量 X 的密度函数 $f(x)$ 为偶函数,已知 $F(a)=0.8$,求 $F(-a)$ 的值,并求概率 $P\{0 \leqslant X \leqslant a\}$ 和 $P\{|X| > a\}$.

解 对任意的 x,由 $f(-x)=f(x)$ 可得

$$F(-x) = \int_{-\infty}^{-x} f(t)\mathrm{d}t = -\int_{+\infty}^{x} f(-u)\mathrm{d}u = \int_{x}^{+\infty} f(u)\mathrm{d}u$$

$$= 1 - \int_{-\infty}^{x} f(u)\mathrm{d}u = 1 - F(x)$$

特别地,当 $x=0$ 时,有 $F(0)=1-F(0)$,即 $F(0)=0.5$.

根据以上结果,分别求得

$$F(-a) = 1 - F(a) = 1 - 0.8 = 0.2$$
$$P\{0 \leqslant X \leqslant a\} = F(a) - F(0) = 0.8 - 0.5 = 0.3$$
$$P\{|X| > a\} = F(-a) + [1 - F(a)] = 0.2 + (1 - 0.8) = 0.4$$

6. 设随机变量 X 服从区间 $(0,5)$ 上的均匀分布,对 X 进行 3 次独立观察,求至多有一次观察值小于 2 的概率.

解 根据均匀分布的定义,X 的密度函数为

$$f(x) = \begin{cases} \dfrac{1}{5}, & 0 < x < 5 \\ 0, & \text{其他} \end{cases}$$

在每次观察中,观察值小于 2 的概率为

$$P\{X < 2\} = \int_{-\infty}^{2} f(x)\mathrm{d}x = \int_{0}^{2} \frac{1}{5}\mathrm{d}x = 0.4$$

以 Y 表示 3 次观测中观察值小于 2 的次数,则 $Y \sim B(3, 0.4)$,故所求概率为

$$P\{Y \leqslant 1\} = \sum_{k=0}^{1} P\{Y = k\} = \sum_{k=0}^{1} C_3^k (0.4)^k (0.6)^{3-k} = 0.648$$

7. 设随机变量 X 服从区间 $(-2,6)$ 上的均匀分布,求一元二次方程

$$t^2 + Xt + X = 0$$

有实根的概率.

101

解 根据均匀分布的定义，X 的密度函数为

$$f(x) = \begin{cases} \dfrac{1}{8}, & -2 < x < 6 \\ 0, & \text{其他} \end{cases}$$

方程 $t^2 + Xt + X = 0$ 有实根的充分必要条件为 $X^2 \geqslant 4X$，即 $X \leqslant 0$ 或 $X \geqslant 4$，故所求概率为

$$P\{X^2 \geqslant 4X\} = P\{X \leqslant 0\} + P\{X \geqslant 4\} = \int_{-2}^{0} \frac{1}{8} \mathrm{d}x + \int_{4}^{6} \frac{1}{8} \mathrm{d}x = 0.5$$

8. 设某元件的使用寿命 X（单位：小时）服从参数 $\lambda = 0.002$ 的指数分布，求：

（1）该元件在使用 500 小时内损坏的概率.

（2）该元件在使用 1000 小时后未损坏的概率.

（3）该元件在使用 500 小时未损坏的情况下，可以再使用 500 小时的概率.

解 根据指数分布的定义，X 的密度函数为

$$f(x) = \begin{cases} 0.002\mathrm{e}^{-0.002x}, & x > 0 \\ 0, & x \leqslant 0 \end{cases}$$

由此分别求得

（1）该元件在使用 500 小时内损坏的概率为

$$P\{X < 500\} = \int_{0}^{500} 0.002\mathrm{e}^{-0.002x} \mathrm{d}x = 1 - \mathrm{e}^{-1}$$

（2）该元件在使用 1000 小时后未损坏的概率为

$$P\{X > 1000\} = \int_{1000}^{+\infty} 0.002\mathrm{e}^{-0.002x} \mathrm{d}x = \mathrm{e}^{-2}$$

（3）根据指数分布的无记忆性，该元件在使用 500 小时未损坏的情况下，可以再使用 500 小时的概率为

$$P\{X > 1000 \mid X > 500\} = P\{X > 500\} = \int_{500}^{+\infty} 0.002\mathrm{e}^{-0.002x} \mathrm{d}x = \mathrm{e}^{-1}$$

9. 设顾客在银行排队等候的时间 X（单位：分）服从参数 $\lambda = 0.1$ 的指数分布. 某顾客每周去一次银行办理业务，如果等候时间超过 20 分钟就离开，求该顾客一个月内至少有一次未办成业务的概率.

解 根据指数分布的定义，X 的密度函数为

$$f(x) = \begin{cases} 0.1\mathrm{e}^{-0.1x}, & x > 0 \\ 0, & x \leqslant 0 \end{cases}$$

故等候时间超过 20 分钟的概率为

$$P\{X > 20\} = \int_{20}^{+\infty} 0.1\mathrm{e}^{-0.1x}\mathrm{d}x = \mathrm{e}^{-2}$$

该顾客 1 个月内去银行 4 次,以 Y 表示未办成业务的次数,则 $Y \sim B(4, \mathrm{e}^{-2})$,至少有一次未办成业务的概率为

$$P\{Y \geqslant 1\} = 1 - P\{Y = 0\} = 1 - (1 - \mathrm{e}^{-2})^4$$

10. 设随机变量 X 服从正态分布 $N(\mu, \sigma^2)$,已知 $P\{X \leqslant \mu + c\} = 0.9$,求 $P\{|X - \mu| > c\}$.

解 由 $X \sim N(\mu, \sigma^2)$ 可知,其密度函数曲线关于 $x = \mu$ 对称,有

$$P\{X - \mu < -c\} = P\{X - \mu > c\}$$

根据已知条件 $P\{X - \mu \leqslant c\} = 0.9$,可以求得

$$\begin{aligned} P\{|X - \mu| > c\} &= P\{X - \mu > c\} + P\{X - \mu < -c\} = 2P\{X - \mu > c\} \\ &= 2(1 - P\{X - \mu \leqslant c\}) = 2 \times (1 - 0.9) \\ &= 0.2 \end{aligned}$$

11. 设随机变量 X 服从正态分布 $N(\mu, \sigma^2)$,其密度函数为

$$f_X(x) = \frac{1}{\sqrt{8\pi}}\mathrm{e}^{-\frac{x^2 + 4x + 4}{8}}, \quad -\infty < x < +\infty$$

求:(1) 参数 μ, σ.

(2) 概率 $P\{X < -2\}$,$P\{X > 2\}$,$P\{-4 \leqslant X \leqslant 4\}$.

(3) 满足 $P\{X \leqslant c\} > 0.95$ 的常数 c 的允许值.

解 X 的密度函数可表示为

$$f_X(x) = \frac{1}{\sqrt{8\pi}}\mathrm{e}^{-\frac{x^2 + 4x + 4}{8}} = \frac{1}{\sqrt{2\pi} \times 2}\mathrm{e}^{-\frac{(x+2)^2}{2 \times 2^2}}$$

(1) 对照正态分布 $N(\mu, \sigma^2)$ 的密度函数

$$f(x) = \frac{1}{\sqrt{2\pi}\sigma}\mathrm{e}^{-\frac{(x-\mu)^2}{2\sigma^2}}$$

可知 $X \sim N(-2, 2^2)$，故参数 $\mu = -2$，$\sigma = 2$.

(2) 将 X 标准化，查标准正态分布表求得

$$P\{X < -2\} = P\left\{\frac{X+2}{2} < 0\right\} = \Phi(0) = 0.5$$

$$P\{X > 2\} = 1 - P\{X \leqslant 2\} = 1 - P\left\{\frac{X+2}{2} < 2\right\} = 1 - \Phi(2) = 0.0228$$

$$P\{-4 \leqslant X \leqslant 4\} = P\left\{-1 < \frac{X+2}{2} < 3\right\} = \Phi(3) - \Phi(-1)$$

$$= \Phi(3) + \Phi(1) - 1 = 0.84$$

(3) 根据题意，要满足

$$P\{X \leqslant c\} = P\left\{\frac{X+2}{2} \leqslant \frac{c+2}{2}\right\} = \Phi\left(\frac{c+2}{2}\right) > 0.95$$

反查标准正态分布表可得 $\frac{c+2}{2} \geqslant 1.65$，故 $c \geqslant 1.3$.

12. 设某车床加工的产品的直径服从正态分布 $N(100, 0.2^2)$，如果产品直径在 100 ± 0.3 之间为合格，求该车床加工的产品的合格率.

解 以 X 表示该车床加工的产品的直径，则 $X \sim N(100, 0.2^2)$. 根据产品标准，当 $99.7 \leqslant X \leqslant 100.3$ 时为合格，故产品的合格率为

$$P\{99.7 \leqslant X \leqslant 100.3\} = P\left\{\frac{99.7 - 100}{0.2} \leqslant \frac{X - 100}{0.2} \leqslant \frac{100.3 - 100}{0.2}\right\}$$

$$= \Phi(1.5) - \Phi(-1.5) = 2\Phi(1.5) - 1$$

$$= 0.8664$$

13. 设某车间每名工人每月完成的产品数服从正态分布 $N(3000, 50^2)$，按规定全车间有 3% 的工人可获超产奖，求获奖者每月至少要完成的产品数.

解 以 X 表示每名工人每月完成的产品数，则 $X \sim N(3000, 50^2)$. 记获奖者每月至少要完成的产品数为 c，根据获超产奖的比例，有

$$P\{X \geqslant c\} = 1 - P\{X < c\} = 1 - P\left\{\frac{X - 3000}{50} < \frac{c - 3000}{50}\right\}$$

$$= 1 - \Phi\left(\frac{c - 3000}{50}\right) = 0.03$$

由此可得 $\Phi\left(\dfrac{c-3000}{50}\right)=0.97$,反查标准正态分布表得

$$\frac{c-3000}{50}=1.88$$

故获奖者每月至少要完成的产品数 $c=3094$.

14. 设某课程的考试成绩服从正态分布 $N(75,\sigma^2)$,并且 95 分以上所占比例为 2.5%. 以达到 60 分为及格,求该课程的考试及格率.

解 以 X 表示该课程考试成绩,则 $X\sim N(75,\sigma^2)$. 根据 95 分以上比例,有

$$P\{X>95\}=1-P\{X\leqslant 95\}=1-P\left\{\frac{X-75}{\sigma}\leqslant\frac{95-75}{\sigma}\right\}=1-\Phi\left(\frac{20}{\sigma}\right)=0.025$$

由此可得 $\Phi\left(\dfrac{20}{\sigma}\right)=0.975$,反查标准正态分布表得

$$\frac{20}{\sigma}=1.96$$

即 $\sigma=\dfrac{20}{1.96}$,故该课程的考试及格率为

$$P\{X\geqslant 60\}=1-P\{X<60\}=1-P\left\{\frac{X-75}{\sigma}<\frac{60-75}{\sigma}\right\}$$

$$=1-\Phi\left(-\frac{15}{\sigma}\right)=\Phi\left(\frac{15}{\sigma}\right)=\Phi(1.47)$$

$$=0.929$$

习　题　2-5

1. 设随机变量 X 的分布律如表 2-22 所示.

表 2-22　X 的分布律

X	-2	-1	0	1	2
P	0.1	0.15	0.2	0.25	0.3

求 $Y=|X|$ 和 $Z=X(X-1)$ 的分布律.

解 根据 X 的分布律,有如下取值(见表 2-23).

表 2-23　随机变量取值与概率

X	-2	-1	0	1	2
$\lvert X\rvert$	2	1	0	1	2
$X(X-1)$	6	2	0	0	2
P	0.1	0.15	0.2	0.25	0.3

将相同的取值合并,分别求得 $Y=\lvert X\rvert$ 和 $Z=X(X-1)$ 的分布律如表 2-24,表 2-25 所示.

表 2-24　Y 的分布律

Y	0	1	2
P	0.2	0.4	0.4

表 2-25　Z 的分布律

Z	0	2	6
P	0.45	0.45	0.1

2. 设随机变量 X 的分布律为

$$P\{X=k\}=\frac{1}{2^k},\quad k=1,2,\cdots$$

求 $Y=\sin\left(\dfrac{\pi}{2}X\right)$ 的分布律.

解　相应于 X 的取值,有

$$Y=\sin\left(\frac{\pi}{2}X\right)=\begin{cases}-1,&X=4n-1\\0,&X=2n\\1,&X=4n-3\end{cases},\quad n=1,2,3,\cdots$$

根据 X 的分布律,分别计算 Y 的取值概率,有

$$P\{Y=-1\}=\sum_{n=1}^{\infty}P\{X=4n-1\}=\sum_{n=1}^{\infty}\frac{1}{2^{4n-1}}=\frac{2}{15}.$$

$$P\{Y=0\}=\sum_{n=1}^{\infty}P\{X=2n\}=\sum_{n=1}^{\infty}\frac{1}{2^{2n}}=\frac{1}{3}$$

$$P\{Y=1\}=\sum_{n=1}^{\infty}P\{X=4n-3\}=\sum_{n=1}^{\infty}\frac{1}{2^{4n-3}}=\frac{8}{15}$$

综上求得 $Y=\sin\left(\dfrac{\pi}{2}X\right)$ 的分布律如表 2-26 所示.

表 2-26　Y 的分布律

Y	−1	0	1
P	$\dfrac{2}{15}$	$\dfrac{5}{15}$	$\dfrac{8}{15}$

3. 设随机变量 X 的密度函数为

$$f(x) = \frac{1}{\pi(1+x^2)}, \ -\infty < x < +\infty$$

定义 X 的函数

$$Y = \begin{cases} -1, & X \leqslant -1 \\ 0, & -1 < X < 1 \\ 1, & X \geqslant 1 \end{cases}$$

求 Y 的分布律.

　　解　根据 X 的密度函数, 分别计算 Y 的取值概率, 有

$$P\{Y = -1\} = P\{X \leqslant -1\} = \int_{-\infty}^{-1} \frac{1}{\pi(1+x^2)} \mathrm{d}x = \frac{1}{4}$$

$$P\{Y = 0\} = P\{-1 < X < 1\} = \int_{-1}^{1} \frac{1}{\pi(1+x^2)} \mathrm{d}x = \frac{1}{2}$$

$$P\{Y = 1\} = P\{X \geqslant 1\} = \int_{1}^{+\infty} \frac{1}{\pi(1+x^2)} \mathrm{d}x = \frac{1}{4}$$

综上求得 Y 的分布律如表 2-27 所示.

表 2-27　Y 的分布律

Y	−1	0	1
P	$\dfrac{1}{4}$	$\dfrac{2}{4}$	$\dfrac{1}{4}$

4. 设随机变量 X 的密度函数为

$$f_X(x) = \begin{cases} |x|, & -1 < x < 1 \\ 0, & 其他 \end{cases}$$

求 $Y = X^2$ 服从的分布.

　　解　由 X 的取值区间 $(-1, 1)$ 可知 $Y = X^2$ 的取值区间为 $[0, 1)$.

当 $y < 0$ 时,有 $F_Y(y) = P\{Y \leqslant y\} = 0$.

当 $y \geqslant 1$ 时,有 $F_Y(y) = P\{Y \leqslant y\} = 1$.

当 $0 \leqslant y < 1$ 时,在 X 的取值区间 $(-1, 1)$ 上,有

$$F_Y(y) = P\{Y \leqslant y\} = P\{X^2 \leqslant y\} = P\{-\sqrt{y} \leqslant X \leqslant \sqrt{y}\}$$

$$= \int_{-\sqrt{y}}^{\sqrt{y}} |x| \, \mathrm{d}x = y.$$

综上求得 $Y = X^2$ 的分布函数为

$$F_Y(y) = \begin{cases} 0, & y < 0 \\ y, & 0 \leqslant y < 1 \\ 1, & y \geqslant 1 \end{cases}$$

由此可知 $Y = X^2 \sim U(0, 1)$.

5. 设随机变量 X 服从区间 $(-1, 1)$ 上的均匀分布,求 $Y = \mathrm{e}^{-|X|}$ 的密度函数.

解 根据均匀分布的定义,X 的密度函数为

$$f_X(x) = \begin{cases} \dfrac{1}{2}, & -1 < x < 1 \\ 0, & \text{其他} \end{cases}$$

由 X 的取值区间 $(-1, 1)$ 可知 $Y = \mathrm{e}^{-|X|}$ 的取值区间为 $(\mathrm{e}^{-1}, 1]$.

当 $y \leqslant \mathrm{e}^{-1}$ 或 $y > 1$ 时,有 $f_Y(y) = 0$.

当 $\mathrm{e}^{-1} < y \leqslant 1$ 时,在 X 的取值区间 $(-1, 1)$ 上,有

$$F_Y(y) = P\{Y \leqslant y\} = P\{\mathrm{e}^{-|X|} \leqslant y\} = P\{|X| \geqslant -\ln y\}$$

$$= P\{-1 < X \leqslant \ln y\} + P\{-\ln y \leqslant X < 1\}$$

$$= \int_{-1}^{\ln y} \frac{1}{2} \mathrm{d}x + \int_{-\ln y}^{1} \frac{1}{2} \mathrm{d}x$$

$$= 1 + \ln y$$

$$f_Y(y) = F'_Y(y) = \frac{1}{y}$$

在 $y = 1$ 处,$F_Y(y)$ 不可导,取 $f_Y(1) = 0$.

综上求得 $Y = \mathrm{e}^{|X|}$ 的密度函数为

$$f_Y(y) = \begin{cases} \dfrac{1}{y}, & \mathrm{e}^{-1} < y < 1 \\ 0, & \text{其他} \end{cases}$$

6. 设随机变量 X 服从区间 $\left(-\dfrac{\pi}{2}, \dfrac{\pi}{2}\right)$ 上的均匀分布,求 $Y = \sin X$ 的密度函数.

解 根据均匀分布的定义,X 的密度函数为

$$f_X(x) = \begin{cases} \dfrac{1}{\pi}, & -\dfrac{\pi}{2} < x < \dfrac{\pi}{2} \\ 0, & \text{其他} \end{cases}$$

由 X 的取值区间 $\left(-\dfrac{\pi}{2}, \dfrac{\pi}{2}\right)$ 可知 $Y = \sin X$ 的取值区间为 $(-1, 1)$.

在 X 的取值区间 $\left(-\dfrac{\pi}{2}, \dfrac{\pi}{2}\right)$ 上,函数 $y = \sin x$ 严格单调且可导,其反函数为 $x = \arcsin y$,按公式求得 $Y = \sin X$ 的密度函数为

$$f_Y(y) = \begin{cases} f_X(\arcsin y) \mid (\arcsin y)' \mid, & -1 < y < 1 \\ 0, & \text{其他} \end{cases}$$

$$= \begin{cases} \dfrac{1}{\pi\sqrt{1-y^2}}, & -1 < y < 1 \\ 0, & \text{其他} \end{cases}$$

7. 设随机变量 X 服从参数为 λ 的指数分布,求 $Y = aX + b \, (a > 0)$ 的分布函数和密度函数.

解 根据指数分布的定义,X 的密度函数为

$$f_X(x) = \begin{cases} \lambda e^{-\lambda x}, & x > 0 \\ 0, & x \leqslant 0 \end{cases}$$

由 X 的取值区间 $(0, +\infty)$ 及 $a > 0$,可知 $Y = aX + b$ 的取值区间为 $(b, +\infty)$.

当 $y \leqslant b$ 时,有 $F_Y(y) = P\{Y \leqslant y\} = 0$,$f_Y(y) = F_Y'(y) = 0$;

当 $y > b$ 时,在 X 的取值区间 $(0, +\infty)$ 上,有

$$F_Y(y) = P\{Y \leqslant y\} = P\{aX + b \leqslant y\}$$

$$= P\left\{0 < X \leqslant \dfrac{y-b}{a}\right\} = \int_0^{\frac{y-b}{a}} \lambda e^{-\lambda x} \, dx$$

$$= 1 - e^{-\frac{\lambda}{a}(y-b)}$$

$$f_Y(y) = F_Y'(y) = \dfrac{\lambda}{a} e^{-\frac{\lambda}{a}(y-b)}$$

综上求得 $Y = aX + b$ 的分布函数和密度函数为

$$F_Y(y) = \begin{cases} 1 - e^{-\frac{\lambda}{a}(y-b)}, & y > b \\ 0, & y \leqslant b \end{cases}$$

$$f_Y(y) = \begin{cases} \dfrac{\lambda}{a} e^{-\frac{\lambda}{a}(y-b)}, & y > b \\ 0, & y \leqslant b \end{cases}$$

8. 设随机变量 X 服从标准正态分布 $N(0, 1)$，求 $Y = e^X$ 的密度函数.

解 根据标准正态分布的定义，X 的密度函数为

$$\varphi(x) = \frac{1}{\sqrt{2\pi}} e^{-\frac{x^2}{2}}, \ -\infty < x < +\infty$$

由 X 的取值区间 $(-\infty, +\infty)$ 可知 $Y = e^X$ 的取值区间为 $(0, +\infty)$.

在 X 的取值区间 $(-\infty, +\infty)$ 上，函数 $y = e^x$ 严格单调且可导，其反函数为 $x = \ln y$，按公式求得 $Y = e^X$ 的密度函数为

$$f_Y(y) = \begin{cases} \varphi(\ln y) \mid (\ln y)' \mid, & y > 0 \\ 0, & y \leqslant 0 \end{cases}$$

$$= \begin{cases} \dfrac{1}{\sqrt{2\pi} y} e^{-\frac{(\ln y)^2}{2}}, & y > 0 \\ 0, & y \leqslant 0 \end{cases}$$

9. 设随机变量 X 服从区间 (a, b) 上的均匀分布，证明 $Y = cX + d (c \neq 0)$ 仍服从均匀分布.

证 仅证明 $c > 0$ 的情形. 根据均匀分布的定义，X 的密度函数为

$$f_X(x) = \begin{cases} \dfrac{1}{b-a}, & a < x < b \\ 0 & \text{其他} \end{cases}$$

由 X 的取值区间 (a, b) 及 $c > 0$，可知 $Y = cX + d$ 的取值区间为 $(ac+d, bc+d)$.

在 X 的取值区间 (a, b) 上，函数 $y = cx + d$ 严格单调且可导，其反函数为 $x = \dfrac{y-d}{c}$，按公式求得 $Y = cX + d$ 的密度函数为

$$f_Y(y) = \begin{cases} f_X\left(\dfrac{y-d}{c}\right)\left|\left(\dfrac{y-d}{c}\right)'\right|, & ac+d < y < bc+d \\ 0, & \text{其他} \end{cases}$$

$$= \begin{cases} \dfrac{1}{(b-a)c}, & ac+d < y < bc+d \\ 0, & \text{其他} \end{cases}$$

由此即知 $Y = cX+d \sim U(ac+d, bc+d)$.

同理可证,对于 $c < 0$ 的情形,有 $Y = cX+d \sim U(bc+d, ac+d)$.

10. 设随机变量 X 服从参数 $\lambda = 1$ 的指数分布,证明 $Y = \mathrm{e}^{-X}$ 和 $Z = 1-\mathrm{e}^{-X}$ 均服从区间 $(0, 1)$ 上的均匀分布.

证 根据指数分布的定义,X 的密度函数为

$$f_X(x) = \begin{cases} \mathrm{e}^{-x}, & x > 0 \\ 0, & x \leqslant 0 \end{cases}$$

由 X 的取值区间 $(0, +\infty)$ 可知,$Y = \mathrm{e}^{-X}$ 和 $Z = 1-\mathrm{e}^{-X}$ 的取值区间均为 $(0, 1)$.

在 X 的取值区间 $(0, +\infty)$ 上,函数 $y = \mathrm{e}^{-X}$ 和 $z = 1-\mathrm{e}^{-X}$ 均严格单调且可导,其反函数分别为 $x = -\ln y$ 和 $x = -\ln(1-z)$,按公式分别求得 $Y = \mathrm{e}^{-X}$ 和 $Z = 1-\mathrm{e}^{-X}$ 的密度函数为

$$f_Y(y) = \begin{cases} f_X(-\ln y) \, |(-\ln y)'|, & 0 < y < 1 \\ 0, & \text{其他} \end{cases}$$

$$= \begin{cases} 1, & 0 < y < 1 \\ 0, & \text{其他} \end{cases}$$

$$f_Z(z) = \begin{cases} f_X[-\ln(1-z)] \, |[-\ln(1-z)]'|, & 0 < z < 1 \\ 0, & \text{其他} \end{cases}$$

$$= \begin{cases} 1, & 0 < z < 1 \\ 0, & \text{其他} \end{cases}$$

由此即知 $Y = \mathrm{e}^{-X} \sim U(0, 1)$,$Z = 1-\mathrm{e}^{-X} \sim U(0, 1)$.

总 习 题 二

1. 从 5 个数 $1, 2, 3, 4, 5$ 中任取 3 个数,以 X 表示取到的最大数,求 X 的分布律.

解 从 1，2，3，4，5 中任取 3 个数，共有 $C_5^3 = 10$ 种不同取法. 可能取到的最大数 $X = 3，4，5$，相应的概率为

$$P\{X = k\} = \frac{C_{k-1}^2}{C_5^3}，\quad k = 3，4，5$$

计算得到 X 的分布律如表 2-28 所示.

表 2-28　X 的分布律

X	3	4	5
P	$\frac{1}{10}$	$\frac{3}{10}$	$\frac{6}{10}$

2. 电台每小时报时一次，某人睡觉醒来不知时间而等待电台报时，求等待时间不超过 15 分钟的概率.

解 以分钟为单位. 如果醒来时恰好电台报时，则等待时间 $X = 0$；否则等待时间 $X \in (0，60)$，故 X 的可能取值范围为区间 $[0，60)$.

等待时间不超过 15 分钟意味着在时间区间 $[45，60)$ 内醒来. 根据几何概率有

$$P\{X \leqslant 15\} = \frac{\text{区间} [45，60) \text{的长度}}{\text{区间} [0，60) \text{的长度}} = \frac{15}{60} = \frac{1}{4}$$

3. 重复进行伯努利试验，设每次试验成功的概率为 p，将试验进行到成功和失败都出现为止. 以 X 表示试验次数，求 X 的分布律.

解 设事件 A_k 为"第 k 次试验首次成功"，B_k 为"第 k 次试验首次失败"，$k = 2，3，\cdots$. 则事件 $\{X = k\} = A_k \bigcup B_k$，且 $A_k B_k = \varnothing$，故 X 的分布律为

$$P\{X = k\} = P(A_k \bigcup B_k) = P(A_k) + P(B_k)$$
$$= (1-p)^{k-1} p + p^{k-1} (1-p)，\quad k = 2，3，\cdots$$

4. 设随机变量 X 的分布律如表 2-29 所示.

表 2-29　X 的分布律

X	-1	0	1
P	0.5	$1-2a$	a^2

求常数 a，并求 X 的分布函数.

解 根据分布律的非负性和规范性，有

$$\begin{cases} 1-2a \geqslant 0 \\ 0.5+(1-2a)+a^2=1 \end{cases}$$

由此可得 $a=1-\dfrac{1}{\sqrt{2}}$. 根据 X 的分布律(见表 2-30)

表 2-30 X 的分布律

X	-1	0	1
P	0.5	$\sqrt{2}-1$	$1.5-\sqrt{2}$

求得 X 的分布函数为

$$F(x)=\begin{cases} 0, & x<-1 \\ 0.5, & -1 \leqslant x < 0 \\ \sqrt{2}-0.5, & 0 \leqslant x < 1 \\ 1, & x \geqslant 1 \end{cases}$$

　5. 设自动生产线经过调整后出现次品的概率为 $p=0.01$,生产过程中出现次品时立即调整生产线,以 X 表示 2 次调整之间所生产的合格品数,求:

　(1) X 的分布律.

　(2) 两次调整之间能以 0.9 的概率保证至少生产多少个合格品的数量.

　解　X 的可能取值为 $0,1,2,\cdots$ 事件 $\{X=k\}$ 表示连续生产 k 个合格品后,第 k $+1$ 个产品出现次品而需调整生产线.

　(1) X 的分布律为

$$P\{X=k\}=(0.99)^k \times 0.01, \quad k=0,1,2,\cdots$$

　(2) 两次调整之间至少生产 k 个合格品的概率为

$$P\{X \geqslant k\}=\sum_{i=k}^{\infty} P\{X=i\}=\sum_{i=k}^{\infty}(0.99)^i \times 0.01=(0.99)^k, \quad k=0,1,2,\cdots$$

要以 0.9 的概率保证至少生产 k 个合格品,应有 $(0.99)^k=0.9$,由此解得

$$k=\frac{\ln 0.9}{\ln 0.99}=10.48$$

故两次调整之间以 0.9 的概率保证至少生产 10 个合格品.

　6. 对目标进行 500 次射击,设每次射击命中的概率为 0.01,且每次射击命中与否相互独立,用泊松分布近似计算至少命中 2 次的概率.

解 以 X 表示命中次数,则 $X \sim B(500, 0.01)$,至少命中 2 次的概率为

$$P\{X \geqslant 2\} = 1 - P\{X \leqslant 1\} = 1 - \sum_{k=0}^{1} C_{500}^{k} (0.01)^k (1-0.01)^{500-k}$$

根据 $n = 500$,$p = 0.01$,由参数 $\lambda = np = 5$ 的泊松分布近似求得

$$P\{X \geqslant 2\} \approx 1 - \sum_{k=0}^{1} \frac{5^k}{k!} e^{-5} = 1 - 0.04 = 0.96$$

7. 设在任一长为 t 年的时间间隔内的地震发生次数 $N(t)$ 服从参数为 λt 的泊松分布,以 T 表示距下次地震发生的间隔年数. 求:

(1) 3 年内发生地震的概率.

(2) 3 年内不发生地震而下一个 3 年内发生地震的概率.

(3) 在 3 年内不发生地震的情况下,下一个 3 年内发生地震的概率.

解 根据题意,t 年内地震发生次数 $N(t)$ 的分布律为

$$P\{N(t) = k\} = \frac{(\lambda t)^k}{k!} e^{-\lambda t}, \quad k = 0, 1, 2, \cdots$$

记间隔年数 T 的分布函数为 $F(t)$,则

当 $t < 0$ 时,有 $F(t) = P\{T \leqslant t\} = 0$.

当 $t \geqslant 0$ 时,注意到 $\{T > t\}$ 等价于 $\{N(t) = 0\}$,有

$$F(t) = P\{T \leqslant t\} = 1 - P\{T > t\} = 1 - P\{N(t) = 0\} = 1 - e^{-\lambda t}$$

综上可得 T 的分布函数为

$$F(t) = \begin{cases} 1 - e^{-\lambda t}, & t \geqslant 0 \\ 0, & t < 0 \end{cases}$$

(1) 3 年内发生地震的概率为

$$P\{T \leqslant 3\} = F(3) = 1 - e^{-3\lambda}$$

(2) 3 年内不发生地震而下一个 3 年内发生地震的概率为

$$P\{3 < T \leqslant 6\} = P\{T \leqslant 6\} - P\{T \leqslant 3\} = F(6) - F(3) = e^{-3\lambda} - e^{-6\lambda}$$

(3) 在 3 年内不发生地震的情况下,下一个 3 年内发生地震的概率为

$$P\{T \leqslant 6 \mid T > 3\} = \frac{P\{T \leqslant 6, T > 3\}}{P\{T > 3\}} = \frac{P\{3 < T \leqslant 6\}}{1 - P\{T \leqslant 3\}} = \frac{e^{-3\lambda} - e^{-6\lambda}}{e^{-3\lambda}} = 1 - e^{-3\lambda}$$

8. 某型号元件的使用寿命 X 服从参数为 λ 的指数分布,用 n 个该型号元件组成一个系统,设各元件损坏与否相互独立. 以 Y 表示系统的寿命,求下列两个系统寿命 Y 的密度函数.

(1) 由 n 个该型号元件组成的串联系统.

(2) 由 n 个该型号元件组成的并联系统.

解 以 X_i 表示第 i 个元件的使用寿命. 由题意知 X_i 独立同分布,记其分布函数为 $F(x)$,密度函数为 $f(x)$,则

$$F(x) = \begin{cases} 1 - \mathrm{e}^{-\lambda x}, & x \geqslant 0 \\ 0, & x < 0 \end{cases}, \quad f(x) = \begin{cases} \lambda \mathrm{e}^{-\lambda x}, & x > 0 \\ 0, & x \leqslant 0 \end{cases}$$

(1) 对于串联系统,其寿命 Y 的分布函数为

$$\begin{aligned} F_Y(y) &= P\{Y \leqslant y\} = 1 - P\{Y > y\} \\ &= 1 - \prod_{i=1}^{n} P\{X_i > y\} = 1 - \prod_{i=1}^{n} (1 - P\{X_i \leqslant y\}) \\ &= 1 - [1 - F(y)]^n \end{aligned}$$

求导得到密度函数为

$$f_Y(y) = F'_Y(y) = n[1 - F(y)]^{n-1} f(y) = \begin{cases} n\lambda \mathrm{e}^{-n\lambda y}, & y > 0 \\ 0, & y \leqslant 0 \end{cases}$$

(2) 对于并联系统,其寿命 Y 的分布函数为

$$F_Y(y) = P\{Y \leqslant y\} = \prod_{i=1}^{n} P\{X_i \leqslant y\} = [F(y)]^n$$

求导得到密度函数为

$$f_Y(y) = F'_Y(y) = n[F(y)]^{n-1} f(y) = \begin{cases} n\lambda (1 - \mathrm{e}^{-\lambda y})^{n-1} \mathrm{e}^{-\lambda y}, & y > 0 \\ 0, & y \leqslant 0 \end{cases}$$

9. 设电源电压 X 服从正态分布 $N(220, 25^2)$,某电子元件当电压低于 200 V 时损坏的概率为 0.1;当电压在 200 V~240 V 时损坏的概率为 0.001;当电压高于 240 V 时损坏的概率为 0.2,求:

(1) 该电子元件损坏的概率.

(2) 该电子元件损坏时,电源电压在 200 V~240 V 的概率.

解 设事件 A 为"该电子元件损坏",记电压状态

$$B_1 = \{X < 220\}, B_2 = \{220 \leqslant X \leqslant 240\}, B_3 = \{X > 240\}$$

由 $X \sim N(220, 25^2)$,有

$$P\{X \leqslant x\} = P\left\{\frac{X-220}{25} \leqslant \frac{x-220}{25}\right\} = \Phi\left(\frac{x-220}{25}\right)$$

查标准正态分布表可得

$$P(B_1) = P\{X < 200\} = \Phi(-0.8) = 1 - \Phi(0.8) = 0.212$$
$$P(B_2) = P\{200 \leqslant X \leqslant 240\} = 2\Phi(0.8) - 1 = 0.576$$
$$P(B_3) = P\{X > 240\} = 1 - P\{X \leqslant 240\} = 1 - \Phi(0.8) = 0.212$$

(1) 根据全概率公式,该电子元件损坏的概率为

$$P(A) = \sum_{i=1}^{3} P(B_i)P(A \mid B_i) = 0.1 \times 0.212 + 0.001 \times 0.576 + 0.2 \times 0.212$$
$$= 0.064$$

(2) 根据贝叶斯公式,该电子元件损坏时,电压在 200 V~240 V 的概率为

$$P(B_2 \mid A) = \frac{P(AB_2)}{P(A)} = \frac{P(B_2)P(A \mid B_2)}{P(A)} = \frac{0.001 \times 0.576}{0.064} = 0.009$$

10. 设某门课程的考试成绩服从正态分布 $N(70, 10^2)$,如果规定优秀的比例为 5%,求获得优秀的最低分数.

解 设获得优秀的最低分数为 c.由考试成绩 $X \sim N(70, 10^2)$,以及优秀比例为 5%,应有

$$P\{X \geqslant c\} = 1 - P\{X < c\} = 1 - P\left\{\frac{X-70}{10} < \frac{c-70}{10}\right\} = 1 - \Phi\left(\frac{c-70}{10}\right) = 0.05$$

由此可得 $\Phi\left(\frac{c-70}{10}\right) = 0.95$,反查标准正态分布表得

$$\frac{c-70}{10} = 1.65$$

故获得优秀的最低分数 $c = 86.5$.

11. 设非负随机变量 X 的密度函数为 $f_X(x)$，求 $Y=\sqrt{X}$ 的密度函数.

解 由 X 的取值区间 $[0,+\infty)$ 可知 $Y=\sqrt{X}$ 的取值区间为 $[0,+\infty)$.

当 $y<0$ 时，有 $f_Y(y)=0$.

当 $y=0$ 时，可取 $f_Y(y)=0$.

当 $y>0$ 时，在 X 的取值区间 $(0,+\infty)$ 上，函数 $y=\sqrt{x}$ 严格单调且可导，其反函数为 $x=y^2$，按公式求得 $Y=\sqrt{X}$ 的密度函数为

$$f_Y(y)=\begin{cases}f_X(y^2)\,|\,(y^2)'|, & y>0 \\ 0, & y\leqslant 0\end{cases}$$
$$=\begin{cases}2yf_X(y^2), & y>0 \\ 0, & y\leqslant 0\end{cases}$$

12. 设随机变量 X 的密度函数为

$$f_X(x)=\begin{cases}1-|x|, & -1<x<1 \\ 0, & \text{其他}\end{cases}$$

求 $Y=X^2$ 的密度函数.

解 由 X 的取值区间 $(-1,1)$ 可知 $Y=X^2$ 的取值区间为 $[0,1)$.

当 $y<0$ 或 $y\geqslant 1$ 时，有 $f_Y(y)=0$.

当 $0\leqslant y<1$ 时，在 X 的取值区间 $(-1,1)$ 上，有

$$F_Y(y)=P\{Y\leqslant y\}=P\{X^2\leqslant y\}=P\{-\sqrt{y}\leqslant X\leqslant \sqrt{y}\}$$
$$=\int_{-\sqrt{y}}^{\sqrt{y}}(1-|x|)\mathrm{d}x=2\int_0^{\sqrt{y}}(1-x)\mathrm{d}x$$
$$=2\sqrt{y}-y$$
$$f_Y(y)=F'_Y(y)=\frac{1}{\sqrt{y}}-1,\ 0<y<1$$

在 $y=0$ 处，$F_Y(y)$ 不可导，取 $f_Y(0)=0$.

综上求得 $Y=X^2$ 的密度函数为

$$f_Y(y)=\begin{cases}\dfrac{1}{\sqrt{y}}-1, & 0<y<1 \\ 0, & \text{其他}\end{cases}$$

117

四、同步自测题及参考答案

自 测 题 A

一、单项选择题

1. 设随机变量 X 的分布律为 $P\{X=k\}=a\lambda^k$, $k=0$, 1, 2, $\cdots$,则 $\lambda=($ $)$.

　　A. $1+a$　　　　　B. $1-a$　　　　C. $\dfrac{1}{1+a}$　　　　D. $\dfrac{1}{1-a}$

2. 设随机变量 X 的密度函数 $f(x)$ 满足 $f(-x)=f(x)$,则其分布函数 $F(x)$ 满足($\quad$).

　　A. $F(-x)=F(x)$　　　　　　　B. $F(-x)=1-F(x)$

　　C. $F(-x)=1-2F(x)$　　　　　D. $F(-x)=2F(x)-1$

3. 设随机变量 X_1 服从正态分布 $N(\mu_1, \sigma_1^2)$, X_2 服从正态分布 $N(\mu_2, \sigma_2^2)$,记

$$p_1 = P\{X_1 < \mu_1 - \sigma_1\}, \quad p_2 = P\{X_2 > \mu_2 + \sigma_2\}$$

则 $p_1 = p_2$ 的条件是($\quad$).

　　A. 任意 μ_1, μ_2, σ_1, σ_2　　　　B. $\mu_1 = \mu_2$

　　C. $\sigma_1 = \sigma_2$　　　　　　　　　　D. $\mu_1 = \mu_2$ 且 $\sigma_1 = \sigma_2$

4. 对于在区间 $\left[0, \dfrac{\pi}{2}\right]$ 上取值的连续型随机变量,函数 $\sin x$ 在该区间上是否为密度函数或分布函数($\quad$).

　　A. 是密度函数,非分布函数　　　B. 是分布函数,非密度函数

　　C. 是密度函数,是分布函数　　　D. 非密度函数,非分布函数

5. 设 $f_1(x)$, $f_2(x)$ 均是密度函数, $F_1(x)$, $F_2(x)$ 均是分布函数,则($\quad$).

　　A. $f_1(x)+f_2(x)$ 是密度函数　　　B. $F_1(x)+F_2(x)$ 是分布函数

　　C. $f_1(x)f_2(x)$ 是密度函数　　　　D. $F_1(x)F_2(x)$ 是分布函数

二、填空题

1. 设 $x_1 < x_2$,且 $P\{X < x_1\}=a$, $P\{X > x_2\}=b$,则 $P\{x_1 \leqslant X \leqslant x_2\}=$_____.

2. 设随机变量 X 服从泊松分布 $P(\lambda)$,且 $P\{X=1\}=P\{X=2\}$,则 λ =_____.

3. 设随机变量 X 服从正态分布 $N(2, \sigma^2)$,且 $P\{2<X<4\}=0.2$,则 $P\{X<0\}$

＝_____.

4. 设随机变量 X 服从均匀分布 $U(0,5)$，则二次方程 $t^2+Xt+1=0$ 有实根的概率为_____.

5. 设随机变量 X 服从指数分布 $E(\lambda)$，则条件概率 $P\{X\leqslant 2|X\leqslant 4\}=$_____.

三、计算、证明题

1. 从 $1,2,3,4,5$ 中任取三个数，以 X 表示介于中间的数，求 X 的分布律.

2. 射手甲、乙的命中率分别为 0.4 和 0.5，由甲开始轮流射击，直到命中目标或为止. 求甲的射击次数的分布律.

3. 设连续型随机变量 X 的分布函数为

$$F(x)=\begin{cases} a+be^{-x^2} & x\geqslant 0 \\ 0 & x<0 \end{cases}$$

求常数 a,b；并求密度函数 $f(x)$.

4. 设连续型随机变量 X 的取值区间为 $(-\infty,+\infty)$，其密度函数为 $f_X(x)$，求 $Y=|X|$ 的密度函数.

5. 设随机变量 X 服从指数分布 $E(\lambda)$，对于 $0<a<b$，求使概率 $P\{a<X<b\}$ 达到最大的 λ 值.

6. 设连续型随机变量 X 的密度函数 $f(x)$ 关于 $x=\mu$ 对称，证明其分布函数 $F(x)$ 满足

$$F(\mu-x)+F(\mu+x)=1$$

自测题 A 参考答案

一、单项选择题

1. B

解 根据分布律的规范性，有

$$\sum_{k=0}^{\infty}P\{X=k\}=\sum_{k=0}^{\infty}a\lambda^k=a\cdot\frac{1}{1-\lambda}=1$$

由此可得 $\lambda=1-a$.

2. B

解 由 $f(-x)=f(x)$，可得

$$F(-x) = \int_{-\infty}^{-x} f(u)\,\mathrm{d}u = -\int_{+\infty}^{x} f(-v)\,\mathrm{d}v = \int_{x}^{+\infty} f(v)\,\mathrm{d}v = 1 - \int_{-\infty}^{x} f(v)\,\mathrm{d}v$$
$$= 1 - F(x)$$

3. A

解　根据正态分布的性质,有

$$p_1 = P\{X_1 < \mu_1 - \sigma_1\} = P\left\{\frac{X_1 - \mu_1}{\sigma_1} < -1\right\} = \Phi(-1) = 1 - \Phi(1)$$

$$p_2 = P\{X_2 > \mu_2 + \sigma_2\} = P\left\{\frac{X_2 - \mu_2}{\sigma_2} > 1\right\} = 1 - P\left\{\frac{X_2 - \mu_2}{\sigma_2} \leqslant 1\right\} = 1 - \Phi(1)$$

故对任意 μ_1, μ_2, σ_1, σ_2,恒有 $p_1 = p_2$.

4. C

解　在 $\left[0, \dfrac{\pi}{2}\right]$ 上 $\sin x \geqslant 0$,且 $\int_0^{\frac{\pi}{2}} \sin x\,\mathrm{d}x = 1$,故 $\sin x$ 在该区间上是密度函数.

此外,在 $\left[0, \dfrac{\pi}{2}\right]$ 上 $\sin x$ 非减且连续,满足 $\sin 0 = 0$, $\sin \dfrac{\pi}{2} = 1$,故 $\sin x$ 在该区间上是分布函数.

5. D

解　由 $F_1(x)$, $F_2(x)$ 均是分布函数,可知 $F_1(x)F_2(x)$ 非减且右连续,满足

$$\lim_{x \to -\infty} F_1(x)F_2(x) = 0, \quad \lim_{x \to +\infty} F_1(x)F_2(x) = 1$$

故 $F_1(x)F_2(x)$ 是分布函数.

二、填空题

1. $1 - a - b$

解　由 $P\{X < x_1\} = a$, $P\{X > x_2\} = b$,可得

$$P\{x_1 \leqslant X \leqslant x_2\} = P\{X \leqslant x_2\} - P\{X < x_1\}$$
$$= [1 - P\{X > x_2\}] - P\{X < x_1\} = 1 - a - b$$

2. 2

解　由 X 服从泊松分布 $P(\lambda)$ 及 $P\{X=1\} = P\{X=2\}$,有

$$\frac{\lambda^1}{1!}\mathrm{e}^{-\lambda} = \frac{\lambda^2}{2!}\mathrm{e}^{-\lambda}$$

由此可得 $\lambda = 2$.

3. 0.3

解 由 X 服从正态分布 $N(2, \sigma^2)$，且

$$P\{2 < X < 4\} = P\left\{0 < \frac{X-2}{\sigma} < \frac{2}{\sigma}\right\} = \Phi\left(\frac{2}{\sigma}\right) - \Phi(0) = 0.2$$

可得 $\Phi\left(\dfrac{2}{\sigma}\right) = \Phi(0) + 0.2 = 0.7$，故

$$P\{X < 0\} = P\left\{\frac{X-2}{\sigma} < -\frac{2}{\sigma}\right\} = \Phi\left(-\frac{2}{\sigma}\right) = 1 - \Phi\left(\frac{2}{\sigma}\right) = 0.3$$

4. $\dfrac{3}{5}$

解 二次方程 $t^2 + Xt + 1 = 0$ 有实根的充分必要条件为 $X^2 \geqslant 4$. 由 X 服从均匀分布 $U(0, 5)$，可得

$$P\{X^2 \geqslant 4\} = P\{X \leqslant -2\} + P\{X \geqslant 2\} = 0 + \int_2^5 \frac{1}{5} \mathrm{d}x = \frac{3}{5}$$

5. $\dfrac{1}{1 + \mathrm{e}^{-\lambda}}$

解 根据条件概率的定义及 X 服从指数分布 $E(\lambda)$，可得

$$P\{X < 1 \mid X < 2\} = \frac{P\{X < 1, X < 2\}}{P\{X < 2\}} = \frac{P\{X < 1\}}{P\{X < 2\}} = \frac{1 - \mathrm{e}^{-\lambda}}{1 - \mathrm{e}^{-2\lambda}} = \frac{1}{1 + \mathrm{e}^{-\lambda}}$$

三、计算、证明题

1. **解** 从 1, 2, 3, 4, 5 中任取三个数，共有 $C_5^3 = 10$ 种不同取法. 可能取到的介于中间的数 $X = 2, 3, 4$，相应的概率为

$$P\{X = k\} = \frac{C_{k-1}^1 C_{5-k}^1}{C_5^3}, \ k = 2, 3, 4$$

由此求得 X 的分布律如表 2-31 所示.

表 2-31　X 的分布律

X	2	3	4
P	0.3	0.4	0.3

2. **解** 以 X 表示甲的射击次数，则 X 的可能取值为 1, 2, ….
事件 $\{X = k\}$ 表示前 $k-1$ 轮射击甲和乙均未命中，第 k 轮射击甲命中或者甲未

命中而乙命中,故 X 的分布律为

$$P\{X = k\} = (0.6 \times 0.5)^{k-1}(0.4 + 0.6 \times 0.5) = 0.3^{k-1} \times 0.7, \ k = 1, 2, \cdots$$

3. 解 根据连续型随机变量的分布函数的规范性和连续性,有

$$\lim_{x \to +\infty} F(x) = \lim_{x \to +\infty} (a + b e^{-x^2}) = a = 1, \ \lim_{x \to 0^-} F(x) = F(0) = a + b = 0$$

故 $a=1$, $b=-1$.并由分布函数

$$F(x) = \begin{cases} 1 - e^{-x^2} & x \geqslant 0 \\ 0 & x < 0 \end{cases}$$

求导得到密度函数为

$$f(x) = F'(x) = \begin{cases} 2x e^{-x^2} & x > 0 \\ 0 & x \leqslant 0 \end{cases}$$

4. 解 由 X 的取值区间 $(-\infty, +\infty)$ 可知 $Y=|X|$ 的取值区间为 $[0, +\infty)$.

当 $y<0$ 时,有 $f_Y(y)=0$.

当 $y \geqslant 0$ 时,在 X 的取值区间 $(-\infty, +\infty)$ 上,有

$$F_Y(y) = P\{Y \leqslant y\} = P\{|X| \leqslant y\} = P\{-y \leqslant X \leqslant y\} = F_X(y) - F_X(-y)$$
$$f_Y(y) = F'_Y(y) = F'_X(y) - F'_X(-y)(-1) = f_X(y) + f_X(-y)$$

在 $y=0$ 处,$F_Y(y)$ 未必可导,取 $f_Y(0)=0$.

综上,求得 $Y=|X|$ 的密度函数为

$$f_Y(y) = \begin{cases} f_X(y) + f_X(-y), & y > 0 \\ 0, & y \leqslant 0 \end{cases}$$

5. 解 由 X 服从指数分布 $E(\lambda)$ 及 $0<a<b$,记

$$g(\lambda) = P\{a < X < b\} = F(b) - F(a) = (1 - e^{-\lambda b}) - (1 - e^{-\lambda a}) = e^{-\lambda a} - e^{-\lambda b}$$

上式对 λ 求导,令导数

$$g'(\lambda) = -a e^{-\lambda a} + b e^{-\lambda b} = 0$$

求得唯一驻点 $\lambda_0 = \dfrac{\ln b - \ln a}{b - a}$.注意到 $a e^{-\lambda_0 a} = b e^{-\lambda_0 b}$,由二阶导数

$$g''(\lambda_0) = a^2 e^{-\lambda_0 a} - b^2 e^{-\lambda_0 b} = (a-b)b e^{-\lambda_0 b} < 0$$

可知 $\lambda = \lambda_0$ 时,概率 $P\{a < X < b\}$ 达到最大.

6. 证 根据 $f(x)$ 关于 $x=\mu$ 对称,有 $f(\mu-x)=f(\mu+x)$. 由此可得

$$F(\mu-x)=\int_{-\infty}^{\mu-x}f(u)\mathrm{d}u=\int_{-\infty}^{-x}f(\mu+t)\mathrm{d}t=\int_{-\infty}^{-x}f(\mu-t)\mathrm{d}t$$

$$=\int_{\mu+x}^{+\infty}f(v)\mathrm{d}v=1-\int_{-\infty}^{\mu+x}f(v)\mathrm{d}v$$

$$=1-F(\mu+x)$$

故 $F(\mu-x)+F(\mu+x)=1$.

自 测 题 B

一、单项选择题

1. 设随机变量 X 的分布律为 $P\{X=k\}=a\lambda^k$, $k=1,2,3,\cdots$ 则 $\lambda=($).

   A. $1+a$ B. $1-a$ C. $\dfrac{1}{1+a}$ D. $\dfrac{1}{1-a}$

2. 设随机变量 X 的密度函数 $f(x)$ 满足 $f(-x)=f(x)$,则对任意实数 $a>0$,概率 $P\{|X|>a\}=($).

   A. $1-2F(a)$ B. $2F(a)-1$ C. $2-2F(a)$ D. $2F(a)-2$

3. 设随机变量 X_1 服从正态分布 $N(\mu_1,\sigma_1^2)$, X_2 服从正态分布 $N(\mu_2,\sigma_2^2)$,且

$$P\{|X_1-\mu_1|<1\}>P\{|X_2-\mu_2|<1\}$$

则必有(   ).

   A. $\mu_1<\mu_2$ B. $\mu_1>\mu_2$ C. $\sigma_1<\sigma_2$ D. $\sigma_1>\sigma_2$

4. 对于在区间 $\left[0,\dfrac{\pi}{2}\right]$ 上取值的连续型随机变量,函数 $\cos x$ 在该区间上是否为密度函数或分布函数(   ).

   A. 是密度函数,非分布函数   B. 是分布函数,非密度函数

   C. 是密度函数,是分布函数   D. 非密度函数,非分布函数

5. 设 $f(x)$ 是密度函数, $F(x)$ 是相应的分布函数,则(   ).

   A. $f(x)F(x)$ 是密度函数   B. $f(x)F(x)$ 是分布函数

   C. $2f(x)F(x)$ 是密度函数   D. $2f(x)F(x)$ 是分布函数

二、填空题

1. 设 $x_1<x_2$,且 $P\{X\geqslant x_1\}=a$, $P\{X\leqslant x_2\}=b$,则 $P\{x_1\leqslant X\leqslant x_2\}=$_____.

2. 设随机变量 X 服从指数分布 $E(\lambda)$,且 $P\{X>1\}=2P\{X>2\}$,则 λ

=_____.

3. 设随机变量 X 服从均匀分布 $U(0, a)$,且 $P\{2 < X < 4\} = 0.2$,则 a =_____.

4. 设随机变量 X 服从泊松分布 $P(\lambda)$,则二次方程 $t^2 - 2t + X = 0$ 有实根的概率为_____.

5. 设随机变量 X 服从几何分布 $G(p)$,则条件概率 $P\{X \leqslant 2 \mid X \leqslant 4\}$ =_____.

三、计算、证明题

1. 从 $1, 2, 3, 4, 5$ 中有放回地连取 3 个数,以 X 表示取到的最大数,求 X 的分布律.

2. 甲、乙两袋内均有 1 个白球和 1 个黑球,每次从两袋中各取一球交换,求两次交换后甲袋内白球个数的分布律.

3. 设随机变量 X 的密度函数为

$$f(x) = \begin{cases} a\mathrm{e}^{-\lambda x}, & x > c \\ 0, & x \leqslant c \end{cases}$$

其中参数 $\lambda > 0$. 求常数 a,并求分布函数 $F(x)$.

4. 设连续型随机变量 X 的取值区间为 $(-\infty, +\infty)$,其分布函数为 $F(x)$,密度函数为 $f(x)$,求 $Y = \dfrac{1}{X}$ 的密度函数.

5. 设随机变量 X 服从正态分布 $N(0, \sigma^2)$,对于 $0 < a < b$,求使概率 $P\{a < X < b\}$ 达到最大的 σ 值.

6. 设连续型随机变量 X 的分布函数为 $F(x)$,对任意常数 c,证明

$$\int_{-\infty}^{+\infty} [F(x+c) - F(x)] \mathrm{d}x = c$$

自测题 B 参考答案

一、单项选择题

1. C

解 根据分布律的规范性,有

$$\sum_{k=1}^{\infty} P\{X = k\} = \sum_{k=1}^{\infty} a\lambda^k = a \cdot \frac{\lambda}{1-\lambda} = 1$$

由此可得 $\lambda = \dfrac{1}{1+a}$.

2. C

解　由 $f(-x)=f(x)$，可知分布函数满足 $F(-x)=1-F(x)$，故

$$P\{|X|>a\} = 1 - P\{|X| \leqslant a\} = 1 - [F(a) - F(-a)] = 2[1 - F(a)]$$

3. C

解　根据正态分布的性质，有

$$P\{|X_i - \mu_i|<1\} = P\left\{ \frac{|X_i - \mu_i|}{\sigma_i} < \frac{1}{\sigma_i} \right\} = 2\Phi\left(\frac{1}{\sigma_i}\right) - 1, \quad i=1,2$$

由 $P\{|X_1 - \mu_1|<1\} > P\{|X_2 - \mu_2|<1\}$，可得

$$\Phi\left(\frac{1}{\sigma_1}\right) > \Phi\left(\frac{1}{\sigma_2}\right)$$

故有 $\sigma_1 < \sigma_2$.

4. A

解　在 $\left[0, \dfrac{\pi}{2}\right]$ 上 $\cos x \geqslant 0$，且 $\displaystyle\int_0^{\frac{\pi}{2}} \cos x \, \mathrm{d}x = 1$，故 $\cos x$ 在该区间上是密度函数. 此外，在 $\left[0, \dfrac{\pi}{2}\right]$ 上 $\cos x$ 单调减少，故 $\cos x$ 在该区间上非分布函数.

5. C

解　由 $f(x)$ 是密度函数，$F(x)$ 是相应的分布函数，可知 $2f(x)F(x) \geqslant 0$，且

$$\int_{-\infty}^{+\infty} 2f(x)F(x)\mathrm{d}x = \int_{-\infty}^{+\infty} 2F(x)\mathrm{d}F(x) = F^2(+\infty) - F^2(-\infty) = 1$$

故 $2f(x)F(x)$ 是密度函数.

二、填空题

1. $a+b-1$

解　根据 $P\{X \geqslant x_1\} = a$，$P\{X \leqslant x_2\} = b$，可得

$$\begin{aligned}
P\{x_1 \leqslant X \leqslant x_2\} &= P\{X \leqslant x_2\} - P\{X < x_1\} \\
&= P\{X \leqslant x_2\} - [1 - P\{X \geqslant x_1\}] = a+b-1
\end{aligned}$$

2. $\ln 2$

解　由 X 服从指数分布 $E(\lambda)$ 及 $P\{X>1\} = 2P\{X>2\}$，有

$$e^{-\lambda} = 2e^{-2\lambda}$$

由此可得 $\lambda = \ln 2$.

3. 2.5 或 10

解 由 X 服从均匀分布 $U(0, a)$ 及 $P\{2 < X < 4\} = 0.2$,分别讨论:

如果 $a < 4$,则有

$$P\{2 < X < 4\} = \int_2^a \frac{1}{a} dx = \frac{a-2}{a} = 0.2$$

由此可得 $a = 2.5$.

如果 $a \geqslant 4$,则有

$$P\{2 < X < 4\} = \int_2^4 \frac{1}{a} dx = \frac{2}{a} = 0.2$$

由此可得 $a = 10$.

4. $(1 + \lambda)e^{-\lambda}$

解 二次方程 $t^2 - 2t + X = 0$ 有实根的充分必要条件为 $X \leqslant 1$. 由 X 服从泊松分布 $P(\lambda)$,可得

$$P\{X \leqslant 1\} = P\{X = 0\} + P\{X = 1\} = \frac{\lambda^0}{0!}e^{-\lambda} + \frac{\lambda^1}{1!}e^{-\lambda} = (1 + \lambda)e^{-\lambda}$$

5. $\dfrac{1}{1 + (1-p)^2}$

解 根据条件概率的定义及 X 服从几何分布 $G(p)$,可得

$$P\{X \leqslant 2 \mid X \leqslant 4\} = \frac{P\{X \leqslant 2, X \leqslant 4\}}{P\{X \leqslant 4\}} = \frac{P\{X \leqslant 2\}}{P\{X \leqslant 4\}}$$

$$= \frac{1 - (1-p)^2}{1 - (1-p)^4} = \frac{1}{1 + (1-p)^2}$$

三、计算、证明题

1. **解** 从 $1, 2, 3, 4, 5$ 中有放回地连取 3 个数排成一列,共有 $5^3 = 125$ 种不同排列. 可能取到的最大数 $X = 1, 2, 3, 4, 5$,相应的概率为

$$P\{X = k\} = \frac{k^3 - (k-1)^3}{5^3}, \quad k = 1, 2, 3, 4, 5$$

由此求得 X 的分布律如表 2-32 所示.

表 2-32 X 的分布律

X	1	2	3	4	5
P	$\dfrac{1}{125}$	$\dfrac{7}{125}$	$\dfrac{19}{125}$	$\dfrac{37}{125}$	$\dfrac{61}{125}$

2. 解 记第 i 次交换后甲袋内白球个数为 X_i, $i=1,2$,则 X_1, X_2 的可能取值均为 0,1,2,且 X_1 的取值概率为

$$P\{X_1=0\}=\frac{1}{4},\ P\{X_1=1\}=\frac{2}{4},\ P\{X_1=2\}=\frac{1}{4}$$

根据全概率公式计算 X_2 的取值概率,有

$$P\{X_2=0\}=\sum_{i=0}^{2}P\{X_1=i\}P\{X_2=0\mid X_1=i\}=\frac{1}{4}\times0+\frac{2}{4}\times\frac{1}{4}+\frac{1}{4}\times0$$
$$=\frac{1}{8}$$

$$P\{X_2=1\}=\sum_{i=0}^{2}P\{X_1=i\}P\{X_2=1\mid X_1=i\}=\frac{1}{4}\times1+\frac{2}{4}\times\frac{1}{2}+\frac{1}{4}\times1$$
$$=\frac{6}{8}$$

$$P\{X_2=2\}=\sum_{i=0}^{2}P\{X_1=i\}P\{X_2=2\mid X_1=i\}=\frac{1}{4}\times0+\frac{2}{4}\times\frac{1}{4}+\frac{1}{4}\times0$$
$$=\frac{1}{8}$$

由此求得 X_2 的分布律如表 2-33 所示.

表 2-33 X₂ 的分布律

X_2	0	1	2
P	$\dfrac{1}{8}$	$\dfrac{6}{8}$	$\dfrac{1}{8}$

3. 解 根据密度函数的规范性,有

$$\int_{-\infty}^{+\infty}f(x)\mathrm{d}x=\int_{c}^{+\infty}a\,\mathrm{e}^{-\lambda x}\mathrm{d}x=\frac{a}{\lambda}\mathrm{e}^{-\lambda c}=1$$

故 $a=\lambda\mathrm{e}^{\lambda c}$.并由密度函数

$$f(x) = \begin{cases} \lambda e^{-\lambda(x-c)}, & x > c \\ 0, & x \leqslant c \end{cases}$$

求得分布函数为

$$F(x) = \int_{-\infty}^{x} f(t)\,dt = \begin{cases} \int_{c}^{x} \lambda e^{-\lambda(t-c)}\,dt & x \geqslant c \\ 0, & x < c \end{cases}$$

$$= \begin{cases} 1 - e^{-\lambda(x-c)} & x \geqslant c \\ 0, & x < c \end{cases}$$

4. 解 由 X 的取值区间 $(-\infty, +\infty)$ 可知 $Y = \dfrac{1}{X}$ 的取值区间为 $(-\infty, 0) \bigcup (0, +\infty)$.

对于 $y \in (-\infty, +\infty)$，有

$$F_Y(y) = P\{Y \leqslant y\} = P\left\{\frac{1}{X} \leqslant y\right\} = \begin{cases} F(0) - F\left(\dfrac{1}{y}\right), & y < 0 \\ F(0), & y = 0 \\ F(0) + 1 - F\left(\dfrac{1}{y}\right), & y > 0 \end{cases}$$

当 $y < 0$ 或 $y > 0$ 时，均有

$$f_Y(y) = F'_Y(y) = \frac{1}{y^2} f\left(\frac{1}{y}\right)$$

在 $y = 0$ 处，$F_Y(y)$ 未必可导，取 $f_Y(0) = 0$.

综上，求得 $Y = \dfrac{1}{X}$ 的密度函数为

$$f_Y(y) = \begin{cases} \dfrac{1}{y^2} f_X\left(\dfrac{1}{y}\right), & y \neq 0 \\ 0, & y = 0 \end{cases}$$

5. 解 由 X 服从正态分布 $N(0, \sigma^2)$ 及 $0 < a < b$，记

$$g(\sigma) = P\{a < X < b\} = P\left\{\frac{a}{\sigma} < \frac{X}{\sigma} < \frac{b}{\sigma}\right\} = \Phi\left(\frac{b}{\sigma}\right) - \Phi\left(\frac{a}{\sigma}\right)$$

上式对 σ 求导，令导数

$$g'(\sigma) = \Phi'\left(\frac{b}{\sigma}\right)\left(-\frac{b}{\sigma^2}\right) - \Phi'\left(\frac{a}{\sigma}\right)\left(-\frac{a}{\sigma^2}\right) = \frac{1}{\sqrt{2\pi}\sigma^2}\left(a\mathrm{e}^{-\frac{a^2}{2\sigma^2}} - b\mathrm{e}^{-\frac{b^2}{2\sigma^2}}\right) = 0$$

求得唯一驻点 $\sigma_0 = \sqrt{\dfrac{b^2 - a^2}{\ln b^2 - \ln a^2}}$.

注意到 $a\mathrm{e}^{-\frac{a^2}{2\sigma_0^2}} = b\mathrm{e}^{-\frac{b^2}{2\sigma_0^2}}$,由二阶导数

$$g''(\sigma_0) = \frac{1}{\sqrt{2\pi}\sigma_0^3}\left[\left(2 - \frac{b^2}{\sigma_0^2}\right)b\mathrm{e}^{-\frac{b^2}{2\sigma_0^2}} - \left(2 - \frac{a^2}{\sigma_0^2}\right)a\mathrm{e}^{-\frac{a^2}{2\sigma_0^2}}\right] = \frac{(a^2 - b^2)b}{\sqrt{2\pi}\sigma_0^5}\mathrm{e}^{-\frac{b^2}{2\sigma_0^2}} < 0$$

可知 $\sigma = \sigma_0$ 时,概率 $P\{a < X < b\}$ 达到最大.

6. **证** 设 X 的密度函数为 $f(x)$,通过交换积分次序,即可证得

$$\int_{-\infty}^{+\infty}[F(x+c) - F(x)]\mathrm{d}x = \int_{-\infty}^{+\infty}\left(\int_x^{x+c} f(t)\mathrm{d}t\right)\mathrm{d}x = \int_{-\infty}^{+\infty}\left(\int_{t-c}^{t} f(t)\mathrm{d}x\right)\mathrm{d}t$$

$$= \int_{-\infty}^{+\infty} cf(t)\mathrm{d}t = c$$

第三章 多维随机变量及其分布

本章主要介绍二维随机变量及其联合分布、边缘分布和条件分布. 在此基础上, 引入随机变量的独立性概念, 介绍二维随机变量的函数及其分布. 最后简单介绍 n 维随机变量的相关内容.

一、知识结构与教学基本要求

(一) 知识结构
本章的知识结构见图 3-1.

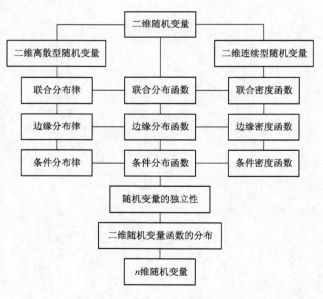

图 3-1 第三章知识结构

(二) 教学基本要求
(1) 了解多维随机变量的概念, 了解二维随机变量的联合分布函数的概念与性质.

(2) 理解二维离散型随机变量的联合分布律的概念, 理解二维连续型随机变量的联合密度函数的概念.

（3）理解二维离散型随机变量的边缘分布律,理解二维连续型随机变量的边缘密度函数.

（4）理解随机变量的独立性概念.

（5）会求两个独立随机变量的简单函数的分布（和、最大、最小等）,了解有限个相互独立的正态分布随机变量的线性组合仍服从正态分布的结论.

二、内容简析与范例

（一）二维随机变量及其分布

【概念与知识点】

1. 二维随机变量及其分布函数

由同一样本空间 Ω 上的两个随机变量 $X = X(\omega)$, $Y = Y(\omega)$ 组成的向量

$$(X, Y) = (X(\omega), Y(\omega)), \quad \omega \in \Omega$$

称为 Ω 上的二维随机变量.

二维随机变量 (X, Y) 的分布可以用二元函数

$$F(x, y) = P\{X \leqslant x, Y \leqslant y\}, \quad x, y \in (-\infty, +\infty)$$

描述,称 $F(x, y)$ 为 (X, Y) 的联合分布函数.

联合分布函数的基本性质:

（1）非负性:对任意的 $x_1 < x_2$, $y_1 < y_2$,有

$$F(x_2, y_2) - F(x_1, y_2) - F(x_2, y_1) + F(x_1, y_1) \geqslant 0$$

（2）规范性:对任意的 x, y,有 $0 \leqslant F(x, y) \leqslant 1$,且

$$F(-\infty, y) = 0, \ F(x, -\infty) = 0, \ F(+\infty, +\infty) = 1$$

（3）右连续性:对任意的 x, y,有

$$F(x+0, y) = F(x, y), \ F(x, y+0) = F(x, y)$$

上述基本性质也是判别某个二元函数是否为联合分布函数的充分必要条件.

根据二维随机变量 (X, Y) 的联合分布函数 $F(x, y)$,可以确定随机变量 X 和 Y 各自的分布函数

$$F_X(x) = P\{X \leqslant x\} = P\{X \leqslant x, Y < +\infty\} = F(x, +\infty)$$

$$F_Y(y) = P\{Y \leqslant y\} = P\{X < +\infty, Y \leqslant y\} = F(+\infty, y)$$

分别称为 X 和 Y 的边缘分布函数.

2. 二维离散型随机变量及其分布律

二维离散型随机变量 (X, Y) 的可能取值为有限组或可列组值 (x_i, y_j),其取值概率

$$p_{ij} = P\{X = x_i, Y = y_j\}, \quad i, j = 1, 2, \cdots$$

称为 (X, Y) 的联合分布律.

联合分布律的基本性质:

(1) 非负性:$p_{ij} \geqslant 0, \quad i, j = 1, 2, \cdots$.

(2) 规范性:$\sum\limits_i \sum\limits_j p_{ij} = 1$.

二维离散型随机变量 (X, Y) 在任意区域 D 上取值的概率为

$$P\{(X, Y) \in D\} = \sum\limits_{(x_i, y_j) \in D} p_{ij}$$

根据二维离散型随机变量 (X, Y) 的联合分布律 $p_{ij} = P\{X = x_i, Y = y_j\}$,可以确定随机变量 X 和 Y 各自的分布律

$$p_{i.} = P\{X = x_i\} = \sum\limits_j P\{X = x_i, Y = y_j\} = \sum\limits_j p_{ij}, \; i = 1, 2, \cdots$$

$$p_{.j} = P\{Y = y_i\} = \sum\limits_i P\{X = x_i, Y = y_j\} = \sum\limits_i p_{ij}, \; j = 1, 2, \cdots$$

分别称为 X 和 Y 的边缘分布律.

通常将 (X, Y) 的联合分布律和边缘分布律以列表方式表示如下(见表 3-1).

表 3-1 (X, Y) 的联合分布律和边缘分布律

X \ Y	y_1	y_2	$\cdots$	y_j	$\cdots$	P_X
x_1	p_{11}	p_{12}	$\cdots$	p_{1j}	$\cdots$	$p_{1.}$
x_2	p_{21}	p_{22}	$\cdots$	p_{2j}	$\cdots$	$p_{2.}$
$\vdots$	$\vdots$	$\vdots$		$\vdots$		$\vdots$
x_i	p_{i1}	p_{i2}	$\cdots$	p_{ij}	$\cdots$	$p_{i.}$
$\vdots$	$\vdots$	$\vdots$		$\vdots$		$\vdots$
P_Y	$p_{.1}$	$p_{.2}$	$\cdots$	$p_{.j}$	$\cdots$	1

3. 二维连续型随机变量及其密度函数

二维连续型随机变量 (X, Y) 的可能取值充满平面上的某个区域,对于其联合分布函数 $F(x, y)$,存在二元非负可积函数 $f(x, y)$,使得

$$F(x, y) = \int_{-\infty}^{x} \int_{-\infty}^{y} f(u, v) \mathrm{d}v \mathrm{d}u, \quad x, y \in (-\infty, +\infty)$$

称 $f(x, y)$ 为 (X, Y) 的联合密度函数,称 $f(x, y) > 0$ 的区域为 (X, Y) 的取值区域.

在联合分布函数 $F(x, y)$ 混合偏导数存在的点处,有

$$\frac{\partial^2 F(x, y)}{\partial x \partial y} = f(x, y)$$

联合密度函数的基本性质:

(1) 非负性:$f(x, y) \geqslant 0, x, y \in (-\infty, +\infty)$.

(2) 规范性:$\int_{-\infty}^{+\infty} \int_{-\infty}^{+\infty} f(x, y) \mathrm{d}x \mathrm{d}y = 1$.

二维连续型随机变量 (X, Y) 在任意区域 D 上取值的概率为

$$P\{(X, Y) \in D\} = \iint_{D} f(x, y) \mathrm{d}x \mathrm{d}y$$

根据二维连续型随机变量 (X, Y) 的联合密度函数 $f(x, y)$,可以确定随机变量 X 和 Y 各自的密度函数

$$f_X(x) = \int_{-\infty}^{+\infty} f(x, y) \mathrm{d}y, \quad x \in (-\infty, +\infty)$$

$$f_Y(y) = \int_{-\infty}^{+\infty} f(x, y) \mathrm{d}x, \quad y \in (-\infty, +\infty)$$

分别称为 X 和 Y 的边缘密度函数.

4. 常用二维分布

(1) 二维均匀分布:设二维随机变量 (X, Y) 的联合密度函数为

$$f(x, y) = \begin{cases} \dfrac{1}{m(D)}, & (x, y) \in D \\ 0, & \text{其他} \end{cases}$$

其中,D 为平面上的有界区域,$m(D)$ 为区域 D 的面积,则称 (X, Y) 服从区域 D 上

的二维均匀分布,记作 $(X, Y) \sim U(D)$.

(2) 二维正态分布:设二维随机变量 (X, Y) 的联合密度函数为

$$f(x, y) = \frac{1}{2\pi\sigma_1\sigma_2\sqrt{1-\rho^2}} e^{-\frac{1}{2(1-\rho^2)}\left[\frac{(x-\mu_1)^2}{\sigma_1^2} - \frac{2\rho(x-\mu_1)(y-\mu_2)}{\sigma_1\sigma_2} + \frac{(y-\mu_2)^2}{\sigma_2^2}\right]}$$

其中 $\mu_1, \mu_2 \in \mathbf{R}$;$\sigma_1, \sigma_2 > 0$;$|\rho| < 1$,则称 (X, Y) 服从参数为 μ_1, μ_2;σ_1^2, σ_2^2;ρ 的二维正态分布,记作 $(X, Y) \sim N(\mu_1, \mu_2; \sigma_1^2, \sigma_2^2; \rho)$.

【范例与方法】

例1 证明二元函数

$$F(x, y) = \begin{cases} 1, & x \geqslant 0, y \geqslant 0 \\ 0, & \text{其他} \end{cases}$$

是联合分布函数,并求边缘分布函数.

分析 要证明某个二元函数是联合分布函数,只需证明该函数满足联合分布函数的三条基本性质.

证 容易看出 $F(x, y)$ 满足规范性和右连续性.对任意的 $x_1 < x_2$,$y_1 < y_2$,由

$$F(x_2, y_2) - F(x_1, y_2) - F(x_2, y_1) + F(x_1, y_1) = \begin{cases} 1, & x_1 < 0 \leqslant x_2, y_1 < 0 \leqslant y_2 \\ 0, & \text{其他} \end{cases}$$

可知 $F(x, y)$ 满足非负性,故 $F(x, y)$ 是某个二维随机变量 (X, Y) 的联合分布函数.

在 $F(x, y)$ 中分别令 $y \to +\infty$ 和 $x \to +\infty$,相应求得 X 和 Y 的边缘分布函数为

$$F_X(x) = F(x, +\infty) = \begin{cases} 1, & x \geqslant 0 \\ 0, & x < 0 \end{cases}, \quad F_Y(y) = F(+\infty, y) = \begin{cases} 1, & y \geqslant 0 \\ 0, & y < 0 \end{cases}$$

例2 用二维随机变量 (X, Y) 的联合分布函数 $F(x, y)$ 表示下列概率:

$$P\{\max(X, Y) \leqslant c\}, \quad P\{\min(X, Y) \leqslant c\}$$

分析 对于二维随机变量 (X, Y),形如 $\{x_1 < X \leqslant x_2, y_1 < Y \leqslant y_2\}$ 的事件的概率可用 $F(x, y)$ 表示为

$$P\{x_1 < X \leqslant x_2, y_1 < Y \leqslant y_2\} = F(x_2, y_2) - F(x_1, y_2) - F(x_2, y_1) + F(x_1, y_1)$$

解 事件 $\{\max(X, Y) \leqslant c\}$ 等价于 $\{X \leqslant c, Y \leqslant c\}$,根据分布函数的定义可得

$$P\{\max(X, Y) \leqslant c\} = P\{X \leqslant c, Y \leqslant c\} = F(c, c)$$

对于事件 $\{\min(X, Y) \leqslant c\}$，其逆事件 $\{\min(X, Y) > c\}$ 等价于 $\{X > c, Y > c\}$，根据逆事件的概率以及 $F(+\infty, +\infty) = 1$，可得

$$
\begin{aligned}
P\{\min(X, Y) \leqslant c\} &= 1 - P\{\min(X, Y) > c\} = 1 - P\{X > c, Y > c\} \\
&= 1 - P\{c < X < +\infty, c < Y < +\infty\} \\
&= 1 - [F(+\infty, +\infty) - F(c, +\infty) - F(+\infty, c) + F(c, c)] \\
&= F(c, +\infty) + F(+\infty, c) - F(c, c)
\end{aligned}
$$

例 3 在分别标有数字 $1, 2, 3$ 的 3 张卡片中任取一张观察后放回，再按观察到的数字取相应张数的卡片. 以 X 表示第一次所取卡片上的数字，Y 表示第二次所取卡片上的数字之和，求 (X, Y) 的联合分布律和边缘分布律.

分析 根据题意确定 (X, Y) 的取值范围，按概率的乘法公式求 (X, Y) 的联合分布律，再列表计算 X 和 Y 的边缘分布律.

解 由题意知，X 等可能取值 $1, 2, 3$；Y 的可能取值为 $1, 2, \cdots, 6$. 且

$$
X = 1 \text{ 时}, 1 \leqslant Y \leqslant 3; \quad X = 2 \text{ 时}, 3 \leqslant Y \leqslant 5; \quad X = 3 \text{ 时}, Y = 6
$$

在此取值范围内，有

$$
P\{X = i, Y = j\} = P\{X = i\}P\{Y = j \mid X = i\} = \frac{1}{3} \cdot \frac{1}{C_3^i}
$$

计算得到 (X, Y) 的联合分布律和边缘分布律如表 3-2 所示.

表 3-2 (X, Y) 的联合分布律和边缘分布律

X \ Y	1	2	3	4	5	6	P_X
1	$\frac{1}{9}$	$\frac{1}{9}$	$\frac{1}{9}$	0	0	0	$\frac{1}{3}$
2	0	0	$\frac{1}{9}$	$\frac{1}{9}$	$\frac{1}{9}$	0	$\frac{1}{3}$
3	0	0	0	0	0	$\frac{1}{3}$	$\frac{1}{3}$
P_Y	$\frac{1}{9}$	$\frac{1}{9}$	$\frac{2}{9}$	$\frac{1}{9}$	$\frac{1}{9}$	$\frac{1}{3}$	1

例 4 设二维随机变量 (X, Y) 的联合密度函数为

$$f(x, y) = \begin{cases} \dfrac{cy}{x^2}, & x > 1, 0 < y < 1 \\ 0, & \text{其他} \end{cases}$$

求常数 c 和联合分布函数 $F(x, y)$，并求概率 $P\{XY < 1\}$.

分析 二维随机变量的有关问题经常涉及联合密度函数 $f(x, y)$ 在某区域上的积分，实际计算时应根据其中 $f(x, y) > 0$ 的区域确定积分限.

解 (X, Y) 的取值区域为 $\{(x, y) \mid x > 1, 0 < y < 1\}$，见图 3-2 的阴影部分.

根据联合密度函数的规范性，有

$$\int_{-\infty}^{+\infty}\int_{-\infty}^{+\infty} f(x, y)\mathrm{d}x\mathrm{d}y = \int_{1}^{+\infty}\mathrm{d}x\int_{0}^{1}\frac{cy}{x^2}\mathrm{d}y = \frac{c}{2} = 1$$

由此可得 $c = 2$.

联合分布函数 $F(x, y)$ 为 $f(x, y)$ 在图 3-2 中虚线框所示区域上的积分，有

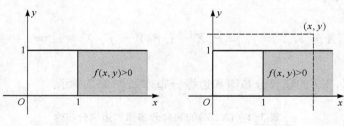

图 3-2 (X, Y) 的取值区域   图 3-3 积分区域

$$F(x, y) = \int_{-\infty}^{y}\int_{-\infty}^{x} f(u, v)\mathrm{d}u\mathrm{d}v$$

$$= \begin{cases} \int_{1}^{x}\mathrm{d}u\int_{0}^{y}\dfrac{2v}{u^2}\mathrm{d}v, & x \geqslant 1, 0 \leqslant y < 1 \\ \int_{1}^{x}\mathrm{d}u\int_{0}^{1}\dfrac{2v}{u^2}\mathrm{d}v, & x \geqslant 1, y \geqslant 1 \\ 0, & \text{其他} \end{cases} = \begin{cases} \left(1 - \dfrac{1}{x}\right)y^2, & x \geqslant 1, 0 \leqslant y < 1 \\ \left(1 - \dfrac{1}{x}\right), & x \geqslant 1, y \geqslant 1 \\ 0, & \text{其他} \end{cases}$$

概率 $P\{XY < 1\}$ 为 $f(x, y)$ 在区域 $\{(x, y) \mid xy < 1\}$ 上的积分，其中 $f(x, y) > 0$ 的区域为图 3-4 阴影部分中曲线下方的区域 $\{(x, y) \mid x > 1, y > 0, xy < 1\}$，

计算得到

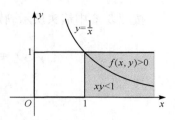

$$P\{XY < 1\} = \iint\limits_{xy<1} f(x, y)\mathrm{d}x\mathrm{d}y$$

$$= \int_1^{+\infty} \mathrm{d}x \int_0^{\frac{1}{x}} \frac{2y}{x^2} \mathrm{d}y = \frac{1}{3}$$

图 3-4 积分区域

例 5 设二维随机变量 (X, Y) 的联合密度函数为

$$f(x, y) = \begin{cases} 24x(1-y), & 0 < x < y < 1 \\ 0, & \text{其他} \end{cases}$$

求 X 和 Y 的边缘密度函数.

分析 由 (X, Y) 的联合密度函数 $f(x, y)$ 分别对变量 y 和 x 积分,即可相应求得 X 和 Y 的边缘密度函数.

解 (X, Y) 的取值区域为 $\{(x, y) \mid 0 < x < y < 1\}$,见图 3-5 和图 3-6 的阴影部分.

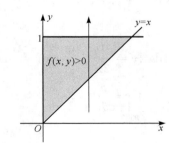
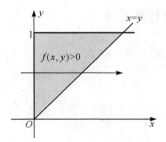

图 3-5 取值区域与确定积分限 　 图 3-6 取值区域与确定积分限

按图 3-5 中箭头所示确定变量 y 的积分限,求得 X 的边缘密度函数为

$$f_X(x) = \int_{-\infty}^{+\infty} f(x, y)\mathrm{d}y$$

$$= \begin{cases} \int_x^1 24x(1-y)\mathrm{d}y, & 0 < x < 1 \\ 0, & \text{其他} \end{cases}$$

$$= \begin{cases} 12x(1-x)^2, & 0 < x < 1 \\ 0, & \text{其他} \end{cases}$$

137

按图 3-6 中箭头所示确定变量 x 的积分限,求得 Y 的边缘密度函数为

$$f_Y(y) = \int_{-\infty}^{+\infty} f(x, y)\mathrm{d}x$$

$$= \begin{cases} \displaystyle\int_0^y 24x(1-y)\mathrm{d}x, & 0 < y < 1 \\ 0, & \text{其他} \end{cases}$$

$$= \begin{cases} 12y^2(1-y), & 0 < y < 1 \\ 0, & \text{其他} \end{cases}$$

例 6 设二维随机变量 $(X, Y) \sim N(0, 0; 1, 1; 0)$,求概率 $P\{X^2 + Y^2 < R^2\}$.

分析 二维正态分布的有关概率一般无法直接计算,此例中的分布和事件比较特殊,所求概率涉及的积分可利用极坐标计算.

解 根据二维正态分布的定义,(X, Y) 的联合密度函数为

$$f(x, y) = \frac{1}{2\pi}\mathrm{e}^{-\frac{x^2+y^2}{2}}, \ x, y \in (-\infty, +\infty)$$

概率 $P\{X^2 + Y^2 < R^2\}$ 为 $f(x, y)$ 在区域 $\{(x, y) \mid x^2 + y^2 < R^2\}$ 上的积分,利用极坐标计算得到

$$P\{X^2 + Y^2 < R^2\} = \iint\limits_{x^2+y^2<R^2} f(x, y)\mathrm{d}x\mathrm{d}y = \frac{1}{2\pi}\iint\limits_{x^2+y^2<R^2} \mathrm{e}^{-\frac{x^2+y^2}{2}}\mathrm{d}x\mathrm{d}y$$

$$= \frac{1}{2\pi}\iint\limits_{r<R} \mathrm{e}^{-\frac{r^2}{2}} r\mathrm{d}r\mathrm{d}\theta = \frac{1}{2\pi}\int_0^{2\pi}\mathrm{d}\theta\int_0^R \mathrm{e}^{-\frac{r^2}{2}} r\mathrm{d}r$$

$$= 1 - \mathrm{e}^{-\frac{R^2}{2}}$$

(二) 随机变量的条件分布

【概念与知识点】

1. 条件分布的概念

设随机事件 A 发生的概率 $P(A) > 0$,且事件 A 的发生可能影响随机变量 X 的分布. 在已知事件 A 发生的条件下,X 的分布可用条件概率

$$P\{X \leqslant x \mid A\} = \frac{P\{X \leqslant x, A\}}{P(A)}$$

描述,称该分布为事件 A 发生条件下 X 的条件分布.

2. 离散型随机变量的条件分布律

设二维离散型随机变量 (X, Y) 的联合分布律为

$$p_{ij} = P\{X = x_i, Y = y_j\}, \quad i, j = 1, 2, \cdots$$

对满足 $p_{i\cdot} = P\{X = x_i\} > 0$ 的 x_i，称

$$p_{j \mid i} = P\{Y = y_j \mid X = x_i\} = \frac{P\{X = x_i, Y = y_j\}}{P\{X = x_i\}}, \quad j = 1, 2, \cdots$$

为 $X = x_i$ 条件下 Y 的条件分布律.

对满足 $p_{\cdot j} = P\{Y = y_j\} > 0$ 的 y_j，称

$$p_{i \mid j} = P\{X = x_i \mid Y = y_j\} = \frac{P\{X = x_i, Y = y_j\}}{P\{Y = y_j\}}, \quad i = 1, 2, \cdots$$

为 $Y = y_j$ 条件下 X 的条件分布律.

条件分布律具有分布律的基本性质：

(1) 非负性：$p_{j \mid i} \geqslant 0, \quad j = 1, 2, \cdots; \ p_{i \mid j} \geqslant 0, \quad i = 1, 2, \cdots$.

(2) 规范性：$\sum_j p_{j \mid i} = 1; \ \sum_i p_{i \mid j} = 1$.

3. 连续型随机变量的条件密度函数

设二维连续型随机变量 (X, Y) 的联合密度函数为

$$f(x, y), \quad x, y \in (-\infty, +\infty)$$

对满足 $f_X(x) > 0$ 的 x，称

$$f(y \mid x) = \frac{f(x, y)}{f_X(x)}, \quad y \in (-\infty, +\infty)$$

为 $X = x$ 条件下 Y 的条件密度函数.

对满足 $f_Y(y) > 0$ 的 y，称

$$f(x \mid y) = \frac{f(x, y)}{f_Y(y)}, \quad x \in (-\infty, +\infty)$$

为 $Y = y$ 条件下 X 的条件密度函数.

条件密度函数具有密度函数的基本性质：

(1) 非负性：$f(y \mid x) \geqslant 0; \ f(x \mid y) \geqslant 0$.

(2) 规范性：$\int_{-\infty}^{+\infty} f(y \mid x) \mathrm{d}y = 1; \ \int_{-\infty}^{+\infty} f(x \mid y) \mathrm{d}x = 1$.

【范例与方法】

例 1 射手甲、乙各有 2 发子弹,由甲开始轮流射击,直到命中目标或子弹耗尽为止.设甲和乙的命中率分别为 p 和 q,以 X 和 Y 分别表示甲和乙的射击次数,求 $X=i$ 条件下 Y 的条件分布律和 $Y=j$ 条件下 X 的条件分布律.

分析 先求 (X,Y) 的联合分布律和边缘分布律,再按定义求条件分布律.此例中 (X,Y) 的可能取值为有限组值,可用列表方式计算.

解 由题意知,X 的可能取值为 $1,2$;Y 的可能取值为 $0,1,2$.

当 $X=i$ 时,如果甲命中,则 $Y=i-1$,有

$$P\{X=i,Y=i-1\}=(1-p)^{i-1}(1-q)^{i-1}p,\quad i=1,2$$

如果甲未命中,则 $Y=i$,注意到 $Y=2$ 包括乙命中或不命中两种情形,有

$$P\{X=1,Y=1\}=(1-p)q$$

$$P\{X=2,Y=2\}=(1-p)^2(1-q)[q+(1-q)]=(1-p)^2(1-q)$$

综上求得 (X,Y) 的联合分布律和边缘分布律如表 3-3 所示.

表 3-3 (X,Y) 的联合分布律和边缘分布律

X \ Y	0	1	2	P_X
1	p	$(1-p)q$	0	$p+q-pq$
2	0	$(1-p)(1-q)p$	$(1-p)^2(1-q)$	$(1-p)(1-q)$
P_Y	p	$(1-p)(p+q-pq)$	$(1-p)^2(1-q)$	1

上表中间两行除以右列的同行元素,可得 $X=i$ 条件下 Y 的条件分布律;上表中间三列除以底行的同列元素,可得 $Y=j$ 条件下 X 的条件分布律,分别如表 3-4 和表 3-5 所示.

表 3-4 $X=i$ 条件下 Y 的条件分布律

Y	0	1	2
$P\{Y=j\mid X=1\}$	$\dfrac{p}{p+q-pq}$	$\dfrac{(1-p)q}{p+q-pq}$	0
$P\{Y=j\mid X=2\}$	0	p	$1-p$

表 3-5 $Y = j$ 条件下 X 的条件分布律

X	$P\{X = i \mid Y = 0\}$	$P\{X = i \mid Y = 1\}$	$P\{X = i \mid Y = 2\}$
1	1	$\dfrac{q}{p + q - pq}$	0
2	0	$\dfrac{(1-q)p}{p + q - pq}$	1

例 2 设二维随机变量 (X, Y) 的联合分布律为

$$P\{X = i, Y = j\} = \frac{\lambda^i p^j (1-p)^{i-j}}{j!(i-j)!} e^{-\lambda}, \quad j = 0, 1, \cdots, i; \ i = 0, 1, 2, \cdots$$

求 $X = i$ 条件下 Y 的条件分布律和 $Y = j$ 条件下 X 的条件分布律.

分析 此例中 (X, Y) 的可能取值为可列组值. 在 $X = i$ 条件下, Y 的可能取值为 $j = 0, 1, \cdots, i$; 在 $Y = j$ 条件下, X 的可能取值为 $i = j, j + 1, j + 2, \cdots$.

解 根据 (X, Y) 的联合分布律, 分别求得 X 和 Y 的边缘分布律为

$$P\{X = i\} = \sum_j P\{X = i, Y = j\} = \sum_{j=0}^{i} \frac{\lambda^i p^j (1-p)^{i-j}}{j!(i-j)!} e^{-\lambda}$$

$$= \frac{\lambda^i e^{-\lambda}}{i!} \sum_{j=0}^{i} \frac{i!}{j!(i-j)!} p^j (1-p)^{i-j} = \frac{\lambda^i e^{-\lambda}}{i!} [p + (1-p)]^i$$

$$= \frac{\lambda^i}{i!} e^{-\lambda}, \quad i = 0, 1, 2, \cdots$$

$$P\{Y = j\} = \sum_i P\{X = i, Y = j\} = \sum_{i=j}^{\infty} \frac{\lambda^i p^j (1-p)^{i-j}}{j!(i-j)!} e^{-\lambda}$$

$$= \frac{p^j \lambda^j e^{-\lambda}}{j!} \sum_{i=j}^{\infty} \frac{[\lambda(1-p)]^{i-j}}{(i-j)!} = \frac{p^j \lambda^j e^{-\lambda}}{j!} e^{\lambda(1-p)}$$

$$= \frac{(\lambda p)^j}{j!} e^{-\lambda p}, \quad j = 0, 1, 2, \cdots$$

故 $X = i$ 条件下 Y 的条件分布律和 $Y = j$ 条件下 X 的条件分布律分别为

$$P\{Y = j \mid X = i\} = \frac{P\{X = i, Y = j\}}{P\{X = i\}} = \frac{i!}{j!(i-j)!} p^j (1-p)^{i-j}, \quad j = 0, 1, \cdots, i$$

$$P\{X = i \mid Y = j\} = \frac{P\{X = i, Y = j\}}{P\{Y = j\}} = \frac{[\lambda(1-p)]^{i-j}}{(i-j)!} e^{-\lambda(1-p)}, \quad i = j, j+1, \cdots$$

例3 设二维随机变量 (X, Y) 的联合密度函数为

$$f(x, y) = \begin{cases} \dfrac{1}{2x^2 y}, & x > 1, \dfrac{1}{x} < y < x \\ 0, & \text{其他} \end{cases}$$

求 $X = x$ 条件下 Y 的条件密度函数和 $Y = y$ 条件下 X 的条件密度函数.

分析 先由 (X, Y) 的联合密度函数求得 X 和 Y 的边缘密度函数,再按定义求条件密度函数.

解 根据 (X, Y) 的联合密度函数 $f(x, y)$ 求 X 和 Y 的边缘密度函数,见图3-7和图 3-8,分别有

$$f_X(x) = \int_{-\infty}^{+\infty} f(x, y)\mathrm{d}y = \begin{cases} \displaystyle\int_{\frac{1}{x}}^{x} \frac{1}{2x^2 y}\mathrm{d}y, & x > 1 \\ 0, & x \leqslant 1 \end{cases} = \begin{cases} \dfrac{\ln x}{x^2}, & x > 1 \\ 0, & x \leqslant 1 \end{cases}$$

$$f_Y(y) = \int_{-\infty}^{+\infty} f(x, y)\mathrm{d}x = \begin{cases} \displaystyle\int_{y}^{+\infty} \frac{1}{2x^2 y}\mathrm{d}x, & y \geqslant 1 \\ \displaystyle\int_{\frac{1}{y}}^{+\infty} \frac{1}{2x^2 y}\mathrm{d}x, & 0 < y < 1 \\ 0, & y \leqslant 0 \end{cases} = \begin{cases} \dfrac{1}{2y^2}, & y \geqslant 1 \\ \dfrac{1}{2}, & 0 < y < 1 \\ 0, & y \leqslant 0 \end{cases}$$

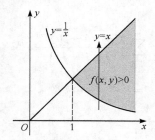

图 3-7 取值区域与确定积分限

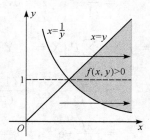

图 3-8 取值区域与确定积分限

故 $X = x$ 条件下 Y 的条件密度函数和 $Y = y$ 条件下 X 的条件密度函数分别为

$$f(y \mid x) = \frac{f(x, y)}{f_X(x)} = \begin{cases} \dfrac{1}{2y\ln x}, & x > 1, \dfrac{1}{x} < y < x \\ 0, & \text{其他} \end{cases}$$

$$f(x \mid y) = \frac{f(x, y)}{f_Y(y)} = \begin{cases} \dfrac{y}{x^2}, & x > 1, 1 \leqslant y < x \\[2mm] \dfrac{1}{x^2 y}, & x > 1, \dfrac{1}{x} < y < 1 \\[2mm] 0, & 其他 \end{cases}$$

例 4　设随机变量 X 服从区间 $(0, 4)$ 上的均匀分布,在 $X = x \in (0, 4)$ 的条件下,随机变量 Y 服从区间 $(0, x)$ 上的均匀分布,求条件概率 $P\{X \leqslant 2 \mid Y \leqslant 1\}$ 和 $P\{X \leqslant 2 \mid Y = 1\}$.

分析　此例中两种条件概率的求法不同,$P\{X \leqslant 2 \mid Y \leqslant 1\}$ 可直接按条件概率的定义计算,$P\{X \leqslant 2 \mid Y = 1\}$ 则需通过条件密度函数的积分计算.

解　根据均匀分布的定义,X 的密度函数为

$$f_X(x) = \begin{cases} \dfrac{1}{4}, & 0 < x < 4 \\[2mm] 0, & 其他 \end{cases}$$

在 $X = x \in (0, 4)$ 的条件下,Y 的条件密度函数为

$$f(y \mid x) = \begin{cases} \dfrac{1}{x}, & 0 < y < x \\[2mm] 0, & 其他 \end{cases}$$

故 (X, Y) 的联合密度函数为

$$f(x, y) = f_X(x) f(y \mid x) = \begin{cases} \dfrac{1}{4x}, & 0 < y < x < 4 \\[2mm] 0, & 其他 \end{cases}$$

以及 Y 的边缘密度函数为

$$f_Y(y) = \int_{-\infty}^{+\infty} f(x, y) \mathrm{d}x = \begin{cases} \displaystyle\int_y^4 \frac{1}{4x} \mathrm{d}x, & 0 < y < 4 \\[2mm] 0, & 其他 \end{cases}$$

$$= \begin{cases} \dfrac{1}{4}(\ln 4 - \ln y), & 0 < y < 4 \\[2mm] 0, & 其他 \end{cases}$$

按条件概率的定义求 $P\{X \leqslant 2 \mid Y \leqslant 1\}$,计算得到

$$P\{X \leqslant 2 \mid Y \leqslant 1\} = \frac{P\{X \leqslant 2, Y \leqslant 1\}}{P\{Y \leqslant 1\}} = \frac{\int_{-\infty}^{1}\int_{-\infty}^{2} f(x, y)\mathrm{d}x\mathrm{d}y}{\int_{-\infty}^{1} f_Y(y)\mathrm{d}y}$$

$$= \frac{\int_{0}^{1}\mathrm{d}y\int_{y}^{2}\frac{1}{4x}\mathrm{d}x}{\int_{0}^{1}\frac{1}{4}(\ln 4 - \ln y)\mathrm{d}y} = \frac{1+\ln 2}{1+\ln 4}$$

因为 $P\{Y=1\}=0$，不能按条件概率的定义求 $P\{X \leqslant 2 \mid Y=1\}$，需通过条件密度函数的积分计算. 在 $Y=1$ 条件下，X 的条件密度函数为

$$f(x \mid 1) = \frac{f(x, 1)}{f_Y(1)} = \begin{cases} \dfrac{1}{x\ln 4}, & 1 < x < 4 \\ 0, & \text{其他} \end{cases}$$

由此计算得到

$$P\{X \leqslant 2 \mid Y=1\} = \int_{-\infty}^{2} f(x \mid 1)\mathrm{d}x = \int_{1}^{2}\frac{1}{x\ln 4}\mathrm{d}x = \frac{\ln 2}{\ln 4}$$

(三) 随机变量的独立性
【概念与知识点】

1. 随机变量独立性的概念

设二维随机变量 (X, Y) 的联合分布函数为 $F(x, y)$，且 X 和 Y 的边缘分布函数分别为 $F_X(x)$ 和 $F_Y(y)$. 如果对任意实数 x, y，有

$$F(x, y) = F_X(x)F_Y(y)$$

则称随机变量 X 与 Y 相互独立.

关于随机变量独立性的两个结论：

(1) X 与 Y 相互独立的充分必要条件是：对任意实数集合 D_x 和 D_y，有

$$P\{X \in D_x, Y \in D_y\} = P\{X \in D_x\}P\{Y \in D_y\}$$

(2) 如果 X 与 Y 相互独立，则任意函数 $g(X)$ 与 $h(Y)$ 相互独立.

2. 离散型随机变量的独立性

离散型随机变量的独立性可用分布律形式等价表述为：

设 (X, Y) 的联合分布律为 $p_{ij} = P\{X=x_i, Y=y_j\}$，且 X 和 Y 的边缘分布律分别为 $p_{i\cdot} = P\{X=x_i\}$ 和 $p_{\cdot j} = P\{Y=y_j\}$. 如果对 (X, Y) 的所有可能取值 (x_i, y_j)，有

$$P\{X=x_i, Y=y_j\} = P\{X=x_i\}P\{Y=y_j\}$$

则 X 与 Y 相互独立.

3. 连续型随机变量的独立性

连续型随机变量的独立性可用密度函数形式等价表述为:

设 (X, Y) 的联合密度函数为 $f(x, y)$,且 X 和 Y 的边缘密度函数分别为 $f_X(x)$ 和 $f_Y(y)$.如果对任意实数 x, y,有

$$f(x, y) = f_X(x) f_Y(y)$$

则 X 与 Y 相互独立.

【范例与方法】

例 1 设二维随机变量 (X, Y) 的联合分布律为

$$P\{X = i, Y = j\} = \frac{1}{2^{i+j}}, \quad i, j = 1, 2, \cdots$$

判断 X 与 Y 是否相互独立.

分析 离散型随机变量相互独立的充分必要条件是联合分布律等于边缘分布律的乘积.

解 根据 (X, Y) 的联合分布律,分别求得 X 和 Y 的边缘分布律为

$$P\{X = i\} = \sum_j p_{ij} = \sum_{j=1}^{\infty} \frac{1}{2^{i+j}} = \frac{1}{2^i} \sum_{j=1}^{\infty} \frac{1}{2^j} = \frac{1}{2^i}, \quad i = 1, 2, \cdots$$

$$P\{Y = j\} = \sum_i p_{ij} = \sum_{i=1}^{\infty} \frac{1}{2^{i+j}} = \frac{1}{2^j} \sum_{j=1}^{\infty} \frac{1}{2^i} = \frac{1}{2^j}, \quad j = 1, 2, \cdots$$

比较可知

$$P\{X = i\} P\{Y = j\} = \frac{1}{2^{i+j}} = P\{X = x_i, Y = y_j\}, \quad i, j = 1, 2, \cdots$$

故 X 与 Y 相互独立.

例 2 设二维随机变量 (X, Y) 的联合密度函数为

$$f(x, y) = \begin{cases} \dfrac{1}{2}(x + y) e^{-(x+y)}, & x > 0, y > 0 \\ 0, & \text{其他} \end{cases}$$

判断 X 与 Y 是否相互独立.

分析 连续型随机变量相互独立的充分必要条件是联合密度函数等于边缘密度函数的乘积.

解 根据 (X, Y) 的联合密度函数 $f(x, y)$，分别求得 X 和 Y 的边缘密度函数为

$$f_X(x) = \int_{-\infty}^{+\infty} f(x, y) \mathrm{d}y = \begin{cases} \int_0^{+\infty} \dfrac{1}{2}(x+y)\mathrm{e}^{-(x+y)} \mathrm{d}y, & x > 0 \\ 0, & x \leqslant 0 \end{cases}$$

$$= \begin{cases} \dfrac{1}{2}(1+x)\mathrm{e}^{-x}, & x > 0 \\ 0, & x \leqslant 0 \end{cases}$$

$$f_Y(y) = \int_{-\infty}^{+\infty} f(x, y) \mathrm{d}x = \begin{cases} \int_0^{+\infty} \dfrac{1}{2}(x+y)\mathrm{e}^{-(x+y)} \mathrm{d}x, & y > 0 \\ 0, & y \leqslant 0 \end{cases}$$

$$= \begin{cases} \dfrac{1}{2}(1+y)\mathrm{e}^{-y}, & y > 0 \\ 0, & y \leqslant 0 \end{cases}$$

比较可知

$$f_X(x)f_Y(y) = \begin{cases} \dfrac{1}{4}(1+x)(1+y)\mathrm{e}^{-(x+y)}, & x > 0, y > 0 \\ 0, & \text{其他} \end{cases}$$

$$\neq f(x, y)$$

故 X 与 Y 不独立.

例 3 证明:对于任意独立同分布的连续型随机变量 X 与 Y，有

$$P\{X \leqslant Y\} = \frac{1}{2}$$

分析 根据 X 与 Y 独立同分布,直接计算即可得证. 应当注意,此结论对离散型随机变量不成立.

解 记 X 的密度函数为 $f(x)$，分布函数为 $F(x)$. 由 X 与 Y 独立同分布可知，(X, Y) 的联合密度函数为 $f(x, y) = f(x)f(y)$，计算得到

$$P\{X \leqslant Y\} = \iint\limits_{x \leqslant y} f(x, y) \mathrm{d}x\mathrm{d}y = \int_{-\infty}^{+\infty} f(y) \mathrm{d}y \int_{-\infty}^{y} f(x) \mathrm{d}x$$

$$= \int_{-\infty}^{+\infty} f(y) F(y) \mathrm{d}y = \int_{-\infty}^{+\infty} F(y) \mathrm{d}F(y)$$

$$= \frac{1}{2}\left[F^2(+\infty) - F^2(-\infty)\right] = \frac{1}{2}$$

例 4 设随机变量 X 与 Y 相互独立，均服从参数 $\lambda = 1$ 的指数分布. 定义

$$U = X + Y, \quad V = \frac{X}{Y}$$

判断 U 与 V 是否相互独立.

分析 由 X, Y 的密度函数及独立性确定 (X, Y) 的联合密度函数，进而求得 (U, V) 的联合分布函数和边缘分布函数后进行判断.

解 根据指数分布的定义，X 和 Y 的密度函数分别为

$$f_X(x) = \begin{cases} \mathrm{e}^{-x}, & x > 0 \\ 0, & x \leqslant 0 \end{cases}, \quad f_Y(y) = \begin{cases} \mathrm{e}^{-y}, & y > 0 \\ 0, & y \leqslant 0 \end{cases}$$

因为 X 与 Y 相互独立，故 (X, Y) 的联合密度函数为

$$f(x, y) = f_X(x) f_Y(y) = \begin{cases} \mathrm{e}^{-(x+y)}, & x > 0, y > 0 \\ 0, & \text{其他} \end{cases}$$

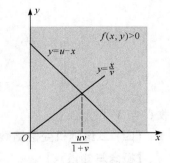

图 3-9 取值区域及 $u>0$
$v>0$ 情况

记 (U, V) 的联合分布函数为 $G(u, v)$. 由 (X, Y) 的取值区域 $\{(x, y) \mid x>0, y>0\}$，可知 (U, V) 的取值区域为 $\{(u, v) \mid u>0, v>0\}$.

当 $u \leqslant 0$ 或 $v \leqslant 0$ 时，有 $G(u, v) = P\{U \leqslant u, V \leqslant v\} = 0$.

当 $u > 0$ 且 $v > 0$ 时（见图 3-9），有

$$G(u, v) = P\{U \leqslant u, V \leqslant v\} = P\left\{X+Y \leqslant u, \frac{X}{Y} \leqslant v\right\}$$

$$= P\left\{Y \leqslant u - X, \frac{X}{v} \leqslant Y\right\} = P\left\{\frac{X}{v} \leqslant Y \leqslant u - X\right\}$$

$$= \iint\limits_{\frac{x}{v} \leqslant y \leqslant u - x} f(x, y)\mathrm{d}x\mathrm{d}y = \int_0^{\frac{uv}{1+v}} \mathrm{d}x \int_{\frac{x}{v}}^{u-x} \mathrm{e}^{-(x+y)}\mathrm{d}y$$

$$= \frac{v}{1+v}(1 - \mathrm{e}^{-u} - u\mathrm{e}^{-u})$$

综上求得 (U, V) 的联合分布函数为

$$G(u, v) = \begin{cases} \dfrac{v}{1+v}(1 - e^{-u} - ue^{-u}), & u > 0, v > 0 \\ 0, & \text{其他} \end{cases}$$

分别令 $v \to +\infty$ 和 $u \to +\infty$，相应求得 U 和 V 的边缘分布函数为

$$G_U(u) = G(u, +\infty) = \begin{cases} 1 - e^{-u} - ue^{-u}, & u > 0 \\ 0, & \text{其他} \end{cases}$$

$$G_V(v) = G(+\infty, v) = \begin{cases} \dfrac{v}{1+v}, & v > 0 \\ 0, & \text{其他} \end{cases}$$

比较可知

$$G_U(u)G_V(v) = \begin{cases} \dfrac{v}{1+v}(1 - e^{-u} - ue^{-u}), & u > 0, v > 0 \\ 0, & \text{其他} \end{cases}$$
$$= G(u, v)$$

故 U 与 V 相互独立.

（四）二维随机变量函数的分布

【概念与知识点】

1. 二维随机变量函数的概念

设 (X, Y) 为二维随机变量，函数 $z = g(x, y)$ 在 (X, Y) 的取值范围上有定义，称

$$Z = g(X, Y)$$

为二维随机变量 (X, Y) 的函数.

二维随机变量 (X, Y) 的函数 $Z = g(X, Y)$ 也是随机变量，其分布可由 (X, Y) 的联合分布确定.

2. 二维离散型随机变量函数的分布

由二维离散型随机变量 (X, Y) 的联合分布律 $P\{X = x_i, Y = y_j\}$，$i, j = 1, 2, \cdots$，可以确定 $Z = g(X, Y)$ 的分布律

$$P\{Z = z_k\} = P\{g(X, Y) = z_k\} = \sum_{g(x_i, y_j) = z_k} P\{X = x_i, Y = y_j\}, \; k = 1, 2, \cdots$$

如果 (X,Y) 仅可能取有限组值,则可将 (X,Y) 的取值与 $Z=g(X,Y)$ 的相应取值及概率一起列表,合并整理求得 $Z=g(X,Y)$ 的分布律.

在 X 与 Y 相互独立且取非负整数的情况下,关于 X,Y 的和与最值的分布有如下结果:

(1) $Z=X+Y$ 的分布律为(离散型卷积公式)

$$P\{Z=k\}=\sum_{i=0}^{k}P\{X=i\}P\{Y=k-i\}$$

(2) $M=\max(X,Y)$ 和 $N=\min(X,Y)$ 的分布律分别为

$$P\{M=k\}=\sum_{i=0}^{k}P\{X=i\}\sum_{j=0}^{k}P\{Y=j\}-\sum_{i=0}^{k-1}P\{X=i\}\sum_{j=0}^{k-1}P\{Y=j\}$$

$$P\{N=k\}=\sum_{i=k}^{\infty}P\{X=i\}\sum_{j=k}^{\infty}P\{Y=j\}-\sum_{i=k+1}^{\infty}P\{X=i\}\sum_{j=k+1}^{\infty}P\{Y=j\}$$

3. 二维连续型随机变量函数的分布

由二维连续型随机变量 (X,Y) 的联合密度函数 $f(x,y)$,可以确定 $Z=g(X,Y)$ 的分布函数

$$F_Z(z)=P\{Z\leqslant z\}=P\{g(X,Y)\leqslant z\}=\iint\limits_{g(x,y)\leqslant z}f(x,y)\mathrm{d}x\mathrm{d}y$$

以及密度函数 $f_Z(z)=F'_Z(z)$.

在 X 与 Y 相互独立的情况下,关于 X,Y 的和与最值的分布有如下结果:

(1) $Z=X+Y$ 的密度函数为(连续型卷积公式)

$$f_Z(z)=\int_{-\infty}^{+\infty}f_X(z-y)f_Y(y)\mathrm{d}y=\int_{-\infty}^{+\infty}f_X(x)f_Y(z-x)\mathrm{d}x$$

(2) $M=\max(X,Y)$ 和 $N=\min(X,Y)$ 的密度函数分别为

$$f_M(z)=f_X(z)\int_{-\infty}^{z}f_Y(y)\mathrm{d}y+f_Y(z)\int_{-\infty}^{z}f_X(x)\mathrm{d}x$$

$$f_N(z)=f_X(z)\int_{z}^{+\infty}f_Y(y)\mathrm{d}y+f_Y(z)\int_{z}^{+\infty}f_X(x)\mathrm{d}x$$

【范例与方法】

例 1 设二维随机变量 (X,Y) 的联合分布律如表 3-6 所示.

149

表 3-6　(X, Y) 的联合分布律

X \ Y	0	1	2
1	0	$\frac{1}{15}$	$\frac{2}{15}$
2	$\frac{3}{15}$	$\frac{4}{15}$	$\frac{5}{15}$

求 $Z = X^2 + Y^2$ 的分布律.

　　分析　此例中 (X, Y) 的可能取值为有限组值,可用列表方式计算.

　　解　将 (X, Y) 的取值与 $Z = X^2 + Y^2$ 的相应取值及概率列表(见表 3-7).

表 3-7　(X, Y) 的取值与 Z 的相应取值及概率

(X, Y)	$(1, 0)$	$(1, 1)$	$(1, 2)$	$(2, 0)$	$(2, 1)$	$(2, 2)$
$Z = X^2 + Y^2$	1	2	5	4	5	8
P	0	$\frac{1}{15}$	$\frac{2}{15}$	$\frac{3}{15}$	$\frac{4}{15}$	$\frac{5}{15}$

通过合并整理,求得 $Z = X^2 + Y^2$ 的分布律如表 3-8 所示.

表 3-8　Z 的分布律

Z	2	4	5	8
P	$\frac{1}{15}$	$\frac{3}{15}$	$\frac{6}{15}$	$\frac{5}{15}$

　　例 2　设随机变量 X 与 Y 相互独立,且 $X \sim G(p)$,$Y \sim G(q)$,求 $Z = X + Y$ 的分布律.

　　分析　由 X, Y 的分布律及独立性确定 (X, Y) 的联合分布律,再求 $Z = X + Y$ 的分布律,注意:对 $p \neq q$ 和 $p = q$ 两种情形需分别计算.

　　解　根据几何分布的定义及 X 与 Y 相互独立可知,(X, Y) 的联合分布律为

$$P\{X = i, Y = j\} = P\{X = i\} P\{Y = j\} = (1-p)^{i-1} p (1-q)^{j-1} q, \quad i, j = 1, 2, \cdots$$

故 $Z = X + Y$ 的可能取值为 $k = 2, 3, \cdots$ 且

$$P\{Z=k\}=P\{X+Y=k\}=\sum_{i=1}^{k-1}P\{X=i,Y=k-i\}$$

$$=\sum_{i=1}^{k-1}(1-p)^{i-1}p(1-q)^{k-i-1}q$$

$$=pq(1-q)^{k-2}\sum_{i=1}^{k-1}\left(\frac{1-p}{1-q}\right)^{i-1}$$

当 $p\neq q$ 时,有

$$P\{Z=k\}=\frac{pq\left[(1-q)^{k-1}-(1-p)^{k-1}\right]}{p-q}$$

当 $p=q$ 时,有

$$P\{Z=k\}=(k-1)p^2(1-p)^{k-2}$$

综上,求得 $Z=X+Y$ 的分布律为

$$P\{Z=k\}=\begin{cases}\dfrac{pq\left[(1-q)^{k-1}-(1-p)^{k-1}\right]}{p-q}, & p\neq q \\ (k-1)p^2(1-q)^{k-2}, & p=q\end{cases},\ k=2,3,\cdots$$

例3 设二维随机变量 (X,Y) 服从区域 $D=\{(x,y)\mid 0<x<1,0<y<1\}$ 上的均匀分布,求 $Z=X+Y$,$M=\max(X,Y)$ 和 $N=\min(X,Y)$ 的密度函数.

分析 按均匀分布的定义确定 (X,Y) 的联合密度函数,再分别求 $Z=X+Y$,$M=\max(X,Y)$ 和 $N=\min(X,Y)$ 的密度函数.

解 根据均匀分布的定义,由区域 D 的面积 $m(D)=1$,可得 (X,Y) 的联合密度函数

$$f(x,y)=\begin{cases}1, & 0<x<1,0<y<1 \\ 0, & \text{其他}\end{cases}$$

(1) 由 (X,Y) 的取值区域 D,可知 $Z=X+Y$ 的取值区间为 $(0,2)$.

当 $z\leqslant 0$ 或 $z\geqslant 2$ 时,有 $f_Z(z)=0$.

当 $0<z<1$ 时(见图 3-10),有

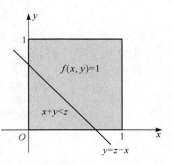

图 3-10 区域 D 及 $0<Z<1$ 情况

$$F_Z(z) = P\{Z \leqslant z\} = P\{X+Y \leqslant z\}$$

$$= \iint\limits_{x+y \leqslant z} f(x, y)\mathrm{d}x\mathrm{d}y = \int_0^z \mathrm{d}x \int_0^{z-x} 1\mathrm{d}y$$

$$= \frac{1}{2}z^2$$

$$f_Z(z) = F_Z'(z) = z$$

当 $1 \leqslant z < 2$（见图 3-11）时，有

$$F_Z(z) = P\{Z \leqslant z\} = P\{X+Y \leqslant z\}$$

$$= \int_0^{z-1} \mathrm{d}x \int_0^1 1\mathrm{d}y + \int_{z-1}^1 \mathrm{d}x \int_0^{z-x} 1\mathrm{d}y$$

$$= 2z - \frac{1}{2}z^2 - 1$$

$$f_Z(z) = F_Z'(z) = 2-z$$

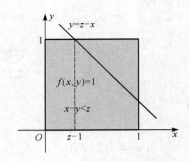

图 3-11　区域 D 及 $1 \leqslant z \leqslant 2$ 情况

综上，求得 $Z = X+Y$ 的密度函数为

$$f_Z(z) = \begin{cases} z, & 0 < z < 1 \\ 2-z, & 1 \leqslant z < 2 \\ 0, & 其他 \end{cases}$$

（2）由 (X, Y) 的取值区域 D，可知 $M = \max(X, Y)$ 和 $N = \min(X, Y)$ 的取值区间均为 $(0, 1)$.

当 $z \leqslant 0$ 或 $z \geqslant 1$ 时，有

$$f_M(z) = 0, \quad f_N(z) = 0$$

当 $0 < z < 1$ 时，有

$$F_M(z) = P\{M \leqslant z\} = P\{X \leqslant z, Y \leqslant z\}$$

$$= \iint\limits_{x, y \leqslant z} f(x, y)\mathrm{d}x\mathrm{d}y = \int_0^z \mathrm{d}x \int_0^z 1\mathrm{d}y$$

$$= z^2$$

$$f_M(z) = F_M'(z) = 2z$$

$$F_N(z) = P\{N \leqslant z\} = 1 - P\{N > z\} = 1 - P\{X > z, Y > z\}$$

$$= 1 - \iint\limits_{x, y > z} f(x, y)\mathrm{d}x\mathrm{d}y = 1 - \int_z^1 \mathrm{d}x\int_z^1 1\mathrm{d}y$$

$$= 1 - (1-z)^2$$

$$f_N(z) = F_N'(z) = 2(1-z)$$

综上求得 $M = \max(X, Y)$ 和 $N = \min(X, Y)$ 的密度函数分别为

$$f_M(z) = \begin{cases} 2z, & 0 < z < 1 \\ 0, & \text{其他} \end{cases}, \quad f_N(z) = \begin{cases} 2(1-z), & 0 < z < 1 \\ 0, & \text{其他} \end{cases}$$

例 4 设随机变量 X 与 Y 相互独立,且 $X \sim U(0, 1)$,$Y \sim E(\lambda)$,求 $Z = Y - X$ 的密度函数.

分析 根据 X, Y 的密度函数及独立性确定 (X, Y) 的联合密度函数,再求 $Z = Y - X$ 的密度函数.

证 根据均匀分布和指数分布的定义,X 和 Y 的密度函数分别为

$$f_X(x) = \begin{cases} 1, & 0 < x < 1 \\ 0, & \text{其他} \end{cases}, \quad f_Y(y) = \begin{cases} \lambda\mathrm{e}^{-\lambda y}, & y > 0 \\ 0, & y \leqslant 0 \end{cases}$$

因为 X 与 Y 相互独立,故 (X, Y) 的联合密度函数为

$$f(x, y) = f_X(x)f_Y(y) = \begin{cases} \lambda\mathrm{e}^{-\lambda y}, & 0 < x < 1, y > 0 \\ 0, & \text{其他} \end{cases}$$

由 (X, Y) 的取值区域 $\{(x, y) \mid 0 < x < 1, y > 0\}$,可知 $Z = Y - X$ 的取值区间为 $(-1, +\infty)$.

当 $z \leqslant -1$ 时,有 $f_Z(z) = 0$

当 $-1 < z < 0$ 时(见图 3-12),有

$$F_Z(z) = P\{Z \leqslant z\} = P\{Y - X \leqslant z\}$$

$$= \iint\limits_{y-x \leqslant z} f(x, y)\mathrm{d}x\mathrm{d}y$$

$$= \int_{-z}^1 \mathrm{d}x\int_0^{z+x} \lambda\mathrm{e}^{-\lambda y}\mathrm{d}y$$

$$= 1 + z + \frac{1}{\lambda}(\mathrm{e}^{-\lambda(1+z)} - 1)$$

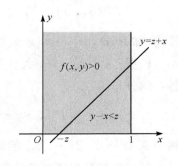

图 3-12 取值区域及 $-1 < z < 0$ 情况

153

$$f_Z(z) = F'_Z(z) = 1 - e^{-\lambda(1+z)}$$

当 $z \geqslant 0$ 时(见图 3-13),有

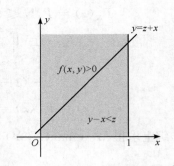

$$F_Z(z) = \iint\limits_{y-x \leqslant z} f(x, y) \mathrm{d}x\mathrm{d}y$$

$$= \int_0^1 \mathrm{d}x \int_0^{z+x} \lambda e^{-\lambda y} \mathrm{d}y$$

$$= 1 + \frac{1}{\lambda}(e^{-\lambda(1+z)} - e^{-\lambda z})$$

图 3-13　取值区域及 $z \geqslant 0$ 情况

$$f_Z(z) = F'_Z(z) = 1 + e^{-\lambda z} - e^{-\lambda(1+z)}$$

综上求得 $Z = Y - X$ 的密度函数为

$$f_Z(z) = \begin{cases} 1 + e^{-\lambda z} - e^{-\lambda(1+z)}, & z \geqslant 0 \\ 1 - e^{-\lambda(1+z)}, & -1 < z < 0 \\ 0, & z \leqslant -1 \end{cases}$$

(五) n 维随机变量

【概念与知识点】

1. n 维随机变量及其分布函数

由同一样本空间 Ω 上的 n 个随机变量 $X_i = X_i(\omega)$, $i = 1, 2, \cdots, n$ 组成的向量

$$(X_1, X_2, \cdots, X_n) = (X_1(\omega), X_2(\omega), \cdots, X_n(\omega)), \omega \in \Omega$$

称为 Ω 上的 n 维随机变量.

n 维随机变量 $(X_1, X_2, \cdots, X_n)$ 的分布可以用 n 元函数

$$F(x_1, x_2, \cdots, x_n) = P\{X_1 \leqslant x_1, X_2 \leqslant x_2, \cdots, X_n \leqslant x_n\}$$

描述,称 $F(x_1, x_2, \cdots, x_n)$ 为 $(X_1, X_2, \cdots, X_n)$ 的联合分布函数.

根据 $(X_1, X_2, \cdots, X_n)$ 的联合分布函数 $F(x_1, x_2, \cdots, x_n)$,可以确定每个 X_i 各自的分布函数

$$F_{X_i}(x_i) = P\{X_i \leqslant x_i\} = F(+\infty, \cdots, +\infty, x_i, +\infty, \cdots, +\infty)$$

称为 $X_i(i = 1, 2, \cdots, n)$ 的边缘分布函数.

2. n 维离散型随机变量及其分布律

n 维离散型随机变量 $(X_1, X_2, \cdots, X_n)$ 的可能取值为有限组值或可列组值

$(x_1, x_2, \cdots, x_n)$，其取值概率

$$P\{X_1 = x_1, X_2 = x_2, \cdots, X_n = x_n\}$$

称为 $(X_1, X_2, \cdots, X_n)$ 的联合分布律.

根据 $(X_1, X_2, \cdots, X_n)$ 的联合分布律，可以确定每个 X_i 各自的分布律

$$P\{X_i = x_i\} = \sum_{t_1, \cdots, t_{i-1}, t_{i+1}, \cdots, t_n} P\{X_1 = t_1, \cdots, X_{i-1} = t_{i-1},$$
$$X_i = x_i, X_{i+1} = t_{i+1}, \cdots, X_n = t_n\}$$

称为 X_i, $i = 1, 2, \cdots, n$ 的边缘分布律.

n 项分布：设 $(X_1, X_2, \cdots, X_n)$ 的联合分布律为

$$P(X_1 = k_1, X_2 = k_2, \cdots, X_n = k_n) = \frac{k!}{k_1! k_2! \cdots k_n!} p_1^{k_1} p_2^{k_2} \cdots p_n^{k_n}$$

其中，k_i 为自然数，$0 < p_i < 1$，满足 $k_1 + k_2 + \cdots + k_n = k$，$p_1 + p_2 + \cdots + p_n = 1$，则称 $(X_1, X_2, \cdots, X_n)$ 服从参数为 k, p_1, p_2, $\cdots$, p_n 的 n 项分布.

n 维超几何分布：设 n 维随机变量 $(X_1, X_2, \cdots, X_n)$ 的联合分布律为

$$P(X_1 = k_1, X_2 = k_2, \cdots, X_n = k_n) = \frac{C_{N_1}^{k_1} C_{N_2}^{k_2} \cdots C_{N_n}^{k_n}}{C_N^k}$$

其中，$k_i \leqslant N_i$ 均为自然数，满足 $k_1 + k_2 + \cdots + k_n = k$，$N_1 + N_2 + \cdots + N_n = N$，则称 $(X_1, X_2, \cdots, X_n)$ 服从参数为 k, N_1, N_2, $\cdots$, N_n 的 n 维超几何分布.

155

3. n 维连续型随机变量及其密度函数

n 维连续型随机变量 $(X_1, X_2, \cdots, X_n)$ 的可能取值充满 n 维空间中的某个区域，对于其联合分布函数 $F(x_1, x_2, \cdots, x_n)$，存在 n 元非负可积函数 $f(x_1, x_2, \cdots, x_n)$，使得

$$F(x_1, x_2, \cdots, x_n) = \int_{-\infty}^{x_1} \int_{-\infty}^{x_2} \cdots \int_{-\infty}^{x_n} f(t_1, t_2, \cdots, t_n) \mathrm{d}t_n \cdots \mathrm{d}t_2 \mathrm{d}t_1$$

称 $f(x_1, x_2, \cdots, x_n)$ 为 $(X_1, X_2, \cdots, X_n)$ 的联合密度函数.

根据 $(X_1, X_2, \cdots, X_n)$ 的联合密度函数，可以确定每个 X_i 各自的密度函数

$$f_{X_i}(x_i) = \int_{-\infty}^{+\infty} \cdots \int_{-\infty}^{+\infty} f(t_1, \cdots, t_{i-1}, x_i, t_{i+1}, \cdots, t_n) \mathrm{d}t_1 \cdots \mathrm{d}t_{i-1} \mathrm{d}t_{i+1} \cdots \mathrm{d}t_n$$

称为 $X_i (i = 1, 2, \cdots, n)$ 的边缘密度函数.

n 维均匀分布:设 n 维随机变量 $(X_1, X_2, \cdots, X_n)$ 的联合密度函数为

$$f(x_1, x_2, \cdots, x_n) = \begin{cases} \dfrac{1}{m(D)}, & (x_1, x_2, \cdots, x_n) \in D \\ 0, & \text{其他} \end{cases}$$

其中, D 为 n 维空间中的有界区域, $m(D)$ 为区域 D 的测度,则称 $(X_1, X_2, \cdots, X_n)$ 服从区域 D 上的 n 维均匀分布.

4. n 维随机变量的独立性

设 n 维随机变量 $(X_1, X_2, \cdots, X_n)$ 的联合分布函数为 $F(x_1, x_2, \cdots, x_n)$,且 X_i 的边缘分布函数为 $F_{X_i}(x_i), i = 1, 2, \cdots, n$. 如果对任意实数 $x_1, x_2, \cdots, x_n$,有

$$F(x_1, x_2, \cdots, x_n) = F_{X_1}(x_1) F_{X_2}(x_2) \cdots F_{X_n}(x_n)$$

则称随机变量 $X_1, X_2, \cdots, X_n$ 相互独立.

如果随机变量 $X_1, X_2, \cdots, X_n$ 相互独立,则其中任意 k $(2 \leqslant k \leqslant n)$ 个随机变量均相互独立.

离散型随机变量 $X_1, X_2, \cdots, X_n$ 相互独立的充分必要条件是联合分布律等于边缘分布律的乘积,即对 $(X_1, X_2, \cdots, X_n)$ 的所有可能取值 $(x_1, x_2, \cdots, x_n)$,有

$$P\{X_1 = x_1, X_2 = x_2, \cdots, X_n = x_n\} = P\{X_1 = x_1\} P\{X_2 = x_2\} \cdots P\{X_n = x_n\}$$

连续型随机变量 $X_1, X_2, \cdots, X_n$ 相互独立的充分必要条件是联合密度函数等于边缘密度函数的乘积,即对任意实数 $x_1, x_2, \cdots, x_n$,有

$$f(x_1, x_2, \cdots, x_n) = f_{X_1}(x_1) f_{X_2}(x_2) \cdots f_{X_n}(x_n)$$

【范例与方法】

例 1 袋内有 2 个白球,3 个黑球和 5 个红球.从袋中每次任取一球,连取 2 次.以 X_1, X_2, X_3 分别表示取到白球、黑球、红球的次数,按有放回和无放回两种取球方式,求 (X_1, X_2, X_3) 的联合分布律和 X_1 的边缘分布律.

分析 袋内有 3 种颜色的球,相应于 2 种取球方式, (X_1, X_2, X_3) 分别服从三项分布和三维超几何分布.对于 X_1 而言,只需考虑白球和非白球,故 X_1 分别服从二项分布和超几何分布.

解 X_1, X_2, X_3 的可能取值均为 $0, 1, 2$.

(1)有放回取球时, (X_1, X_2, X_3) 服从三项分布,其联合分布律为

$$P(X_1 = k_1,\ X_2 = k_2,\ X_3 = k_3) = \frac{2!}{k_1!\,k_2!\,k_3!}\left(\frac{2}{10}\right)^{k_1}\left(\frac{3}{10}\right)^{k_2}\left(\frac{5}{10}\right)^{k_3},$$

$$k_1 + k_2 + k_3 = 2$$

其中，X_1 服从二项分布，其边缘分布律为

$$P\{X_1 = k_1\} = \frac{2!}{k_1!\,(2-k_1)!}\left(\frac{2}{10}\right)^{k_1}\left(\frac{8}{10}\right)^{2-k_1},\quad k_1 = 0,\,1,\,2$$

（2）无放回取球时，$(X_1,\ X_2,\ X_3)$ 服从三维超几何分布，其联合分布律为

$$P(X_1 = k_1,\ X_2 = k_2,\ X_3 = k_3) = \frac{C_2^{k_1} C_3^{k_2} C_5^{k_3}}{C_{10}^2},\quad k_1 + k_2 + k_3 = 2$$

其中，X_1 服从超几何分布，其边缘分布律为

$$P\{X_1 = k_1\} = \frac{C_2^{k_1} C_8^{2-k_1}}{C_{10}^2},\quad k_1 = 0,\,1,\,2$$

例 2 设三维随机变量 (X,Y,Z) 服从区域 $D = \{(x,\ y,\ z) \mid x^2 + y^2 + z^2 < 1\}$ 上的均匀分布，求 (X,Y,Z) 的联合密度函数和 X 的边缘密度函数.

分析 按均匀分布的定义确定 (X,Y,Z) 的联合密度函数，再由联合密度函数求 X 的边缘密度函数.

解 区域 D 是三维空间中半径为 1 的球，其体积 $m(D) = \dfrac{4}{3}\pi$. 根据均匀分布的定义，(X,Y,Z) 的联合密度函数为

$$f(x,\ y,\ z) = \begin{cases} \dfrac{3}{4\pi}, & x^2 + y^2 + z^2 < 1 \\[2mm] 0, & \text{其他} \end{cases}$$

由 (X,Y,Z) 的取值区域 D，可知 X 的取值区间为 $(-1,1)$.

当 $x \leqslant -1$ 或 $x \geqslant 1$ 时，有 $f_X(x) = 0$

当 $-1 < x < 1$ 时，有

$$f_X(x) = \int_{-\infty}^{+\infty}\int_{-\infty}^{+\infty} f(x,\ y,\ z)\,\mathrm{d}y\mathrm{d}z = \int_{-\sqrt{1-x^2}}^{\sqrt{1-x^2}}\mathrm{d}y\int_{-\sqrt{1-x^2-y^2}}^{\sqrt{1-x^2-y^2}}\frac{3}{4\pi}\mathrm{d}z = \frac{3}{4}(1-x^2)$$

综上，求得 X 的边缘密度函数为

$$f_X(x) = \begin{cases} \dfrac{3}{4}(1-x^2), & -1 < x < 1 \\[2mm] 0, & \text{其他} \end{cases}$$

三、习题全解

习 题 3-1

1. 用二维随机变量 (X, Y) 的联合分布函数 $F(x, y)$ 表示下列概率:

(1) $P\{a < X \leqslant b, Y \leqslant c\}$.

(2) $P\{X > a, Y > c\}$.

解 (1) 根据联合分布函数的定义,有

$$P\{a < X \leqslant b, Y \leqslant c\} = P\{X \leqslant b, Y \leqslant c\} - P\{X \leqslant a, Y \leqslant c\}$$
$$= F(b, c) - F(a, c)$$

(2) 利用(1)的结果,可得

$$P\{X > a, Y > c\} = P\{a < X < +\infty, Y < +\infty\} - P\{a < X < +\infty, Y \leqslant c\}$$
$$= [F(+\infty, +\infty) - F(a, +\infty)] - [F(+\infty, c) - F(a, c)]$$
$$= 1 - F(a, +\infty) - F(+\infty, c) + F(a, c)$$

2. 设二维随机变量 (X, Y) 的联合分布函数

$$F(x, y) = \begin{cases} a(b + \arctan x)(c - e^{-y}), & -\infty < x < +\infty, y > 0 \\ 0, & \text{其他} \end{cases}$$

求:(1) 常数 a, b, c.

(2) 边缘分布函数 $F_X(x)$ 和 $F_Y(y)$.

解 (1) 根据联合分布函数的规范性和右连续性,有

$$F(-\infty, y) = a\left(b - \frac{\pi}{2}\right)(c - e^{-y}) = 0$$

$$F(x, 0+0) = a(b + \arctan x)(c - 1) = 0 = F(x, 0)$$

$$F(+\infty, +\infty) = a\left(b + \frac{\pi}{2}\right)c = 1$$

由此解得 $a = \dfrac{1}{\pi}$, $b = \dfrac{\pi}{2}$, $c = 1$.

(2) 在 $F(x, y)$ 中分别令 $y \to +\infty$ 和 $x \to +\infty$,相应求得边缘分布函数

$$F_X(x) = F(x, +\infty) = \frac{1}{2} + \frac{1}{\pi}\arctan x, \quad -\infty < x < +\infty$$

$$F_Y(y) = F(+\infty, y) = \begin{cases} 1 - \mathrm{e}^{-y}, & y > 0 \\ 0, & y \leqslant 0 \end{cases}$$

3. 设二维随机变量 (X, Y) 的联合分布函数和边缘分布函数满足

$$F(0, 0) = 0.4, \quad F_X(0) = F_Y(0) = 0.5$$

求：(1) $P\{\min(X, Y) > 0\}$.

(2) $P\{\max(X, Y) > 0\}$.

解 (1) 由 $\{\min(X, Y) > 0\} = \{X > 0, Y > 0\}$，可得

$$\begin{aligned} P\{\min(X, Y) > 0\} &= P\{X > 0, Y > 0\} \\ &= 1 - F(0, +\infty) - F(+\infty, 0) + F(0, 0) \\ &= 1 - F_X(0) - F_Y(0) + F(0, 0) = 1 - 0.5 - 0.5 + 0.4 \\ &= 0.4 \end{aligned}$$

(2) 由 $\{\max(X, Y) \leqslant 0\} = P\{X \leqslant 0, Y \leqslant 0\}$，可得

$$\begin{aligned} P\{\max(X, Y) > 0\} &= 1 - P\{\max(X, Y) \leqslant 0\} = 1 - P\{X \leqslant 0, Y \leqslant 0\} \\ &= 1 - F(0, 0) = 1 - 0.4 \\ &= 0.6 \end{aligned}$$

4. 设射手甲和乙的命中率分别为 p 和 q，两人各自独立射击一次，以 X 和 Y 分别表示甲和乙的命中次数，求 (X, Y) 的联合分布律和边缘分布律.

解 根据题意，X 和 Y 的可能取值均为 $0, 1$，且

$$P\{X = i, Y = j\} = p^i (1-p)^{1-i} q^j (1-q)^{1-j}, \quad i, j = 0, 1$$

由此，求得 (X, Y) 的联合分布律和边缘分布律如表 3-9 所示.

表 3-9 (X, Y) 的联合分布律和边缘分布律

X \ Y	0	1	P_X
0	$(1-p)(1-q)$	$(1-p)q$	$1-p$
1	$p(1-q)$	pq	p
P_Y	$1-q$	q	1

159

5. 袋内有 3 个白球,2 个黑球. 从袋中任取一球后不放回,再从袋中任取 2 球. 以 $X_i(i=1,2)$ 表示第 i 次取到的白球数.

(1) 求 (X_1,X_2) 的联合分布律和边缘分布律.

(2) 求概率 $P\{X_1>0,X_2>0\}$ 和 $P\{X_2>0\}$.

解 由题意知,X_1 的可能取值为 $0,1$,X_2 的取值与 X_1 有关.

(1) 当 $X_1=0$ 时,X_2 可能取值 $1,2$,有

$$P\{X_1=0,X_2=j\}=\frac{2}{5}\cdot\frac{C_3^j C_1^{2-j}}{C_4^2},\quad j=1,2$$

当 $X_1=1$ 时,X_2 可能取值 $0,1,2$,有

$$P\{X_1=1,X_2=j\}=\frac{3}{5}\cdot\frac{C_2^j C_2^{2-j}}{C_4^2},\quad j=0,1,2$$

计算得到 (X_1,X_2) 的联合分布律和边缘分布律如表 3-10 所示.

表 3-10 (X_1,X_2) 的联合分布律和边缘分布律

X_1 \ X_2	0	1	2	P_{X_1}
0	0	0.2	0.2	0.4
1	0.1	0.4	0.1	0.6
P_{X_2}	0.1	0.6	0.3	1

(2) 根据 (X_1,X_2) 的联合分布律和边缘分布律,分别求得

$$P\{X_1>0,X_2>0\}=P\{X_1=1,X_2=1\}+P\{X_1=1,X_2=2\}$$
$$=0.4+0.1=0.5$$

$$P\{X_2>0\}=P\{X_2=1\}+P\{X_2=2\}=0.6+0.3=0.9$$

6. 将一颗骰子连掷 2 次,以 X 和 Y 表示先后掷出的点数,求一元二次方程

$$t^2+Xt+Y=0$$

有实根的概率 p 和有重根的概率 q.

解 由题意知,X 和 Y 的可能取值均为 $1,2,\cdots,6$,且

$$P\{X=i,Y=j\}=\frac{1}{36},\quad i,j=1,2,\cdots,6$$

(1) 方程 $t^2+Xt+Y=0$ 有实根的充分必要条件为 $X^2\geqslant 4Y$,其概率为

$$p = P\{X^2 \geqslant 4Y\} = P\{X \geqslant 2, Y = 1\} + P\{X \geqslant 3, Y = 2\} + P\{X \geqslant 4, Y = 3\}$$
$$+ P\{X \geqslant 4, Y = 4\} + P\{X \geqslant 5, Y = 5\} + P\{X \geqslant 5, Y = 6\}$$
$$= \frac{5}{36} + \frac{4}{36} + \frac{3}{36} + \frac{3}{36} + \frac{2}{36} + \frac{2}{36} = \frac{19}{36}$$

(2) 方程 $t^2 + Xt + Y = 0$ 有重根的充分必要条件为 $X^2 = 4Y$, 其概率为

$$q = P\{X^2 = 4Y\} = P\{X = 2, Y = 1\} + P\{X = 4, Y = 4\} = \frac{1}{18}$$

7. 设随机变量 T 服从区间 $(0,4)$ 上的均匀分布, 定义随机变量

$$X = \begin{cases} 0, & T \leqslant 1 \\ 1, & T > 1 \end{cases}, \qquad Y = \begin{cases} 0, & T \leqslant 2 \\ 1, & T > 2 \end{cases}$$

求 (X, Y) 的联合分布律和边缘分布律.

解 根据均匀分布的定义, T 的密度函数为

$$f_T(t) = \begin{cases} \dfrac{1}{4}, & 0 < t < 4 \\ 0, & \text{其他} \end{cases}$$

由题意知, X 和 Y 的可能取值均为 $0, 1$, 且

$$P\{X = 0, Y = 0\} = P\{T \leqslant 1, T \leqslant 2\} = P\{T \leqslant 1\} = \int_0^1 \frac{1}{4} \mathrm{d}t = 0.25$$

$$P\{X = 0, Y = 1\} = P\{T \leqslant 1, T > 2\} = P\{\varnothing\} = 0$$

$$P\{X = 1, Y = 0\} = P\{T > 1, T \leqslant 2\} = P\{1 < T \leqslant 2\} = \int_1^2 \frac{1}{4} \mathrm{d}t = 0.25$$

$$P\{X = 1, Y = 1\} = P\{T > 1, T > 2\} = P\{T > 2\} = \int_2^4 \frac{1}{4} \mathrm{d}t = 0.5$$

由此求得 (X, Y) 的联合分布律和边缘分布律如表 3-11 所示.

表 3-11 (X, Y) 的联合分布律和边缘分布律

X \ Y	0	1	P_Y
0	0.25	0	0.25
1	0.25	0.5	0.75
P_X	0.5	0.5	1

8. 设二维随机变量 (X, Y) 的联合密度函数为

$$f(x, y) = \frac{c}{(x^2 + 4)(y^2 + 9)}$$

求:(1) 常数 c.

(2) 联合分布函数 $F(x, y)$.

(3) 边缘密度函数 $f_X(x)$ 和 $f_Y(y)$.

解 (1) 根据联合密度函数的规范性,有

$$\int_{-\infty}^{+\infty}\int_{-\infty}^{+\infty} f(x, y)\mathrm{d}x\mathrm{d}y = \int_{-\infty}^{+\infty}\mathrm{d}y\int_{-\infty}^{+\infty} \frac{c}{(x^2+4)(y^2+9)}\mathrm{d}x = c\frac{\pi^2}{6} = 1$$

由此可得 $c = \dfrac{6}{\pi^2}$.

(2) 根据联合分布函数与联合密度函数的关系,求得

$$F(x, y) = \int_{-\infty}^{y}\int_{-\infty}^{x} f(u, v)\mathrm{d}u\mathrm{d}v = \frac{6}{\pi^2}\int_{-\infty}^{y}\mathrm{d}v\int_{-\infty}^{x} \frac{1}{(u^2+4)(v^2+9)}\mathrm{d}u$$

$$= \left(\frac{1}{\pi}\arctan\frac{x}{2} + \frac{1}{2}\right)\left(\frac{1}{\pi}\arctan\frac{y}{3} + \frac{1}{2}\right)$$

(3) 根据边缘密度函数的定义,求得

$$f_X(x) = \int_{-\infty}^{+\infty} f(x, y)\mathrm{d}y = \frac{6}{\pi^2}\int_{-\infty}^{+\infty} \frac{1}{(x^2+4)(y^2+9)}\mathrm{d}y = \frac{2}{\pi(x^2+4)}$$

$$f_Y(y) = \int_{-\infty}^{+\infty} f(x, y)\mathrm{d}x = \frac{6}{\pi^2}\int_{-\infty}^{+\infty} \frac{1}{(x^2+4)(y^2+9)}\mathrm{d}x = \frac{3}{\pi(y^2+9)}$$

9. 设二维随机变量 (X, Y) 的联合密度函数为

$$f(x, y) = \begin{cases} c\mathrm{e}^{-xy^2}, & x > 0, y > 1 \\ 0, & 其他 \end{cases}$$

求:(1) 常数 c.

(2) 概率 $P\{XY^2 \geqslant 1\}$.

解 (1) 根据联合密度函数的规范性,可得

$$\int_{-\infty}^{+\infty}\int_{-\infty}^{+\infty} f(x, y)\mathrm{d}x\mathrm{d}y = \int_{1}^{+\infty}\mathrm{d}y\int_{0}^{+\infty} c\mathrm{e}^{-xy^2}\mathrm{d}x = c = 1$$

（2）概率 $P\{XY^2 \geqslant 1\}$ 为 $f(x, y)$ 在区域 $\{(x, y) \mid xy^2 \geqslant 1\}$ 上的积分,计算得到

$$P\{XY^2 \geqslant 1\} = \iint\limits_{xy^2 \geqslant 1} f(x, y)\mathrm{d}x\mathrm{d}y = \int_1^{+\infty} \mathrm{d}y \int_{\frac{1}{y^2}}^{+\infty} \mathrm{e}^{-xy^2}\mathrm{d}x = \mathrm{e}^{-1}$$

10. 设二维随机变量 (X, Y) 服从区域 $D = \{(x, y) \mid 0 < x < 1, x^2 < y < x\}$ 上的均匀分布,求 X 和 Y 的边缘密度函数.

解 根据均匀分布的定义,由区域 $D = \{(x, y) \mid 0 < x < 1, x^2 < y < x\}$ 的面积

$$m(D) = \iint\limits_{D}\mathrm{d}x\mathrm{d}y = \int_0^1 \mathrm{d}x \int_{x^2}^x \mathrm{d}y = \frac{1}{6}$$

可知 (X, Y) 的联合密度函数为

$$f(x, y) = \begin{cases} 6, & 0 < x < 1, x^2 < y < x \\ 0, & \text{其他} \end{cases}$$

由此分别求得 X 和 Y 的边缘密度函数为

$$f_X(x) = \int_{-\infty}^{+\infty} f(x, y)\mathrm{d}y = \begin{cases} \int_{x^2}^x 6\mathrm{d}y, & 0 < x < 1 \\ 0, & \text{其他} \end{cases}$$

$$= \begin{cases} 6(x - x^2), & 0 < x < 1 \\ 0, & \text{其他} \end{cases}$$

$$f_Y(y) = \int_{-\infty}^{+\infty} f(x, y)\mathrm{d}x = \begin{cases} \int_y^{\sqrt{y}} 6\mathrm{d}x, & 0 < y < 1 \\ 0, & \text{其他} \end{cases}$$

$$= \begin{cases} 6(\sqrt{y} - y), & 0 < y < 1 \\ 0, & \text{其他} \end{cases}$$

163

习 题 3-2

1. 设 (X, Y) 为二维离散型随机变量,已知 X 的边缘分布律

$$p_i. = P\{X = x_i\} > 0, \quad i = 1, 2, \cdots$$

以及 $X = x_i$ 条件下 Y 的条件分布律

$$p_{j|i} = P\{Y = y_j \,|\, X = x_i\}, \quad j = 1, 2, \cdots$$

求:(1) (X, Y) 的联合分布律;

(2) Y 的边缘分布律;

(3) $Y = y_j$ 条件下 X 的条件分布律.

解 根据相关定义,分别有

(1) (X, Y) 的联合分布律为

$$p_{ij} = P\{X = x_i, Y = y_j\} = P\{X = x_i\}P\{Y = y_j \,|\, X = x_i\}$$
$$= p_{i.} p_{j|i}, \; i, j = 1, 2, \cdots$$

(2) Y 的边缘分布律为

$$p_{.j} = P\{Y = j\} = \sum_i P\{X = x_i, Y = y_j\} = \sum_i p_{i.} p_{j|i}, \; j = 1, 2, \cdots$$

(3) $Y = y_j$ 条件下 X 的条件分布律为

$$p_{i|j} = P\{X = x_i \,|\, Y = y_j\} = \frac{P\{X = x_i, Y = y_j\}}{P\{Y = y_j\}}$$

$$= \frac{p_{i.} p_{j|i}}{\sum_i p_{i.} p_{j|i}}, \quad i = 1, 2, \cdots$$

2. 设二维随机变量 (X, Y) 的联合分布律和边缘分布律如表 3-12 所示.

表 3-12 (X, Y) 的联合分布律和边缘分布律

X \ Y	0	1	2	P_X
0	0.3	0.25	0.2	0.75
1	0.1	0.15	0	0.25
P_Y	0.4	0.4	0.2	1

求:(1) $X = 1$ 条件下 Y 的条件分布律.

(2) $Y = 1$ 条件下 X 的条件分布律.

解 根据条件分布律的定义,有

(1) $X = 1$ 条件下 Y 的条件分布律为

$$P\{Y=j \mid X=1\} = \frac{P\{X=1, Y=j\}}{P\{X=1\}}, \quad j=0,1,2$$

计算列表(见表 3-13)得到

表 3-13　X＝1 条件下 Y 的条件分布律

Y	0	1	2
$P\{Y=j \mid X=1\}$	0.4	0.6	0

(2) $Y=1$ 条件下 X 的条件分布律为

$$P\{X=i \mid Y=1\} = \frac{P\{X=i, Y=1\}}{P\{Y=1\}}, \quad i=0,1$$

计算列表(见表 3-14)得到

表 3-14　Y＝1 条件下 X 的条件分布律

X	0	1
$P\{X=i \mid Y=1\}$	0.625	0.375

3. 在正整数 $1, 2, \cdots, n$ 中每次任取一数,连取两次. 以 X_1 和 X_2 表示依次取到的数,按有放回和无放回 2 种取数方式,求 $X_2=j$ 条件下 X_1 的条件分布律.

解　有放回取数时,(X_1, X_2) 的联合分布律为

$$P\{X_1=i, X_2=j\} = \frac{1}{n^2}, \quad i,j=1,2,\cdots,n$$

且 X_2 的边缘分布律为

$$P\{X_2=j\} = \sum_i P\{X_1=i, X_2=j\} = \sum_{i=1}^{n} \frac{1}{n^2} = \frac{1}{n}, \quad j=1,2,\cdots,n$$

故 $X_2=j$ 条件下 X_1 的条件分布律为

$$P\{X_1=i \mid X_2=j\} = \frac{P\{X_1=i, X_2=j\}}{P\{X_2=j\}} = \frac{1}{n}, \quad i,j=1,2,\cdots,n$$

无放回取数时,(X_1, X_2) 的联合分布律为

$$P\{X_1=i, X_2=j\} = \frac{1}{n(n-1)}, \quad i,j=1,2,\cdots,n; \ i \neq j$$

且 X_2 的边缘分布律为

$$P\{X_2 = j\} = \sum_i P\{X_1 = i, X_2 = j\} = \sum_{i \neq j} \frac{1}{n(n-1)} = \frac{1}{n}, \quad j = 1, 2, \cdots, n$$

故 $X_2 = j$ 条件下 X_1 的条件分布律为

$$P\{X_1 = i \mid X_2 = j\} = \frac{P\{X_1 = i, X_2 = j\}}{P\{X_2 = j\}} = \frac{1}{n-1}, \quad i, j = 1, 2, \cdots, n; i \neq j$$

4. 设某班车起点站上客人数 X 服从参数为 λ 的泊松分布,每位乘客中途下车的概率均为 p,且中途下车与否相互独立. 以 Y 表示中途下车的乘客数,求:

(1) 在发车时有 n 位乘客的条件下,中途有 m 位乘客下车的概率.

(2) 二维随机变量 (X, Y) 的联合分布律.

解 (1) 根据题意可知,在发车时有 n 位乘客的条件下,中途下车的乘客数 $Y \sim B(n, p)$,故有 m 位乘客下车的概率为

$$P\{Y = m \mid X = n\} = C_n^m p^m (1-p)^{n-m}, \quad m = 0, 1, \cdots, n$$

(2) 根据泊松分布的定义,发车时有 n 位乘客的概率为

$$P\{X = n\} = \frac{\lambda^n}{n!} e^{-\lambda}, \quad n = 0, 1, \cdots$$

故 (X, Y) 的联合分布律为

$$P\{X = n, Y = m\} = P\{X = n\}P\{Y = m \mid X = n\} = \frac{\lambda^n}{n!} e^{-\lambda} C_n^m p^m (1-p)^{n-m}$$

$$= \frac{\lambda^n}{n!} e^{-\lambda} C_n^m p^m (1-p)^{n-m}, \quad m = 0, 1, \cdots, n; n = 0, 1, 2, \cdots$$

5. 设 (X, Y) 为二维连续型随机变量,已知 X 的边缘密度函数

$$f_X(x) > 0, \quad x \in (-\infty, +\infty)$$

以及 $X = x$ 条件下 Y 的条件密度函数

$$f(y \mid x), \quad y \in (-\infty, +\infty)$$

求:(1) (X, Y) 的联合密度函数.

(2) Y 的边缘密度函数.

(3) $Y = y$ 条件下 X 的条件密度函数.

解 根据相关定义,分别有

(1) (X, Y) 的联合密度函数为

$$f(x, y) = f_X(x)f(y \mid x), \quad x, y \in (-\infty, +\infty)$$

(2) Y 的边缘密度函数为

$$f_Y(y) = \int_{-\infty}^{+\infty} f(x, y)\mathrm{d}x = \int_{-\infty}^{+\infty} f_X(x)f(y \mid x)\mathrm{d}x, \quad y \in (-\infty, +\infty)$$

(3) $Y = y$ 条件下 X 的条件密度函数为

$$f(x \mid y) = \frac{f(x, y)}{f_Y(y)} = \frac{f_X(x)f(y \mid x)}{\int_{-\infty}^{+\infty} f_X(x)f(y \mid x)\mathrm{d}x}, \quad x \in (-\infty, +\infty)$$

6. 设二维随机变量 (X, Y) 服从区域 $D = \{(x, y) \mid x^2 < y < 1\}$ 上的均匀分布,求:

(1) $X = x$ 条件下 Y 的条件密度函数.

(2) $Y = y$ 条件下 X 的条件密度函数.

解 根据均匀分布的定义,由区域 $D = \{(x, y) \mid x^2 < y < 1\}$ 的面积

$$m(D) = \iint\limits_{D} \mathrm{d}x\mathrm{d}y = \int_{-1}^{1} \mathrm{d}x \int_{x^2}^{1} \mathrm{d}y = \frac{4}{3}$$

可知 (X, Y) 的联合密度函数为

$$f(x, y) = \begin{cases} \dfrac{3}{4}, & x^2 < y < 1 \\ 0, & \text{其他} \end{cases}$$

(1) 由 (X, Y) 的联合密度函数 $f(x, y)$,求得 X 的边缘密度函数为

$$f_X(x) = \int_{-\infty}^{+\infty} f(x, y)\mathrm{d}y = \begin{cases} \displaystyle\int_{x^2}^{1} \dfrac{3}{4}\mathrm{d}y, & -1 < x < 1 \\ 0, & \text{其他} \end{cases}$$

$$= \begin{cases} \dfrac{3}{4}(1-x^2), & -1 < x < 1 \\ 0, & \text{其他} \end{cases}$$

故 $X = x$ 条件下 Y 的条件密度函数为

$$f(y \mid x) = \frac{f(x, y)}{f_X(x)} = \begin{cases} \dfrac{1}{1-x^2}, & x^2 < y < 1 \\ 0, & \text{其他} \end{cases}$$

(2) 由 (X, Y) 的联合密度函数 $f(x, y)$，求得 Y 的边缘密度函数为

$$f_Y(y) = \int_{-\infty}^{+\infty} f(x, y)\mathrm{d}x = \begin{cases} \displaystyle\int_{-\sqrt{y}}^{\sqrt{y}} \dfrac{3}{4}\mathrm{d}x, & 0 < y < 1 \\ 0, & \text{其他} \end{cases}$$

$$= \begin{cases} \dfrac{3}{2}\sqrt{y}, & 0 < y < 1 \\ 0, & \text{其他} \end{cases}$$

故 $Y = y$ 条件下 X 的条件密度函数为

$$f(x \mid y) = \frac{f(x, y)}{f_Y(y)} = \begin{cases} \dfrac{2}{\sqrt{y}}, & x^2 < y < 1 \\ 0, & \text{其他} \end{cases}$$

7. 设二维随机变量 (X, Y) 的联合密度函数为

$$f(x, y) = \begin{cases} \dfrac{(n-1)(n-2)}{(1+x+y)^n}, & x > 0, y > 0 \\ 0, & \text{其他} \end{cases}$$

求 $X = 1$ 条件下 Y 的条件密度函数.

解 由 (X, Y) 的联合密度函数 $f(x, y)$，求得 X 的边缘密度函数为

$$f_X(x) = \int_{-\infty}^{+\infty} f(x, y)\mathrm{d}y = \begin{cases} \displaystyle\int_0^{+\infty} \dfrac{(n-1)(n-2)}{(1+x+y)^n}\mathrm{d}y & x > 0 \\ 0, & x \leqslant 0 \end{cases}$$

$$= \begin{cases} \dfrac{n-2}{(1+x)^{n-1}}, & x > 0 \\ 0, & x \leqslant 0 \end{cases}$$

当 $x = 1$ 时,有

$$f(1, y) = \begin{cases} \dfrac{(n-1)(n-2)}{(2+y)^n}, & y > 0 \\ 0, & y \leqslant 0 \end{cases}, \qquad f_X(1) = \frac{n-2}{2^{n-1}}$$

故 $X = 1$ 条件下 Y 的条件密度函数为

$$f(y \mid 1) = \frac{f(1, y)}{f_X(1)} = \begin{cases} \dfrac{2^{n-1}(n-1)}{(2+y)^n}, & y > 0 \\ 0, & y \leqslant 0 \end{cases}$$

8. 设随机变量 X 的密度函数为

$$f_X(x) = \begin{cases} 3x^2, & 0 < x < 1 \\ 0, & \text{其他} \end{cases}$$

在 $X = x \in (0, 1)$ 的条件下,随机变量 Y 的条件密度函数为

$$f(y \mid x) = \begin{cases} \dfrac{2y}{x^2}, & 0 < y < x < 1 \\ 0, & \text{其他} \end{cases}$$

求概率 $P\{Y > 0.5\}$.

解 根据题意可知,(X, Y) 的联合密度函数为

$$f(x, y) = f_X(x) f(y \mid x) = \begin{cases} 6y, & 0 < y < x < 1 \\ 0, & \text{其他} \end{cases}$$

由此求得 Y 的边缘密度函数为

$$f_Y(y) = \int_{-\infty}^{+\infty} f(x, y) \mathrm{d}x = \begin{cases} \int_y^1 6y\mathrm{d}x, & 0 < y < 1 \\ 0, & \text{其他} \end{cases}$$

$$= \begin{cases} 6y(1-y), & 0 < y < 1 \\ 0, & \text{其他} \end{cases}$$

故所求概率为

$$P\{Y > 0.5\} = \int_{0.5}^{+\infty} f_Y(y)\mathrm{d}y = \int_{0.5}^1 6y(1-y)\mathrm{d}y = 0.5$$

习 题 3-3

1. 设随机变量 X 与 Y 相互独立,证明:对任意实数 $x_1 < x_2$,$y_1 < y_2$,随机事件 $\{x_1 < X \leqslant x_2\}$ 与 $\{y_1 < Y \leqslant y_2\}$ 相互独立.

证 根据 X 与 Y 相互独立可知,对于 (X, Y) 的联合分布函数及 X 和 Y 的边缘

分布函数,有 $F(x,y)=F_X(x)F_Y(y)$,由此可得

$$P\{x_1 < X \leqslant x_2, \, y_1 < Y \leqslant y_2\}$$
$$= F(x_2, y_2) - F(x_1, y_2) - F(x_2, y_1) + F(x_1, y_1)$$
$$= [F_X(x_2) - F_X(x_1)][F_Y(y_2) - F_Y(y_1)]$$
$$= P\{x_1 < X \leqslant x_2\}P\{y_1 < Y \leqslant y_2\}$$

此即表明,随机事件 $\{x_1 < X \leqslant x_2\}$ 与 $\{y_1 < Y \leqslant y_2\}$ 相互独立.

2. 设二维随机变量 (X, Y) 的联合分布函数为

$$F(x,y) = \begin{cases} 1 - e^{-\lambda x} - e^{-\lambda y} + e^{-\lambda(x+y)}, & x \geqslant 0, \, y \geqslant 0 \\ 0, & \text{其他} \end{cases}$$

其中,参数 $\lambda > 0$,判断 X 与 Y 是否相互独立.

解 根据 (X, Y) 的联合分布函数 $F(x,y)$,分别求得 X 和 Y 的边缘分布函数为

$$F_X(x) = F(x, +\infty) = \begin{cases} 1 - e^{-\lambda x}, & x \geqslant 0 \\ 0, & x < 0 \end{cases}$$

$$F_Y(y) = F(+\infty, y) = \begin{cases} 1 - e^{-\lambda y}, & y \geqslant 0 \\ 0, & y < 0 \end{cases}$$

比较可知

$$F_X(x)F_Y(y) = \begin{cases} (1 - e^{-\lambda x})(1 - e^{-\lambda y}), & x \geqslant 0, \, y \geqslant 0 \\ 0, & \text{其他} \end{cases}$$
$$= F(x, y)$$

故 X 与 Y 相互独立.

3. 设随机变量 X 与 Y 相互独立,将适当的数值填入表 3-15 的空白处.

表 3-15 (X, Y) 的联合分布律与边缘分布律

X \\ Y	y_1	y_2	y_3	P_X
x_1		$\dfrac{1}{8}$		
x_2	$\dfrac{1}{8}$			
P_Y	$\dfrac{1}{6}$			1

解 已知 $p_{21} = \dfrac{1}{8}$，$p_{12} = \dfrac{1}{8}$，$p_{\cdot 1} = \dfrac{1}{6}$．根据联合分布律与边缘分布律的关系，

由 $p_{11} + p_{21} = p_{\cdot 1}$ 可得 $p_{11} = \dfrac{1}{24}$．根据 X 与 Y 相互独立，由 $p_{1\cdot}\, p_{\cdot 1} = p_{11}$ 可得

$p_{1\cdot} = \dfrac{1}{4}$．

类似地计算各空白处的数值，求得 (X, Y) 联合分布律和边缘分布律如表 3-16 所示．

表 3-16 　(X, Y)的联合分布律和边缘分布律

X \ Y	y_1	y_2	y_3	P_X
x_1	$\dfrac{1}{24}$	$\dfrac{1}{8}$	$\dfrac{1}{12}$	$\dfrac{1}{4}$
x_2	$\dfrac{1}{8}$	$\dfrac{3}{8}$	$\dfrac{1}{4}$	$\dfrac{3}{4}$
P_Y	$\dfrac{1}{6}$	$\dfrac{1}{2}$	$\dfrac{1}{3}$	1

4. 设随机变量 X 与 Y 相互独立，均服从参数为 p 的 $0-1$ 分布，定义

$$Z = \begin{cases} 1, & X = Y \\ 0, & X \neq Y \end{cases}$$

求：p 取何值时，X 与 Z 相互独立．

解 根据 X，Y 的分布律及独立性，可以求得

$$P\{X = i, Z = 1\} = P\{X = i, Y = i\} = P\{X = i\}P\{Y = i\} = p^{2i}(1-p)^{2(1-i)}$$

$$P\{X = i, Z = 0\} = P\{X = i, Y \neq i\} = P\{X = i\}P\{Y = 1-i\} = p(1-p)$$

其中，$0 < p < 1$，$i = 0, 1$，故 (X, Z) 的联合分布律和边缘分布律如表 3-17 所示．

表 3-17 　(X, Z)的联合分布律和边缘分布律

X \ Z	0	1	P_X
0	$p(1-p)$	$(1-p)^2$	$1-p$
1	$p(1-p)$	p^2	p
P_Z	$2p(1-p)$	$(1-p)^2 + p^2$	1

要使 X 与 Z 相互独立,应有 $P\{X=0,\ Z=0\}=P\{X=0\}P\{Z=0\}$,即

$$p(1-p)=2p(1-p)\cdot(1-p)$$

由此可得 $p=0.5$. 容易验证,此时 X 与 Z 相互独立.

5. 设随机变量 X 与 Y 相互独立,分别服从参数为 λ_1 和 λ_2 的泊松分布,求 $X+Y=n$ 条件下 X 的条件分布律.

解 根据 X,Y 的分布律及独立性可知,(X,Y) 的联合分布律为

$$P\{X=i,\ Y=j\}=P\{X=i\}P\{Y=j\}=\frac{\lambda_1^i\lambda_2^j}{i!j!}e^{-(\lambda_1+\lambda_2)},\ i,\ j=0,\ 1,\ 2,\cdots$$

由此求得

$$
\begin{aligned}
P\{X=i,\ X+Y=n\} &= P\{X=i,\ Y=n-i\}\\
&= \frac{\lambda_1^i\lambda_2^{n-i}}{i!(n-i)!}e^{-(\lambda_2+\lambda_1)},\ i=0,\ 1,\cdots,\ n\\
P\{X+Y=n\} &= \sum_{i=0}^{n}P\{X=i,\ Y=n-i\}\\
&= \frac{1}{n!}e^{-(\lambda_1+\lambda_2)}\sum_{i=0}^{n}\frac{n!}{i!(n-i)!}\lambda_1^i\lambda_2^{n-i}\\
&= \frac{(\lambda_1+\lambda_2)^n}{n!}e^{-(\lambda_1+\lambda_2)}
\end{aligned}
$$

故 $X+Y=n$ 条件下 X 的条件分布律为

$$
\begin{aligned}
P\{X=i\mid X+Y=n\} &= \frac{P\{X=i,\ X+Y=n\}}{P\{X+Y=n\}}=\frac{n!\lambda_1^i\lambda_2^{n-i}}{i!(n-i)!(\lambda_1+\lambda_2)^n}\\
&= C_n^i\left(\frac{\lambda_1}{\lambda_1+\lambda_2}\right)^i\left(\frac{\lambda_2}{\lambda_1+\lambda_2}\right)^{n-i},\ i=0,\ 1,\cdots,\ n
\end{aligned}
$$

6. 设随机变量 X 与 Y 相互独立,分别服从参数为 λ_1 和 λ_2 的指数分布,求概率 $P\{X<Y\}$.

解 根据 X,Y 的密度函数及独立性可知,(X,Y) 的联合密度函数为

$$f(x,\ y)=f_X(x)f_Y(y)=\begin{cases}\lambda_1\lambda_2 e^{-(\lambda_1 x+\lambda_2 y)}, & x>0,\ y>0\\ 0, & \text{其他}\end{cases}$$

概率 $P\{X < Y\}$ 为 $f(x, y)$ 在区域 $\{(x, y) \mid x < y\}$ 上的积分,计算得到

$$P\{X < Y\} = \iint\limits_{x < y} f(x, y)\mathrm{d}x\mathrm{d}y = \int_0^{+\infty} \mathrm{d}x \int_x^{+\infty} \lambda_1\lambda_2 \mathrm{e}^{-(\lambda_1 x + \lambda_2 y)} \mathrm{d}y = \frac{\lambda_1}{\lambda_1 + \lambda_2}$$

7. 在区间 $(-2, 2)$ 中原点的两侧任意各取一点,求两点间距离小于 1 的概率.

解 以 X 和 Y 分别表示在原点左侧和右侧所取点的坐标,由题意可知

$$X \sim U(-2, 0),\ Y \sim U(0, 2)$$

且 X 与 Y 相互独立,故 (X, Y) 的联合密度函数为

$$f(x, y) = f_X(x)f_Y(y) = \begin{cases} \dfrac{1}{4}, & -2 < x < 0, 0 < y < 2 \\ 0, & \text{其他} \end{cases}$$

由此,求得两点间距离小于 1 的概率为

$$P\{Y - X < 1\} = \iint\limits_{y - x < 1} f(x, y)\mathrm{d}x\mathrm{d}y = \int_{-1}^0 \mathrm{d}x \int_0^{1+x} \frac{1}{4}\mathrm{d}y = \frac{1}{8}$$

8. 设二维随机变量 (X, Y) 的联合密度函数为

$$f(x, y) = \begin{cases} \dfrac{1}{4}(1 + xy), & -1 < x < 1, -1 < y < 1 \\ 0, & \text{其他} \end{cases}$$

证明:(1) X 与 Y 不独立.

(2) X^2 与 Y^2 相互独立.

证 (1) 根据 (X, Y) 的联合密度函数 $f(x, y)$,分别求得 X 和 Y 的边缘密度函数为

$$f_X(x) = \int_{-\infty}^{+\infty} f(x, y)\mathrm{d}y = \begin{cases} \int_{-1}^1 \dfrac{1}{4}(1 + xy)\mathrm{d}y, & -1 < x < 1 \\ 0, & \text{其他} \end{cases}$$

$$= \begin{cases} \dfrac{1}{2}, & -1 < x < 1 \\ 0, & \text{其他} \end{cases}$$

173

$$f_Y(y) = \int_{-\infty}^{+\infty} f(x, y) \, dx = \begin{cases} \int_{-1}^{1} \dfrac{1}{4}(1+xy) \, dx, & -1 < y < 1 \\ 0, & \text{其他} \end{cases}$$

$$= \begin{cases} \dfrac{1}{2}, & -1 < y < 1 \\ 0, & \text{其他} \end{cases}$$

比较可知

$$f_X(x) f_Y(y) = \begin{cases} \dfrac{1}{4}, & -1 < x < 1, \ -1 < y < 1 \\ 0, & \text{其他} \end{cases}$$
$$\neq f(x, y)$$

故 X 与 Y 不独立.

(2) 记 (X^2, Y^2) 的联合分布函数为 $G(u, v)$,联合密度函数为 $g(u, v)$.

由 (X, Y) 的取值区域 $\{(x, y) \mid -1 < x < 1, -1 < y < 1\}$,可知 (X^2, Y^2) 的取值区域为 $\{(u, v) \mid 0 \leqslant u < 1, 0 \leqslant v < 1\}$.

当 $u \notin [0, 1)$ 或 $v \notin [0, 1)$ 时,有 $g(u, v) = 0$.

当 $0 \leqslant u < 1$ 且 $0 \leqslant v < 1$ 时,有

$$\begin{aligned} G(u, v) &= P\{X^2 \leqslant u, Y^2 \leqslant v\} \\ &= P\{-\sqrt{u} \leqslant X \leqslant \sqrt{u}, -\sqrt{v} \leqslant Y \leqslant \sqrt{v}\} \\ &= \int_{-\sqrt{v}}^{\sqrt{v}} dy \int_{-\sqrt{u}}^{\sqrt{u}} \frac{1}{4}(1+xy) \, dx \\ &= \sqrt{uv} \end{aligned}$$

$$g(u, v) = \frac{\partial^2 G(u, v)}{\partial u \partial v} = \frac{1}{4\sqrt{uv}}$$

当 $u = 0$ 或 $v = 0$ 时,$G(u, v)$ 的混合偏导数不存在,取 $g(0, v) = g(u, 0) = 0$.

综上求得 (X^2, Y^2) 的联合密度函数为

$$g(u, v) = \begin{cases} \dfrac{1}{4\sqrt{uv}}, & 0 < u < 1, \ 0 < v < 1 \\ 0, & \text{其他} \end{cases}$$

并由此求得 X^2 和 Y^2 的边缘密度函数分别为

$$g_{X^2}(u) = \int_{-\infty}^{+\infty} g(u, v)\mathrm{d}v = \begin{cases} \int_0^1 \dfrac{1}{4\sqrt{uv}}\mathrm{d}v, & 0 < u < 1 \\ \\ 0, & \text{其他} \end{cases}$$

$$= \begin{cases} \dfrac{1}{2\sqrt{u}}, & 0 < u < 1 \\ \\ 0, & \text{其他} \end{cases}$$

$$g_{Y^2}(v) = \int_{-\infty}^{+\infty} g(u, v)\mathrm{d}u = \begin{cases} \int_0^1 \dfrac{1}{4\sqrt{uv}}\mathrm{d}u, & 0 < u < 1 \\ \\ 0, & \text{其他} \end{cases}$$

$$= \begin{cases} \dfrac{1}{2\sqrt{v}}, & 0 < v < 1 \\ \\ 0, & \text{其他} \end{cases}$$

比较可知

$$g_{X^2}(u)g_{Y^2}(v) = \begin{cases} \dfrac{1}{4\sqrt{uv}}, & 0 < u < 1, 0 < v < 1 \\ \\ 0, & \text{其他} \end{cases}$$

$$= g(u, v)$$

故 X^2 与 Y^2 相互独立.

9. 设二维连续型随机变量 (X, Y) 的联合密度函数为 $f(x, y)$. 证明：X 与 Y 相互独立的充分必要条件是 $f(x, y)$ 可分离变量，即有

$$f(x, y) = g(x)h(y)$$

证 必要性是显然的，仅证明充分性.

如果对于 (X, Y) 的联合密度函数，有 $f(x, y) = g(x)h(y)$，则 X 和 Y 的边缘密度函数分别为

$$f_X(x) = \int_{-\infty}^{+\infty} f(x, y)\mathrm{d}y = \int_{-\infty}^{+\infty} g(x)h(y)\mathrm{d}y = g(x)\int_{-\infty}^{+\infty} h(y)\mathrm{d}y$$

$$f_Y(y) = \int_{-\infty}^{+\infty} f(x, y)\mathrm{d}x = \int_{-\infty}^{+\infty} g(x)h(y)\mathrm{d}x = h(y)\int_{-\infty}^{+\infty} g(x)\mathrm{d}x$$

根据联合密度函数的规范性,有

$$\int_{-\infty}^{+\infty}\int_{-\infty}^{+\infty} f(x,\,y)\mathrm{d}x\mathrm{d}y = \int_{-\infty}^{+\infty}\int_{-\infty}^{+\infty} g(x)h(y)\mathrm{d}x\mathrm{d}y = \int_{-\infty}^{+\infty} g(x)\mathrm{d}x \cdot \int_{-\infty}^{+\infty} h(y)\mathrm{d}y = 1$$

由此可得

$$f_X(x)f_Y(y) = g(x)\int_{-\infty}^{+\infty} h(y)\mathrm{d}y \cdot h(y)\int_{-\infty}^{+\infty} g(x)\mathrm{d}y = g(x)h(y) = f(x,\,y)$$

故 X 与 Y 相互独立.

10. 重复进行随机次伯努利试验,设每次试验成功的概率为 p. 以 Z 表示试验的次数,以 X 和 Y 分别表示 Z 次试验中成功和失败的次数. 证明: X 与 Y 相互独立的充分必要条件为 Z 服从泊松分布.

证 根据题意可知 $Z = X + Y$. 在 $Z = k$ 条件下,有 $X \sim B(k,\,p)$.

充分性:设 Z 服从参数为 λ 的泊松分布,则 $(X,\,Y)$ 的联合分布律为

$$\begin{aligned}
P\{X = i,\,Y = j\} &= P\{X = i,\,X + Y = i + j\} = P\{X = i,\,Z = i + j\}\\
&= P\{Z = i + j\}P\{X = i \mid Z = i + j\}\\
&= \frac{\lambda^{i+j}}{(i+j)!}\mathrm{e}^{-\lambda} \cdot C_{i+j}^i p^i (1 - p)^j\\
&= \frac{(\lambda p)^i}{i!} \cdot \frac{[\lambda(1 - p)]^j}{j!}\mathrm{e}^{-\lambda},\quad i,\,j = 0,\,1,\,2,\,\cdots
\end{aligned}$$

由此分别求得 X 和 Y 的边缘分布律为

$$P\{X = i\} = \sum_{j=0}^{\infty} P\{X = i,\,Y = j\} = \frac{(\lambda p)^i}{i!}\mathrm{e}^{-\lambda}\sum_{j=0}^{\infty} \frac{[\lambda(1 - p)]^j}{j!} = \frac{(\lambda p)^i}{i!}\mathrm{e}^{-\lambda p}$$

$$P\{Y = j\} = \sum_{i=0}^{\infty} P\{X = i,\,Y = j\} = \frac{[\lambda(1 - p)]^j}{j!}\mathrm{e}^{-\lambda}\sum_{i=0}^{\infty} \frac{(\lambda p)^i}{i!} = \frac{[\lambda(1 - p)]^j}{j!}\mathrm{e}^{-\lambda(1-p)}$$

比较可知

$$P\{X = i\}P\{Y = j\} = \frac{(\lambda p)^i}{i!} \cdot \frac{[\lambda(1 - p)]^j}{j!}\mathrm{e}^{-\lambda} = P\{X = i,\,Y = j\}$$

故 X 与 Y 相互独立.

必要性:设 X 与 Y 相互独立,则有

$$P\{X=i\}P\{Y=j\}=P\{X=i,Y=j\}=P\{X=i,Z=i+j\}$$
$$=P\{Z=i+j\}P\{X=i\mid Z=i+j\}$$
$$=P\{Z=i+j\}C_{i+j}^i p^i(1-p)^j,\quad i,j=0,1,2,\cdots$$

由此可得

$$P\{X=0\}P\{Y=j\}=P\{Z=j\}(1-p)^j$$
$$P\{X=i\}P\{Y=0\}=P\{Z=i\}p^i$$

将以上两式相乘,得

$$P\{X=0\}P\{Y=j\}P\{X=i\}P\{Y=0\}$$
$$=P\{Z=j\}(1-p)^j P\{Z=i\}p^i$$

又注意到

$$P\{X=0\}P\{Y=j\}P\{X=i\}P\{Y=0\}$$
$$=P\{X=i\}P\{Y=j\}P\{Z=0\}$$
$$=P\{Z=i+j\}C_{i+j}^i P^i(1-p)^j P\{Z=0\}$$

从而

$$P\{Z=j\}(1-p)^j P\{Z=i\}p^i=P\{Z=i+j\}C_{i+j}^i p^i(1-p)^j P\{Z=0\}$$

即有

$$P\{Z=i\}P\{Z=j\}=C_{i+j}^i P\{Z=0\}P\{Z=i+j\},\quad i,j=0,1,2,\cdots$$

取 $j=1$,整理得到递推关系式

$$P\{Z=i+1\}=\frac{1}{i+1}\cdot\frac{P\{Z=1\}}{P\{Z=0\}}P\{Z=i\},\quad i=0,1,2,\cdots$$

记 $\lambda=\dfrac{P\{Z=1\}}{P\{Z=0\}}$,对任意整数 $k\geqslant 0$,由上式递推得到

$$P\{Z=k\}=\frac{\lambda^k}{k!}P\{Z=0\},\quad k=0,1,2,\cdots$$

根据分布律的规范性,有

$$\sum_{k=0}^{\infty} P\{Z=k\} = P\{Z=0\} \sum_{k=0}^{\infty} \frac{\lambda^k}{k!} = P\{Z=0\} e^{\lambda} = 1$$

由此可得 $P\{Z=0\} = e^{-\lambda}$，故 Z 的分布律为

$$P\{Z=k\} = \frac{\lambda^k}{k!} e^{-\lambda}, \ k=0,1,2,\cdots$$

即 Z 服从参数为 λ 的泊松分布.

习 题 3-4

1. 设二维随机变量 (X,Y) 的联合分布律如表 3-18 所示.

表 3-18 (X,Y) 的联合分布律

X \ Y	0	1	2
1	0.1	0.2	0.1
3	0.3	0.1	0.2

求 $M = \max(X,Y)$ 和 $N = \min(X,Y)$ 的分布律.

解 将 (X,Y) 与 $M = \max(X,Y)$，$N = \min(X,Y)$ 的取值及概率列表（见表 3-19）如下：

表 3-19 (X,Y)，M，N 的取值及概率

(X,Y)	$(1,0)$	$(1,1)$	$(1,2)$	$(3,0)$	$(3,1)$	$(3,2)$
$M = \max(X,Y)$	1	1	2	3	3	3
$N = \min(X,Y)$	0	1	1	0	1	2
P	0.1	0.2	0.1	0.3	0.1	0.2

通过合并整理，分别求得 $M = \max(X,Y)$ 和 $N = \min(X,Y)$ 的分布律分别如表 3-20，表 3-21 所示.

表 3-20 $M = \max\{X,Y\}$ 的分布律

M	1	2	3
P	0.3	0.1	0.6

表 3-21　$N = \min\{X, Y\}$ 的分布律

N	0	1	2
P	0.4	0.4	0.2

2. 设随机变量 X 与 Y 独立同分布，其分布律为

$$P\{X = n\} = P\{Y = n\} = \frac{1}{2^n}, \quad n = 1, 2, \cdots$$

求 $Z = X + Y$ 的分布律.

　　解　根据 X，Y 的分布律及独立性，可以求得 $Z = X + Y$ 的分布律为

$$P\{Z = k\} = P\{X + Y = k\} = \sum_{i=1}^{k-1} P\{X = i, Y = k - i\}$$

$$= \sum_{i=1}^{k-1} P\{X = i\} P\{Y = k - i\} = \sum_{i=1}^{k-1} \frac{1}{2^k}$$

$$= \frac{k-1}{2^k}, \quad k = 2, 3, \cdots$$

3. 设二维随机变量 (X, Y) 的联合密度函数为

$$f(x, y) = \begin{cases} 2e^{-(x+2y)}, & x > 0, y > 0 \\ 0, & \text{其他} \end{cases}$$

求 $Z = X + 2Y$ 的分布函数和密度函数.

　　解　由 (X, Y) 的取值区域 $\{(x, y) \mid x > 0, y > 0\}$，可知 $Z = X + 2Y$ 的取值区间为 $(0, +\infty)$.

　　当 $z \leqslant 0$ 时，有 $F_Z(z) = P\{Z \leqslant z\} = 0$.

　　当 $z > 0$ 时，有

$$F_Z(z) = P\{Z \leqslant z\} = P\{X + 2Y \leqslant z\}$$

$$= \iint\limits_{x+2y \leqslant z} f(x, y)\,\mathrm{d}x\mathrm{d}y = \int_0^z \mathrm{d}x \int_0^{\frac{z-x}{2}} 2e^{-(x+2y)}\,\mathrm{d}y$$

$$= 1 - e^{-z} - ze^{-z}$$

综上求得 $Z = X + 2Y$ 的分布函数为

$$F_Z(z) = \begin{cases} 1 - e^{-z} - z e^{-z}, & z > 0 \\ 0, & z \leqslant 0 \end{cases}$$

求导得到密度函数为

$$f_Z(z) = F_Z'(z) = \begin{cases} z e^{-z}, & z > 0 \\ 0, & z \leqslant 0 \end{cases}$$

4. 设二维随机变量 (X, Y) 服从区域 $D = \{(x, y) \mid 0 < x < 2, 0 < y < 2\}$ 上的均匀分布,求 $Z = |X - Y|$ 的密度函数.

解 根据均匀分布的定义,由区域 D 的面积 $m(D) = 4$,可得 (X, Y) 的联合密度函数

$$f(x, y) = \begin{cases} \dfrac{1}{4}, & 0 < x < 2, 0 < y < 2 \\ 0, & 其他 \end{cases}$$

由 (X, Y) 的取值区域 D,可知 $Z = |X - Y|$ 的取值区间为 $[0, 2)$.

当 $z < 0$ 或 $z \geqslant 2$ 时,有 $f_Z(z) = 0$.

当 $0 < z < 2$ 时,有

$$\begin{aligned} F_Z(z) &= P\{Z \leqslant z\} = P\{|X - Y| \leqslant z\} = 1 - P\{|X - Y| > z\} \\ &= 1 - \iint\limits_{|x-y|>z} f(x, y) \mathrm{d}x \mathrm{d}y = 1 - 2 \int_0^{2-z} \mathrm{d}x \int_{x+z}^2 \frac{1}{4} \mathrm{d}y \\ &= z - \frac{1}{4} z^2 \end{aligned}$$

$$f_Z(z) = F_Z'(z) = 1 - \frac{1}{2} z$$

在 $z = 0$ 处,$F_Z(z)$ 不可导,取 $f_Z(z) = 0$.

综上求得 $Z = |X - Y|$ 的密度函数为

$$f_Z(z) = \begin{cases} 1 - \dfrac{1}{2} z, & 0 < z < 2 \\ 0, & 其他 \end{cases}$$

5. 设随机变量 X 与 Y 独立同分布,其分布律为

$$P\{X = i\} = P\{Y = j\} = \frac{1}{n}, \quad i, j = 1, 2, \cdots, n$$

求 $M = \max(X, Y)$ 和 $N = \min(X, Y)$ 的分布律.

解 根据 X, Y 的分布律及独立性可知,(X, Y) 的联合分布律为

$$P\{X = i, Y = j\} = P\{X = i\}P\{Y = j\} = \frac{1}{n^2}, \quad i, j = 1, 2, \cdots, n$$

由此分别求得 $M = \max(X, Y)$ 和 $N = \min(X, Y)$ 的分布律为

$$P\{M = k\} = P\{\max(X, Y) = k\} = P\{X \leqslant k, Y \leqslant k\} - P\{X < k, Y < k\}$$

$$= \sum_{j=1}^{k} \sum_{i=1}^{k} P\{X = i, Y = j\} - \sum_{j=1}^{k-1} \sum_{i=1}^{k-1} P\{X = i, Y = j\}$$

$$= \frac{2k - 1}{n^2}, \quad k = 1, 2, \cdots, n$$

$$P\{N = k\} = P\{\min(X, Y) = k\} = P\{X \geqslant k, Y \geqslant k\} - P\{X > k, Y > k\}$$

$$= \sum_{j=k}^{n} \sum_{i=k}^{n} P\{X = i, Y = j\} - \sum_{j=k+1}^{n} \sum_{i=k+1}^{n} P\{X = i, Y = j\}$$

$$= \frac{2(n - k) + 1}{n^2}, \quad k = 1, 2, \cdots, n$$

6. 设随机变量 X 与 Y 相互独立,均服从区间 (a, b) 上的均匀分布,求 $M = \max(X, Y)$ 和 $N = \min(X, Y)$ 的密度函数.

解 根据 X, Y 的密度函数及独立性可知,(X, Y) 的联合密度函数为

$$f(x, y) = f_X(x)f_Y(y) = \begin{cases} \dfrac{1}{(b-a)^2}, & a < x < b, a < y < b \\ 0, & \text{其他} \end{cases}$$

由 (X, Y) 的取值区域 $\{(x, y) \mid a < x < b, a < y < b\}$,可知 $M = \max(X, Y)$ 和 $N = \min(X, Y)$ 的取值区间均为 (a, b).

当 $z \leqslant a$ 或 $z \geqslant b$ 时,有 $f_M(z) = 0, f_N(z) = 0$

当 $a < z < b$ 时,有

$$F_M(z) = P\{M \leqslant z\} = P\{\max(X, Y) \leqslant z\} = P\{X \leqslant z, Y \leqslant z\}$$

$$= \iint\limits_{x \leqslant z, y \leqslant z} f(x, y)\mathrm{d}x\mathrm{d}y = \int_a^z \mathrm{d}x \int_a^z \frac{1}{(b-a)^2}\mathrm{d}y$$

$$= \frac{(z-a)^2}{(b-a)^2}$$

$$f_M(z) = F'_M(z) = \frac{2(z-a)}{(b-a)^2}$$

$$F_N(z) = P\{N \leqslant z\} = P\{\min(X, Y) \leqslant z\} = 1 - P\{X > z, Y > z\}$$

$$= 1 - \iint\limits_{x>z,\, y>z} f(x, y)\mathrm{d}x\mathrm{d}y = 1 - \int_z^b \mathrm{d}x \int_z^b \frac{1}{(b-a)^2}\mathrm{d}y$$

$$= 1 - \frac{(b-z)^2}{(b-a)^2}$$

$$f_N(z) = F'_N(z) = \frac{2(b-z)}{(b-a)^2}$$

综上求得 $M = \max(X, Y)$ 和 $N = \min(X, Y)$ 的密度函数分别为

$$f_M(z) = \begin{cases} \dfrac{2(z-a)}{(b-a)^2}, & a < z < b \\ 0, & \text{其他} \end{cases}, \quad f_N(z) = \begin{cases} \dfrac{2(b-z)}{(b-a)^2}, & a < z < b \\ 0, & \text{其他} \end{cases}$$

7. 设随机变量 X 与 Y 相互独立，X 服从正态分布 $N(\mu, \sigma^2)$，Y 服从均匀分布 $U(-\pi, \pi)$，求 $Z = X + Y$ 的密度函数.

解 根据 X, Y 的密度函数及独立性可知，(X, Y) 的联合密度函数为

$$f(x, y) = f_X(x)f_Y(y) = \begin{cases} \dfrac{1}{\sqrt{(2\pi)^3}\,\sigma}\mathrm{e}^{-\frac{(x-\mu)^2}{2\sigma^2}}, & -\infty < x < +\infty, -\pi < y < \pi \\ 0, & \text{其他} \end{cases}$$

由 (X, Y) 的取值区域 $\{(x, y) \mid -\infty < x < +\infty, -\pi < y < \pi\}$，可知 $Z = X + Y$ 的取值区间为 $(-\infty, +\infty)$，其分布函数为

$$F_Z(z) = P\{Z \leqslant z\} = P\{X + Y \leqslant z\} = \iint\limits_{x+y \leqslant z} f(x, y)\mathrm{d}x\mathrm{d}y$$

$$= \int_{-\pi}^{\pi}\mathrm{d}y\int_{-\infty}^{z-y} \frac{1}{\sqrt{(2\pi)^3}\,\sigma}\mathrm{e}^{-\frac{(x-\mu)^2}{2\sigma^2}}\mathrm{d}x = \frac{1}{2\pi}\int_{-\pi}^{\pi}\mathrm{d}y\int_{-\infty}^{\frac{z-y-\mu}{\sigma}} \frac{1}{\sqrt{2\pi}}\mathrm{e}^{-\frac{t^2}{2}}\mathrm{d}t$$

$$= \frac{1}{2\pi}\int_{-\pi}^{\pi} \Phi\left(\frac{z-y-\mu}{\sigma}\right)\mathrm{d}y$$

求导得到密度函数为

$$f_Z(z) = F_Z'(z) = \frac{1}{2\pi\sigma}\int_{-\pi}^{\pi}\varphi\left(\frac{z-y-\mu}{\sigma}\right)\mathrm{d}y, \quad -\infty < z < +\infty$$

8. 设随机变量 X 与 Y 相互独立,均服从标准正态分布 $N(0, 1)$,求:

(1) $U = \sqrt{X^2 + Y^2}$ 的密度函数.

(2) $V = \dfrac{X}{Y}$ 的密度函数.

解 根据 X, Y 的密度函数及独立性可知,(X, Y) 的联合密度函数为

$$f(x, y) = f_X(x)f_Y(y) = \frac{1}{2\pi}\mathrm{e}^{-\frac{x^2+y^2}{2}}, \quad x, y \in (-\infty, +\infty)$$

(1) 由 (X, Y) 的取值区域 $\{(x, y)\,|-\infty < x, y < +\infty\}$,可知 $U = \sqrt{X^2 + Y^2}$ 的取值区间为 $[0, +\infty)$.

当 $z < 0$ 时,有 $f_U(z) = 0$

当 $z \geqslant 0$ 时,有

$$F_U(z) = P\{U \leqslant z\} = P\{\sqrt{X^2 + Y^2} \leqslant z\} = \iint\limits_{\sqrt{x^2+y^2}\leqslant z} f(x, y)\mathrm{d}x\mathrm{d}y$$

$$= \iint\limits_{r\leqslant z} \frac{1}{2\pi}\mathrm{e}^{-\frac{r^2}{2}}r\mathrm{d}r\mathrm{d}\theta = \frac{1}{2\pi}\int_0^{2\pi}\mathrm{d}\theta\int_0^z \mathrm{e}^{-\frac{r^2}{2}}r\mathrm{d}r$$

$$= 1 - \mathrm{e}^{-\frac{z^2}{2}}$$

$$f_U(z) = F_U'(z) = z\mathrm{e}^{-\frac{z^2}{2}}$$

综上求得 $U = \sqrt{X^2 + Y^2}$ 的密度函数为

$$f_U(z) = \begin{cases} z\mathrm{e}^{-\frac{z^2}{2}}, & z \geqslant 0 \\ 0, & z < 0 \end{cases}$$

(2) 由 (X, Y) 的取值区域 $\{(x, y)\,|-\infty < x, y < +\infty\}$,可知 $V = \dfrac{X}{Y}$ 的取值

区间为 $(-\infty, +\infty)$,其分布函数为

$$F_V(z) = P\{V \leqslant z\} = P\left\{\frac{X}{Y} \leqslant z\right\} = \iint\limits_{\frac{x}{y} \leqslant z} f(x, y) \mathrm{d}x\mathrm{d}y = \iint\limits_{\cot\theta \leqslant z} \frac{1}{2\pi} \mathrm{e}^{-\frac{r^2}{2}} r\mathrm{d}r\mathrm{d}\theta$$

$$= \frac{1}{2\pi}\int_{\operatorname{arccot} z}^{\pi} \mathrm{d}\theta \int_0^{+\infty} \mathrm{e}^{-\frac{r^2}{2}} r\mathrm{d}r + \frac{1}{2\pi}\int_{\pi+\operatorname{arccot} z}^{2\pi} \mathrm{d}\theta \int_0^{+\infty} \mathrm{e}^{-\frac{r^2}{2}} r\mathrm{d}r$$

$$= 1 - \frac{1}{\pi}\operatorname{arccot} z$$

求导得到 $V = \dfrac{X}{Y}$ 的密度函数为

$$f_V(z) = F_V'(z) = \frac{1}{\pi(1+z^2)}, \quad -\infty < z < +\infty$$

9. 设随机变量 X 服从区间 $(1, 2)$ 上的均匀分布,在 $X = x \in (1, 2)$ 的条件下,随机变量 Y 服从参数为 x 的指数分布,求 $Z = XY$ 的分布.

解 根据均匀分布的定义,X 的密度函数为

$$f_X(x) = \begin{cases} 1, & 1 < x < 2 \\ 0, & \text{其他} \end{cases}$$

在 $X = x \in (1, 2)$ 的条件下,Y 的条件密度函数为

$$f(y \mid x) = \begin{cases} x\mathrm{e}^{-xy}, & y > 0 \\ 0, & y \leqslant 0 \end{cases}$$

故 (X, Y) 的联合密度函数为

$$f(x, y) = f_X(x)f(y \mid x) = \begin{cases} x\mathrm{e}^{-xy}, & 1 < x < 2, \ y > 0 \\ 0, & \text{其他} \end{cases}$$

由 (X, Y) 的取值区域 $\{(x, y) \mid 1 < x < 2, y > 0\}$,可知 $Z = XY$ 的取值区间为 $(0, +\infty)$.

当 $z < 0$ 时,有 $F_Z(z) = 0$

当 $z \geqslant 0$ 时,有

$$F_Z(z) = P\{Z \leqslant z\} = P\{XY \leqslant z\} = \iint\limits_{xy \leqslant z} f(x, y)\mathrm{d}x\mathrm{d}y = \int_1^2 \mathrm{d}x \int_0^{\frac{z}{x}} x\mathrm{e}^{-xy}\mathrm{d}y = 1 - \mathrm{e}^{-z}$$

综上求得 $Z = XY$ 的分布函数为

$$F_Z(z) = \begin{cases} 1 - \mathrm{e}^{-z}, & z \geqslant 0 \\ 0, & z < 0 \end{cases}$$

故 $Z = XY$ 服从参数为 1 的指数分布.

10. 设随机变量 X,Y 相互独立,均服从参数 $\lambda = 1$ 的指数分布,定义

$$U = X + Y, \quad V = X - Y$$

求 (U,V) 的联合密度函数和边缘密度函数.

解 根据 X,Y 的密度函数及独立性可知,(X,Y) 的联合密度函数为

$$f(x,y) = f_X(x)f_Y(y) = \begin{cases} \mathrm{e}^{-(x+y)}, & x > 0, y > 0 \\ 0, & \text{其他} \end{cases}$$

记 (U,V) 的联合分布函数为 $G(u,v)$,联合密度函数为 $g(u,v)$. 由 (X,Y) 的取值区域 $\{(x,y) \mid x > 0, y > 0\}$,可知 (U,V) 的取值区域为 $\{(u,v) \mid u > 0, -\infty < v < +\infty\}$.

当 $u \leqslant 0$ 时,有 $g(u,v) = 0$

当 $u > 0$ 时,有

$$
\begin{aligned}
G(u,v) &= P\{U \leqslant u, V \leqslant v\} = P\{X+Y \leqslant u, X-Y \leqslant v\} \\
&= \iint\limits_{\substack{x+y \leqslant u \\ x-y \leqslant v}} f(x,y)\mathrm{d}x\mathrm{d}y
\end{aligned}
$$

$$
= \begin{cases}
0, & v \leqslant -u \\
\displaystyle\int_0^{\frac{u+v}{2}} \mathrm{d}x \int_{x-v}^{u-x} \mathrm{e}^{-(x+y)}\,\mathrm{d}y, & -u < v < 0 \\
\displaystyle\int_0^v \mathrm{d}x \int_0^{u-x} \mathrm{e}^{-(x+y)}\,\mathrm{d}y + \int_v^{\frac{u+v}{2}} \mathrm{d}x \int_{x-v}^{u-x} \mathrm{e}^{-(x+y)}\,\mathrm{d}y, & 0 \leqslant v < u \\
\displaystyle\int_0^u \mathrm{d}x \int_0^{u-x} \mathrm{e}^{-(x+y)}\,\mathrm{d}y, & v \geqslant u
\end{cases}
$$

$$
= \begin{cases}
0, & v \leqslant -u \\
\dfrac{1}{2}\mathrm{e}^v - \dfrac{1}{2}(1+u+v)\mathrm{e}^{-u}, & -u < v < 0 \\
1 - \dfrac{1}{2}\mathrm{e}^{-v} - \dfrac{1}{2}(1+u+v)\mathrm{e}^{-u}, & 0 \leqslant v < u \\
1 - (1+u)\mathrm{e}^{-u}, & v \geqslant u
\end{cases}
$$

$$
g(u,v) = \frac{\partial^2 G(u,v)}{\partial u \partial v} = \begin{cases}
\dfrac{1}{2}\mathrm{e}^{-u}, & -u < v < u \\
0, & v \leqslant -u \ \text{或} \ v \geqslant u
\end{cases}
$$

综上求得 (U, V) 的联合密度函数为

$$g(u, v) = \begin{cases} \dfrac{1}{2}e^{-u}, & u > 0, -u < v < u \\ 0, & \text{其他} \end{cases}$$

并由此求得 U 和 V 的边缘密度函数分别为

$$g_U(u) = \int_{-\infty}^{+\infty} g(u, v)\mathrm{d}v = \begin{cases} \displaystyle\int_{-u}^{u} \dfrac{1}{2}e^{-u}\mathrm{d}v, & u > 0 \\ 0, & u \leqslant 0 \end{cases}$$

$$= \begin{cases} ue^{-u}, & u > 0 \\ 0, & u \leqslant 0 \end{cases}$$

$$g_V(v) = \int_{-\infty}^{+\infty} g(u, v)\mathrm{d}u = \begin{cases} \displaystyle\int_{v}^{+\infty} \dfrac{1}{2}e^{-u}\mathrm{d}u, & v > 0 \\ \displaystyle\int_{-v}^{+\infty} \dfrac{1}{2}e^{-u}\mathrm{d}u, & v \leqslant 0 \end{cases}$$

$$= \begin{cases} \dfrac{1}{2}e^{-v}, & v > 0 \\ \dfrac{1}{2}e^{v}, & v \leqslant 0 \end{cases}$$

习 题 3-5

1. 设随机变量 X_1, X_2, X_3, X_4 相互独立,均服从参数 $p = 0.5$ 的 $0-1$ 分布,求

$$X = \begin{vmatrix} X_1 & X_2 \\ X_3 & X_4 \end{vmatrix}$$

的分布律.

解 根据行列式的定义,有

$$X = \begin{vmatrix} X_1 & X_2 \\ X_3 & X_4 \end{vmatrix} = X_1 X_4 - X_2 X_3$$

根据 X_1, X_2, X_3, X_4 的分布律及独立性可知, X 的可能取值为 $-1, 0, 1$. 且

$$P\{X=-1\}=P\{X_1X_4-X_2X_3=-1\}=P\{X_1X_4=0,\ X_2X_3=1\}$$
$$=(1-P\{X_1=1\}P\{X_4=1\})P\{X_2=1\}P\{X_3=1\}$$
$$=(1-0.5^2)\times0.5^2=0.1875$$
$$P\{X=1\}=P\{X_1X_4-X_2X_3=1\}=P\{X_1X_4=1,\ X_2X_3=0\}$$
$$=0.5^2\times(1-0.5^2)=0.1875$$
$$P\{X=0\}=1-P\{X=-1\}-P\{X=1\}=0.625$$

综上求得 $X=X_1X_4-X_2X_3$ 的分布律如表 3-22 所示.

表 3-22　X 的分布律

X	-1	0	1
P	0.1875	0.625	0.1875

2. 设三维随机变量 (X,Y,Z) 服从区域

$$D=\{(x,y,z)\mid 0<x<a,\ 0<y<b,\ 0<z<c\}$$

上的均匀分布.

(1) 求联合密度函数 $f(x,y,z)$.

(2) 求概率 $P\{X^2+Y^2+Z^2\leqslant r^2\}$,其中 $r\leqslant\min(a,b,c)$.

(3) 求边缘密度函数 $f_X(x)$,判断 X,Y,Z 是否相互独立.

(4) 求 $X=x\in(0,a)$ 条件下 (Y,Z) 的条件密度函数 $f(y,z\mid x)$.

解　(1) 根据均匀分布的定义,由区域 D 的体积 $m(D)=abc$,可知 (X,Y,Z) 的联合密度函数为

$$f(x,y,z)=\begin{cases}\dfrac{1}{abc}, & 0<x<a,0<y<b,0<z<c\\ 0, & \text{其他}\end{cases}$$

(2) 概率 $P\{X^2+Y^2+Z^2\leqslant r^2\}$ 为 $f(x,y,z)$ 在区域 $G=\{(x,y,z)\mid x^2+y^2+z^2\leqslant r^2\}$ 上的积分,由 $r\leqslant\min(a,b,c)$ 及球体体积公式求得

$$P\{X^2+Y^2+Z^2\leqslant r^2\}=\iiint\limits_{G}\frac{1}{abc}\mathrm{d}x\mathrm{d}y\mathrm{d}z=\frac{1}{abc}\cdot\frac{1}{8}\cdot\frac{4}{3}\pi r^3=\frac{\pi r^3}{6abc},$$
$$r\leqslant\min(a,b,c)$$

（3）根据边缘密度函数的定义,求得

$$f_X(x) = \int_{-\infty}^{+\infty}\int_{-\infty}^{+\infty} f(x,y,z)\mathrm{d}y\mathrm{d}z = \begin{cases} \int_0^c \mathrm{d}z\int_0^b \dfrac{1}{abc}\mathrm{d}y, & 0<x<a \\ \\ 0, & \text{其他} \end{cases}$$

$$= \begin{cases} \dfrac{1}{a}, & 0<x<a \\ \\ 0, & \text{其他} \end{cases}$$

类似地,有

$$f_Y(y) = \begin{cases} \dfrac{1}{b}, & 0<y<b \\ \\ 0, & \text{其他} \end{cases}, \quad f_Z(z) = \begin{cases} \dfrac{1}{c}, & 0<z<c \\ \\ 0, & \text{其他} \end{cases}$$

比较可知

$$f_X(x)f_Y(y)f_Z(z) = \begin{cases} \dfrac{1}{abc}, & 0<x<a,\ 0<y<b,\ 0<z<c \\ \\ 0, & \text{其他} \end{cases}$$

$$= f(x,y,z)$$

故 X,Y,Z 相互独立.

（4）根据条件密度函数的定义,求得 $X=x\in(0,a)$ 条件下 (Y,Z) 的条件密度函数为

$$f(y,z\mid x) = \frac{f(x,y,z)}{f_X(x)} = \begin{cases} \dfrac{1}{bc}, & 0<x<a,\ 0<y<b,\ 0<z<c \\ \\ 0, & \text{其他} \end{cases}$$

3. 在一副 52 张扑克牌中每次任取一张,连取 n 次. 以 X_1,X_2,X_3,X_4 分别表示取到的黑桃,红心,草花,方块的张数,按有放回和无放回两种取牌方式,求 (X_1,X_2,X_3,X_4) 的联合分布律.

解 有放回取牌时,各次取牌相互独立,每次取到任一花色的概率均为 $\dfrac{1}{4}$, (X_1,X_2,X_3,X_4) 服从四项分布,其联合分布律为

$$P\{X_1=k_1,X_2=k_2,X_3=k_3,X_4=k_4\}$$

$$= \frac{n!}{k_1!\,k_2!\,k_3!\,k_4!}\left(\frac{1}{4}\right)^n,\quad k_1+k_2+k_3+k_4=n$$

无放回取牌时，取牌次数 $n \leqslant 52$，每种花色取到的张数 k_1，k_2，k_3，$k_4 \leqslant 13$，$(X_1$，X_2，X_3，$X_4)$ 服从 4 维超几何分布，其联合分布律为

$$P\{X_1 = k_1,\ X_2 = k_2,\ X_3 = k_3,\ X_4 = k_4\} = \frac{C_{13}^{k_1} C_{13}^{k_2} C_{13}^{k_3} C_{13}^{k_4}}{C_{52}^n}$$

$$k_1 + k_2 + k_3 + k_4 = n \leqslant 52$$

4. 设随机变量 X_1，X_2，$\cdots$，X_n 相互独立，均服从参数为 p 的 $0-1$ 分布，求 $M = \max(X_1$，X_2，$\cdots$，$X_n)$ 和 $N = \min(X_1$，X_2，$\cdots$，$X_n)$ 的分布律.

解 根据 X_1，X_2，$\cdots$，X_n 的分布律及独立性，可以求得

$$P\{M = 0\} = P\{\max(X_1,\ X_2,\ \cdots,\ X_n) = 0\} = P\{X_1 = 0,\ X_2 = 0,\ \cdots,\ X_n = 0\}$$
$$= P\{X_1 = 0\}P\{X_2 = 0\}\cdots P\{X_n = 0\} = (1-p)^n$$

$$P\{M = 1\} = 1 - P\{M = 0\} = 1 - (1-p)^n$$

$$P\{N = 1\} = P\{\min(X_1,\ X_2,\ \cdots,\ X_n) = 1\} = P\{X_1 = 1,\ X_2 = 1,\ \cdots,\ X_n = 1\}$$
$$= P\{X_1 = 1\}P\{X_2 = 1\}\cdots P\{X_n = 1\} = p^n$$

$$P\{N = 0\} = 1 - P\{N = 1\} = 1 - p^n$$

故 $M = \max(X_1$，X_2，$\cdots$，$X_n)$ 和 $N = \min(X_1$，X_2，$\cdots$，$X_n)$ 的分布律分别如表 3-23、表 3-24 所示.

表 3-23 M 的分布律

M	0	1
P_M	$(1-p)^n$	$1-(1-p)^n$

表 3-24 N 的分布律

N	0	1
P_N	$1-p^n$	p^n

5. 设随机变量 X_1，X_2，$\cdots$，X_n 相互独立，均服从区间 $(0$，$\theta)$ 上的均匀分布，求 $M = \max(X_1$，X_2，$\cdots$，$X_n)$ 和 $N = \min(X_1$，X_2，$\cdots$，$X_n)$ 的密度函数.

解 根据 X_1，X_2，$\cdots$，X_n 的密度函数及独立性可知，$(X_1$，X_2，$\cdots$，$X_n)$ 的联合密度函数为

$$f(x_1,\ x_2,\ \cdots,\ x_n) = \begin{cases} \dfrac{1}{\theta^n}, & 0 < x_1,\ x_2,\ \cdots,\ x_n < \theta \\ 0, & \text{其他} \end{cases}$$

由 $(X_1$，X_2，$\cdots$，$X_n)$ 的取值区域 $\{(x_1,\ x_2,\ \cdots,\ x_n) \mid 0 < x_1,\ x_2,\ \cdots,\ x_n < \theta\}$，

可知 $M = \max(X_1, X_2, \cdots, X_n)$ 和 $N = \min(X_1, X_2, \cdots, X_n)$ 的取值区间均为 $(0, \theta)$.

当 $z \leqslant 0$ 或 $z \geqslant \theta$ 时,有 $f_M(z) = 0$, $f_N(z) = 0$

当 $0 < z < \theta$ 时,有

$$F_M(z) = P\{M \leqslant z\} = P\{\max(X_1, X_2, \cdots, X_n) \leqslant z\}$$

$$= P\{X_1 \leqslant z, X_2 \leqslant z, \cdots, X_n \leqslant z\} = \int_0^z \cdots \int_0^z \frac{1}{\theta^n} dx_1 \cdots dx_n = \frac{z^n}{\theta^n}$$

$$f_M(z) = F'_M(z) = \frac{nz^{n-1}}{\theta^n}$$

$$F_N(z) = P\{N \leqslant z\} = 1 - P\{N > z\} = 1 - P\{\min(X_1, X_2, \cdots, X_n) > z\}$$

$$= 1 - P\{X_1 > z, X_2 > z, \cdots, X_n > z\} = 1 - \int_z^\theta \cdots \int_z^\theta \frac{1}{\theta^n} dx_1 \cdots dx_n$$

$$= 1 - \frac{(\theta - z)^n}{\theta^n}$$

$$f_N(z) = F'_N(z) = \frac{n(\theta - z)^{n-1}}{\theta^n}$$

综上求得 $M = \max(X_1, X_2, \cdots, X_n)$ 和 $N = \min(X_1, X_2, \cdots, X_n)$ 的密度函数分别为

$$f_M(z) = \begin{cases} \dfrac{nz^{n-1}}{\theta^n}, & 0 < z < \theta \\ 0, & \text{其他} \end{cases}, \quad f_N(z) = \begin{cases} \dfrac{n(\theta - z)^{n-1}}{\theta^n}, & 0 < z < \theta \\ 0, & \text{其他} \end{cases}$$

6. 设随机变量 $X_1, X_2, \cdots, X_n$ 相互独立,且 X_i 服从参数为 λ_i 的泊松分布,证明

$$X_1 + X_2 + \cdots + X_n \sim P(\lambda_1 + \lambda_2 + \cdots + \lambda_n)$$

证 用归纳法证明:

当 $n = 2$ 时,根据 X_1, X_2 的分布律及独立性可知,(X_1, X_2) 的联合分布律为

$$P\{X_1 = i, X_2 = j\} = P\{X_1 = i\}P\{X_2 = j\} = \frac{\lambda_1^i \lambda_2^j}{i!j!} e^{-(\lambda_1 + \lambda_2)}, \quad i, j = 0, 1, 2, \cdots$$

由此可得

$$P\{X_1 + X_2 = k\} = \sum_{i=0}^{k} P\{X_1 = i, X_2 = k-i\} = \sum_{i=0}^{k} \frac{\lambda_1^i \lambda_2^{k-i}}{i!(k-i)!} e^{-(\lambda_1 + \lambda_2)}$$

$$= \frac{e^{-(\lambda_1 + \lambda_2)}}{k!} \sum_{i=0}^{k} \frac{k!}{i!(k-i)!} \lambda_1^i \lambda_2^{k-i}$$

$$= \frac{(\lambda_1 + \lambda_2)^k}{k!} e^{-(\lambda_1 + \lambda_2)}, \quad k = 0, 1, 2, \cdots$$

故 $X_1 + X_2 \sim P(\lambda_1 + \lambda_2)$.

假定 $n-1$ 时,有 $X_1 + X_2 + \cdots + X_{n-1} \sim P(\lambda_1 + \lambda_2 + \cdots + \lambda_{n-1})$,记

$$X = X_1 + X_2 + \cdots + X_{n-1}, \quad \lambda = \lambda_1 + \lambda_2 + \cdots + \lambda_{n-1},$$则

$X \sim P(\lambda)$. 仿照前面的证明可得 $X + X_n \sim P(\lambda + \lambda_n)$,此即

$$X_1 + X_2 + \cdots + X_n \sim P(\lambda_1 + \lambda_2 + \cdots + \lambda_n)$$

7. 设随机变量 X_1, X_2, $\cdots$, X_n 相互独立,且 X_i 服从参数为 λ_i 的指数分布,证明

$$P\{X_i = \min(X_1, X_2, \cdots, X_n)\} = \frac{\lambda_i}{\lambda_1 + \lambda_2 + \cdots + \lambda_n}$$

证 根据 X_1, X_2, $\cdots$, X_n 的密度函数及独立性可知,$(X_1, X_2, \cdots, X_n)$ 的联合密度函数为

$$f(x_1, x_2, \cdots, x_n) = \begin{cases} \lambda_1 \lambda_2 \cdots \lambda_n e^{-(\lambda_1 x_1 + \lambda_2 x_2 + \cdots \lambda_n x_n)}, & x_1 > 0, x_2 > 0, \cdots, x_n > 0 \\ 0, & \text{其他} \end{cases}$$

191

由此可得

$$P\{X_i = \min(X_1, X_2, \cdots, X_n)\} = P\{X_1 \geqslant X_i, \cdots, X_{i-1} \geqslant X_i, X_{i+1} \geqslant X_i, \cdots, X_n \geqslant X_i\}$$

$$= \int \cdots \int_{x_j \geqslant x_i, \ j \neq i} f(x_1, x_2, \cdots, x_n) dx_1 dx_2 \cdots dx_n$$

$$= \int_0^{+\infty} \lambda_i e^{-\lambda_i x_i} \left(\prod_{j \neq i} \int_{x_i}^{+\infty} \lambda_j e^{-\lambda_j x_j} dx_j \right) dx_i$$

$$= \int_0^{+\infty} \lambda_i e^{-(\lambda_1 + \lambda_2 + \cdots + \lambda_n) x_i} dx_i$$

$$= \frac{\lambda_i}{\lambda_1 + \lambda_2 + \cdots + \lambda_n}$$

8. 设 X_1, X_2, $\cdots$, X_n 为独立同分布的连续型随机变量,证明

$$P\{X_n > \max(X_1, \cdots X_{n-1})\} = \frac{1}{n}$$

证 由 $X_1, X_2, \cdots, X_n$ 独立同分布,记 X_i 的密度函数为 $f(x_i)$,分布函数为 $F(x_i)$,则 $(X_1, X_2, \cdots, X_n)$ 的联合密度函数为

$$f(x_1, x_2, \cdots, x_n) = f(x_1)f(x_2)\cdots f(x_n)$$

由此可得

$$
\begin{aligned}
P\{X_n > \max(X_1, \cdots X_{n-1})\} &= P\{X_1 < X_n, X_2 < X_n, \cdots, X_{n-1} < X_n\} \\
&= \int\cdots\int_{x_j < x_n,\, j < n} f(x_1, x_2, \cdots, x_n)\mathrm{d}x_1\mathrm{d}x_2\cdots\mathrm{d}x_n \\
&= \int_{-\infty}^{+\infty} f(x_n)\Big(\prod_{j=1}^{n-1}\int_{-\infty}^{x_n} f(x_j)\mathrm{d}x_j\Big)\mathrm{d}x_n \\
&= \int_{-\infty}^{+\infty} f(x_n)\big[F(x_n)\big]^{n-1}\mathrm{d}x_n \\
&= \int_{-\infty}^{+\infty} \big[F(x_n)\big]^{n-1}\mathrm{d}F(x_n) \\
&= \frac{1}{n}
\end{aligned}
$$

192

总 习 题 三

1. 设 100 件产品中有 60 件一等品,30 件二等品,10 件三等品,从中任取一件产品,记

$$X_1 = \begin{cases} 1, & \text{取到一等品} \\ 0, & \text{其他} \end{cases}, \qquad X_2 = \begin{cases} 1, & \text{取到二等品} \\ 0, & \text{其他} \end{cases}$$

求 (X_1, X_2) 的联合分布律和边缘分布律.

解 根据题意,X_1 和 X_2 的可能取值均为 $0, 1$,且

$$P\{X_1 = 0, X_2 = 0\} = P\{\text{取到三等品}\} = 0.1$$

$$P\{X_1 = 0, X_2 = 1\} = P\{\text{取到二等品}\} = 0.3$$

$$P\{X_1 = 1, X_2 = 0\} = P\{\text{取到一等品}\} = 0.6$$

$$P\{X_1 = 1, X_2 = 1\} = P\{\varnothing\} = 0$$

故 (X, Y) 的联合分布律和边缘分布律如表 3-25 所示.

表 3-25 (X, Y) 的联合分布律和边缘分布律

X_1 \ X_2	0	1	P_{X_2}
0	0.1	0.3	0.4
1	0.6	0	0.6
P_{X_1}	0.7	0.3	1

2. 将 1 枚硬币连掷 3 次,以 X 表示掷出正面的次数,Y 表示掷出正面次数与反面次数之差的绝对值,求 (X, Y) 的联合分布律和边缘分布律.

解 根据题意,(X, Y) 的可能取值为 $(0, 3)$,$(1, 1)$,$(2, 1)$,$(3, 0)$,且

$$P\{X = 0, Y = 3\} = P\{X = 3, Y = 3\} = \frac{1}{2^3}$$

$$P\{X = 1, Y = 1\} = P\{X = 2, Y = 1\} = \frac{3}{2^3}$$

故 (X, Y) 的联合分布律和边缘分布律如表 3-26 所示.

表 3-26 (X, Y) 的联合分布律和边缘分布律

Y \ X	0	1	2	3	P_Y
1	0	$\frac{3}{8}$	$\frac{3}{8}$	0	$\frac{6}{8}$
3	$\frac{1}{8}$	0	0	$\frac{1}{8}$	$\frac{2}{8}$
P_X	$\frac{1}{8}$	$\frac{3}{8}$	$\frac{3}{8}$	$\frac{1}{8}$	1

3. 设二维随机变量 (X, Y) 的联合密度函数为

$$f(x, y) = \begin{cases} a\mathrm{e}^{-(2x+3y)}, & x > 0, y > 0 \\ 0, & \text{其他} \end{cases}$$

求常数 a 和联合分布函数 $F(x, y)$.

解 根据联合密度函数的规范性,有

$$\int_{-\infty}^{+\infty}\int_{-\infty}^{+\infty} f(x,\ y)\mathrm{d}x\mathrm{d}y = \int_0^{+\infty}\mathrm{d}x\int_0^{+\infty} a\mathrm{e}^{-(2x+3y)}\mathrm{d}y = \frac{a}{6} = 1$$

由此求得 $a = 6$，且 $(X,\ Y)$ 的联合分布函数为

$$F(x,\ y) = \int_{-\infty}^{y}\int_{-\infty}^{x} f(u,\ v)\mathrm{d}u\mathrm{d}v = \begin{cases} \int_0^y \mathrm{d}v \int_0^x 6\mathrm{e}^{-(2u+3v)}\mathrm{d}u & x > 0,\ y > 0 \\ 0 & \text{其他} \end{cases}$$

$$= \begin{cases} (1-\mathrm{e}^{-2x})(1-\mathrm{e}^{-3y}) & x > 0,\ y > 0 \\ 0 & \text{其他} \end{cases}$$

4. 设二维随机变量 $(X,\ Y)$ 的联合分布律为

$$P\{X = i,\ Y = j\} = \frac{n!}{i!j!(n-i-j)!} p_1^i p_2^j (1-p_1-p_2)^{n-i-j}$$

其中 $i,\ j \geqslant 0$, $i+j \leqslant n$; $p_1,\ p_2 > 0$, $p_1+p_2 < 1$. 求 $X = i$ 条件下 Y 的条件分布律和 $Y = j$ 条件下 X 的条件分布律.

解 根据 $(X,\ Y)$ 的联合分布律，求得 X 的边缘分布律为

$$P\{X = i\} = \sum_{j=0}^{n-i} P\{X = i,\ Y = j\} = \frac{n!}{i!(n-i)!} p_1^i \sum_{j=0}^{n-i} C_{n-i}^j p_2^j (1-p_1-p_2)^{n-i-j}$$

$$= \frac{n!}{i!(n-i)!} p_1^i (1-p_1)^{n-i},\quad i = 1,\ 2,\ \cdots,\ n$$

类似地，求得 Y 的边缘分布律为

$$P\{Y = j\} = \frac{n!}{j!(n-j)!} p_2^j (1-p_2)^{n-j},\ j = 1,\ 2,\ \cdots,\ n$$

故 $X = i$ 条件下 Y 的条件分布律和 $Y = j$ 条件下 X 的条件分布律分别为

$$P\{Y = j \mid X = i\} = \frac{P\{X = i,\ Y = j\}}{P\{X = i\}}$$

$$= \frac{(n-i)!}{j!(n-i-j)!} \left(\frac{p_2}{1-p_1}\right)^j \left(1-\frac{p_2}{1-p_1}\right)^{n-i-j},\ j = 1,\ 2,\ \cdots,\ n-i$$

$$P\{X = i \mid Y = j\} = \frac{P\{X = i,\ Y = j\}}{P\{Y = j\}}$$

$$= \frac{(n-j)!}{i!(n-i-j)!} \left(\frac{p_1}{1-p_2}\right)^i \left(1-\frac{p_1}{1-p_2}\right)^{n-i-j},\ i = 1,\ 2,\ \cdots,\ n-j$$

5. 设二维随机变量 (X, Y) 的联合密度函数为

$$f(x, y) = \begin{cases} 60x^2(1-y), & 0 < x < y, 0 < y < 1 \\ 0, & \text{其他} \end{cases}$$

求 $X = x$ 条件下 Y 的条件密度函数和 $Y = y$ 条件下 X 的条件密度函数.

解 根据 (X, Y) 的联合密度函数,分别求得 X 和 Y 的边缘密度函数为

$$f_X(x) = \int_{-\infty}^{+\infty} f(x, y) \mathrm{d}y = \begin{cases} \int_x^1 60x^2(1-y)\mathrm{d}y, & 0 < x < 1 \\ 0, & \text{其他} \end{cases}$$

$$= \begin{cases} 30x^2(1-x)^2, & 0 < x < 1 \\ 0, & \text{其他} \end{cases}$$

$$f_Y(y) = \int_{-\infty}^{+\infty} f(x, y) \mathrm{d}x = \begin{cases} \int_0^y 60x^2(1-y)\mathrm{d}x, & 0 < y < 1 \\ 0, & \text{其他} \end{cases}$$

$$= \begin{cases} 20y^3(1-y), & 0 < y < 1 \\ 0, & \text{其他} \end{cases}$$

故 $X = x$ 条件下 Y 的条件密度函数和 $Y = y$ 条件下 X 的条件密度函数分别为

$$f(y \mid x) = \frac{f(x, y)}{f_X(x)} = \begin{cases} \dfrac{2(1-y)}{(1-x)^2}, & 0 < x < y, 0 < y < 1 \\ 0, & \text{其他} \end{cases}$$

$$f(x \mid y) = \frac{f(x, y)}{f_Y(y)} = \begin{cases} \dfrac{3x^2}{y^3}, & 0 < x < y, 0 < y < 1 \\ 0, & \text{其他} \end{cases}$$

6. 设二维随机变量 (X, Y) 的联合密度函数为

$$f(x, y) = \begin{cases} 6x, & 0 < x < 1, 0 < y < 1-x \\ 0, & \text{其他} \end{cases}$$

求 $Z = X + Y$ 的密度函数.

解 由 (X, Y) 的取值区域 $\{(x, y) \mid 0 < x < 1, 0 < y < 1-x\}$,可知 $Z = X + Y$ 的取值区间为 $(0, 1)$.

当 $z \leqslant 0$ 或 $z \geqslant 1$ 时,有 $f_Z(z) = 0$

195

当 $0 < z < 1$ 时,有

$$F_Z(z) = P\{Z \leqslant z\} = P\{X + Y \leqslant z\}$$

$$= \iint\limits_{x+y \leqslant z} f(x, y)\mathrm{d}x\mathrm{d}y = \int_0^z \mathrm{d}x \int_0^{z-x} 6x\mathrm{d}y$$

$$= z^3$$

$$f_Z(z) = F_Z'(z) = 3z^2$$

综上求得 $Z = X + Y$ 的密度函数为

$$f_Z(y) = \begin{cases} 3z^2, & 0 < z < 1 \\ 0, & 其他 \end{cases}$$

7. 设随机变量 X, Y 相互独立,均服从标准正态分布 $N(0, 1)$,求 $Z = X^2 + Y^2$ 的密度函数.

解 根据 X, Y 的密度函数及独立性可知,(X, Y) 的联合密度函数为

$$f(x, y) = f_X(x)f_Y(y) = \frac{1}{2\pi}\mathrm{e}^{-\frac{x^2+y^2}{2}}, \quad -\infty < x, y < +\infty$$

由 (X, Y) 的取值区域 $\{(x, y) | -\infty < x, y < +\infty\}$,可知 $Z = X^2 + Y^2$ 的取值区间为 $[0, +\infty)$.

当 $z < 0$ 时,有 $f_Z(z) = 0$

当 $z \geqslant 0$ 时,有

$$F_Z(z) = P\{Z \leqslant z\} = P\{X^2 + Y^2 \leqslant z\}$$

$$= \iint\limits_{x^2+y^2 \leqslant z} \frac{1}{2\pi}\mathrm{e}^{-\frac{x^2+y^2}{2}}\mathrm{d}x\mathrm{d}y = \int_0^{2\pi}\mathrm{d}\theta\int_0^{\sqrt{z}}\frac{1}{2\pi}\mathrm{e}^{-\frac{r^2}{2}}r\mathrm{d}r$$

$$= 1 - \mathrm{e}^{-\frac{z}{2}}$$

$$f_Z(z) = F_Z'(z) = \frac{1}{2}\mathrm{e}^{-\frac{z}{2}}, \quad z > 0$$

在 $z = 0$ 处,$F_Z(z)$ 不可导,取 $f_Z(0) = 0$.

综上求得 $Z = X^2 + Y^2$ 的密度函数为

$$f_Z(z) = \begin{cases} \frac{1}{2}\mathrm{e}^{-\frac{z}{2}}, & z > 0 \\ 0, & z \leqslant 0 \end{cases}$$

8. 设随机变量 X,Y 相互独立,均服从参数 $\lambda=1$ 的指数分布,定义

$$U=X+Y, \quad V=\frac{X}{X+Y}$$

证明 U 与 V 相互独立.

证 根据 X,Y 的密度函数及独立性可知,(X,Y) 的联合密度函数为

$$f(x,y)=f_X(x)f_Y(y)=\begin{cases} \mathrm{e}^{-(x+y)}, & x>0, y>0 \\ 0, & \text{其他} \end{cases}$$

记 (U,V) 的联合分布函数为 $G(u,v)$. 由 (X,Y) 的取值区域 $\{(x,y)\mid x>0, y>0\}$,可知 (U,V) 的取值区域为 $\{(u,v)\mid u>0, v>0\}$.

当 $u\leqslant 0$ 或 $v\leqslant 0$ 时,有 $G(u,v)=0$

当 $u>0$ 且 $v>0$ 时,有

$$G(u,v)=P\{U\leqslant u, V\leqslant v\}=P\left\{X+Y\leqslant u, \frac{X}{X+Y}\leqslant v\right\}$$

$$=\begin{cases} \displaystyle\int_0^{uv}\mathrm{d}x\int_{\frac{1-v}{v}x}^{u-x}\mathrm{e}^{-(x+y)}\mathrm{d}y & u>0, 0<v<1 \\ \displaystyle\int_0^u\mathrm{d}x\int_0^{u-x}\mathrm{e}^{-(x+y)}\mathrm{d}y & u>0, v\geqslant 1 \end{cases}$$

$$=\begin{cases} v(1-\mathrm{e}^{-u}-u\mathrm{e}^{-u}) & u>0, 0<v<1 \\ 1-\mathrm{e}^{-u}-u\mathrm{e}^{-u} & u>0, v\geqslant 1 \end{cases}$$

并由此求得 U 和 V 的边缘分布函数分别为

$$G_U(u)=G(u,+\infty)=1-\mathrm{e}^{-u}-u\mathrm{e}^{-u}, \quad u>0$$

$$G_V(v)=G(+\infty,v)=\begin{cases} v, & 0<v<1 \\ 1, & v\geqslant 1 \end{cases}$$

比较可知

$$G_U(u)G_V(v)=\begin{cases} v(1-\mathrm{e}^{-u}-u\mathrm{e}^{-u}) & u>0, 0<v<1 \\ 1-\mathrm{e}^{-u}-u\mathrm{e}^{-u} & u>0, v\geqslant 1 \end{cases}$$

$$=G(u,v)$$

故 U 与 V 相互独立.

9. 设三维随机变量 (X,Y,Z) 的联合密度函数为

$$f(x, y, z) = \begin{cases} 6\,(1+x+y+z)^{-4}, & x > 0,\ y > 0,\ z > 0 \\ 0, & \text{其他} \end{cases}$$

求 $U = X + Y + Z$ 的密度函数.

解 由 (X, Y, Z) 的取值区域 $\{(x, y, z) \mid x > 0,\ y > 0,\ z > 0\}$,可知 $U = X + Y + Z$ 的取值区间为 $(0, +\infty)$.

当 $u \leqslant 0$ 时,有 $f_U(u) = 0$

当 $u > 0$ 时,有

$$F_U(u) = P\{U \leqslant u\} = P\{X+Y+Z \leqslant u\} = \iiint\limits_{x+y+z \leqslant u} f(x, y, z)\,\mathrm{d}x\mathrm{d}y\mathrm{d}z$$

$$= \int_0^u \mathrm{d}x \int_0^{u-x} \mathrm{d}y \int_0^{u-x-y} 6\,(1+x+y+z)^{-4}\,\mathrm{d}z$$

$$= \frac{u^3}{(1+u)^3}$$

$$f_U(u) = F_U'(u) = \frac{3u^2}{(1+u)^4}$$

综上求得 $U = X + Y + Z$ 的密度函数为

$$f_U(u) = \begin{cases} \dfrac{3u^2}{(1+u)^4}, & u > 0 \\[2mm] 0, & u \leqslant 0 \end{cases}$$

10. 设随机变量 $X_1, X_2, \cdots, X_n$ 相互独立,且 X_i 服从参数为 λ_i 的指数分布,求 $M = \max\{X_1, X_2, \cdots, X_n\}$ 和 $N = \min\{X_1, X_2, \cdots, X_n\}$ 的密度函数.

解 根据 $X_1, X_2, \cdots, X_n$ 的密度函数及独立性可知,$(X_1, X_2, \cdots, X_n)$ 的联合密度函数为

$$f(x_1, x_2, \cdots, x_n) = \begin{cases} \lambda_1 \lambda_2 \cdots \lambda_n \mathrm{e}^{-(\lambda_1 x_1 + \lambda_2 x_2 + \cdots + \lambda_n x_n)}, & x_1 > 0,\ x_2 > 0,\ \cdots,\ x_n > 0 \\ 0, & \text{其他} \end{cases}$$

由 $(X_1, X_2, \cdots, X_n)$ 的取值区域 $\{(x_1, x_2, \cdots, x_n) \mid x_1 > 0,\ x_2 > 0,\ \cdots,\ x_n > 0\}$,可知 $M = \max(X_1, X_2, \cdots, X_n)$ 和 $N = \min(X_1, X_2, \cdots, X_n)$ 的取值区间均为 $(0, +\infty)$.

当 $z \leqslant 0$ 时,有 $f_M(z) = 0,\ f_N(z) = 0$

当 $z > 0$ 时,有

$$F_M(z) = P\{M \leqslant z\} = P\{X_1 \leqslant z, X_2 \leqslant z, \cdots, X_n \leqslant z\}$$

$$= \int_0^z \cdots \int_0^z \lambda_1 \lambda_2 \cdots \lambda_n e^{-(\lambda_1 x_1 + \lambda_2 x_2 + \cdots \lambda_n x_n)} dx_1 \cdots dx_n$$

$$= \prod_{i=1}^n (1 - e^{-\lambda_i z})$$

$$f_M(z) = F'_M(z) = \sum_{j=1}^n \frac{\lambda_j e^{-\lambda_j z}}{1 - e^{-\lambda_j z}} \prod_{i=1}^n (1 - e^{-\lambda_i z})$$

$$F_N(z) = P\{N \leqslant z\} = 1 - P\{N > z\} = 1 - P\{X_1 > z, X_2 > z, \cdots, X_n > z\}$$

$$= 1 - \int_z^{+\infty} \cdots \int_z^{+\infty} \lambda_1 \lambda_2 \cdots \lambda_n e^{-(\lambda_1 x_1 + \lambda_2 x_2 + \cdots + \lambda_n x_n)} dx_1 \cdots dx_n$$

$$= 1 - e^{-\sum_{i=1}^n \lambda_i z}$$

$$f_N(z) = F'_N(z) = \sum_{j=1}^n \lambda_j e^{-\sum_{i=1}^n \lambda_i z}$$

综上求得 $M = \max(X_1, X_2, \cdots, X_n)$ 和 $N = \min(X_1, X_2, \cdots, X_n)$ 的密度函数分别为

$$f_M(z) = \begin{cases} \sum_{j=1}^n \dfrac{\lambda_j e^{-\lambda_j z}}{1 - e^{-\lambda_j z}} \prod_{i=1}^n (1 - e^{-\lambda_i z}), & z > 0 \\ 0, & z \leqslant 0 \end{cases}$$

$$f_N(z) = \begin{cases} \sum_{j=1}^n \lambda_j e^{-\sum_{i=1}^n \lambda_i z}, & z > 0 \\ 0, & z \leqslant 0 \end{cases}$$

四、同步自测题及参考答案

自 测 题 A

一、单项选择题

1. 设二维随机变量 (X, Y) 的联合分布函数为 $F(x, y)$，则 $Z = \max(X, Y)$ 的分布函数 $F_Z(z) = ($ $)$.

A. $F(z, z)$ B. $1 - F(z, z)$

C. $F(z, +\infty) + F(+\infty, z)$ D. $F(z, +\infty) + F(+\infty, z) - F(z, z)$

2. 设随机变量 X 与 Y 相互独立,当 X 与 Y 均服从下列哪一类分布时,$X+Y$ 也服从同类分布(   ).

A. 二项分布   B. 均匀分布   C. 泊松分布   D. 指数分布

3. 设随机变量 X,Y 均服从 $0-1$ 分布 $B(1, 0.2)$,已知 $P\{XY=0\}=1$,则概率 $P\{X=0, Y=0\} = ($ $)$.

A. 0.2   B. 0.4   C. 0.6   D. 0.8

4. 设随机变量 X 与 Y 相互独立,分别服从正态分布 $N(0, 1)$ 和 $N(1, 1)$,则下列结论中正确的是(   ).

A. $P\{X+Y \leqslant 0\} = \dfrac{1}{2}$ B. $P\{X+Y \leqslant 1\} = \dfrac{1}{2}$

C. $P\{X-Y \leqslant 0\} = \dfrac{1}{2}$ D. $P\{X-Y \leqslant 1\} = \dfrac{1}{2}$

5. 设 $F_1(x, y)$,$F_2(x, y)$ 是任意两个联合分布函数,如果 $aF_1(x, y) + bF_2(x, y)$ 也是联合分布函数,则常数 a, b 应满足(   ).

A. $a \geqslant 0, b \geqslant 0$ B. $0 \leqslant a \leqslant 1, 0 \leqslant b \leqslant 1$

C. $a + b = 1$ D. $a \geqslant 0, b \geqslant 0, a+b = 1$

二、填空题

1. 设随机变量 X 与 Y 相互独立,均服从 $0-1$ 分布 $B(1, p)$,则 $P\{X+Y=0\}$ = _____.

2. 设随机变量 X 与 Y 相互独立,均服从几何分布 $G(p)$,则 $P\{X = Y\}$ = _____.

3. 设随机变量 X 与 Y 相互独立,均服从正态分布 $N(0, 1)$,则 $Z = \min(X, Y)$ 的密度函数 $f_Z(z)$ = _____.

4. 设随机变量 X 与 Y 相互独立,分别服从 $0-1$ 分布 $B(1, p)$ 和 $B(1, q)$,则 $Z = XY$ 服从的分布为_____.

5. 设二维离散型随机变量 (X, Y) 的联合分布律为

$$P\{X=n, Y=m\} = \frac{\mathrm{e}^{-1}}{m!(n-m)!} \left(\frac{1}{2}\right)^n, \quad m = 0, 1, \cdots, n; n = 0, 1, 2, \cdots$$

则 $X = n$ 条件下 Y 的条件分布律 $P\{Y = m \mid X = n\}$ = _____.

三、计算、证明题

1. 袋内有 1 个白球,2 个黑球,3 个红球. 从袋中任取 3 个球,以 X 表示取到的白球数,Y 表示取到的黑球数,求 (X,Y) 的联合分布律和边缘分布律.

2. 连掷一颗骰子直至掷出点数小于 5 为止,以 X 表示最后掷出的点数,Y 表示所掷的次数,求 $X=i$ 条件下 Y 的条件分布律.

3. 设随机变量 X 服从指数分布 $E(\lambda)$,定义

$$U = \begin{cases} 0, & X \leqslant 1 \\ 1, & X > 1 \end{cases}, \quad V = \begin{cases} 0, & X \leqslant 2 \\ 1, & X > 2 \end{cases}$$

求 (U,V) 的联合分布律和边缘分布律.

4. 设二维随机变量 (X,Y) 服从区域 $D = \{(x,y) \mid x^2 < y < x\}$ 上的均匀分布,求:

(1) $X=x$ 条件下 Y 的条件密度函数.

(2) $Y=y$ 条件下 X 的条件密度函数.

5. 设二维随机变量 (X,Y) 的联合密度函数为

$$f(x,y) = \begin{cases} 2\mathrm{e}^{-x-2y} & x > 0, y > 0 \\ 0 & \text{其他} \end{cases}$$

求:(1) 概率 $P\{X+Y < 2\}$.

(2) 条件概率 $P\{Y < 1 \mid X < 1\}$.

6. 设二维随机变量 (X,Y) 的联合密度函数为

$$f(x,y) = \begin{cases} 2-x-y, & 0 < x < 1, 0 < y < 1 \\ 0, & \text{其他} \end{cases}$$

求 $Z = X+Y$ 的密度函数.

7. 设随机变量 X,Y 独立同分布,其分布律为

$$P\{X=k\} = P\{Y=k\} = \frac{1}{2}, \quad k = \pm 1$$

令 $Z = XY$,证明 X,Y,Z 两两独立但不相互独立.

自测题 A 参考答案

一、单项选择题

1. A

解 根据联合分布函数 $F(x, y) = P\{X \leqslant x, Y \leqslant y\}$，可得

$$F_Z(z) = P\{Z \leqslant z\} = P\{\max(X, Y) \leqslant z\} = P\{X \leqslant z, Y \leqslant z\} = F(z, z)$$

2. C

解 设 $X \sim P(\lambda_1)$，$Y \sim P(\lambda_2)$. 由 X 与 Y 相互独立,可得

$$P\{X + Y = k\} = \sum_{i=0}^{k} P\{X = i\} P\{Y = k - i\} = \frac{e^{-(\lambda_1 + \lambda_2)}}{k!} \sum_{i=0}^{k} C_k^i \lambda_1^i \lambda_2^{k-i}$$

$$= \frac{(\lambda_1 + \lambda_2)^k}{k!} e^{-(\lambda_1 + \lambda_2)}, \quad k = 0, 1, 2, \cdots$$

故 $X + Y \sim P(\lambda_1 + \lambda_2)$.

3. C

解 X, Y 的可能取值均为 $0, 1$，且

$$P\{X = 0\} = P\{Y = 0\} = 0.8, \quad P\{X = 1\} = P\{Y = 1\} = 0.2$$

已知 $P\{XY = 0\} = 1$，故 $P\{XY \neq 0\} = P\{X = 1, Y = 1\} = 0$，由此可得

$$P\{X = 0, Y = 0\} = 1 - P\{\overline{(X = 0) \bigcap (Y = 0)}\} = 1 - P\{(X = 1) \bigcup (Y = 1)\}$$

$$= 1 - P\{X = 1\} - P\{Y = 1\} + P\{X = 1, Y = 1\}$$

$$= 1 - 0.2 - 0.2 + 0 = 0.6$$

4. B

解 根据正态分布的性质,可知 $X + Y \sim N(1, 2)$，故有

$$P\{X + Y \leqslant 1\} = P\left\{\frac{X + Y - 1}{\sqrt{2}} \leqslant 0\right\} = \Phi(0) = \frac{1}{2}$$

5. D

解 根据联合分布函数的非负性和规范性,应有 $a \geqslant 0$，$b \geqslant 0$，并且

$$aF_1(+\infty, +\infty) + bF_2(+\infty, +\infty) = a + b = 1$$

二、填空题

1. $(1-p)^2$

解 由 X 与 Y 相互独立,均服从 $0-1$ 分布 $B(1, p)$,可得

$$P\{X+Y=0\} = P\{X=0, Y=0\} = P\{X=0\}P\{Y=0\} = (1-p)^2$$

2. $\dfrac{p}{2-p}$

解 由 X 与 Y 相互独立,均服从几何分布 $G(p)$,可得

$$
\begin{aligned}
P\{X=Y\} &= \sum_{k=1}^{\infty} P\{X=k, Y=k\} = \sum_{k=1}^{\infty} P\{X=k\}P\{Y=k\} \\
&= \sum_{k=1}^{\infty} \left[(1-p)^{k-1}p\right]^2 = p^2 \cdot \frac{1}{1-(1-p)^2} \\
&= \frac{p}{2-p}
\end{aligned}
$$

3. $2[1-\Phi(z)]\varphi(z)$

解 由 X 与 Y 相互独立,均服从正态分布 $N(0, 1)$,可得 $Z = \min(X, Y)$ 的分布函数

$$
\begin{aligned}
F_Z(z) &= P\{Z \leqslant z\} = P\{\min(X, Y) \leqslant z\} \\
&= 1 - P\{X>z, Y>z\} = 1 - P\{X>z\}P\{Y>z\} \\
&= 1 - [1-\Phi(z)]^2
\end{aligned}
$$

求导得到密度函数为

$$f_Z(z) = F_Z'(z) = 2[1-\Phi(z)]\varphi(z)$$

4. $B(1, pq)$

解 由 X 与 Y 相互独立,分别服从 $0-1$ 分布 $B(1, p)$ 和 $B(1, q)$,可知 $Z = XY$ 的可能取值为 $0, 1$,且

$$P\{Z=1\} = P\{XY=1\} = P\{X=1, Y=1\} = P\{X=1\}P\{Y=1\} = pq$$
$$P\{Z=0\} = 1 - P\{Z=1\} = 1 - pq$$

故 $Z = XY \sim B(1, pq)$.

5. $\dfrac{n!}{m!(n-m)!}\left(\dfrac{1}{2}\right)^n$, $\quad m = 0, 1, \cdots, n$

解 由 (X, Y) 的联合分布律

$$P\{X = n, Y = m\} = \frac{\mathrm{e}^{-1}}{m!(n-m)!} \left(\frac{1}{2}\right)^n, \quad m = 0, 1, \cdots, n; \, n = 0, 1, 2, \cdots$$

可得 X 的边缘分布律

$$P\{X = n\} = \sum_{m=0}^{n} P\{X = n, Y = m\} = \sum_{m=0}^{n} \frac{\mathrm{e}^{-1}}{m!(n-m)!} \left(\frac{1}{2}\right)^n$$

$$= \frac{\mathrm{e}^{-1}}{n!} \left(\frac{1}{2}\right)^n \sum_{m=0}^{n} \frac{n!}{m!(n-m)!} = \frac{\mathrm{e}^{-1}}{n!} \left(\frac{1}{2}\right)^n (1+1)^n$$

$$= \frac{\mathrm{e}^{-1}}{n!}, \quad n = 0, 1, 2, \cdots$$

故 $X = n$ 条件下 Y 的条件分布律为

$$P\{Y = m \mid X = n\} = \frac{P\{X = n, Y = m\}}{P\{X = n\}} = \frac{n!}{m!(n-m)!} \left(\frac{1}{2}\right)^n, \quad m = 0, 1, \cdots, n$$

三、计算、证明题

1. **解** 根据题意，X 可能取值 $i = 0, 1$；Y 可能取值 $j = 0, 1, 2$，且

$$P\{X = i, Y = j\} = \frac{C_1^i C_2^j C_3^{3-i-j}}{C_9^3}, \quad i = 0, 1; \, j = 0, 1, 2$$

计算得到 (X, Y) 的联合分布律和边缘分布律如表 3-27 所示.

表 3-27 (X, Y) 的联合分布律和边缘分布律

X \\ Y	0	1	2	P_X
0	$\frac{1}{20}$	$\frac{6}{20}$	$\frac{3}{20}$	$\frac{10}{20}$
1	$\frac{3}{20}$	$\frac{6}{20}$	$\frac{1}{20}$	$\frac{10}{20}$
P_Y	$\frac{4}{20}$	$\frac{12}{20}$	$\frac{4}{20}$	1

2. **解** 事件 $\{X = i, Y = j\}$ 表示前 $j-1$ 次掷出的点数均为 5 或 6，第 j 次掷出的点数 $i < 5$. 由此可得 (X, Y) 的联合分布律

$$P\{X = i, Y = j\} = \left(\frac{2}{6}\right)^{j-1} \times \frac{1}{6}, \quad i = 1, 2, 3, 4; \, j = 1, 2, \cdots$$

以及 X 的边缘分布律

$$P\{X=i\} = \sum_{j=1}^{\infty} P\{X=i, Y=j\} = \frac{1}{6} \sum_{j=1}^{\infty} \left(\frac{2}{6}\right)^{j-1} = \frac{1}{4}, \quad i=1, 2, 3, 4$$

故 $X=i$ 条件下 Y 的条件分布律为

$$P\{Y=j \mid X=i\} = \frac{P\{X=i, Y=j\}}{P\{X=i\}} = \frac{2}{3} \left(\frac{1}{3}\right)^{j-1}, \quad i=1, 2, 3, 4; j=1, 2, \cdots$$

3. **解**   根据 X 的密度函数

$$f(x) = \begin{cases} \lambda e^{-\lambda x} & x > 0 \\ 0 & x \leqslant 0 \end{cases}$$

计算 (U, V) 的取值概率,有

$$P\{U=0, V=0\} = P\{X \leqslant 1, X \leqslant 2\} = \int_0^1 \lambda e^{-\lambda x} dx = 1 - e^{-\lambda}$$

$$P\{U=0, V=1\} = P\{X \leqslant 1, X > 2\} = P\{\varnothing\} = 0$$

$$P\{U=1, V=0\} = P\{X > 1, X \leqslant 2\} = \int_1^2 \lambda e^{-\lambda x} dx = e^{-\lambda} - e^{-2\lambda}$$

$$P\{U=1, V=1\} = P\{X > 1, X > 2\} = \int_2^{+\infty} \lambda e^{-\lambda x} dx = e^{-2\lambda}$$

由此求得 (U, V) 的联合分布律和边缘分布律如表 3-28 所示.

表 3-28 (U, V) 的联合分布律和边缘分布律

U ＼ V	0	1	P_U
0	$1 - e^{-\lambda}$	0	$1 - e^{-\lambda}$
1	$e^{-\lambda} - e^{-2\lambda}$	$e^{-2\lambda}$	$e^{-\lambda}$
P_V	$1 - e^{-2\lambda}$	$e^{-2\lambda}$	1

4. **解**   根据区域 $D = \{(x, y) \mid x^2 < y < x\}$ 的面积

$$m(D) = \int_0^1 dx \int_{x^2}^x dy = \int_0^1 (x - x^2) dx = \frac{1}{6}$$

可知 (X, Y) 的联合密度函数为

$$f(x, y) = \begin{cases} 6, & x^2 < y < x \\ 0, & \text{其他} \end{cases}$$

由此求得

（1）X 的边缘密度函数为

$$f_X(x) = \int_{-\infty}^{+\infty} f(x, y)\mathrm{d}y = \begin{cases} \int_{x^2}^{x} 6\mathrm{d}y & 0 < x < 1 \\ 0, & \text{其他} \end{cases}$$

$$= \begin{cases} 6(x - x^2) & 0 < x < 1 \\ 0, & \text{其他} \end{cases}$$

故 $X = x$ 条件下 Y 的条件密度函数为

$$f(y \mid x) = \frac{f(x, y)}{f_X(x)} = \begin{cases} \dfrac{1}{x - x^2} & x^2 < y < x \\ 0, & \text{其他} \end{cases}$$

（2）Y 的边缘密度函数为

$$f_Y(y) = \int_{-\infty}^{+\infty} f(x, y)\mathrm{d}x = \begin{cases} \int_{y}^{\sqrt{y}} 6\mathrm{d}x & 0 < y < 1 \\ 0, & \text{其他} \end{cases} = \begin{cases} 6(\sqrt{y} - y) & 0 < y < 1 \\ 0, & \text{其他} \end{cases}$$

故 $Y = y$ 条件下 X 的条件密度函数为

$$f(x \mid y) = \frac{f(x, y)}{f_Y(y)} = \begin{cases} \dfrac{1}{\sqrt{y} - y} & y < x < \sqrt{y} \\ 0, & \text{其他} \end{cases}$$

为直观起见，其中条件 $x^2 < y < x$ 等价表示为 $y < x < \sqrt{y}$.

5. **解** 根据 (X, Y) 的联合密度函数

$$f(x, y) = \begin{cases} 2\mathrm{e}^{-x-2y} & x > 0, y > 0 \\ 0 & \text{其他} \end{cases}$$

分别计算：

（1）概率 $P\{X + Y < 2\}$ 为 $f(x, y)$ 在区域 $\{(x, y) \mid x + y < 2\}$ 上的积分，可得

$$P\{X+Y<2\} = \iint\limits_{x+y<2} f(x, y)\mathrm{d}x\mathrm{d}y = \int_0^2 \mathrm{d}x \int_0^{2-x} 2\mathrm{e}^{-x-2y}\mathrm{d}y = (1-\mathrm{e}^{-2})^2$$

（2）X 的边缘密度函数为

$$f_X(x) = \int_{-\infty}^{+\infty} f(x, y)\mathrm{d}y = \begin{cases} \int_0^{+\infty} 2\mathrm{e}^{-x-2y}\mathrm{d}y, & x>0 \\ 0, & x \leqslant 0 \end{cases} = \begin{cases} \mathrm{e}^{-x}, & x>0 \\ 0, & x \leqslant 0 \end{cases}$$

按定义求条件概率 $P\{Y<1 \mid X<1\}$，可得

$$P\{Y<1 \mid X<1\} = \frac{P\{X<1, Y<1\}}{P\{X<1\}} = \frac{\iint\limits_{x<1, y<1} f(x, y)\mathrm{d}x\mathrm{d}y}{\int_{-\infty}^1 f_X(x)\mathrm{d}x}$$

$$= \frac{\int_0^1 \mathrm{d}x \int_0^1 2\mathrm{e}^{-x-2y}\mathrm{d}y}{\int_0^1 \mathrm{e}^{-x}\mathrm{d}x} = 1-\mathrm{e}^{-2}$$

6. 解 根据 (X, Y) 的联合密度函数

$$f(x, y) = \begin{cases} 2-x-y, & 0<x<1, 0<y<1 \\ 0, & \text{其他} \end{cases}$$

由 (X, Y) 的取值区域 $\{(x, y) \mid 0<x<1, 0<y<1\}$，可知 $Z=X+Y$ 的取值区间为 $(0, 2)$.

当 $z \leqslant 0$ 或 $z \geqslant 2$ 时，有 $f_Z(z)=0$

当 $0<z<2$ 时，有

$$F_Z(z) = P\{Z \leqslant z\} = P\{X+Y \leqslant z\} = \iint\limits_{x+y \leqslant z} f(x, y)\mathrm{d}x\mathrm{d}y$$

$$= \begin{cases} \int_0^z \mathrm{d}x \int_0^{z-x} (2-x-y)\mathrm{d}y, & 0<z<1 \\ 1-\int_{z-1}^1 \mathrm{d}x \int_{z-x}^1 (2-x-y)\mathrm{d}y, & 1 \leqslant z<2 \end{cases}$$

$$= \begin{cases} -\dfrac{1}{3}z^3 + z^2, & 0<z<1 \\ \dfrac{1}{3}z^3 - 2z^2 + 4z - \dfrac{5}{3}, & 1 \leqslant z<2 \end{cases}$$

207

$$f_Z(z) = F'_Z(z) = \begin{cases} -z^2 + 2z, & 0 < z < 1 \\ z^2 - 4z + 4, & 1 \leqslant z < 2 \end{cases}$$

综上求得 $Z = X + Y$ 的密度函数为

$$f_Z(y) = \begin{cases} z(2-z), & 0 < z < 1 \\ (2-z)^2, & 1 \leqslant z < 2 \\ 0, & \text{其他} \end{cases}$$

7. 证 根据 X, Y 的分布律及独立性,有

$$P\{X = i, Y = j\} = P\{X = i\}P\{Y = j\} = \left(\frac{1}{2}\right)^2 = \frac{1}{4}, \quad i, j = \pm 1$$

由 X, Y 均取值 ± 1,可知 $Z = XY$ 的可能取值为 ± 1,且

$$P\{Z = 1\} = P\{X = 1, Y = 1\} + P\{X = -1, Y = -1\} = \frac{1}{2}$$

$$P\{Z = -1\} = P\{X = -1, Y = 1\} + P\{X = 1, Y = -1\} = \frac{1}{2}$$

由此可得

$$P\{X = i, Z = k\} = P\{X = i, XY = k\} = P\{X = i, Y = ik\}$$
$$= \frac{1}{4} = P\{X = i\}P\{Z = k\}, \quad i, k = \pm 1$$

$$P\{Y = j, Z = k\} = \frac{1}{4} = P\{Y = j\}P\{Z = k\}, \quad j, k = \pm 1$$

故 X, Y, Z 两两独立.

注意到事件 $\{X = 1, Y = 1\} \subset \{Z = 1\}$,比较可知

$$P\{X = 1, Y = 1, Z = 1\} = P\{X = 1, Y = 1\} = \frac{1}{4} \neq \frac{1}{8}$$
$$= P\{X = 1\}P\{Y = 1\}P\{Z = 1\}$$

故 X, Y, Z 不相互独立.

自 测 题 B

一、单项选择题

1. 设二维随机变量 (X, Y) 的联合分布函数为 $F(x, y)$,则 $Z = \min(X, Y)$ 的分布函数 $F_Z(z) = ($).

    A. $F(z, z)$ B. $1 - F(z, z)$

    C. $F(z, +\infty) + F(+\infty, z)$ D. $F(z, +\infty) + F(+\infty, z) - F(z, z)$

2. 设随机变量 X 与 Y 相互独立,当 X 与 Y 均服从下列哪一类分布时,$X - Y$ 也服从同类分布( ).

    A. 泊松分布   B. 几何分布   C. 指数分布   D. 正态分布

3. 设二维随机变量 (X, Y) 的联合分布律如表 3-29 所示.

表 3-29 (X, Y) 的联合分布律

X \ Y	0	1
0	0.1	a
1	b	0.4

已知事件 $\{X = 0\}$ 与 $\{X + Y = 1\}$ 相互独立,则( ).

    A. $a = 0.1, b = 0.4$ B. $a = 0.2, b = 0.3$

    C. $a = 0.3, b = 0.2$ D. $a = 0.4, b = 0.1$

4. 设随机变量 X 与 Y 相互独立,分别服从泊松分布 $P(\lambda_1)$ 和 $P(\lambda_2)$,则下列结论中正确的是( ).

    A. $P\{X + Y = 0\} = e^{-\lambda_1} + e^{-\lambda_2}$ B. $P\{XY = 0\} = e^{-\lambda_1 - \lambda_2}$

    C. $P\{X + Y = 1\} = \lambda_1 e^{-\lambda_1} + \lambda_2 e^{-\lambda_2}$ D. $P\{XY = 1\} = \lambda_1 \lambda_2 e^{-\lambda_1 - \lambda_2}$

5. 设二维随机变量 (X, Y) 服从二维正态分布 $N(\mu_1, \mu_2; \sigma_1^2, \sigma_2^2; \rho)$,则下列结论中未必成立的是( ).

    A. $X \sim N(\mu_1, \sigma_1^2), Y \sim N(\mu_2, \sigma_2^2)$

    B. $X + Y \sim N(\mu_1 + \mu_2, \sigma_1^2 + \sigma_2^2)$

    C. $X = x$ 时,$Y \sim N\left(\mu_2 + \dfrac{\sigma_2}{\sigma_1}\rho(x - \mu_1), \sigma_2^2(1 - \rho^2)\right)$

    D. $\rho = 0$ 时,X 与 Y 相互独立

二、填空题

1. 设随机变量 X 与 Y 相互独立,均服从 $0-1$ 分布 $B(1,p)$,则 $P\{XY=0\}=$ _____.

2. 设随机变量 X 与 Y 相互独立,均服从几何分布 $G(p)$,则 $P\{X<Y\}=$ _____.

3. 设随机变量 X 与 Y 相互独立,均服从正态分布 $N(0,1)$,则 $Z=\max(X,Y)$ 的密度函数 $f_Z(z)=$ _____.

4. 设随机变量 X 与 Y 相互独立,分别服从二项分布 $B(m,p)$ 和 $B(n,p)$,则 $Z=X+Y$ 服从的分布为_____.

5. 设二维离散型随机变量 (X,Y) 的联合分布律为

$$P\{X=n,Y=m\}=\frac{\mathrm{e}^{-1}}{m!(n-m)!}\left(\frac{1}{2}\right)^n,\quad m=0,1,\cdots,n;n=0,1,2,\cdots$$

则在 $Y=m$ 条件下,X 的条件分布律为 $P\{X=n\mid Y=m\}=$ _____.

三、计算、证明题

1. 将一枚硬币连掷 3 次,以 X 表示前 2 次掷出的正面次数,Y 表示 3 次所掷出的正面次数,求 (X,Y) 的联合分布律和边缘分布律.

2. 将一颗骰子连掷 2 次,以 X 表示掷出的最小点数,Y 表示掷出的最大点数,求 $X=i$ 条件下 Y 的条件分布律.

3. 设二维随机变量 (X,y) 服从区域 $D=\{(x,y)\mid |x|+|y|<2\}$ 上的均匀分布.定义

$$U=\begin{cases}0,&X\leqslant-1\\1,&X>-1\end{cases},\quad V=\begin{cases}0,&Y\leqslant-1\\1,&Y>-1\end{cases}$$

求 (U,V) 的联合分布律和边缘分布律.

4. 设二维随机变量 (X,Y) 的联合密度函数为

$$f(x,y)=\begin{cases}\dfrac{1}{8}(x^2-y^2)\mathrm{e}^{-x},&x>0,|y|<x\\[2mm]0,&\text{其他}\end{cases}$$

求:(1) $X=x$ 条件下 Y 的条件密度函数.

(2) $Y=y$ 条件下 X 的条件密度函数.

5. 设二维随机变量 (X,Y) 的联合密度函数为

$$f(x, y) = \begin{cases} \dfrac{1}{4}(x+y), & 0 < x < 2,\, 0 < y < x \\ 0, & \text{其他} \end{cases}$$

求:(1) 概率 $P\{XY > 1\}$.

(2) 条件概率 $P\{Y > 1 \mid X > 1\}$.

6. 设二维随机变量 (X, Y) 的联合密度函数为

$$f(x, y) = \begin{cases} x\mathrm{e}^{-x(1+y)}, & x > 0,\, y > 0 \\ 0, & \text{其他} \end{cases}$$

求 $Z = XY$ 的密度函数.

7. 进行独立重复试验,直至成功 2 次为止. 以 X 表示首次成功之前的失败次数, Y 表示 2 次成功之间的失败次数,证明 X 与 Y 相互独立.

自测题 B 参考答案

一、单项选择题

1. D

解 根据联合分布函数 $F(x, y) = P\{X \leqslant x, Y \leqslant y\}$,可得

$$\begin{aligned} F_Z(z) &= P\{Z \leqslant z\} = P\{\min(X, Y) \leqslant z\} \\ &= P\{X \leqslant z\} + P\{Y \leqslant z\} - P\{X \leqslant z, Y \leqslant z\} \\ &= F(z, +\infty) + F(+\infty, z) - F(z, z) \end{aligned}$$

2. D

解 设 $X \sim N(\mu_1, \sigma_1^2)$, $Y \sim N(\mu_2, \sigma_2^2)$. 根据独立正态分布随机变量的线性组合仍服从正态分布的结论,或由如下简略推导:

$$F_Z(z) = P\{Z \leqslant z\} = P\{X - Y \leqslant z\} = \frac{1}{2\pi\sigma_1\sigma_2} \int_{-\infty}^{+\infty} \mathrm{d}y \int_{-\infty}^{y+z} \mathrm{e}^{-\frac{(x-\mu_1)^2}{2\sigma_1^2} - \frac{(y-\mu_2)^2}{2\sigma_2^2}} \mathrm{d}x$$

$$f_Z(z) = F_Z'(z) = \frac{1}{2\pi\sigma_1\sigma_2} \int_{-\infty}^{+\infty} \mathrm{e}^{-\frac{(y+z-\mu_1)^2}{2\sigma_1^2} - \frac{(y-\mu_2)^2}{2\sigma_2^2}} \mathrm{d}y = \frac{1}{\sqrt{2\pi(\sigma_1^2+\sigma_2^2)}} \mathrm{e}^{-\frac{[z-(\mu_1-\mu_2)]^2}{2(\sigma_1^2+\sigma_2^2)}}$$

可知 $X - Y \sim N(\mu_1 - \mu_2, \sigma_1^2 + \sigma_2^2)$

3. A

解 根据联合分布律的规范性,有

$$0.1 + a + b + 0.4 = 1$$

故 $a + b = 0.5$. 由 $\{X = 0\}$ 与 $\{X + Y = 1\}$ 相互独立,可知

$$P\{X = 0, X + Y = 1\} = P\{X = 0\}P\{X + Y = 1\}$$

其中

$$P\{X = 0, X + Y = 1\} = P\{X = 0, Y = 1\} = a$$
$$P\{X = 0\} = P\{X = 0, Y = 0\} + P\{X = 0, Y = 1\} = 0.1 + a$$
$$P\{X + Y = 1\} = P\{X = 0, Y = 1\} + P\{X = 1, Y = 0\} = a + b = 0.5$$

由此得到

$$a = (0.1 + a) \times 0.5 = 0.05 + 0.5a$$

故 $a = 0.1$, $b = 0.5 - a = 0.4$.

4. D

解 根据 X, Y 的独立性及 $X \sim P(\lambda_1)$, $Y \sim P(\lambda_2)$,有

$$P\{XY = 1\} = P\{X = 1\}P\{Y = 1\} = \frac{\lambda_1^1}{1!}e^{-\lambda_1} \cdot \frac{\lambda_2^1}{1!}e^{-\lambda_2} = \lambda_1\lambda_2 e^{-\lambda_1-\lambda_2}$$

5. B

解 选项 B 当且仅当 $\rho = 0$,即 X 与 Y 相互独立时成立.

为方便起见,仅就 $(X, Y) \sim N(0, 0; 1, 1; \rho)$ 的情形简要证明如下:

$$F_Z(z) = P\{Z \leqslant z\} = P\{X + Y \leqslant z\} = \int_{-\infty}^{+\infty} dx \int_{-\infty}^{z-x} \frac{1}{2\pi\sqrt{1-\rho^2}} e^{-\frac{1}{2(1-\rho^2)}(x^2-2\rho xy+y^2)} dy$$

$$f_Z(z) = F_Z'(z) = \int_{-\infty}^{+\infty} \frac{1}{2\pi\sqrt{1-\rho^2}} e^{-\frac{1}{2(1-\rho^2)}[x^2-2\rho x(z-x)+(z-x)^2]} dx = \frac{1}{2\sqrt{\pi(1+\rho)}} e^{-\frac{z^2}{4(1+\rho)}}$$

当且仅当 $\rho = 0$ 时,有

$$f_Z(z) = \frac{1}{2\sqrt{\pi}} e^{-\frac{z^2}{4}} = \frac{1}{\sqrt{2\pi}\sqrt{2}} e^{-\frac{z^2}{2(\sqrt{2})^2}}$$

即 $Z = X + Y \sim N(0, 2)$.

二、填空题

1. $1 - p^2$

解 由 X 与 Y 相互独立,均服从 $0-1$ 分布 $B(1, p)$,可得

$$P\{XY = 0\} = 1 - P\{XY = 1\} = 1 - P\{X = 1, Y = 1\}$$
$$= 1 - P\{X = 1\}P\{Y = 1\} = 1 - p^2$$

2. $\dfrac{1-p}{2-p}$

解 由 X 与 Y 相互独立,均服从几何分布 $G(p)$,可得

$$P\{X < Y\} = \sum_{j=1}^{\infty} \sum_{i=1}^{j-1} P\{X = i, Y = j\} = \sum_{j=1}^{\infty} \sum_{i=1}^{j-1} P\{X = i\}P\{Y = j\}$$
$$= \sum_{j=1}^{\infty} \sum_{i=1}^{j-1} (1-p)^{i+j-2} p^2 = p \sum_{k=1}^{\infty} \left[(1-p)^{j-1} - (1-p)^{2(j-1)} \right]$$
$$= \frac{1-p}{2-p}$$

3. $2\Phi(z)\varphi(z)$

解 由 X 与 Y 相互独立,均服从正态分布 $N(0, 1)$,可得 $Z = \max(X, Y)$ 的分布函数

$$F_Z(z) = P\{Z \leqslant z\} = P\{\max(X, Y) \leqslant z\}$$
$$= P\{X \leqslant z, Y \leqslant z\} = P\{X \leqslant z\}P\{Y \leqslant z\}$$
$$= \left[\Phi(z)\right]^2$$

求导得到密度函数为

$$f_Z(z) = F_Z'(z) = 2\Phi(z)\varphi(z)$$

4. $B(m+n, p)$

解 由 X 与 Y 相互独立及二项分布的性质,有

$$X = X_1 + X_2 + \cdots + X_m, \quad Y = Y_1 + Y_2 + \cdots + Y_n$$

其中 $X_i \sim B(1, p)$,$Y_j \sim B(1, p)$ 且相互独立,从而

$$Z = X + Y = (X_1 + X_2 + \cdots + X_m) + (Y_1 + Y_2 + \cdots + Y_n)$$

为 $m+n$ 个服从 $0-1$ 分布 $B(1, p)$ 的独立随机变量之和,故 $Z = X + Y \sim B(m+n, p)$.

213

5. $\dfrac{\mathrm{e}^{-\frac{1}{2}}}{(n-m)!}\left(\dfrac{1}{2}\right)^{n-m}$，$n=m,\,m+1,\,\cdots$

解 由 $(X,\,Y)$ 的联合分布律

$$P\{X=n,\,Y=m\}=\frac{\mathrm{e}^{-1}}{m!\,(n-m)!}\left(\frac{1}{2}\right)^{n},\ m=0,\,1,\,\cdots,\,n;\ n=0,\,1,\,2,\,\cdots$$

可得 Y 的边缘分布律

$$P\{Y=m\}=\sum_{n=m}^{\infty}P\{X=n,\,Y=m\}=\sum_{n=m}^{\infty}\frac{\mathrm{e}^{-1}}{m!\,(n-m)!}\left(\frac{1}{2}\right)^{n}$$

$$=\frac{\mathrm{e}^{-1}}{m!}\left(\frac{1}{2}\right)^{m}\sum_{n=m}^{\infty}\frac{1}{(n-m)!}\left(\frac{1}{2}\right)^{n-m}=\frac{\mathrm{e}^{-1}}{m!}\left(\frac{1}{2}\right)^{m}\mathrm{e}^{\frac{1}{2}}$$

$$=\frac{\mathrm{e}^{-\frac{1}{2}}}{m!}\left(\frac{1}{2}\right)^{m},\quad m=0,\,1,\,2,\,\cdots$$

故 $Y=m$ 条件下 X 的条件分布律为

$$P\{X=n\mid Y=m\}=\frac{P\{X=n,\,Y=m\}}{P\{Y=m\}}=\frac{\mathrm{e}^{-\frac{1}{2}}}{(n-m)!}\left(\frac{1}{2}\right)^{n-m},\ n=m,\,m+1,\,\cdots$$

三、计算、证明题

1. **解** 由题意知，X 可能取值 $i=0,\,1,\,2$，Y 可能取值 $j=i,\,i+1$，且

$$P\{X=i,\,Y=j\}=P\{X=i\}P\{Y=j\mid X=i\}$$

$$=C_{2}^{i}\left(\frac{1}{2}\right)^{2}\times\frac{1}{2},\quad i=0,\,1,\,2;j=i,\,i+1$$

计算得到 $(X,\,Y)$ 的联合分布律和边缘分布律如表 3-30 所示.

表 3-30 $(X,\,Y)$的联合分布律和边缘分布律

X \ Y	0	1	2	3	P_X
0	$\dfrac{1}{8}$	$\dfrac{1}{8}$	0	0	$\dfrac{2}{8}$
1	0	$\dfrac{2}{8}$	$\dfrac{2}{8}$	0	$\dfrac{4}{8}$
2	0	0	$\dfrac{1}{8}$	$\dfrac{1}{8}$	$\dfrac{2}{8}$
P_Y	$\dfrac{1}{8}$	$\dfrac{3}{8}$	$\dfrac{3}{8}$	$\dfrac{1}{8}$	1

2. 解　一颗骰子连掷 2 次,共有 6^2 个样本点.记掷出的最小点数为 i,最大点数为 j,则当 $i=j$ 时,事件 $\{X=i, Y=j\}$ 有一个样本点;当 $i<j$ 时,事件 $\{X=i, Y=j\}$ 有 2 个样本点.由此可得 (X, Y) 的联合分布律为

$$P\{X=i, Y=j\}=\begin{cases}\dfrac{1}{6^2}, & 1\leqslant i=j\leqslant 6 \\[2mm] \dfrac{2}{6^2}, & 1\leqslant i<j\leqslant 6\end{cases}$$

以及 X 的边缘分布律为

$$P\{X=i\}=\sum_{j=i}^{6}P\{X=i, Y=j\}=\frac{1}{6^2}+\frac{2(6-i)}{6^2}=\frac{13-2i}{6^2}, \quad 1\leqslant i\leqslant 6$$

故 $X=i$ 条件下 Y 的条件分布律为

$$P\{Y=j\mid X=i\}=\frac{P\{X=i, Y=j\}}{P\{X=i\}}=\begin{cases}\dfrac{1}{13-2i}, & 1\leqslant i=j\leqslant 6 \\[2mm] \dfrac{2}{13-2i}, & 1\leqslant i<j\leqslant 6\end{cases}$$

3. 解　由区域 D 的面积 $m(D)=8$,可知 (X, Y) 的联合密度函数为

$$f(x, y)=\begin{cases}\dfrac{1}{8}, & |x|+|y|<2 \\[2mm] 0, & \text{其他}\end{cases}$$

计算 (U, V) 的取值概率,分别有

$$P\{U=0, V=0\}=P\{X\leqslant-1, Y\leqslant-1\}=P\{\varnothing\}=0$$

$$P\{U=0, V=1\}=P\{X\leqslant-1, Y>-1\}=\int_{-2}^{-1}dx\int_{-x-2}^{x+2}\frac{1}{8}dy=\frac{1}{8}$$

$$P\{U=1, V=0\}=P\{X>-1, Y\leqslant-1\}=\int_{-2}^{-1}dy\int_{-y-2}^{y+2}\frac{1}{8}dx=\frac{1}{8}$$

$$P\{U=1, V=1\}=P\{X>-1, Y>-1\}=1-\frac{1}{8}-\frac{1}{8}=\frac{6}{8}$$

故 (U, V) 的联合分布律和边缘分布律如表 3-31 所示.

215

表 3-31 (U, V) 的联合分布律和边缘分布律

U \ V	0	1	P_U
0	0	$\frac{1}{8}$	$\frac{1}{8}$
1	$\frac{1}{8}$	$\frac{6}{8}$	$\frac{7}{8}$
P_V	$\frac{1}{8}$	$\frac{7}{8}$	1

4. 解 根据 (X, Y) 的联合密度函数

$$f(x, y) = \begin{cases} \frac{1}{8}(x^2 - y^2)\mathrm{e}^{-x}, & x > 0, \ |y| < x \\ 0, & \text{其他} \end{cases}$$

分别求得：

(1) X 的边缘密度函数为

$$f_X(x) = \int_{-\infty}^{+\infty} f(x, y)\mathrm{d}y = \begin{cases} \int_{-x}^{x} \frac{1}{8}(x^2 - y^2)\mathrm{e}^{-x}\mathrm{d}y & x > 0 \\ 0, & \text{其他} \end{cases}$$

$$= \begin{cases} \frac{1}{6}x^3\mathrm{e}^{-x}, & x > 0 \\ 0, & \text{其他} \end{cases}$$

故 $X = x$ 条件下 Y 的条件密度函数为

$$f(y \mid x) = \frac{f(x, y)}{f_X(x)} = \begin{cases} \frac{3}{4x^3}(x^2 - y^2), & x > 0, \ |y| < x \\ 0, & \text{其他} \end{cases}$$

(2) Y 的边缘密度函数为

$$f_Y(y) = \int_{-\infty}^{+\infty} f(x, y)\mathrm{d}x = \begin{cases} \int_{y}^{+\infty} \frac{1}{8}(x^2 - y^2)\mathrm{e}^{-x}\mathrm{d}x, & y > 0 \\ \int_{-y}^{+\infty} \frac{1}{8}(x^2 - y^2)\mathrm{e}^{-x}\mathrm{d}x, & y \leqslant 0 \end{cases}$$

$$= \begin{cases} \frac{1}{4}(1 + y)\mathrm{e}^{-y}, & y > 0 \\ \frac{1}{4}(1 - y)\mathrm{e}^{y}, & y \leqslant 0 \end{cases}$$

$$= \frac{1}{4}(1+|y|)\mathrm{e}^{-|y|}$$

故 $Y = y$ 条件下 X 的条件密度函数为

$$f(x\mid y) = \frac{f(x,y)}{f_Y(y)} = \begin{cases} \dfrac{1}{2(1+|y|)}(x^2-y^2)\mathrm{e}^{|y|-x}, & x>|y| \\ 0, & \text{其他} \end{cases}$$

5. 解　根据 (X, Y) 的联合密度函数

$$f(x,y) = \begin{cases} \dfrac{1}{4}(x+y), & 0<x<2,\ 0<y<x \\ 0, & \text{其他} \end{cases}$$

分别计算：

(1) 概率 $P\{XY>1\}$ 为 $f(x,y)$ 在区域 $\{(x,y)\mid xy>1\}$ 上的积分，可得

$$P\{XY>1\} = \iint\limits_{xy>1} f(x,y)\mathrm{d}x\mathrm{d}y = \int_1^2 \mathrm{d}x \int_{\frac{1}{x}}^x \frac{1}{4}(x+y)\mathrm{d}y = \frac{9}{16}$$

(2) X 的边缘密度函数为

$$f_X(x) = \int_{-\infty}^{+\infty} f(x,y)\mathrm{d}y = \begin{cases} \displaystyle\int_0^x \frac{1}{4}(x+y)\mathrm{d}y, & 0<x<2 \\ 0, & \text{其他} \end{cases}$$

$$= \begin{cases} \dfrac{3}{8}x^2, & 0<x<2 \\ 0, & \text{其他} \end{cases}$$

按定义求条件概率 $P\{Y>1\mid X>1\}$，可得

$$P\{Y>1\mid X>1\} = \frac{P\{X>1,\ Y>1\}}{P\{X>1\}} = \frac{\displaystyle\iint\limits_{x>1,\ y>1} f(x,y)\mathrm{d}x\mathrm{d}y}{\displaystyle\int_1^{+\infty} f_X(x)\mathrm{d}x}$$

$$= \frac{\displaystyle\int_1^2 \mathrm{d}x \int_1^x \frac{1}{4}(x+y)\mathrm{d}y}{\displaystyle\int_1^2 \frac{3}{8}x^2\mathrm{d}x} = \frac{3}{7}$$

217

6. **解** 根据 (X, Y) 的联合密度函数

$$f(x, y) = \begin{cases} x\mathrm{e}^{-x(1+y)}, & x > 0, \ y > 0 \\ 0, & \text{其他} \end{cases}$$

由 (X, Y) 的取值区域 $\{(x, y) \mid x > 0, \ y > 0\}$，可知 $Z = XY$ 的取值区间为 $(0, +\infty)$.

当 $z \leqslant 0$ 时，有 $f_Z(z) = 0$

当 $z > 0$ 时，有

$$\begin{aligned} F_Z(z) &= P\{Z \leqslant z\} = P\{XY \leqslant z\} \\ &= \iint\limits_{xy \leqslant z} f(x, y)\mathrm{d}x\mathrm{d}y = \int_0^{+\infty} \mathrm{d}x \int_0^{\frac{z}{x}} x\mathrm{e}^{-x(1+y)}\mathrm{d}y \\ &= 1 - \mathrm{e}^{-z} \\ f_Z(z) &= F_Z'(z) = \mathrm{e}^{-z} \end{aligned}$$

综上求得 $Z = X + Y$ 的密度函数为

$$f_Z(y) = \begin{cases} \mathrm{e}^{-z}, & z > 0 \\ 0, & z \leqslant 0 \end{cases}$$

7. **证** 设每次试验成功的概率为 p，则 (X, Y) 的联合分布律为

$$P\{X = n, Y = m\} = (1-p)^n p \, (1-p)^m p = (1-p)^{n+m} p^2, \quad n, m = 0, 1, \cdots$$

由此求得 X 和 Y 的边缘分布律分别为

$$P\{X = n\} = \sum_{m=0}^{\infty} P\{X = n, Y = m\} = \sum_{m=0}^{\infty} (1-p)^{n+m} p^2 = (1-p)^n p$$

$$P\{Y = m\} = \sum_{n=0}^{\infty} P\{X = n, Y = m\} = \sum_{n=0}^{\infty} (1-p)^{n+m} p^2 = (1-p)^m p$$

比较可知

$$P\{X = n\}P\{Y = m\} = (1-p)^{n+m} p^2 = P\{X = n, Y = m\}$$

故 X 与 Y 相互独立.

第四章　数字特征与极限定理

本章介绍随机变量的数学期望、方差、协方差与相关系数等数字特征. 在此基础上,介绍随机变量的相关性和两类极限定理:关于随机变量平均值稳定性的大数定律,关于独立随机变量之和极限分布的中心极限定理.

一、知识结构与教学基本要求

(一) 知识结构

本章的知识结构见图 4-1.

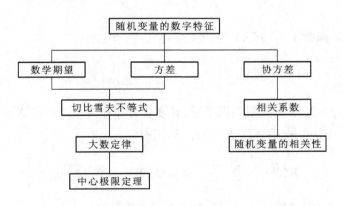

图 4-1　第四章知识结构

(二) 教学基本要求

(1) 理解随机变量数学期望与方差的概念,掌握它们的性质与计算. 理解随机变量函数的数学期望.

(2) 掌握 0—1 分布、二项分布、泊松分布、均匀分布、指数分布和正态分布的数学期望与方差.

(3) 了解矩、协方差、相关系数的概念及其性质,并会计算.

(4) 了解切比雪夫不等式,切比雪夫大数定律、伯努利大数定律和辛钦大数定律. 了解伯努利大数定律与概率的统计定义、参数估计之间的关系.

（5）掌握棣莫弗-拉普拉斯中心极限定理,并会运用该定理近似计算有关事件的概率.

（6）了解林德贝格-勒维中心极限定理.

二、内容简析与范例

（一）数学期望
【概念与知识点】

1. 离散型随机变量的数学期望

设 X 为离散型随机变量,其分布律为 $p_i = P\{X = x_i\}, i = 1, 2, \cdots$. 如果级数 $\sum_{i=1}^{\infty} |x_i| p_i$ 收敛,则定义 X 的数学期望（又称均值）为

$$E(X) = \sum_{i=1}^{\infty} x_i p_i$$

对于 X 的函数 $Y = g(X)$,当 $E(Y)$ 存在时,有

$$E(Y) = E[g(X)] = \sum_{i=1}^{\infty} g(x_i) p_i$$

设 (X, Y) 为二维离散型随机变量,其联合分布律为 $p_{ij} = P\{X = x_i, Y = y_j\}$, $i, j = 1, 2, \cdots$. 如果 $E(X)$, $E(Y)$ 存在,则有

$$E(X) = \sum_{i=1}^{\infty} \sum_{j=1}^{\infty} x_i p_{ij}, E(Y) = \sum_{j=1}^{\infty} \sum_{i=1}^{\infty} y_j p_{ij}$$

对于 (X, Y) 的函数 $Z = g(X, Y)$,当 $E(Z)$ 存在时,有

$$E(Z) = E[g(X, Y)] = \sum_{i=1}^{\infty} \sum_{j=1}^{\infty} g(x_i, y_j) p_{ij}$$

2. 连续型随机变量的数学期望

设 X 为连续型随机变量,其密度函数为 $f(x)$,如果积分 $\int_{-\infty}^{+\infty} |x| f(x) \mathrm{d}x$ 收敛,则定义 X 的数学期望（又称均值）为

$$E(X) = \int_{-\infty}^{+\infty} x f(x) \mathrm{d}x$$

对于 X 的函数 $Y = g(X)$，当 $E(Y)$ 存在时，有

$$E(Y) = E[g(X)] = \int_{-\infty}^{+\infty} g(x)f(x)\mathrm{d}x$$

设 (X, Y) 为二维连续型随机变量，其联合密度函数为 $f(x, y)$，如果 $E(X)$，$E(Y)$ 存在，则有

$$E(X) = \int_{-\infty}^{+\infty}\int_{-\infty}^{+\infty} xf(x, y)\mathrm{d}x\mathrm{d}y, \quad E(Y) = \int_{-\infty}^{+\infty}\int_{-\infty}^{+\infty} yf(x, y)\mathrm{d}x\mathrm{d}y$$

对于 (X, Y) 的函数 $Z = g(X, Y)$，当 $E(Z)$ 存在时，有

$$E(Z) = E[g(X, Y)] = \int_{-\infty}^{+\infty}\int_{-\infty}^{+\infty} g(x, y)f(x, y)\mathrm{d}x\mathrm{d}y$$

3. 数学期望的性质

(1) 设 c 为常数，则

$$E(c) = c$$

(2) 设 X 为随机变量，a，b 为常数，则

$$E(aX + b) = aE(X) + b$$

(3) 对任意两个随机变量 X，Y，有

$$E(X \pm Y) = E(X) \pm E(Y)$$

一般地，对任意 n 个随机变量 X_1，X_2，$\cdots$，X_n，有

$$E(X_1 + X_2 + \cdots + X_n) = E(X_1) + E(X_2) + \cdots + E(X_n)$$

(4) 如果随机变量 X 与 Y 相互独立，则

$$E(XY) = E(X)E(Y)$$

一般地，如果 n 个随机变量 X_1，X_2，$\cdots$，X_n 相互独立，则

$$E(X_1 X_2 \cdots X_n) = E(X_1)E(X_2)\cdots E(X_n)$$

【范例与方法】

例1　设随机变量 X 的分布律如表 4-1 所示.

表 4-1　X 的分布律

X	1	2	3
P	0.1	0.3	0.5

求 $E(X)$，$E(X^2)$.

分析 此例是求离散型随机变量及其函数的数学期望，可按定义计算.

解 根据题意，分别计算可得

$$E(X) = \sum_{i=1}^{3} x_i p_i = 1 \times 0.1 + 2 \times 0.3 + 3 \times 0.5 = 2.2$$

$$E(X^2) = \sum_{i=1}^{3} x_i^2 p_i = 1^2 \times 0.1 + 2^2 \times 0.3 + 3^2 \times 0.5 = 6.8$$

例 2 设随机变量 X 的密度函数为

$$f(x) = \begin{cases} \dfrac{3}{2}x^2, & -1 < x < 1 \\ 0, & \text{其他} \end{cases}$$

求 $E(X)$，$E(X^2)$.

分析 此例是求连续型随机变量及其函数的数学期望，可按定义计算.

解 根据题意，分别计算可得

$$E(X) = \int_{-\infty}^{+\infty} x f(x) \mathrm{d}x = \int_{-1}^{1} x \cdot \frac{3}{2}x^2 \mathrm{d}x = \frac{3}{2}\int_{-1}^{1} x^3 \mathrm{d}x = 0$$

$$E(X^2) = \int_{-\infty}^{+\infty} x^2 f(x) \mathrm{d}x = \int_{-1}^{1} x^2 \cdot \frac{3}{2}x^2 \mathrm{d}x = \frac{3}{2}\int_{-1}^{1} x^4 \mathrm{d}x = \frac{3}{5}$$

例 3 设二维随机变量 (X, Y) 的联合分布律如表 4-2 所示.

表 4-2 (X, Y) 的联合分布律

Y \ X	0	1	2
1	0.1	0.2	0.1
2	0.3	0.1	0.2

求 $E(X)$，$E(Y)$，$E(X-Y)^2$.

分析 此例是求二维离散型随机变量及其函数的数学期望，可按定义计算.

解 根据题意，分别计算可得

$$E(X) = \sum_{i=1}^{\infty}\sum_{j=1}^{\infty} x_i p_{ij} = 1 \times (0.1 + 0.2 + 0.1) + 2 \times (0.3 + 0.1 + 0.2) = 1.6$$

$$E(Y) = \sum_{j=1}^{\infty} \sum_{i=1}^{\infty} y_j p_{ij} = 0 \times (0.1 + 0.3) + 1 \times (0.2 + 0.1) + 2 \times (0.1 + 0.2) = 0.9$$

$$E(X-Y)^2 = \sum_{i=1}^{\infty} \sum_{j=1}^{\infty} (x_i - y_j)^2 p_{ij} = (1-0)^2 \times 0.1 + (1-1)^2 \times 0.2$$

$$+ (1-2)^2 \times 0.1 + (2-0)^2 \times 0.3 + (2-1)^2 \times 0.1$$

$$+ (2-2)^2 \times 0.2 = 1.5$$

例 4 设二维随机变量 (X, Y) 的联合密度函数为

$$f(x) = \begin{cases} \dfrac{1}{2} \sin(x+y), & 0 \leqslant x \leqslant \dfrac{\pi}{2}, \ 0 \leqslant y \leqslant \dfrac{\pi}{2} \\ 0, & \text{其他} \end{cases}$$

求 $E(X)$，$E(XY)$.

分析 此例是求二维连续型随机变量及其函数的数学期望,可按定义计算.

解 根据题意,分别计算可得

$$E(X) = \int_{-\infty}^{+\infty} \int_{-\infty}^{+\infty} x f(x, y) \mathrm{d}x \mathrm{d}y = \frac{1}{2} \int_0^{\frac{\pi}{2}} \mathrm{d}x \int_0^{\frac{\pi}{2}} x \sin(x+y) \mathrm{d}y$$

$$= \frac{1}{2} \int_0^{\frac{\pi}{2}} x(\sin x + \cos x) \mathrm{d}x = \frac{\pi}{4}$$

$$E(XY) = \int_{-\infty}^{+\infty} \int_{-\infty}^{+\infty} xy f(x, y) \mathrm{d}x \mathrm{d}y = \frac{1}{2} \int_0^{\frac{\pi}{2}} \mathrm{d}x \int_0^{\frac{\pi}{2}} xy \sin(x+y) \mathrm{d}y$$

$$= \frac{1}{2} \int_0^{\frac{\pi}{2}} x \left(\frac{\pi}{2} \sin x + \cos x - \sin x \right) \mathrm{d}x = \frac{\pi}{2} - 1$$

例 5 设随机变量 X 服从参数 $\lambda = 1$ 的指数分布,定义

$$Y_k = \begin{cases} 1, & X > k \\ 0, & X \leqslant k \end{cases}, \ k = 1, 2$$

求 $E(Y_1 + Y_2)$.

分析 此例可先由 X 的分布确定 (Y_1, Y_2) 的联合分布,再计算 $E(Y_1 + Y_2)$.

解 根据题意,随机变量 X 的分布函数为

$$F(x) = \begin{cases} 1 - \mathrm{e}^{-x}, & x \geqslant 0 \\ 0, & x < 0 \end{cases}$$

223

二维随机变量(Y_1, Y_2)的可能取值为$(0,0)$，$(0,1)$，$(1,0)$，$(1,1)$，且联合分布律为

$$P\{Y_1=0, Y_2=0\} = P\{X \leqslant 1, X \leqslant 2\} = P\{X \leqslant 1\} = F(1) = 1-e^{-1}$$

$$P\{Y_1=0, Y_2=1\} = P\{X \leqslant 1, X > 2\} = P\{\varnothing\} = 0$$

$$\begin{aligned}P\{Y_1=1, Y_2=0\} &= P\{X > 1, X \leqslant 2\} = P\{1 < X \leqslant 2\} \\ &= F(2)-F(1) = e^{-1}-e^{-2}\end{aligned}$$

$$P\{Y_1=1, Y_2=1\} = P\{X > 1, X > 2\} = P\{X > 2\} = 1-F(2) = e^{-2}$$

由此计算可得

$$\begin{aligned}E(Y_1+Y_2) &= (0+0)\times(1-e^{-1}) + (0+1)\times 0 + (1+0)\times(e^{-1}-e^{-2}) \\ &\quad + (1+1)\times e^{-2} = e^{-1}+e^{-2}\end{aligned}$$

（二）方差

【概念与知识点】

1. 随机变量的方差

设 X 为随机变量，如果 $E[X-E(X)]^2$ 存在，则定义 X 的方差为

$$D(X) = E[X-E(X)]^2$$

并称 $\sqrt{D(X)}$ 为 X 的标准差（又称均方差）.

根据数学期望的性质，可以得到计算方差的简便公式

$$D(X) = E(X^2) - [E(X)]^2$$

如果 X 为离散型随机变量，其分布律为 $p_i = P\{X=x_i\}$，$i = 1, 2, \cdots$，则

$$D(X) = \sum_{i=1}^{\infty}[x_i-E(X)]^2 p_i = \sum_{i=1}^{\infty}x_i^2 p_i - \left(\sum_{i=1}^{\infty}x_i p_i\right)^2$$

如果 X 为连续型随机变量，其密度函数为 $f(x)$，则

$$D(X) = \int_{-\infty}^{+\infty}[x-E(X)]^2 f(x)\mathrm{d}x = \int_{-\infty}^{+\infty}x^2 f(x)\mathrm{d}x - \left(\int_{-\infty}^{+\infty}xf(x)\mathrm{d}x\right)^2$$

2. 方差的性质

（1）设 c 为常数，则

$$D(c) = 0$$

(2) 设 X 为随机变量,a,b 为常数,则

$$D(aX + b) = a^2 D(X)$$

(3) 如果随机变量 X 与 Y 相互独立,则

$$D(X \pm Y) = D(X) + D(Y)$$

一般地,如果 n 个随机变量 X_1,X_2,$\cdots$,X_n 相互独立,则

$$D(X_1 + X_2 + \cdots + X_n) = D(X_1) + D(X_2) + \cdots + D(X_n)$$

3. 常用分布的数学期望与方差

(1) 二项分布:对于 $X \sim B(n, p)$,有

$$E(X) = np, \quad D(X) = np(1 - p)$$

特别地,当 $n = 1$ 时,X 服从 $0-1$ 分布,有

$$E(X) = p, \quad D(X) = p(1 - p)$$

(2) 几何分布:对于 $X \sim G(p)$,有

$$E(X) = \frac{1}{p}, \quad D(X) = \frac{1 - p}{p^2}$$

(3) 超几何分布:对于 $X \sim H(n, M, N)$,有

$$E(X) = \frac{nM}{M + N}, \quad D(X) = \frac{nMN(M + N - n)}{(M + N)^2 (M + N - 1)}$$

(4) 泊松分布:对于 $X \sim P(\lambda)$,有

$$E(X) = \lambda, \quad D(X) = \lambda$$

(5) 均匀分布:对于 $X \sim U(a, b)$,有

$$E(X) = \frac{a + b}{2}, \quad D(X) = \frac{(b - a)^2}{12}$$

(6) 指数分布:对于 $X \sim E(\lambda)$,有

$$E(X) = \frac{1}{\lambda}, \quad D(X) = \frac{1}{\lambda^2}$$

(7) 正态分布:对于 $X \sim N(\mu, \sigma^2)$,有

$$E(X) = \mu, \quad D(X) = \sigma^2$$

【范例与方法】

例 1 设随机变量 (X, Y) 的联合分布律如表 4-3 所示.

表 4-3 (X, Y) 的联合分布

X \ Y	1	2	3
1	$\dfrac{1}{6}$	$\dfrac{1}{9}$	$\dfrac{1}{18}$
2	$\dfrac{1}{3}$	$\dfrac{1}{9}$	$\dfrac{2}{9}$

求 $D(X)$, $D(Y)$.

分析 此例是求离散型随机变量的方差,可按简便公式计算.

解 根据题意,有

$$E(X) = 1 \times \left(\frac{1}{6} + \frac{1}{9} + \frac{1}{18}\right) + 2 \times \left(\frac{1}{3} + \frac{1}{9} + \frac{2}{9}\right) = \frac{5}{3}$$

$$E(X^2) = 1^2 \times \left(\frac{1}{6} + \frac{1}{9} + \frac{1}{18}\right) + 2^2 \times \left(\frac{1}{3} + \frac{1}{9} + \frac{2}{9}\right) = 3$$

$$E(Y) = 1 \times \left(\frac{1}{6} + \frac{1}{3}\right) + 2 \times \left(\frac{1}{9} + \frac{1}{9}\right) + 3 \times \left(\frac{1}{18} + \frac{2}{9}\right) = \frac{16}{9}$$

$$E(Y^2) = 1^2 \times \left(\frac{1}{6} + \frac{1}{3}\right) + 2^2 \times \left(\frac{1}{9} + \frac{1}{9}\right) + 3^2 \times \left(\frac{1}{18} + \frac{2}{9}\right) = \frac{35}{9}$$

由此可得

$$D(X) = E(X^2) - [E(X)]^2 = 3 - \left(\frac{5}{3}\right)^2 = \frac{2}{9}$$

$$D(Y) = E(Y^2) - [E(Y)]^2 = \frac{35}{9} - \left(\frac{16}{9}\right)^2 = \frac{59}{81}$$

例 2 设随机变量 (X, Y) 的联合密度函数为

$$f(x, y) = \begin{cases} 1, & |y| < x, \, 0 < x < 1 \\ 0, & \text{其他} \end{cases}$$

求 $D(X)$, $D(Y)$.

分析 此例是求连续型随机变量的方差,可按简便公式计算.

解 根据题意,有

$$E(X) = \int_{-\infty}^{+\infty}\int_{-\infty}^{+\infty} xf(x,\,y)\mathrm{d}x\mathrm{d}y = \int_0^1 \mathrm{d}x\int_{-x}^x x\,\mathrm{d}y = \int_0^1 2x^2\,\mathrm{d}x = \frac{2}{3}$$

$$E(X^2) = \int_{-\infty}^{+\infty}\int_{-\infty}^{+\infty} x^2 f(x,\,y)\mathrm{d}x\mathrm{d}y = \int_0^1 \mathrm{d}x\int_{-x}^x x^2\,\mathrm{d}y = \int_0^1 2x^3\,\mathrm{d}x = \frac{1}{2}$$

$$E(Y) = \int_{-\infty}^{+\infty}\int_{-\infty}^{+\infty} yf(x,\,y)\mathrm{d}x\mathrm{d}y = \int_0^1 \mathrm{d}x\int_{-1}^x y\,\mathrm{d}y = 0$$

$$E(Y^2) = \int_{-\infty}^{+\infty}\int_{-\infty}^{+\infty} y^2 f(x,\,y)\mathrm{d}x\mathrm{d}y = \int_0^1 \mathrm{d}x\int_{-x}^x y^2\,\mathrm{d}y = \int_0^1 \frac{2}{3}x^3\,\mathrm{d}x = \frac{1}{6}$$

由此可得

$$D(X) = E(X^2) - \left[E(X)\right]^2 = \frac{1}{2} - \left(\frac{2}{3}\right)^2 = \frac{1}{18}$$

$$D(Y) = E(Y^2) - \left[E(Y)\right]^2 = \frac{1}{6} - 0 = \frac{1}{6}$$

例 3 设随机变量 X 服从区间 $(-2, 2)$ 上的均匀分布,定义

$$Y = \begin{cases} -1, & X \leqslant -1 \\ 1, & X > -1 \end{cases}, \quad Z = \begin{cases} -1, & X \leqslant 1 \\ 1, & X > 1 \end{cases}$$

求 $D(Y+Z)$.

分析 此例可先由 X 的分布确定 (Y, Z) 的联合分布,再计算 $D(Y+Z)$.

解 根据题意,随机变量 X 的分布函数为

$$F(x) = \begin{cases} 0, & x < -2 \\ \dfrac{x+2}{4}, & -2 \leqslant x < 2 \\ 1, & x \geqslant 2 \end{cases}$$

二维随机变量 (Y, Z) 的可能取值为 $(-1, -1)$, $(-1, 1)$, $(1, -1)$, $(1, 1)$,且联合分布律为

$$P\{Y = -1, Z = -1\} = P\{X \leqslant -1, X \leqslant 1\} = P\{X \leqslant -1\} = F(-1) = \frac{1}{4}$$

$$P\{Y=-1,Z=1\}=P\{X\leqslant-1,X>1\}=P\{\varnothing\}=0$$

$$P\{Y=1,Z=-1\}=P\{X>-1,X\leqslant1\}=P\{-1<X\leqslant1\}$$

$$=F(1)-F(-1)=\frac{1}{2}$$

$$P\{Y=1,Z=1\}=P\{X>-1,X>1\}=P\{X>1\}=1-F(1)=\frac{1}{4}$$

从而有

$$E(Y+Z)=(-1-1)\times\frac{1}{4}+(-1+1)\times0+(1-1)\times\frac{1}{2}+(1+1)\times\frac{1}{4}=0$$

$$E[(Y+Z)^2]=(-1-1)^2\times\frac{1}{4}+(-1+1)^2\times0+(1-1)^2\times\frac{1}{2}+(1+1)^2\times\frac{1}{4}$$

$$=2$$

由此可得

$$D(Y+Z)=E[(Y+Z)^2]-[E(Y+Z)]^2=2-0^2=2$$

例 4 在区间 $(0,a)$ 上任取两点，求两点间距离的数学期望和方差.

分析 设在 $(0,a)$ 上任取两点的坐标分别为 X,Y，先求 (X,Y) 的联合分布，再计算 $E(|X-Y|)$，$D(|X-Y|)$.

解 根据题意，随机变量 X 与 Y 相互独立，均服从区间 $(0,a)$ 上的均匀分布，故 (X,Y) 的联合密度函数为

$$f(x,y)=\begin{cases}\dfrac{1}{a^2}, & 0<x<a,0<y<a\\[2mm] 0, & 其他\end{cases}$$

由此可得

$$E(|X-Y|)=\int_{-\infty}^{+\infty}\int_{-\infty}^{+\infty}|x-y|f(x,y)\mathrm{d}x\mathrm{d}y$$

$$=\int_0^a\mathrm{d}x\int_0^a|x-y|\cdot\frac{1}{a^2}\mathrm{d}y$$

$$=\frac{1}{a^2}\left(\int_0^a\mathrm{d}x\int_0^x(x-y)\mathrm{d}y+\int_0^a\mathrm{d}x\int_x^a(y-x)\mathrm{d}y\right)$$

$$=\frac{1}{2a^2}\int_0^a[x^2+(a-x)^2]\mathrm{d}x=\frac{a}{3}$$

$$D(|X-Y|) = E(|X-Y|^2) - [E(|X-Y|)]^2$$

$$= \int_{-\infty}^{+\infty}\int_{-\infty}^{+\infty} |x-y|^2 f(x, y)\mathrm{d}x\mathrm{d}y - \left(\frac{a}{3}\right)^2$$

$$= \int_0^a \mathrm{d}x \int_0^a (x-y)^2 \cdot \frac{1}{a^2}\mathrm{d}y - \frac{a^2}{9}$$

$$= \frac{1}{3a^2}\int_0^a [x^3 + (a-x)^3]\mathrm{d}x - \frac{a^2}{9}$$

$$= \frac{a^2}{6} - \frac{a^2}{9} = \frac{a^2}{18}$$

（三）协方差与相关系数

【概念与知识点】

1. 协方差

设 (X, Y) 为二维随机变量，如果 $E\{[X-E(X)][Y-E(Y)]\}$ 存在，则定义 X 与 Y 的协方差为

$$\mathrm{cov}(X, Y) = E\{[X-E(X)][Y-E(Y)]\}$$

根据数学期望的性质，可以得到计算协方差的简便公式

$$\mathrm{cov}(X, Y) = E(XY) - E(X)E(Y)$$

如果 (X, Y) 为二维离散型随机变量，其联合分布律为 $p_{ij} = P\{X=x_i, Y=y_j\}$，$i, j = 1, 2, \cdots$ 则

229

$$\mathrm{cov}(X, Y) = \sum_{i=1}^{\infty}\sum_{j=1}^{\infty}[x_i - E(X)][y_j - E(Y)]p_{ij}$$

$$= \sum_{i=1}^{\infty}\sum_{j=1}^{\infty}x_i y_j p_{ij} - \left(\sum_{i=1}^{\infty}\sum_{j=1}^{\infty}x_i p_{ij}\right)\left(\sum_{j=1}^{\infty}\sum_{i=1}^{\infty}y_j p_{ij}\right)$$

如果 (X, Y) 为二维连续型随机变量，其联合密度函数为 $f(x, y)$，则

$$\mathrm{cov}(X, Y) = \int_{-\infty}^{+\infty}\int_{-\infty}^{+\infty}[x-E(X)][y-E(Y)]f(x, y)\mathrm{d}x\mathrm{d}y$$

$$= \int_{-\infty}^{+\infty}\int_{-\infty}^{+\infty}xyf(x, y)\mathrm{d}x\mathrm{d}y$$

$$- \left(\int_{-\infty}^{+\infty}\int_{-\infty}^{+\infty}xf(x, y)\mathrm{d}x\mathrm{d}y\right)\left(\int_{-\infty}^{+\infty}\int_{-\infty}^{+\infty}yf(x, y)\mathrm{d}x\mathrm{d}y\right)$$

协方差具有如下性质:

(1) 对任意随机变量 X, Y,有 $\text{cov}(X, Y) = \text{cov}(Y, X)$.

特别地,当 $Y = X$ 时,有 $\text{cov}(X, X) = D(X)$.

(2) 设 X, Y 为随机变量,a, b 为常数,则 $\text{cov}(aX + b, Y) = a\text{cov}(X, Y)$.

(3) 对任意随机变量 X, Y, Z,有 $\text{cov}(X + Y, Z) = \text{cov}(X, Z) + \text{cov}(Y, Z)$.

(4) 对任意随机变量 X, Y,有 $D(X \pm Y) = D(X) + D(Y) \pm 2\text{cov}(X, Y)$.

(5) 如果随机变量 X 与 Y 相互独立,则 $\text{cov}(X, Y) = 0$.

2. 相关系数

设随机变量 X, Y 的方差都存在,且 $D(X) > 0, D(Y) > 0$,则定义 X 与 Y 的相关系数为

$$\rho_{XY} = \frac{\text{cov}(X, Y)}{\sqrt{D(X)}\sqrt{D(Y)}}$$

当 $\rho_{XY} = 0$ 时,称 X 与 Y 不相关;当 $|\rho_{XY}| = 1$ 时,称 X 与 Y 完全相关.

记随机变量 X, Y 的标准化随机变量为

$$X^* = \frac{X - E(X)}{\sqrt{D(X)}}, \quad Y^* = \frac{Y - E(Y)}{\sqrt{D(Y)}}$$

则 X 与 Y 的相关系数就是 X^* 与 Y^* 的协方差,即有

$$\rho_{XY} = \text{cov}(X^*, Y^*)$$

相关系数具有如下性质:

(1) 对任意随机变量 X, Y,有 $|\rho_{XY}| \leqslant 1$.

(2) 如果随机变量 X 与 Y 相互独立,则 $\rho_{XY} = 0$,即 X 与 Y 不相关.

(3) 当 $|\rho_{XY}| = 1$ 时,有 $P\{Y = aX + b\} = 1$,其中 a, b 为常数,且 a 与 ρ_{XY} 同号.

3. 随机变量的矩

设 X, Y 为随机变量,k, l 为正整数,且有关的数学期望存在,则

(1) 称 $E(X^k)$ 为 X 的 k 阶原点矩.

(2) 称 $E\{[X - E(X)]^k\}$ 为 X 的 k 阶中心矩.

(3) 称 $E(X^k Y^l)$ 为 X 与 Y 的 $k + l$ 阶混合原点矩.

(4) 称 $E\{[X - E(X)]^k [Y - E(Y)]^l\}$ 为 X 与 Y 的 $k + l$ 阶混合中心矩.

矩是一类最广泛的数字特征. 特别地,数学期望 $E(X)$ 是 X 的一阶原点矩;方差 $D(X)$ 是 X 的二阶中心矩;协方差 $\text{cov}(X, Y)$ 是 X 与 Y 的二阶混合中心矩.

4. 协方差矩阵

设随机变量 X_1，X_2 的方差 $D(X_1)$，$D(X_2)$ 及协方差 $\text{cov}(X_1, X_2)$ 都存在，则由

$$c_{11} = E\{[X_1 - E(X_1)][X_1 - E(X_1)]\} = D(X_1)$$

$$c_{12} = E\{[X_1 - E(X_1)][X_2 - E(X_2)]\} = \text{cov}(X_1, X_2)$$

$$c_{22} = E\{[X_2 - E(X_2)][X_2 - E(X_2)]\} = D(X_2)$$

$$c_{21} = E\{[X_2 - E(X_2)][X_1 - E(X_1)]\} = \text{cov}(X_2, X_1)$$

构成的对称矩阵

$$C = \begin{bmatrix} c_{11} & c_{12} \\ c_{21} & c_{22} \end{bmatrix}$$

称为二维随机变量 (X_1, X_2) 的协方差矩阵.

一般地，对于 n 维随机变量 $(X_1, X_2, \cdots, X_n)$，记

$$c_{ij} = E\{[X_i - E(X_i)][X_j - E(X_j)]\}, \quad i, j = 1, 2, \cdots, n$$

则定义 $(X_1, X_2, \cdots, X_n)$ 的协方差矩阵为

$$C = \begin{bmatrix} c_{11} & c_{12} & \cdots & c_{1n} \\ c_{21} & c_{22} & \cdots & c_{2n} \\ \cdots & \cdots & \cdots & \cdots \\ c_{n1} & c_{n2} & \cdots & c_{nn} \end{bmatrix}$$

【范例与方法】

例 1 设随机变量 (X, Y) 的联合分布律如表 4-4 所示.

表 4-4 (X, Y) 的联合分布律

X \ Y	0	1
0	$\dfrac{2}{3}$	$\dfrac{1}{12}$
1	$\dfrac{1}{6}$	$\dfrac{1}{12}$

求 $\text{cov}(X, Y)$，ρ_{XY}.

分析 此例是求离散型随机变量的协方差和相关系数，可按定义及简便公式

计算.

解 根据题意,有

$$E(X) = 0 \times \left(\frac{2}{3} + \frac{1}{12} \right) + 1 \times \left(\frac{1}{6} + \frac{1}{12} \right) = \frac{1}{4}$$

$$E(X^2) = 0^2 \times \left(\frac{2}{3} + \frac{1}{12} \right) + 1^2 \times \left(\frac{1}{6} + \frac{1}{12} \right) = \frac{1}{4}$$

$$E(Y) = 0 \times \left(\frac{2}{3} + \frac{1}{6} \right) + 1 \times \left(\frac{1}{12} + \frac{1}{12} \right) = \frac{1}{6}$$

$$E(Y^2) = 0^2 \times \left(\frac{2}{3} + \frac{1}{6} \right) + 1^2 \times \left(\frac{1}{12} + \frac{1}{12} \right) = \frac{1}{6}$$

$$D(X) = E(X^2) - [E(X)]^2 = \frac{1}{4} - \left(\frac{1}{4} \right)^2 = \frac{3}{16}$$

$$D(Y) = E(Y^2) - [E(Y)]^2 = \frac{1}{6} - \left(\frac{1}{6} \right)^2 = \frac{5}{36}$$

$$E(XY) = 0 \times \frac{2}{3} + 0 \times \frac{1}{12} + 0 \times \frac{1}{6} + 1 \times \frac{1}{12} = \frac{1}{12}$$

由此可得

$$\mathrm{cov}(X, Y) = E(XY) - E(X)E(Y) = \frac{1}{12} - \frac{1}{4} \times \frac{1}{6} = \frac{1}{24}$$

$$\rho_{XY} = \frac{\mathrm{cov}(X, Y)}{\sqrt{D(X)}\sqrt{D(Y)}} = \frac{1/24}{\sqrt{3/16}\sqrt{5/36}} = \frac{1}{\sqrt{15}}$$

例 2 设随机变量 X 服从区间 $(-\pi, \pi)$ 上的均匀分布,定义

$$U = \sin X, V = \cos X$$

判断 U 与 V 的相关性和独立性.

分析 此例可先由 X 的分布计算相关系数 ρ_{UV},判断 U 与 V 的相关性,再讨论 U 与 V 的独立性.

解 根据题意,随机变量 X 的密度函数为

$$f(x) = \begin{cases} \dfrac{1}{2\pi}, & -\pi < x < \pi \\ 0, & \text{其他} \end{cases}$$

由此可得

$$E(U) = E(\sin X) = \int_{-\pi}^{\pi} \sin x \cdot \frac{1}{2\pi} \mathrm{d}x = 0$$

$$E(V) = E(\cos X) = \int_{-\pi}^{\pi} \cos x \cdot \frac{1}{2\pi} \mathrm{d}x = 0$$

$$D(U) = E(U^2) - [E(U)]^2 = E(\sin^2 X) - 0 = \int_{-\pi}^{\pi} \sin^2 x \cdot \frac{1}{2\pi} \mathrm{d}x = \frac{1}{2}$$

$$D(V) = E(V^2) - [E(V)]^2 = E(\cos^2 X) - 0 = \int_{-\pi}^{\pi} \cos^2 x \cdot \frac{1}{2\pi} \mathrm{d}x = \frac{1}{2}$$

$$\mathrm{cov}(U, V) = E(UV) - E(U)E(V) = E(\sin X \cos X) - 0$$
$$= \int_{-\pi}^{\pi} \sin x \cos x \cdot \frac{1}{2\pi} \mathrm{d}x = 0$$

从而相关系数

$$\rho_{UV} = \frac{\mathrm{cov}(U, V)}{\sqrt{D(U)}\sqrt{D(V)}} = \frac{0}{\sqrt{1/2}\sqrt{1/2}} = 0$$

故 U 与 V 不相关. 注意到 U, V 之间存在关系

$$U^2 + V^2 = \sin^2 X + \cos^2 X = 1$$

故 U 与 V 不独立.

例 3 设 X, Y 均为标准化随机变量,且 $\rho_{XY} = 0.5.$ 令

$$U = aX, \quad V = bX + cY$$

试确定常数 a, b, c 的值,使 $D(U) = 1, D(V) = 6$,且 U 与 V 不相关.

分析 由 X, Y 为标准化随机变量,有 $E(X) = E(Y) = 0, D(X) = D(Y) = 1$, $\mathrm{cov}(X, Y) = \rho_{XY} = 0.5$;由 U 与 V 不相关,有 $\mathrm{cov}(U, V) = 0$.

解 根据题意,有

$$D(U) = D(aX) = a^2 D(X) = a^2 = 1$$
$$D(V) = D(bX + cY) = b^2 D(X) + c^2 D(Y) + 2bc\,\mathrm{cov}(X, Y) = b^2 + c^2 + bc = 6$$
$$\mathrm{cov}(U, V) = \mathrm{cov}(aX, bX + cY) = abD(X) + ac\,\mathrm{cov}(X, Y) = ab + 0.5ac = 0$$

由此解得

$$a = \pm 1, b = \sqrt{2}, c = -2\sqrt{2} \quad \text{或} \quad a = \pm 1, b = -\sqrt{2}, c = 2\sqrt{2}$$

例 4 设随机变量 (X, Y) 的联合密度函数为

$$f(x, y) = \begin{cases} x + y, & 0 < x < 1, 0 < y < 1 \\ 0, & \text{其他} \end{cases}$$

求 (X, Y) 的协方差矩阵.

分析 按协方差矩阵的定义计算.

解 根据题意,有

$$D(X) = E(X^2) - [E(X)]^2 = \int_0^1 dx \int_0^1 x^2(x+y) dy - \left(\int_0^1 dx \int_0^1 x(x+y) dy \right)^2$$

$$= \int_0^1 \left(x^3 + \frac{1}{2}x^2 \right) dx - \left[\int_0^1 \left(x^2 + \frac{1}{2}x \right) dx \right]^2 = \frac{5}{12} - \left(\frac{7}{12} \right)^2 = \frac{11}{144}$$

$$D(Y) = E(Y^2) - [E(Y)]^2 = \int_0^1 dx \int_0^1 y^2(x+y) dy - \left(\int_0^1 dx \int_0^1 y(x+y) dy \right)^2$$

$$= \int_0^1 \left(\frac{1}{3}x + \frac{1}{4} \right) dx - \left[\int_0^1 \left(\frac{1}{2}x + \frac{1}{3} \right) dx \right]^2 = \frac{5}{12} - \left(\frac{7}{12} \right)^2 = \frac{11}{144}$$

$$\text{cov}(X, Y) = E(XY) - E(X)E(Y) = \int_0^1 dx \int_0^1 xy(x+y) dy - \frac{7}{12} \times \frac{7}{12}$$

$$= \int_0^1 \left(\frac{1}{2}x^2 + \frac{1}{3}x \right) dx - \frac{49}{144} = \frac{1}{3} - \frac{49}{144} = -\frac{1}{144}$$

由此求得协方差矩阵为

$$C = \begin{pmatrix} \dfrac{11}{144} & -\dfrac{1}{144} \\ -\dfrac{1}{144} & \dfrac{11}{144} \end{pmatrix}$$

(四) 切比雪夫不等式

【概念与知识点】

切比雪夫不等式 设随机变量 X 的方差 $D(X)$ 存在,则对任意的 $\varepsilon > 0$,有

$$P\{|X - E(X)| \geqslant \varepsilon\} \leqslant \frac{D(X)}{\varepsilon^2}$$

或等价地表示为

$$P\{\mid X - E(X)\mid < \varepsilon\} \geqslant 1 - \frac{D(X)}{\varepsilon^2}$$

根据切比雪夫不等式,在不知道随机变量分布的情况下,可以利用方差估计随机变量在数学期望的邻域内取值的概率.

【范例与方法】

例 1 设随机变量 $X \sim N(4, 2^2)$,用切比雪夫不等式估计概率 $P\{\mid X - 4\mid \geqslant 6\}$.

分析 此例可直接用切比雪夫不等式估计.

解 由 $X \sim N(4, 2^2)$ 可知,$E(X) = 4$,$D(X) = 2^2$. 在切比雪夫不等式中取 $\varepsilon = 6$,可得

$$P\{\mid X - 4\mid \geqslant 6\} \leqslant \frac{2^2}{6^2} = \frac{1}{9}$$

例 2 设一批种子中有 $\frac{1}{6}$ 是良种,从中任取 6000 粒,试估计其中良种所占比例与 $\frac{1}{6}$ 之差的绝对值小于 0.01 的概率.

分析 此例相当于 $p = \frac{1}{6}$,$n = 6000$ 的伯努利试验.

解 设任取 6000 粒种子中的良种数为 X,则良种所占比例为 $\frac{X}{6000}$. 由题意知 $X \sim B\left(6000, \frac{1}{6}\right)$,有

$$E(X) = 6000 \times \frac{1}{6} = 1000, D(X) = 6000 \times \frac{1}{6} \times \left(1 - \frac{1}{6}\right) = \frac{5000}{6}$$

根据切比雪夫不等式,可得

$$P\left\{\left|\frac{X}{6000} - \frac{1}{6}\right| < 0.01\right\} = P\{\mid X - 1000\mid < 60\} \geqslant 1 - \frac{5000/6}{60^2} = \frac{83}{108}$$

例 3 设每次试验中事件 A 发生的概率为 0.75,试用切比雪夫不等式估计,至少需要进行多少次独立重复试验,才能使事件 A 发生的频率介于 0.74 与 0.76 之间的概率不小于 0.9.

分析 此例是根据要求估计独立重复试验的次数.

235

解 设在 n 次独立重复试验中,事件 A 的发生次数为 X,则 A 发生的频率为 $f_n(A) = \dfrac{X}{n}$. 由题意知 $X \sim B(n, 0.75)$,有

$$E(X) = 0.75n, \quad D(X) = 0.75(1 - 0.75)n = 0.1875n$$

根据切比雪夫不等式,要使

$$
\begin{aligned}
P\left\{0.74 < \frac{X}{n} < 0.76\right\} &= P\left\{\left|\frac{X}{n} - 0.75\right| < 0.01\right\} \\
&= P\{|X - 0.75n| < 0.01n\} \\
&\geqslant 1 - \frac{0.1875n}{(0.01n)^2} \\
&\geqslant 0.9
\end{aligned}
$$

应有 $n \geqslant 18750$,故至少需要进行 18750 次独立重复试验.

(五) 大数定律

【概念与知识点】

切比雪夫大数定律 设随机变量 X_1, X_2, $\cdots$ 两两不相关,且存在常数 c,使得 $D(X_i) \leqslant c$, $i = 1, 2, \cdots$ 则对任意的 $\varepsilon > 0$,有

$$\lim_{n \to \infty} P\left\{\left|\frac{1}{n}\sum_{i=1}^{n} X_i - \frac{1}{n}\sum_{i=1}^{n} E(X_i)\right| < \varepsilon\right\} = 1$$

切比雪夫大数定律表明,互不相关的有限方差随机变量的平均值依概率收敛于其数学期望的平均值.

伯努利大数定律 设每次试验中事件 A 发生的概率为 p,在 n 重伯努利试验中事件 A 的发生次数为 n_A,则对任意的 $\varepsilon > 0$,有

$$\lim_{n \to \infty} P\left\{\left|\frac{n_A}{n} - p\right| < \varepsilon\right\} = 1$$

伯努利大数定律表明,随机事件在独立重复试验中发生的频率依概率收敛于该事件的概率.

辛钦大数定律 设随机变量 X_1, X_2, $\cdots$ 独立同分布,且 $E(X_i) = \mu$, $i = 1, 2, \cdots$,则对任意的 $\varepsilon > 0$,有

$$\lim_{n \to \infty} P\left\{\left|\frac{1}{n}\sum_{i=1}^{n} X_i - \mu\right| < \varepsilon\right\} = 1$$

辛钦大数定律表明,独立同分布随机变量的平均值依概率收敛于随机变量的数学期望.

(六)中心极限定理

【概念与知识点】

林德贝格-勒维极限定理　设随机变量 X_1，X_2，$\cdots$独立同分布,且 $E(X_i)=\mu$，$D(X_i)=\sigma^2>0$，$i=1,2,\cdots$，则对任意实数 x,有

$$\lim_{n\to\infty}P\left\{\frac{\sum\limits_{i=1}^{n}X_i-n\mu}{\sqrt{n}\sigma}\leqslant x\right\}=\Phi(x)=\int_{-\infty}^{x}\frac{1}{\sqrt{2\pi}}\mathrm{e}^{-\frac{t^2}{2}}\mathrm{d}t$$

林德贝格-勒维极限定理表明,标准化独立同分布随机变量之和渐近服从标准正态分布.

棣莫弗-拉普拉斯极限定理　设每次试验中事件 A 发生的概率为 p,在 n 重伯努利试验中事件 A 的发生次数为 n_A,则对任意实数 x,有

$$\lim_{n\to\infty}P\left\{\frac{n_A-np}{\sqrt{np(1-p)}}\leqslant x\right\}=\Phi(x)=\int_{-\infty}^{x}\frac{1}{\sqrt{2\pi}}\mathrm{e}^{-\frac{t^2}{2}}\mathrm{d}t$$

棣莫弗-拉普拉斯极限定理表明,标准化二项分布随机变量渐近服从标准正态分布,这是林德贝格-勒维极限定理在伯努利试验场合的特例.

【范例与方法】

例1　设一本书共 300 页,每页上的印刷错误个数服从参数 $\lambda=2$ 的泊松分布,试用中心极限定理估计,整本书中印刷错误超过 580 个的概率.

分析　此例中每页上的印刷错误个数独立同分布,可应用林德贝格-勒维极限定理估计.

解　设 X_i 为第 i 页上的印刷错误个数,则 $X_i\sim P(\lambda)$，$\lambda=2$，$i=1,2,\cdots$，300，有

$$\mu=E(X_i)=\lambda=2,\ \sigma^2=D(X_i)=\lambda=2$$

记整本书中印刷错误个数为 X,则 $X=\sum\limits_{i=1}^{n}X_i$，其中 $n=300$,根据林德贝格-勒维极限定理,可得

$$P\{X > 580\} = 1 - P\{0 \leqslant X \leqslant 580\} = 1 - P\left\{\frac{0-600}{\sqrt{600}} \leqslant \frac{X-n\mu}{\sqrt{n}\sigma} \leqslant \frac{580-600}{\sqrt{600}}\right\}$$

$$\approx 1 - [\Phi(-0.8165) - \Phi(-24.4949)]$$

$$= 1 + \Phi(0.8165) - \Phi(24.4949)$$

$$\approx 0.7939$$

例 2　某计算机有 100 个终端,每个终端有 10% 的时间在使用,如果各个终端使用与否相互独立,试求至少有 12 个终端在同时使用的概率.

分析　此例中同时使用的终端数服从二项分布,可应用棣莫弗-拉普拉斯极限定理计算.

解　设 X 为同时使用的终端数,则 $X \sim B(n,\ p)$, $n = 100$, $p = 0.1$, 有

$$E(X) = np = 10, D(X) = np(1-p) = 9$$

根据棣莫弗-拉普拉斯极限定理,可得

$$P\{X \geqslant 12\} = P\{12 \leqslant X \leqslant 100\} = P\left\{\frac{12-10}{\sqrt{9}} \leqslant \frac{X-np}{\sqrt{np(1-p)}} \leqslant \frac{100-10}{\sqrt{9}}\right\}$$

$$\approx \Phi(30) - \Phi(0.667) \approx 0.2514$$

例 3　一批产品的合格率为 80%,试用中心极限定理计算,至少应取多少件产品,才能使取到的合格品不少于 516 件的概率大于 0.945.

分析　此例中取到的合格品数服从二项分布,可应用棣莫弗-拉普拉斯极限定理计算.

解　任取 n 件产品,设其中合格品为 X 件,则 $X \sim B(n,\ p)$, $p = 0.8$, 有

$$E(X) = np = 0.8n, D(X) = np(1-p) = 0.16n$$

根据棣莫弗-拉普拉斯极限定理,要使

$$P\{X \geqslant 516\} = 1 - P\{X < 516\}$$

$$= 1 - P\left\{\frac{X-np}{\sqrt{np(1-p)}} < \frac{516-0.8n}{\sqrt{0.16n}}\right\}$$

$$\approx 1 - \Phi\left(\frac{1290-2n}{\sqrt{n}}\right)$$

$$> 0.945$$

应有 $n > 665.64$,故至少应取 666 件产品.

三、习题全解

习 题 4-1

1. 盒中有 3 个白球，2 个黑球. 从盒中任取 2 个球，以 X 表示取到的白球数，求 X 的数学期望.

解 根据题意，X 的可能取值为 0，1，2，且分布律为

$$P\{X=0\}=\frac{C_3^0 C_2^2}{C_5^2}=0.1,\ P\{X=1\}=\frac{C_3^1 C_2^1}{C_5^2}=0.6,\ P\{X=2\}=\frac{C_3^2 C_2^0}{C_5^2}=0.3$$

由此计算可得

$$E(X)=0\times0.1+1\times0.6+2\times0.3=1.2$$

2. 设随机变量 X 的分布律如表 4-5 所示.

表 4-5　X 的分布律

X	-1	0	2
P	0.3	0.4	0.3

求 $E(X)$，$E(X^2)$，$E(2X^2-3)$.

解 $E(X)=(-1)\times0.3+0\times0.4+2\times0.3=0.3$

$E(X^2)=(-1)^2\times0.3+0^2\times0.4+2^2\times0.3=1.5$

$E(2X^2-3)=[2\times(-1)^2-3]\times0.3+(2\times0^2-3)\times0.4$

$$+(2\times2^2-3)\times0.3=0$$

3. 设随机变量 X 的密度函数为

$$f(x)=\begin{cases}e^{-x}, & x>0 \\ 0, & x\leqslant0\end{cases}$$

求 $E(X)$，$E(e^{-2X})$.

解
$$E(X)=\int_{-\infty}^{+\infty}xf(x)dx=\int_0^{+\infty}xe^{-x}dx=1,$$

$$E(e^{-2X})=\int_{-\infty}^{+\infty}e^{-2x}f(x)dx=\int_0^{+\infty}e^{-3x}dx=\frac{1}{3}.$$

4. 设随机变量 X 的密度函数为

$$f(x) = \begin{cases} kx^a, & 0 < x < 1 \\ 0, & \text{其他} \end{cases}$$

其中，常数 $k, a > 0$，已知 $E(X) = 0.75$，求 k, a 的值.

解 根据概率的规范性及题意，分别有

$$\int_{-\infty}^{+\infty} f(x)\mathrm{d}x = \int_0^1 kx^a \mathrm{d}x = k\int_0^1 x^a \mathrm{d}x = \frac{k}{a+1} = 1$$

$$E(X) = \int_{-\infty}^{+\infty} xf(x)\mathrm{d}x = \int_0^1 x \cdot kx^a \mathrm{d}x = k\int_0^1 x^{a+1}\mathrm{d}x = \frac{k}{a+2} = 0.75$$

由此可以求得 $k = 3, a = 2$.

5. 设圆盘直径服从 (a, b) 上的均匀分布. 求圆盘面积的数学期望.

解 设圆盘直径为 X，则圆盘面积 $Y = \frac{1}{4}\pi X^2$. 根据题意，X 的密度函数为

$$f(x) = \begin{cases} \dfrac{1}{b-a}, & a < x < b \\ 0, & \text{其他} \end{cases}$$

由此可得

$$E(Y) = E\left(\frac{1}{4}\pi X^2\right) = \int_{-\infty}^{+\infty} \frac{1}{4}\pi x^2 f(x)\mathrm{d}x = \int_a^b \frac{1}{4}\pi x^2 \cdot \frac{1}{b-a}\mathrm{d}x$$

$$= \frac{\pi(a^2 + ab + b^2)}{12}$$

6. 设随机变量 (X, Y) 的联合密度函数为

$$f(x, y) = \begin{cases} 12y^2, & 0 < y < x < 1 \\ 0, & \text{其他} \end{cases}$$

求 $E(X), E(Y), E(XY), E(X^2 + Y^2)$.

解 $E(X) = \int_{-\infty}^{+\infty}\int_{-\infty}^{+\infty} xf(x, y)\mathrm{d}x\mathrm{d}y = \int_0^1 \mathrm{d}x\int_0^x 12xy^2 \mathrm{d}y = \int_0^1 4x^4 \mathrm{d}x = \frac{4}{5}$

$E(Y) = \int_{-\infty}^{+\infty}\int_{-\infty}^{+\infty} yf(x, y)\mathrm{d}x\mathrm{d}y = \int_0^1 \mathrm{d}x\int_0^x 12y^3 \mathrm{d}y = \int_0^1 3x^4 \mathrm{d}x = \frac{3}{5}$

$$E(XY) = \int_{-\infty}^{+\infty}\int_{-\infty}^{+\infty} xyf(x, y)\mathrm{d}x\mathrm{d}y = \int_0^1 \mathrm{d}x\int_0^x 12xy^3\mathrm{d}y = \int_0^1 3x^5\mathrm{d}x = \frac{1}{2}$$

$$E(X^2 + Y^2) = \int_{-\infty}^{+\infty}\int_{-\infty}^{+\infty} (x^2 + y^2)f(x, y)\mathrm{d}x\mathrm{d}y = \int_0^1 \mathrm{d}x\int_0^x 12y^2(x^2 + y^2)\mathrm{d}y$$

$$= \int_0^1 \frac{32}{5}x^5\mathrm{d}x = \frac{16}{15}$$

7. 设随机变量 (X, Y) 的分布律如表 4-6 所示.

表 4-6 (X, Y) 的分布律

X \ Y	−1	0	1
1	0.2	0.1	0.1
2	0.1	0	0.1
3	0	0.3	0.1

求 $E(X)$, $E(Y)$, $E(Y \mid X)$, $E[(X-Y)^2]$.

解 $E(X) = 1\times(0.2+0.1+0.1) + 2\times(0.1+0+0.1)$
$$+3\times(0+0.3+0.1) = 2$$

$$E(Y) = (-1)\times(0.2+0.1+0) + 0\times(0.1+0+0.3)$$
$$+1\times(0.1+0.1+0.1) = 0$$

$$E(Y \mid X) = \frac{(-1)}{1}\times0.2 + \frac{0}{1}\times0.1 + \frac{1}{1}\times0.1$$

$$+\frac{(-1)}{2}\times0.1 + \frac{0}{2}\times0 + \frac{1}{2}\times0.1$$

$$+\frac{(-1)}{3}\times0 + \frac{0}{3}\times0.3 + \frac{1}{3}\times0.1$$

$$=-\frac{1}{15}$$

$$E[(X-Y)^2] = [1-(-1)]^2\times0.2 + (1-0)^2\times0.1 + (1-1)^2\times0.1$$
$$+[2-(-1)]^2\times0.1 + (2-0)^2\times0 + (2-1)^2\times0.1$$
$$+[3-(-1)]^2\times0 + (3-0)^2\times0.3 + (3-1)^2\times0.1$$
$$= 5$$

8. 设随机变量 X, Y 的密度函数分别为

241

$$f_X(x) = \begin{cases} 2e^{-2x}, & x > 0 \\ 0, & x \leqslant 0 \end{cases}, \quad f_Y(y) = \begin{cases} 4e^{-4y}, & y > 0 \\ 0, & y \leqslant 0 \end{cases}$$

(1) 求 $E(X+Y)$, $E(2X-3Y^2)$.

(2) 设 X 与 Y 相互独立,求 $E(XY)$.

解 根据题意,有

$$E(X) = \int_{-\infty}^{+\infty} x f_X(x) \mathrm{d}x = \int_0^{+\infty} 2x e^{-2x} \mathrm{d}x = \frac{1}{2}$$

$$E(Y) = \int_{-\infty}^{+\infty} y f_Y(y) \mathrm{d}y = \int_0^{+\infty} 4y e^{-4y} \mathrm{d}y = \frac{1}{4}$$

$$E(Y^2) = \int_{-\infty}^{+\infty} y^2 f_Y(y) \mathrm{d}y = \int_0^{+\infty} 4y^2 e^{-4y} \mathrm{d}y = \frac{1}{8}$$

(1) 由数学期望的性质,可得

$$E(X+Y) = E(X) + E(Y) = \frac{1}{2} + \frac{1}{4} = \frac{3}{4}$$

$$E(2X-3Y^2) = 2E(X) - 3E(Y^2) = 2 \times \frac{1}{2} - 3 \times \frac{1}{8} = \frac{5}{8}$$

(2) 由 X 与 Y 相互独立,可得

$$E(XY) = E(X)E(Y) = \frac{1}{2} \times \frac{1}{4} = \frac{1}{8}$$

习 题 4-2

1. 设随机变量 X 的密度函数为

$$f(x) = \begin{cases} \dfrac{3}{2}x^2, & -1 \leqslant x \leqslant 1 \\ 0, & \text{其他} \end{cases}$$

求 $E(X)$, $D(X)$.

解 $E(X) = \displaystyle\int_{-\infty}^{+\infty} x f(x) \mathrm{d}x = \int_{-1}^1 x \cdot \frac{3}{2} x^2 \mathrm{d}x = 0$

$D(X) = E(X^2) - [E(X)]^2 = \displaystyle\int_{-\infty}^{+\infty} x^2 f(x) \mathrm{d}x - 0 = \int_{-1}^1 x^2 \cdot \frac{3}{2} x^2 \mathrm{d}x = \frac{3}{5}$

2. 设随机变量 X 的密度函数为

$$f(x) = \frac{1}{2}\mathrm{e}^{-|x|} \quad (-\infty < x < +\infty)$$

求 $E(X)$，$D(X)$.

解 $E(X) = \int_{-\infty}^{+\infty} x \cdot \frac{1}{2}\mathrm{e}^{-|x|}\,\mathrm{d}x = \frac{1}{2}\int_{-\infty}^{0} x\mathrm{e}^{x}\,\mathrm{d}x + \frac{1}{2}\int_{0}^{+\infty} x\mathrm{e}^{-x}\,\mathrm{d}x = -\frac{1}{2} + \frac{1}{2} = 0$

$D(X) = E(X^2) - [E(X)]^2 = \int_{-\infty}^{+\infty} x^2 \cdot \frac{1}{2}\mathrm{e}^{-|x|}\,\mathrm{d}x - 0$

$\qquad = \frac{1}{2}\int_{-\infty}^{0} x^2\mathrm{e}^{x}\,\mathrm{d}x + \frac{1}{2}\int_{0}^{+\infty} x^2\mathrm{e}^{-x}\,\mathrm{d}x = 1 + 1 = 2$

3. 设某射击运动员共射击 100 次，每次射击命中的概率为 0.8，且各次射击命中与否相互独立. 以 X 表示命中的次数，求 X 的数学期望与方差.

解 根据题意，有 $X \sim B(n, p)$，$n = 100$，$p = 0.8$，由此可得

$$E(X) = np = 100 \times 0.8 = 80$$

$$D(X) = np(1-p) = 100 \times 0.8 \times 0.2 = 16$$

4. 设甲、乙两台机床加工同一种零件，每 100 个零件中的次品数分别为 X 和 Y，其分布律分别如表 4-7 和表 4-8 所示.

表 4-7　X 的分布律

X	0	1	2	3
P	0.7	0.2	0.06	0.04

表 4-8　Y 的分布律

Y	0	1	2	3
P	0.74	0.12	0.1	0.04

问哪台机床的加工质量较好？

解 根据题意，有

$$E(X) = 0 \times 0.7 + 1 \times 0.2 + 2 \times 0.06 + 3 \times 0.04 = 0.44$$

$$E(Y) = 0 \times 0.74 + 1 \times 0.12 + 2 \times 0.1 + 3 \times 0.04 = 0.44$$

即两台机床的平均次品数相同. 又

$$D(X) = E(X^2) - [E(X)]^2$$

$$= 0^2 \times 0.7 + 1^2 \times 0.2 + 2^2 \times 0.06 + 3^2 \times 0.04 - (0.44)^2$$

$$= 0.8 - 0.1936 = 0.6064$$

$$D(Y) = E(Y^2) - [E(Y)]^2$$
$$= 0^2 \times 0.74 + 1^2 \times 0.12 + 2^2 \times 0.1 + 3^2 \times 0.04 - (0.44)^2$$
$$= 0.88 - 0.1936 = 0.6864$$

由于 $D(X) < D(Y)$，所以甲机床加工的零件质量比乙机床稳定，故认为甲机床的加工质量较好.

5. 设随机变量 X 服从泊松分布，并且

$$3P\{X=1\} + 2P\{X=2\} = 4P\{X=0\}$$

求 $E(X)$，$D(X)$.

解 由题意知 $X \sim P(\lambda)$，其分布律为

$$P\{X=k\} = \frac{\lambda^k}{k!} \mathrm{e}^{-\lambda},\ k = 0, 1, 2, \cdots$$

其中 $\lambda > 0$. 根据条件，有

$$3 \cdot \lambda \mathrm{e}^{-\lambda} + 2 \times \frac{1}{2}\lambda^2 \mathrm{e}^{-\lambda} = 4 \cdot \mathrm{e}^{-\lambda}$$

由此解得 $\lambda = 1$. 根据泊松分布的数学期望和方差，求得

$$E(X) = \lambda = 1,\ D(X) = \lambda = 1$$

6. 设随机变量 X 服从二项分布，已知 $E(X) = 3$，$D(X) = 2$，求 X 的分布律.

解 由题意知 $X \sim B(n, p)$，根据条件，有

$$E(X) = np = 3,\ D(X) = np(1-p) = 2$$

由此解得 $p = \frac{1}{3}$，$n = 9$，故 X 的分布律为

$$P\{X=k\} = C_9^k \left(\frac{1}{3}\right)^k \left(1 - \frac{1}{3}\right)^{9-k},\ k = 0, 1, 2, \cdots, 9$$

7. 设随机变量 X 服从区间 $\left(-\frac{1}{2}, \frac{1}{2}\right)$ 上的均匀分布，求 $Y = \sin(\pi X)$ 的数学期望与方差.

解 根据题意，X 的密度函数为

$$f(x) = \begin{cases} 1, & -\dfrac{1}{2} < x < \dfrac{1}{2} \\ 0, & \text{其他} \end{cases}$$

由此求得

$$E(Y) = E[\sin(\pi X)] = \int_{-\infty}^{+\infty} \sin(\pi x) f(x) \mathrm{d}x = \int_{-\frac{1}{2}}^{\frac{1}{2}} \sin(\pi x) \mathrm{d}x = 0$$

$$D(Y) = E(Y^2) - [E(Y)]^2 = E[\sin^2(\pi X)] - 0 = \int_{-\infty}^{+\infty} \sin^2(\pi x) f(x) \mathrm{d}x$$

$$= \int_{-\frac{1}{2}}^{\frac{1}{2}} \sin^2(\pi x) \mathrm{d}x = \frac{1}{2}$$

8. 设随机变量 X, Y 相互独立，其密度函数分别为

$$f_X(x) = \begin{cases} 2\mathrm{e}^{-2x}, & x > 0 \\ 0, & x \leqslant 0 \end{cases}, \quad f_Y(y) = \begin{cases} 4, & 0 < x < \dfrac{1}{4} \\ 0, & \text{其他} \end{cases}$$

求 $D(X+Y)$.

解 根据题意可知，X 服从参数 $\lambda = 2$ 的指数分布；Y 服从区间 $\left(0, \dfrac{1}{4}\right)$ 上的均匀分布，分别有

$$D(X) = \frac{1}{2^2} = \frac{1}{4}, \ D(Y) = \frac{1}{12} \times \left(\frac{1}{4} - 0\right)^2 = \frac{1}{192}$$

由 X, Y 相互独立，可得

$$D(X+Y) = D(X) + D(Y) = \frac{1}{4} + \frac{1}{192} = \frac{49}{192}$$

9. 设随机变量 X 的数学期望 $E(X)$ 存在，方差 $D(X) = 25$，根据切比雪夫不等式估计概率 $P\{|X - E(X)| \geqslant 10\}$.

解 根据题意及切比雪夫不等式，可得

$$P\{|X - E(X)| \geqslant 10\} \leqslant \frac{D(X)}{10^2} = \frac{25}{10^2} = \frac{1}{4}$$

10. 将一颗骰子连掷 4 次，以 X 表示掷出点数之和，根据切比雪夫不等式估计概

率 $P\{10 < X < 18\}$.

解 设第 i 次掷出的点数为 X_i，$i = 1, 2, 3, 4$，则 X_1，X_2，X_3，X_4 独立同分布，且 $X = \sum\limits_{i=1}^{4} X_i$. X_i 的分布律为

$$P\{X_i = k\} = \frac{1}{6}, k = 1, 2, \cdots, 6$$

数学期望与方差分别为

$$E(X_i) = \frac{1}{6} \times (1 + 2 + \cdots + 6) = \frac{7}{2}, D(X_i) = \frac{1}{6} \times (1^2 + 2^2 + \cdots + 6^2) = \frac{35}{12}$$

从而有

$$E(X) = \sum_{i=1}^{4} E(X_i) = 4 \times \frac{7}{2} = 14, D(X) = \sum_{i=1}^{4} D(X_i) = 4 \times \frac{35}{12} = \frac{35}{3}$$

根据切比雪夫不等式,可得

$$P\{10 < X < 18\} = P\{|X - 14| < 4\} \geqslant 1 - \frac{35/3}{4^2} = \frac{13}{48}$$

习 题 4-3

1. 设二维随机变量 (X, Y) 的联合分布律如表 4-9 所示.

表 4-9 (X, Y) 的联合分布律

X \ Y	1	2	3
1	$\frac{1}{6}$	$\frac{1}{9}$	$\frac{1}{18}$
2	$\frac{1}{3}$	$\frac{1}{9}$	$\frac{2}{9}$

求 $\mathrm{cov}(X, Y)$.

解 根据题意,有

$$E(X) = 1 \times \left(\frac{1}{6} + \frac{1}{9} + \frac{1}{18} \right) + 2 \times \left(\frac{1}{3} + \frac{1}{9} + \frac{1}{9} \right) = \frac{5}{3}$$

$$E(Y) = 1 \times \left(\frac{1}{6} + \frac{1}{3}\right) + 2 \times \left(\frac{1}{9} + \frac{1}{9}\right) + 3 \times \left(\frac{1}{18} + \frac{2}{9}\right) = \frac{16}{9}$$

$$E(XY) = 1 \times 1 \times \frac{1}{6} + 1 \times 2 \times \frac{1}{9} + 1 \times 3 \times \frac{1}{18} + 2 \times 1 \times \frac{1}{3}$$

$$+ 2 \times 2 \times \frac{1}{9} + 2 \times 3 \times \frac{2}{9} = 3$$

由此可得

$$\mathrm{cov}(X, Y) = E(XY) - E(X)E(Y) = 3 - \frac{5}{3} \times \frac{16}{9} = \frac{1}{27}$$

2. 设二维随机变量(X, Y)的联合密度函数为

$$f(x, y) = \begin{cases} \frac{1}{8}(x+y), & 0 < x < 2, 0 < y < 2 \\ 0, & \text{其他} \end{cases}$$

求$\mathrm{cov}(X, Y)$和$D(X+Y)$.

解 根据题意,有

$$E(X) = \int_{-\infty}^{+\infty}\int_{-\infty}^{+\infty} xf(x, y)\mathrm{d}x\mathrm{d}y = \int_0^2 \mathrm{d}x\int_0^2 x \cdot \frac{1}{8}(x+y)\mathrm{d}y$$

$$= \frac{1}{4}\int_0^2 x(x+1)\mathrm{d}x = \frac{7}{6}$$

$$E(X^2) = \int_{-\infty}^{+\infty}\int_{-\infty}^{+\infty} x^2 f(x, y)\mathrm{d}x\mathrm{d}y = \int_0^2 \mathrm{d}x\int_0^2 x^2 \cdot \frac{1}{8}(x+y)\mathrm{d}y$$

$$= \frac{1}{4}\int_0^2 x^2(x+1)\mathrm{d}x = \frac{5}{3}$$

$$E(Y) = \int_{-\infty}^{+\infty}\int_{-\infty}^{+\infty} yf(x, y)\mathrm{d}x\mathrm{d}y = \int_0^2 \mathrm{d}y\int_0^2 y \cdot \frac{1}{8}(x+y)\mathrm{d}x$$

$$= \frac{1}{4}\int_0^2 y(y+1)\mathrm{d}x = \frac{7}{6}$$

$$E(Y^2) = \int_{-\infty}^{+\infty}\int_{-\infty}^{+\infty} y^2 f(x, y)\mathrm{d}x\mathrm{d}y = \int_0^2 \mathrm{d}y\int_0^2 y^2 \cdot \frac{1}{8}(x+y)\mathrm{d}x$$

$$= \frac{1}{4}\int_0^2 y^2(y+1)\mathrm{d}y = \frac{5}{3}$$

247

$$E(XY) = \int_{-\infty}^{+\infty}\int_{-\infty}^{+\infty} xyf(x,y)\mathrm{d}x\mathrm{d}y = \int_0^2 \mathrm{d}x \int_0^2 xy \cdot \frac{1}{8}(x+y)\mathrm{d}y$$
$$= \frac{1}{8}\int_0^2 x\left(2x + \frac{8}{3}\right)\mathrm{d}x = \frac{4}{3}$$

由此可得

$$\mathrm{cov}(x,y) = E(XY) - E(X)E(Y) = \frac{4}{3} - \frac{7}{6}\times\frac{7}{6} = -\frac{1}{36}$$

$$D(X+Y) = D(X) + D(Y) + 2\mathrm{cov}(x,y)$$
$$= E(X^2) - [E(X)]^2 + E(Y^2) - [E(Y)]^2 + 2\mathrm{cov}(x,y)$$
$$= \frac{5}{3} - \left(\frac{7}{6}\right)^2 + \frac{5}{3} - \left(\frac{7}{6}\right)^2 + 2\times\left(-\frac{1}{36}\right) = \frac{5}{9}$$

3. 设随机变量 X 服从参数 $\lambda = 2$ 的泊松分布，且 $Y = 3X - 2$，求 $\mathrm{cov}(X,Y)$ 和 ρ_{XY}.

解 由题意知 $X \sim P(\lambda)$，$\lambda = 2$，有

$$E(X) = \lambda = 2, \quad E(Y) = E(3X-2) = 3E(X) - 2 = 3\times 2 - 2 = 4$$

$$D(X) = \lambda = 2, \quad D(Y) = D(3X-2) = 3^2 D(X) = 9\times 2 = 18$$

由此可得

$$\mathrm{cov}(X,Y) = \mathrm{cov}(X, 3X-2) = 3D(X) = 3\times 2 = 6$$

$$\rho_{XY} = \frac{\mathrm{cov}(X,Y)}{\sqrt{D(X)}\sqrt{D(Y)}} = \frac{6}{\sqrt{2}\times\sqrt{18}} = 1$$

4. 设随机变量 X，Y 的方差 $D(X) = 16$，$D(Y) = 25$，相关系数 $\rho_{XY} = 0.5$，求 $D(X+Y)$ 和 $D(X-Y)$.

解 根据题意及协方差与相关系数的关系，有

$$\mathrm{cov}(X,Y) = \rho_{XY}\sqrt{D(X)}\sqrt{D(Y)} = 0.5\times\sqrt{16}\times\sqrt{25} = 10$$

由此可得

$$D(X+Y) = D(X) + D(Y) + 2\mathrm{cov}(X,Y) = 16 + 25 + 2\times 10 = 61$$

$$D(X-Y) = D(X) + D(Y) - 2\mathrm{cov}(X,Y) = 16 + 25 - 2\times 10 = 21$$

5. 设一批产品的一、二、三等品率分别为 0.8，0.1，0.1. 从该批产品中任取 1 件,定义随机变量

$$X_i = \begin{cases} 1, & \text{取到 } i \text{ 等品} \\ 0, & \text{其他} \end{cases}, \quad i = 1, 2, 3$$

求相关系数 $\rho_{X_1 X_2}$.

解 由题意知,(X_1, X_2) 的可能取值为 $(0,0)$,$(0,1)$,$(1,0)$,且分布律为

$$P(X_1 = 0, X_2 = 0) = 0.1, \ P(X_1 = 0, X_2 = 1) = 0.1,$$
$$P(X_1 = 1, X_2 = 0) = 0.8$$

从而有

$$E(X_1) = 0 \times (0.1 + 0.1) + 1 \times 0.8 = 0.8$$
$$D(X_1) = E(X_1^2) - [E(X_1)]^2 = [0^2 \times (0.1 + 0.1) + 1^2 \times 0.8] - 0.8^2 = 0.16$$
$$E(X_2) = 0 \times (0.8 + 0.1) + 1 \times 0.1 = 0.1$$
$$D(X_2) = E(X_2^2) - [E(X_2)]^2 = [0^2 \times (0.8 + 0.1) + 1^2 \times 0.1] - 0.1^2 = 0.09$$
$$E(X_1 X_2) = 0 \times 0 \times 0.1 + 0 \times 1 \times 0.1 + 1 \times 0 \times 0.8 = 0$$
$$\text{cov}(X_1, X_2) = E(X_1 X_2) - E(X_1)E(X_2) = 0 - 0.8 \times 0.1 = -0.08$$

由此可得

$$\rho_{X_1 X_2} = \frac{\text{cov}(X_1, X_2)}{\sqrt{D(X_1)}\sqrt{D(X_2)}} = \frac{-0.08}{\sqrt{0.16} \times \sqrt{0.09}} = -\frac{2}{3}$$

6. 设二维随机变量 (X, Y) 的联合分布律如表 4-10 所示.

表 4-10 (X, Y) 的联合分布律

X \ Y	−1	0	1
−1	$\frac{1}{8}$	$\frac{1}{8}$	$\frac{1}{8}$
0	$\frac{1}{8}$	0	$\frac{1}{8}$
1	$\frac{1}{8}$	$\frac{1}{8}$	$\frac{1}{8}$

判断 X 与 Y 的相关性和独立性.

解 根据题意,有

$$E(X) = E(Y) = (-1) \times \left(\frac{1}{8} + \frac{1}{8} + \frac{1}{8}\right) + 0 \times \left(\frac{1}{8} + 0 + \frac{1}{8}\right)$$

$$+ 1 \times \left(\frac{1}{8} + \frac{1}{8} + \frac{1}{8}\right) = 0$$

$$E(X^2) = E(Y^2) = (-1)^2 \times \left(\frac{1}{8} + \frac{1}{8} + \frac{1}{8}\right) + 0^2 \times \left(\frac{1}{8} + 0 + \frac{1}{8}\right)$$

$$+ 1^2 \times \left(\frac{1}{8} + \frac{1}{8} + \frac{1}{8}\right) = \frac{3}{4}$$

$$E(XY) = (-1) \times (-1) \times \frac{1}{8} + (-1) \times 0 \times \frac{1}{8} + (-1) \times 1 \times \frac{1}{8}$$

$$+ 0 \times (-1) \times \frac{1}{8} + 0 \times 0 \times 0 + 0 \times 1 \times \frac{1}{8} + 1 \times (-1) \times \frac{1}{8}$$

$$+ 1 \times 0 \times \frac{1}{8} + 1 \times 1 \times \frac{1}{8} = 0$$

由此可得

$$\rho_{XY} = \frac{\text{cov}(X, Y)}{\sqrt{D(X)}\sqrt{D(Y)}} = \frac{E(XY) - E(X)E(Y)}{\sqrt{E(X^2) - [E(X)]^2}\sqrt{E(Y^2) - [E(Y)]^2}}$$

$$= \frac{0 - 0 \times 0}{\sqrt{3/4 - 0^2} \times \sqrt{3/4 - 0^2}} = 0$$

故 X 与 Y 不相关. 注意到

$$P\{X = 0\}P\{Y = 0\} = \left(\frac{1}{8} + 0 + \frac{1}{8}\right)^2 \neq 0 = P\{X = 0, Y = 0\}$$

故 X 与 Y 不独立.

7. 设二维随机变量 (X, Y) 的联合密度函数为

$$f(x, y) = \begin{cases} \dfrac{1}{\pi}, & x^2 + y^2 \leqslant 1 \\ 0, & \text{其他} \end{cases}$$

判断 X 与 Y 的相关性和独立性.

解 根据联合密度函数 $f(x, y)$，求得 X 的边缘密度函数为

$$f_X(x) = \int_{-\infty}^{+\infty} f(x, y)\mathrm{d}y = \begin{cases} \int_{-\sqrt{1-x^2}}^{\sqrt{1-x^2}} \dfrac{1}{\pi}\mathrm{d}y, & -1 \leqslant x \leqslant 1 \\ 0, & \text{其他} \end{cases}$$

$$= \begin{cases} \dfrac{2}{\pi}\sqrt{1-x^2}, & -1 \leqslant x \leqslant 1 \\ 0, & \text{其他} \end{cases}$$

同理，Y 的边缘密度函数为

$$f_Y(y) = \int_{-\infty}^{+\infty} f(x, y)\mathrm{d}x = \begin{cases} \dfrac{2}{\pi}\sqrt{1-y^2}, & -1 \leqslant y \leqslant 1 \\ 0, & \text{其他} \end{cases}$$

由于 $f(x, y) \neq f_X(x)f_Y(y)$，故 X 与 Y 不独立. 又由

$$E(X) = \int_{-\infty}^{+\infty} xf_X(x)\mathrm{d}x = \int_{-1}^{1} \frac{2}{\pi}x\sqrt{1-x^2}\mathrm{d}x = 0$$

$$D(X) = E(X^2) - [E(X)]^2 = \int_{-\infty}^{+\infty} x^2 f_X(x)\mathrm{d}x - 0 = \int_{-1}^{1} \frac{2}{\pi}x^2\sqrt{1-x^2}\mathrm{d}x = \frac{1}{4}$$

$$E(Y) = \int_{-\infty}^{+\infty} yf_Y(y)\mathrm{d}x = \int_{-1}^{1} \frac{2}{\pi}y\sqrt{1-y^2}\mathrm{d}y = 0$$

$$D(Y) = E(Y^2) - [E(Y)]^2 = \int_{-\infty}^{+\infty} y^2 f_Y(y)\mathrm{d}y - 0 = \int_{-1}^{1} \frac{2}{\pi}y^2\sqrt{1-y^2}\mathrm{d}y = \frac{1}{4}$$

$$\mathrm{cov}(X, Y) = E(XY) - E(X)E(Y) = \int_{-\infty}^{+\infty}\int_{-\infty}^{+\infty} xyf(x, y)\mathrm{d}x\mathrm{d}y - 0$$

$$= \int_{-1}^{1}\mathrm{d}x \int_{-\sqrt{1-x^2}}^{\sqrt{1-x^2}} \frac{1}{\pi}xy\mathrm{d}y = 0$$

可得相关系数

$$\rho_{X_1 X_2} = \frac{\mathrm{cov}(X, Y)}{\sqrt{D(X)}\sqrt{D(Y)}} = \frac{0}{\sqrt{1/4}\sqrt{1/4}} = 0$$

故 X 与 Y 不相关.

8. 设 (X, Y) 服从二维正态分布，定义随机变量

$$U = X + aY, \quad V = X - aY$$

证明:U 与 V 相互独立的充分必要条件是 $D(X) = a^2 D(Y)$.

证 对于二维正态分布,不相关与相互独立等价.由

$$\begin{aligned}
\operatorname{cov}(U, V) &= \operatorname{cov}(X + aY, X - aY) \\
&= \operatorname{cov}(X, X) - a\operatorname{cov}(X, Y) + a\operatorname{cov}(X, Y) - a^2 \operatorname{cov}(Y, Y) \\
&= D(X) - a^2 D(Y)
\end{aligned}$$

可知,U 与 V 相互独立,也即不相关的充分必要条件是 $D(X) = a^2 D(Y)$.

9. 设随机变量 X 的密度函数为

$$f(x) = \begin{cases} 0.5x, & 0 < x < 2 \\ 0, & \text{其他} \end{cases}$$

求 X 的 1 至 3 阶原点矩和中心矩.

解 根据原点矩和中心矩的有关定义,计算可得

$$E(X) = \int_{-\infty}^{+\infty} x f_X(x) \, \mathrm{d}x = \int_0^2 0.5x^2 \, \mathrm{d}x = \frac{4}{3}$$

$$E(X^2) = \int_{-\infty}^{+\infty} x^2 f_X(x) \, \mathrm{d}x = \int_0^2 0.5x^3 \, \mathrm{d}x = 2$$

$$E(X^3) = \int_{-\infty}^{+\infty} x^3 f_X(x) \, \mathrm{d}x = \int_0^2 0.5x^4 \, \mathrm{d}x = \frac{16}{5}$$

$$E[X - E(X)] = E\left(X - \frac{4}{3}\right) = E(X) - \frac{4}{3} = 0$$

$$E\{[X - E(X)]^2\} = E\left[\left(X - \frac{4}{3}\right)^2\right] = E(X^2) - \frac{8}{3}E(X) + \left(\frac{4}{3}\right)^2 = \frac{2}{9}$$

$$E\{[X - E(X)]^3\} = E\left[\left(X - \frac{4}{3}\right)^3\right] = E(X^3) - 4E(X^2) + \frac{16}{3}E(X) - \left(\frac{4}{3}\right)^3$$

$$= -\frac{8}{135}$$

10. 设随机变量 (X, Y) 的协方差矩阵为

$$C = \begin{bmatrix} 4 & -3 \\ -3 & 9 \end{bmatrix}$$

求 X 与 Y 的相关系数 ρ_{XY}.

解 根据协方差矩阵的定义有，

$$D(X) = 4, \quad D(Y) = 9, \quad \mathrm{cov}(X, Y) = -3$$

由此可得

$$\rho_{XY} = \frac{\mathrm{cov}(X, Y)}{\sqrt{D(X)}\sqrt{D(Y)}} = \frac{-3}{\sqrt{4}\times\sqrt{9}} = -\frac{1}{2}$$

习 题 4-4

1. 设保险公司有 10000 人投保，每人每年缴纳保费 20 元. 如果投保人死亡，保险公司需支付保险金 5000 元. 已知投保人的年死讯率为 0.001，求

(1) 保险公司年度亏本的概率.

(2) 保险公司年度盈利不少于 12 万元的概率.

解 根据题意，保险公司年度收入 10000 人的保费 20 万元. 设 X 为 10000 人中的年内死亡人数，则 $X \sim B(n, p)$，$n = 10000$，$p = 0.001$，有

$$E(X) = np = 10, \quad D(X) = np(1-p) = 9.99$$

根据棣莫弗-拉普拉斯极限定理，以万元为单位，可得

(1) 保险公司年度亏本的概率为

$$P\{0.5X > 20\} = P\{X > 40\} = 1 - P\{0 \leqslant X \leqslant 40\}$$

$$= 1 - P\left\{\frac{0-10}{\sqrt{9.99}} \leqslant \frac{X-np}{\sqrt{np(1-p)}} \leqslant \frac{40-10}{\sqrt{9.99}}\right\}$$

$$\approx 1 - [\Phi(9.49) - \Phi(-3.163)]$$

$$\approx 0.0008$$

(2) 保险公司年度盈利不少于 12 万元的概率为

$$P\{20 - 0.5X \geqslant 12\} = P\{X \leqslant 16\} = P\{0 \leqslant X \leqslant 16\}$$

$$= P\left\{\frac{0-10}{\sqrt{9.99}} \leqslant \frac{X-np}{\sqrt{np(1-p)}} \leqslant \frac{16-10}{\sqrt{9.99}}\right\}$$

$$\approx \Phi(1.898) - \Phi(-3.163)$$

$$\approx 0.9703$$

2. 设某种元件的寿命服从数学期望为 100 小时的指数分布，且各元件的寿命相互独立，求 16 个元件的寿命总和大于 1920 小时的概率.

253

解 设第 i 个元件的寿命为 X_i，$i = 1, 2, \cdots, 16$. 根据题意，X_1，X_2，$\cdots$，X_{16} 相互独立，服从同一指数分布，故 $D(X_i) = \left[E(X_i) \right]^2$，有

$$\mu = E(X_i) = 100, \quad \sigma^2 = D(X_i) = 10000$$

记 16 个元件的寿命总和为 X，则 $X = \sum_{i=1}^{n} X_i$，$n = 16$. 根据林德贝格-勒维极限定理，可得

$$P\{X > 1920\} = 1 - P\{X \leqslant 1920\}$$
$$= 1 - P\left\{ \frac{X - n\mu}{\sqrt{n}\sigma} \leqslant \frac{1920 - 1600}{400} \right\}$$
$$\approx 1 - \Phi(0.8)$$
$$\approx 0.2119$$

3. 某电视机厂每月生产 10000 台电视机，该厂显像管车间的正品率为 0.8. 为了以 0.997 的概率保证出厂的电视机都装上正品显像管，显像管车间每月应至少生产多少只显像管？

解 设每月生产 n 只显像管，其中正品数为 X，则 $X \sim B(n, p)$，$p = 0.8$，有

$$E(X) = np = 0.8n, \quad D(X) = np(1 - p) = 0.16n$$

根据棣莫弗-拉普拉斯极限定理，要使

$$P\{X \geqslant 10000\} = 1 - P\{X < 10000\}$$
$$= 1 - P\left\{ \frac{X - np}{\sqrt{np(1 - p)}} < \frac{10000 - 0.8n}{\sqrt{0.16n}} \right\}$$
$$\approx 1 - \Phi\left(\frac{25000 - 2n}{\sqrt{n}} \right)$$
$$\geqslant 0.997$$

应有 $n \geqslant 12654.7$，故每月至少应生产 12655 只显像管.

4. 问将一枚硬币连掷多少次，可以保证出现正面的频率在 0.4 至 0.6 之间的概率不小于 0.9.

解 设将硬币连掷 n 次，其中出现正面的次数为 X，则出现正面的频率为 $\dfrac{X}{n}$. 由题意知 $X \sim B(n, p)$，$p = 0.5$，有

$$E(X) = np = 0.5n, \quad D(X) = np(1-p) = 0.25n$$

根据棣莫弗-拉普拉斯极限定理,要使

$$P\left\{0.4 < \frac{X}{n} < 0.6\right\} = P\{0.4n < X < 0.6n\}$$

$$= P\left\{\frac{0.4n - 0.5n}{\sqrt{0.25n}} < \frac{X - np}{\sqrt{np(1-p)}} < \frac{0.6n - 0.5n}{\sqrt{0.25n}}\right\}$$

$$\approx \Phi\left(\frac{\sqrt{n}}{5}\right) - \Phi\left(-\frac{\sqrt{n}}{5}\right) = 2\Phi\left(\frac{\sqrt{n}}{5}\right) - 1$$

$$\geqslant 0.9$$

应有 $n \geqslant 67.7$,故至少应连掷 68 次.

5. 食品店出售 3 种蛋糕,价格分别为 10 元、12 元、15 元. 购买蛋糕的顾客选购 3 种蛋糕的概率分别为 0.3,0.2,0.5. 设某天售出 300 只蛋糕,求

(1) 当天销售蛋糕的收入超过 4000 元的概率.

(2) 当天售出价格为 12 元的蛋糕超过 60 只的概率.

解 设当天售出的第 i 只蛋糕的价格为 X_i,$i = 1, 2, \cdots, 300$,则 X_1,X_2,$\cdots$,X_{300} 独立同分布. 根据题意,X_i 的可能取值为 10,12,15,其分布律为

$$P\{X_i = 10\} = 0.3, \quad P\{X_i = 12\} = 0.2, \quad P\{X_i = 15\} = 0.5$$

由此可得

$$\mu = E(X_i) = 10 \times 0.3 + 12 \times 0.2 + 15 \times 0.5 = 12.9$$

$$\sigma^2 = D(X_i) = E(X_i^2) - [E(X_i)]^2$$

$$= (10^2 \times 0.3 + 12^2 \times 0.2 + 15^2 \times 0.5) - 12.9^2 = 4.89$$

(1) 记当天销售蛋糕的收入为 X,则 $X = \sum_{i=1}^{n} X_i$,$n = 300$. 根据林德贝格-勒维极限定理,可得

$$P\{X > 4000\} = 1 - P\{X \leqslant 4000\}$$

$$= 1 - P\left\{\frac{X - n\mu}{\sqrt{n}\sigma} \leqslant \frac{4000 - 300 \times 12.9}{\sqrt{300 \times 4.89}}\right\}$$

$$\approx 1 - \Phi(3.394)$$

$$\approx 0.0003$$

255

（2）设当天售出价格为 12 元的蛋糕数为 Y，则 $Y \sim B(n, p)$，$n = 300$，$p = 0.2$，有

$$E(Y) = np = 60, \quad D(Y) = np(1-p) = 48$$

根据棣莫弗-拉普拉斯极限定理，可得

$$
\begin{aligned}
P\{Y > 60\} &= 1 - P\{Y \leqslant 60\} \\
&= 1 - P\left\{ \frac{Y - np}{\sqrt{np(1-p)}} \leqslant \frac{60 - 60}{\sqrt{48}} \right\} \\
&\approx 1 - \Phi(0) \\
&= 0.5
\end{aligned}
$$

总 习 题 四

1. 设某城市每天发生的严重刑事案件数 Y 服从参数 $\lambda = \dfrac{1}{3}$ 的泊松分布，求 1 年中不发生严重刑事案件的天数 X 的数学期望.

解 定义随机变量

$$
X_i = \begin{cases} 1, & \text{第 } i \text{ 天不发生案件} \\ 0, & \text{第 } i \text{ 天发生案件} \end{cases}, \quad i = 1, 2, \cdots, 365
$$

则 $X = \sum\limits_{i=1}^{365} X_i$. 根据题意，$X_i$ 的分布律为

$$P\{X_i = 1\} = P\{Y = 0\} = e^{-\frac{1}{3}}, \quad P\{X_i = 0\} = P\{Y > 0\} = 1 - e^{-\frac{1}{3}}$$

故数学期望为

$$E(X_i) = 1 \times e^{-\frac{1}{3}} + 0 \times (1 - e^{-\frac{1}{3}}) = e^{-\frac{1}{3}}$$

由此可得

$$E(X) = E\left(\sum_{i=1}^{365} X_i\right) = \sum_{i=1}^{365} E(X_i) = 365 \times e^{-\frac{1}{3}} \approx 262 \text{（天）}$$

2. 甲，乙两人在约定的一小时内到某处会面. 设甲，乙的到达时刻 X，Y 相互独立，其密度函数分别为

$$f_X(x) = \begin{cases} 3x^2, & 0 < x < 1, \\ 0, & \text{其他} \end{cases} \quad f_Y(y) = \begin{cases} 2y, & 0 < y < 1 \\ 0, & \text{其他} \end{cases}$$

求先到者等待时间的数学期望.

解 由 X, Y 的密度函数及独立性,可知 (X, Y) 的联合密度函数为

$$f(x, y) = f_X(x) f_Y(y) = \begin{cases} 6x^2 y, & 0 < x < 1, 0 < y < 1 \\ 0, & \text{其他} \end{cases}$$

根据题意,先到者的等待时间为 $|X - Y|$,由此可得

$$E(|X - Y|) = \int_{-\infty}^{+\infty} \int_{-\infty}^{+\infty} |x - y| f(x, y) \mathrm{d}x\mathrm{d}y = \int_0^1 \int_0^1 |x - y| 6x^2 y \mathrm{d}x\mathrm{d}y$$

$$= \int_0^1 \mathrm{d}x \int_0^x (x - y) 6x^2 y \mathrm{d}y + \int_0^1 \mathrm{d}x \int_x^1 (y - x) 6x^2 y \mathrm{d}y$$

$$= \frac{1}{6} + \frac{1}{12} = \frac{1}{4} (小时)$$

3. 设随机变量 X 的分布律如表 4-11 所示.

表 4-11 **X 的分布律**

X	1	2	3
P	0.3	0.5	0.2

(1) 求 $Y = 2X - 1$ 的数学期望与方差.

(2) 求 $Z = X^2$ 的数学期望与方差.

解 根据题意,有

$$E(X) = 1 \times 0.3 + 2 \times 0.5 + 3 \times 0.2 = 1.9$$

$$E(X^2) = 1^2 \times 0.3 + 2^2 \times 0.5 + 3^2 \times 0.2 = 4.1$$

$$E(X^4) = 1^4 \times 0.3 + 2^4 \times 0.5 + 3^4 \times 0.2 = 24.5$$

由此可得

(1) $E(Y) = E(2X - 1) = 2E(X) - 1 = 2 \times 1.9 - 1 = 2.8$

$D(Y) = D(2X - 1) = 2^2 D(X) = 4\{E(X^2) - [E(X)]^2\}$

$= 4 \times (4.1 - 1.9)^2 = 1.96$

(2) $E(Z) = E(X^2) = 4.1$

$$D(Z) = D(X^2) = E(X^4) - [E(X^2)]^2 = 24.5 - 4.1^2 = 7.69$$

4. 设随机变量 X 的密度函数为

$$f(x) = \begin{cases} ax^2 + bx + c, & 0 < x < 1 \\ 0, & \text{其他} \end{cases}$$

且 $E(X) = 0.5$, $D(X) = 0.15$, 求常数 a, b, c.

解 根据概率的规范性及题意, 有

$$\int_{-\infty}^{+\infty} f(x)\,\mathrm{d}x = \int_0^1 (ax^2 + bx + c)\,\mathrm{d}x = \frac{1}{3}a + \frac{1}{2}b + c = 1$$

$$E(X) = \int_{-\infty}^{+\infty} xf(x)\,\mathrm{d}x = \int_0^1 x(ax^2 + bx + c)\,\mathrm{d}x = \frac{1}{4}a + \frac{1}{3}b + \frac{1}{2}c = 0.5$$

$$D(X) = E(X^2) - [E(X)]^2 = \int_{-\infty}^{+\infty} x^2 f(x)\,\mathrm{d}x - 0.5^2$$

$$= \int_0^1 x^2(ax^2 + bx + c)\,\mathrm{d}x - 0.25 = \frac{1}{5}a + \frac{1}{4}b + \frac{1}{3}c - 0.25 = 0.15$$

由此解得 $a = 12$, $b = -12$, $c = 3$.

5. 用载重量为 2 吨的卡车装运水泥, 设每袋水泥的重量 X(公斤)服从正态分布 $N(50, 2.5^2)$, 且各袋水泥的重量相互独立. 要使卡车超载的概率不大于 0.05, 最多可装多少袋水泥?

解 设卡车装运 n 袋水泥, 其中第 i 袋水泥的重量为 X_i, $i = 1, 2, \cdots, n$, 则 $X_1, X_2, \cdots, X_n$ 独立同分布. 由题意知 $X_i \sim N(50, 2.5^2)$, 有

$$\mu = E(X) = 50, \quad \sigma^2 = D(X) = 2.5^2$$

记 n 袋水泥的总重量为 Y, 则 $Y = \sum_{i=1}^{n} X_i$. 根据林德贝格-勒维极限定理, 要使

$$P\{Y > 2000\} = 1 - P\{Y \leqslant 2000\}$$

$$= 1 - P\left\{ \frac{Y - n\mu}{\sqrt{n}\sigma} \leqslant \frac{800 - 20n}{\sqrt{n}} \right\}$$

$$\approx 1 - \Phi\left(\frac{800 - 20n}{\sqrt{n}} \right)$$

$$\leqslant 0.05$$

应有 $n \leqslant 39.48$, 故最多可装 39 袋水泥.

6. 设二维随机变量(X, Y)的联合密度函数为

$$f(x, y) = \begin{cases} 24(1-x)y, & 0 < y < x < 1 \\ 0, & 其他 \end{cases}$$

求 $E(X)$，$E(Y)$，$\text{cov}(X, Y)$，ρ_{XY}.

解 根据题意，所求数学期望和协方差为

$$E(X) = \int_0^1 dx \int_0^x x \cdot 24(1-x)y dy = \int_0^1 12x^3(1-x)dx = \frac{3}{5}$$

$$E(Y) = \int_0^1 dx \int_0^x y \cdot 24(1-x)y dy = \int_0^1 8x^3(1-x)dx = \frac{2}{5}$$

$$\text{cov}(X, Y) = E(XY) - E(X)E(Y) = \int_0^1 dx \int_0^x xy \cdot 24(1-x)y dy - \frac{3}{5} \times \frac{2}{5}$$

$$= \int_0^1 8x^4(1-x)dx - \frac{6}{25} = \frac{4}{15} - \frac{6}{25} = \frac{2}{75}$$

再由方差

$$D(X) = E(X^2) - [E(X)]^2 = \int_0^1 dx \int_0^x x^2 \cdot 24(1-x)y dy - \left(\frac{3}{5}\right)^2$$

$$= \int_0^1 12x^4(1-x)dx - \frac{9}{25} = \frac{2}{5} - \frac{9}{25} = \frac{1}{25}$$

$$D(Y) = E(Y^2) - [E(Y)]^2 = \int_0^1 dx \int_0^x y^2 \cdot 24(1-x)y dy - \left(\frac{2}{5}\right)^2$$

$$= \int_0^1 6x^4(1-x)dx - \frac{4}{25} = \frac{1}{5} - \frac{4}{25} = \frac{1}{25}$$

可得相关系数为

$$\rho_{XY} = \frac{\text{cov}(X, Y)}{\sqrt{D(X)}\sqrt{D(Y)}} = \frac{2/75}{\sqrt{1/25}\sqrt{1/25}} = \frac{2}{3}$$

7. 设在每次试验中，事件 A 发生的概率为 0.5. 根据切比雪夫不等式估计，在 1000 次独立重复试验中，事件 A 发生的次数在 400 至 600 之间的概率.

解 设 X 为 1000 次试验中事件 A 发生的次数，则 $X \sim B(1000, 0.5)$，有

$$E(X) = 1000 \times 0.5 = 500, \quad D(X) = 1000 \times 0.5 \times (1-0.5) = 250$$

259

根据切比雪夫不等式,可得

$$P\{400 < X < 600\} = P\{\mid X - 500 \mid < 100\} \geqslant 1 - \frac{250}{100^2} = \frac{39}{40}$$

8. 某种零件的重量独立同分布,其数学期望为 0.5 千克,标准差为 0.1 千克,求 5000 个零件的总重量超过 2510 千克的概率.

解 设第 i 个零件的重量为 X_i,$i = 1, 2, \cdots, 5000$,则 $X_1, X_2, \cdots, X_{5000}$ 独立同分布,且

$$\mu = E(X_i) = 0.5, \quad \sigma = \sqrt{D(X)} = 0.1$$

记 5000 个零件的总重量为 X,则 $X = \sum_{i=1}^{n} X_i$,$n = 5000$. 根据林德贝格-勒维极限定理,可得

$$P\{X > 2510\} = 1 - P\{X \leqslant 2510\}$$

$$= 1 - P\left\{\frac{X - n\mu}{\sqrt{n}\sigma} \leqslant \frac{2510 - 2500}{0.1\sqrt{5000}}\right\}$$

$$\approx 1 - \Phi(1.414)$$

$$\approx 0.0786$$

9. 某供电网络内装有 10000 个照明灯,各灯的开、关相互独立,且开的概率均为 0.7,求同时开着的灯数在 6900 至 7200 之间的概率.

解 设同时开着的灯数为 X,则 $X \sim B(n, p)$,$n = 10000$,$p = 0.7$. 根据棣莫弗-拉普拉斯极限定理,可得

$$P\{6900 < X < 7200\} = P\left\{\frac{6900 - 7000}{\sqrt{2100}} < \frac{X - np}{\sqrt{np(1-p)}} < \frac{7200 - 7000}{\sqrt{2100}}\right\}$$

$$\approx \Phi(4.364) - \Phi(-2.182)$$

$$\approx 0.9854$$

10. 某学校有同一年级学生 2000 人,每个学生借阅某教学参考书的概率均为 0.1,估计图书馆应至少准备多少本该教学参考书,才能以 97% 的概率满足学生同时借阅的需求.

解 设图书馆准备 m 本参考书,同时借阅的学生人数为 X,则 $X \sim B(n, p)$,$n = 2000$,$p = 0.1$. 根据棣莫弗-拉普拉斯极限定理,要使

$$P\{X \leqslant m\} = P\left\{\frac{X - np}{\sqrt{np(1-p)}} \leqslant \frac{m - 200}{\sqrt{180}}\right\}$$

$$\approx \Phi\left(\frac{m - 200}{\sqrt{180}}\right)$$

$$\geqslant 0.97$$

应有 $m \geqslant 225.2$，故应至少准备 226 本参考书.

四、同步自测题及参考答案

自 测 题 A

一、单项选择题

1. 设人的体重 $X \sim N(100, 100)$，记 10 个人的平均体重为 Y，则（　　）.

A. $E(Y) = 100, D(Y) = 100$　　　B. $E(Y) = 100, D(Y) = 10$

C. $E(Y) = 10, D(Y) = 100$　　　D. $E(Y) = 10, D(Y) = 10$

2. 设 2 台仪器的工作状态相互独立，各自发生故障的概率分别为 p_1，p_2，则发生故障的仪器数的数学期望为（　　）.

A. $p_1 p_2$　　　B. $p_1(1 - p_2) + p_2(1 - p_1)$

C. $p_1 + (1 - p_2)$　　　D. $p_1 + p_2$

3. 设随机变量 X 与 Y 的协方差 $\text{cov}(X, Y) = 0$，则下列结论正确的是（　　）.

A. X 与 Y 相互独立　　　B. $E(XY) = E(X)E(Y)$

C. $D(XY) = D(X)D(Y)$　　　D. 以上都不对

二、填空题

1. 设每次射击命中目标的概率为 0.4，以 X 表示 10 次独立射击命中目标的次数，则 $E(X) = $ _____，$E(X^2) = $ _____.

2. 设随机变量 X 与 Y 相互独立，且 $E(X) = E(Y) = 1, D(X) = D(Y) = 1$，则 $E[(X - Y)^2] = $ _____.

3. 设随机变量 X 与 Y 相互独立，且 $X \sim B(16, 0.5)$，$Y \sim P(9)$，则 $D(X - 2Y + 1) = $ _____.

4. 设随机变量 X 的密度函数 $f(x) = \begin{cases} \dfrac{3}{2}x^2, & -1 < x < 1 \\ 0, & \text{其他} \end{cases}$，则 $D(X) = $

_____.

5. 设 $D(X) = 4$，$D(Y) = 9$，$\rho_{XY} = 0.5$，则 $D(X+Y) = $ _____.

6. 将 1 枚均匀的硬币连掷 100 次，根据切比雪夫不等式估计，掷出正面的频率在 0.4 到 0.6 之间的概率不小于 _____.

7. 设随机变量 X_1，X_2，$\cdots$，X_n 相互独立，均服从参数为 λ 的泊松分布，则在 $\lim\limits_{n \to \infty} P\left\{\dfrac{1}{\sqrt{n\lambda}} \sum\limits_{i=1}^{n} (X_i - a) \leqslant x\right\} = \Phi(x)$ 中，$a = $ _____.

8. 某学院有 1000 名学生，每名学生均有 80% 的概率去大礼堂听讲座，要以 99% 的概率保证听讲座的学生都有座位，大礼堂至少要有_____个座位.

三、计算题

1. 掷 10 颗均匀的骰子，求掷出的点数之和的数学期望.

2. 设随机变量 X，Y 的密度函数分别为

$$f_X(x) = \begin{cases} 2x, & 0 < x < 1 \\ 0, & \text{其他} \end{cases}, \qquad f_Y(y) = \begin{cases} \mathrm{e}^{-(y-5)}, & y > 5 \\ 0, & \text{其他} \end{cases}$$

求 $E(3X+Y)$.

3. 已知随机变量 X 的分布律如表 4-12 所示.

表 4-12　X 的分布律

X	0	1	2
P	$\dfrac{1}{3}$	$\dfrac{1}{3}$	$\dfrac{1}{3}$

设 $Y = X^2$，求 X 与 Y 的相关系数 ρ_{XY}.

4. 设随机变量 (X, Y) 的联合密度函数为

$$f(x, y) = \begin{cases} 1, & |y| < x, 0 < x < 1 \\ 0, & \text{其他} \end{cases}$$

求 $\mathrm{cov}(X, Y)$.

5. 设随机变量 $X \sim N(1, 3^2)$，$Y \sim N(1, 4^2)$，且 $\rho_{XY} = -0.5$.定义 $Z = X + 2Y$，求 $E(Z)$，$D(Z)$，ρ_{XZ}.

6. 某车间有同类型机器 150 台,每台机器出现故障的概率均为 0.02,且各台机器的状态相互独立,求至少有 2 台机器出现故障的概率.

7. 某车间有同类型机床 200 台,每台机床开动的概率均为 0.6,开动时耗电均为 1 千瓦,且各台机器开动与否相互独立. 要以 99.9% 的概率保证机床的用电需求,至少要给该车间提供多少电力.

8. 某广告称一种新药的治愈率为 80%,现任意抽查 100 个服用该药的患者,如果治愈人数超过 75 人,则认为广告真实,否则认为是虚假广告. 设新药的治愈率仅为 70%,求广告被认为真实的概率.

自测题 A 参考答案

一、单项选择题

1. B; 2. D; 3. B.

二、填空题

1. 4,18.4; 2. 2; 3. 40; 4. 0.6; 5. 19; 6. 0.75; 7. λ; 8. 830.

三、计算题

1. **解** 设第 i 颗骰子掷出的点数为 X_i,$i = 1, 2, \cdots, 10$,则 X_i 的分布律为

$$P\{X_i = k\} = \frac{1}{6}, \ k = 1, 2, \cdots, 6$$

数学期望为

$$E(X_i) = \frac{1}{6}(1 + 2 + \cdots + 6) = \frac{7}{3}$$

记 10 颗骰子掷出的点数之和为 X,则 $X = \sum_{i=1}^{10} X_i$. 根据数学期望的性质,可得

$$E(X) = E\left(\sum_{i=1}^{10} X_i\right) = \sum_{i=1}^{10} E(X_i) = 10 \times \frac{7}{2} = 35$$

2. **解** 根据题意,可得

$$E(3X + Y) = 3E(X) + E(Y)$$

$$= 3\int_0^1 x \cdot 2x \mathrm{d}x + \int_5^{+\infty} y \cdot \mathrm{e}^{-(y-5)} \mathrm{d}y$$

$$= 3 \times \frac{2}{3} + 6 = 8$$

3. **解** 根据题意,有

$$E(X) = 0 \times \frac{1}{3} + 1 \times \frac{1}{3} + 2 \times \frac{1}{3} = 1$$

$$E(Y) = E(X^2) = 0^2 \times \frac{1}{3} + 1^2 \times \frac{1}{3} + 2^2 \times \frac{1}{3} = \frac{5}{3}$$

$$E(XY) = E(X^3) = 0^3 \times \frac{1}{3} + 1^3 \times \frac{1}{3} + 2^3 \times \frac{1}{3} = 3$$

$$E(Y^2) = E(X^4) = 0^4 \times \frac{1}{3} + 1^4 \times \frac{1}{3} + 2^4 \times \frac{1}{3} = \frac{17}{3}$$

$$D(X) = E(X^2) - [E(X)]^2 = \frac{5}{3} - 1 = \frac{2}{3}$$

$$D(Y) = E(Y^2) - [E(Y)]^2 = \frac{17}{3} - \left(\frac{5}{3}\right)^2 = \frac{26}{9}$$

$$\mathrm{cov}(X, Y) = E(XY) - E(X)E(Y) = 3 - 1 \times \frac{5}{3} = \frac{4}{3}$$

由此可得

$$\rho_{XY} = \frac{\mathrm{cov}(X, Y)}{\sqrt{D(X)}\sqrt{D(Y)}} = \frac{4/3}{\sqrt{2/3} \times \sqrt{26/9}} = \sqrt{\frac{12}{13}}$$

4. **解** 根据题意,有

$$E(X) = \int_{-\infty}^{+\infty} \int_{-\infty}^{+\infty} x f(x, y) \,\mathrm{d}x\mathrm{d}y = \int_0^1 \mathrm{d}x \int_{-x}^x x \,\mathrm{d}y = \int_0^1 2x^2 \,\mathrm{d}x = \frac{2}{3}$$

$$E(Y) = \int_{-\infty}^{+\infty} \int_{-\infty}^{+\infty} y f(x, y) \,\mathrm{d}x\mathrm{d}y = \int_0^1 \mathrm{d}x \int_{-x}^x y \,\mathrm{d}y = 0$$

$$E(XY) = \int_{-\infty}^{+\infty} \int_{-\infty}^{+\infty} xy f(x, y) \,\mathrm{d}x\mathrm{d}y = \int_0^1 \mathrm{d}x \int_{-x}^x xy \,\mathrm{d}y = 0$$

由此可得

$$\mathrm{cov}(X, Y) = E(XY) - E(X)E(Y) = 0 - \frac{4}{3} \times 0 = 0$$

5. **解** 根据题意,有

$$E(X) = 1, D(X) = 3^2 = 9; E(Y) = 0, D(Y) = 4^2 = 16$$

$$\text{cov}(X, Y) = \rho_{XY}\sqrt{D(X)}\sqrt{D(Y)} = -0.5 \times 3 \times 4 = -6$$

$$\text{cov}(X, Z) = \text{cov}(X, X + 2Y) = D(X) + 2\text{cov}(X, Y) = 9 + 2 \times (-6) = -3$$

由此可得

$$E(Z) = E(X + 2Y) = E(X) + 2E(Y) = 1 + 2 \times 0 = 1$$

$$D(Z) = D(X + 2Y) = D(X) + 2^2 D(Y) + 4\text{cov}(X, Y)$$

$$= 3^2 + 2^2 \times 4^2 + 4 \times (-6) = 49$$

$$\rho_{XZ} = \frac{\text{cov}(X, Z)}{\sqrt{D(X)}\sqrt{D(Z)}} = \frac{-3}{3 \times 7} = -\frac{1}{7}$$

6. 解 设出现故障的机器台数为 X，则 $X \sim B(n, p)$，$n = 150$，$p = 0.02$. 有

$$E(X) = np = 3, D(X) = np(1 - p) = 2.94$$

根据棣莫弗-拉普拉斯极限定理，可得

$$P\{X \geqslant 2\} = P\{2 \leqslant X \leqslant 150\}$$

$$= P\left\{\frac{2 - 3}{\sqrt{2.94}} < \frac{X - np}{\sqrt{np(1 - p)}} < \frac{150 - 3}{\sqrt{2.94}}\right\}$$

$$\approx \Phi(85.732) - \Phi(-0.583)$$

$$\approx 0.719$$

7. 解 设给该车间供电 m 千瓦，同时开动的机床台数为 X，则 $X \sim B(n, p)$，$n = 200$，$p = 0.6$. 有

$$E(X) = np = 120, D(X) = np(1 - p) = 48$$

根据棣莫弗-拉普拉斯极限定理，要使

$$P\{X \leqslant m\} = P\left\{\frac{X - np}{\sqrt{np(1 - p)}} \leqslant \frac{m - 120}{\sqrt{48}}\right\}$$

$$\approx \Phi\left(\frac{m - 120}{\sqrt{48}}\right)$$

$$\geqslant 0.999$$

应有 $m \geqslant 141.48$，故应至少要给该车间供电 142 千瓦.

8. 解 根据题意，新药的治愈率为 70%. 设治愈人数为 X，则 $X \sim B(n, p)$，$n = 100$，$p = 0.7$，有

$$E(X) = np = 70, \quad D(X) = np(1-p) = 21$$

当 $X > 75$ 时，广告被认为真实. 根据棣莫弗-拉普拉斯极限定理，可得

$$P\{X > 75\} = P\{75 < X \leqslant 100\}$$

$$\approx P\left\{\frac{75-70}{\sqrt{21}} < \frac{X-np}{\sqrt{np(1-p)}} \leqslant \frac{100-70}{\sqrt{21}}\right\}$$

$$\approx \Phi(6.547) - \Phi(1.091)$$

$$\approx 0.1379$$

自 测 题 B

一、单项选择题

1. 设 $E(X) = \mu$，$D(X) = \sigma^2$，则对任意常数 c，必有（　　）.

　A. $E[(X-c)^2] = E(X^2) - c^2$　　　B. $E[(X-c)^2] = E[(X-\mu)^2]$

　C. $E[(X-c)^2] < E[(X-\mu)^2]$　　　D. $E[(X-c)^2] \geqslant E[(X-\mu)^2]$

2. 设某年龄组男生的身高 $X \sim N(180, 400)$，记该年龄组 20 个人的平均身高为 Y，则（　　）.

　A. $E(Y) = 180, D(Y) = 100$　　　B. $E(Y) = 180, D(Y) = 20$

　C. $E(Y) = 180, D(Y) = 400$　　　D. $E(Y) = 90, D(Y) = 20$

3. 设随机变量 X 与 Y 不相关，则 $\rho_{XY} = 0$，则与之等价的条件是（　　）.

　A. $D(XY) = D(X)D(Y)$　　　B. $D(XY) \neq D(X)D(Y)$

　C. $D(X+Y) = D(X-y)$　　　D. $D(X+Y) \neq D(X-Y)$

二、填空题

1. 设随机变量 X 服从参数 $\lambda = 0.5$ 的指数分布，则 $E(X) = $ ＿＿＿＿＿，$D(X) = $ ＿＿＿＿＿.

2. 设随机变量 X 与 Y 相互独立，且分别服从区间 $(-1, 3)$ 和 $(2, 4)$ 上的均匀分布，则 $E(XY) = $ ＿＿＿＿＿.

3. 设随机变量 X 服从参数为 λ 的泊松分布，且 $E[(X-1)(X-2)] = 1$，则 $\lambda = $ ＿＿＿＿＿.

4. 设随机变量 X 的密度函数 $f(x) = \begin{cases} \dfrac{1}{4}, & 0 < x < 4 \\ 0, & \text{其他} \end{cases}$，则 $D(X) = $ ＿＿＿＿＿.

5. 设 $D(X) = 25$，$D(Y) = 1$，$\rho_{XY} = 0.4$，则 $D(X-Y) = $ _____.

6. 设随机变量 X 的数学期望为 μ，方差为 σ^2，则根据切比雪夫不等式，有
$P\{| X-\mu | \geqslant 10\sigma\} \leqslant $ _____.

7. 设随机变量 X_1，X_2，$\cdots$，X_n 独立同分布，且 $E(X_i) = \mu$，$D(X_i) = \sigma^2$，则
$$\lim_{n\to\infty} P\left\{\frac{1}{\sqrt{n}\sigma}\left(\sum_{i=1}^{n} X_i - n\mu\right) \leqslant x\right\} = \underline{\qquad}.$$

8. 一批种子的出苗率为 0.6，则任取 10000 粒种子的出苗数在 5800 至 6200 之间的概率为 _____.

三、计算题

1. 设随机变量 X 的分布律如表 4-13 所示.

表 4-13　X 的分布律

X	-1	0	1	2
P	$\dfrac{1}{3}$	$\dfrac{1}{6}$	$\dfrac{1}{6}$	$\dfrac{1}{3}$

求 $E(X)$，$D(X)$.

2. 某公司出口某种产品，每出口 1 吨可获利 3 万元，积压 1 吨则亏损 2 万元. 已知国外每年对该产品的需求量 X（单位：吨）服从区间 $(100,300)$ 上的均匀分布，问公司每年储备该产品多少吨，可使获得的数学期望最大.

3. 设随机变量 (X,Y) 的联合密度函数为
$$f(x,y) = \begin{cases} 2, & 0 < y < x < 1 \\ 0, & 其他 \end{cases}$$

求 $D(X)$，$D(Y)$，$\text{cov}(X,Y)$.

4. 设随机变量 X 与 Y 相互独立，均服从参数为 λ 的泊松分布. 定义
$$U = 2X+Y, \quad V = 2X-Y$$

求 U 与 V 的相关系数 ρ_{UV}.

5. 设随机变量 X 服从区间 $(-1,2)$ 上的均匀分布，定义
$$Y = \begin{cases} -1, & x < 0 \\ 0, & x = 0 \\ 1 & x > 0 \end{cases}$$

267

求 $E(X+Y)$，$D(Y)$.

6. 某工厂所产零件的合格率为 90%，将零件按每箱 100 个装箱，根据中心极限定理估计每箱中的合格品不少于 95 个的概率.

7. 某计算机系统有 120 个终端，每个终端 1 小时内平均有 3 分钟使用打印机. 假定各终端使用打印机与否相互独立，求至少有 10 个终端同时使用打印机的概率.

8. 某保险公司的统计资料表明，在所有索赔中被盗索赔占 20%. 利用中心极限定理，求随机抽查的 100 个索赔中，被盗索赔占 14 至 30 个的概率.

自测题 B 参考答案

一、单项选择题

1. D；　2. B；　3. C.

二、填空题

1. $2,4$；　2. 3；　3. 1；　4. $\dfrac{4}{3}$；　5. 22；　6. 0.01；　7. $\Phi(x)$；　8. 0.99995.

三、计算题

1. **解**　根据题意，可得

$$E(X) = (-1) \times \frac{1}{3} + 0 \times \frac{1}{6} + 1 \times \frac{1}{6} + 2 \times \frac{1}{3} = \frac{1}{2}$$

$$D(X) = E(X^2) - [E(X)]^2$$

$$= (-1)^2 \times \frac{1}{3} + 0^2 \times \frac{1}{6} + 1^2 \times \frac{1}{6} + 2^2 \times \frac{1}{3} - \left(\frac{1}{2}\right)^2 = \frac{19}{12}$$

2. **解**　设每年储备该产品 a 吨（显然有 $1000 < a < 3000$），所获利润为 Y，则

$$Y = g(X) = \begin{cases} 3X - 2(a-X), & X \leqslant a \\ 3a, & X > a \end{cases}$$

$$= \begin{cases} 5X - 2a, & X \leqslant a \\ 3a, & x > a \end{cases}$$

根据题意，X 的密度函数为

$$f(x) = \begin{cases} \dfrac{1}{200}, & 100 < X < 300 \\ 0, & \text{其他} \end{cases}$$

由此可得

$$E(Y) = \int_{-\infty}^{+\infty} g(x) f(x) \mathrm{d}x$$

$$= \int_{100}^{a} (5x - 2a) \cdot \frac{1}{200} \mathrm{d}x + \int_{a}^{300} 3a \cdot \frac{1}{200} \mathrm{d}x$$

$$= \frac{1}{200} \left[\left(\frac{5}{2} x^2 - 2ax \right) \Big|_{100}^{a} + 3ax \Big|_{a}^{300} \right]$$

$$= \frac{1}{200} \left(1100a - \frac{5}{2} a^2 - \frac{5}{2} \times 100^2 \right)$$

$$= \frac{1}{80} \left[38400 - (a - 220)^2 \right]$$

故公司每年储备该产品 220 吨,可使获利的数学期望最大.

3. **解**　根据题意,有

$$E(X) = \int_{-\infty}^{+\infty} \int_{-\infty}^{+\infty} x f(x, y) \mathrm{d}x \mathrm{d}y = \int_0^1 \mathrm{d}x \int_0^x 2x \mathrm{d}y = \int_0^1 2x^2 \mathrm{d}x = \frac{2}{3}$$

$$E(Y) = \int_{-\infty}^{+\infty} \int_{-\infty}^{+\infty} y f(x, y) \mathrm{d}x \mathrm{d}y = \int_0^1 \mathrm{d}x \int_0^x 2y \mathrm{d}y = \int_0^1 x^2 \mathrm{d}x = \frac{1}{3}$$

$$E(X^2) = \int_{-\infty}^{+\infty} \int_{-\infty}^{+\infty} x^2 f(x, y) \mathrm{d}x \mathrm{d}y = \int_0^1 \mathrm{d}x \int_0^x 2x^2 \mathrm{d}y = \int_0^1 2x^3 \mathrm{d}x = \frac{1}{2}$$

$$E(Y^2) = \int_{-\infty}^{+\infty} \int_{-\infty}^{+\infty} y^2 f(x, y) \mathrm{d}x \mathrm{d}y = \int_0^1 \mathrm{d}x \int_0^x 2y^2 \mathrm{d}y = \int_0^1 \frac{2}{3} x^3 \mathrm{d}x = \frac{1}{6}$$

$$E(XY) = \int_{-\infty}^{+\infty} \int_{-\infty}^{+\infty} XY f(x, y) \mathrm{d}x \mathrm{d}y = \int_0^1 \mathrm{d}x \int_0^x 2xy \mathrm{d}y = \int_0^1 x^3 \mathrm{d}x = \frac{1}{4}$$

由此可得

$$D(X) = E(X^2) - [E(X)]^2 = \frac{1}{2} - \left(\frac{2}{3} \right)^2 = \frac{1}{18}$$

$$D(Y) = E(Y^2) - [E(Y)]^2 = \frac{1}{6} - \left(\frac{1}{3} \right)^2 = \frac{1}{18}$$

$$\mathrm{cov}(X, Y) = E(XY) - E(X)E(Y) = \frac{1}{4} - \frac{2}{3} \times \frac{1}{3} = \frac{1}{36}$$

4. **解**　根据题意,有

$$E(X) = E(Y) = \lambda, \, D(X) = D(Y) = \lambda$$

由此可得

$$\rho_{UV} = \frac{\text{cov}(U, V)}{\sqrt{D(U)}\sqrt{D(V)}} = \frac{\text{cov}(2X+Y, 2X-Y)}{\sqrt{D(2X+Y)}\sqrt{D(2X-Y)}}$$

$$= \frac{4D(X) - D(Y)}{\sqrt{4D(X) + D(Y)}\sqrt{4D(X) + D(Y)}}$$

$$= \frac{4D(X) - D(Y)}{4D(X) + D(Y)} = \frac{4\lambda - \lambda}{4\lambda + \lambda}$$

$$= \frac{3}{5}$$

5. **解** 由题意知,X 的分布函数为

$$F(X) = \begin{cases} 0, & x < -1 \\ \dfrac{x+1}{3}, & -1 \leqslant x < 2 \\ 1, & x \geqslant 2 \end{cases}$$

随机变量 Y 的可能取值为 $-1, 0, 1$,且分布律为

$$P\{Y = -1\} = P\{X < 0\} = F(0) = \frac{1}{3}$$

$$P\{Y = 0\} = P\{X = 0\} = 0$$

$$P\{Y = 1\} = P\{X > 0\} = 1 - F(0) = \frac{2}{3}$$

从而有

$$E(X) = \frac{2 + (-1)}{2} = \frac{1}{2}$$

$$E(Y) = (-1) \times \frac{1}{3} + 0 \times 0 + 1 \times \frac{2}{3} = \frac{1}{3}$$

$$E(Y^2) = (-1)^2 \times \frac{1}{3} + 0^2 \times 0 + 1^2 \times \frac{2}{3} = 1$$

由此可得

$$E(X+Y) = E(X) + E(Y) = \frac{1}{2} + \frac{1}{3} = \frac{5}{6}$$

$$D(Y) = E(Y^2) - \left[E(Y)\right]^2 = 1 - \left(\frac{1}{3}\right)^2 = \frac{8}{9}$$

6. 解 设每箱中的合格品数为 X，则 $X \sim B(n, p)$，$n = 100$，$p = 0.9$，有

$$E(X) = np = 90, \quad D(X) = np(1-p) = 9$$

根据棣莫弗-拉普拉斯极限定理，可得

$$P\{X \geqslant 95\} = P\{95 \leqslant X \leqslant 100\}$$

$$= p\left\{\frac{95-90}{\sqrt{9}} < \frac{X-np}{\sqrt{np(1-p)}} < \frac{100-90}{\sqrt{9}}\right\}$$

$$\approx \Phi(3.333) - \Phi(1.667)$$

$$\approx 0.0471$$

7. 解 设系统中同时使用打印机的终端数为 X，则 $X \sim B(n, p)$，$n = 120$，$p = \frac{3}{60} = 0.05$，有

$$E(X) = np = 6, \quad D(X) = np(1-p) = 5.7$$

根据棣莫弗-拉普拉斯极限定理，可得

$$P\{X \geqslant 10\} = P\{10 \leqslant X \leqslant 120\}$$

$$= P\left\{\frac{10-6}{\sqrt{5.7}} \leqslant \frac{X-np}{\sqrt{np(1-p)}} \leqslant \frac{120-6}{\sqrt{5.7}}\right\}$$

$$\approx \Phi(49.749) - \Phi(1.6754)$$

$$\approx 0.0465$$

8. 解 设被盗索赔个数为 X，则 $X \sim B(n, p)$，$n = 100$，$p = 0.2$，有

$$E(X) = np = 20, \quad D(X) = np(1-p) = 16$$

根据棣莫弗-拉普拉斯极限定理，可得

$$P\{14 \leqslant X \leqslant 30\} = P\left\{\frac{14-20}{\sqrt{16}} \leqslant \frac{X-np}{\sqrt{np(1-p)}} \leqslant \frac{30-20}{\sqrt{16}}\right\}$$

$$\approx \Phi(2.5) - \Phi(-1.5)$$

$$\approx 0.927$$

第五章　数理统计的基础知识

　　本章主要介绍数理统计的基础知识. 先介绍总体与样本、统计量等一些基本概念,然后介绍统计中三种最常用的分布,即χ^2-分布、t-分布、F-分布,并在此基础上介绍了抽样分布的概念以及一些抽样分布中的基本结论,为后续的区间估计与假设检验等问题作一些理论上的准备.

一、知识结构与教学基本要求

(一) 知识结构
本章的知识结构见图 5-1.

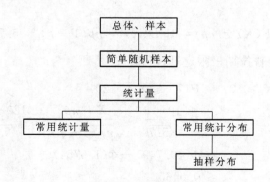

图 5-1　第五章知识结构

(二) 教学基本要求
(1) 理解总体、样本、经验分布函数等概念.

(2) 理解统计量的定义,掌握一些常见的统计量及它们一些相应的结论.

　　(3) 掌握统计中的三个常用分布:χ^2-分布、t-分布、F-分布,理解它们彼此之间的相互关系.

　　(4) 掌握基本正态分布的几个常用统计量的分布.

二、内容简析与范例

（一）总体和样本

【概念与知识点】

1. 总体

一般地，我们把对某个问题研究对象全体组成的集合称为总体（或母体），而把组成总体的每个具体元素称为个体. 借助随机变量（向量）的概念后，统计中称随机变量（或向量）X 为总体，并把随机变量（或向量）的分布称为总体分布.

2. 样本

从总体中抽取有限个个体的过程称为抽样，所抽取的部分称为样本，样本中所含个体的数目称为样本容量. 总体中所包含的个体的个数称为总体容量. 总体容量为有限的称为有限总体，总体容量为无限的称为无限总体. 由于样本是从总体中随机抽取的，在抽取之前无法预知它们的数值，一个样本容量为 n 的样本 X_1，X_2，…，X_n 可视为一个 n 维随机向量 $(X_1，X_2，…，X_n)$，我们一旦具体取定了一个样本，便得到样本的一次具体的观察值 x_1，x_2，…，x_n，也可记为 $(x_1，x_2，…，x_n)$，称其为样本值. 全体样本值组成的集合称为样本空间.

简单随机抽样要求满足下面两个条件：

第一，代表性. 总体中的每个个体都具有相同的机会被抽入样本，这意味着样本中的每一个个体与所考察的总体具有相同的分布；

第二，独立性. 样本中的每个个体取什么值并不会影响其他个体取什么值，即样本中的个体 X_1，X_2，…，X_n 是一组相互独立的随机变量.

设总体 X 的分布函数为 $F(x)$，X_1，X_2，…，X_n 为来自总体的一个样本，那么样本的联合分布函数为

$$F(x_1，x_2，…，x_n) = \prod_{i=1}^{n} F(x_i)$$

若总体 X 为离散型随机变量，其概率分布为 $p(x_i) = P\{X = x_i\}$，则样本 X_1，X_2，…，X_n 的联合分布律为

$$p(x_1，x_2，…，x_n) = p\{X = x_1，X = x_2，…，X = x_n\} = \prod_{i=1}^{n} p(x_i)$$

若总体 X 是连续型随机变量，其密度函数为 $f(x)$，那么样本 X_1，X_2，…，X_n

的联合分布密度为

$$f(x_1, x_2, \cdots, x_n) = \prod_{i=1}^{n} f(x_i)$$

3. 经验分布函数

设总体 X 的分布函数为 $F(x)$，$X_1, X_2, \cdots, X_n$ 是来自总体 X 的样本，$x_1, x_2, \cdots, x_n$ 为样本观察值，现将 $x_1, x_2, \cdots, x_n$ 从小到大排列，并重新编号，记为 $x_{(1)} \leqslant x_{(2)} \leqslant \cdots \leqslant x_{(n)}$，则

$$F_n(x) = \begin{cases} 0, & \text{当 } x < x_{(1)}, \\ \vdots & \vdots \\ \dfrac{k}{n}, & \text{当 } x_{(k)} \leqslant x < x_{(k+1)} \\ \vdots & \vdots \\ 1. & \text{当 } x \geqslant x_{(n)}. \end{cases}$$

称为经验分布函数.

对于任一实数 x，当 $n \to \infty$ 时，经验分布函数 $F_n(x)$ 以概率 1 一致收敛于分布函数 $F(x)$，即 $P\left\{ \lim_{n \to \infty} \sup_{-\infty < x < \infty} |F_n(x) - F(x)| = 0 \right\} = 1$（格里汶科定理）. 此定理是统计中利用样本来对总体进行推断的最基本的理论依据.

【范例与方法】

例 1 某企业生产的某种电子产品的使用寿命服从指数分布，参数 λ 未知. 为此，随机抽查了 n 件产品，测量它们的使用寿命，试确定本问题的总体、样本以及样本的联合分布.

解 总体是这种电子产品的使用寿命，其概率密度为

$$f(x) = \begin{cases} \lambda e^{-\lambda x}, & x > 0 \\ 0, & x \leqslant 0 \end{cases}$$

样本 $X_1, X_2, \cdots, X_n$ 是 n 件电子产品的使用寿命，抽到的 n 件产品的使用寿命是样本的一组观察值. 样本 $X_1, X_2, \cdots, X_n$ 相互独立，来自同一总体 X，所以样本的联合密度函数为

$$f(x_1, x_2, \cdots, x_n) = \begin{cases} \lambda^n e^{-\lambda(x_1 + x_2 + \cdots + x_n)}, & x_1, x_2, \cdots, x_n > 0 \\ 0, & \text{其他} \end{cases}$$

例 2 某射手独立重复地进行 20 次打靶试验，击中靶子的环数如表 5-1 所示.

表 5-1　20 次打靶试验击中靶子的环数

环数	10	9	8	7	6	5	4
频数	1	2	2	9	4	1	1

用 X 表示此射手对靶射击一次所命中的环数,求 X 的经验分布函数,并画出其图像.

分析　要求随机变量 X 的经验分布函数,须将 X 的所有取值从小到大排列,并依次计算累积频率.

解　设 X 的经验分布函数为 $F_n(x)$,则

$$F_n(x)=\begin{cases} 0, & x<4 \\ 1/20, & 4\leqslant x<5 \\ 2/20, & 5\leqslant x<6 \\ 6/20, & 6\leqslant x<7 \\ 15/20, & 7\leqslant x<8 \\ 17/20, & 8\leqslant x<9 \\ 19/20, & 9\leqslant x<10 \\ 1, & x\geqslant 10 \end{cases}$$

以图 5-2 所示.

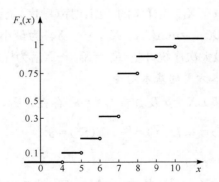

图 5-2　经验分布函数 $F_n(x)$

(二)统计量

【概念与知识点】

1. 统计量的概念

设 $X_1,X_2,\cdots,X_n$ 为总体 X 的一个样本,$g(X_1,X_2,\cdots,X_n)$ 是 $X_1,X_2,\cdots,X_n$ 的函数,若 g 中不含任何未知参数,则称 $g(X_1,X_2,\cdots,X_n)$ 为统计量. 因为 X_1,

X_2，$\cdots$，X_n 都是随机变量，而统计量 $g(X_1, X_2, \cdots, X_n)$ 是 X_1，X_2，$\cdots$，X_n 的一个函数，因此统计量从本质上来说也是一个随机变量. 设 x_1，x_2，$\cdots$，x_n 是相应于样本 X_1，X_2，$\cdots$，X_n 的观察值，则称 $g(x_1, x_2, \cdots, x_n)$ 是统计量 $g(X_1, X_2, \cdots, X_n)$ 的观察值.

以下是一些最常用的统计量. 设 X_1，X_2，$\cdots$，X_n 为总体 X 的一个样本.

(1) 样本均值
$$\overline{X} = \frac{1}{n} \sum_{i=1}^{n} X_i.$$

(2) 样本方差
$$S^2 = \frac{1}{n-1} \sum_{i=1}^{n} (X_i - \overline{X})^2 = \frac{1}{n-1} \left(\sum_{i=1}^{n} X_i^2 - n\overline{X}^2 \right).$$

(3) 样本标准差
$$S = \sqrt{\frac{1}{n-1} \sum_{i=1}^{n} (X_i - \overline{X})^2}.$$

(4) 样本(k 阶)原点矩
$$A_k = \frac{1}{n} \sum_{i=1}^{n} X_i^k, \quad k = 1, 2, \cdots.$$

(5) 样本(k 阶)中心矩
$$B_k = \frac{1}{n} \sum_{i=1}^{n} (X_i - \overline{X})^k, \quad k = 2, 3, \cdots.$$

(6) 次序(顺序)统计量 将样本中的各分量按由小到大的次序排列，并重新编号成
$$X_{(1)} \leqslant X_{(2)} \leqslant \cdots \leqslant X_{(n)}$$

则称 $X_{(1)}$，$X_{(2)}$，$\cdots$，$X_{(n)}$ 为样本的一组次序(顺序)统计量，$X_{(i)}$ 称为样本的第 i 个次序统计量. 其中，$X_{(1)} = \min\{X_1, X_2, \cdots, X_n\}$ 为最小次序统计量，$X_{(n)} = \max\{X_1, X_2, \cdots, X_n\}$ 为最大次序统计量，$R_n = X_{(n)} - X_{(1)}$ 为样本的极差.

2. 样本均值与样本方差的基本结论

设总体 X 数学期望 $EX = \mu$ 及方差 $DX = \sigma^2$ 存在，X_1，X_2，$\cdots$，X_n 是来自总体 X 的一个样本，则 $E(\overline{X}) = \mu, D(\overline{X}) = \frac{\sigma^2}{n}, E(S^2) = \sigma^2$.

【范例与方法】

例 1 若总体 $X \sim N(\mu, \sigma^2)$，其中 σ^2 已知，但 μ 未知，而 X_1，X_2，$\cdots$，X_n 为一个简单随机样本. 试指出下列各式中哪些是统计量，哪些不是统计量.

(1) $\dfrac{1}{n} \sum_{i=1}^{n} X_i$；

(2) $\dfrac{\overline{X} - 10}{\sigma} \sqrt{n}$；

(3) $\dfrac{1}{n-1} \sum_{i=1}^{n} (X_i - \overline{X})^2$；

(4) $\dfrac{1}{n} \sum_{i=1}^{n} (X_i - \mu)^2$；

(5) $\dfrac{\overline{X} - \mu}{\sigma} \sqrt{n}$；

(6) $\dfrac{\overline{X} - 10}{\sqrt{\dfrac{2}{n(n-1)} \sum_{i=1}^{n} (X_i - \overline{X})^2}}$.

分析　要看某一个量是否为统计量,只需要看其中是否含有未知的总体参数即可.

解　(1),(3),(4),(6)式均不含未知总体参数,故都是统计量;而(2),(5)式给出的量中因为含有未知总体参数 μ,所以不是统计量.

例 2　若总体 X 的一组容量为 5 的样本观察值为 8, 2, 5, 3, 7, X 服从参数为 λ 的指数分布,求样本均值 $\bar{x}$,样本方差 s^2,样本二阶中心矩 B_2 及经验分布函数 $F_5(x)$.

分析　根据定义来计算.

解　由定义

$$\bar{x} = \frac{1}{5}(8+2+5+3+7) = 5$$

$$s^2 = \frac{1}{4}\left[(8-5)^2+(2-5)^2+(5-5)^2+(3-5)^2+(7-5)^2\right] = 6.5$$

$$B_2 = \frac{1}{5}\left[(8-5)^2+(2-5)^2+(5-5)^2+(3-5)^2+(7-5)^2\right] = 5.2$$

$$F_5(x) = \begin{cases} 0, & x < 2 \\ 0.2, & 2 \leqslant x < 3 \\ 0.4, & 3 \leqslant x < 5 \\ 0.6, & 5 \leqslant x < 7 \\ 0.8, & 7 \leqslant x < 8 \\ 1, & x \geqslant 8 \end{cases}$$

例 3　若总体 X 服从参数为 λ 的指数分布,分布密度为 $f(x) = \begin{cases} \lambda e^{-\lambda x}, & x > 0 \\ 0, & x \leqslant 0 \end{cases}$,
X_1, X_2, $\cdots$, X_n 为总体 X 的样本,求 $E(\overline{X})$, $D(\overline{X})$, $E(\overline{X}^2)$ 和 $E(S^2)$.

分析　可应用数学期望和方差的性质来解,也可应用定理 5.2、定理 5.3 来解.

解法一　由于 $E(X_i) = E(X) = 1/\lambda$, $D(X_i) = D(X) = 1/\lambda^2$, $i = 1, 2, \cdots, n$, 所以

$$E(\overline{X}) = E\left(\frac{1}{n}\sum_{i=1}^{n}X_i\right) = \frac{1}{n}\sum_{i=1}^{n}E(X_i) = \frac{1}{\lambda}$$

$$D(\overline{X}) = D\left(\frac{1}{n}\sum_{i=1}^{n}X_i\right) = \frac{1}{n^2}\sum_{i=1}^{n}D(X_i) = \frac{1}{n\lambda^2}$$

$$E(\overline{X}^2) = D(\overline{X}) + (E\overline{X})^2 = \frac{1}{n\lambda^2} + \frac{1}{\lambda^2} = \frac{n+1}{n\lambda^2}$$

$$E(S^2) = \frac{1}{n-1}E\left[\sum_{i=1}^{n}\left(X_i - \overline{X}\right)^2\right] = \frac{1}{n-1}E\left[\sum_{i=1}^{n}X_i^2 - 2\overline{X}\sum_{i=1}^{n}X_i + n\overline{X}^2\right]$$

$$= \frac{1}{n-1}E\left(\sum_{i=1}^{n}X_i^2 - n\overline{X}^2\right) = \frac{1}{n-1}\left(\sum_{i=1}^{n}EX_i^2 - nE\overline{X}^2\right)$$

$$= \frac{1}{n-1}\left[n\left(\frac{1}{\lambda^2} + \frac{1}{\lambda^2}\right) - n\cdot\frac{n+1}{n\lambda^2}\right] = \frac{2n-1-n}{n-1}\cdot\frac{1}{\lambda^2} = \frac{1}{\lambda^2}$$

解法二 应用定理 5.2 与定理 5.3 的结论来计算,因为 $E(X)=1/\lambda$, $D(X)=1/\lambda^2$,所以

$$E(\overline{X}) = E(X) = 1/\lambda$$

$$D(\overline{X}) = \frac{1}{n}D(X) = \frac{1}{n\lambda^2}$$

$$E(\overline{X}^2) = D(\overline{X}) + [E(\overline{X})]^2 = \frac{1}{n\lambda^2} + \frac{1}{\lambda^2} = \frac{n+1}{n\lambda^2}$$

$$E(S^2) = D(X) = 1/\lambda^2$$

例 4 设 $\overline{X}_n$ 和 S_n^2 分别是样本 X_1, X_2, $\cdots$, X_n 的样本均值与样本方差. 若添加一次试验,得到一个新的样本观察值 X_{n+1},则样本扩展为 X_1, X_2, $\cdots$, X_n, X_{n+1},其样本均值与样本方差分别计为 $\overline{X}_{n+1}$ 和 S_{n+1}^2. 证明下列递推公式成立.

$$\overline{X}_{n+1} = \overline{X}_n + \frac{1}{n+1}(X_{n+1} - \overline{X}_n)$$

$$S_{n+1}^2 = \frac{n-1}{n}S_n^2 + \frac{1}{n+1}(X_{n+1} - \overline{X}_n)^2$$

证 利用定义证明:

$$\overline{X}_{n+1} = \frac{1}{n+1}\left[(X_1 + X_2 + \cdots + X_n) + X_{n+1}\right]$$

$$= \frac{n}{n+1}\cdot\frac{1}{n}(X_1 + X_2 + \cdots + X_n) + \frac{1}{n+1}X_{n+1}$$

$$= \frac{n}{n+1}\overline{X}_n + \frac{1}{n+1}X_{n+1}$$

$$= \overline{X}_n + \frac{1}{n+1}(X_{n+1} - \overline{X}_n)$$

$$S_{n+1}^2 = \frac{1}{n} \sum_{i=1}^{n+1} (X_i - \overline{X}_{n+1})^2$$

$$= \frac{1}{n} \sum_{i=1}^{n+1} \left(X_i - \frac{n}{n+1} \overline{X}_n - \frac{1}{n+1} X_{n+1} \right)^2$$

$$= \frac{1}{n} \sum_{i=1}^{n} \left[(X_i - \overline{X}_n) + \left(\frac{n}{n+1} \overline{X}_n - \frac{1}{n+1} X_{n+1} \right) \right]^2$$

$$+ \frac{1}{n} \left(X_{n+1} - \frac{n}{n+1} \overline{X}_n - \frac{1}{n+1} X_{n+1} \right)^2$$

$$= \frac{n-1}{n} \cdot \frac{1}{n-1} \sum_{i=1}^{n} (X_i - \overline{X}_n)^2 + 2(\overline{X}_n - X_{n+1}) \cdot \sum_{i=1}^{n} \frac{X_i - \overline{X}_n}{n(n-1)}$$

$$+ \frac{(\overline{X}_n - X_{n+1})^2}{(n+1)^2} + \frac{n}{(n+1)^2} (\overline{X}_n - X_{n+1})^2$$

$$= \frac{n-1}{n} S_n^2 + \frac{1}{n+1} (X_{n+1} - \overline{X}_n)^2$$

例 4 结论指出：当样本容量在原有基础上再增加一个时，可以利用前 n 个数据得出的均值和方差，添加新的数据，得到新的样本均值与样本方差.

例 5 设 X_1, X_2, $\cdots$, $X_n (n > 2)$ 为来自总体 $N(0, 1)$ 的简单随机样本，$\overline{X}$ 为样本均值，记 $Y_i = X_i - \overline{X}$, $i = 1, 2, \cdots, n$.

求：(1) Y_i 的方差 $D(Y_i)$, $i = 1, 2, \cdots, n$.

(2) Y_1 与 Y_n 的协方差 $\mathrm{cov}(Y_1, Y_n)$.

分析 先将 Y_i 表示为相互独立的随机变量求和，再用方差的性质进行计算即可. 求 Y_1 与 Y_n 的协方差 $\mathrm{cov}(Y_1, Y_n)$，本质上还是数学期望的计算，同样应注意利用数学期望的运算性质.

解 由题设，知 X_1, X_2, $\cdots$, $X_n (n > 2)$ 相互独立，且

$$E(X_i) = 0, D(X_i) = 1 (i = 1, 2, \cdots, n), E(\overline{X}) = 0$$

$$(1) \quad D(Y_i) = D(X_i - \overline{X}) = D\left[\left(1 - \frac{1}{n}\right) X_i - \frac{1}{n} \sum_{j \neq i}^{n} X_j \right]$$

$$= \left(1 - \frac{1}{n}\right)^2 D(X_i) + \frac{1}{n^2} \sum_{j \neq i}^{n} D(X_j)$$

$$= \frac{(n-1)^2}{n^2} + \frac{1}{n^2} \cdot (n-1) = \frac{n-1}{n}$$

$$(2) \quad \mathrm{cov}(Y_1, Y_n) = E\left[(Y_1 - EY_1)(Y_n - EY_n) \right]$$

$$= E(Y_1 Y_n) = E[(X_1 - \overline{X})(X_n - \overline{X})]$$

$$= E(X_1 X_n - X_1 \overline{X} - X_n \overline{X} + \overline{X}^2)$$

$$= E(X_1 X_n) - 2E(X_1 \overline{X}) + E(\overline{X}^2)$$

$$= 0 - \frac{2}{n} E\left[X_1^2 + \sum_{j=2}^{n} X_1 X_j\right] + D(\overline{X}) + (E\overline{X})^2$$

$$= -\frac{2}{n} + \frac{1}{n} = -\frac{1}{n}$$

（三）统计中的三种常用分布

【概念与知识点】

1. 分位数

设随机变量 X 的密度函数为 $f(x)$，对给定的实数 $\alpha(0 < \alpha < 1)$，若实数 F_α 满足不等式 $P\{X > F_\alpha\} = \alpha$，则称 F_α 为随机变量 X 的分布的上侧 α-分位数.

2. χ^2-分布

设 X_1，X_2，$\cdots$，X_n 是取自总体 $N(0,1)$ 的一个样本，则称统计量 $\chi^2 = X_1^2 + X_2^2 + \cdots + X_n^2$ 服从自由度为 n 的 χ^2-分布，记为 $\chi^2 \sim \chi^2(n)$.

χ^2-分布的概率密度为

$$f(x) = \begin{cases} \dfrac{1}{2^{n/2} \Gamma(n/2)} x^{\frac{n}{2}-1} \mathrm{e}^{-\frac{1}{2}x}, & x > 0 \\ 0, & x \leqslant 0 \end{cases}$$

其中 $\Gamma(x) = \int_0^{+\infty} t^{x-1} \mathrm{e}^{-t} \mathrm{d}t$ 为伽玛（Gamma）函数，且 $\Gamma(1) = 1$，$\Gamma\left(\dfrac{1}{2}\right) = \sqrt{\pi}$.

从 χ^2-分布的定义可知 χ^2-分布的密度函数与自由度之间有着密切的关系. 当自由度很小时，χ^2-分布曲线向右伸展. 随着自由度的增加，χ^2-分布曲线变得愈来愈对称，当自由度达到相当大时，χ^2-分布曲线接近于正态分布.

χ^2-分布的数学期望与方差：若 $\chi^2 \sim \chi^2(n)$，则 $E(\chi^2) = n$，$D(\chi^2) = 2n$.

χ^2-分布具有可加性：若 $X \sim \chi^2(n)$，$Y \sim \chi^2(m)$，且 X 与 Y 独立，则 $X + Y \sim \chi^2(n+m)$.

3. t-分布

设随机变量 X 与 Y 相互独立，且 $X \sim N(0,1)$，$Y \sim \chi^2(n)$，则称随机变量 $t =$

$\dfrac{X}{\sqrt{Y/n}}$ 服从自由度为 n 的 t -分布,记为 $t\sim t(n)$.

自由度为 n 的 t -分布的密度函数为

$$f_n(x) = \frac{\Gamma\left(\dfrac{n+1}{2}\right)}{\sqrt{n\pi}\ \Gamma\left(\dfrac{n}{2}\right)} \left(1+\frac{x^2}{n}\right)^{-\frac{n+1}{2}}$$

t -分布的密度函数的图形与正态分布一样也是对称的. 随着自由度 n 的增加,t -分布的形状由平坦逐渐变得接近于标准正态分布. 事实上,

$$\lim_{n\to\infty}f(t) = \lim_{n\to\infty}\frac{\Gamma\left(\dfrac{n+1}{2}\right)}{\sqrt{n\pi}\Gamma\left(\dfrac{n}{2}\right)} \left(1+\frac{t^2}{n}\right)^{-\frac{n+1}{2}} = \frac{1}{\sqrt{\pi}}e^{-\frac{t^2}{2}} \lim_{n\to\infty}\frac{\Gamma\left(\dfrac{n+1}{2}\right)}{\sqrt{n}\Gamma\left(\dfrac{n}{2}\right)} = \frac{1}{\sqrt{2\pi}}e^{-\frac{t^2}{2}}$$

在实际应用中,当自由度大于 30 时,t -分布就非常接近于标准正态分布,可以用标准正态分布来近似.

如果 $t\sim t(n)$,在给定自由度 n 及数 $\alpha(0<\alpha<1)$ 的情况下,若 $t_\alpha(n)$ 满足

$$P\{t>t_\alpha(n)\} = \int_{t_\alpha(n)}^{+\infty} f_t(x)\mathrm{d}x = \alpha$$

$t_\alpha(n)$ 称为 t -分布的 α 临界值(或 α -上侧分位数). 根据 t -分布临界值的定义及密度函数 $f(x)$ 的图像关于 y 轴对称,不难得到:$t_\alpha(n)=-t_{1-\alpha}(n)$,$P\{|t|<t_{\frac{\alpha}{2}}(n)\}=1-\alpha$,$P\{|t|\geqslant t_{\frac{\alpha}{2}}(n)\}=\alpha$. 当 $n>30$ 时,$t_\alpha(n)\approx U_\alpha$.

4. F -分布

设随机变量 $X\sim\chi^2(n)$,$Y\sim\chi^2(m)$,且 X 与 Y 相互独立,则称随机变量 $F=\dfrac{X/n}{Y/m}$ 服从分子自由度为 n,分母自由度为 m 的 F -分布,记为 $F\sim F(n,m)$.

$F(n,m)$ 的密度函数为

$$f(x) = \begin{cases} \dfrac{\Gamma\left(\dfrac{n+m}{2}\right)}{\Gamma\left(\dfrac{n}{2}\right)\Gamma\left(\dfrac{m}{2}\right)}n^{\frac{n}{2}}m^{\frac{m}{2}}\dfrac{x^{\frac{n}{2}-1}}{(nx+m)^{\frac{n+m}{2}}}, & x>0 \\ 0, & x\leqslant 0 \end{cases}$$

一般地,F -分布为右偏分布,随着分子、分母自由度的增加,分布愈来愈趋向于正态分布.

若数 $F_\alpha(n,m)$ 满足

$$P\{F \geqslant F_\alpha(n, m)\} = \int_{F_\alpha(n, m)}^{+\infty} f_F(x)\mathrm{d}x = \alpha,$$

则称 $F_\alpha(n, m)$ 为 F-分布的 α 临界值(或 α 上侧分位数),显然有 $P\{F < F_{1-\alpha}(n, m)\} = \alpha$.

根据 F-分布的定义不难看出,如果 $F \sim F(n, m)$,则 $\dfrac{1}{F} \sim F(n, m)$. 对给定的 α($0 < \alpha < 1$),由临界值的定义可得

$$P\{F \geqslant F_\alpha(n, m)\} = \alpha, \quad P\left\{\frac{1}{F} \geqslant F_{1-\alpha}(m, n)\right\} = P\left\{F \leqslant \frac{1}{F_{1-\alpha}(m, n)}\right\} = 1-\alpha, \text{于是}$$

$P\left\{F \geqslant \dfrac{1}{F_{1-\alpha}(m, n)}\right\} = \alpha$,所以

$$F_\alpha(n, m) = \frac{1}{F_{1-\alpha}(n, m)}$$

【范例与方法】

例 1 设 $X \sim N(0, 1)$,X_1,X_2,$\cdots$,X_{m+n} 为来自总体 X 的一个简单随机样本,$Y = \dfrac{1}{m}\left[\sum\limits_{i=1}^{m} X_i\right]^2 + \dfrac{1}{n}\left[\sum\limits_{i=m+1}^{m+n} X_i\right]^2$,$m$,$n > 1$,试求常数 C,使 CY 服从 χ^2-分布,并指出其自由度.

分析 注意到 X_1,X_2,$\cdots$,X_{m+n} 是一组相互独立地同分布的标准正态变量,$\sum\limits_{i=1}^{m} X_i$ 与 $\sum\limits_{i=m+1}^{m+n} X_i$ 仍旧为正态变量且两者相互独立,由 Y 的构造形式,结合 χ^2-分布与标准正态变量之间的关系即可猜测出,将 Y 适当变形可构造出一个新的 χ^2 变量.

解 $\sum\limits_{i=1}^{m} X_i \sim N(0, m)$,$\sum\limits_{i=m+1}^{m+n} X_i \sim N(0, n)$,$\sum\limits_{i=1}^{m} X_i/\sqrt{m} \sim N(0, 1)$,$\sum\limits_{i=m+1}^{m+n} X_i/\sqrt{n} \sim N(0, 1)$

进而 $\left[\sum\limits_{i=1}^{m} X_i/\sqrt{m}\right]^2 \sim \chi^2(1)$,$\left[\sum\limits_{i=m+1}^{m+n} X_i/\sqrt{n}\right]^2 \sim \chi^2(1)$,且两者相互独立

于是 $$Y = \frac{1}{m}\left[\sum_{i=1}^{m} X_i\right]^2 + \frac{1}{n}\left[\sum_{i=m+1}^{m+n} X_i\right]^2 \sim \chi^2(2)$$

因此,C 取为 1,自由度为 2.

例 2 设 $X \sim t(n)$,则 $X^2 \sim F(1, n)$.

分析 一定要注意到 t-分布与 F-分布的定义结构.

证 由 $X \sim t(n)$，则存在相互独立的随机变量 T 与 Y，使 $X = \dfrac{T}{\sqrt{Y/n}}$.

其中 $T \sim N(0, 1)$，$Y \sim \chi^2(n)$，且 T 与 Y 相互独立，故 T^2 与 Y 相互独立，而 $T^2 \sim \chi^2(1)$，因此

$$X^2 = \frac{T^2/1}{Y/n} \sim F(1, n)$$

注：此题说明了 t-分布与 F-分布之间的密切关系.

例 3 设总体 $X \sim N(0, 1)$，$X_1, X_2, \cdots, X_n$ 是来自总体 X 的一个简单随机样本，试确定统计量 $Y = \left(\dfrac{n}{5} - 1\right) \sum\limits_{i=1}^{5} X_i^2 \Big/ \sum\limits_{i=6}^{n} X_i^2$，$n > 5$ 的分布.

分析 注意到统计量 Y 的分子与分母都是一组标准正态变量的平方和的形式，联系到 F-分布的定义结构形式，即可猜测，统计量 Y 可能与 F-分布之间有某种关系.

解 因为 $X_i \sim N(0, 1)$，$\sum\limits_{i=1}^{5} X_i^2 \sim \chi^2(5)$，$\sum\limits_{i=6}^{n} X_i^2 \sim \chi^2(n-5)$，且 $\sum\limits_{i=1}^{5} X_i^2$ 与 $\sum\limits_{i=1}^{6} X_i^2$ 相互独立，所以

$$Y = \frac{\sum\limits_{i=1}^{5} X_i^2 \Big/ 5}{\sum\limits_{i=6}^{n} X_i^2 \Big/ (n-5)} \sim F(5, n-5)$$

例 4 设随机变量 $X \sim N(2, 1)$，随机变量 Y_1, Y_2, Y_3, Y_4 均服从 $N(0, 4)$，且 X, Y_1, Y_2, Y_3, Y_4 都相互独立，构造统计量：$W = \dfrac{4(X-2)}{\sqrt{\sum\limits_{i=1}^{4} Y_i^2}}$，试求 W 的分布，并确定 C 的值，使 $P(|W| > C) = 0.05$.

分析 注意到 $X \sim N(2, 1)$，则 $X - 2 \sim N(0, 1)$，而统计量 W 的分母根号内是一组正态变量的平方和的形式. 联系到 t-分布的定义结构形式，即可猜测，统计量 W 可能与 t-分布之间有某种关系.

解 由于 $X - 2 \sim N(0, 1)$，$Y_i/2 \sim N(0, 1)$，$i = 1, 2, 3, 4$，故由 t-分布的定义知：

$$W = \frac{4(X-2)}{\sqrt{\sum\limits_{i=1}^{4} Y_i^2}} = \frac{2(X-2)}{\sqrt{\sum\limits_{i=1}^{4} \left(\dfrac{Y_i}{2}\right)^2}} = \frac{X-2}{\sqrt{\sum\limits_{i=1}^{4} \left(\dfrac{Y_i}{2}\right)^2 \Big/ 4}} \sim t(4)$$

即 W 服从自由度为 4 的 t-分布：$W \sim t(4)$. 由 $P(|W| > C) = 0.05$，查 t-分布表可得 $C = t_{\alpha/2}(4) = t_{0.025}(4) = 2.776$.

例 5 设 $X_1, \cdots, X_n, X_{n+1}, \cdots, X_{n+m}$ 是服从分布 $N(0, \sigma^2)$ 的容量为 $n+m$ 的一组简单随机样本，试求统计量 $W = \dfrac{m\sum\limits_{i=1}^{n} X_i^2}{n\sum\limits_{i=n+1}^{n+m} X_i^2}$ 的分布.

分析 注意到统计量 W 的分子与分母都有一组正态变量的平方和的形式，联系到 F-分布的定义结构形式，即可猜测，统计量 Y 可能与 F-分布之间有某种关系.

解 因为 $X_1, \cdots, X_n, X_{n+1}, \cdots, X_{n+m}$ 是服从分布 $N(0, \sigma^2)$ 的容量为 $n+m$ 的一组简单随机样本，所以 $\dfrac{X_i}{\sigma} \sim N(0, 1)$，故 $\dfrac{1}{\sigma^2}\sum\limits_{i=1}^{n} X_i^2 \sim \chi^2(n)$，$\dfrac{1}{\sigma^2}\sum\limits_{i=n+1}^{n+m} X_i^2 \sim \chi^2(m)$，且两者仍相互独立，所以

$$W = \frac{m\sum\limits_{n=1}^{n} X_i^2}{n\sum\limits_{i=n+1}^{n+m} X_i^2} = \frac{\dfrac{1}{\sigma^2}\sum\limits_{i=1}^{n} X_i^2 / n}{\dfrac{1}{\sigma^2}\sum\limits_{i=n+1}^{n+m} X_i^2 / m} \sim F(n, m)$$

小结 在求与统计量的分布有关的一类问题时，一定要牢记 t-分布、χ^2-分布、F-分布的定义结构，它们与正态分布之间的关系以及彼此之间的内存联系，这对解决统计量的分布问题是非常有帮助的.

（四）抽样分布

【概念与知识点】

在利用统计量进行统计推断或对统计推断方法的优良性进行评价时，必须了解相应的统计量的分布. 我们必须熟练掌握以下几个基于正态总体的几个常用统计量的分布，它们将在区间估计、假设检验等内容中起重要的作用.

1. 设总体 $X \sim N(\mu, \sigma^2)$，$X_1, X_2, \cdots, X_n$ 为总体的一个样本. 则统计量 $U = a_1 X_1 + a_2 X_2 + \cdots + a_n X_n$（$a_1, a_2, \cdots, a_n$ 为已知常数）也服从正态分布.

推论 设 $X_1, X_2, \cdots, X_n$ 为取自总体 $X \sim N(\mu, \sigma^2)$ 的一个样本，则

$$\overline{X} \sim N\left(\mu, \frac{\sigma^2}{n}\right)$$

$$U = \frac{\overline{X} - \mu}{\sigma/\sqrt{n}} \sim N(0, 1)$$

2. 设总体 $X \sim N(\mu, \sigma^2)$，X_1，X_2，$\cdots$，X_n 为取自这一总体的一个样本，$\overline{X}$，S^2 分别是样本均值和样本方差，则

(1) $\overline{X}$ 与 S^2 相互独立.

(2) $\dfrac{(n-1)S^2}{\sigma^2} \sim \chi^2(n-1)$.

3. 设总体 $X \sim N(\mu, \sigma^2)$，X_1，X_2，$\cdots$，X_n 为取自这一总体的一个样本，$\overline{X}$，S^2 分别是样本均值和样本方差，则 $\dfrac{\overline{X}-\mu}{S/\sqrt{n}} \sim t(n-1)$.

4. 设 X_1，X_2，$\cdots$，X_n 是来自总体 $X \sim N(\mu_1, \sigma_1^2)$ 的样本，Y_1，Y_2，$\cdots$，Y_m 是来自总体 $Y \sim N(\mu_2, \sigma_2^2)$ 的样本，且两样本相互独立，$\overline{X}$，$\overline{Y}$，S_1^2，S_2^2 分别为两个样本的样本均值和样本方差，则有

(1) $U = \dfrac{(\overline{X}-\overline{Y})-(\mu_1-\mu_2)}{\sqrt{\dfrac{\sigma_1^2}{n}+\dfrac{\sigma_2^2}{m}}} \sim N(0, 1)$.

(2) 当 $\sigma_1^2 = \sigma_2^2 = \sigma^2$ 时，有

$$t = \frac{(\overline{X}-\overline{Y})-(\mu_1-\mu_2)}{S_w\sqrt{\dfrac{1}{n}+\dfrac{1}{m}}} \sim t(n+m-2)$$

其中 $S_w = \sqrt{\dfrac{(n-1)S_1^2+(m-1)S_2^2}{n+m-2}}$.

(3) $F = \dfrac{S_1^2/\sigma_1^2}{S_2^2/\sigma_2^2} \sim F(n-1, m-1)$.

【范例与方法】

例 1 设总体 X 与 Y 相互独立，且都服从正态总体分布 $N(30, 3^2)$，X_1，X_2，$\cdots$，X_{20} 和 Y_1，Y_2，$\cdots$，Y_{25} 都是分别来自 X 和 Y 的样本，求 $P(|\overline{X}-\overline{Y}|>0.4)$.

分析 首先需要搞清楚统计量 $\overline{X}-\overline{Y}$ 的分布. 由总体 X 与 Y 相互独立且都服从正态分布可知，$\overline{X}$ 与 $\overline{Y}$ 也都是正态分布，并且相互独立，即可得 $\overline{X}-\overline{Y}$ 也是正态分布.

解 因为 $\overline{X} \sim N\left(30, \dfrac{9}{20}\right)$，$\overline{Y} \sim N\left(30, \dfrac{9}{25}\right)$，且 $\overline{X}$ 与 $\overline{Y}$ 相互独立，故 $\overline{X}-\overline{Y} \sim N\left(0, \dfrac{9}{20}+\dfrac{9}{25}\right) = N(0, 0.9^2)$，所以

$$P(|\overline{X}-\overline{Y}|>0.4) = 1-P(|\overline{X}-\overline{Y}| \leqslant 0.4) = 1-[2\Phi(0.44)-1] = 0.66$$

285

例 2 设总体 $X \sim N(\mu, \sigma^2)$，X_1，X_2，$\cdots$，X_n 为来自总体 X 的一个简单随机样本，记 $\overline{X} = \frac{1}{n} \sum_{i=1}^{n} X_i$，$S^2 = \frac{1}{n-1} \sum_{i=1}^{n} (X_i - \overline{X})^2$. 又设新增加一个试验，得 X_{n+1}，X_{n+1} 与 X_1，X_2，$\cdots$，X_n 也相互独立，求统计量 $U = \dfrac{X_{n+1} - \overline{X}}{S} \sqrt{\dfrac{n}{n+1}}$ 的分布.

解 由于 $X_{n+1} \sim N(\mu, \sigma^2)$，$\overline{X} \sim N\left(\mu, \dfrac{\sigma^2}{n}\right)$，且两者相互独立，所以 $X_{n+1} - \overline{X} \sim N\left(0, \dfrac{n+1}{n}\sigma^2\right)$ 标准化后得

$$\frac{X_{n+1} - \overline{X}}{\sqrt{(n+1)/n}\sigma} \sim N(0, 1)$$

又 $\dfrac{(n-1)S^2}{\sigma^2} \sim \chi^2_{(n-1)}$，且 S^2 与 $X_{n+1} - \overline{X}$ 两者相互独立，由 t-分布的定义，有

$$\frac{X_{n+1} - \overline{X}}{\sqrt{(n+1)/n}\sigma} \bigg/ \sqrt{\frac{(n-1)S^2}{\sigma^2(n-1)}} = \frac{X_{n+1} - \overline{X}}{S} \sqrt{\frac{n}{n+1}} \sim t(n-1)$$

例 3 设总体 $X \sim N(\mu, \sigma^2)$，X_1，X_2，$\cdots$，X_n 为一个简单随机样本，参数 μ，σ^2 均未知，求（1）求 $E(S^2)$，$D(S^2)$. (2) 当 $n = 16$ 时，求 $P\left(\dfrac{S^2}{\sigma^2} \leqslant 1.67\right)$.

解

（1）由于

$$\frac{(n-1)S^2}{\sigma^2} \sim \chi^2(n-1), \ E\left(\frac{(n-1)S^2}{\sigma^2}\right) = n-1, \ D\left(\frac{(n-1)S^2}{\sigma^2}\right) = 2(n-1)$$

$$E(S^2) = E\left(\frac{\sigma^2}{n-1} \frac{(n-1)S^2}{\sigma^2}\right) = \frac{\sigma^2}{n-1}(n-1) = \sigma^2$$

$$D(S^2) = E\left(\frac{\sigma^2}{n-1} \frac{(n-1)S^2}{\sigma^2}\right) = \frac{\sigma^4}{(n-1)^2} 2(n-1) = \frac{2\sigma^4}{n-1}$$

另，由 $E(S^2) = DX$，可直接得出 $E(S^2) = \sigma^2$.

（2）当 $n = 16$ 时，$\dfrac{15S^2}{\sigma^2} \sim \chi^2(15)$，所以查 χ^2-分布表可得，

$$P\left\{\frac{S^2}{\sigma^2} \leqslant 1.67\right\} = P\left\{\frac{15S^2}{\sigma^2} \leqslant 1.67 \times 15\right\} = P\left\{\frac{15S^2}{\sigma^2} \leqslant 24.996\right\}$$

$$= 1 - P\left\{\frac{15S^2}{\sigma^2} > 24.996\right\} = 1 - 0.05 = 0.95$$

例4 设 $X \sim N(a, \sigma^2)$，$Y \sim N(b, \sigma^2)$，两者相互独立，设 X_1，X_2，$\cdots$，X_m 与 Y_1，Y_2，$\cdots$，Y_n 为分别取自总体 X 与总体 Y 的两个简单随机样本，即 $X_i \sim N(a, \sigma^2)$，$i=1, 2, \cdots, m$；$Y_i \sim N(b, \sigma^2)$，$i=1, 2, \cdots, n$. 令 $\overline{X} = \frac{1}{m}\sum_{i=1}^{m}X_i$，$\overline{Y} = \frac{1}{n}\sum_{i=1}^{n}Y_i$，$S_1^2 = \frac{1}{m}\sum_{i=1}^{m}(X_i - \overline{X})^2$，$S_2^2 = \frac{1}{n}\sum_{i=1}^{n}(Y_i - \overline{Y})^2$，而 α，β 为常数. 试求统计量

$$Q = \frac{\alpha(\overline{X}-a)+\beta(\overline{Y}-b)}{\sqrt{\dfrac{mS_1^2+nS_2^2}{m+n-2}}\sqrt{\dfrac{\alpha^2}{m}+\dfrac{\beta^2}{n}}}$$ 的分布.

解 由于 $X_i \sim N(a, \sigma^2)$，$i=1, 2, \cdots, m$，$Y_i \sim N(b, \sigma^2)$，$i=1, 2, \cdots, n$，$\overline{X} \sim N\left(a, \frac{\sigma^2}{m}\right)$，$\overline{Y} \sim N\left(b, \frac{\sigma^2}{n}\right)$，且两者相互独立，所以 $\alpha(\overline{X}-a)+\beta(\overline{Y}-b)$ 也服从正态分布.

$$E[\alpha(\overline{X}-a)+\beta(\overline{Y}-b)] = \alpha E(\overline{X}-a)+\beta E(\overline{Y}-b) = 0$$
$$D[\alpha(\overline{X}-a)+\beta(\overline{Y}-b)] = \alpha^2 D(\overline{X}-a)+\beta^2 D(\overline{Y}-b)$$
$$= \alpha^2 D\overline{X}+\beta^2 D\overline{Y} = \alpha^2\frac{\sigma^2}{m}+\beta^2\frac{\sigma^2}{n} = \sigma^2\left(\frac{\alpha^2}{m}+\frac{\beta^2}{n}\right)$$

所以，

$$\alpha(\overline{X}-a)+\beta(\overline{Y}-b) \sim N\left(0, \sigma^2\left(\frac{\alpha^2}{m}+\frac{\beta^2}{n}\right)\right), \quad \frac{\alpha(\overline{X}-a)+\beta(\overline{Y}-b)}{\sigma\sqrt{\alpha^2/m+\beta^2/n}} \sim N(0, 1)$$

而又 $\frac{mS_1^2}{\sigma^2} \sim \chi^2(m-1)$，$\frac{nS_2^2}{\sigma^2} \sim \chi^2(n-1)$，且 S_1^2 与 S_2^2 独立，则

$$\frac{1}{\sigma^2}(mS_1^2+nS_2^2) \sim \chi^2(m+n-2)$$

又 $\overline{X}$ 与 S_1^2 独立，$\overline{X}$ 与 S_2^2 独立，则 $\overline{X}$ 与 $\frac{1}{\sigma^2}(mS_1^2+nS_2^2)$ 独立.

$\overline{Y}$ 与 S_1^2 独立，$\overline{Y}$ 与 S_2^2 独立，则 $\overline{Y}$ 与 $\frac{1}{\sigma^2}(mS_1^2+nS_2^2)$ 独立.

进而 $\frac{\alpha(\overline{X}-a)+\beta(\overline{Y}-b)}{\sigma\sqrt{\alpha^2/m+\beta^2/n}}$ 与 $\frac{1}{\sigma^2}(mS_1^2+nS_2^2)$ 独立.

则

$$Q = \frac{\alpha(\overline{X} - a) + \beta(\overline{Y} - b)}{\sqrt{\dfrac{mS_1^2 + nS_2^2}{m+n-2}}\sqrt{\dfrac{\alpha^2}{m} + \dfrac{\beta^2}{n}}}$$

$$= \frac{[\alpha(\overline{X} - a) + \beta(\overline{Y} - b)]/\left(\sigma\sqrt{\alpha^2/m + \beta^2/n}\right)}{\sqrt{(mS_1^2 + nS_2^2)/[(m+n-2)\sigma^2]}} \sim t(m+n-2)$$

例 5 设 X_1，X_2 是总体 $X \sim N(\mu, \sigma^2)$ 的一个样本，证明 $X_1 + X_2$ 与 $X_1 - X_2$ 相互独立.

分析 若随机变量 (X, Y) 服从二维联合正态分布 $N(\mu_1, \sigma_1^2; \mu_2, \sigma_2^2; \rho)$，则有 $X \sim N(\mu_1, \sigma_1^2)$，$Y \sim N(\mu_2, \sigma_2^2)$，且正态分布的线性组合仍为正态分布. 即：$aX + bY \sim N(a\mu_1 + b\mu_2, a^2\sigma_1^2 + b^2\sigma_2^2 + 2ab\,\mathrm{cov}(X, Y))$，其中 a, b 为常数. 特别，当 $\mathrm{cov}(X, Y) = 0$，即 X, Y 不相关（或独立）时，$aX + bY \sim N(a\mu_1 + b\mu_2, a^2\sigma_1^2 + b^2\sigma_2^2)$. 对正态分布而言，两个正态总体不相关与相互独立是等价的. 故只需证明 $X_1 + X_2$ 与 $X_1 - X_2$ 不相关即可.

证 因为

$$\mathrm{cov}(X_1 + X_2, X_1 - X_2)$$
$$= E(X_1 + X_2)(X_1 - X_2) - E(X_1 + X_2) \cdot E(X_1 - X_2)$$
$$= E(X_1^2 - X_2^2) - [E(X_1) + E(X_2)] \cdot [E(X_1) - E(X_2)]$$

而 $E(X_1^2) = E(X_2^2)$，$E(X_1) = E(X_2)$，所以 $\mathrm{cov}(X_1 + X_2, X_1 - X_2) = 0$，所以 $X_1 + X_2$ 与 $X_1 - X_2$ 不相关，故 $X_1 + X_2$ 与 $X_1 - X_2$ 相互独立.

例 6 设 X_1，X_2 是取自总体 $X \sim N(0, \sigma^2)$ 的一个样本，求 $P\left\{\dfrac{(X_1 + X_2)^2}{(X_1 - X_2)^2} < 9\right\}$.

分析 若由例 4 可知，$X_1 + X_2 \sim N(0, 2\sigma^2)$，$X_1 - X_2 \sim N(0, 2\sigma^2)$，且两者相互独立，所以统计量 $\dfrac{(X_1 + X_2)^2}{(X_1 - X_2)^2}$ 可能与 F-分布之间有某种关系.

解 $X_i \sim N(0, \sigma^2)$，$i = 1, 2$，所以 $X_1 + X_2 \sim N(0, 2\sigma^2)$，$X_1 - X_2 \sim N(0, 2\sigma^2)$，且两者相互独立，$\dfrac{X_1 + X_2}{\sqrt{2}\sigma} \sim N(0, 1)$，$\dfrac{X_1 - X_2}{\sqrt{2}\sigma} \sim N(0, 1)$，独立. 因而 $\left(\dfrac{X_1 + X_2}{\sqrt{2}\sigma}\right)^2 \sim \chi^2(1)$，$\left(\dfrac{X_1 - X_2}{\sqrt{2}\sigma}\right)^2 \sim \chi^2(1)$，独立.

所以由 F-分布的定义知

$$\frac{\left(\dfrac{X_1+X_2}{\sqrt{2}\sigma}\right)^2 \Big/ 1}{\left(\dfrac{X_1-X_2}{\sqrt{2}\sigma}\right)^2 \Big/ 1} = \frac{(X_1+X_2)^2}{(X_1-X_2)^2} \sim F(1,\,1)$$

记 $Y = \dfrac{(X_1+X_2)^2}{(X_1-X_2)^2}$ 的密度函数为 $f_Y(y)$，则

$$f_Y(y) = \begin{cases} \dfrac{1}{\pi(1+y)\sqrt{y}}, & y > 0 \\[2mm] 0, & y \leqslant 0 \end{cases}$$

所以

$$P\{Y < 9\} = \int_0^9 f_Y(y)\mathrm{d}y = 2\int_0^9 \frac{1}{\pi(1+y)}\mathrm{d}\sqrt{y} = \frac{2}{\pi}\mathrm{arctg}\, 3 \approx 0.795$$

三、习题全解

习 题 5-1

1. 设某种电视机的寿命 X 服从参数为 λ 的指数分布，求来自这一总体的简单随机样本 $X_1,\,X_2,\,\cdots,\,X_n$ 的联合概率密度.

解

$$f(x_1,\,x_2,\,\cdots,\,x_n) = \begin{cases} \displaystyle\prod_{i=1}^{n} \lambda \mathrm{e}^{-\lambda x_i} & x_1,\,x_2,\,\cdots,\,x_n > 0 \\[2mm] 0, & 其他 \end{cases}$$

$$= \begin{cases} \lambda^n \mathrm{e}^{-\lambda \sum\limits_{i=1}^{n} x_i} & x_1,\,x_2,\,\cdots,\,x_n > 0 \\[2mm] 0, & 其他 \end{cases}$$

2. 设总体 $X \sim N(10,\,9)$，$X_1,\,X_2,\,\cdots,\,X_6$ 是它的一个样本，$Z = \sum\limits_{i=1}^{6} X_i$. 要求：
(1)写出 Z 的概率密度. (2)求 $P\{Z>11\}$.

解 （1）由独立正态变量的线性性质得 $Z \sim N(60, 54)$，$f_Z(z) =$

$$\frac{1}{\sqrt{2\pi}\sqrt{54}} e^{-\frac{(z-60)^2}{108}}$$

（2）$P\{Z > 11\} = P\left\{\dfrac{Z-60}{\sqrt{54}} > \dfrac{11-60}{\sqrt{54}}\right\} = 1 - \Phi(-6.67) = 1$

3. 随机观察一个总体 X，得到一个样本容量为 4 的样本值：

$$3, -2, 5, 1$$

求 X 的经验分布函数．

解
$$F_4(x) = \begin{cases} 0, & \text{当 } x < -2 \\ \dfrac{1}{4}, & \text{当 } -2 \leqslant x < 1 \\ \dfrac{2}{4}, & \text{当 } 1 \leqslant x < 3 \\ \dfrac{3}{4}, & \text{当 } 3 \leqslant x < 5 \\ 1, & \text{当 } x \geqslant 5 \end{cases}$$

4. 设 $X_1, X_2, \cdots, X_n$ 是来自均匀分布总体 $U(0, b)$ 的样本，求样本的联合概率密度．

解

$$f(x_1, x_2, \cdots, x_n) = \begin{cases} \prod\limits_{i=1}^{n} \dfrac{1}{b}, & 0 < x_1, x_2, \cdots, x_n < b \\ 0, & \text{其他} \end{cases}$$

$$= \begin{cases} \dfrac{1}{b^n}, & 0 < x_1, x_2, \cdots, x_n < b \\ 0, & \text{其他} \end{cases}$$

习 题 5-2

1. 设来自总体 X 的容量为 7 的一个样本，观察值为 2.1，5.4，3.2，9.8，3.5，5.6，6.8，求样本均值和样本方差．

解 $\overline{X} = 5.2$ $\qquad S^2 = 6.74$

2. 设 $X \sim N(\mu, \sigma^2)$，μ 未知，且 σ^2 已知，$X_1, \cdots, X_n$ 为取自此总体的一个样

本,指出下列各式中哪些是统计量,哪些不是,为什么?

(1) $X_1 + X_2 + X_n - \mu$.　(2) $X_n - X_{n-1}$.　(3) $\dfrac{\overline{X} - \mu}{\sigma}$.　(4) $\displaystyle\sum_{i=1}^{n} \dfrac{(X_i - \mu)^2}{\sigma^2}$.

解　(2) 不含未知参数,从而是统计量. 其余均含有未知参数 μ,故不是统计量.

3. 总体 $X \sim N(80, 20^2)$,从总体中抽取一个容量为 100 样本,问样本均值与总体均值之差的绝对值大于 3 的概率是多少?

解　样本均值 $\overline{X} \sim N\left(\mu, \dfrac{\sigma^2}{n}\right)$, $\mu = 80$, $\sigma^2 = 20^2$, $n = 100$

所求概率为

$$P\{|\overline{X} - 80| > 3\}$$
$$= 1 - P\{|\overline{X} - 80| \leqslant 3\}$$
$$= 1 - P\{77 \leqslant \overline{X} \leqslant 80\}$$
$$= 1 - \left[\Phi\left(\frac{83 - 80}{2}\right) - \Phi\left(\frac{77 - 80}{2}\right)\right]$$
$$= 1 - [\Phi(1.5) - \Phi(-1.5)] = 2[1 - \Phi(1.5)] \approx 0.1336$$

4. 在总体 $N(12, 2^2)$ 中随机抽一容量为 5 的样本 X_1, X_2, X_3, X_4, X_5,求

(1) 概率 $P\{\max(X_1, X_2, X_3, X_4, X_5) > 15\}$.

(2) 概率 $P\{\min(X_1, X_2, X_3, X_4, X_5) > 10\}$.

解　(1) $P\{\max(X_1, X_2, X_3, X_4, X_5) > 15\}$

$$= 1 - P\{\max(X_1, X_2, X_3, X_4, X_5) \leqslant 15\}$$

$$= 1 - \prod_{i=1}^{5} P\{X_i \leqslant 15\} = 1 - \left[\Phi\left(\frac{15 - 12}{2}\right)\right]^5 = 0.2923$$

(2) $P\{\min(X_1, X_2, X_3, X_4, X_5) < 10\}$

$$= 1 - P\{\min(X_1, X_2, X_3, X_4, X_5) \geqslant 10\}$$

$$= 1 - \prod_{i=1}^{5} P\{X_i \geqslant 10\} = 1 - \left[1 - \Phi\left(\frac{10 - 12}{2}\right)\right]^5 = 1 - [\Phi(1)]^5 = 0.5785$$

5. 设 $X_1, X_2, \cdots, X_n$ 是来自泊松分布 $P(\lambda)$ 的一个样本, $\overline{X}$, S^2 分别为样本均值和样本方差,求 $E(\overline{X})$, $D(\overline{X})$, $E(S^2)$.

解　由 $X \sim P(\lambda)$ 知 $E(X) = \lambda$, $D(X) = \lambda$,所以

$$E(\overline{X}) = E(X) = \lambda, \quad D(\overline{X}) = \frac{D(X)}{n} = \frac{\lambda}{n}$$

$$E(S^2) = D(X) = \lambda.$$

6. 设总体 $X \sim B(1, p)$，X_1，X_2，$\cdots$，X_n是来自 X 的一个样本，求：

(1) $(X_1, X_2, \cdots, X_n)$的分布律.

(2) $\sum_{i=1}^{n} X_i$ 的分布律.

(3) $E(\overline{X})$，$D(\overline{X})$，$E(S^2)$.

解 (1) $(X_1, \cdots, X_n)$的分布律为

$$P\{X_1 = i_1, X_2 = i_2, \cdots, X_n = i_n\} \xlongequal{\text{独立}} \prod_{k=1}^{n} P\{X_k = i_k\}$$

$$= \prod_{k=1}^{n} P^{i_k} (1-P)^{1-i_k}$$

$$= P^{\sum_{k=1}^{n} i_k} (1-P)^{n-\sum_{i=1}^{n} i_k}, \ i_k = 0 \text{ 或 } 1, \ k = 1, \cdots, n$$

(2) $\sum_{i=1}^{n} X_i \sim B(n, p)$

(3) $E(\overline{X}) = E(X) = p$

$D(\overline{X}) = \dfrac{D(X)}{n} = \dfrac{p}{n}$

$E(S^2) = D(X) = p(1-p)$

习 题 5-3

1. 设 X_1，X_2，$\cdots$，X_n 是来自自由度为 m 的χ^2-分布的总体的一个样本. 求样本均值$\overline{X}$的期望与方差.

解 $E(\overline{X}) = E(X) = m$

$D(\overline{X}) = \dfrac{1}{n} D(X) = \dfrac{1}{n} 2m = \dfrac{2m}{n}$

2. 设 $X \sim N(0, 1)$，$Y \sim \chi^2(n)$，X 与 Y 相互独立，又 $T = \dfrac{X}{\sqrt{\dfrac{Y}{n}}}$，证明：$T^2 \sim$

$F(1, n)$.

证 $T^2 = \dfrac{X^2}{\dfrac{Y}{n}}$，又 $X^2 \sim \chi^2(1)$且 X^2 与 Y 独立，由 F 分布的定义知：$T^2 \sim F(1, n)$.

3. 设总体 $X \sim N(0, 1)$，从该总体中抽取一个容量为 6 的样本 X_1，X_2，$\cdots$，X_6，

设 $Y=(X_1+X_2+X_3)^2+(X_4+X_5+X_6)^2$，试决定常数 k，使随机变量 kY 服从 χ^2-分布.

解　$X_1+X_2+X_3 \sim N(0,3)$，则 $\left(\dfrac{X_1+X_2+X_3}{\sqrt{3}}\right)^2 \sim \chi^2(1)$

即　　$\dfrac{1}{3}(X_1+X_2+X_3)^2 \sim \chi^2(1)$

同理有　　$\dfrac{1}{3}(X_4+X_5+X_6)^2 \sim \chi^2(1)$

且 $(X_1+X_2+X_3)^2$ 与 $(X_4+X_5+X_6)^2$ 独立，则有

$$\frac{1}{3}Y=\frac{1}{3}\left[(X_1+X_2+X_3)^2+(X_4+X_5+X_6)^2\right]\sim\chi^2(2)$$

故　　$k=\dfrac{1}{3}$

4. 设 $X_1, X_2, \cdots, X_{10}$ 为取自正态总体 $N(0,0.3^2)$ 的一个样本，求 $P\left\{\sum\limits_{i=1}^{10}X_i^2>1.44\right\}$.

解　$\dfrac{\sum\limits_{i=1}^{10}X_i^2}{0.3^2}\sim\chi^2(10)$

$$P\left\{\sum_{i=1}^{10}X_i^2>1.44\right\}=P\left\{\sum_{i=1}^{10}\frac{X_i^2}{0.3^2}>16\right\}=0.1\text{（查附表五 }\chi^2\text{-分布表可得）}$$

习　题　5-4

1. 设总体 $X\sim N(\mu,\sigma^2)$，$X_1, X_2, \cdots, X_{10}$ 是来自 X 的一个样本.
(1) 写出 $X_1, X_2, \cdots, X_{10}$ 的联合概率密度. (2) 写出 $\overline{X}$ 的概率密度.

解　(1) $(X_1, X_2, \cdots, X_{10})$ 的联合概率密度为

$$f(x_1,x_2,\cdots,x_{10})=\prod_{i=1}^{10}f(x_i)=\prod_{i=1}^{10}\frac{1}{\sqrt{2\pi}\sigma}e^{-\frac{(x_i-\mu)^2}{2\sigma^2}}=(2\pi)^{-\frac{n}{2}}\sigma^n e^{-\frac{\sum\limits_{i=1}^{n}(x_i-\mu)^2}{2\sigma^2}}$$

293

(2) $\overline{X} \sim N\left(\mu, \dfrac{\sigma^2}{n}\right), n = 10$

即$\overline{X}$的概率密度为

$$f_{\overline{X}}(z) = \frac{1}{\sqrt{2\pi} \cdot \dfrac{\sigma}{\sqrt{n}}} \mathrm{e}^{-\frac{n(z-\mu)^2}{2\sigma^2}}$$

2. 在总体 $N(52, 6.3^2)$ 中随机抽一容量为 36 的样本,求样本均值$\overline{X}$落在 50.8 到 53.8 之间的概率.

解

$$\overline{X} \sim N\left(52, \frac{6.3^2}{36}\right)$$

$$P\{50.8 < \overline{X} < 53.8\} = P\left\{-\frac{\dfrac{1.2}{6.3}}{6} < \frac{\overline{X}-52}{\dfrac{6.3}{6}} < \frac{\dfrac{1.8}{6.3}}{6}\right\}$$

$$= \Phi\left(\frac{12}{7}\right) - \Phi\left(\frac{-8}{7}\right) = 0.8293$$

3. 设总体 X 与 Y 相互独立且都服从正态分布 $N(\mu, \sigma^2)$,在 X 与 Y 中各抽取容量为 n 的样本,且两样本相互独立,其样本均值分别为$\overline{X}$与$\overline{Y}$,如果 $P\{|\overline{X}-\overline{Y}| \geqslant \sigma\} \geqslant 0.01$,问样本容量 n 应该取为多少?

解 由题意得

$\overline{X} \sim N\left(\mu, \dfrac{\sigma^2}{n}\right), \overline{Y} \sim N\left(\mu, \dfrac{\sigma^2}{n}\right)$,$\overline{X}$与$\overline{Y}$相互独立,所以

$$\overline{X} - \overline{Y} \sim N\left(\mu, \frac{2\sigma^2}{n}\right)$$

$$P\{|\overline{X}-\overline{Y}| \geqslant \sigma\} = 1 - P\{|\overline{X}-\overline{Y}| \leqslant \sigma\}$$

$$= 1 - P\left\{\frac{|\overline{X}-\overline{Y}|}{\sqrt{2}\sigma/\sqrt{n}}\right\} \leqslant \left\{\sqrt{\frac{n}{2}}\right\}$$

$$= 1 - \Phi\left(\sqrt{\frac{n}{2}}\right) + \Phi\left(-\sqrt{\frac{n}{2}}\right)$$

$$= 2\left[1 - \Phi\left(\sqrt{\frac{n}{2}}\right)\right]$$

又 $2\left[1 - \Phi\left(\sqrt{\dfrac{n}{2}}\right)\right] \geqslant 0.01$,即有 $\Phi\left(\sqrt{\dfrac{n}{2}}\right) \leqslant 0.995$,查表得 $\sqrt{\dfrac{n}{2}} \leqslant 2.58$,所以

$n \leqslant 13.3$，n 最多取 13.

4. 设 X_1，X_2，$\cdots$，X_9 是取自标准正态总体 $N(0,1)$ 的一个样本，S^2 为样本方差，求 (1) $P\{S^2 < 1.275\}$．(2) $P\{\sqrt{X_1^2 + X_2^2 + \cdots + X_9^2} \geqslant 2.04\}$．

解 (1) 由定理 5.5 得 $\chi^2 = \dfrac{n-1}{\sigma^2} S^2 = 8S^2 \sim \chi^2(8)$，所以

$$P\{S^2 < 1.275\} = P\{\chi^2 < 10.2\} = 1 - P\{\chi^2 \geqslant 10.2\} = 1 - 0.25 = 0.75$$

(2) 由于 $\chi^2 = X_1^2 + X_2^2 + \cdots + X_9^2 \sim \chi^2(9)$，所以

$$P\{\sqrt{X_1^2 + X_2^2 + \cdots + X_9^2} > 2.04\} = P\{X_1^2 + X_2^2 + \cdots + X_9^2 \geqslant 4.16\} \approx 0.9$$

5. 设从总体 $X \sim N(\mu, \sigma^2)$ 中抽取容量为 18 的一个样本，μ，σ^2 未知，求：(1)

$P\{S^2/\sigma^2 \leqslant 1.2052\}$，其中 $S^2 = \dfrac{\sum\limits_{i=1}^{n} (X_i - \overline{X})^2}{n-1}$．(2) $D(S^2)$．

解 (1) 由 $\dfrac{(n-1)S^2}{\sigma^2} \sim \chi^2(n-1)$，则

$$P\left\{\frac{S^2}{\sigma^2} \leqslant 1.2052\right\} = P\left\{\frac{17S^2}{\sigma^2} \leqslant 20.4884\right\} = P\{\chi^2(17) \leqslant 20.4884\} \approx 0.75$$

(2) 由 $\dfrac{(n-1)S^2}{\sigma^2} \sim \chi^2(n-1)$，及 χ^2-分布的数学期望及方差，有

$$D\left(\frac{(n-1)S^2}{\sigma^2}\right) = 2(n-1),$$

则

$$D(S^2) = \frac{2\sigma^4}{n-1}$$

6. 总体 X，Y 相互独立，$X \sim N(150, 400)$，$Y \sim N(125, 625)$，从两总体中各自抽取容量为 5 的样本，$\overline{X}$，$\overline{Y}$ 分别为样本均值，求 $P\{\overline{X} - \overline{Y} \leqslant 0\}$．

解 $$\overline{X} - \overline{Y} \sim N\left(150 - 125, \frac{400 + 625}{5}\right) = N(25, 205)$$

$$P\{\overline{X} - \overline{Y} \leqslant 0\} = \Phi\left(\frac{0 - 25}{\sqrt{205}}\right) = 1 - \Phi(1.75) = 0.0401$$

总习题五

一、填空题

1. 在总体 $X \sim N(5, 16)$ 中随机地抽取一个容量为 36 的样本,则均值 $\overline{X}$ 落在 4 与 6 之间的概率 $=$ _____.

解 0.8664

2. 设某厂生产的灯泡的使用寿命 $X \sim N(1000, \sigma^2)$(单位:小时),抽取一容量为 9 的样本,得到 $\overline{x} = 940$,$s = 100$,则 $P\{\overline{X} < 940\} =$ _____.

解 0.056

3. 设 $X_1, \cdots, X_7$ 为总体 $X \sim N(0, 0.5^2)$ 的一个样本,则 $P\left\{\sum\limits_{i=1}^{7} X_i^2 > 4\right\}$ $=$ _____.

解 0.025

4. 设随机变量 X 和 Y 相互独立且都服从正态分布 $N(0, 3^2)$,而 $X_1, X_2, \cdots, X_9$ 和 $Y_1, Y_2, \cdots, Y_9$ 分别是来自总体 X 和 Y 的样本.则统计量 $U = \dfrac{X_1 + \cdots + X_9}{\sqrt{Y_1^2 + \cdots + Y_9^2}}$ 服从_____分布,参数为_____.

解 t-分布,参数为 9

5. 设 X_1, X_2, X_3, X_4 是来自正态总体 $N(0, 2^2)$ 的简单随机样本. $X = a(X_1 - 2X_2)^2 + b(3X_3 - 4X_4)^2$,则当 $a =$ _____,$b =$ _____时,统计量 X 服从 χ^2-分布,其自由度为_____.

解 $a = \dfrac{1}{20}$,$b = \dfrac{1}{100}$,自由度为 2.

6. 设总体 $X \sim N(0, 2^2)$,而 $X_1, X_2, \cdots, X_{15}$ 是来自总体 X 的一个样本,则随机变量 $Y = \dfrac{X_1^2 + \cdots + X_{10}^2}{2(X_{11}^2 + \cdots + X_{15}^2)}$ 服从_____分布,参数为_____.

解 因为 $X_1, X_2, \cdots, X_{15}$ 是来自总体 X 的一个样本,相互独立,所以

$$\frac{X_i}{2} \sim N(0, 1), i = 1, 2, \cdots, 15$$

从而

$$Z_1 = \left(\frac{X_1}{2}\right)^2 + \left(\frac{X_2}{2}\right)^2 + \cdots + \left(\frac{X_{10}}{2}\right)^2 \sim \chi^2(10)$$

$$Z_2 = \left(\frac{X_{11}}{2}\right)^2 + \left(\frac{X_{12}}{2}\right)^2 + \cdots + \left(\frac{X_{15}}{2}\right)^2 \sim \chi^2(5)$$

又

$$Y = \frac{X_1^2 + X_2^2 + \cdots + X_{10}^2}{2(X_{11}^2 + X_{12}^2 + \cdots + X_{15}^2)} = \frac{\dfrac{Z_1}{10}}{\dfrac{Z_2}{5}} \sim F(10,\ 5)$$

故 Y 服从 F-分布,分子自由度为 10,分母自由度为 5.

7. 设 X 服从正态分布 $N(\mu_1,\ \sigma^2)$,Y 服从正态分布 $N(\mu_2,\ \sigma^2)$,X_1,X_2,$\cdots$,X_{n_1} 和 Y_1,Y_2,$\cdots$,Y_{n_2} 分别是来自总体 X 和 Y 的简单随机样本,则

$$E\left[\frac{\sum\limits_{i=1}^{n_1}(X_i - \overline{X})^2 + \sum\limits_{j=1}^{n_2}(Y_j - \overline{Y})^2}{n_1 + n_2 - 2}\right] = \underline{\qquad\qquad}.$$

解 利用正态总体下常用统计量的数字特征即可得答案.

因为 $E\left[\dfrac{1}{n_1-1}\sum\limits_{i=1}^{n_1}(X_i - \overline{X})^2\right] = \sigma^2$,$E\left[\dfrac{1}{n_2-1}\sum\limits_{j=1}^{n_2}(Y_j - \overline{Y})^2\right] = \sigma^2$,故应填 σ^2.

二、选择题

1. 设随机变量 $X \sim t(n)\,(n>1)$,$Y = \dfrac{1}{X^2}$,则(C).

A. $Y \sim \chi^2(n)$ B. $Y \sim \chi^2(n-1)$

C. $Y \sim F(n,\ 1)$ D. $Y \sim F(1,\ n)$

2. 设 X_1,X_2,$\cdots$,$X_n\,(n\geqslant 2)$ 为来自总体 $N(0,\ 1)$ 的简单随机样本,$\overline{X}$ 为样本均值,S^2 为样本方差,则(B).

A. $n\overline{X} \sim N(0,\ 1)$ B. $nS^2 \sim \chi^2(n)$

C. $\dfrac{(n-1)\overline{X}}{S} \sim t(n-1)$ D. $\dfrac{(n-1)X_1^2}{\sum\limits_{i=2}^{n} X_i^2} \sim F(1,\ n-1)$

3. 设 X_1,X_2,$\cdots$,X_n 是来自正态总体 $N(\mu,\ \sigma^2)$ 的简单随机样本,$\overline{X}$ 是样本均值,记

$$S_1^2 = \frac{1}{n-1}\sum_{i=1}^{n}(X_i - \overline{X})^2, \quad S_2^2 = \frac{1}{n}\sum_{i=1}^{n}(X_i - \overline{X})^2$$

$$S_3^2 = \frac{1}{n-1}\sum_{i=1}^{n}(X_i - \mu)^2, \quad S_4^2 = \frac{1}{n}\sum_{i=1}^{n}(X_i - \mu)^2$$

则服从自由度为 $n-1$ 的 t 分布的随机变量是（　B　）.

A. $t = \dfrac{\overline{X} - \mu}{S_1/\sqrt{n-1}}$ 　　　　　　B. $t = \dfrac{\overline{X} - \mu}{S_2/\sqrt{n-1}}$

C. $t = \dfrac{\overline{X} - \mu}{S_3/\sqrt{n}}$ 　　　　　　D. $t = \dfrac{\overline{X} - \mu}{S_4/\sqrt{n}}$

4. 设随机变量 X 和 Y 都服从标准正态分布,则（　C　）.

A. $X+Y$ 服从正态分布 　　　　B. $X^2 + Y^2$ 服从 χ^2-分布

C. X^2 和 Y^2 都服从 χ^2-分布 　　D. X^2/Y^2 服从 F-分布

三、计算、证明题

1. 从正态总体 $N(3.4, 6^2)$ 中抽取容量为 n 的样本,如果要求其样本均值位于区间 $(1.4, 5.4)$ 内的概率不小于 0.95,问样本容量 n 至少应取多大?

解 由 $X_i \sim N(3.4, 6^2)$, $i=1, 2, \cdots, n$,可知 $\overline{X} \sim N\left(3.4, \dfrac{6^2}{n}\right)$

而 $P\{1.4 < \overline{X} < 5.4\} = P\left\{\dfrac{1.4 - 3.4}{6/\sqrt{n}} < \dfrac{\overline{X} - 3.4}{6/\sqrt{n}} < \dfrac{5.4 - 3.4}{6/\sqrt{n}}\right\}$

$$= P\left\{-\frac{\sqrt{n}}{3} < \frac{\overline{X} - 3.4}{6/\sqrt{n}} < \frac{\sqrt{n}}{3}\right\} = 2\Phi\left(\frac{\sqrt{n}}{3}\right) - 1 \geqslant 0.95$$

所以 $\Phi\left(\dfrac{\sqrt{n}}{3}\right) \geqslant 0.975$, $\dfrac{\sqrt{n}}{3} \geqslant 1.96$, $n \geqslant (3 \times 1.96)^2 \approx 34.57$,则 n 至少应取 35.

2. 设 X_1, X_2, X_3 是总体 $X \sim N(\mu, \sigma^2)$ 的一个样本,其中 μ 已知而 $\sigma > 0$ 未知,则以下的函数:(1) $X_1 + X_2 + X_3$. (2) $X_3 + 3\mu$. (3) X_1. (4) μX_2^2. (5) $\sum_{i=1}^{3} X_i/\sigma^2$. (6) $\max\{X_i\}$. (7) $\sigma + X_3$ 中哪些为统计量? 为什么?

解 (1),(2),(3),(5),(6)中均不含未知总体参数 σ,都是统计量,(5)、(7)中含未知总体参数 σ,所以不是统计量.

3. 在总体 $X \sim N(52, 6.3^2)$ 中随机地抽取一个容量为 36 的样本,求样本均值 $\overline{X}$ 落在 50.8 与 53.8 之间的概率.

解 $n=36$, $\overline{X} \sim N\left(52, \dfrac{63^2}{36}\right)$, 即 $\overline{X} \sim N(52, 1.05^2)$

$$P\{50.8 < \overline{X} < 53.8\} = P\left\{\frac{50.8-52}{1.05} < \frac{\overline{X}-52}{1.05} < \frac{53.8-52}{1.05}\right\}$$

$$= P\left\{-1.14 < \frac{\overline{X}-52}{1.05} < 1.71\right\} = \Phi(1.71) - \Phi(-1.14)$$

$$= \Phi(1.71) - [1-\Phi(1.14)] = 0.8293$$

4. 设 $X_1, \cdots, X_4$ 是来自正态总体 $N(0,4)$ 的样本, 证明统计量 Y 服从 $\chi^2(2)$-分布. 这里 $Y = 0.05(X_1-2X_2)^2 + 0.01(3X_3-4X_4)^2$.

证 因为 $X_1, \cdots, X_4$ 相互独立, 所以 $X_1-2X_2 \sim N(0,20)$, $3X_3-4X_2 \sim N(0,100)$ 且相互独立, 所以 $(X_1-2X_2)^2/20 \sim \chi^2(1)$, $(3X_3-4X_4)^2/100 \sim \chi^2(1)$, 且独立, 所以 Y 服从自由度为 2 的 χ^2-分布.

5. 设 $X_1, X_2, \cdots, X_9$ 是来自正态总体的样本, $Y_1 = \dfrac{1}{6}\sum\limits_{i=1}^{6} X_i$, $Y_2 = \dfrac{1}{3}\sum\limits_{i=7}^{9} X_i$, $S^2 = \dfrac{1}{2}\sum\limits_{i=7}^{9}(X_i-Y_2)^2$, 证明统计量 $Z = \dfrac{\sqrt{2}(Y_1-Y_2)}{S}$ 服从自由度为 2 的 t-分布.

证 设总体 $X \sim N(\mu, \sigma^2)$, 则

$$Y_1 = \frac{1}{6}\sum_{i=1}^{6} X_i \sim N\left(\mu, \frac{\sigma^2}{6}\right), Y_2 = \frac{1}{3}\sum_{i=7}^{9} X_i \sim N\left(\mu, \frac{\sigma^2}{3}\right), \text{且两者相互独立, 则}$$

$$Y_1-Y_2 \sim N\left(0, \frac{\sigma^2}{6}+\frac{\sigma^2}{3}\right), \text{即 } Y_1-Y_2 \sim N\left(0, \frac{\sigma^2}{2}\right)$$

标准化后得
$$\frac{Y_1-Y_2}{\sigma/\sqrt{2}} = \frac{\sqrt{2}(Y_1-Y_2)}{\sigma} \sim N(0,1)$$

又 $\dfrac{2S^2}{\sigma^2} \sim \chi^2(2)$, 且 Y_1-Y_2 与 S^2 独立, 所以由 t-分布的定义, 得

$$\frac{\sqrt{2}(Y_1-Y_2)}{\sigma}\bigg/\sqrt{\frac{2S^2}{\sigma^2}\bigg/2} = \frac{\sqrt{2}(Y_1-Y_2)}{S} \sim t(2)$$

即

$$Z \sim t(2)$$

6. 设 $X \sim N(\mu, \sigma^2)$, X_1, X_2, $\cdots$, X_{2n} 是总体 X 的容量为 $2n$ 的样本, 其样本均值为 $\overline{X} = \dfrac{1}{2n} \sum\limits_{i=1}^{2n} X_i$, 试求统计量 $Z = \sum\limits_{i=1}^{n} (X_i + X_{n+i} - 2\overline{X})^2$ 的数学期望及方差. (提示: 令 $Y_i = X_i + X_{i+n}$. 有 $E(Z) = 2(n-1)\sigma^2$, $D(Z) = 8(n-1)\sigma^4$

解 令 $Y_i = X_i + X_{n+i}$, $i = 1, 2, \cdots, n$

易见, Y_1, Y_2, $\cdots$, Y_n 独立, 且

$$E(Y_i) = E(X_i) + E(X_{n+i}) = 2\mu, \quad D(Y_i) = D(X_i) + D(X_{n+i}) = 2\sigma^2$$

由此 $\qquad\qquad\qquad\qquad Y_i \sim N(2\mu, 2\sigma^2)$

又 $\qquad \overline{Y} = \dfrac{1}{n} \sum\limits_{i=1}^{n} Y_i = \dfrac{1}{n} \sum\limits_{i=1}^{n} (X_i + X_{n+i}) = \dfrac{1}{n} \sum\limits_{i=1}^{2n} X_i = 2\overline{X}$

则 $\qquad\qquad\qquad \dfrac{\sum\limits_{i=1}^{n} (Y_i - \overline{Y})^2}{2\sigma^2} \sim \chi^2(n-1)$

而 $\qquad\qquad \sum\limits_{i=1}^{n} (Y_i - \overline{Y})^2 = \sum\limits_{i=1}^{n} (X_i + X_{n+i} - 2\overline{X})^2$

进而

$$E\left[\sum\limits_{i=1}^{n} (X_i + X_{n+i} - 2\overline{X})^2 \right] = 2\sigma^2 E\left[\dfrac{1}{2\sigma^2} \sum\limits_{i=1}^{n} (X_i + X_{n+i} - 2\overline{X})^2 \right] = 2(n-1)\sigma^2$$

7. 设总体 $X \sim N(0, 1)$, X_1, X_2, $\cdots$, X_5 是 X 的一个样本, 求常数 C, 使统计量 $\dfrac{C(X_1 + X_2)}{\sqrt{X_3^2 + X_4^2 + X_5^2}}$ 服从 t-分布.

解 $X \sim N(0, 1)$, $i = 1, 2, \cdots, 5$, 且相互独立, 故

$$X_1 + X_2 \sim N(0, 2), \quad X_3^2 + X_4^2 + X_5^2 \sim \chi^2(3)$$

且 两 者 相 互 独 立, 由 t-分布的定义可知, 要使 $\dfrac{C(X_1 + X_2)}{\sqrt{X_3^2 + X_4^2 + X_5^2}} =$

$\dfrac{C(X_1 + X_2)/\sqrt{3}}{\sqrt{(X_3^2 + X_4^2 + X_5^2)/3}}$ 服从 t-分布, 则 $\dfrac{C}{\sqrt{3}}(X_1 + X_2)$ 必须服从 $N(0, 1)$. 由 $X_1 + X_2 \sim$

$N(0, 2)$, 得 $\dfrac{C}{\sqrt{3}}(X_1 + X_2) \sim N\left(0, 2\left(\dfrac{C}{\sqrt{3}}\right)^2 \right)$, 则必须有 $\dfrac{2C^2}{3} = 1$, 故当 $C = \pm\sqrt{\dfrac{3}{2}}$ 时,

该统计量服从自由度为 3 的 t -分布.

8. 设 $X \sim N(\mu, \sigma^2)$, X_1, X_2, $\cdots$, X_n 是取自总体的简单随机样本, $\overline{X}$ 为样本均值, 问下列统计量: (1) $\dfrac{nS_n^2}{\sigma^2}$. (2) $\dfrac{\overline{X} - \mu}{S_n / \sqrt{n-1}}$. (3) $\dfrac{1}{\sigma^2} \sum\limits_{i=1}^{n} (X_i - \mu)^2$ 分别服从什么分布?

解 (1) 由于 $\dfrac{(n-1)S^2}{\sigma^2} \sim \chi^2(n-1)$, 又有

$$S_n^2 = \frac{1}{n} \sum_{i=1}^{n} (X_i - \overline{X})^2 = \frac{n-1}{n} S^2$$

$nS_n^2 = (n-1)S^2$, 因此

$$\frac{nS_n^2}{\sigma^2} \sim \chi^2(n-1)$$

(2) 由于 $\dfrac{\overline{X} - \mu}{S / \sqrt{n}} \sim t(n-1)$, 又有

$\dfrac{S}{\sqrt{n}} = \dfrac{S_n}{\sqrt{n-1}}$, 因此

$$\frac{\overline{X} - \mu}{S_n / \sqrt{n-1}} \sim t(n-1)$$

(3) 由 $X_i \sim N(\mu, \sigma^2)(i=1, 2, \cdots, n)$ 得, $\dfrac{X_i - \mu}{\sigma} \sim N(0, 1)$

由 χ^2 -分布的定义得

$$\frac{\sum\limits_{i=1}^{n} (X_i - \mu)^2}{\sigma^2} \sim \chi^2(n)$$

9. 设 X_1, X_2 是取自正态总体 $X \sim N(0, \sigma^2)$ 的一个样本, 求 $P\left\{\dfrac{(X_1+X_2)^2}{(X_1-X_2)^2} < 4\right\}$.

解 $X_i \sim N(0, \sigma^2)$, $X_1+X_2 \sim N(0, 2\sigma^2)$, $X_1-X_2 \sim N(0, 2\sigma^2)$

$$\frac{X_1+X_2}{\sqrt{2}\sigma} \sim N(0, 1), \quad \frac{X_1-X_2}{\sqrt{2}\sigma} \sim N(0, 1)$$

301

因而 $\qquad \left(\dfrac{X_1+X_2}{\sqrt{2}\sigma}\right)^2 \sim \chi^2(1),\ \left(\dfrac{X_1-X_2}{\sqrt{2}\sigma}\right)^2 \sim \chi^2(1)$

又 $\qquad \left(\dfrac{X_1-X_2}{\sqrt{2}\sigma}\right)^2 = \dfrac{1}{2\sigma^2}(X_1-X_2)^2 = \dfrac{1}{\sigma^2}\big[(X_1-\overline{X})^2 - (X_2-\overline{X})^2\big] = \dfrac{S^2}{\sigma^2}$

则 X_1+X_2 与 X_1-X_2 独立,由此

$$\frac{\left(\dfrac{X_1+X_2}{\sqrt{2}\sigma}\right)^2 \Big/ 1}{\left(\dfrac{X_1-X_2}{\sqrt{2}\sigma}\right)^2 \Big/ 1} \sim F(1,\ 1)$$

记 $Y = \dfrac{(X_1+X_2)^2}{(X_1-X_2)^2}$ 的密度函数为 $f_Y(y)$,则

$$f_Y(y) = \begin{cases} \dfrac{1}{\pi(1+y)\sqrt{y}}, & y>0 \\ 0, & y \leqslant 0 \end{cases}$$

所以 $\qquad P\{Y<4\} = \displaystyle\int_0^4 f_Y(y)\mathrm{d}y = 2\int_0^4 \dfrac{1}{\pi(1+y)}\mathrm{d}\sqrt{y} = \dfrac{2}{\pi}\mathrm{arctg}\,2 = 0.7$

四、同步自测题及参考答案

自 测 题 A

一、填空题

1. 从总体中随机抽取个样本观测值为 $1,3,5,7,9$.则样本均值 $\overline{x} = $ _____,样本方差 $s^2 = $ _____.

2. 从正态总体 $N(4.2,5^2)$ 中抽取容量为 n 的样本,若要求其样本均值位于区间 $(2.2,6.2)$ 内的概率不小于 0.95,则样本容量 n 至少为 _____.

3. $X \sim N(21,2^2)$,$X_1,X_2,\cdots,X_{25}$ 为 X 的一个样本,则 $E(\overline{X}) = $ _____,$D(\overline{X}) = $ _____,$P\{|\overline{X}-21| \leqslant 0.24\} = $ _____.

4. 设 X_1, X_2, $\cdots$, X_n 是来自正态总体 $N(\mu, \sigma^2)$ 的样本. 记 $\overline{X} = \dfrac{1}{n} \sum\limits_{k=1}^{n} X_k$, $S^2 = \dfrac{1}{n-1} \sum\limits_{k=1}^{n} (X_k - \overline{X})^2$, 则 $(\overline{X} - \mu)/(S/\sqrt{n})$ 服从 _____ 分布.

5. 查表得 $F_{0.05}(12, 15) = 2.48$, 则 $F_{0.05}(15, 12) =$ _____.

二、计算、证明题

1. 从总体 $N(20, 3)$ 中分别抽取容量 10, 15 的两个独立样本, 求两个样本平均值之差的绝对值大于 0.3 的概率.

2. 在总体 $N(80, 20^2)$ 中随机抽取一容量为 100 的样本, 求样本平均值与总体均值的差的绝对值大于 3 的概率.

3. 设 X_1, X_2, $\cdots$, X_n 是来自总体 $X \sim \chi^2(n)$ 的样本, $\overline{X}$ 为样本均值, 分别计算 $E(\overline{X})$, $D(\overline{X})$.

4. 在总体 $N(12, 4)$ 中取容量为 10 的样本 X_1, X_2, $\cdots$, X_{10}, $X_{(1)} = \min(X_1, X_2, \cdots, X_{10})$, $X_{(10)} = \max(X_1, X_2, \cdots, X_{10})$, 求 (1) 样本均值与总体均值之差的绝对值大于 1 的概率. (2) $P\{X_{(10)} > 15\}$. (3) $P\{X_{(1)} < 10\}$.

5. 设总体 $X \sim N(\mu, 16)$, X_1, X_2, $\cdots$, X_{10} 是来自总体 X 的一个样本, S^2 为其样本方差, 且 $P(S^2 > a) = 0.1$, 求 a 之值.

6. 某工厂的领班发现, 每个 32 盎司瓶子中的汽水量实际是服从正态分布的随机变量, 其均值是 32.2 盎司, 标准差是 0.3 盎司.

(1) 如果顾客买了 1 瓶汽水, 那么瓶中汽水超过 32 盎司的概率是多少?

(2) 如果顾客买了一箱共 4 瓶汽水, 那么 4 瓶汽水的平均量大于 32 盎司的概率是多少?

7. 设总体 X 在 $(0, \theta)$ $(\theta > 0)$ 上服从均匀分布, X_1, X_2, $\cdots$, X_n 是取自总体 X 的一个样本, $X_{(1)}$ 为最小次序统计量, 即 $X_{10} = \min(X_1, X_2, \cdots, X_n)$, 分别求 $X_{(1)}$ 的期望 $E(X_{(1)})$ 以及方差 $D(X_{(1)})$.

自测题 A 参考答案

一、填空题

1. $\overline{x} = 5$, $s^2 = 10$; 2. n 至少应取 25; 3. $E(\overline{X}) = 21$, $D(\overline{X}) = \dfrac{2^2}{25} = 0.4^2$.

$P\{|\overline{X} - 21| \leqslant 0.24\} = 0.4514$; 4. $t(n-1)$; 5. $F_{0.05}(15, 12) = \dfrac{1}{2.48}$.

二、计算、证明题

1. 解 设两样本均值分别为 $\overline{X}$，$\overline{Y}$，则有 $\overline{X}\sim N\left(20,\dfrac{3}{10}\right)$，$\overline{Y}\sim N\left(20,\dfrac{3}{15}\right)$。

从而，$\overline{X}-\overline{Y}$ 仍服从正态分布，且

$$E(\overline{X}-\overline{Y}) = E(\overline{X})-E(\overline{Y}) = 20-20 = 0$$
$$D(\overline{X}-\overline{Y}) = D(\overline{X})+D(\overline{Y}) = \frac{3}{10}+\frac{3}{15} = \frac{1}{2}$$

则

$$\overline{X}-\overline{Y}\sim N\left(0,\frac{1}{2}\right)$$

$$\frac{\overline{X}-\overline{Y}}{\sqrt{1/2}}\sim N(0,1)$$

于是

$$P\{|\overline{X}-\overline{Y}|>0.3\} = 1-P\{-0.3<\overline{X}-\overline{Y}<0.3\}$$
$$= 1-P\left\{\frac{-0.3}{\sqrt{\frac{1}{2}}}<\frac{\overline{X}-\overline{Y}}{\sqrt{\frac{1}{2}}}<\frac{0.3}{\sqrt{\frac{1}{2}}}\right\}$$
$$= 1-[\Phi(0.42)-\Phi(-0.42)] = 2-2\Phi(0.42)$$
$$= 2-2\times0.6628 = 0.6744$$

2. 解 总体 $X\sim N(80,20^2)$，$n=100$，故样本均值 $\overline{X}\sim N\left(80,\dfrac{20^2}{100}\right)$，即

$$\overline{X}\sim N(80,4)，$$

从而 $Y=\dfrac{\overline{X}-80}{2}\sim N(0,1)$，由此得

$$P\{|\overline{X}-80|>3\} = 1-P\{|\overline{X}-80|\leqslant3\} = 1-P\{-3\leqslant\overline{X}-80\leqslant3\}$$
$$= 1-P\{-1.5\leqslant Y\leqslant1.5\} = 1-[\Phi(1.5)-\Phi(-1.5)]$$
$$= 1-[2\Phi(1.5)-1] = 2-2\Phi(1.5) = 2-2\times0.93319$$
$$= 0.13362$$

3. 解 $E(X_i)=n$，$D(X_i)=2n$，$E(\overline{X})=E\left(\dfrac{1}{n}\sum\limits_{i=1}^{n}X_i\right)=\dfrac{1}{n}\sum\limits_{i=1}^{n}E(X_i)=n$

$$D(\overline{X}) = D\left(\frac{1}{n}\sum_{i=1}^{n}X_i\right) = \frac{1}{n^2}\sum_{i=1}^{n}D(X_i) = \frac{2n^2}{n^2} = 2$$

4. 解　(1) $\overline{X} \sim N\left(\mu, \dfrac{\sigma^2}{n}\right)$，即 $\overline{X} \sim N\left(12, \dfrac{4}{10}\right)$，$\dfrac{\overline{X}-12}{2/\sqrt{10}} \sim N(0, 1)$

$$P\{|\overline{X}-\mu| > 1\} = P\left\{\left|\frac{\overline{X}-12}{2/\sqrt{10}}\right| > \frac{\sqrt{10}}{2}\right\} = 2\Phi\left(-\frac{\sqrt{10}}{2}\right)$$

$$= 2\left[1-\Phi\left(\frac{\sqrt{10}}{2}\right)\right] = 2[1-\Phi(1.58)]$$

$$= 2[1-0.94295] = 0.1141$$

(2)
$$P(\max(X_1, X_2, \cdots, X_{10}) > 15) = 1-[F(15)]^{10}$$
$$= 1-\left[\Phi\left(\frac{15-12}{2}\right)\right]^{10}$$
$$= 1-[\Phi(1.5)]^{10}$$
$$= 1-0.9332^{10} = 0.4991$$

(3)
$$P(\min(X_1, X_2, \cdots, X_{10}) < 10) = 1-[1-F(10)]^{10}$$
$$= 1-\left[1-\Phi\left(\frac{10-12}{2}\right)\right]^{10}$$
$$= 1-[1-\Phi(-1)]^{10}$$
$$= 1-[\Phi(1)]^{10}$$
$$= 1-0.8413^{10}$$
$$= 0.8223$$

5. 解　$\chi^2 = \dfrac{9S^2}{16} \sim \chi^2(9)$，$P(S^2 > a) = P\left(\chi^2 > \dfrac{9a}{16}\right) = 0.1$

查表得
$$\frac{9a}{16} = 14.684$$

所以
$$a = \frac{14.684 \times 16}{9} = 26.105$$

6. 解　(1) 由于随机变量是瓶中的汽水量，要计算 $P(X > 32)$，其中 X 是服从正态分布的，$X \sim N(32.2, 0.3^2)$．

因此　$P\{X > 32\} = P\left\{\dfrac{X-32.2}{0.3} > \dfrac{32-32.2}{0.3}\right\} = P\left\{\dfrac{X-32.2}{0.3} > -0.67\right\}$

$$= 1 - \Phi(-0.67) = \Phi(0.67) = 0.7486$$

（2）因为 $\overline{X} \sim N(32.2, 0.15^2)$，因此

$$P\{\overline{X} > 32\} = P\left\{\frac{\overline{X} - 32.2}{0.15} > \frac{32 - 32.2}{0.15}\right\} = P\left\{\frac{\overline{X} - 32.2}{0.15} > -1.33\right\}$$

$$= 1 - \Phi(-1.33) = \Phi(1.33) = 0.9082$$

7. 解 $f_X(x) = \begin{cases} \dfrac{1}{\theta}, & 0 < x < \theta \\ 0, & \text{其他} \end{cases}$, $F_X(x) = \begin{cases} 0, & x < 0 \\ \dfrac{x}{\theta}, & 0 \leqslant x < \theta \\ 1, & x \geqslant \theta \end{cases}$

由习题 3-5 第 5 题可得 $X_{(1)}$ 的概率密度为

$$f_{X_{(1)}}(y) = n[1 - F_X(y)]^{n-1} f_X(y) = \begin{cases} n\left(1 - \dfrac{y}{\theta}\right)^{n-1} \dfrac{1}{\theta}, & 0 < x < \theta \\ 0, & \text{其他} \end{cases}$$

$$E(X_{(1)}) = \int_{-\infty}^{+\infty} y f_1(y) \mathrm{d}y = \int_0^{\theta} y n\left(1 - \frac{y}{\theta}\right)^{n-1} \frac{1}{\theta} \mathrm{d}y = \int_0^1 \theta(1-t) n t^{n-1} \mathrm{d}t$$

$$= \theta\left(1 - \frac{n}{n+1}\right) = \frac{\theta}{n+1}$$

$$E(X_{(1)}^2) = \int_0^{\theta} y^2 \frac{n}{\theta}\left(1 - \frac{y}{\theta}\right)^{n-1} \mathrm{d}y = \int_0^1 \theta^2 (1-x)^2 \frac{n}{\theta} x^{n-1} \theta \mathrm{d}x$$

$$= n\theta^2 \int_0^1 (x^{n-1} - 2x^n + x^{n+1}) \mathrm{d}x = n\theta^2 \int_0^1 (x^{n-1} - 2x^n + x^{n+1}) \mathrm{d}x$$

$$= n\theta^2\left(\frac{1}{n} - \frac{2}{n+1} + \frac{1}{n+2}\right) = n\theta^2 \frac{n^2 + 3n + 2 - 2n^2 - 4n + n^2 + n}{n(n+1)(n+2)}$$

$$= \frac{2\theta^2}{(n+1)(n+2)}$$

$$D(X_{(1)}) = E(X_{(1)}^2) - [E(X_{(1)})]^2 = \frac{2\theta^2}{(n+1)(n+2)} - \left(\frac{\theta}{n+1}\right)^2$$

$$= \frac{2n + 2 - n - 2}{(n+1)^2 (n+2)} \theta^2 = \frac{n}{(n+1)^2 (n+2)} \theta^2$$

自 测 题 B

一、填空题

1. 设来自总体 X 的一个样本观察值为 3.2，9.8，3.5，2.1，5.4. 则样本均值

＝＿＿＿＿＿＿，样本方差＝＿＿＿＿＿＿．

2. 设 X_1，X_2，X_3，X_4 是来自正态总体 $N(0,2^2)$ 的样本，令 $Y=(X_1+X_2)^2+(X_3-X_4)^2$．则当 $C=$＿＿＿＿＿＿时，$CY\sim\chi^2(2)$．

3. 设总体 $X\sim N(0,\sigma^2)$，X_1，X_2，$\cdots$，X_9 为总体的一个样本．则 $Y=\dfrac{2(X_1^2+X_2^2+X_3^2)}{(X_4^2+X_5^2+\cdots+X_9^2)}$ 服从＿＿＿＿＿＿分布，参数为＿＿＿＿＿＿．

4. 设 X_1，X_2，$\cdots$，X_5 是来自总体 $X\sim N(0,1)$ 的样本，统计量 $C(X_1+X_2)/\sqrt{X_3^2+X_4^2+X_5^2}\sim t(n)$，则常数 $C=$＿＿＿＿＿＿，自由度 $n=$＿＿＿＿＿＿．

5. 设 X_1，X_2，$\cdots$，X_n 是来自总体 $N(0,1)$ 的样本，则 $\dfrac{1}{n-1}\sum\limits_{i=2}^{n}X_i^2\Big/X_1^2\sim$ ＿＿＿＿＿＿．

二、计算、证明题

1. 求总体 $X\sim N(20,3)$ 的容量分别为 10，15 的两个独立随机样本平均值差的绝对值大于 0.3 的概率．

2. 设 X_1，X_2，$\cdots$，X_n 为总体 X 的一个样本，$E(X)=\mu$，$D(X)=\sigma^2<\infty$，$\overline{X}$ 为样本均值，分别求 $E(\overline{X})$，$D(\overline{X})$，$E(S^2)$．

3. 设 X_1，$\cdots$，X_n，X_{n+1}，$\cdots$，X_{n+m} 是服从正态分布 $N(0,\sigma^2)$ 的容量为 $n+m$ 的样本，求统计量 $Y=\dfrac{\sqrt{m}\sum\limits_{i=1}^{n}X_i}{\sqrt{n}\sqrt{\sum\limits_{i=n+1}^{n+m}X_i^2}}$ 的分布．

4. 设总体 X 的概率密度为 $f(x)=\dfrac{1}{2}e^{-|x|}$ $(-\infty<x<+\infty)$，X_1，X_2，$\cdots$，X_n 为总体 X 的样本，其样本方差为 S^2，求 $E(S^2)$．

5. 设总体 X 服从标准正态分布，X_1，X_2，$\cdots$，X_n 是来自总体 X 的一个样本，试问统计量

$$Y=\dfrac{\left(\dfrac{n}{5}-1\right)\sum\limits_{i=1}^{5}X_i^2}{\sum\limits_{i=6}^{n}X_i^2},\ n>5$$

服从何种分布？

6. 设总体 X 服从正态分布 $N(\mu,\sigma^2)$，X_1，X_2，$\cdots$，X_n，X_{n+1} 为来自总体 X 的一个

307

样本，记 $\overline{X} = \dfrac{1}{n}\sum\limits_{i=1}^{n} X_i$，$S_n^2 = \dfrac{1}{n}\sum\limits_{i=1}^{n}(X_i-\overline{X})^2$. 求统计量 $\dfrac{X_{n+1}-\overline{X}}{S_n}\sqrt{\dfrac{n-1}{n+1}}$ 的抽样分布.

7. 设总体 X 在 $(0,\theta)$ $(\theta>0)$ 上服从均匀分布，$X_1,X_2,\cdots,X_n$ 是取自总体 X 的一个样本，$X_{(n)}$ 为最大次序统计量，即 $X_{(n)}=\max(X_1,X_2,\cdots,X_n)$ 分别求 $X_{(n)}$ 的期望 $E(X_{(n)})$ 以及方差 $D(X_{(n)})$.

自测题 B 参考答案

一、填空题

1. 4.8，9.225； 2. $C=1/8$； 3. $Y\sim F$ 分布，参数为 $(3,6)$； 4. $C=\sqrt{3/2}$，自由度为 3； 5. $F(n-1,1)$.

二、计算、证明题

1. 解 令 $\overline{X}$ 的容量为 10 的样本均值，$\overline{Y}$ 是容量为 15 的样本均值，则 $\overline{X}\sim N(20,310)$，$\overline{Y}\sim N\left(20,\dfrac{3}{15}\right)$，且 $\overline{X}$ 与 $\overline{Y}$ 相互独立.

则
$$\overline{X}-\overline{Y}\sim N\left(0,\ \frac{3}{10}+\frac{3}{15}\right)=N(0,0.5)$$

那么
$$Z=\frac{\overline{X}-\overline{Y}}{\sqrt{0.5}}\sim N(0,1)$$

所以
$$P(\,|\,\overline{X}-\overline{Y}\,|>0.3)=P\left(\,|\,Z\,|>\frac{0.3}{\sqrt{0.5}}\right)=2[1-\Phi(0.424)]$$
$$=2(1-0.6628)=0.6744$$

2. 解
$$E(X_i)=\mu,\ D(X_i)=\sigma^2$$
$$E(\overline{X})=\frac{1}{n}\sum_{i=1}^{n}E(X_i)=\mu$$
$$D(\overline{X})=\frac{1}{n^2}\sum_{i=1}^{n}D(X_i)=\frac{\sigma^2}{n}$$

进而有

$$E(X_i^2) = D(X_i) + [E(X_i)]^2 = \sigma^2 + \mu^2$$

$$E(\overline{X}^2) = D(\overline{X}) + [E(\overline{X})]^2 = \frac{\sigma^2}{n} + \mu^2$$

$$E(S^2) = E\Big[\frac{1}{n-1}\sum_{i=1}^{n}(X_i - \overline{X})^2\Big] = \frac{1}{n-1}E\Big[\sum_{i=1}^{n}X_i^2 - 2\overline{X}\sum_{i=1}^{n}X_i + n\overline{X}^2\Big]$$

$$= \frac{1}{n-1}E\Big[\sum_{i=1}^{n}X_i^2 - n\overline{X}^2\Big] = \frac{1}{n-1}\Big[\sum_{i=1}^{n}E(X_i^2) - nE(\overline{X}^2)\Big]$$

$$= \frac{1}{n-1}[n\sigma^2 + n\mu^2 - \sigma^2 - n\mu^2] = \sigma^2$$

3. 解 $\sum_{i=1}^{n}X_i \sim N(0, n\sigma^2)$，$\frac{1}{\sqrt{n}\sigma}\sum_{i=1}^{n}X_i \sim N(0, 1)$，$X_i \sim N(0, \sigma^2)$，$\frac{X_i^2}{\sigma^2} \sim \chi^2(1)$，$\frac{1}{\sigma^2}\sum_{i=n+1}^{n+m}X_i^2 \sim \chi^2(m)$

所以

$$Y = \frac{\sqrt{m}\sum_{i=1}^{n}X_i}{\sqrt{n}\sqrt{\sum_{i=n+1}^{n+m}X_i^2}} = \frac{\sum_{i=1}^{n}X_i\Big/(\sqrt{n}\sigma)}{\sqrt{\sum_{i=n+1}^{n+m}X_i^2\Big/(m\sigma^2)}} \sim t(m)$$

4. 解 $f(x) = \begin{cases} \frac{1}{2}e^x, & x < 0 \\ \frac{1}{2}e^{-x}, & x \geqslant 0 \end{cases}$

于是

$$E(S^2) = D(X) = E(X^2) - E^2(X)$$

$$E(X) = \int_{-\infty}^{+\infty}xf(x)\mathrm{d}x = \frac{1}{2}\int_{-\infty}^{+\infty}xe^{-|x|}\mathrm{d}x = 0$$

$$E(X^2) = \int_{-\infty}^{+\infty}x^2f(x)\mathrm{d}x = \frac{1}{2}\int_{-\infty}^{+\infty}x^2e^{-|x|}\mathrm{d}x = \int_{0}^{+\infty}x^2e^{-x}\mathrm{d}x = 2$$

所以

$$E(S^2) = 2$$

5. 解 $\chi_1^2 = \sum_{i=1}^{5}X_i^2 \sim \chi^2(5)$，$\chi_2^2 = \sum_{i=1}^{n}X_i^2 \sim X^2(n-5)$

且 χ_1^2 与 χ_2^2 相互独立,所以

$$Y = \frac{X_1^2/5}{X_2^2/n-5} \sim F(5,\ n-5)$$

6. 解 由于 $X_{n+1}-\overline{X} \sim N\left(0,\ \dfrac{n+1}{n}\sigma^2\right)$,标准化得 $\dfrac{X_{n+1}-\overline{X}}{\sqrt{(n+1)/n}\sigma} \sim N(0,\ 1)$

又 $\dfrac{nS_n^2}{\sigma^2} \sim \chi_{(n-1)}^2$,且 S_n^2 与 $X_{n+1}-\overline{X}$独立,因此

$$\frac{X_{n+1}-\overline{X}}{\sqrt{(n+1)/n}\sigma} \bigg/ \sqrt{\frac{nS_n^2}{\sigma^2(n-1)}} = \frac{X_{n+1}-\overline{X}}{S_n}\sqrt{\frac{n-1}{n+1}} \sim t(n-1)$$

7. 解 $f_X(x) = \begin{cases} \dfrac{1}{\theta}, & 0<x<\theta \\ 0, & 其他 \end{cases}$, $F_X(x) = \begin{cases} 0, & x<0 \\ \dfrac{x}{\theta}, & 0\leqslant x<\theta \\ 1, & x\geqslant\theta \end{cases}$

由习题 3-5 第 5 题可得 $X_{(n)}$ 的概率密度为

$$f_{X_{(n)}}(y) = n\left[F_X(y)\right]^{n-1}f_X(y) = \begin{cases} n\left(\dfrac{y}{\theta}\right)^{n-1}\dfrac{1}{\theta}, & 0<x<\theta \\ 0, & 其他 \end{cases}$$

所以

$$E(X_{(n)}) = \int_0^\theta yn\left(\frac{y}{\theta}\right)^{n-1}\frac{1}{\theta}dy = \frac{n\theta}{n+1}$$

$$E(X_{(n)}^2) = \int_{-\infty}^{+\infty} y^2 f_{X_{(n)}}(y)dy = \int_0^\theta y^2\frac{ny^{n-1}}{\theta^n}dy = \frac{n}{\theta^n}\frac{y^{n+2}}{n+2}\bigg|_0^\theta = \frac{\theta^{n+2}}{n+2}$$

$$D(X_{(n)}) = E(X_{(n)}^2)-\left[E(X_{(n)})\right]^2 = \frac{n\theta^2}{n+2}-\left(\frac{n\theta}{n+1}\right)^2 = \frac{n\theta^2}{(n+2)(n+1)^2}$$

第六章　参 数 估 计

　　参数估计问题分为点估计与区间估计两类. 所谓点估计就是用某一个函数值作为总体未知参数的估计值；区间估计就是对未知参数给出一个范围，并且在一定的可靠度下使这个范围包含未知参数. 本章先介绍参数的矩估计和极大似然估计的基本原理和方法，最后重点介绍正态总体参数的估计问题.

一、知识结构与教学基本要求

（一）知识结构
本章的知识结构见图 6-1.

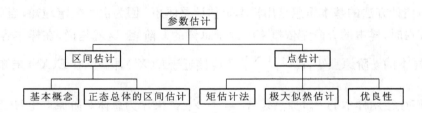

图 6-1　第六章知识结构

（二）教学基本要求

　　（1）理解参数的点估计、估计量、估计值的概念，掌握矩估计和极大似然估计方法.

　　（2）知道一些常见的估计量的评价标准：无偏性、有效性、一致性. 能够根据上述标准对不同的估计量进行比较.

　　（3）理解区间估计的构造原理，理解区间估计的估计精度、置信水平、样本容量之间的相互关系.

　　（4）掌握单总体及双总体正态分布总体参数的区间估计的方法.

　　（5）掌握关于比率的区间估计的方法.

　　（6）了解单侧置信区间的意义.

二、内容简析与范例

（一）参数的点估计

【概念与知识点】

1. 估计量

设 X_1，X_2，$\cdots$，X_n 是取自总体 X 的一个样本，x_1，x_2，$\cdots$，x_n 是相应的样本观察值. θ 是总体分布中的未知参数，为估计未知参数 θ，需构造一个适当的统计量 $\hat{\theta}(X_1，X_2，\cdots，X_n)$，然后用其观察值 $\hat{\theta}(x_1，x_2，\cdots，x_n)$ 来估计 θ 的值. 称 $\hat{\theta}(X_1，X_2，\cdots，X_n)$ 为 θ 的估计量，$\hat{\theta}(x_1，x_2，\cdots，x_n)$ 为 θ 的估计值. 在不导致混淆的情况下，估计量与估计值统称为点估计，简称为估计，并简记为 $\hat{\theta}$.

一般地，如果总体 X 的分布函数 $F(x；\theta_1，\theta_2，\cdots，\theta_k)$ 含有 k 个未知参数，则必须构造 k 个统计量 $\hat{\theta}_i = \hat{\theta}_i(X_1，X_2，\cdots X_n)$，$i=1，2，\cdots k$，作为这 k 个未知参数的估计量.

2. 矩估计

矩估计方法的基本思想是用样本矩估计总体矩. 因为由大数定理知，当总体的 k 阶矩存在时，样本的 k 阶矩依概率收敛于总体的 k 阶矩. 这就是说，在样本容量 n 较大时，样本的 k 阶原点矩 $A_k = \frac{1}{n}\sum_{i=1}^{n}X_i^k$ 应接近于 $E(X^k)$，因此，在 $E(X^k)$ 未知的情况下，我们往往用样本的 k 阶原点矩 $A_k = \frac{1}{n}\sum_{i=1}^{n}X_i^k$ 来作为总体 k 阶原点矩 $E(X^k)$ 的估计量，这就是矩估计方法的基本思想.

一般地，记

总体 k 阶矩 $\mu_k = E(X^k)$.

样本 k 阶矩 $A_k = \frac{1}{n}\sum_{i=1}^{n}X_i^k$.

总体 k 阶中心矩 $V_k = E[X-E(X)]^k$.

样本 k 阶中心矩 $B_k = \frac{1}{n}\sum_{i=1}^{n}(X_i-\overline{X})^k$，$k=2，3，\cdots$.

用矩估计确定的估计量称为矩估计量. 相应的估计值称为矩估计值. 矩估计量与矩估计值统称为矩估计.

312

　　矩估计方法的要点:设总体 X 的分布函数为 $F(x;\theta_1,\theta_2,\cdots,\theta_k)$,其中 $\theta_1,\theta_2,$ $\cdots,\theta_k$ 是未知参数,且总体 X 的 k 阶原点矩 $E(X^k)$ 存在. 根据总体 X 的分布求得 $E(X^j)$,$j=1,2,\cdots,k$,它们是 $\theta_1,\theta_2,\cdots,\theta_k$ 的函数,并记

$$E(X^j)=g_j(\theta_1,\theta_2,\cdots,\theta_k),\ j=1,2,\cdots,k$$

　　将 $E(X^j)$ 替换成相应的估计量 $A_j=\dfrac{1}{n}\sum_{i=1}^{n}X_i^j$,得到关于 $\theta_1,\theta_2,\cdots,\theta_k$ 的方程组

$$\begin{cases}\dfrac{1}{n}\sum_{i=1}^{n}X_i=g_1(\theta_1,\theta_2,\cdots,\theta_k)\\[2mm]\dfrac{1}{n}\sum_{i=1}^{n}X_i^2=g_2(\theta_1,\theta_2,\cdots,\theta_k)\\[2mm]\qquad\qquad\vdots\\[2mm]\dfrac{1}{n}\sum_{i=1}^{n}X_i^k=g_k(\theta_1,\theta_2,\cdots\theta_k)\end{cases}$$

　　上述方程组的解记为 $\hat\theta_i=\hat\theta_i(X_1,X_2,\cdots,X_n)$,$i=1,2,\cdots,k$,并以 $\hat\theta_i$ 作为未知参数 θ_i 的估计量,称 $\hat\theta_i$ 为未知参数 θ_i 的矩估计量.

　　3. 极大似然估计

　　极大似然估计是另外一种求估计的常用方法,它的基本思想是建立在极大似然原理的基础上,即:已经实现的事件往往原本就是最有可能发生的事件,或者说,概率最大的事件最有可能出现. 具体来说,一个随机试验下有若干个可能的结果 $A_1,$ $A_2,A_3,\cdots$,如在一次试验中,结果 A_j 出现了,那么可以认为 $P(A_j)$ 最大.

　　(1)设总体 X 是离散型随机变量,分布律为

$$P\{X=x\}=p(x;\theta_1,\theta_2,\cdots,\theta_k)$$

其中 $\theta_1,\theta_2,\cdots,\theta_k$ 为未知参数,$(\theta_1,\theta_2,\cdots,\theta_k)$ 取值于一个 k 维的向量空间 Θ,Θ 称为参数空间,$X_1,X_2,\cdots,X_n$ 是来自总体 X 的一个样本,其观察值为 $x_1,x_2,\cdots,$ x_n,样本的联合分布律为

$$\begin{aligned}L(\theta_1,\theta_2,\cdots,\theta_k)&=P\{X_1=x_1,X_2=x_2,\cdots,X_n=x_n\}\\&=\prod_{i=1}^{n}P\{X_i=x_i\}\\&=\prod_{i=1}^{n}p(x_i;\theta_1,\theta_2,\cdots,\theta_k)\end{aligned}$$

$L(\theta_1, \theta_2, \cdots, \theta_k)$可以看做是未知参数$\theta_1, \theta_2, \cdots, \theta_k$的函数,称为似然函数,若存在
$\hat{\theta}_i = \hat{\theta}_i(x_1, x_2, \cdots, x_n)$, $i=1, 2, \cdots, k$,使得

$$L(\hat{\theta}_1, \hat{\theta}_2, \cdots, \hat{\theta}_k) = \max_{(\theta_1, \theta_2, \cdots, \theta_k) \in \Theta} L(\theta_1, \theta_2, \cdots, \theta_k)$$

则称$\hat{\theta}_i = \hat{\theta}_i(x_1, x_2, \cdots, x_n)$为$\theta_i(i=1, 2, \cdots, k)$的极大似然估计值,相应的样本函数$\hat{\theta}_i = \hat{\theta}_i(X_1, X_2, \cdots, X_n)$称为$\theta_i$的极大似然估计量.

（2）设总体X是连续型随机变量,密度函数为

$$f(x; \theta_1, \theta_2, \cdots, \theta_k)$$

其中$\theta_1, \theta_2, \cdots, \theta_k$为未知参数,$(\theta_1, \theta_2, \cdots, \theta_k) \in \Theta$, $X_1, X_2, \cdots, X_n$是来自总体X的一个样本,其观察值为$x_1, x_2, \cdots, x_n$,我们定义似然函数为

$$L(\theta_1, \theta_2, \cdots, \theta_k) = \prod_{i=1}^{n} f(x_i; \theta_1, \theta_2, \cdots, \theta_k)$$

若存在$\hat{\theta}_i = \hat{\theta}_i(x_1, x_2, \cdots, x_n)$, $i=1, 2, \cdots, k$,使得

$$L(\hat{\theta}_1, \hat{\theta}_2, \cdots, \hat{\theta}_k) = \max_{(\theta_1, \theta_2, \cdots, \theta_k) \in \Theta} L(\theta_1, \theta_2, \cdots, \theta_k)$$

则称$\hat{\theta}_i = \hat{\theta}_i(x_1, x_2, \cdots, x_n)$为$\theta_i$, $i=1, 2, \cdots, k$的极大似然估计值,相应的样本函数$\hat{\theta}_i = \hat{\theta}_i(X_1, X_2, \cdots, X_n)$称为$\theta_i$的极大似然估计量.

未知参数$\theta_1, \theta_2, \cdots, \theta_k$的极大似然估计值$\hat{\theta}_1, \hat{\theta}_2, \cdots, \hat{\theta}_k$就是似然函数$L(\theta_1, \theta_2, \cdots, \theta_k)$的最大值点. 因此,求极大似然估计的方法是:先写出似然函数$L(\theta_1, \theta_2, \cdots, \theta_k)$,然后求出似然函数的最大值点.

在实际计算过程中,注意到函数$L(\theta_1, \theta_2, \cdots, \theta_k)$与函数$\ln L(\theta_1, \theta_2, \cdots, \theta_k)$有相同的最大值点,我们往往将求似然函数$L(\theta_1, \theta_2, \cdots, \theta_k)$的最大值点转化为求函数$\ln L(\theta_1, \theta_2, \cdots, \theta_k)$的最大值点. 如果似然函数$L(\theta_1, \theta_2, \cdots, \theta_k)$关于$\theta_1, \theta_2, \cdots, \theta_k$的偏导数存在,则可以建立如下方程组

$$\begin{cases} \dfrac{\partial \ln L(\theta_1, \theta_2, \cdots, \theta_k)}{\partial \theta_1} = 0 \\ \dfrac{\partial \ln L(\theta_1, \theta_2, \cdots, \theta_k)}{\partial \theta_2} = 0 \\ \cdots \\ \dfrac{\partial \ln L(\theta_1, \theta_2, \cdots, \theta_k)}{\partial \theta_k} = 0 \end{cases}$$

称之为似然方程组（或似然方程）. 如果似然方程组（或似然方程）的解$(\hat{\theta}_1，\hat{\theta}_2，\cdots，$
$\hat{\theta}_k)$唯一,则它就是函数 $\ln L(\theta_1，\theta_2，\cdots，\theta_k)$的最大值点,即$\hat{\theta}_1，\hat{\theta}_2，\cdots，\hat{\theta}_k$分别是未知
参数 $\theta_1，\theta_2，\cdots，\theta_k$ 的极大似然估计.

注:

(1) 似然函数 $L(\theta_1，\theta_2，\cdots，\theta_k)$是相对未知参数 $\theta_1，\theta_2，\cdots，\theta_k$ 而言的,也就是
说将未知参数 $\theta_1，\theta_2，\cdots，\theta_k$ 视为变量,而将样本观察值 $x_1，x_2，\cdots，x_n$ 视为常量.

(2) 如果似然函数 $L(\theta_1，\theta_2，\cdots，\theta_k)$关于 $\theta_1，\theta_2，\cdots，\theta_k$ 的偏导数不存在或似然
方程组（或似然方程）无解,这时只能按最大似然估计法的基本思想求出最大值点.

【范例与方法】

例1 对某一距离进行 7 次测量,结果如下（单位:米）:2782,2801,2790,2798,
2803,2800,2789.已知测量结果服从 $N(\mu，\sigma^2)$,分别求参数 μ 和 σ^2 的矩估计值与
极大似然估计值.

分析 由教材第六章第一节中的例子知,正态总体中参数 μ 和 σ^2 的矩估计量与
极大似然估计量是一致的,因此它们的矩估计值与极大似然估计值自然也是一致的.

解 μ 的矩估计量与极大似然估计量都是$\hat{\mu}=\overline{X}$,σ^2 的矩估计量与极大似然估
计量都是 $\hat{\sigma}^2=\dfrac{1}{n}\sum\limits_{i=1}^{n}(X_i-\overline{X})^2$,因为

$$\overline{X}=\frac{1}{7}(2782+2801+\cdots+2789)=2794.714$$

$$S_n^2=\frac{1}{7}\times\sum_{i=1}^{n}(X_i-\overline{X})^2=51.918$$

所以 $\hat{\mu}=2794.714，\quad \hat{\sigma}^2=51.918$

例2 假设总体 X 的密度函数为

$$f(x；\theta)=\begin{cases}\dfrac{2x}{\theta^2}\exp\left(-\dfrac{x^2}{\theta^2}\right)，& x>0\\ 0 & x\leqslant 0\end{cases}$$

其中 $\theta>0$ 是未知参数,试求参数 θ 的极大似然估计量.

分析 总体 X 是一个连续型随机变量,求参数 θ 的极大似然估计量,首先需要
列出似然函数,若似然函数本身比较复杂,则往往转化为对数似然函数,相对会比较
好处理一些.

315

解 似然函数为

$$L(x_1, \cdots, x_n; \theta^2) = \frac{2\prod\limits_{i=1}^{n} x_i}{(\theta^2)^n} \exp\left(\frac{-1}{\theta^2} \sum_{i=1}^{n} X_i^2\right)$$

对数似然函数为:

$$\ln L(x_1, \cdots, x_n; \theta^2) = \ln 2\prod_{i=1}^{n} x_i - n\ln \theta^2 - \frac{1}{\theta^2} \sum_{i=1}^{n} X_i^2$$

$$\frac{\mathrm{d}\ln L}{\mathrm{d}\theta^2} = -\frac{n}{\theta^2} + \frac{1}{(\theta^2)^2} \sum_{i=1}^{n} X_i^2 = 0$$

解之得 $\hat{\theta}^2 = \frac{1}{n} \sum\limits_{i=1}^{n} X_i^2$, 由极大似然估计的不变性可得 $\hat{\theta} = \sqrt{\dfrac{1}{n} \sum\limits_{i=1}^{n} X_i^2}$.

注:在上述解法中,将 θ^2 视为一个整体,作为一个单独的变量来处理,先求出 θ^2 的极大似然估计,再利用极大似然估计的不变性求出 θ 的极大似然估计值,这是一种常用的处理技巧,经常会对解题带来方便. 当然,直接求 θ 的极大似然估计也是可行的,不过,这在许多情况下运算量会比较大.

例 3 假设总体 X 服从参数为 N 和 p 的二项分布,X_1,X_2,$\cdots$,X_n 为取自 X 的一个样本,试求:(1) 参数 N 和 p 的矩估计量.(2) 假设 N 已知时,求参数 p 的极大似然估计量.

分析 (1) 求参数 N 和 p 的矩估计量时,因为有 2 个未知参数需要作出估计,所以只要分别利用一阶样本中心矩替换总体的一阶矩,二阶样本中心矩替换总体的二阶中心矩即可.(2) N 已知时,求参数 p 的极大似然估计量,需要先求出似然函数或对数似然函数.

解 (1) 由 $E(X) = Np$, $E(X^2) = Npq + (Np)^2$,令

$$\begin{cases} \overline{X} = E(X) = Np \\ A_2 = E(X^2) = Npq + (Np)^2 \end{cases}$$

则其矩估计量为

$$\begin{cases} \hat{p} = 1 - \dfrac{B_2}{\overline{X}} \\ \hat{N} = \dfrac{\overline{X}^2}{\overline{X} - B_2} \end{cases} \quad \text{其中:} B_2 = \frac{1}{n} \sum_{i=1}^{n} (X_i - \overline{X})^2$$

(2) 似然函数为

$$L(p) = \prod_{i=1}^{n} c_N^{x_i} p^{x_i} (1-p)^{N-x_i} = \left(\prod_{i=1}^{n} C_N^{x_i}\right) p^{\sum\limits_{i=1}^{n} x_i} (1-p)^{\sum\limits_{i=1}^{n}(N-x_i)}$$

对数似然函数为

$$\ln L(p) = \ln\left(\prod_{i=1}^{n} C_N^{x_i}\right) + \sum_{i=1}^{n} x_i \cdot \ln p + \sum_{i=1}^{n} (N - x_i) \cdot \ln (1-p)$$

令

$$\frac{\mathrm{d}\ln L(p)}{\mathrm{d}p} = 0$$

得 p 的极大似然估计为 $\hat{P} = \dfrac{\overline{X}}{N}$.

例 4 设总体 X 的密度函数为

$$f(x;\theta) = \begin{cases} C^{\frac{1}{\theta}} \dfrac{1}{\theta} x^{-(1+\frac{1}{\theta})}, & x > C \\ 0, & \text{其他} \end{cases}$$

其中参数 $0 < \theta < 1$，C 为已知常数，且 $C > 0$. 从中抽得一个样本 $X_1, X_2, \cdots, X_n$，求参数 θ 的矩估计.

分析 由于总体 X 的密度函数中只有一个未知参数需要作出估计，所以只要利用一阶样本中心矩替换总体的一阶矩即可.

解 $\mu_1 = E(X) = \displaystyle\int_C^{+\infty} C^{\frac{1}{\theta}} \dfrac{1}{\theta} x^{-\frac{1}{\theta}} \mathrm{d}x = C^{\frac{1}{\theta}} \dfrac{1}{\theta - 1}(-C \cdot C^{-\frac{1}{\theta}}) = \dfrac{C}{1-\theta}$

解出 θ 得 $\theta = 1 - \dfrac{C}{\mu_1}$，于是 θ 的矩估计量为 $\hat{\theta} = 1 - \dfrac{C}{\overline{X}}$.

例 5 设总体 X 的概率密度为

$$f(x,\theta) = \begin{cases} \theta, & 0 < x < 1 \\ 1 - \theta, & 1 \leqslant x \leqslant 2 \\ 0, & \text{其他} \end{cases}$$

其中 θ 是未知参数 $(0 < \theta < 1)$. $X_1, X_2, \cdots, X_n$ 为来自总体的简单随机样本，记 N 为样本值 $x_1, x_2, \cdots, x_n$ 中小于 1 的个数. 求参数 θ 的最大似然估计.

分析 由随机变量 X 的密度函数看出，$X_1, X_2, \cdots, X_n$ 的取值分为 0～1 及 1～2 两类，所以要对这两类的取值情况作一下研究.

解 对样本 x_1, x_2, $\cdots$, x_n 按照小于 1 或者大于等于 1 进行分类,不防设 x_{p_1}, x_{p_2}, $\cdots$, $x_{p_N} < 1$, $x_{p_{N+1}}$, $x_{p_{N+2}}$, $\cdots$, $x_{p_n} \geqslant 1$.

似然函数

$$L(\theta) = \begin{cases} \theta^N (1-\theta)^{n-N}, x_{p_1}, x_{p_2}, \cdots, x_{p_N} < 1, \quad x_{p_{N+1}}, x_{p_{N+2}}, \cdots, x_{p_n} \geqslant 1 \\ \qquad\qquad 0, \qquad\qquad\qquad\qquad 其他 \end{cases}$$

在 x_{p_1}, x_{p_2}, $\cdots$, $x_{p_N} < 1$, $x_{p_{N+1}}$, $x_{p_{N+2}}$, $\cdots$, $x_{p_n} \geqslant 1$ 时,

$$\ln L(\theta) = N\ln\theta + (n-N)\ln(1-\theta)$$

$$\frac{d\ln L(\theta)}{d\theta} = \frac{N}{\theta} - \frac{n-N}{1-\theta} = 0$$

得 $\quad \theta = \dfrac{N}{n}$

所以参数 θ 的最大似然估计为 $\hat{\theta} = \dfrac{N}{n}$.

例6 总体 X 的密度函数为

$$f(x; \theta) = \begin{cases} \dfrac{2\theta^2}{x^3}, & x \geqslant \theta \\ 0, & x < \theta \end{cases}$$

未知参数 $\theta > 0$,设 X_1, X_2, $\cdots$, X_n 是来自总体 X 的一个样本,求:

(1) 未知参数 θ 的极大似然估计量 $\hat{\theta_1}$.

(2) 未知参数 θ 的矩估计量 $\hat{\theta_2}$.

解 (1) 设 $(x_1, x_2, \cdots, x_n)$ 为样本的观察值,似然函数为

$$L(\theta) = \prod_{i=1}^n f(x_i; \theta) = \begin{cases} 2^n\theta^{2n}\Big(\prod_{i=1}^n x_i\Big)^{-3}, & \theta \leqslant x_1, x_2, \cdots, x_n \\ \qquad\qquad 0, & 其他 \end{cases}$$

似然方程为

$$\frac{d\ln L(\theta)}{d\theta} = \frac{2n}{\theta} = 0$$

显然,似然方程无解,需要直接求似然函数的最大值点. 注意到 $\theta \leqslant x_1$, $\theta \leqslant x_2$,

$\cdots$，$\theta \leqslant x_n \Leftrightarrow \theta \leqslant \min\{x_1, x_2, \cdots, x_n\}$，所以我们只需在条件 $\theta \leqslant \min\{x_1, x_2, \cdots, x_n\}$ 下求似然函数 $L(\theta) = 2^n \theta^{2n} \left(\prod\limits_{i=1}^{n} x_i\right)^{-1}$ 的最大值点，从 $\dfrac{\mathrm{d}\ln L(\theta)}{\mathrm{d}\theta} = \dfrac{2n}{\theta} > 0 (\theta > 0)$ 可以看出，似然函数 $L(\theta)$ 关于 $\theta(\theta > 0)$ 严格单调递增，所以当 $\theta = \min\{x_1, x_2, \cdots, x_n\}$ 时，似然函数 $L(\theta)$ 取得最大值，即有 θ 的极大似然估计值为 $\hat{\theta}_1 = \min\{x_1, x_2, \cdots, x_n\}$，极大似然估计量就是 $\hat{\theta} = \min\{X_1, X_2, \cdots, X_n\} = X_{(1)}$.

（2）由于 $EX = \int_{-\infty}^{+\infty} x f(x) \mathrm{d}x = \int_{\theta}^{+\infty} \dfrac{2\theta^2}{x^2} \mathrm{d}x = 2\theta$，根据矩估计法，令 $EX = \overline{X}$，则有，$\overline{X} = 2\theta$，所以 θ 的矩估计量为 $\hat{\theta}_2 = \dfrac{\overline{X}}{2}$.

例 7 假设总体 $X \sim N(\mu, \sigma^2)$，μ，σ^2 为未知参数，$X_1, X_2, \cdots, X_n$ 为一样本，求参数 $\gamma = \sigma^3$ 的极大似然估计量.

解 由教材第五章第一节中例 5 的结论知，μ，σ^2 的极大似然估计量分别为：$\hat{\mu} = \overline{X}$，$\hat{\sigma}^2 = S_n^2$. 所以由极大似然估计的不变性原理，γ 的极大似然估计为：$\hat{\gamma} = \hat{\sigma}^3 = (S_n^2)^{\frac{3}{2}}$.

（二）估计量的评选标准

【概念与知识点】

对同一总体中的同一个未知参数，用不同方法可以得到不同的估计量. 这就存在应该采用哪一个估计量的问题，因此需要有一些标准去评价估计量的优劣. 最常见的评价标准有三种：无偏性、有效性、一致性（相合性）.

1. 无偏性

设 $\hat{\theta} = \hat{\theta}(X_1, X_2, \cdots, X_n)$ 是未知参数 θ 的估计量，如果 $E\hat{\theta} = \theta$，则称 $\hat{\theta}$ 是 θ 的无偏估计量或称估计量 $\hat{\theta}$ 具有无偏性. 如果 $E\hat{\theta} \neq \theta$，但是有 $\lim\limits_{n \to \infty} E\hat{\theta} = \theta$，则称 $\hat{\theta}$ 是 θ 的渐近无偏估计量.

根据某一样本观察值 $x_1, x_2, \cdots, x_n$ 所获得的估计值 $\hat{\theta} = \hat{\theta}(x_1, x_2, \cdots, x_n)$，其与未知参数 θ 之间存在着随机误差，估计的效果有可能不是特别好，但只要 $\hat{\theta}$ 是 θ 的无偏估计，在重复使用此方法进行估计时，多次估计的算术平均值接近被估计的参数.

2. 有效性

无偏估计量只说明估计量的取值在真值周围摆动，但这个"周围"究竟有多大？我们自然希望摆动范围越小越好，即估计量的取值的集中程度要尽可能地高，这在统计上就引出有效性的概念.

设 $\hat{\theta}_1 = \hat{\theta}_1(X_1, X_2, \cdots, X_n)$ 和 $\hat{\theta}_2 = \hat{\theta}_2(X_1, X_2, \cdots, X_n)$ 都是 θ 的无偏估计量,如果 $D\hat{\theta}_1 < D\hat{\theta}_2$,则称 $\hat{\theta}_1$ 比 $\hat{\theta}_2$ 有效.

3. 一致性(相合性)

设 $\hat{\theta}_n = \hat{\theta}(X_1, X_2, \cdots, X_n)$ 为 θ 的估计量,如果对任意 $\varepsilon > 0$,有

$$\lim_{n \to \infty} P(|\hat{\theta}_n - \theta| \geqslant \varepsilon) = 0$$

则称 $\hat{\theta}_n$ 为 θ 的一致估计,或称相合估计.

在参数估计中,如果样本容量越大,则样本中所含的有关总体的信息就应该越多,即越能精确地估计总体的未知参数. 对于无限总体,随着样本容量 n 的无限增大,一个好的估计与被估计参数的真值之间任意接近的可能性会越来越大. 对有限总体,若将其所有个体全部抽出,则其估计值应与真实参数完全一致. 所以相合性(一致性)是对一个估计量的基本要求. 若估计量不具有一致性,那么就意味着不论抽取多么大的样本,都不能对参数 θ 估计得足够精确,这样的估计量显然是不合理的.

【范例与方法】

例1 设总体 $X \sim N(\mu, \sigma^2)$,其中 μ 已知,σ 为未知参数,$X_1, X_2, \cdots, X_n$ 为一样本,$\hat{\sigma} = c \sum_{i=1}^{n} |X_i - \mu|$,求参数 c,使 $\hat{\sigma}$ 成为 σ 的无偏估计.

分析 若要合 $\hat{\sigma}$ 成为 σ 的无偏估计,则需要满足 $E(\hat{\sigma}) = \sigma$,所以要先求出 $\hat{\sigma}$ 的期望.

解 令 $T_i = X_i - \mu \sim N(0, \sigma^2)$,$(i = 1, 2, \cdots, n)$,则

$$E(|T_i|) = \int_{-\infty}^{+\infty} \frac{1}{\sqrt{2\pi}\sigma} |t| e^{-\frac{t^2}{2\sigma^2}} dt = \frac{2\sigma}{\sqrt{2\pi}}, \ i = 1, 2, \cdots, n$$

因此

$$E(\hat{\sigma}) = c \sum_{i=1}^{n} E(|T_i|) = \frac{2nc\sigma}{\sqrt{2\pi}} = \sigma$$

所以

$$c = \frac{\sqrt{2\pi}}{2n}$$

例2 设总体 $X \sim N(\mu, \sigma^2)$,$X_1, X_2, \cdots, X_n$ 是来自 X 的样本. 已知样本方差 $S^2 = \frac{1}{n-1} \sum_{i=1}^{n} (X_I - \overline{X})^2$ 是 σ^2 的无偏估计量. 验证样本标准差 S 不是标准差 σ 的无

偏估计量.

证 因 $Y = \dfrac{(n-1)S^2}{\sigma^2} \sim \chi^2(n-1)$，而 $S = \dfrac{\sigma}{\sqrt{n-1}}\sqrt{Y}$ 是 Y 的函数，故

$$E(S) = E\left(\frac{\sigma}{\sqrt{n-1}}Y^{\frac{1}{2}}\right) = \int_0^\infty \frac{\sigma}{\sqrt{n-1}} y^{\frac{1}{2}} f_{\chi^2(n-1)}(y)\,\mathrm{d}y$$

其中 $f_{\chi^2(n-1)}(y)$ 是 $\chi^2(n-1)$ 分布的概率密度. 将 $f_{\chi^2(n-1)}(y)$ 的表达式代入上式右边，得到

$$
\begin{aligned}
E(S) &= \frac{\sigma}{\sqrt{n-1}} \int_0^\infty y^{\frac{1}{2}} \frac{1}{2^{(n-1)/2}\Gamma\left(\dfrac{n-1}{2}\right)} y^{(n-1)/2-1} \mathrm{e}^{-y/2}\,\mathrm{d}y \\
&= \frac{\sigma}{\sqrt{n-1}\,\Gamma\left(\dfrac{n-1}{2}\right) 2^{(n-1)/2}} \int_0^\infty y^{\frac{1}{2}} y^{(n-1)/2-1} \mathrm{e}^{-y/2}\,\mathrm{d}y \\
&\xlongequal{y/2=t} \frac{\sqrt{2}\,\sigma}{\sqrt{n-1}\,\Gamma\left(\dfrac{n-1}{2}\right)} \int_0^\infty t^{n/2-1} \mathrm{e}^{-t}\,\mathrm{d}t \\
&= \sqrt{\frac{2}{n-1}}\,\frac{\Gamma(n/2)}{\Gamma\left(\dfrac{n-1}{2}\right)}\sigma \left(\text{因} \int_0^\infty t^{\frac{n}{2}-1}\mathrm{e}^{-t}\,\mathrm{d}t = \Gamma\left(\frac{n}{2}\right)\right)
\end{aligned}
$$

因此，$E(S) \neq \sigma$，即 S 不是 σ 的无偏估计量.

例3 设总体 X 在区间 $(0, \theta)$ 上服从均匀分布，其中未知参数 $\theta > 0$，X_1，X_2，$\cdots$，X_n 是来自总体 X 的样本，

(1) 求未知参数 θ 的矩估计量 $\hat{\theta}_1$，并证明 $\hat{\theta}_1$ 是 θ 的无偏估计量.

(2) 求未知参数 θ 的极大似然估计量 $\hat{\theta}_2$，并求 k 使 $\hat{\theta}_3 = k\hat{\theta}_2$ 是 θ 的无偏估计量.

(3) 比较 $\hat{\theta}_1$ 和 $\hat{\theta}_3$ 哪个更有效.

解 (1) 由于 $E(X) = \dfrac{\theta}{2}$，由矩估计法知，$\overline{X} = \dfrac{\theta}{2}$，则 θ 的矩估计量为 $\hat{\theta}_1 = 2\overline{X}$. 又 $E(\hat{\theta}_1) = E(2\overline{X}) = 2E(\overline{X})_1 = 2E(X) = \theta$，所以 $\hat{\theta}_1$ 是 θ 的无偏估计量.

(2) 由习题 6-1 第 8 题得极大似然估计量是 $\hat{\theta}_2 = \max\{X_1, X_2, \cdots, X_n\} = X_{(n)}$.

设 $\hat{\theta}_2$ 的分布函数为 $F_n(y)$，密度函数为 $f_n(y)$，则

$$F_n(y) = [F(y)]^n = \begin{cases} 0, & y < 0 \\ \left(\dfrac{y}{\theta}\right)^n, & 0 \leqslant y \leqslant \theta \\ 1, & y > \theta \end{cases}$$

$$f_n(y) = n[F(y)]^{n-1}f(y) = \begin{cases} \dfrac{ny^{n-1}}{\theta^n}, & 0 \leqslant y \leqslant \theta \\ 0, & \text{其他} \end{cases}$$

所以
$$E(\hat{\theta}_2) = \int_{-\infty}^{+\infty} yf_n(y)\mathrm{d}y = \int_0^\theta \frac{ny^n}{\theta^n}\mathrm{d}y = \frac{n}{n+1}\theta$$

当取 $k = \dfrac{n+1}{n}$ 时,$\hat{\theta}_3 = k\hat{\theta}_2$ 是 θ 的无偏估计量.

(3) 由于

$$D(\hat{\theta}_2) = E(\hat{\theta}_2^2) - [E(\hat{\theta}_2)]^2 = \int_{-\infty}^{+\infty} y^2 f_n(y)\mathrm{d}y - \frac{n^2\theta^2}{(n+1)^2}$$

$$= \int_0^\theta \frac{ny^{n+1}}{\theta^n}\mathrm{d}y - \frac{n^2\theta^2}{(n+1)^2} = \frac{n}{n+2}\theta^2 - \frac{n^2\theta^2}{(n+1)^2}$$

所以
$$D(\hat{\theta}_3) = \frac{(n+1)^2}{n^2}D(\hat{\theta}_2) = \frac{\theta^2}{n(n+2)}$$

又
$$D(\hat{\theta}_1) = D(2\overline{X}) = 4D(\overline{X})_1 = \frac{4}{n}D(X) = \frac{\theta^2}{3n}$$

所以当 $n > 1$ 时,$D(\hat{\theta}_3) < D(\hat{\theta}_1)$. 即 $\hat{\theta}_3$ 比 $\hat{\theta}_1$ 更有效性.

注:对某一分布的同一未知参数用不同的估计方法可能会得出不同的估计的结果,这时就需要比较它们的优劣,无偏性、有效性、一致性等就是一些最基本的比较标准.

(三) 参数的区间估计

【概念与知识点】

1. 区间估计

设总体 X 的分布中含有未知参数 θ,X_1,X_2,$\cdots$,X_n 是来自总体 X 的样本,如果对于给定的常数 $\alpha \in (0,1)$,存在两个统计量 $\hat{\theta}_1 = \hat{\theta}_1(X_1,X_2,\cdots,X_n)$ 及 $\hat{\theta}_2 = \hat{\theta}_2(X_1,X_2,\cdots,X_n)$,使得

$$P\{\hat{\theta}_1 < \theta < \hat{\theta}_2\} = 1 - \alpha \qquad (7.7)$$

则称区间 $(\hat{\theta}_1, \hat{\theta}_2)$ 为 θ 的 $1-\alpha$ 双侧置信区间,称 $1-\alpha$ 为置信度或置信水平,α 为显著性水平,$\hat{\theta}_1$ 和 $\hat{\theta}_2$ 分别为 θ 的置信下限与置信上限.

置信区间的意义可以解释如下:如果进行 l 次随机抽样(每次抽取的样本容量均为 n),每次得到的样本值记为 $x_{1k}, x_{2k}, \cdots, x_{nk}, k=1, 2, \cdots, l$,则得到 l 个随机区间 $(\hat{\theta}_{1k}, \hat{\theta}_{2k}), k=1, 2, \cdots, l$. 在这 l 个区间中,有的包含参数 θ 的真值,有的可能不包含参数 θ 的真值. 当 $P\{\hat{\theta}_1 < \theta < \hat{\theta}_2\} = 1-\alpha$ 成立时,在所有利用上述方法得到的区间中,其中包含参数 θ 的真值的区间的比率约占 $100(1-\alpha)\%$. 例如,若令 $1-\alpha = 0.95$,重复抽样 100 次,则其中大约有 95 个区间包含 θ 的真值,大约有 5 个区间不包含 θ 的真值.

注:

(1) 置信区间 $(\hat{\theta}_1, \hat{\theta}_2)$ 是一个随机区间,它会因样本的不同而不同,而且不是所有的区间都能包含总体参数的真值.

(2) 不能说参数 θ 以 $1-\alpha$ 的概率落在区间 $(\hat{\theta}_1, \hat{\theta}_2)$ 中,应该说置信区间 $(\hat{\theta}_1, \hat{\theta}_2)$ 包含参数 θ 的可能性(置信水平)为 $1-\alpha$.

(3) 评价一个区间估计 $(\hat{\theta}_1, \hat{\theta}_2)$ 优劣有两个要素:其一是精度,用区间长度 $\hat{\theta}_2 - \hat{\theta}_1$ 来刻画,长度愈长,精度愈低;其二是可靠性,用概率 $P\{\hat{\theta}_1 < \theta < \hat{\theta}_2\}$ 来衡量.

置信度与估计精度是一对矛盾. 置信度 $1-\alpha$ 越大,置信区间 $(\hat{\theta}_1, \hat{\theta}_2)$ 包含 θ 的真值的概率就越大,但区间 $(\hat{\theta}_1, \hat{\theta}_2)$ 的长度就越大,对未知参数 θ 的估计精度就越差. 反之,对参数 θ 的估计精度越高,置信区间 $(\hat{\theta}_1, \hat{\theta}_2)$ 长度就越小,$(\hat{\theta}_1, \hat{\theta}_2)$ 包含 θ 的真值的概率就越低,置信度 $1-\alpha$ 越小. 一般准则是:在保证置信度的条件下尽可能提高估计精度.

(4) 显著性水平 α 一般事先指定,常用的水平有 0.01, 0.05, 0.1 等.

2. 求置信区间的一般步骤

(1) 选取未知参数 θ 的某个较优估计量 $\hat{\theta}$.

(2) 围绕 $\hat{\theta}$ 构造一个依赖于样本与参数 θ 的函数(一般称为**枢轴量**)

$$T = T(X_1, X_2, \cdots, X_n; \theta)$$

它仅含有未知参数 θ,其分布完全确定.

(3) 对给定置信水平 $1-\alpha$,根据 T 的分布,分别选取两个常数 α 和 β,满足

$$P\{\alpha < T(X_1, X_2, \cdots, X_n; \theta) < \beta\} = 1-\alpha$$

(4) 将不等式 $\alpha < T(X_1, X_2, \cdots, X_n; \theta) < \beta$ 改写成如下等价形式

$$\hat{\theta}_1(X_1, X_2, \cdots, X_n; \alpha, \beta) < \theta < \hat{\theta}_2(X_1, X_2, \cdots, X_n; \alpha, \beta)$$

即有 $P\{\hat{\theta}_1 < \theta < \hat{\theta}_2\} = 1 - \alpha$，则

$(\hat{\theta}_1, \hat{\theta}_2)$ 是未知参数 θ 的置信水平为 $1 - \alpha$ 的双侧置信区间.

例 1 设 $X_1, X_2, \cdots, X_n$ 为 $N(\mu, \sigma^2)$ 的样本，对给定的置信水平 $1 - \alpha$，$0 < \alpha < 1$，求参数 μ 的区间估计.

分析 本题中 μ 是待估计的参数，σ^2 是另外的一个参数，它是否已知并没有明确，所以需要分情况加以讨论.

解 (1) σ^2 已知. 考虑 μ 的点估计为 $\overline{X}$，$\overline{X} \sim N\left(\mu, \dfrac{\sigma^2}{n}\right)$.

确定 $a > 0$，$b > 0$，使

$$P(A) = P\{\overline{X} - a \leqslant \mu \leqslant \overline{X} + b\} = 1 - \alpha$$

且使区间长度 $a + b$ 尽可能短.

变换事件 A，使 A 表成以下形式

$$A = \left\{ -\frac{a}{\sigma/\sqrt{n}} \leqslant \frac{\mu - \overline{X}}{\sigma/\sqrt{n}} \leqslant \frac{b}{\sigma/\sqrt{n}} \right\}$$

这里 $T(\mu) = \dfrac{\mu - \overline{X}}{\sigma/\sqrt{n}} \sim N(0, 1)$，为使 $P(A) = 1 - \alpha$，又要尽量使 $a + b$ 最小，亦即，要使 $\dfrac{a + b}{\sigma/\sqrt{n}}$ 最小，如图 6-2，从 $N(0, 1)$ 密度函数的特点来看（对称、原点附近密度最大，往两边密度减小），只有取 $\dfrac{a}{\sigma/\sqrt{n}} = \dfrac{b}{\sigma/\sqrt{n}} = u_{\frac{\alpha}{2}}$，即 $a = b = u_{\frac{\alpha}{2}} \cdot \dfrac{\sigma}{\sqrt{n}}$. 从而所求的区间是

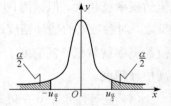

图 6-2 标准正态分布的 置信水平为 $1 - \alpha$ 的双侧分位数

$$\left(\overline{X} - u_{\frac{\alpha}{2}} \cdot \frac{\sigma}{\sqrt{n}}, \ \overline{X} + u_{\frac{\alpha}{2}} \cdot \frac{\sigma}{\sqrt{n}} \right)$$

(2) σ^2 未知. 将事件 A 变换成以下形式

$$A = \left\{ -\frac{a}{S/\sqrt{n-1}} \leqslant \frac{\mu - \overline{X}}{S/\sqrt{n-1}} \leqslant \frac{b}{S/\sqrt{n-1}} \right\}$$

$$T(\mu) = \frac{\mu - \overline{X}}{S/\sqrt{n-1}} \sim t(n-1),为使\ P(A) = 1 - \alpha,且使区间长度尽量短,与(1)情$$

形一样,只有取 $\dfrac{a}{S/\sqrt{n-1}} = \dfrac{b}{S/\sqrt{n-1}} = t_{1-\frac{\alpha}{2}}(n-1)$. 因此所求区间为

$$\left(\overline{X} - t_{\frac{\alpha}{2}}(n-1) \cdot \frac{S}{\sqrt{n}}, \ \overline{X} + t_{\frac{\alpha}{2}}(n-1) \cdot \frac{S}{\sqrt{n}} \right)$$

(四) 正态总体的区间估计
【概念与知识点】

1. 单正态总体 $N(\mu, \sigma^2)$ 的情况

设总体 $X \sim N(\mu, \sigma^2)$,$X_1, X_2, \cdots, X_n$ 是来自总体 X 的一个样本,求 μ 及 σ^2 的置信区间.

(1) σ^2 已知时,μ 的置信水平为 $1-\alpha$ 的置信区间为 $1-\alpha$ 的置信区间为

$$\left(\overline{X} - u_{\frac{\alpha}{2}} \cdot \frac{\sigma}{\sqrt{n}}, \ \overline{X} + u_{\frac{\alpha}{2}} \cdot \frac{\sigma}{\sqrt{n}} \right)$$

(2) σ^2 未知时,μ 的置信水平为 $1-\alpha$ 的置信区间为

$$\left(\overline{X} - t_{\frac{\alpha}{2}}(n-1) \cdot \frac{S}{\sqrt{n}}, \ \overline{X} + t_{\frac{\alpha}{2}}(n-1) \cdot \frac{S}{\sqrt{n}} \right)$$

(3) μ 未知时,σ^2 的置信水平为 $1-\alpha$ 的置信区间为

$$\left(\frac{(n-1)S^2}{\chi_{\frac{\alpha}{2}}^2(n-1)}, \ \frac{(n-1)S^2}{\chi_{1-\frac{\alpha}{2}}^2(n-1)} \right)$$

标准差 σ 的置信水平为 $1-\alpha$ 的置信区间为

$$\left(\sqrt{\frac{(n-1)S^2}{\chi_{\frac{\alpha}{2}}^2(n-1)}}, \ \sqrt{\frac{(n-1)S^2}{\chi_{1-\frac{\alpha}{2}}^2(n-1)}} \right)$$

(4) μ 已知时,σ^2 的置信水平为 $1-\alpha$ 的置信区间为 $1-\alpha$ 的置信区间为

$$\left(\frac{\sum_{i=1}^{n}(X_i - \mu)^2}{\chi_{\frac{\alpha}{2}}^2(n)}, \ \frac{\sum_{i=1}^{n}(X_i - \mu)^2}{\chi_{1-\frac{\alpha}{2}}^2(n)} \right)$$

2. 两个正态总体 $N(\mu_1, \sigma_1^2)$,$N(\mu_1, \sigma_2^2)$ 的情况

设 $X_1, X_2, \cdots, X_{n_1}$ 是来自总体 $X \sim N(\mu_1, \sigma_1^2)$ 的样本,$Y_1, Y_2, \cdots, Y_{n_2}$ 是来自

总体 $Y \sim N(\mu_2, \sigma_2^2)$ 的样本,且两样本相互独立,$\overline{X}$,$\overline{Y}$ 分别为两个样本的样本均值,S_1^2, S_2^2 分别为两个样本的样本方差.

(1) σ_1^2, σ_2^2 均已知时,$\mu_1 - \mu_2$ 的置信水平为 $1 - \alpha$ 的置信区间为

$$\left(\overline{X} - \overline{Y} - u_{\frac{\alpha}{2}} \cdot \sqrt{\frac{\sigma_1^2}{n_1} + \frac{\sigma_2^2}{n_2}}, \ \overline{X} - \overline{Y} + u_{\frac{\alpha}{2}} \cdot \sqrt{\frac{\sigma_1^2}{n_1} + \frac{\sigma_2^2}{n_2}} \right)$$

(2) $\sigma_1^2 = \sigma_2^2 = \sigma^2$ 未知时,$\mu_1 - \mu_2$ 的置信水平为 $1 - \alpha$ 的置信区间为

$$\left(\overline{X} - \overline{Y} - t_{\frac{\alpha}{2}}(n_1 + n_2 - 2) S_w \sqrt{\frac{1}{n_1} + \frac{1}{n_2}}, \ \overline{X} - \overline{Y} + t_{\frac{\alpha}{2}}(n_1 + n_2 - 2) S_w \sqrt{\frac{1}{n_1} + \frac{1}{n_2}} \right)$$

其中

$$S_w = \sqrt{\frac{(n_1 - 1)S_1^2 + (n_2 - 1)S_2^2}{n_1 + n_2 - 2}}.$$

(3) μ_1, μ_2 未知时,方差比 σ_1^2 / σ_2^2 的置信水平为 $1 - \alpha$ 的置信区间为

$$\left(\frac{S_1^2 / S_2^2}{F_{\frac{\alpha}{2}}(n_1 - 1, \ n_2 - 1)}, \ \frac{S_1^2 / S_2^2}{F_{1 - \frac{\alpha}{2}}(n_1 - 1, \ n_2 - 1)} \right)$$

【范例与方法】

例 1 某车间生产滚珠,从长期实践中知道,滚珠直径 X 可以被认为服从正态分布,且滚珠直径的方差为 0.05. 从某天生产的产品中随机抽取 6 个,量得直径如下(单位:毫米):

$$14.6, \ 15.1, \ 14.9, \ 14.8, \ 15.2, \ 15.1$$

试对 $\alpha = 0.05$,找出滚珠平均直径的区间估计.

分析 本题只涉及一个总体,并且总体的方差已知.

解 $X \sim N(\mu, \sigma^2)$,$\sigma^2 = 0.05$ 已知,

$$\alpha = 0.05, \ u_{\frac{\alpha}{2}} = u_{0.025} = 1.96, \ \bar{x} = 15$$

于是

$$\bar{x} \pm u_{\frac{\alpha}{2}} \frac{\sigma}{\sqrt{n}} = 15 \pm 1.96 \times \frac{\sqrt{0.05}}{\sqrt{6}} = 15 \pm 0.2$$

所以滚珠平均直径的区间估计为 $(14.8, 15.2)$.

例 2 从某型号发动机中随机抽取 10 台进行寿命测试(单位:小时). 测得如下的数据:

$$1050, \ 1100, \ 1080, \ 1120, \ 1200$$
$$1250, \ 1040, \ 1130, \ 1300, \ 1200$$

假设这批发动机的寿命服从正态分布,试给出该型号发动机平均寿命的95%的置信区间.

分析 这属于单总体正态分布的问题。给出的是原始数据,总体方差未知,所以需要先求出样本方差.

解 以 X 表示发动机的寿命,则 $X \sim N(\mu, \sigma^2)$,计算得

$$\bar{x} = \frac{1}{10} \sum_{i=1}^{n} x_i = 1147$$

$$s^2 = \frac{1}{10-1} \sum_{i=1}^{10} (x_i - \bar{x})^2 = 7578.89, \ s = 87.06$$

故置信区间为 $\quad (\bar{x} - t_{0.025}(9)s/\sqrt{10} + t_{0.025}(9)s/\sqrt{10}) = (1084.74, 1209.26).$

例3 有 A,B 两种牌号的灯泡各一批,希望通过抽样试验并进行区间估计,问:

(1) 两种灯泡的寿命是否有明显差异.

(2) 两种灯泡的质量稳定性是否有明显差异.

分析 我们需要补充一些合理假设,将上述应用问题变为一个数理统计问题. 设 A,B 种灯泡的寿命分别服从 $N(\mu_1, \sigma_1^2)$,$N(\mu_2, \sigma_2^2)$,并设两种灯泡的寿命是独立的. 这就是两正态总体参数的区间估计问题. 对于(1),求的是 $\mu_1 - \mu_2$ 的置信区间,对于(2)则是求 $\frac{\sigma_1^2}{\sigma_2^2}$ 的置信区间. 如果在(1)中,区间估计的置信下限大于0,则认为 μ_1 明显大于 μ_2;若它的置信上限小于0,则认为 μ_1 明显小于 μ_2;若0含在置信区间内,则认为两者无明显差别. 对于(2)也可进行类似的讨论,只需将0相应地改为1即可. 这种思考问题的方法与第七章将要介绍的假设检验的思想其实是类似的. 下面来给出这两个区间估计.

解 不妨设这两种灯泡的样本分别为 $X_1, X_2, \cdots, X_{n_1}$ 及 $Y_1, Y_2, \cdots, Y_{n_2}$,置信水平为 $1-\alpha$.

(1) 显然可用 $\mu_1 - \mu_2$ 的点估计量 $\bar{X} - \bar{Y}$ 来构造置信区间 $[\bar{X} - \bar{Y} - a, \bar{X} - \bar{Y} + b]$,其中 a,b 满足

$$P(A) = P\{\bar{X} - \bar{Y} - a \leqslant \mu_1 - \mu_2 \leqslant \bar{X} - \bar{Y} + b\} = 1 - \alpha$$

下面分两种情况进行讨论.

a. 若 σ_1^2,σ_2^2 已知,则变换事件 A 成以下形式

$$A = \left\{ \frac{-a}{\sqrt{\dfrac{\sigma_1^2}{n_1} + \dfrac{\sigma_2^2}{n_2}}} \leqslant \frac{(\mu_1 - \mu_2) - (\bar{X} - \bar{Y})}{\sqrt{\dfrac{\sigma_1^2}{n_1} + \dfrac{\sigma_2^2}{n_2}}} \leqslant \frac{b}{\sqrt{\dfrac{\sigma_1^2}{n_1} + \dfrac{\sigma_2^2}{n_2}}} \right\}$$

327

注意到 $T(\mu_1,\mu_2)=\dfrac{(\mu_1-\mu_2)-(\overline{X}-\overline{Y})}{\sqrt{\dfrac{\sigma_1^2}{n_1}+\dfrac{\sigma_2^2}{n_2}}}\sim N(0,1)$

为使 $P(A)=1-\alpha$,取

$$\frac{a}{\sqrt{\dfrac{\sigma_1^2}{n_1}+\dfrac{\sigma_2^2}{n_2}}}=\frac{b}{\sqrt{\dfrac{\sigma_1^2}{n_1}+\dfrac{\sigma_2^2}{n_2}}}=u_{1-\frac{\alpha}{2}}$$

故所求置信区间是

$$\left(\overline{X}-\overline{Y}-u_{1-\frac{\alpha}{2}}\sqrt{\frac{\sigma_1^2}{n_1}+\frac{\sigma_2^2}{n_2}},\ \overline{X}-\overline{Y}+u_{1-\frac{\alpha}{2}}\sqrt{\frac{\sigma_1^2}{n_1}+\frac{\sigma_2^2}{n_2}}\right)$$

b. 若 σ_1^2,σ_2^2 未知,只研究 $\sigma_1^2=\sigma_2^2=\sigma^2$ 的情形,变换事件 A 成以下形式

$$A=\left\{M\frac{-a}{\sqrt{n_1S_1^2+n_2S_2^2}}\leqslant M\frac{(\mu_1-\mu_2)-(\overline{X}-\overline{Y})}{\sqrt{n_1S_1^2+n_2S_2^2}}\leqslant M\frac{b}{\sqrt{n_1S_1^2+n_2S_2^2}}\right\}$$

其中

$$M=\sqrt{\frac{n_1n_2(n_1+n_2-2)}{n_1+n_2}},\ S_1^2=\frac{1}{n_1}\sum_{i=1}^{n_1}(Y_i-\overline{Y})^2,\ S_2^2=\frac{1}{n_2}\sum_{i=1}^{n_2}(Y_i-\overline{Y})^2$$

$$T(\mu_1,\mu_2)=M\frac{(\mu_1-\mu_2)-(\overline{X}-\overline{Y})}{\sqrt{n_1S_1^2+n_2S_2^2}}\sim t(n_1+n_2-2)$$

因此,为使 $P(A)=1-\alpha$,取

$$\frac{Ma}{\sqrt{n_1S_1^2+n_2S_2^2}}=\frac{Mb}{\sqrt{n_1S_1^2+n_2S_2^2}}=t_{1-\frac{\alpha}{2}}(n_1+n_2-2)$$

故所求置信区间是

$$\left(\overline{X}-\overline{Y}-\frac{t_{1-\frac{\alpha}{2}}(n_1+n_2-2)}{M}\sqrt{n_1S_1^2+n_2S_2^2},\right.$$

$$\left.\overline{X}-\overline{Y}+\frac{t_{1-\frac{\alpha}{2}}(n_1+n_2-2)}{M}\sqrt{n_1S_1^2+n_{S_2^2}}\right)$$

(2) 取 S_1^2/S_2^2 估计 σ_1^2/σ_2^2,考虑

$$A=\{cS_1^2/S_2^2\leqslant\sigma_1^2/\sigma_2^2\leqslant dS_1^2/S_2^2\}$$

$$=\left\{\frac{cn_2(n_1-1)}{n_1(n_2-1)}\leqslant\frac{n_2(n_1-1)S_2^2\sigma_1^2}{n_1(n_2-1)S_1^2\sigma_2^2}\leqslant\frac{dn_2(n_1-1)}{n_1(n_2-1)}\right\}$$

其中

$$T(\sigma_1^2, \sigma_1^2) = \frac{n_2(n_1-1)S_2^2\sigma_1^2}{n_1(n_2-1)S_1^2\sigma_2^2} \sim F(n_2-1, n_1-1)$$

为使 $P(A)=1-\alpha$,类似于 χ^2-分布,取分位点

$$\frac{cn_2(n_1-1)}{n_1(n_2-1)} = F_{\frac{\alpha}{2}}(n_2-1, n_1-1), \quad \frac{dn_2(n_1-1)}{n_1(n_2-1)} = F_{1-\frac{\alpha}{2}}(n_2-1, n_1-1)$$

故所求置信区间为

$$\left(F_{\frac{\alpha}{2}}(n_2-1, n_1-1)\frac{n_1(n_2-1)S_1^2}{n_2(n_2-1)S_2^2}, F_{1-\frac{\alpha}{2}}(n_2-1, n_1-1)\frac{n_1(n_2-1)S_1^2}{n_2(n_1-1)S_2^2} \right)$$

例 4　在例 3 中,随机选取 A 种灯泡 5 只,B 种灯泡 7 只,做灯泡寿命试验,算得两种牌号的平均寿命(单位:小时)分别为 $\overline{X}_A=1000$,$\overline{X}_B=980$;样本方差 $S_A^2=784$,$S_B^2=1024$. 取置信度为 0.99,试用关于 $\mu_1-\mu_2$ 的区间估计回答例 3 中的问题(1),其中假设 $\sigma_1^2=\sigma_2^2$.

解　置信度 $1-\alpha=0.99$,即 $\alpha=0.01$;$n_1=5$, $n_2=7$. 关于例 3 中问题(1),查得

$$t_{1-\frac{\alpha}{2}}(n_1+n_2-2) = t_{0.995}(10) = 3.1693$$

$$M = \sqrt{\frac{n_1n_2(n_1+n_2-2)}{n_1+n_2}} = \sqrt{\frac{5\times7\times(5+7-2)}{5+7}} = 5.4$$

$$\sqrt{n_1S_A^2+n_2S_B^2} = \sqrt{5\times784+7\times1024} = 105.3$$

代入公式,得 $\mu_1-\mu_2$ 的 0.99 的置信区间为

$$\left(1000-980-\frac{3.1693}{5.4}\times105.3, 1000-980+\frac{3.1693}{5.4}\times105.3\right)$$

$$= (-41.8, 81.8)$$

因 0 含在此置信区间内,故认为 μ_1 与 μ_2 无明显差异.

例 5　设总体 X 的密度为

$$f(x; \theta) = \begin{cases} \dfrac{1}{\theta}e^{-\frac{x}{\theta}} & x > 0 \\ 0 & x \leqslant 0 \end{cases}$$

未知参数 $\theta>0$, X_1, $\cdots$, X_n 为取自 X 的样本.

329

(1) 试证 $W = \dfrac{2n\overline{X}}{\theta} \sim \chi^2(2n)$.

(2) 试求 θ 的 $1-\alpha$ 置信区间.

分析　了解如下一些常见的结论. 参数为 1 的指数分布称为标准指数分布. 一般为参数为 λ 的指数分布 $E(\lambda)$ 与标准指数分布 $E(1)$ 之间具有如下的关系: 若 $X \sim E(\lambda)$, 则 $\lambda X \sim E(1)$; 反之, 若 $X \sim E(1)$, 则 $\lambda X \sim E\left(\dfrac{1}{\lambda}\right)$. χ^2-分布与指数分布之间具有如下的关系: 若 $X \sim \chi^2(n)$, 则当 $n=2$ 时, $X \sim E\left(\dfrac{1}{2}\right)$.

解　(1) 记 $Y = \dfrac{2X}{\theta}$, 设 Y 的分布函数与密函数分别为 $G(y)$ 与 $g(y)$, 则

$$G(y) = P\{Y \leqslant y\} = P\left\{\dfrac{2X}{\theta} \leqslant y\right\} = P\left\{X \leqslant \dfrac{\theta y}{2}\right\} = F\left(\dfrac{\theta y}{2}\right)$$

这里
$$F(x) = \begin{cases} 1 - \mathrm{e}^{-x/\theta}, & x > 0 \\ 0, & x \leqslant 0 \end{cases},$$

于是
$$G(y) = \begin{cases} 1 - \mathrm{e}^{-y/2}, & y > 0 \\ 0, & y \leqslant 0 \end{cases}, \qquad g(y) = \begin{cases} \dfrac{1}{2}\mathrm{e}^{-y/2}, & y > 0 \\ 0, & y \leqslant 0 \end{cases}$$

即 $Y \sim \chi^2(2)$, 从而 $\dfrac{2}{\theta}X_i \sim \chi^2(2)$, $i = 1, \cdots, n$.

又由 χ^2-分布的可加性, 得 $\displaystyle\sum_{i=1}^{n} \dfrac{2X_i}{\theta} \sim \chi^2(2n)$, 而 $\displaystyle\sum_{i=1}^{n} \dfrac{2X_i}{\theta} = \dfrac{2}{\theta}\sum_{i=1}^{n} X_i = \dfrac{2nX}{\theta}$, 故 $\dfrac{2n}{\theta}\overline{X} \sim \chi^2(2n)$.

(2) 因为 $\overline{X}$ 是 θ 的最大似然估计, 从 $\overline{X}$ 出发考虑 $W = \dfrac{2n}{\theta}\overline{X}$, 由 (1) 知 W 的分布只依赖于样本容量 n, 即 $W = \dfrac{2n}{\theta}\overline{X} \sim \chi^2(2n)$. 给定 $1-\alpha$, 由

$$P\left\{\chi^2_{1-\alpha/2}(2n) < \dfrac{2n}{\theta}\overline{X} < \chi^2_{\alpha/2}(2n)\right\} = 1 - \alpha$$

经不等式变形得
$$P\left\{\dfrac{2n\overline{X}}{\chi^2_{\alpha/2}(2n)} < \theta < \dfrac{2n\overline{X}}{\chi^2_{1-\alpha/2}}\right\} = 1 - \alpha$$

于是, 所求置信区间为 $\left(\dfrac{2n\overline{X}}{\chi^2_{\alpha/2}(2n)}, \dfrac{2n\overline{X}}{\chi^2_{1-\alpha/2}}\right)$.

（五）0-1 分布参数的区间估计

【概念与知识点】

当总体不是正态分布时，由于样本函数的分布一般情况下不易确定，所以讨论总体分布中未知参数的区间估计就比较困难. 但是当样本容量 n 很大时，则可以借助中心极限定理近似地解决. 在问卷调研中，很多问题的回答可以归结为"是"或"否"，即 0-1 分布问题. 这里我们讨论 0-1 分布的总体参数 p 的区间估计问题.

1. 单个总体比率 p 的置信区间

事件 A 发生的概率为 p，进行 n 次独立重复试验，令

$$X_i = \begin{cases} 1, & \text{第 } i \text{ 次试验 } A \text{ 发生} \\ 0, & \text{第 } i \text{ 次试验 } A \text{ 不发生} \end{cases}, i = 1, 2, \cdots, n$$

$\sum\limits_{i=1}^{n} X_i$ 表示 n 次试验中 A 出现的次数，$\overline{X} = \dfrac{1}{n}\sum\limits_{i=1}^{n} X_i$ 表示 n 次试验中 A 出现的频率，求 p 的置信区间.

已知 0-1 分布的均值和方差分别为 $E(X) = p$，$D(X) = p(1-p)$. 设 X_1，X_2，$\cdots$，X_n 是总体 X 的一个样本，由中心极限定理知，当样本容量 n 充分大时，

$$U = \frac{\overline{X} - E(X)}{\sqrt{D(X)/n}} = \frac{\overline{X} - p}{\sqrt{p(1-p)/n}} \overset{\cdot}{\sim} N(0, 1)$$

即统计量 U 近似服从标准正态分布. 所以对于置信水平 $1-\alpha$，有

$$P\left\{-u_{\frac{\alpha}{2}} < \frac{\overline{X} - p}{\sqrt{p(1-p)/n}} < u_{\frac{\alpha}{2}}\right\} \approx 1-\alpha$$

即

$$P\left(\overline{X} - u_{\frac{\alpha}{2}}\sqrt{p(1-p)/n} < p < \overline{X} + u_{\frac{\alpha}{2}}\sqrt{p(1-p)/n}\right) \approx 1-\alpha$$

方法一 将上式看成是 p 的一元二次不等式，经不等式变形得

$$P\{ap^2 + bp + c < 0\} \approx 1-\alpha$$

其中 $a = n + (u_{\alpha/2})^2$，$b = -2n\overline{X} - (u_{\alpha/2})^2$，$c = n(\overline{X})^2$. 解此不等式，得

$$P\{p_1 < p < p_2\} \approx 1-\alpha$$

其中 $p_1 = \dfrac{-b - \sqrt{b^2 - 4ac}}{2a}$，$p_2 = \dfrac{-b + \sqrt{b^2 - 4ac}}{2a}$. 于是 (p_1, p_2) 可作为总体比率

P 的置信度为 $1-\alpha$ 的置信区间.

方法二 由于 $\hat{p}=\overline{X}$ 可以作 P 的点估计, 上式中的方差 $p(1-p)$ 用 $\hat{p}(1-\hat{p})$ 代替, 所以 P 的置信水平 $1-\alpha$ 的近似区间估计为

$$\left(\hat{p}-U_{\frac{\alpha}{2}}\sqrt{\hat{p}(1-\hat{p})/n},\ \hat{p}+U_{\frac{\alpha}{2}}\sqrt{\hat{p}(1-\hat{p})/n}\right)$$

2. 两总体比率差异 p_1-p_2 的置信区间

设有两个相互独立的 0-1 分布总体 X 和 Y,

$$X=\begin{cases}1, & \text{若事件 } A \text{ 出现}\\ 0, & \text{若事件 } A \text{ 不出现}\end{cases},$$

$$P(A)=p_1,\ P(\overline{A})=1-p_1,$$

$$Y=\begin{cases}1, & \text{若事件 } B \text{ 出现}\\ 0, & \text{若事件 } B \text{ 不出现}\end{cases},$$

$$P(B)=p_2,\ P(\overline{B})=1-p_2.$$

如从总体 X 中抽取容量为 n_1 的样本 X_1, X_2, $\cdots$, X_{n_1}, 事件 A 出现的次数为 $\sum\limits_{i=1}^{n_1}X_i$, 从总体 Y 中抽取容量为 n_2 的样本 Y_1, Y_2, $\cdots$, Y_{n_2}, 事件 B 出现的次数为 $\sum\limits_{i=1}^{n_2}Y_i$. 用 $\overline{X}=\dfrac{1}{n_1}\sum\limits_{i=1}^{n_1}X_i$ 估计 p_1, $\overline{Y}=\dfrac{1}{n_2}\sum\limits_{i=1}^{n_2}Y_i$ 估计 p_2, $E(\overline{X}-\overline{Y})=p_1-p_2$,

$D(\overline{X}-\overline{Y})=\dfrac{p_1(1-p_1)}{n_1}+\dfrac{p_2(1-p_2)}{n_2}$. 当样本容量 n 充分大时, 有

$$\frac{\overline{X}-\overline{Y}-(p_1-p_2)}{\sqrt{p_1(1-p_1)/n_1+p_2(1-p_2)/n_2}}\stackrel{\cdot}{\sim}N(0,1)$$

由于 p_1, p_2 未知, 一般用其估计量代替, 即 $\hat{p}_1=\overline{X}$, $\hat{p}_2=\overline{Y}$. 即

$$\frac{\hat{p}_1-\hat{p}_2-(p_1-p_2)}{\sqrt{\hat{p}_1(1-\hat{p}_1)/n_1+\hat{p}_2(1-\hat{p}_2)/n_2}}\stackrel{\cdot}{\sim}N(0,1),$$

$$P\left(\left|\frac{\hat{p}_1-\hat{p}_2-(p_1-p_2)}{\sqrt{\hat{p}_1(1-\hat{p}_1)/n_1+\hat{p}_2(1-\hat{p}_2)/n_2}}\right|<U_{\frac{\alpha}{2}}\right)\approx1-\alpha$$

所以, p_1-p_2 的置信水平为 $1-\alpha$ 的近似置信区间为

$$\left(\hat{p}_1-\hat{p}_2-U_{\frac{\alpha}{2}}\sqrt{\frac{\hat{p}_1(1-\hat{p}_1)}{n_1}+\frac{\hat{p}_2(1-\hat{p}_2)}{n_2}},\ \hat{p}_1-\hat{p}_2+U_{\frac{\alpha}{2}}\sqrt{\frac{\hat{p}_1(1-\hat{p}_1)}{n_1}+\frac{\hat{p}_2(1-\hat{p}_2)}{n_2}}\right)$$

【范例与方法】

例 1 从一大批产品中随机抽取 100 个进行检查,其中有 4 个次品,试用两种不同的方法来求整批产品次品率置信水平为 95％的置信区间.

分析 这属于单总体比率的区间估计问题.

解

方法一

$$a^4 + 4n\overline{X}a^2 - 4n\overline{X}^2a^2 = 1.96^4 + 4 \times 100 \times 0.04 \times 1.96^2$$
$$- 4 \times 100 \times 0.04^2 \times 1.96^2 = 73.7649$$

$$2n\overline{X} + a^2 = 2 \times 100 \times 0.04 + 1.96^2 = 11.8416$$

$$2(n + a^2) = 2 \times (100 + 1.96^2) = 207.6832$$

由此,

$$\frac{2n\overline{X} + a^2 - \sqrt{a^4 + 4n\overline{X}a^2 - 4n\overline{X}^2a^2}}{2(n + a^2)} = \frac{11.8416 - \sqrt{73.7649}}{207.6832} = 0.016$$

$$\frac{2n\overline{X} + a^2 + \sqrt{a^4 + 4n\overline{X}a^2 - 4n\overline{X}^2a^2}}{2(n + a^2)} = \frac{11.8416 + \sqrt{73.7649}}{207.6832} = 0.098$$

所以,置信水平为 0.95 的次品率的置信区间为 $(0.016, 0.098)$.

方法二

$$n = 100, \hat{p} = \frac{4}{100} = 0.04, 1 - \alpha = 0.95, u_{\frac{\alpha}{2}} = 1.96$$

$$\hat{p} - u_{\frac{\alpha}{2}}\sqrt{\frac{1}{n}\hat{p}(1-\hat{p})} = 0.04 - 1.96 \times \sqrt{\frac{1}{100} \times 0.04 \times 0.96} = 0.002$$

$$\hat{p} + u_{\frac{\alpha}{2}}\sqrt{\frac{1}{n}\hat{p}(1-\hat{p})} = 0.04 + 1.96 \times \sqrt{\frac{1}{100} \times 0.04 \times 0.96} = 0.078$$

所以,置信水平为 0.95 的次品率的置信区间为 $(0.002, 0.078)$.

例 2 在 A, B 两个地区的分界处的河流上计划修建一座大型水利设施.希望听取一下当地居民的看法以决定最终是否修建.在 A 地区随机地调查了 5000 个居民,其中 2400 个赞成该项提议.在 B 地区随机地调查了 2000 个居民,其中 1200 个赞成该项提议.求 A, B 两个地区赞成修建水利设施的人数比例之差的区间估计.($\alpha = 0.10$)

分析 这属于又总体的比率的区间估计问题.

解 p_1, p_2 分别表示 A 地区和 B 地区赞成修建水利设施的人所占的比例.

$$\hat{p}_1 = \frac{1200}{2000} = 0.6, \hat{p}_2 = \frac{2400}{5000} = 0.48, u_{\frac{\alpha}{2}} = u_{0.05} = 1.645$$

于是,p_1-p_2 的置信区间为 $(0.0986,0.1414)$.

注:此区间不包含 0,说明两个地区的居民对于修建此项水利设施的支持程度是有显著差异的.

(六) 单侧置信区间

【概念与知识点】

我们先前所求的未知参数的置信区间 $(\hat{\theta}_1,\hat{\theta}_2)$ 都是双侧的. 但在有些实际问题中,只需要讨论单侧置信上限或单侧置信下限即可. 例如,对产品设备、家用电器等,当然是希望使用寿命越长越好,作为生产企业来说,关心的是一批产品至少能使用多少时间,即平均使用寿命的下限;与之相反,在考虑产品的废品率时,我们感兴趣的是其置信上限. 等等.

1. 单侧置信区间

设 θ 为总体分布的未知参数,$X_1,X_2,\cdots,X_n$ 是取自总体 X 的一个样本,对给定的数 $1-\alpha(0<\alpha<1)$,若存在统计量 $\underline{\theta}=\underline{\theta}(X_1,X_2,\cdots,X_n)$,满足

$$P\{\underline{\theta}<\theta\}=1-\alpha$$

则称 $(\underline{\theta},+\infty)$ 为 θ 的置信度为 $1-\alpha$ 的单侧置信区间,称 $\underline{\theta}$ 为 θ 的单侧置信下限;

若存在统计量 $\bar{\theta}=\bar{\theta}(X_1,X_2,\cdots,X_n)$,满足

$$P\{\theta<\bar{\theta}\}=1-\alpha$$

则称 $(-\infty,\bar{\theta})$ 为 θ 的置信度为 $1-\alpha$ 的单侧置信区间,称 $\bar{\theta}$ 为 θ 的单侧置信上限.

【范例与方法】

例1 某卖场为了了解居民对某种商品的需求数量,随机调查了 100 户家庭,测算出每户每月平均需求量 $\bar{x}=10$ kg,$s^2=9$.求每户居民对该种商品的平均需求量的 95% 的区间估计;如果当地有 5000 户家庭平时都在这家卖场购买此种商品,问卖场最少要准备多少才能以 0.90 的概率满足居民的需求.

分析 第一个问题属于求一个双侧置信区间,而第二个问题则是求一个单侧的置信区间,并且是求单侧置信下限.

解 $n=100$,$\bar{X}$ 近似服从正态分布,$\bar{x}=10$,$s^2=9$,$\alpha=0.05$,$u_{\frac{\alpha}{2}}=u_{0.025}=1.96$

$$\bar{x}\pm u_{\frac{\alpha}{2}}\frac{s}{\sqrt{n}}=10\pm1.96\times\frac{3}{10}=10\pm0.558$$

由此,该种商品的平均需求量的 95% 的置信水平为 0.95 的置信区间为 $(9.442,10.558)$.

对于第二个问题，$u_{0.1}=1.28$，则平均每户家庭需求量 μ 的置信水平为 0.90 的置信下限为：

$$\bar{x}-u_\alpha\frac{s}{\sqrt{n}}=10-1.28\times\frac{3}{10}=10-0.384=9.616$$

所以，5000 户居民总需求量的 90% 的单侧置信下限为

$$9.616\times5000=48080(千克)\approx48(吨)$$

于是，最小要准备 48 吨左右的此种商品才能以 0.90 的概率满足当地居民的需要.

例 2 从一批电子设备中随机抽样 6 个产品进行寿命测试，测得其寿命（单位：千小时）分别如下：21.5　19.8　17.6　18.7　19.6　17.7 假设这批电子设备的使用寿命服从正态分布 $X\sim N(\mu,\sigma^2)$，μ，σ^2 都是未知参数. 试确定该批电子设备平均使用寿命 μ 的 95% 的单侧置信下限.

分析 在工程领域，人们有时非常关心一批产品至少能工作多少时间，也就是说产品在某一段时间以内能够正常工作的概率是多少，这在工程界通常称为产品的可靠性. 也就是要求产品平均寿命的一个单侧置信下限.

解 因为

$$\frac{\overline{X}-\mu}{\frac{s}{\sqrt{n}}}\sim t(n-1)$$

所以

$$P\left\{\frac{(\overline{X}-\mu)\sqrt{n}}{S}<t_\alpha(n-1)\right\}=1-\alpha$$

即

$$P\left\{\mu>\overline{X}-\frac{S}{\sqrt{n}}t_\alpha(n-1)\right\}=1-\alpha$$

故 μ 的置信水平为 $100(1-\alpha)\%$ 的单侧置信下限为

$$\underline{\mu}=\overline{X}-\frac{S}{\sqrt{n}}t_\alpha(n-1)$$

$$\bar{x}=19.15,\quad s^2=19.15^2$$

已给置信水平 $1-\alpha=0.95$，$\alpha=0.05$，查表得 $t_{0.05}(5)=2.015$，所以

$$\underline{\mu}=\bar{x}-\frac{s}{\sqrt{n}}t_\alpha(n-1)=19.15-\frac{1.473}{\sqrt{6}}\times2.015=17.94$$

故平均使用寿命 μ 的 95％ 的单侧置信下限为 17.94(千小时).

三、习题全解

习　题　6-1

1. 设总体 X 的分布律为 $P\{X=i\}=\dfrac{1}{l}$，$i=1,2,\cdots,l$，l 为未知参数，X_1，X_2，$\cdots$，X_n 是来自总体 X 的样本，试求 l 及 $\alpha=P\{X<3\}$ 的矩估计量.

解　由于 $E(X)=\dfrac{1}{l}(1+2+\cdots+l)=\dfrac{l+1}{2}$，则

$$l=\alpha E(X)-1$$

$$\alpha=P\{X<3\}=\frac{2}{l}=\frac{2}{2E(X)-1}$$

根据矩估计法，则有

$$\overline{X}=\frac{l+1}{2},\ \alpha=\frac{2}{2\overline{X}-1}$$

求得 l 及 α 矩估计量分别为

$$\hat{l}=2\overline{X}-1$$

$$\hat{\alpha}=\frac{2}{2\overline{X}-1}$$

2. 设总体 X 的分布律如表 6-1 所示.

表 6-1　X 的分布律

X	1	2	3
P_i	θ^2	$2\theta(1-\theta)$	$(1-\theta)^2$

其中 θ 为未知参数. 现抽得一个样本为 $x_1=1$，$x_2=2$，$x_3=1$，求 θ 的矩估计值.

解　先求总体一阶原点矩：

$$E(X) = 1 \times \theta^2 + 2 \times 2\theta(1-\theta) + 3(1-\theta)^2 = 3 - 2\theta$$

样本均值
$$\bar{x} = \frac{1}{3}(1+2+1) = \frac{4}{3}$$

由 $E(X) = \bar{x}$，得 $3 - 2\theta = \frac{4}{3}$，$\hat{\theta} = \frac{5}{6}$，所以 θ 的矩估计值 $\hat{\theta} = \frac{5}{6}$

3. 随机地取 8 只活塞环,测得它们的直径如下(单位：毫米)

74.001　74.005　74.003　74.001　74.000　73.998　74.006　74.002

求总体均值 μ 及方差 σ^2 的矩估计,并求样本方差 s^2.

解 μ, σ^2 的矩估计分别是

$$\hat{\mu} = \bar{x} = 74.002, \hat{\sigma}^2 = \frac{1}{n}\sum_{i=1}^{n}(x_i - \bar{x})^2 = 6 \times 10^{-6}$$

$$s^2 = 6.86 \times 10^{-6}$$

4. 设 $X_1, X_2, \cdots, X_n$ 是来自参数为 λ 的泊松分布总体的一个样本,求未知参数 λ 的矩估计量.

解 因为 $X \sim P(\lambda)$，$E(X) = \lambda$,故 $\hat{\lambda} = \bar{X}$ 为矩估计量.

5. 设 $X_1, X_2, \cdots, X_n$ 为分别取自服从下列分布的总体的一个样本,分别求下列各总体分布中的未知参数的矩估计量.

(1) $f(x) = \begin{cases} \theta c^\theta x^{-(\theta+1)}, & x > c \\ 0, & \text{其他} \end{cases}$ (其中 $c > 0$ 为已知, $\theta > 1$, θ 为未知参数)

(2) $f(x) = \begin{cases} \sqrt{\theta}x^{\sqrt{\theta}-1}, & 0 \leqslant x \leqslant 1 \\ 0, & \text{其他.} \end{cases}$ (其中 $\theta > 0$, θ 为未知参数)

(3) $P(X=x) = C_m^x \cdot p^x (1-p)^{m-x}$ (其中 $x = 0, 1, 2, \cdots, m$, $0 < p < 1$, p 为未知参数)

解 (1) $E(X) = \int_{-\infty}^{+\infty} xf(x)dx = \int_c^{+\infty} \theta c^\theta x^{-\theta}dx = \frac{\theta c^\theta}{\theta-1}c^{-\theta+1} = \frac{\theta c}{\theta-1}$

令
$$\frac{\theta c}{\theta-1} = \bar{X}$$

得
$$\hat{\theta} = \frac{\bar{X}}{\bar{X}-c}$$

(2) $E(X) = \int_{-\infty}^{+\infty} xf(x)dx = \int_0^1 \sqrt{\theta}x^{\sqrt{\theta}}dx = \frac{\sqrt{\theta}}{\sqrt{\theta}+1}$

337

令
$$\frac{\sqrt{\theta}}{\sqrt{\theta}+1}=\overline{X}$$

得
$$\hat{\theta}=\left(\frac{\overline{X}}{1-\overline{X}}\right)^{2}$$

(3) $E(X)=mp$，令 $mp=\overline{X}$，解得

$$\hat{p}=\frac{\overline{X}}{m}$$

6. 求题 5 中各未知参数的极大似然估计量.

解 (1) 设 $x_1, x_2, \cdots, x_n$ 为样本的观察值，似然函数为

$$L(\theta)=\prod_{i=1}^{n}f(x_i;\theta)=\theta^n c^{n\theta}\left(\prod_{i=1}^{n}x_i\right)^{-(\theta+1)}$$

两边取对数，得

$$\ln L(\theta)=n\ln\theta+n\theta\ln c-(\theta+1)\sum_{i=1}^{n}\ln x_i$$

似然方程为

$$\frac{\mathrm{d}\ln L(\theta)}{\mathrm{d}\theta}=\frac{n}{\theta}+n\ln c-\sum_{i=1}^{n}\ln x_i=0$$

得解
$$\hat{\theta}=\left(\frac{1}{n}\sum_{i=1}^{n}\ln x_i-\ln c\right)^{-1}$$

所以 θ 的极大似然估计量为 $\hat{\theta}=\left(\dfrac{1}{n}\displaystyle\sum_{i=1}^{n}\ln X_i-\ln c\right)^{-1}$.

(2) $L(\theta)=\displaystyle\prod_{i=1}^{n}f(x_i)=\theta^{-\frac{n}{2}}(x_1, x_2, \cdots, x_n)^{\sqrt{\theta}-1}$

$\ln L(\theta)=\dfrac{-n}{2}\ln(\theta)+(\sqrt{\theta}-1)\displaystyle\sum_{i=1}^{n}\ln x_i$

$\dfrac{\mathrm{d}\ln L(\theta)}{\mathrm{d}\theta}=\dfrac{-n}{2}\cdot\dfrac{1}{\theta}+\dfrac{1}{2\sqrt{\theta}}\displaystyle\sum_{i=1}^{n}\ln x_i=0$

解得 $\hat{\theta}=\left(n\Big/\displaystyle\sum_{i=1}^{n}\ln x_i\right)^{2}$ 为极大估计量.

(3) $L(p)=\displaystyle\prod_{i=1}^{n}P\{X=x_i\}=C_m^{x_1}\cdot\cdots\cdot C_m^{x_n}\cdot p^{\sum\limits_{i=1}^{n}x_i}(1-p)^{mn-\sum\limits_{i=1}^{n}x_i}$

338

$$\ln L(p) = \sum_{i=1}^{n} \ln C_m^{x_i} + \sum_{i=1}^{n} x_i \ln p + (mn - \sum_{i=1}^{n} x_i) \ln (1-p)$$

$$\frac{\mathrm{d}\ln L(p)}{\mathrm{d}p} = \frac{\sum\limits_{i=1}^{n} x_i}{p} - \frac{mn - \sum\limits_{i=1}^{n} x_i}{1-p} = 0$$

得解
$$p = \frac{\sum\limits_{i=1}^{n} x_i}{mn}$$

得 $\hat{p} = \dfrac{\sum\limits_{i=1}^{n} x_i}{mn} = \dfrac{\overline{X}}{m}$ 为极大估计量.

7. 设总体 X 分布律如表 6-2 所示.

表 6-2　X 的分布律

X	0	1	2
P_i	θ_1	θ_2	$1-\theta_1-\theta_2$

其中 $0<\theta_1<1$，$0<\theta_2<1$ 为未知参数，X_1，X_2，$\cdots$，X_n 是来自总体 X 的样本.

(1) 如果样本的一个观察值为 1，0，2，0，0，2，求 θ_1、θ_2 的极大似然估计值.

(2) 如果样本的观察值为 x_1，x_2，$\cdots$，x_n，求 θ_1、θ_2 的极大似然估计值.

解　(1) 对给定观察值 1，0，2，0，0，2，其似然函数为

$$L(\theta_1, \theta_2) = P\{X_1=1, X_2=0, X_3=2, X_4=0, X_5=0, X_6=2\}$$
$$= \theta_1^3 \theta_2 (1-\theta_1-\theta_2)^2.$$

两边取对数，得

$$\ln L(\theta_1, \theta_2) = 3\ln \theta_1 + \ln \theta_2 + 2\ln (1-\theta_1-\theta_2)$$

似然方程组为

$$\begin{cases} \dfrac{\partial \ln L(\theta_1, \theta_2)}{\partial \theta_1} = \dfrac{3}{\theta_1} - \dfrac{2}{1-\theta_1-\theta_2} = 0 \\ \dfrac{\partial \ln L(\theta_1, \theta_2)}{\partial \theta_2} = \dfrac{1}{\theta_2} - \dfrac{2}{1-\theta_1-\theta_2} = 0 \end{cases}$$

解得 θ_1，θ_2 的极大似然估计值为 $\hat{\theta}_1 = \dfrac{1}{2}$，$\hat{\theta}_2 = \dfrac{1}{6}$.

(2) 设观察值 $(x_1, x_2, \cdots, x_n)$ 中 0,1 出现的次数分别为 n_1, n_2,则 2 出现的次数为 $n-n_1-n_2$,其似然函数为

$$
\begin{aligned}
L(\theta_1, \theta_2) &= P\{X_1 = x_1, X_2 = x_2, \cdots, X_n = x_n\} \\
&= \prod_{i=1}^{n} P\{X_i = x_i\} \\
&= \theta_1^{n_1} \theta_2^{n_2} (1-\theta_1-\theta_2)^{n-n_1-n_2}
\end{aligned}
$$

两边取对数,得

$$
\ln L(\theta_1, \theta_2) = n_1 \ln \theta_1 + n_2 \ln \theta_2 + (n-n_1-n_2) \ln(1-\theta_1-\theta_2)
$$

似然方程组为

$$
\begin{cases}
\dfrac{\partial \ln L(\theta_1, \theta_2)}{\partial \theta_1} = \dfrac{n_1}{\theta_1} - \dfrac{n-n_1-n_2}{1-\theta_1-\theta_2} = 0 \\[3mm]
\dfrac{\partial \ln L(\theta_1, \theta_2)}{\partial \theta_2} = \dfrac{n_2}{\theta_2} - \dfrac{n-n_1-n_2}{1-\theta_1-\theta_2} = 0
\end{cases}
$$

解得 θ_1, θ_2 的极大似然估计值为 $\hat{\theta}_1 = \dfrac{n_1}{n}$,$\hat{\theta}_2 = \dfrac{n_2}{n}$. 我们可以看出它们分别是 0,1 出现的频率,即事件出现的频率是其概率的极大似然估计.

8. 设总体 X 服从 $(0, \theta)$ 上的均匀分布,参数 θ 未知. $X_1, X_2, \cdots, X_n$ 为 X 的样本,$x_1, x_2, \cdots, x_n$ 为样本值. 试求未知参数 θ 的最大似然估计.

解 似然函数

$$
L(\theta) = \begin{cases}
\dfrac{1}{\theta^n}, & 0 < x_1, x_2, \cdots, x_n \leqslant \theta \\[3mm]
0, & \text{其他}
\end{cases}
$$

因 $L(\theta)$ 不可导,可按最大似然法的基本思想确定 $\hat{\theta}$. 欲使 $L(\theta)$ 最大,$L(\theta)$ 的最大值应该在 $x_1, \cdots, x_n \in (0, \theta)$ 时取得. θ 应尽量小但又不能太小,须满足 $\theta \geqslant x_i$ $(i=1, \cdots, n)$,即 $\theta \geqslant \max\{x_1, x_2, \cdots, x_n\}$,否则 $L(\theta) = 0$,而 0 不可能是 $L(\theta)$ 的最大值.

因此,当 $\theta = \max\{x_1, x_2, \cdots, x_n\}$ 时,$L(\theta)$ 可达最大.

所以 θ 的最大似然估计值为

$$
\hat{\theta} = \max\{x_1, x_2, \cdots, x_n\}
$$

最大似然估计量为

$$
\hat{\theta} = \max\{X_1, X_2, \cdots, X_n\} = X_{(n)}
$$

9. 设总体 X 的概率密度为 $f(x;\theta)=\dfrac{1}{2\theta}\mathrm{e}^{-\frac{|x|}{\theta}}$，$-\infty<x<\infty$，$\theta>0$、$X_1$，$X_2$，$\cdots$，$X_n$ 为 X 的一个样本，求(1)θ 的矩估计量.(2)θ 的极大似然估计量.

解 由于 $E(X)=\displaystyle\int_{-\infty}^{\infty}x\dfrac{1}{2\theta}\mathrm{e}^{-\frac{|x|}{\theta}}\mathrm{d}x=0$，不含 θ，进而计算 $E(X^2)$

$$E(X^2)=\int_{-\infty}^{\infty}x^2\dfrac{1}{2\theta}\mathrm{e}^{-\frac{|x|}{\theta}}\mathrm{d}x=\int_0^{\infty}\dfrac{x^2}{\theta}\mathrm{e}^{-\frac{x}{\theta}}\mathrm{d}x=\theta^2\int_0^{\infty}y^2\mathrm{e}^{-y}\mathrm{d}y=2\theta^2$$

由矩估计思想可建立如下方程

$$2\theta^2=\dfrac{1}{n}\sum_{i=1}^{n}X_i^2$$

从中解得 θ 的矩估计量为

$$\hat{\theta}=\sqrt{\dfrac{1}{2n}\sum_{i=1}^{n}X_i^2}$$

另解 由于 $E(|X|)=\displaystyle\int_{-\infty}^{\infty}|x|\dfrac{1}{2\theta}\mathrm{e}^{-\frac{|x|}{\theta}}\mathrm{d}x=\int_0^{\infty}\dfrac{x}{\theta}\mathrm{e}^{-\frac{x}{\theta}}\mathrm{d}x=\theta$

由矩估计思想可建立如下方程

$$\theta=\dfrac{1}{n}\sum_{i=1}^{n}|X_i|$$

从中解得参数 θ 的矩估计量为

$$\hat{\theta}=\dfrac{1}{n}\sum_{i=1}^{n}|X_i|$$

注:从本题可以看到矩估计量不唯一

(2) 似然函数为

$$L(\theta)=\prod_{i=1}^{n}\dfrac{1}{2\theta}\mathrm{e}^{-\frac{|x_i|}{\theta}}=(2\theta)^{-n}\exp\Big[-\dfrac{1}{\theta}\sum_{i=1}^{n}|x_i|\Big]$$

$$\ln L(\theta)=\ln 2^{-n}-n\ln\theta-\dfrac{1}{\theta}\sum_{i=1}^{n}|x_i|$$

$$\dfrac{\partial\ln L(\theta)}{\partial\theta}=-\dfrac{n}{\theta}+\dfrac{1}{\theta^2}\sum_{i=1}^{n}|x_i|$$

令

$$\dfrac{\partial\ln L(\theta)}{\partial\theta}=0$$

得如下方程

$$-\dfrac{n}{\theta}+\dfrac{1}{\theta^2}\sum_{i=1}^{n}|x_i|=0$$

从中解得
$$\hat{\theta} = \frac{1}{n}\sum_{i=1}^{n}|x_i|$$

又
$$\left.\frac{\partial^2 \ln L(\theta)}{\partial \theta^2}\right|_{\theta=\hat{\theta}} = -\frac{n^3}{\left(\sum_{i=1}^{n}|x_i|\right)^2} < 0$$

于是 θ 的极大似然估计量为
$$\hat{\theta} = \frac{1}{n}\sum_{i=1}^{n}|X_i|$$

10. 设 X_1，X_2，$\cdots$，X_n 为来自两参数指数分布总体 $X \sim Exp(\mu,\theta)$ 的一个样本,其分布密度函数为:
$$f(x) = \begin{cases} \dfrac{1}{\theta}\exp\left\{-\dfrac{x-\mu}{\theta}\right\}, & x \geqslant \mu \\ 0, & x < \mu \end{cases} \quad (-\infty < \mu < +\infty, \theta > 0)$$

(1) 求参数 μ，θ 的极大似然估计(记为 $\hat{\mu}_1$，$\hat{\theta}_1$).

(2) 求参数 μ，θ 的矩估计(记为 $\hat{\mu}_2$，$\hat{\theta}_2$).

解 顺序统计量为 $X_{(1)} \leqslant X_{(2)} \leqslant \cdots \leqslant X_{(n)}$,样本观察值记为:$x_1$，$x_2$，$\cdots$，$x_n$,排序后记为 $x_{(1)} \leqslant x_{(2)} \leqslant \cdots \leqslant x_{(n)}$

(1) 似然函数为

$$L(\mu,\theta) = \frac{1}{\theta^n}\exp\left\{-\sum_{i=1}^{n}\frac{x_i-\mu}{\theta}\right\} = \frac{1}{\theta^n}\exp\left\{-\frac{\sum_{i=1}^{n}x_i}{\theta} + n\frac{\mu}{\theta}\right\}$$

$$\ln L(\mu,\theta) = -n\ln\theta - \frac{\sum_{i=1}^{n}x_i}{\theta} + n\frac{\mu}{\theta}, \quad \frac{\partial \ln L(\mu,\theta)}{\partial \mu} = \frac{n}{\theta} > 0$$

即似然函数 $L(\mu,\theta)$ 对 μ 严格单调增加,注意到 μ 须满足 $\mu \leqslant x_{(1)} \leqslant x_{(2)} \leqslant \cdots \leqslant x_{(n)}$,于是 μ 的极大似然估计量为

$$\hat{\mu}_1 = X_{(1)}$$

又
$$\frac{\partial \ln L(\mu,\theta)}{\partial \theta} = -\frac{n}{\theta} + \frac{\sum_{i=1}^{n}x_i}{\theta^2} - n\frac{\mu}{\theta^2}$$

$$\frac{\partial \ln L(x_{(1)},\theta)}{\partial \theta} = -\frac{n}{\theta} + \frac{\sum_{i=1}^{n}x_i}{\theta^2} - n\frac{x_{(1)}}{\theta^2}$$

令 $\dfrac{\partial \ln L(x_{(1)}, \theta)}{\partial \theta} = 0$,得如下方程

$$-\frac{n}{\theta} + \frac{\sum\limits_{i=1}^{n} x_i}{\theta^2} - n\frac{x_{(1)}}{\theta^2} = 0$$

从中可解得 $\qquad\qquad \hat{\theta}_1 = \bar{x} - x_{(1)}$

又 $\qquad \dfrac{\partial^2 \ln L(x_{(1)}, \theta)}{\partial \theta^2}\bigg|_{\theta=\hat{\theta}_1} = -\dfrac{n}{(\bar{x} - x_{(1)})^2} < 0$

于是 θ 的极大估计量为:

$$\hat{\theta}_1 = \overline{X} - X_{(1)}$$

(2) 由于 $\dfrac{X-\mu}{\theta} \sim Exp(1)$, $E\left(\dfrac{X-\mu}{\theta}\right) = 1$, $D\left(\dfrac{X-\mu}{\theta}\right) = 1$

所以 $\qquad\qquad E(X) = \mu + \theta, D(X) = \theta^2$

由矩估计思想可建立如下方程组

$$\begin{cases} \mu + \theta = \overline{X} \\ \theta^2 = S_n^2 \end{cases}$$

从中可解得参数 μ, θ 的矩估计分别为: $\hat{\mu}_2 = \overline{X} - S_n$, $\hat{\theta}_2 = S_n$.

习 题 6-2

1. 设 $\hat{\theta}$ 是参数 θ 的无偏估计,且有 $D(\hat{\theta}) > 0$,证明: $\hat{\theta}^2 = (\hat{\theta})^2$ 不是 θ^2 的无偏估计(此题说明:当 $E(\hat{\theta}) = \theta$ 时,不一定有 $E[g(\hat{\theta})] = g(\theta)$,其中 $g(\theta)$ 为 θ 的实值函数).

证 因为 $\qquad E(\hat{\theta}) = \theta, \quad D(\hat{\theta}) > 0$

又 $\qquad E(\hat{\theta}^2) = D(\hat{\theta}) + [E(\hat{\theta})]^2 = D(\hat{\theta}) + \theta^2 > \theta^2$

所以 $\hat{\theta}^2$ 不是 θ^2 的无偏估计.

2. 设总体 X 服从参数为 λ 的泊松分布 $P(\lambda)$, $X_1, X_2, \cdots, X_n$ 是来自总体 X 的样本, $\overline{X} = \dfrac{1}{n}\sum\limits_{i=1}^{n} X_i$ 为样本均值, $S^2 = \dfrac{1}{n-1}\sum\limits_{i=1}^{n}(X_i - \overline{X})^2$ 为样本方差. 证明:对任

意 $\alpha \in [0, 1]$, $\alpha \overline{X} + (1-\alpha)S^2$ 是 λ 的无偏估计量.

证明 因为 $E(X) = D(X) = \lambda$, $E(\overline{X}) = E(X) = \lambda$, $E(S^2) = D(X) = \lambda$, 则

$$E[\alpha \overline{X} + (1-\alpha)S^2] = \alpha E(\overline{X}) + (1-\alpha)E(S^2) = \lambda$$

所以 $\alpha \overline{X} + (1-\alpha)S^2$ 是 λ 的无偏估计量.

3. 设总体 $X \sim N(0, \sigma^2)$, $X_1, X_2, \cdots, X_n$ 是来自总体 X 的一个样本.

(1) 证明 $\hat{\sigma}^2 = \dfrac{1}{n} \sum_{i=1}^{n} x_i^2$ 是 σ^2 的无偏估计.

(2) 计算 $D(\hat{\sigma}^2)$.

解 (1) $E(\hat{\sigma}^2) = \dfrac{1}{n} \sum_{i=1}^{n} E(X_i^2) = \dfrac{1}{n} D(X_i) = \dfrac{1}{n} n\sigma^2 = \sigma^2$, 故 $\hat{\sigma}^2$ 是 σ^2 的无偏估计.

(2) 因 $\dfrac{\sum_{i=1}^{n} X_i^2}{\sigma^2} = \sum_{i=1}^{n} \left(\dfrac{X_i}{\sigma} \right)$, 而 $\dfrac{X_i}{\sigma} \sim N(0, 1)$ ($i = 1, 2, \cdots, n$), 且它们相互独立, 故由 χ^2-分布的定义及性质知:

$$\dfrac{\sum_{i=1}^{n} X_i^2}{\sigma^2} \sim \chi^2(n) \Rightarrow D\left(\dfrac{\sum_{i=1}^{n} X_i^2}{\sigma^2} \right) = 2n$$

由此知 $D(\hat{\sigma}^2) = D\left(\dfrac{1}{n} \sum_{i=1}^{n} X_i^2 \right) = \dfrac{\sigma^4}{n^2} D\left(\dfrac{\sum_{i=1}^{n} X_i^2}{\sigma^2} \right) = \dfrac{1}{n^2} 2n\sigma^4 = \dfrac{2\sigma^4}{n}$

4. $X_1, X_2, \cdots, X_n$ 是来自总体 X 的一个样本, 验证 $\overline{X}$, X_i $i = 1, 2, \cdots, n$, 均为总体均值 $E(X) = \mu$ 的无偏估计量, 并请问哪一个估计量更有效?

解 由于 $E(\overline{X}) = \mu$, $E(X_i) = \mu$, $i = 1, 2, \cdots, n$, 所以 $\overline{X}$, X_i $i = 1, 2, \cdots, n$ 为 μ 的无偏估计量, 但 $D(\overline{X}) = D\left(\dfrac{1}{n} \sum_{i=1}^{n} X_i \right) \dfrac{1}{n^2} \sum_{i=1}^{n} D(X_i) = \dfrac{\sigma^2}{n}$, $D(X_i) = \sigma^2$, $i = 1, 2, \cdots, n$, 故 $\overline{X}$ 较 X_i, $i = 1, 2, \cdots, n$ 更有效.

5. 设 $\hat{\theta}_1 = \hat{\theta}_1(X_1, X_2, \cdots, X_n)$ 和 $\hat{\theta}_2 = \hat{\theta}_2(X_1, X_2, \cdots, X_n)$ 都是参数 θ 的无偏估计量, 并且 $\hat{\theta}_1$ 的方差是 $\hat{\theta}_2$ 的 2 倍, 试求常数 α 和 β, 使 $\alpha \hat{\theta}_1 + \beta \hat{\theta}_2$ 是 θ 的无偏估计, 并且在所有这样的线性估计中是最有效的.

解 令 $D(\hat{\theta}_2) = \sigma^2$, 由题意得

$$E(\hat{\theta}_1) = E(\hat{\theta}_2) = \theta, \quad D(\hat{\theta}_1) = 2\sigma^2$$

要使 $\alpha\hat{\theta}_1 + \beta\hat{\theta}_2$ 是 θ 的无偏估计,则只要

$$E(\alpha\hat{\theta}_1 + \beta\hat{\theta}_2) = \alpha E\hat{\theta}_1 + \beta E\hat{\theta}_2 = \alpha\theta + \beta\theta = \theta$$

显然有 $\alpha + \beta = 1$,又

$$D(\alpha\hat{\theta}_1 + \beta\hat{\theta}_2) = (\alpha^2 + 2\beta^2)\sigma^2$$

所以当 $\beta = \dfrac{1}{3}$,$\alpha = \dfrac{2}{3}$ 时,$\alpha\hat{\theta}_1 + \beta\hat{\theta}_2$ 的方差最小,最有效.

6. 设 X_1,X_2,$\cdots$,X_n 是总体 $N(\mu, \sigma^2)$ 的一个样本. 求 k 使 $\hat{\sigma} = k\sum\limits_{i=1}^{n}\sum\limits_{j=1}^{n}|X_i - X_j|$ 为 σ 的无偏估计.

解 由于 $X_i \sim N(\mu, \sigma^2)$,且相互独立,于是当 $i \neq j$ 时 $X_i - X_j \sim N(0, 2\sigma^2)$,

$$E(|X_i - X_j|) = \int_{-\infty}^{+\infty}|x|\frac{1}{\sqrt{2\pi}\cdot\sqrt{2\sigma^2}}e^{-\frac{x^2}{4\sigma^2}}\mathrm{d}x$$

$$= \frac{2}{2\sqrt{\pi}\sigma}\int_0^{+\infty}xe^{-\frac{x^2}{4\sigma^2}}\mathrm{d}x = \frac{2\sigma}{\sqrt{\pi}}(-e^{-\frac{x^2}{4\sigma^2}})\Big|_0^{+\infty} = \frac{2\sigma}{\sqrt{\pi}}$$

因为当 $i = j$ 时,$E(|X_i - X_j|) = 0$,所以

$$E(\hat{\sigma}) = k\sum_{i=1}^{n}\sum_{j=1}^{n}E(|X_i - X_j|) = k\cdot n(n-1)\frac{2\sigma}{\sqrt{\pi}}$$

故当 $k = \dfrac{\sqrt{\pi}}{2n(n-1)}$ 时,有 $\hat{\sigma} = \dfrac{\sqrt{\pi}}{2n(n-1)}\sum\limits_{i=1}^{n}\sum\limits_{j=1}^{n}|X_i - X_j|$,为 σ 的无偏估计.

7. 设 X_1,X_2,$\cdots$,X_n 是总体 $X \sim N(0, \sigma^2)$ 的一个样本. 求 k 使 $\hat{\sigma}^2 = k\sum\limits_{i=1}^{n-1}(X_{i+1} - X_i)^2$ 为 σ^2 的无偏估计.

解 由于 X_1,X_2,$\cdots$,X_n 相互独立与总体 X 同分布,所以

$$E(X_i) = E(X) = 0, D(X_i) = D(X) = \sigma^2, i = 1, 2, \cdots, n$$

从而,$E(X_i^2) = D(X_i) + [E(X_i)]^2 = \sigma^2$

又, $\quad E(\hat{\sigma}^2) = k\sum\limits_{i=1}^{n-1}E(X_{i+1} - X_i)^2$

$$= k\sum_{i=1}^{n-1}[E(X_{i+1}^2) + E(X_i^2) - 2E(X_{i+1})\cdot E(X_i)]$$

$$= 2k(n-1)\sigma^2$$

所以，当 $k=\dfrac{1}{2(n-1)}$ 时，$\hat{\sigma}^2 = k\sum\limits_{i=1}^{n-1}(X_{i+1}-X_i)^2$ 为 σ^2 的无偏估计.

8. 设总体 X 在区间 $(0,\theta)$ 上服从均匀分布，$X_1，X_2，\cdots，X_n$ 是取自总体 X 的一个样本，$\overline{X}=\dfrac{1}{n}\sum\limits_{i=1}^{n}X_i$，$X_{(n)}=\max\{X_1，X_2，\cdots，X_n\}$，求常数 $a，b$，使 $\hat{\theta}_1=a\overline{X}$，$\hat{\theta}_2=bX_{(n)}$ 均为 θ 的无偏估计，并比较其有效性.

解 已知 $X \sim f(x) = \begin{cases} \dfrac{1}{\theta}, & 0 < x < \theta \\ 0, & \text{其他} \end{cases}$，其分布函数为

$$F(x) = \int_{-\infty}^{x} f(t)\,\mathrm{d}t = \begin{cases} 0, & x < 0 \\ \dfrac{x}{\theta}, & 0 < x < \theta \\ 1, & \theta < x \end{cases}$$

因 $E(x)=\dfrac{\theta}{2}$，$D(X)=\dfrac{\theta^2}{12}$，故

$$E(\hat{\theta}_1) = aE(\overline{X}) = a \cdot \frac{\theta}{2}$$

当 $a=2$ 时，$E(\hat{\theta}_1)=\theta$，$\hat{\theta}_1$ 为 θ 无偏估计，且

$$D(\hat{\theta}_1) = D(2\overline{X}) = 4D(\overline{X}) = \frac{4\theta^2}{12n} = \frac{\theta^2}{3n}$$

又

$$f_n(x) = n[F(x)]^{n-1}f(x) = \begin{cases} \dfrac{nx^{n-1}}{\theta^n}, & 0 < x < \theta \\ 0, & \text{其他} \end{cases}$$

所以

$$E(X_{(n)}) = \int_0^{\theta} \frac{nx^n}{\theta^n}\,\mathrm{d}x = \frac{n}{n+1}\frac{x^{n+1}}{\theta^n}\Big|_0^{\theta} = \frac{n\theta}{n+1}$$

$$E(X_{(n)}^2) = \int_0^{\theta} \frac{nx^{n+1}}{\theta^n}\,\mathrm{d}x = \frac{n\theta^2}{n+2}$$

$$D(X_{(n)}) = \frac{n\theta^2}{(n+2)(n+1)^2}$$

故 $E(\hat{\theta}_2)=bE(X_{(n)})=b\dfrac{n\theta}{n+1}$

当 $b=\dfrac{n+1}{n}$ 时，$E(\hat{\theta}_2)=\theta$，即 $\hat{\theta}_2=\dfrac{n+1}{n}X_{(n)}$ 为 θ 的无偏估计，且

$$D(\hat{\theta}_2) = b^2 D(X_{(n)}) = \left(\frac{n+1}{n}\right)^2 \cdot \frac{n\theta^2}{(n+2)(n+1)^2} = \frac{\theta^2}{n(n+2)} < \frac{\theta^2}{3n} = D(\hat{\theta}_1)$$

所以 $\hat{\theta}_2$ 比 $\hat{\theta}_1$ 更为有效.

9. 设分别自总体 $N(\mu_1, \sigma^2)$ 和 $N(\mu_2, \sigma^2)$ 中抽取容量为 n_1, n_2 的两独立样本. 其样本方差分别为 S_1^2, S_2^2. 试证:对于任意常数 a, $b(a+b=1)$, $Z = aS_1^2 + bS_2^2$ 都是 σ^2 的无偏估计,并确定常数 a, b 使 $D(Z)$ 达到最小.

解 $E(S_1^2)\sigma^2$, $E(S_2^2) = \sigma^2$, $(n_1-1)S_1^2/\sigma^2 \sim \chi^2(n_1-1)$, $(n_2-1)S_2^2/\sigma^2 \sim \chi^2(n_2-1)$

且相互独立,所以

$$D(S_1^2) = 2\sigma^4/(n_1-1), \quad D(S_2^2) = 2\sigma^2/(n_1-1)$$

故当 $a+b=1$ 时, $E(Z) = aE(S_1^2) + bE(S_2^2) = \sigma^2$,即 Z 是 σ^2 的无偏估计.

由 S_1^2, S_2^2 相互独立,及

$$\begin{aligned}
D(Z) &= D(aS_1^2 + bS_2^2) \\
&= [a^2/(n_1-1) + b^2(n_2-1)] \cdot 2\sigma^4 \\
&= [a^2/(n_1-1) + (1-a)^2/(n_2-1)] \cdot 2\sigma^4
\end{aligned}$$

令

$$\frac{\mathrm{d}D(Z)}{\mathrm{d}a^2} = 2\sigma^4 \left[\frac{2a}{n_1-1} - \frac{2(1-a)}{n_2-1}\right] = 0$$

得驻点

$$a = \frac{n_1-1}{n_1+n_2-2}$$

又 $\dfrac{\mathrm{d}^2 D(Z)}{\mathrm{d}a^2} = 2\sigma^4 \left(\dfrac{2}{n_1-1} + \dfrac{2}{n_2-1}\right) > 0$,知该点为极小值点,所以,当 $a = \dfrac{n_1-1}{n_1+n_2-2}$, $b = \dfrac{n_2-1}{n_1+n_2-2}$ 时,统计量

$$Z = \frac{1}{n_1+n_2-2}[(n_1-1)S_1^2 + (n_2-1)S_2^2]$$

具有最小方差.

习 题 6-3

1. 设总体 X 的分布中含有未知参数 θ,显著性水平为 α,陈述求 θ 的 $1-\alpha$ 双侧

置信区间的步骤.

解 求置信区间的一般步骤是:

(1) 选取未知参数 θ 的某个较优估计量 $\hat{\theta}$.

(2) 围绕 $\hat{\theta}$ 构造一个**枢轴量**

$$T = T(X_1, X_2, \cdots, X_n; \theta)$$

它仅含有未知参数 θ,其分布完全确定.

(3) 对给定置信水平 $1-\alpha$,根据 T 的分布,分别选取两个常数 α 和 β 使满足

$$P\{\alpha < T(X_1, X_2, \cdots, X_n; \theta) < \beta\} = 1-\alpha$$

(4) 将不等式 $\alpha < T(X_1, X_2, \cdots, X_n; \theta) < \beta$ 改写成如下等价形式

$$\hat{\theta}_1(X_1, X_2, \cdots, X_n; \alpha, \beta) < \theta < \hat{\theta}_2(X_1, X_2, \cdots, X_n; \alpha, \beta)$$

即有 $P\{\hat{\theta}_1 < \theta < \hat{\theta}_2\} = 1-\alpha$,则 $(\hat{\theta}_1, \hat{\theta}_2)$ 是未知参数 θ 的置信水平为 $1-\alpha$ 的双侧置信区间.

习 题 6-4

1. 设总体 $X \sim N(\mu, 4^2)$,问需要抽取容量 n 为多大的样本才能使 μ 的置信水平为 95% 的置信区间的长度不大于 1.

解 σ^2 已知,μ 的置信水平为 $1-\alpha$ 的置信区间为

$$\left(\overline{X} - u_{1-\frac{\alpha}{2}}\frac{\sigma}{\sqrt{n}},\ \overline{X} + u_{1-\frac{\alpha}{2}}\frac{\sigma}{\sqrt{n}}\right)$$

区间长度 $L = 2u_{1-\frac{\alpha}{2}}\dfrac{\sigma}{\sqrt{n}}$,由题意得

$$L = 2u_{1-\frac{\alpha}{2}}\frac{\sigma}{\sqrt{n}} \leqslant 1$$

即有

$$n \geqslant 4\ (u_{1-\frac{\alpha}{2}}\sigma)^2 \approx 245.86$$

所以样本容量 n 至少为 246.

2. 设某种清漆的 9 个样品的干燥时间(单位:小时)分别为:

$$6.0 \quad 5.7 \quad 5.8 \quad 6.5 \quad 7.0 \quad 6.3 \quad 5.6 \quad 6.1 \quad 5.0$$

设干燥时间总体服从正态分布 $X \sim N(\mu, \sigma^2)$,求 μ 的置信度为 0.95 的置信区间.

(1) 若由以往经验知 $\sigma = 0.6$(小时).

(2) 若 σ 为未知.

解 (1) μ 的置信度为 0.95 的置信区间为

$$\overline{X} \pm \frac{\sigma}{\sqrt{n}} u_{\frac{\alpha}{2}},$$

计算得 $\overline{X} = 6.0$,查表 $u_{0.025} = 1.96$,$\sigma = 0.6$,则

$$6.0 \pm \frac{0.6}{\sqrt{9}} \times 1.96 = 6.0 \pm 6.392$$

故置信区间为 (5.608, 6.392).

(2) μ 的置信度为 0.95 的置信区间为 $\overline{X} \pm \frac{S}{\sqrt{n}} t_{\frac{\alpha}{2}}(n-1)$,计算得

$$\bar{x} = 6.0,\text{查表 } t_{0.025}(8) = 2.3060,$$

而

$$s^2 = \frac{1}{8} \sum_{i=1}^{9} (x_i - \bar{x})^2 = \frac{1}{8} \times 2.64 = 0.33,$$

故

$$6.0 \pm \frac{\sqrt{0.33}}{3} \times 2.3060 = 6.0 \pm 0.442$$

所以置信区间为 (5.558, 6.442).

3. 随机地取某种炮弹 9 发做试验,得炮弹口初始速度的样本标准差为 $s = 11$ (米/秒).设炮口速度服从正态分布.分别求这种炮弹的炮口初始速度的标准差 σ 和方差 σ^2 的置信度为 0.95 的置信区间.

解 σ 的置信度为 0.95 的置信区间为

$$\left(\sqrt{\frac{(n-1)s^2}{\chi_{\frac{\alpha}{2}}^2(n-1)}}, \ \sqrt{\frac{(n-1)s^2}{\chi_{1-\frac{\alpha}{2}}^2(n-1)}} \right) = \left(\frac{\sqrt{8} \times 11}{\sqrt{17.535}}, \ \frac{\sqrt{8} \times 11}{\sqrt{2.18}} \right) = (7.4, 21.1)$$

$$\alpha = 0.05, \ n = 9, \ \chi_{0.025}^2(8) = 17.535, \quad \chi_{0.975}^2(8) = 2.180$$

σ^2 的置信度为 0.95 的置信区间为

$$\left(\frac{(n-1)s^2}{\chi_{\frac{\alpha}{2}}^2(n-1)}, \ \frac{(n-1)s^2}{\chi_{1-\frac{\alpha}{2}}^2(n-1)} \right) = \left(\frac{8 \times 11^2}{17.535}, \ \frac{8 \times 11^2}{2.18} \right) = (55.2, 444)$$

4. 研究两种固体燃料火箭推进器的燃烧率.设两者都服从正态分布,并且已知

燃烧率的标准差均近似地为 0.05 厘米/秒, 取样本容量为 $n_1 = n_2 = 20$. 得燃烧率的样本均值分别为 $\bar{x}_1 = 18$ 厘米/秒, $\bar{x}_2 = 24$ 厘米/秒. 设两样本独立, 求两燃烧率总体均值差 $\mu_1 - \mu_2$ 的置信度为 0.99 的置信区间.

解 $\alpha = 0.01$, $u_{0.005} = 2.57$, $n_1 = n_2 = 20$, $\sigma_1^2 = \sigma_2^2 = 0.05^2$, $\bar{x}_1 = 18$, $\bar{x}_2 = 24$

$\mu_1 - \mu_2$ 的置信度为 0.99 的置信区间为

$$\left(\bar{x}_1 - \bar{x}_2 \pm u_{\frac{\alpha}{2}} \sqrt{\frac{\sigma_1^2}{n_1} + \frac{\sigma_2^2}{n_2}} \right) = \left(18 - 24 + 2.57 \times \sqrt{\frac{0.05^2 \times 2}{20}} \right) = (-6.04, -5.96)$$

5. 从某专业甲班中抽取 8 个学生, 从乙班中抽取 7 个学生, 分析他们的英语期末考试成绩, 计算得 $\bar{x} = 70$, $s_1^2 = 112$; $\bar{y} = 68$, $s_2^2 = 36$. 设两班的英语成绩服从正态分布, 且方差相等, 求甲、乙两班英语平均成绩差 $\mu_1 - \mu_2$ 的 95% 的置信区间.

解 两正态总体方差相等, $\mu_1 - \mu_2$ 的置信水平为 $1 - \alpha$ 的置信区间为

$$\left(\overline{X} - \overline{Y} - t_{\frac{\alpha}{2}}(n_1 + n_2 - 2) S_w \sqrt{\frac{1}{n_1} + \frac{1}{n_2}}, \ \overline{X} - \overline{Y} + t_{\frac{\alpha}{2}}(n_1 + n_2 - 2) S_w \sqrt{\frac{1}{n_1} + \frac{1}{n_2}} \right)$$

这里, $\alpha = 0.05$, $n_1 = 8$, $n_2 = 7$, 查表得

$$t_{\frac{\alpha}{2}}(n_1 + n_2 - 2) = t_{0.025}(13) = 2.16$$

$$t_{\frac{\alpha}{2}}(n_1 + n_2 - 2) s_w \sqrt{\frac{1}{n_1} + \frac{1}{n_2}} = 2.16 \times \sqrt{\frac{7 \times 112 + 6 \times 36}{13}} \times \sqrt{\frac{1}{8} + \frac{1}{7}} = 9.14$$

所以 $\mu_1 - \mu_2$ 的置信水平为 0.95 的置信区间为 $(-7.14, 11.14)$.

习 题 6-5

1. 设抽自一大批产品的 100 个样品中, 得一级品 60 个, 求这批产品的一级品率 p 的置信水平为 0.95 的置信区间.

解 一级品率 p 是 0-1 分布的参数, 此处

$$n = 100, \ \hat{p} = \bar{x} = 60/100 = 0.6, \ 1 - \alpha = 0.95, \ \alpha/2 = 0.025, \ u_{\alpha/2} = 1.96$$

(1) 利用方法一来求 p 的置信区间, 其中

$$a = n + u_{\frac{\alpha}{2}}^2 = 103.84, \ b = -(2n\bar{x} + u_{\frac{\alpha}{2}}^2) = -123.84, \ c = n\bar{x}^2 = 36$$

于是 $p_1 = 0.50$, $p_2 = 0.69$, 故得 p 的一个置信水平为 0.95 的近似置信区间为

(0.50，0.69).

(2) 利用方法二来求 p 的置信区间

$$\left(\hat{p} - U_{\frac{\alpha}{2}}\sqrt{\hat{p}(1-\hat{p})/n}, \ \hat{p} + U_{\frac{\alpha}{2}}\sqrt{\hat{p}(1-\hat{p})/n}\right)$$

$$\left(0.6 - 1.96\sqrt{0.6(1-0.6)/100}, \ 0.6 + 1.96\sqrt{0.6(1-0.6)/100}\right)$$

P 的置信区间为(0.504，0.696).

2. 佳家公司是一家生产和销售各种日用品的公司. 由于面临残酷的竞争,该公司的一件产品——浴皂的销售情况令人堪忧. 为了改善该产品的销售情况,公司决定引入更加诱人的包装. 公司的广告代理给出了两种新的设计方案. 第一种方案是将包装改成几种艳丽夺目的颜色的组合,由此和其他公司的产品区别开来;第二种方案是在淡绿色的背景上,只有公司的标记. 为了检验哪种方案更加出色,营销经理选择了两家超市进行比较试验. 其中一家超市里浴皂的包装使用第一种方案,而另一家超市的包装则采用第二种方案. 营销试验历时一个星期. 在这个星期里,产品扫描仪将记录下所有浴皂的销售情况,统计结果见表6-3:

表 6-3　浴皂的销售情况

	超市 1	超市 2
购买了佳家公司的浴皂	180	155
购买了其他公司的浴皂	724	883

在 95% 的置信水平下,估计一下两总体比例之间的差异.

解　参数是两个总体比例 $p_1 - p_2$ 间的差异(其中 p_1，p_2 分别是在超市 1 和超市 2 中佳家公司浴皂的销售比例).

$$n_1 = 180 + 724 = 904, \quad n_2 = 155 + 883 = 1038$$

$$\hat{p}_1 = \frac{180}{904} = 0.1991, \quad \hat{p}_2 = \frac{155}{1038} = 0.1493$$

$$\alpha = 0.05, \quad u_{\frac{\alpha}{2}} = u_{0.025} = 1.96$$

在 95% 的置信水平下, $p_1 - p_2$ 的置信区间为

$$(\hat{p}_1 - \hat{p}_2) \pm u_{\frac{\alpha}{2}}\sqrt{\frac{\hat{p}_1(1-\hat{p}_1)}{n_1} + \frac{\hat{p}_2(1-\hat{p}_2)}{n_2}}$$

$$= (0.1991 - 0.1493) \pm 1.96\sqrt{\frac{0.1991(1-0.1991)}{904} + \frac{0.1493(1-0.1493)}{1038}}$$

$$= 0.0498 \pm 0.0339$$

由此,在 95% 置信水平下,采用色彩鲜艳的包装的产品的市场份额比采用简单绿色包装的产品的市场份额高出 1.59%~8.37%.

习 题 6-6

1. 假设总体 $X \sim N(\mu, \sigma^2)$,从总体 X 中抽取容量为 10 的一个样本,算得样本均值 $\bar{x} = 41.3$,样本标准差 $S = 1.05$,求未知参数 μ 的置信水平为 95% 的单侧置信下限.

解 由题设知 $\dfrac{\overline{X} - \mu}{S/\sqrt{n}} \sim t(n-1)$,即 $\dfrac{\overline{X} - \mu}{S/\sqrt{10}} \sim t(9)$

令
$$P\left\{\frac{\overline{X} - \mu}{S/\sqrt{10}} < t_\alpha(9)\right\} = 1 - \alpha = 0.95$$

即
$$P\left\{\mu > \overline{X} - \frac{S}{\sqrt{10}} t_{0.05}(9)\right\} = 0.95$$

故 μ 置信水平为 95% 的单侧置信区间下限为

$$41.3 - \frac{1.05}{\sqrt{10}} \times 1.8331 = 40.84$$

2. 设总体 X 服从指数分布,其密度函数为

$$f(x) = \begin{cases} \dfrac{1}{\theta} e^{-x/\theta}, & x > 0 \\ 0, & \text{其他} \end{cases}$$

$\theta > 0$ 未知,从总体中抽取一容量为 n 的样本 $X_1, X_2, \cdots, X_n$.

(1) 证明 $\dfrac{2n\overline{X}}{\theta} \sim \chi^2(2n)$.

(2) 求 θ 的置信水平为 $1 - \alpha$ 的单侧置信下限.

(3) 某种元件的寿命(以小时计)服从上述指数分布,现从中抽得一容量为 $n = 16$ 的样本,测得样本均值为 5010(小时),试求元件的平均寿命的置信水平为 0.90 的单侧置信下限.

解 (1) 令 $Z = \dfrac{2X}{\theta}$,因 $z = \dfrac{2x}{\theta}$ 为严格单调函数,其反函数为 $x = \dfrac{\theta}{2} z$,故由此知 Z 的概率密度为

$$f_Z(z) = \begin{cases} f\left(\dfrac{\theta}{2}z\right)\left|\left(\dfrac{\theta}{2}z\right)'\right| = \dfrac{1}{2}e^{-z/2}, & z > 0 \\ 0, & \text{其他} \end{cases}$$

它是自由度为 2 的 χ^2-分布的概率密度. 即 $2X/\theta \sim \chi^2(2)$.

X_1，X_2，$\cdots$，X_n 是来自 X 的样本，因此 X_1，X_2，$\cdots$，X_n 相互独立，都与 X 有相同的分布. 这样就有

$2X/\theta \sim \chi^2(2)$，$i = 1,\ 2,\ \cdots,\ n$，再由 χ^2-分布的可加性得

$$\frac{2n\overline{X}}{\theta} = \sum_{i=1}^{n} \frac{2X_i}{\theta} \sim \chi^2(2n)$$

(2) 因
$$P\left\{\frac{2n\overline{X}}{\theta} < \chi_\alpha^2(2n)\right\} = 1 - \alpha$$

即有
$$P\left\{\frac{2n\overline{X}}{\chi_\alpha^2(2n)} < \theta\right\} = 1 - \alpha$$

故 θ 的置信水平为 $1-\alpha$ 的单侧置信下限是 $\underline{\theta} = \dfrac{2n\overline{X}}{\chi_\alpha^2(2n)}$.

(3) 令 $n = 16$，$\bar{x} = 5010$，$1 - \alpha = 0.90$，$\alpha = 0.10$，$\chi_\alpha^2(2n) = \chi_{0.1}^2(32) = 42.585$

故
$$\underline{\theta} = 2 \times 16 \times 5010 / 42.585 = 3764.7$$

3. 为了研究某种新型汽车轮胎的磨损性能，随机地选择了 17 只轮胎，每只轮胎行驶到磨坏为止. 记录下各自的行驶里程(单位:千米)如下:

| 43000 | 45000 | 41500 | 42380 | 39800 | 39500 | 41250 | 44100 | 41770 |
| 39870 | 40200 | 41530 | 40850 | 42370 | 38950 | 46700 | 40550 | |

假设这些数据取自正态总体 $N(\mu, \sigma^2)$. 其中参数 μ，σ^2 均未知，试求 μ 的置信水平为 0.95 的单侧置信下限.

解
$$T = \frac{\overline{X} - \mu}{S/\sqrt{n}} \sim t(n-1)$$

对于给定的置信度 $1 - \alpha$，有

$$P\left\{\frac{\overline{X} - \mu}{S/\sqrt{n}} < t_\alpha(n-1)\right\} = 1 - \alpha$$

即
$$P\left\{\mu > \overline{X} - t_\alpha(n-1)\frac{S}{\sqrt{n}}\right\} = 1 - \alpha$$

可得 μ 的置信度为 $1-\alpha$ 的单侧置信下限为 $\overline{X}-t_\alpha(n-1)\dfrac{S}{\sqrt{n}}$.

根据已知数据进行计算,有 $\bar{x}=41724.7$,$s=2064.183$,$n=17$,$\alpha=0.05$. 查表得 $t_{0.05}(16)=1.7459$,所以 μ 的置信度为 95% 的置信下限为 $\overline{X}-t_\alpha(n-1)\dfrac{S}{\sqrt{n}}=$ 40850.65,也就是说,该批轮胎的平均寿命至少在 40850.65 千米以上,可靠程度为 95%.

总 习 题 六

1. 设总体 X 的方差为 1,根据来自 X 的容量为 100 的简单随机样本,测得样本均值为 5.求 X 的数学期望的置信度近似等于 0.95 的置信区间.

解 因为 σ^2 已知,所以置信水平为 95%,μ 的置信水平为 $1-\alpha$ 的置信区间为

$$\left(\overline{X}-u_{\frac{\alpha}{2}}\cdot\frac{\sigma}{\sqrt{n}},\ \overline{X}+u_{\frac{\alpha}{2}}\cdot\frac{\sigma}{\sqrt{n}}\right)$$

其中 $u_{0.025}=1.96$,将上述数据代入,得 μ 的 95% 置信区间为 $(4.804,\ 5.196)$.

2. 设由来自正态总体 $X\sim N(\mu,\ 0.9^2)$ 容量为 9 的简单随机样本,得样本均值 $\overline{X}=5$. 求未知参数 μ 的置信度为 0.95 的置信区间.

解 因为 σ^2 已知,所以置信水平为 95%,μ 的置信水平为 $1-\alpha$ 的置信区间为

$$\left(\overline{X}-u_{\frac{\alpha}{2}}\cdot\frac{\sigma}{\sqrt{n}},\ \overline{X}+u_{\frac{\alpha}{2}}\cdot\frac{\sigma}{\sqrt{n}}\right)$$

其中 $u_{0.025}=1.96$,将上述数据代入,得 μ 的 95% 置信区间为 $(5.412,\ 5.588)$.

3. 设 0.51,1.25,0.80,2.00 是来自总体 X 的简单随机样本值. 已知 $Y=\ln X$ 服从正态分布 $N(\mu,\ 1)$.

(1) 求 X 的数学期望 $E(X)$.

(2) 求 μ 的置信度为 0.95 的置信区间.

(3) 利用上述结果求 $E(X)$ 的置信度为 0.95 的置信区间.

解 (1) 因为 $Y=\ln X$ 服从正态分布 $N(\mu,\ 1)$,所以 X 服从对数正态分布. X 的数学期望为 $b=E(X)=e^{\mu+1}$

(2) 将 0.51,1.25,0.80,2.00 分别取自然对数,结果分别为 -0.693,0.223,-0.223,0.693.因为 $Y=\ln X$ 服从正态分布 $N(\mu,\ 1)$,其中方差已知,所以 μ 的

95％的置信区间为 $\left(\bar{y}-u_{\frac{\alpha}{2}}\dfrac{\sigma}{\sqrt{n}},\ \bar{y}+u_{\frac{\alpha}{2}}\dfrac{\sigma}{\sqrt{n}}\right)$，其中 $\bar{y}=0$，$\sigma=1$，$\mu_{0.025}=1.96$，$n=4$，代入得 μ 的 95％的置信区间为 $(-0.98,\ 0.98)$．

（3）因为

$$0.95 = P\{-0.98 < \mu < 0.98\}$$
$$= P\left\{-0.98+\frac{1}{2} < \mu+\frac{1}{2} < 0.98+\frac{1}{2}\right\}$$
$$= P\left\{e^{-0.48} < e^{\mu+\frac{2}{2}} < e^{1.48}\right\}$$
$$= P\left\{e^{-0.48} < b < e^{1.48}\right\}$$
$$= P\{1.62 < b < 4.39\}$$

所以 $E(X)$ 的置信度为 0.95 的置信区间为 $(1.62,\ 4.39)$．

4. 设总体 X 的概率密度为

$$f(x;\theta) = \begin{cases} e^{-(x-\theta)}, & 若 x \geqslant \theta \\ 0, & 若 x < \theta \end{cases}$$

设 X_1，X_2，$\cdots$，X_n 是来自总体 X 的简单随机样本，求未知参数 θ 的矩估计量．

解 $E(X) = \displaystyle\int_{\theta}^{+\infty} x\,e^{-(x-\theta)}\,\mathrm{d}x = 1+\theta$，令 $EX = 1+\theta = \bar{X}$，所以 θ 的矩估计量为 $\hat{\theta} = \bar{X}-1$．

5. 一地质学家研究密歇根湖地区的岩石成份，随机地自该地区取 100 个样品，每个样品有 10 块石子，记录了每个样品中属石灰石的石子数．假设这 100 次观察相互独立，并由过去经验知，它们都服从二项分布 $B(n,\ p)$．p 是该地区 1 块石子是石灰石的概率．求 p 的极大似然估计值，该地质学家所得的数据如表 6-4 所示．

表 6-4　已知数据观察值

样品中属石灰石的石子数	0	1	2	3	4	5	6	7	8	9	10
观察到石灰石的样品个数	0	1	6	7	23	26	21	12	3	1	0

解 p 的极大似然估计值为 $\hat{p} = \bar{X} = 0.499$．

6. 设总体 X 具有分布律如表 6-5 所示．

表 6-5　X 的分布律

X	1	2	3
P_i	θ^2	$2\theta(1-\theta)$	$(1-\theta)^2$

其中 $\theta(0<\theta<1)$ 为未知参数. 已知取得了样本值 $x_1=1$，$x_2=2$，$x_3=1$，试求 θ 的矩估计值和最大似然估计值.

解 (1) 求 θ 的矩估计值

$$E(X) = 1 \times \theta^2 + 2 \times 2\theta(1-\theta) + 3(1-\theta)^2$$
$$= [\theta + 3(1-\theta)][\theta + (1-\theta)] = 3 - 2\theta$$

令
$$E(X) = 3 - 2\theta = \overline{X}$$

则得到 θ 的矩估计值为

$$\hat{\theta} = \frac{3-\overline{X}}{2} = \frac{3 - \frac{1+2+1}{3}}{2} = \frac{5}{6}$$

(2) 求 θ 的最大似然估计值：

似然函数

$$L(\theta) = \prod_{i=1}^{3} P\{X_i = x_i\} = P\{X_1 = 1\}P\{X_2 = 2\}P\{X_3 = 1\}$$
$$= \theta^2 \cdot 2\theta(1-\theta) \cdot \theta^2$$
$$= 2\theta^5(1-\theta)$$

$$\ln L(\theta) = \ln 2 + 5\ln \theta + \ln (1-\theta)$$

求导
$$\frac{\mathrm{d}\ln L(\theta)}{\mathrm{d}\theta} = \frac{5}{6} - \frac{1}{1-\theta} = 0$$

得到唯一解为
$$\hat{\theta} = \frac{5}{6}$$

7. 设 X_1，X_2，X_3 是来自均值为 θ 的指数分布总体的样本，其中 θ 未知，现有 θ 的如下三个不同的估计量：

$$T_1 = \frac{1}{6}(X_1 + X_2) + \frac{1}{3}(X_3 + X_4)$$
$$T_2 = (X_1 + 2X_2 + 3X_3 + 4X_4)/5$$
$$T_3 = (X_1 + X_2 + X_3 + X_4)/4$$

(1) 指出 T_1，T_2，T_3 哪几个是 θ 的无偏估计量.

(2) 在上述 θ 的无偏估计中指出哪一个较为有效.

解 (1) 由于 X_i 服从均值为 θ 的指数分布，所以

$$E(X_i) = \theta, D(X_i) = \theta_2, \ i = 1, 2, 3, 4$$

由数学期望的性质, 有

$$E(T_1) = \frac{1}{6}[E(X_1) + E(X_2)] + \frac{1}{3}[E(X_3) + E(X_4)] = \theta$$

$$E(T_2) = \frac{1}{5}[E(X_1) + 2E(X_2) + 3E(X_3) + 4E(X_4)] = 2\theta$$

$$E(T_3) = \frac{1}{4}[E(X_1) + E(X_2) + E(X_3) + E(X_4)] = \theta$$

即 T_1, T_3 是 θ 的无偏估计量.

(2) 根据方差的性质, 并注意到 X_1, X_2, X_3, X_4 独立, 知

$$D(T_1) = \frac{1}{36}[D(X_1) + D(X_2)] + \frac{1}{9}[D(X_3) + D(X_4)] = \frac{5}{18}\theta^2$$

$$D(T_3) = \frac{1}{16}[D(X_1) + D(X_2) + D(X_3) + D(X_4)] = \frac{1}{4}\theta^2$$

$$D(T_1) > D(T_3)$$

所以 T_3 较为有效.

8. 设 X_1, X_2, $\cdots$, X_m 为来自二项分布总体 $B(n, p)$ 的简单随机样本, $\overline{X}$ 和 S^2 分别为样本均值和样本方差. 记统计量 $T = \overline{X} - S^2$, 求 $E(T)$; 若 $\overline{X} + kS^2$ 为 np^2 的无偏估计量, 求 k 值.

解 由 $E(T) = E(\overline{X} - S^2) = E(\overline{X}) - E(S^2) = np - np(1 - p) = np^2$

由 $\overline{X} + kS^2$ 为 np^2 的无偏估计, 即 $np + knp(1 - p) = np^2$

即 $1 + k(1 - p) = p$

从而 $k = -1$

9. 设某批电子管的使用寿命服从正态分布, 从中抽出容量为 10 的样本, 测得使用寿命的标准差 $s = 45$ (小时). 求这批电子管使用寿命的标准差的置信水平为 95% 的单侧置信下限.

解
$$P\left\{\frac{(n-1)S^2}{\chi_\alpha^2(n-1)} < \alpha^2\right\} = 1 - \alpha$$

所以标准差 σ 的置信水平为 $1 - \alpha$ 的置信区间为 $\left[\sqrt{\dfrac{(n-1)S^2}{\chi_\alpha^2(n-1)}}, +\infty\right)$

$$S = 45, \ n = 10, \ 1 - \alpha = 0.95,$$

查表得，$\chi^2_{0.05}(9)=16.919$

则
$$\sqrt{\frac{9\times 45^2}{16.919}}=32.82$$

所以标准差 σ 的置信水平为 95% 的置信下限为 32.82.

10. 假定每次试验时，事件 A 出现的概率 p 相同（但未知）. 如果在 60 次独立试验中，事件 A 出现了 15 次，试求 p 的置信水平为 95% 的置信区间.

解　$n=60$，$\hat{p}=\overline{X}=\dfrac{15}{60}=0.25$，$1-\alpha=0.95$，$u_{\frac{\alpha}{2}}=u_{0.025}=1.96$

p 的置信水平为 95% 的置信区间为

$$\hat{p}\pm u_{\frac{\alpha}{2}}\sqrt{\frac{\hat{p}(1-\hat{p})}{n}}$$

将以上数据代入，得 P 的置信水平为 95% 的置信区间为 (14.04%，35.96%).

11. 设总体 $X\sim N(\mu_1,\sigma_1^2)$ 与 $Y\sim N(\mu_2,\sigma_2^2)$ 相互独立，从 X 中抽取 $n_1=25$ 的样本，得 $s_1^2=63.96$；从 Y 中抽取 $n_2=16$ 的样本，得 $s_2^2=49.05$，试求两总体方差比 $\dfrac{\sigma_1^2}{\sigma_2^2}$ 的置信水平为 90% 的置信区间.

解　两总体方差比 σ_1^2/σ_2^2 的置信水平为 90% 的置信区间为

$$\left(\frac{S_1^2/S_2^2}{F_{\frac{\alpha}{2}}(n_1-1,\ n_2-1)},\ \frac{S_1^2/S_2^2}{F_{1-\frac{\alpha}{2}}(n_1-1,\ n_2-1)}\right)$$

$n_1=25$，$n_2=16$，$1-\alpha=0.9$

查表得

$$F_{0.05}(24,\ 15)=2.29,$$

$$F_{0.95}(24,\ 15)=\frac{1}{F_{0.05}(15,\ 24)}=\frac{1}{2.11}=0.47$$

所以
$$\frac{s_1^2/s_2^2}{F_{0.05}(24,\ 15)}=\frac{63.96/49.05}{2.29}=0.569$$

$$\frac{s_1^2/s_2^2}{F_{0.95}(24,\ 15)}=\frac{63.96/49.05}{0.47}=2.774$$

所以方差比 σ_1^2/σ_2^2 的置信水平为 $1-\alpha=0.90$ 的置信区间为 (0.569，2.774).

12. 设总体 X 的概率密度为

$$f(x) = \begin{cases} \lambda^2 x e^{-\lambda x}, & x > 0 \\ 0, & \text{其他} \end{cases}$$

其中参数 $\lambda(\lambda > 0)$ 未知,X_1,X_2,$\cdots$,X_n 是来自总体 X 的简单随机样本.

(1) 求参数 λ 的矩估计量.

(2) 求参数 λ 的最大似然估计量.

解 (1) 由 $E(X) = \displaystyle\int_0^{+\infty} \lambda^2 x^2 e^{-\lambda x} \mathrm{d}x = \dfrac{2}{\lambda}$,令 $E(X) = \overline{X}$,可得总体参数 λ 的矩估

计量 $\lambda = \dfrac{2}{\overline{X}}$.

(2) 构造似然函数

$$L(x_1, \cdots, x_n, \lambda) = \begin{cases} \displaystyle\prod_{l=1}^{n} f(x_l) = \lambda^{2n} \cdot \prod_{l=1}^{n} x_l \, e^{-\lambda \sum\limits_{i=1}^{n} x_i}, & x_1, \cdots, x_n > 0 \\ 0, & \text{其他} \end{cases}$$

当 x_1,x_2,$\cdots$,$x_n > 0$ 时,取对数 $\ln L = 2n\ln\lambda + \displaystyle\sum_{i=1}^{n} \ln x_i - \lambda \sum_{i=1}^{n} x_i$

令

$$\frac{\mathrm{d}\ln L}{\mathrm{d}\lambda} = 0 \Rightarrow \frac{2n}{\lambda} - \sum_{i=1}^{n} x_i = 0$$

$$\lambda = \frac{2n}{\displaystyle\sum_{i=1}^{n} x_i} = \frac{2}{\dfrac{1}{n}\displaystyle\sum_{i=1}^{n} x_i}$$

故其最大似然估计量为 $\hat{\lambda} = \dfrac{2}{\overline{X}}$.

13. 设随机变量 X 的分布函数为 $F(x, \alpha, \beta) = \begin{cases} 1 - \left(\dfrac{\alpha}{x}\right)^{\beta}, & x > \alpha \\ 0, & x \leqslant \alpha \end{cases}$

其中参数 $\alpha > 0$,$\beta > 1$. 设 X_1,X_2,$\cdots$,X_n 为来自总体 X 的简单随机样本,

(1) 当 $\alpha = 1$ 时,求未知参数 β 的矩估计量.

(2) 当 $\alpha = 1$ 时,求未知参数 β 的最大似然估计量.

(3) 当 $\beta = 2$ 时,求未知参数 α 的最大似然估计量.

解 当 $\alpha = 1$ 时,X 的概率密度为

$$f(x, \beta) = \begin{cases} \dfrac{\beta}{x^{\beta+1}}, & x > 1 \\ 0, & x \leqslant 1 \end{cases}$$

(1) 由于

$$E(X) = \int_{-\infty}^{+\infty} x f(x, \beta) \mathrm{d}x = \int_{1}^{+\infty} x \cdot \frac{\beta}{x^{\beta+1}} \mathrm{d}x = \frac{\beta}{\beta - 1}$$

令

$$\frac{\beta}{\beta - 1} = \overline{X}$$

解得

$$\beta = \frac{\overline{X}}{\overline{X} - 1}$$

所以，参数 β 的矩估计量为 $\beta = \dfrac{\overline{X}}{\overline{X} - 1}$.

(2) 对于总体 X 的样本值 $x_1, x_2, \cdots, x_n$，似然函数为

$$L(\beta) = \prod_{i=1}^{n} f(x_i, \alpha) = \begin{cases} \dfrac{\beta^n}{(x_1, x_2, \cdots, x_n)^{\beta+1}}, & x_1 > 1, x_1 > 2, \cdots, x_n > 1 \\ 0, & \text{其他} \end{cases}$$

当 $x_i > 1 (i = 1, 2, \cdots, n)$ 时，$L(\beta) > 0$，取对数得

$$\ln L(\beta) = n \ln \beta - (\beta + 1) \sum_{i=1}^{n} \ln x_i$$

对 β 求导数，得 $\quad \dfrac{\mathrm{d}[\ln L(\beta)]}{\mathrm{d}\beta} = \dfrac{n}{\beta} - \sum_{i=1}^{n} \ln x_i$

令 $\quad \dfrac{\mathrm{d}[\ln L(\beta)]}{\mathrm{d}\beta} = \dfrac{n}{\beta} - \sum_{i=1}^{n} \ln x_i = 0$

解得 $\quad \beta = \dfrac{n}{\sum\limits_{i=1}^{n} \ln x_i}$

于是 β 的最大似然估计量为 $\hat{\beta} = \dfrac{n}{\sum\limits_{i=1}^{n} \ln X_i}$.

（3）当 $\beta=2$ 时，X 的概率密度为

$$f(x, \beta) = \begin{cases} \dfrac{2\alpha^2}{x^3}, & x > \alpha \\ 0, & x \leqslant \alpha \end{cases}$$

对于总体 X 的样本值 $x_1, x_2, \cdots, x_n$，似然函数为

$$L(\beta) = \prod_{i=1}^{n} f(x_i, \alpha) = \begin{cases} \dfrac{2^n \alpha^{2n}}{(x_1, x_2, \cdots, x_n)^3}, & x_i > \alpha, i = 1, 2, \cdots, n \\ 0, & \text{其他} \end{cases}$$

当 $x_i > \alpha(i=1, 2, \cdots, n)$ 时，α 越大，$L(\alpha)$ 越大，即 α 的最大似然估计值为

$$\hat{\alpha} = \min\{x_1, x_2, \cdots, x_n\}$$

于是 α 的最大似然估计量为 $\hat{\alpha} = \min\{X_1, X_2, \cdots, X_n\}$.

14. 设总体 X 的密度函数为

$$f(x) = \begin{cases} 2e^{-2(x-\theta)} & x > \theta \\ 0, & x \leqslant \theta \end{cases}$$

其中 $\theta > 0$ 是未知参数，从总体 X 中抽取简单随机样本 $X_1, X_2, \cdots, X_n$，记 $\hat{\theta} = \min\{X_1, X_2, \cdots, X_n\}$.

（1）求总体 X 的分布函数 $F(x)$.

（2）求统计量 $\hat{\theta}$ 的分布函数 $F_{\hat{\theta}}(x)$.

（3）如果用 $\hat{\theta}$ 作为 θ 的估计量，讨论它是否具有无偏性.

解 （1）$F(x) = \displaystyle\int_{-\infty}^{x} f(t)\mathrm{d}t = \begin{cases} 1 - e^{-2(x-\theta)}, & x > \theta \\ 0, & x \leqslant \theta \end{cases}$

（2）$F_{\hat{\theta}}(x) = P\{\hat{\theta} \leqslant x\} = P\{\min(X_1, X_2, \cdots, X_n) \leqslant x\}$

$\qquad = 1 - P\{\min(X_1, X_2, \cdots, X_n) > x\}$

$\qquad = 1 - P\{X_1 > x, X_2 > x, \cdots, X_n > x\}$

$\qquad = 1 - [1 - F(x)]^n$

$\qquad = \begin{cases} 1 - e^{-2n(x-\theta)}, & x > \theta \\ 0, & x \leqslant \theta \end{cases}$

361

（3）θ 概率密度为

$$f_{\hat{\theta}}(x) = \frac{\mathrm{d}F_{\hat{\theta}}(x)}{\mathrm{d}x} = \begin{cases} 2n\mathrm{e}^{-2n(x-\theta)}, & x > \theta \\ 0, & x \leqslant \theta \end{cases}$$

因为 $\quad E\hat{\theta} = \int_{-\infty}^{+\infty} x f_{\hat{\theta}}(x)\mathrm{d}x = \int_{\theta}^{+\infty} 2nx\mathrm{e}^{-2n(x-\theta)}\mathrm{d}x = \theta + \frac{1}{2n} \neq \theta$

所以 $\hat{\theta}$ 作为 θ 的估计量不具有无偏性.

注：本题表面上是一数理统计问题，实际上考查了求分布函数、随机变量的函数、求分布和概率密度以及数学期望的计算等多个知识点. 将数理统计的概念与随机变量求分布与数字特征结合起来是一种典型的命题形式.

四、同步自测题及参考答案

自测题 A

一、单项选择题

1. 设 $X \sim N(\mu, \sigma^2)$，其中 μ 已知，σ^2 未知，X_1，X_2，X_3 为样本，则下列选项中不是统计量的是哪一项？ （　　）

A. $(X_1 + 2X_2 + 3X_3)/6$　　　　B. $\min\{X_1, X_2, X_3\}$

C. $\sum_{i=1}^{3} \frac{X_i^2}{\sigma^2}$　　　　D. $X_1 - \mu$

2. 已知 X_1，X_2，X_3，X_4，X_5 是总体的一个样本，$\overline{X}$ 为样本均值，下列统计量中哪个不是总体数学期望 $E(X)$ 的无偏估计？ （　　）

A. $X_1 + X_3 - 2X_5$　　　　B. $2X_2 - X_4$

C. $\frac{1}{3}X_1 + \frac{2}{3}\overline{X}$　　　　D. $\frac{3}{2}\overline{X} - \frac{1}{2}X_5$

3. 设一批零件的长度服从正态分布 $N(\mu, \sigma^2)$，其中 μ，σ^2 均未知. 现从中随机抽取 16 个零件，测得样本均值 $\bar{x} = 20$(cm)，样本标准差 $S = 1$(cm)，则 μ 的置信度为 0.90 的置信区间是哪一项？ （　　）

A. $\left(20 - \frac{1}{4}t_{0.05}(16), 20 + \frac{1}{4}t_{0.05}(16)\right)$　B. $\left(20 - \frac{1}{4}t_{0.1}(16), 20 + \frac{1}{4}t_{0.1}(16)\right)$

C. $\left(20-\dfrac{1}{4}t_{0.05}(15),20+\dfrac{1}{4}t_{0.05}(15)\right)$ D. $\left(20-\dfrac{1}{4}t_{0.1}(15),20+\dfrac{1}{4}t_{0.1}(15)\right)$

4. 设 $\hat{\theta}_1$,$\hat{\theta}_2$ 为某分布中参数 θ 的两个相互独立的无偏估计,则以下估计量中最有效的是哪一项? (   )

A. $\hat{\theta}_1-\hat{\theta}_2$ B. $\hat{\theta}_1+\hat{\theta}_2$ C. $\dfrac{1}{3}\hat{\theta}_1+\dfrac{2}{3}\hat{\theta}_2$ D. $\dfrac{1}{2}\hat{\theta}_1+\dfrac{1}{2}\hat{\theta}_2$

5. 总体 $X\sim N(\mu,\sigma^2)$,σ^2 已知,n 大于等于下列哪一项时,才能使总体均值 μ 的置信水平为 0.95 的置信区间长不大于 L? (   )

A. $15\dfrac{\sigma^2}{L^2}$

B. $15.3664\sigma^2/L^2$

C. $16\sigma^2/L^2$

D. 16

二、填空题

1. 设 x_1,x_2,$\cdots$,x_5 是来自总体 $N(\mu,0.3^2)$ 的样本值,且样本的均值 $\bar{x}=21.8$,则 μ 的置信度为 0.95 的置信区间为_____.

2. 设总体 $X\sim N(\mu,\sigma^2)$,σ^2 未知. 现从总体中抽取容量为 n 的样本,$\bar{X}$ 和 S^2 分别为样本均值和样本方差,则 μ 得置信度 $1-\alpha$ 的置信区间为_____.

3. 设 X 表示某种型号的电子元件的寿命(以小时计),它服从指数分布

$$X\sim f(x,\theta)=\begin{cases}\dfrac{1}{\theta}\mathrm{e}^{-x/\theta}, & x>0 \\ 0, & x\leqslant 0\end{cases}$$

其中 θ 为未知参数,$\theta>0$. 现随机抽取一个容量为 9 的样本,其样本观察值分别为 168,130,169,143,174,198,108,212,252,则未知参数 θ 的矩估计量为_____,θ 的矩估计值为_____.

4. 设总体 $X\sim N(\mu,\sigma^2)$,其中 μ 未知,$\sigma^2=4$. X_1,X_2,$\cdots$,X_n 为其样本. 若 μ 的 90% 置信区间的长度不超过 1,则 n 至少为多少? $n=$_____.

5. 已知某种果树产量服从正态分布,现随机地抽取 6 株,测算其产量(单位:千克)分别为:221,191,202,205,256,236,则全体果树的平均产量的 95% 的置信区间为_____.

三、计算、证明题

1. 某车间生产滚珠,从长期实践中知道滚珠直径 X 可以认为服从正态分布,且滚珠直径的方差为 0.05.从某天生产的产品中随机抽取 6 个,测得直径如下(单位:毫米):14.6,15.1,14.9,14.8,15.2,15.1,试对 $\alpha=0.05$,找出滚珠平均直径的区

间估计.

2. 已知总体 X 服从正态分布 $N(10, 2^2)$，X_1，X_2，$\cdots$，X_n 是正态总体的一个样本，$\overline{X}$ 为样本均值，若概率 $P\{9 \leqslant \overline{X} \leqslant 11\} \geqslant 0.99$，问样本容量 n 应取多大？

3. 设 X_1，X_2，$\cdots$，X_n 为总体 X 的一个样本，X 的密度函数 $f(x) = \begin{cases} \beta x^{\beta-1}, & 0 < x < 1 \\ 0, & \text{其他} \end{cases}$，其中参数 $\beta > 0$，分别求参数 β 的矩估计量和极大似然估计量.

4. 随机地从一批零件中抽取 16 个，测得长度（单位：厘米）为：2.14，2.10，2.13，2.15，2.13，2.12，2.13，2.10，2.15，2.12，2.14，2.10，2.13，2.11，2.14，2.11，设零件长度分布为正态分布，试求总体 μ 的 90% 的置信区间：(1) 若 $\sigma = 0.01$. (2) 若 σ 未知.

5. 设总体 X 的概率密度为

$$f(x, \lambda) = \begin{cases} \lambda a x^{\alpha-1} e^{-\lambda x^\alpha}, & x > 0 \\ 0, & x \leqslant 0 \end{cases}$$

其中 $\lambda > 0$ 是未知参数，$\alpha > 0$ 是已知常数. 试根据来自总体 X 的简单随机样本 X_1，X_2，$\cdots$，X_n，求 λ 的最大似然估计量.

6. 设总体 X 服从对数正态分布，记为 $X \sim LN(\mu, \sigma^2)$，其密度函数为：

$$f(x; \mu, \sigma^2) = \begin{cases} \dfrac{1}{\sqrt{2\pi}\sigma x} e^{-\frac{(\ln x - \mu)^2}{2\sigma^2}}, & x > 0 \\ 0, & x \leqslant 0 \end{cases}$$

其中 μ，σ^2 是未知参数，X_1，X_2，$\cdots$，X_n 是 X 的一个样本，分别求 μ 以及 σ^2 的极大似然估计.

7. 设 X_1，X_2，$\cdots$，X_n 是总体为 $N(\mu, \sigma^2)$ 的简单随机样本. 记 $\overline{X} = \dfrac{1}{n} \sum_{i=1}^{n} X_i$，$S^2 = \dfrac{1}{n-1} \sum_{i=1}^{n} (X_i - \overline{X})^2$，$T = \overline{X}^2 - \dfrac{1}{n} S^2$. (1) 证 T 是 μ^2 的无偏估计量. (2) 当 $\mu = 0$，$\sigma = 1$ 时，求 DT.

自测题 A 参考答案

一、选择题

1. C；　2. A；　3. C；　4. D；　5. B.

二、填空题

1. $(21.537, 22.063)$； 2. $\left(\overline{X}-t_{\frac{\alpha}{2}}(n-1)\dfrac{\sigma}{\sqrt{n}}, \overline{X}+t_{\frac{\alpha}{2}}(n-1)\dfrac{\sigma}{\sqrt{n}}\right)$； 3. 矩估计量为 $\hat{\theta}=X$，矩估计值为 $\hat{\theta}=\bar{x}=172.7$； 4. 44； 5. $(193,244)$.

三、计算、证明题

1. **解** $X\sim N(\mu,\ \sigma^2),\ \sigma^2=0.05$ 已知，$\alpha=0.05, U_{\frac{\alpha}{2}}=U_{0.025}=1.96, \bar{x}=15$

于是

$$\bar{x}\pm U_{\frac{\alpha}{2}}\frac{\sigma}{\sqrt{n}}=15\pm 1.96\times\frac{\sqrt{0.05}}{\sqrt{6}}=15\pm 0.2=\begin{cases}14.8\\15.2\end{cases}$$

所以滚珠平均直径的区间估计为 $(14.8, 15.2)$.

2. **解**

$$\overline{X}\sim N\left(10,\frac{2^2}{n}\right)$$

$$P\{9\leqslant \overline{X}\leqslant 11\}\geqslant 0.99$$

$$P\left\{\frac{9-10}{\frac{2}{\sqrt{n}}}\leqslant\frac{\overline{X}-10}{\frac{2}{\sqrt{n}}}\leqslant\frac{11-10}{\frac{2}{\sqrt{n}}}\right\}\geqslant 0.99$$

$$\Phi_0\left(\frac{\sqrt{n}}{2}\right)\geqslant 0.995$$

$n\geqslant 26.63$，解得 27.

3. **解** β 的矩估计量是 $\hat{\beta}=\dfrac{\overline{X}}{1-\overline{X}}$，$\beta$ 的极大似然估计量是 $\hat{\beta}=\dfrac{-n}{\sum\limits_{i=1}^{n}l_n X_i}$

4. **解** (1) $(2.121, 2.129)$ (2) $(2.1175, 2.1325)$

5. **解** 样本 $X_1, X_2, \cdots, X_n$ 的似然函数为

$$L(\lambda)=\prod_{i=1}^{n}(\lambda\alpha x_i^{\alpha-1}e^{-\lambda x_i^{\alpha}})=\lambda^n\alpha^n e^{-\lambda\sum\limits_{i=1}^{n}x_i^{\alpha}}\prod_{i=1}^{n}x_i^{\alpha-1}$$

则

$$LnL(\lambda)=nLn\lambda+nLn\alpha-\lambda\sum_{i=1}^{n}x_i^{\alpha}+Ln\prod_{i=1}^{n}x_i^{\alpha-1}$$

令

$$\frac{d[LnL(\lambda)]}{d\lambda}=\frac{n}{\lambda}-\sum_{i=1}^{n}x_i^{\alpha}=0$$

得

$$\hat{\lambda}=\frac{n}{\sum\limits_{i=1}^{n}x_i^{\alpha}}$$

6. 解 似然函数为

$$L(\mu,\ \sigma^2)=\prod_{i=1}^n f(x_i;\mu,\ \sigma^2)=\left(\frac{1}{\sqrt{2\pi}\sigma}\right)^n\left(\prod_{i=1}^n x_i\right)^{-1}\exp\left\{-\frac{1}{2\sigma^2}\sum_{i=1}^n (\ln x_i-\mu)^2\right\}$$

$$\ln L(\mu,\ \sigma^2)=-n\ln(\sqrt{2\pi}\sigma)-\sum_{i=1}^n \ln x_i-\frac{1}{2\sigma^2}\sum_{i=1}^n (\ln x_i-\mu)^2$$

$$\frac{\partial\ln L(\mu,\ \sigma^2)}{\partial\mu}=\frac{1}{\sigma^2}\sum_{i=1}^n (\ln x_i-\mu),$$

$$\frac{\partial\ln L(\mu,\ \sigma^2)}{\partial\sigma^2}=-\frac{n}{2\sigma^2}+\frac{1}{2\sigma^4}\sum_{i=1}^n (\ln x_i-\mu)^2$$

令$\dfrac{\partial\ln L(\mu,\ \sigma^2)}{\partial\mu}=0$，$\dfrac{\partial\ln L(\mu,\ \sigma^2)}{\partial\sigma^2}=0$，得如下方程组

$$\begin{cases}\dfrac{1}{\sigma^2}\sum\limits_{i=1}^n (\ln x_i-\mu)=0\\[3mm]-\dfrac{n}{2\sigma^2}+\dfrac{1}{2\sigma^4}\sum\limits_{i=1}^n (\ln x_i-\mu)^2=0\end{cases},$$

从中解得

$$\hat{\mu}=\frac{1}{n}\sum_{i=1}^n \ln x_i,\quad \hat{\sigma}^2=\frac{1}{n}\sum_{i=1}^n (\ln x_i-\hat{\mu})^2$$

又

$$\frac{\partial^2\ln L(\mu,\ \sigma^2)}{\partial\mu^2}\bigg|_{\mu=\hat{\mu},\ \sigma^2=\hat{\sigma}^2}=\frac{-n}{\hat{\sigma}^2}<0,$$

$$\frac{\partial^2\ln L(\mu,\ \sigma^2)}{\partial(\sigma^2)^2}\bigg|_{\mu=\hat{\mu},\ \sigma^2=\hat{\sigma}^2}=-\frac{n}{2(\hat{\sigma}^2)^2}<0$$

于是参数$\mu,\ \sigma^2$的极大似然估计量分别为：

$$\hat{\mu}=\frac{1}{n}\sum_{i=1}^n \ln X_i,\hat{\sigma}^2=\frac{1}{n}\sum_{i=1}^n (\ln X_i-\hat{\mu})^2$$

另解 若$X\sim LN(\mu,\ \sigma^2)$，则$Y=\ln X\sim N(\mu,\ \sigma^2)$. 令$Y_i=\ln X_i$，$i=1,\ 2,\ \cdots,$ n，由此$Y_1,\ Y_2,\ \cdots,\ Y_n$为来自正态分布总体Y一个简单随机样本，于是$\mu,\ \sigma^2$极大似然估计为$\hat{\mu}=\overline{Y},\hat{\sigma}^2=S^2$，即

$$\hat{\mu}=\overline{Y}=\frac{1}{n}\sum_{i=1}^n \ln X_i,\quad \hat{\sigma}=\frac{1}{n}\sum_{i=1}^n (Y_i-\overline{Y})^2=\frac{1}{n}\sum_{i=1}^n (\ln X_i-\hat{\mu})^2$$

7. 解 (1) 因为 $X \sim N(\mu, \sigma^2)$，所以 $\overline{X} \sim N\left(\mu, \frac{\sigma^2}{n}\right)$，从而 $E(\overline{X}) = \mu$, $D(\overline{X}) = \frac{\sigma^2}{n}$.

因为

$$E(T) = E\left(\overline{X}^2 - \frac{1}{n}S^2\right) = E(\overline{X}^2) - \frac{1}{n}E(S^2)$$

$$= D(\overline{X}) + [E(\overline{X})]^2 - \frac{1}{n}E(S^2) = \frac{1}{n}\sigma^2 + \mu^2 - \frac{1}{n}\sigma^2$$

$$= \mu^2$$

所以，T 是 μ^2 的无偏估计.

(2) **解法一** $D(T) = E(T^2) - [E(T)]^2$, $E(T) = 0$, $E(S^2) = \sigma^2 = 1$

所以 $$D(T) = E(T^2) = E\left(\overline{X}^4 - \frac{2}{n}\overline{X}^2 \cdot S^2 + \frac{S^4}{n^2}\right)$$

$$= E(\overline{X}^4) - \frac{2}{n}E(\overline{X}^2)E(S^2) + \frac{1}{n^2}E(S^4)$$

因为 $X \sim N(0, 1)$，所以 $\overline{X} \sim N\left(0, \frac{1}{n}\right)$，有

$$E(\overline{X}) = 0, \quad D(\overline{X}) = \frac{1}{n}, \quad E(\overline{X}^2) = D(\overline{X}) + [E(\overline{X})]^2 = \frac{1}{n}$$

所以 $E(\overline{X}^4) = D(\overline{X}^2) + [E(\overline{X}^2)]^2$

$$= D\left(\frac{1}{\sqrt{n}} \cdot \sqrt{n}\,\overline{X}\right)^2 + \{D(\overline{X}) + [E(\overline{X})]^2\}^2$$

$$= \frac{1}{n^2}D\left(\sqrt{n}\,\overline{X}\right)^2 + [D(\overline{X})]^2 = \frac{1}{n^2} \cdot 2 + \left(\frac{1}{n}\right)^2 = \frac{3}{n^2}$$

$$E(S^4) = E[(S^2)^2] = D(S^2) + [E(S^2)]^2 = DS^2 + 1$$

因为 $W = \frac{(n-1)S^2}{\sigma^2} = (n-1)S^2 \sim \chi^2(n-1)$，所以 $D(W) = 2(n-1)$

又因为 $D(W) = (n-1)^2 D(S^2)$，所以 $D(S^2) = \frac{2}{(n-1)}$

所以 $E(S^4) = \frac{2}{(n-1)} + 1 = \frac{n+1}{n-1}$

所以 $$E(T^2) = \frac{3}{n^2} - \frac{2}{n} \cdot \frac{1}{n} \cdot 1 + \frac{1}{n^2} \cdot \frac{n+1}{n-1} = \frac{2}{n(n-1)}$$

解法二 当 $\mu = 0$, $\sigma = 1$ 时

$$D(T) = D\left(\overline{X}^2 - \frac{1}{n}S^2\right) \qquad (注意\overline{X}和S^2独立)$$

$$= D(\overline{X}^2) + \frac{1}{n^2}D(S^2) = \frac{1}{n^2}D\left(\sqrt{n}\,\overline{X}\right)^2 + \frac{1}{n^2} \cdot \frac{1}{(n-1)^2}D\left[(n-1)S^2\right]$$

自测题 B

一、单项选择题

1. 设 X_1，X_2，X_3 是来自总体 X 的一个样本,且 $EX=\mu$，$DX=\sigma^2$，则下面的估计量中为 μ 的无偏估计量的是哪一项,其中方差最小的估计量是哪一项？ （　　）

    A. $\hat{\mu}_1 = \frac{1}{5}X_1 + \frac{3}{10}X_2 + \frac{1}{2}X_3$ B. $\hat{\mu}_2 = \frac{1}{3}X_1 + \frac{1}{4}X_2 + \frac{4}{12}X_3$

    C. $\hat{\mu}_3 = \frac{1}{3}X_1 + \frac{3}{4}X_2 + \frac{1}{12}X_3$ D. $\hat{\mu}_4 = \frac{1}{3}X_1 - \frac{3}{4}X_2 + \frac{1}{12}X_3$

2. 设 n 个随机变量 X_1，X_2，$\cdots$，X_n 独立同分布,$D(X_1) = \sigma^2$，$\overline{X} = \frac{1}{n}\sum_{i=1}^{n}X_i$，$S^2 = \frac{1}{n-1}\sum_{i=1}^{n}(X_i - \overline{X})^2$，则下列哪一项正确？ （　　）

    A. S 是 σ 的无偏估计量   B. S 是 σ 的最大似然估计量

    C. S 是 σ 的相合估计量(即一致估计量)   D. S 与 $\overline{X}$ 相互独立

3. 设 $X \sim N(\mu, \sigma^2)$，其中 μ 未知,σ^2 已知,X_1，X_2，X_3 为取自总体 X 的样本,则下列选项中不是统计量的是哪一项？ （　　）

    A. $X_1 + X_2 + X_3$ B. $\max\{X_1, X_2, X_3\}$

    C. $\sum_{i=1}^{3}\frac{X_i^2}{\sigma^2}$ D. $X_1 - \mu$

4. 设 X_1，X_2，$\cdots$，X_n 为总体 X 的一个随机样本,$E(X)=\mu$，$D(X)=\sigma^2$，$\hat{\theta}^2 = C\sum_{i=1}^{n-1}(X_{i+1} - X_i)^2$ 为 σ^2 的无偏估计,则 C 值是多少？ （　　）

    A. $1/n$ B. $1/n-1$ C. $1/2(n-1)$ D. $1/n-2$

5. X_1，X_2，$\cdots$，X_{n_1} 与 Y_1，Y_2，$\cdots$，Y_{n_2} 分别是总体 $N(\mu_1, \sigma_1^2)$ 和 $N(\mu_2, \sigma_2^2)$ 的样本,且相互独立,其中 σ_1^2，σ_2^2 已知,则 $\mu_1 - \mu_2$ 的 $100(1-\alpha)\%$ 置信区间为下哪一项？

（　　）

A. $\left(\overline{X}-\overline{Y}\mp t_{\frac{\alpha}{2}}(n_1+n_2-2)\sqrt{\dfrac{S_1^2}{n_1}+\dfrac{S_2^2}{n_2}}\right)$ B. $\left(\overline{X}-\overline{Y}\mp U_{\frac{\alpha}{2}}\sqrt{\dfrac{\sigma_1^2}{n_1}+\dfrac{\sigma_2^2}{n_2}}\right)$

C. $\left(\overline{Y}-\overline{X}\mp t_{\frac{\alpha}{2}}(n_1+n_2-2)\sqrt{\dfrac{S_1^2}{n_1}+\dfrac{S_2^2}{n_2}}\right)$ D. $\left(\overline{Y}-\overline{X}\mp U_{\frac{\alpha}{2}}\sqrt{\dfrac{\sigma_1^2}{n_1}+\dfrac{\sigma_2^2}{n_2}}\right)$

二、填空题

1. 设总体 $X\sim N(\mu,\sigma^2)$，σ^2 为已知，μ 为未知，设 $X_1,X_2,\cdots,X_n$ 是来自 X 的样本，则 μ 的置信水平为 90% 的置信区间为_____.

2. 设 $x_1,x_2,\cdots x_{16}$ 是来自总体 $N(\mu,0.8^2)$ 的样本值，且样本均值 $\overline{x}=9.5$，则 μ 的置信度为 0.95 的置信区间为_____.

3. 用一个仪器测量某物体的长度，假设测量得到的长度服从正态分布 $N(\mu,\sigma^2)$ 现进行 5 次测量，测量值为（单位：毫米）：53.2, 52.4, 53.3, 52.8, 52.5，而 μ,σ^2 为正态总体的平均数和方差，都未知，则 μ,σ^2 的矩估计量分别为_____，_____，矩估计值分别为_____，_____.

4. 设总体 $X\sim N(\mu,\sigma^2)$，其中 μ 未知，$\sigma^2=4$. $X_1,\cdots,X_n$ 为其样本. 若 μ 的 90% 置信区间的长度不超过 1，则 n 至少为多少？$n=$_____.

5. 测得自动车床加工的 10 个零件的尺寸与规定尺寸的偏差（单位：微米）如下：2, 1, −2, 3, 2, 4, −2, 5, 3, 4，则零件尺寸偏差的数学期望的无偏估计量是_____.

三、计算、证明题

1. 已知某种型号的保险丝在短路的情况下的熔化时间 X 秒服从正态分布 $N(\mu,\sigma^2)$，从一批保险丝中随机抽取 9 根，测量其在短路的情况下的熔化时间分别为（单位：秒）4.2, 6.5, 7.5, 7.8, 6.9, 5.9, 5.7, 6.8, 5.4，试以 0.99 的置信度，求：每根保险丝在短路情况下平均熔化时间 μ 的置信区间.

2. 设总体 X 具有概率密度 $f(x)=\begin{cases}\dfrac{3x^2}{\theta^3}, & 0<x<\theta \\ 0, & 其他\end{cases}$，$X_1,X_2,\cdots,X_n$ 为一样本，未知参数 $\theta>0$，求 θ 的矩估计量.

3. 设总体 X 的概率密度为

$$f(x)=\begin{cases}2\mathrm{e}^{-2(x-\theta)}, & x>\theta \\ 0, & x\leqslant\theta\end{cases}$$

其中 $\theta>0$ 是未知参数，从总体 X 中抽取简单随机样本 $X_1,X_2,\cdots,X_n$，记 $\hat{\theta}=$

$\min(X_1, X_2, \cdots, X_n)$.

    (1) 求总体 X 的分布函数 $F(x)$.

    (2) 求统计量 $\hat{\theta}$ 的分布函数 $F_{\hat{\theta}}(x)$.

    (3) 如果用 $\hat{\theta}$ 作为 θ 的估计量,讨论它是否具有无偏性.

    4. 设总体 X 的概率密度为 $f(x) = \begin{cases} \dfrac{6x(\theta-x)}{\theta^3}, & 0 < x < \theta \\ 0, & \text{其他} \end{cases}$, $X_1, X_2, \cdots, X_n$ 为

取自总体 X 的一个样本,求(1) θ 的矩估计量 $\hat{\theta}$. (2) $\hat{\theta}$ 的方差 $D\hat{\theta}$.

    5. 某钢铁公司的管理人员为比较新旧两个电炉的温度状况,抽取了新电炉的 31 个温度数据及旧电炉的 25 个温度数据,并计算得样本方差分别为 $S_1^2 = 75$ 及 $S_2^2 = 100$. 设新电炉的温度 $X \sim N(\mu_1, \sigma_1^2)$,旧电炉的温度 $Y \sim N(\mu_2, \sigma_2^2)$. 试求 $\dfrac{\sigma_1^2}{\sigma_2^2}$ 的 95% 置信区间.

    6. 某大学从来自 A, B 两个地区的新生中分别随机抽取 5 名与 6 名新生,测其身高(单位:厘米)后算得样本均值分别为 $\bar{x} = 175.9$, $\bar{y} = 172.0$;样本方差分别为 $S_1^2 = 11.3$, $S_2^2 = 9.1$. 假设两地区新生的身高分别服从正态分布 $X \sim N(\mu_1, \sigma^2)$, $Y \sim N(\mu_2, \sigma^2)$,其中方差 σ^2 未知. 试求 $\mu_1 - \mu_2$ 的 0.95% 的置信区间.

    7. 设总体 X 的分布密度为 $f(x, \theta) = \begin{cases} \dfrac{1}{\theta}, & 0 \leqslant x \leqslant \theta \\ 0, & \text{其他} \end{cases}$ 其中 $\theta > 0$ 是未知参数,

$X = (X_1, X_2, \cdots, X_n)$ 是来自总体 X 的样本,求:

    (1) θ 的矩法估计量 $\hat{\theta}_1$.

    (2) 验证 $\hat{\theta}_1$, $\hat{\theta}_2 = [(n+1)/n]M$ 都是 θ 的无偏估计量(其中 $M = \max\{X_1, X_2, \cdots, X_n\}$).

    (3) 比较 $\hat{\theta}_1$, $\hat{\theta}_2$ 两个无偏估计量的有效性.

自测题 B 参考答案

一、单项选择题

1. A,B;   2. C;   3. D;   4. C;   5. B.

二、填空题

1. $\left(\bar{X} - 1.645 \dfrac{\sigma}{\sqrt{n}}, \bar{X} + 1.645 \dfrac{\sigma}{\sqrt{n}} \right)$;   2. (9.108, 9.892);   3. $\bar{X}$, S_n^2, $\hat{\mu} = \bar{x} =$

52.94, $\hat{\sigma}^2 = S_n^2 = 0.0824$; 4.62; 5.2.

三、计算、证明题

1. 解 σ^2 未知,统计量 $T = \dfrac{\overline{X} - \mu}{S/\sqrt{n}} \sim t(n-1)$

置信区间为 $\left(\bar{x} \pm t_a(n-1) \times \dfrac{S}{\sqrt{n}} \right)$

将数据代入上式,得置信区间为 $(5.0, 7.6)$.

2. 解
$$E(X) = \int_0^\theta x \frac{3x^2}{\theta^3} \mathrm{d}x = \frac{3}{4}\theta,$$

令
$$E(X) = \overline{X}$$

得
$$\hat{\theta} = \frac{4}{3}\overline{X}$$

3. 解 (1) $F(x) = \displaystyle\int_{-\infty}^{x} f(t)\mathrm{d}t = \begin{cases} 1 - \mathrm{e}^{-2(x-\theta)}, & x > \theta \\ 0, & x \leqslant \theta \end{cases}$

(2) $F_{\hat{\theta}}(x) = P\{\hat{\theta} \leqslant x\} = P\{\min(X_1, X_2, \cdots, X_n) \leqslant x\}$

$\qquad = 1 - P\{\min(X_1, X_2, \cdots, X_n) > x\}$

$\qquad = 1 - P\{X_1 > x, X_2 > x, \cdots, X_n > x\}$

$\qquad = 1 - [1 - F(x)]^n$

$\qquad = \begin{cases} 1 - \mathrm{e}^{-2n(x-\theta)}, & x > \theta \\ 0, & x \leqslant \theta \end{cases}$

(3) $\hat{\theta}$ 概率密度为

$$f_{\hat{\theta}}(x) = \frac{\mathrm{d}F_{\hat{\theta}}(x)}{\mathrm{d}x} = \begin{cases} 2n\mathrm{e}^{-2n(x-\theta)}, & x > \theta \\ 0, & x \leqslant \theta \end{cases}$$

因为
$$E(\hat{\theta}) = \int_{-\infty}^{+\infty} x f_{\hat{\theta}}(x)\mathrm{d}x = \int_{\theta}^{+\infty} 2nx\mathrm{e}^{-2n(x-\theta)} \mathrm{d}x$$
$$= \theta + \frac{1}{2n} \neq \theta$$

所以 $\hat{\theta}$ 不是 θ 的无偏估计量.

4. 解 (1) $E(X) = \displaystyle\int_{-\infty}^{\infty} x f(x)\mathrm{d}x = \int_0^\theta x \frac{6x(\theta-x)}{\theta^3} \mathrm{d}x = \frac{\theta}{2}$

由矩估计思想可建立如下方程 $\dfrac{\theta}{2} = \overline{X}$

从中解得 θ 的矩估计量为 $\qquad \hat{\theta} = 2\overline{X}$

(2) 又因为 $\qquad E(X^2) = \int_{-\infty}^{\infty} x^2 f(x)\mathrm{d}x = \int_0^{\theta} x^2 \dfrac{6x(\theta-x)}{\theta^3}\mathrm{d}x = \dfrac{6}{20}\theta^2$

$$D(X) = E(X^2) - [E(X)]^2 = \dfrac{6}{20}\theta^2 - \dfrac{\theta^2}{4} = \dfrac{\theta^2}{20}$$

所以 $\qquad D(\hat{\theta}) = 4D(\overline{X}) = \dfrac{4}{n}D(X) = \dfrac{\theta^2}{5n}$

5. **解** σ_1^2/σ_2^2 的 $1-\alpha$ 置信区间的两个端点分别是

$$\left(F_{\frac{\alpha}{2}}(n_1-1,\ n_2-1)\right)^{-1} \cdot \dfrac{s_1^2}{s_2^2} \text{ 与 } F_{\frac{\alpha}{2}}(n_2-1,\ n_1-1) \cdot \dfrac{S_1^2}{S_2^2},$$

$$\alpha = 0.05,\ n_1 = 31,\ n_2 = 25$$

查表得 $F_{0.05/2}(30,24) = 2.21$，$F_{0.05/2}(24,30) = 2.14$

于是置信下限为 $\dfrac{1}{2.21} \times \dfrac{75}{100} = 0.34$，置信上限为 $2.14 \times \dfrac{75}{100} = 1.61$

所求置信区间为 $(0.34,\ 1.61)$.

6. **解** $n_1 = 5,\ n_2 = 6,\ \bar{x} = 175.9,\ \bar{y} = 172,\ s_1^2 = 11.3,\ s_2^2 = 9.1,\ \alpha = 0.05$

$$s_w = \sqrt{\dfrac{(n_1-1)s_1^2 + (n_2-1)s_2^2}{n_1+n_2-2}} = 3.1746$$

$$t_{0.025}(9) = 2.2622$$

所以，$\mu_1 - \mu_2$ 置信度为 95% 的置信区间为

$$\left(\bar{x}-\bar{y} - t_{\frac{\alpha}{2}}(n_1+n_2-2)s_w\sqrt{\dfrac{1}{n_1}+\dfrac{1}{n_2}},\ \bar{x}-\bar{y} + t_{\frac{\alpha}{2}}(n_1+n_2-2)s_w\sqrt{\dfrac{1}{n_1}+\dfrac{1}{n_2}}\right), \qquad 即$$

$(-0.4484,\ 8.2484)$.

7. **解** (1) 总体 X 的数学期望 $E(X) = \int_0^{\theta} \dfrac{x}{\theta}\mathrm{d}x = \dfrac{\theta}{2}$，

令 $E(X) = \overline{X}$，并求解 θ 得矩法估计量 $\hat{\theta}_1 = 2\overline{X}$.

(2) $E(\hat{\theta}_1) = 2E(\overline{X}) = 2E(X) = \theta$

$$E(\hat{\theta}_2) = \dfrac{n+1}{n} \cdot EM = \dfrac{n+1}{n}\int_0^{\theta} x \cdot n\dfrac{x^{n-1}}{\theta^n}\mathrm{d}x = n+1\int_0^{\theta} \dfrac{x^n}{\theta^n}\mathrm{d}x$$

$$= \dfrac{n+1}{\theta^n} \cdot \dfrac{x^{n+1}}{n+1}\Big|_0^{\theta} = \theta$$

所以 $\hat{\theta}_1$，$\hat{\theta}_2$ 均是 θ 的无偏估计.

(3) $D(\hat{\theta}_1) = D(2\,\overline{X}) = (4/n)D(X) = \dfrac{\theta^2}{3n}$

$$D(\hat{\theta}_2) = \frac{(n+1)^2}{n^2}D(M) = \frac{(n+1)^2}{n^2}\int_0^\theta x^2 n\frac{x^{n-1}}{\theta^n}\mathrm{d}x - \theta^2$$

$$= \Big(\frac{(n+1)^2}{n(n+1)} - 1\Big)\theta^2 = \frac{\theta^2}{n(n+2)}$$

所以当 $n \geqslant 2$ 时 $\hat{\theta}_2$ 比 $\hat{\theta}_1$ 有效.

第七章　假　设　检　验

本章主要介绍假设检验的概念,两类错误,单正态总体均值与方差的假设检验和双正态总体均值和方差的假设检验.最后对非参数检验问题——拟合优度问题作一个简单的介绍.

一、知识结构与教学基本要求

(一) 知识结构
本章的知识结构见图 7-1.

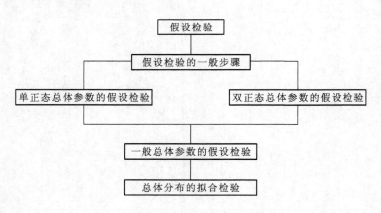

图 7-1　第七章知识结构

(二) 教学基本要求
(1) 理解假设检验的基本思想.

(2) 熟悉假设检验的基本步骤.

(3) 了解假设检验可能产生的两类错误.

(4) 掌握单正态总体的均值和方差的假设检验,双正态总体的均值和方差的假设检验.

(5) 熟悉一般总体参数的假设检验.

(6) 熟悉总体分布的拟合检验.

二、内容简析与范例

(一) 假设检验的基本概念

【概念与知识点】

1. 假设检验

对总体的分布类型或分布中的某些未知参数作出某种假设,然后从总体中抽取一个样本,选择一个合适的检验统计量,利用检验统计量的观察值和预先给定的小概率 α,对所作假设成立与否作出定性判断.

只对分布中未知参数提出假设并作检验,则称为参数假设检验.

2. 假设检验基本思想的依据是小概率原理

小概率原理:概率很小的事件在一次试验中几乎不发生. 如果小概率事件在一次试验中竟然发生了,则事属反常,定有导致反常的特别原因,有理由怀疑试验的原定条件不成立.

概率反证法:欲判断原假设 H_0 的真假,先假定 H_0 真,在此前提下构造一个能说明问题的小概率事件 A,试验取样,由样本信息确定 A 是否发生.

若 A 发生,这与小概率原理相违背,说明试验的前定条件 H_0 不成立,拒绝 H_0;若小概率事件 A 没有发生,没有理由拒绝 H_0,只好接受 H_0.

3. 假设检验中的两类错误

人们作出判断的依据是一个样本,样本是随机的,因而人们进行假设检验判断 H_0 可信与否时,不免发生误判而犯两类错误.

第一类错误:H_0 为真,而检验结果将其否定,这称为"弃真"错误.

第二类错误:H_0 不真,而检验结果将其接受,这称为"取伪"错误.

分别记犯第一、第二类错误的概率为 $0 < \alpha$,$\beta < 1$,即 $\alpha = P\{$拒绝 $H_0 | H_0$ 为真$\}$,$\beta = \{$接受 $H_0 | H_0$ 不真$\}$.

4. 假设检验的一般步骤

(1) 根据实际问题提出原假设 H_0 与备择假设 H_1.

(2) 选择适当的检验统计量,在 H_0 成立的条件下,确定该统计量的分布.

(3) 选取适当的显著性水平 α,根据检验统计量的分布表,确定上(下) α-分位数,即临界值.

(4) 根据样本观察值计算检验统计量的值,作出拒绝或接受原假设 H_0 的判断.

【范例与方法】

例1 在假设检验中，H_0 表示原假设，H_1 为备择假设，则称为犯第二类错误是（　　）.

A. H_1 不真，接受 H_1 　　　　B. H_1 不真，接受 H_0

C. H_0 不真，接受 H_1 　　　　D. H_0 不真，接受 H_0

分析 理解两类错误的概念. H_0 不真，而检验结果将其接受，这称为犯了第二类错误（取伪错误）.

解 选 D.

例2 假设 X_1，X_2，$\cdots$，X_{36}是来自正态总体 $N(\mu, 0.04)$的简单随机样本，其中 μ 为未知参数，记 $\overline{X}=\dfrac{1}{36}\sum\limits_{i=1}^{36}X_i$. 现对检验问题 $H_0:\mu=0.5$，$H_1:\mu=\mu_1>0.5$，并取检验拒绝域 $W=\{(x_1, x_2, \cdots, x_{36})|\overline{x}>C\}$，检验显著性水平 $\alpha=0.05$. 试计算（1）C.（2）若 $\alpha=0.05$，$\mu_1=0.65$ 时，犯第二类错误的概率是多少？

分析 结合独立同分布的随机变量及正态分布的有关性质计算两类错误发生的概率.

解 （1）若假设 H_0 成立，即 $\mu=0.5$，则总体 $X\sim N(0.5, 0.04)$，$\overline{X}\sim N\left(0.5, \dfrac{1}{900}\right)$，根据题意知

$$\alpha=P\{拒绝 H_0\mid H_0 为真\}=P\{\overline{X}\geqslant C\}=1-P\{\overline{X}<C\}$$
$$=1-\Phi\left(\dfrac{C-0.5}{\dfrac{1}{30}}\right)=1-\Phi(30C-15)=0.05$$

那么 $\Phi(30C-15)=0.95$，查表得 $30C-15=1.645$，即 $C=0.5548$.

（2）若假设 H_1 成立，即 $\mu=\mu_1=0.65$，则总体 $X\sim N(0.65, 0.04)$，$\overline{X}\sim N\left(0.65, \dfrac{1}{900}\right)$，根据题意知

$$\beta=P\{接受 H_0\mid H_0 不真\}=P\{\overline{X}<C\}=\Phi\left(\dfrac{C-0.65}{\dfrac{1}{30}}\right)$$

$$=\Phi[30\times(0.5548-0.65)]=\Phi(-2.855)=1-\Phi(2.855)$$
$$=1-0.9979=0.0021$$

（二）单正态总体均值的假设检验

【概念与知识点】

设总体 $X \sim N(\mu, \sigma^2)$，总体均值 μ 是待检验的参数，又 X_1，X_2，$\cdots$，X_n 是取自总体的一个样本，$\overline{X}$ 与 S^2 分别为样本均值与样本方差，μ_0 为一个已知的常数，关于 μ 的检验方法如表 7-1 所示.

表 7-1 单正态总体均值的假设检验方法

总体方差	假设		检验统计量	$\mu=\mu_0$ 时检验统计量的分布	拒绝域 W
	H_0	H_1			
σ^2 已知	$\mu=\mu_0$	$\mu \neq \mu_0$	$U=\dfrac{\overline{X}-\mu_0}{\sigma/\sqrt{n}}$	$N(0, 1)$	$\lvert u \rvert \geq u_{1-\frac{\alpha}{2}}$
	$\mu \leq \mu_0$	$\mu > \mu_0$			$u \geq u_\alpha$
	$\mu \geq \mu_0$	$\mu < \mu_0$			$u \leq -u_\alpha$
σ^2 未知	$\mu=\mu_0$	$\mu \neq \mu_0$	$T=\dfrac{\overline{X}-\mu_0}{S/\sqrt{n}}$	$t(n-1)$	$\lvert t \rvert \geq t_{\frac{\alpha}{2}}(n-1)$
	$\mu \leq \mu_0$	$\mu > \mu_0$			$t \geq t_\alpha(n-1)$
	$\mu \geq \mu_0$	$\mu < \mu_0$			$t \leq -t_\alpha(n-1)$

【范例与方法】

例 1 某地早稻根据长势估计平均亩产为 310 千克，收割时，随机抽取了 10 块地，测出每块地的实际亩产量为 x_1，x_2，$\cdots$，x_{10}，计算得 $\overline{x}=320$（千克）. 如果已知早稻亩产量 X 服从正态分布 $N(\mu, 12^2)$，试问所估产量是否正确？（$\alpha=0.05$）

分析 这是一个正态总体，方差已知，对期望 μ 的假设检验问题.

解 建立假设 $H_0: \mu=310, H_1: \mu \neq 310$

引入统计量 $$U=\frac{\overline{X}-310}{12/\sqrt{10}} \overset{H_0 为真}{\sim} N(0, 1)$$

对于给定的显著性水平 $\alpha=0.05$，确定 c，使 $P\{\lvert U \rvert \geq c\}=\alpha$，查标准正态分布表得 $c=u_{\frac{\alpha}{2}}=u_{0.025}=1.96$，从而拒绝域为 $\lvert u \rvert \geq 1.96$.

已知 $\overline{x}=320$，计算得

$$\lvert u \rvert = \left\lvert \frac{\overline{x}-310}{12/\sqrt{10}} \right\rvert = \left\lvert \frac{320-310}{12/\sqrt{10}} \right\rvert = 2.63 > 1.96$$

因此拒绝 H_0，即认为估产 310 千克不正确.

例 2 某公司声称一种型号的电池的平均寿命至少为 21.5 小时，有一实验室检

验了该公司制造的 6 套电池,得到如下的寿命小时数:19,18,22,20,16,25. 试问:这些结果是否表明,这种型号的电池寿命低于该公司所声称的电池寿命? ($\alpha=0.05$)

分析 这是一个方差未知正态总体,对数学期望 μ 的单侧检验问题.

解 可把上述问题归纳为下述假设检验问题:

$$H_0: \mu \geqslant 21.5, \quad H_1: \mu < 21.5$$

利用左侧检验法来检验,显著性水平 $\alpha=0.05$,查附表得 $t_\alpha(n-1)=t_{0.05}(5)=2.015$. 已知 $\mu_0=21.5$,$n=6$. 由样本观察值,经计算可得 $\bar{x}=20$,$s^2=10$. 从而统计量 T 的值为

$$t = \frac{\bar{x} - \mu_0}{s/\sqrt{n}} = \frac{20 - 21.5}{\sqrt{10}/\sqrt{6}} \approx -1.162$$

由于 $t=-1.162 > -2.015 = -t_{0.05}(5)$,故接受 H_0,即认为这种型号的电池的寿命并不比公司宣称的电池寿命低.

（三）单正态总体方差的假设检验

【概念与知识点】

设总体 $X \sim N(\mu, \sigma^2)$,总体方差 σ^2 是待检验的参数,又 X_1,X_2,$\cdots$,X_n 是取自总体的一个样本,$\overline{X}$ 与 S^2 分别为样本均值与样本方差,σ_0^2 为一个已知的常数,关于 σ^2 的检验方法如表 7-2 所示.

378

表 7-2 单正态总体方差的假设检验方法

总体均值	假设		检验统计量	$\mu=\mu_0$ 时检验统计量的分布	拒绝域 W
	H_0	H_1			
μ 已知	$\sigma^2=\sigma_0^2$	$\sigma^2 \neq \sigma_0^2$	$\chi^2 = \dfrac{\sum\limits_{i=1}^{n}(X_i-\mu)^2}{\sigma_0^2}$	$\chi^2(n)$	$\chi^2 \leqslant \chi^2_{1-\frac{\alpha}{2}}(n)$ 或 $\chi^2 \geqslant \chi^2_{\frac{\alpha}{2}}(n)$
	$\sigma^2 \leqslant \sigma_0^2$	$\sigma^2 > \sigma_0^2$			$\chi^2 \geqslant \chi^2_\alpha(n)$
	$\sigma^2 \geqslant \sigma_0^2$	$\sigma^2 < \sigma_0^2$			$\chi^2 \leqslant \chi^2_{1-\alpha}(n)$
μ 未知	$\sigma^2=\sigma_0^2$	$\sigma^2 \neq \sigma_0^2$	$\chi^2 = \dfrac{(n-1)S^2}{\sigma_0^2}$	$\chi^2(n-1)$	$\chi^2 \leqslant \chi^2_{1-\frac{\alpha}{2}}(n-1)$ 或 $\chi^2 \geqslant \chi^2_{\frac{\alpha}{2}}(n-1)$
	$\sigma^2 \leqslant \sigma_0^2$	$\sigma^2 > \sigma_0^2$			$\chi^2 \geqslant \chi^2_\alpha(n-1)$
	$\sigma^2 \geqslant \sigma_0^2$	$\sigma^2 < \sigma_0^2$			$\chi^2 \leqslant \chi^2_{1-\alpha}(n-1)$

【范例与方法】

例1 一细纱车间纺出的某种细纱支数标准差为1.2.从某日纺出的一批细纱中随机取16缕进行支数测量,算得样本标准差为2.1,问纱的均匀度有无显著变化?取 $\alpha=0.05$,并假设总体是正态分布.

分析 这是一个正态总体,期望未知,对方差 σ^2 的假设检验问题.

解 要检验的假设为

$$H_0:\sigma^2=1.2^2, \quad H_1:\sigma^2\neq 1.2^2$$

已知 $n=16$,对于给定的显著性水平 $\alpha=0.05$,查 χ^2-分布表,得

$$\chi^2_{1-\frac{\alpha}{2}}(n-1)=\chi^2_{0.975}(15)=6.262, \quad \chi^2_{\frac{\alpha}{2}}(n-1)=\chi^2_{0.025}(15)=27.488$$

由样本观察值 $s=2.1$ 及 $\sigma_0=1.2$,经计算得统计量 χ^2 的值为:

$$\chi^2=\frac{(n-1)s^2}{\sigma_0^2}=\frac{15\times 2.1^2}{1.2^2}=45.9375>\chi^2_{0.025}(15)$$

故拒绝 H_0,即可以认为纱的均匀度有显著变化.

例2 已知金属锰的熔化点 $X\sim N(\mu,\ \sigma^2)$.现对金属锰的熔化点作了4次试验,结果分别为1269℃,1271℃,1263℃,1265℃.试在显著性水平 $\alpha=0.05$ 下检验测定值的均方差小于等于2℃.

分析 这是一个正态总体,期望未知,对方差 σ^2 的单侧检验问题.

解 可把上述问题归纳为下述假设检验问题,即

$$H_0:\sigma^2\leqslant 2^2, \quad H_1:\sigma^2>2^2$$

利用 χ^2-检验的右侧检验法来检验.已知 $n=4$,对显著性水平 $\alpha=0.05$,查 χ^2-分布表得 $\chi^2_\alpha(n-1)=\chi^2_{0.05}(3)=7.815$.

已知 $n=4$,由样本观察值得样本方差 $S^2=13.333$,经计算得统计量 χ^2 的值为

$$\chi^2=\frac{(n-1)s^2}{\sigma_0^2}=\frac{39.990}{2^2}=9.998>7.815=\chi^2_{0.05}(3)$$

则拒绝 H_0,即不能认为测定值的均方差小于等于2℃.

(四)双正态总体均值差的假设检验

【概念与知识点】

设两个总体 $X\sim N(\mu_1,\ \sigma_1^2)$,$Y\sim N(\mu_2,\ \sigma_2^2)$,$X_1,\ X_2,\ \cdots,\ X_{n_1}$ 与 $Y_1,\ Y_2,\ \cdots,\ Y_{n_2}$ 是分别取自总体 X 与 Y 的两个相互独立的样本,记 $\overline{X}$ 与 S_1^2 分别为样本 $X_1,\ X_2,$

$\cdots$，X_{n_1} 的均值和方差，$\overline{Y}$ 与 S_2^2 分别为样本 Y_1，Y_2，$\cdots$，Y_{n_2} 的均值和方差. 记 $\mu = \mu_1 - \mu_2$，μ 是待检验的参数，μ_0 为一个已知的常数，关于 μ 的检验方法如表 7-3 所示.

表 7-3　双正态总体均值差的假设检验方法

总体方差	假设		检验统计量	$\mu = \mu_0$ 时检验统计量的分布	拒绝域 W
	H_0	H_1			
σ_1^2，σ_2^2 均已知	$\mu = \mu_0$	$\mu \neq \mu_0$	$U = \dfrac{\overline{X} - \overline{Y} - \mu_0}{\sqrt{\dfrac{\sigma_1^2}{n_1} + \dfrac{\sigma_2^2}{n_2}}}$	$N(0,\ 1)$	$\lvert u \rvert \geqslant u_{1-\frac{\alpha}{2}}$
	$\mu \leqslant \mu_0$	$\mu > \mu_0$			$u \geqslant u_\alpha$
	$\mu \geqslant \mu_0$	$\mu < \mu_0$			$u \leqslant -u_\alpha$
σ_1^2，σ_2^2 均未知但 $\sigma_1^2 = \sigma_2^2$	$\mu = \mu_0$	$\mu \neq \mu_0$	$T = \dfrac{\overline{X} - \overline{Y} - \mu_0}{S_W \sqrt{\dfrac{1}{n_1} + \dfrac{1}{n_2}}}$	$t(n_1 + n_2 - 2)$	$\lvert t \rvert \geqslant t_{\frac{\alpha}{2}}(n_1 + n_2 - 2)$
	$\mu \leqslant \mu_0$	$\mu > \mu_0$			$t \geqslant t_\alpha(n_1 + n_2 - 2)$
	$\mu \geqslant \mu_0$	$\mu < \mu_0$			$t \leqslant -t_\alpha(n_1 + n_2 - 2)$

其中，$S_w = \sqrt{\dfrac{(n_1 - 1)S_1^2 + (n_2 - 1)S_2^2}{n_1 + n_2 - 2}}$

【范例与方法】

例 1　设甲、乙两厂生产同样的灯泡，其寿命 X，Y 分别服从正态分布 $N(\mu_1,\ \sigma_1^2)$，$N(\mu_2,\ \sigma_2^2)$，已知它们寿命的标准差分别为 84 小时和 96 小时，现从两厂生产的灯泡中各取 60 只，测得其平均寿命甲厂为 1295 小时，乙厂为 1230 小时，能否认为两厂生产的灯泡寿命无显著差异？（$\alpha = 0.05$）

分析　这是双正态总体，方差均已知，对期望差 $\mu = \mu_1 - \mu_2$ 的假设检验问题.

解　建立假设 $H_0: \mu_1 = \mu_2$，$H_1: \mu_1 \neq \mu_2$

引入统计量　　　$U = \dfrac{\overline{X} - \overline{Y}}{\sqrt{\sigma_1^2/n_1 + \sigma_2^2/n_2}} \overset{H_0\text{为真}}{\sim} N(0,\ 1)$

对于给定的显著性水平 $\alpha = 0.05$，确定 c，使 $P\{\lvert U \rvert > c\} = \alpha$，查标准正态分布表得 $c = u_{\frac{\alpha}{2}} = u_{0.025} = 1.96$，从而拒绝域为 $\lvert u \rvert \geqslant 1.96$.

已知 $n_1 = n_2 = 60$，$\bar{x} = 1295$，$\bar{y} = 1230$，$\sigma_1 = 84$，$\sigma_2 = 96$. 计算得统计量 U 的值为

$$\lvert u \rvert = \left\lvert \frac{1295 - 1230}{\sqrt{84^2/60 + 96^2/60}} \right\rvert = 3.95 > 1.96$$

因此拒绝 H_0,即认为两厂生产的灯泡寿命有显著差异.

例 2 下表分别给出两个文学家马克·吐温的 8 篇小品文及斯诺特格拉斯的 10 篇小品文中 3 个字母组成的词的比例(见表 7-4).

表 7-4 小品文中 3 个字母组成的词的比例

马克·吐温	0.225	0.262	0.217	0.240	0.230	0.229	0.235	0.217		
斯诺特格拉斯	0.209	0.205	0.196	0.210	0.202	0.207	0.224	0.223	0.220	0.201

设两组数据分别来自正态分布,且两总体方差相等,两样本相互独立.问马克·吐温所写的小品文中含由 3 个字母组成的词的比例是否高于斯诺特格拉斯所写小品文中含有由 3 个字母组成的词的比例?($\alpha = 0.05$)

分析 这是双正态总体,方差均未知但相等,对期望差 $\mu = \mu_1 - \mu_2$ 的单侧检验问题.

解 设取自马克·吐温小说的正态总体的均值为 μ_1,取自斯诺特格拉斯小说的正态总体的均值为 μ_2,需检验的假设是:$H_0 : \mu_1 \leqslant \mu_2$,$H_1 : \mu_1 > \mu_2$.由于两者方差未知但相等,故采用两样本 t-检验.

已知 $n_1 = 8$,$n_2 = 10$,$\alpha = 0.05$,查表知 $t_\alpha(n_1 + n_2 - 2) = t_{0.05}(16) = 1.7459$

由样本观察值得 $\bar{x} = 0.231875$,$\bar{y} = 0.2097$,$s_1^2 = 0.000212$,$s_2^2 = 0.000093344$

经计算得统计量 T 的值为

$$t = \frac{\bar{x} - \bar{y}}{\sqrt{\dfrac{(n_1 - 1)s_1^2 + (n_2 - 1)s_2^2}{n_1 + n_2 - 2}} \cdot \sqrt{\dfrac{1}{n_1} + \dfrac{1}{n_2}}} = 3.8789$$

因为 $t = 3.8789 > 1.7459 = t_{0.05(16)}$,故拒绝 H_0,即可以认为马克·吐温所写的小品文中含有由 3 个字母组成的词的比例显著高于斯诺特格拉斯所写小品文中含有由 3 个字母组成的词的比例.

(五)双正态总体方差比的假设检验

【概念与知识点】

设两个总体 $X \sim N(\mu_1, \sigma_1^2)$,$Y \sim N(\mu_2, \sigma_2^2)$,$X_1, X_2, \cdots, X_{n_1}$ 与 $Y_1, Y_2, \cdots, Y_{n_2}$ 是分别取自总体 X 与 Y 的两个相互独立的样本,记 $\overline{X}$ 与 s_1^2 分别为样本 $X_1, X_2, \cdots, X_{n_1}$ 的均值和方差,$\overline{Y}$ 与 s_2^2 分别为样本 $Y_1, Y_2, \cdots, Y_{n_2}$ 的均值和方差.记 $r = \dfrac{\sigma_1^2}{\sigma_2^2}$,$r$ 是待检验的参数,r_0 为一个已知的常数,关于 r 的检验方法如表 7-5 所示.

381

表 7-5 双正态总体方差比的假设检验方法

总体均值	假设		检验统计量	$r=r_0$ 时检验统计量的分布	拒绝域 W
	H_0	H_1			
μ_1, μ_2 均已知	$r=r_0$	$r\neq r_0$	$F=\dfrac{1}{r_0}\cdot\dfrac{n_2\sum\limits_{i=1}^{n_1}(X_i-\mu_1)^2}{n_1\sum\limits_{i=1}^{n_2}(Y_i-\mu_2)^2}$	$F(n_1,\,n_2)$	$f<F_{1-\frac{\alpha}{2}}(n_1,\,n_2)$ 或 $f>F_{\frac{\alpha}{2}}(n_1,\,n_2)$
	$r\leqslant r_0$	$r>r_0$			$f>F_\alpha(n_1,\,n_2)$
	$r\geqslant r_0$	$r<r_0$			$f<F_{1-\alpha}(n_1,\,n_2)$
μ_1, μ_2 均未知	$r=r_0$	$r\neq r_0$	$F=\dfrac{1}{r_0}\cdot\dfrac{S_1^2}{S_2^2}$	$F(n_1-1,\,n_2-1)$	$f<F_{1-\frac{\alpha}{2}}(n_1-1,\,n_2-1)$ 或 $f>F_{\frac{\alpha}{2}}(n_1-1,\,n_2-1)$
	$r\leqslant r_0$	$r>r_0$			$f>F_\alpha(n_1-1,\,n_2-1)$
	$r\geqslant r_0$	$r<r_0$			$f<F_{1-\alpha}(n_1-1,\,n_2-1)$

【范例与方法】

例 1 两种小麦品种从播种到抽穗所需的天数如表 7-6 所示.

表 7-6 小麦从播种到抽穗所需的天数　　　　　　　单位：天

x	101	100	99	99	98	100	98	99	99	99
y	100	98	100	99	98	99	98	98	99	100

设两样本依次来自正态总体 $N(\mu_1,\,\sigma_1^2)$，$N(\mu_2,\,\sigma_2^2)$. μ_i，σ_i，$i=1,\,2$,均未知,且两样本相互独立.

(1) 试检验假设 $H_0:\sigma_1^2=\sigma_2^2,H_1:\sigma_1^2\neq\sigma_2^2$（取 $\alpha=0.05$）.

(2) 若能接受 H_0,接着检验假设 $H_0':\mu_1=\mu_2,H_1':\mu_1\neq\mu_2$（取 $\alpha=0.05$）.

分析 这是双正态总体,对方差比 $r=\dfrac{\sigma_1^2}{\sigma_2^2}$ 与期望差 $\mu=\mu_1-\mu_2$ 的双侧检验问题.

解 (1) 对假设 $H_0:\sigma_1^2=\sigma_2^2,H_1:\sigma_1^2\neq\sigma_2^2$,引入统计量

$$F=\frac{S_1^2}{S_2^2}\overset{H_0\text{为真}}{\sim}F(n_1-1,\,n_2-1)$$

对于给定的显著性水平 $\alpha=0.05$,查 F-分布表得 $F_{\frac{\alpha}{2}}(n_1-1,\,n_2-1)=F_{0.025}(9,\,9)=4.03$,$F_{1-\frac{\alpha}{2}}(n_1-1,\,n_2-1)=\dfrac{1}{F_{\frac{\alpha}{2}}(n_2-1,\,n_1-1)}=\dfrac{1}{4.03}$,从而拒绝域为 $F\leqslant\dfrac{1}{4.03}$ 或 $F\geqslant 4.03$.

已知 $n_1 = n_2 = 10$，由样本观察值得 $\bar{x} = 99.2$，$\bar{y} = 98.9$，$s_1^2 = 0.84$，$s_2^2 = 0.77$. 经计算得统计量 F 的值为

$$f = \frac{s_1^2}{s_2^2} = \frac{0.84}{0.77} = 1.09 \in \left(\frac{1}{4.03}, 4.03\right)$$

故接受 H_0，可以认为 $\sigma_1^2 = \sigma_2^2$.

（2）在 $\sigma_1^2 = \sigma_2^2$ 的条件下，检验假设 $H_0' : \mu_1 = \mu_2$，$H_1' : \mu_1 \neq \mu_2$，引入统计量

$$T = \frac{\overline{X} - \overline{Y}}{\sqrt{\dfrac{(n_1-1)S_1^2 + (n_2-1)S_2^2}{n_1+n_2-2}} \cdot \sqrt{\dfrac{1}{n_1} + \dfrac{1}{n_2}}} \overset{H_0\text{为真}}{\sim} t(n_1 + n_2 - 2)$$

对于给定的显著性水平 $\alpha = 0.05$，查 t-分布表得 $t_{\frac{\alpha}{2}}(n_1 + n_2 - 2) = t_{0.025}(18) = 2.1009$，从而拒绝域为 $|t| \geqslant 2.1009$. 经计算得统计量 T 的值为

$$|t| = \frac{|\bar{x} - \bar{y}|}{\sqrt{\dfrac{(n_1-1)s_1^2 + (n_2-1)s_2^2}{n_1+n_2-2}} \cdot \sqrt{\dfrac{1}{n_1} + \dfrac{1}{n_2}}} = 0.782 < 2.1009$$

故接受 H_0'，可以认为所需天数相同.

例 2 有 2 台机床生产同一型号的钢珠，根据已有经验知道，这 2 台机床生产的钢珠直径都服从正态分布. 现分别从这 2 台机床生产的钢珠中抽取 7 个和 9 个钢珠，并测得它们的直径如下所示（单位：毫米）：

机床甲：15.2　14.5　15.5　14.8　15.1　15.6　14.7

机床乙：15.2　15.0　14.8　15.2　15.0　14.9　15.1　14.8　15.3

试问：机床乙生产的钢珠直径的方差是否比机床甲生产的钢珠直径的方差小？（取 $\alpha = 0.05$）

分析 这是双正态总体，期望均未知，对方差比 $r = \sigma_1^2 / \sigma_2^2$ 的单侧检验问题.

解 设取机床甲生产的钢珠直径的正态总体的方差为 σ_1^2，机床乙生产的钢珠直径的正态总体的方差为 σ_2^2，需检验的假设是：$H_0 : \sigma_1^2 \leqslant \sigma_2^2$，$H_1 : \sigma_1^2 > \sigma_2^2$. 采用两样本 F 检验.

对于给定的显著性水平 $\alpha = 0.05$，查 F-分布表得 $F_\alpha(n_1 - 1, n_2 - 1) = F_{0.05}(6, 8) = 3.58$. 已知 $n_1 = 7$，$n_2 = 9$. 由样本观察值经计算得，$\bar{x} = 15.057$，$\bar{y} = 15.033$，$s_1^2 = 0.1745$，$s_2^2 = 0.0438$，从而统计量 F 的值为

$$f = \frac{s_1^2}{s_2^2} = \frac{0.1745}{0.0438} = 3.984$$

因为 $f = 3.984 > 3.58 = F_{0.05}(6, 8)$，故否定零假设 H_0，即认为机床乙生产的钢珠直径的方差明显比机床甲生产的钢珠直径的方差小.

(六) 一般总体参数的假设检验

【概念与知识点】

1. 单个总体均值的假设检验 $(n \geqslant 30)$

设 X 为任一总体，记其均值为 $E(X) = \mu$，方差为 $D(X) = \sigma^2$，又 X_1，X_2，…，X_n 是来自总体 X 的容量为 n 的一个样本，$\overline{X}$ 与 S^2 分别为样本均值和样本方差，则当 n 充分大 $(\geqslant 30)$ 时，由中心极限定理可知，

$$U = \frac{\overline{X} - \mu}{\sigma / \sqrt{n}} \overset{\text{近似}}{\sim} N(0, 1)$$

μ_0 为一个已知的常数，关于 μ 的检验方法如表 7-7 所示.

表 7-7　单个总体均值的假设检验方法

总体方差	假设		检验统计量	$\mu = \mu_0$ 时检验统计量的近似分布	近似拒绝域 W
	H_0	H_1			
σ^2 已知	$\mu = \mu_0$	$\mu \neq \mu_0$	$U = \dfrac{\overline{X} - \mu_0}{\sigma / \sqrt{n}}$	$N(0, 1)$	$\|u\| \geqslant u_{1-\frac{\alpha}{2}}$
	$\mu \leqslant \mu_0$	$\mu > \mu_0$			$u \geqslant u_\alpha$
	$\mu \geqslant \mu_0$	$\mu < \mu_0$			$u \leqslant -u_\alpha$
σ^2 未知	$\mu = \mu_0$	$\mu \neq \mu_0$	$T = \dfrac{\overline{X} - \mu_0}{S / \sqrt{n}}$	$N(0, 1)$	$\|t\| \geqslant u_{\frac{\alpha}{2}}$
	$\mu \leqslant \mu_0$	$\mu > \mu_0$			$t \geqslant u_\alpha$
	$\mu \geqslant \mu_0$	$\mu < \mu_0$			$t \leqslant -u_\alpha$

2. 两个总体均值差的假设检验 $(n_1, n_2 \geqslant 30)$

设有两个独立总体 X，Y，其均值分别为 μ_1，μ_2，方差分别为 σ_1^2，σ_2^2，且均值与方差均未知，现从两个总体中分别抽取样本容量 n_1，$n_2 (n_1, n_2 \geqslant 30)$ 的大样本 X_1，X_2，…，X_{n_1} 与 Y_1，Y_2，…，Y_{n_2}，$\overline{X}$ 与 $\overline{Y}$ 及 S_1^2 与 S_2^2 分别为这两个样本的样本均值和样本方差，记 S_w^2 是 S_1^2 与 S_2^2 的加权平均，则

$$S_w^2 = \frac{(n_1-1)S_1^2 + (n_2-1)S_2^2}{n_1+n_2-2}$$

μ_0 为一个已知的常数,关于 $\mu = \mu_1 - \mu_2$ 的检验方法如表 7-8 所示.

表 7-8　两个总体均值差的假设检验方法

总体方差	假设		检验统计量	$\mu = \mu_0$ 时检验统计量的近似分布	近似拒绝域 W
	H_0	H_1			
$\sigma_1^2 \neq \sigma_2^2$	$\mu = \mu_0$	$\mu \neq \mu_0$	$U = \dfrac{\overline{X} - \overline{Y} - \mu_0}{\sqrt{\dfrac{S_1^2}{n_1} + \dfrac{S_2^2}{n_2}}}$	$N(0,1)$	$|u| \geqslant u_{1-\frac{\alpha}{2}}$
	$\mu \leqslant \mu_0$	$\mu > \mu_0$			$u \geqslant u_\alpha$
	$\mu \geqslant \mu_0$	$\mu < \mu_0$			$u \leqslant -u_\alpha$
σ_1^2,σ_2^2 均未知但 $\sigma_1^2 = \sigma_2^2$	$\mu = \mu_0$	$\mu \neq \mu_0$	$T = \dfrac{\overline{X} - \overline{Y} - \mu_0}{S_W\sqrt{\dfrac{1}{n_1} + \dfrac{1}{n_2}}}$	$N(0,1)$	$|t| \geqslant u_{\frac{\alpha}{2}}$
	$\mu \leqslant \mu_0$	$\mu > \mu_0$			$t \geqslant u_\alpha$
	$\mu \geqslant \mu_0$	$\mu < \mu_0$			$t \leqslant -u_\alpha$

3. 单个 0—1 分布总体参数的检验

设总体 $X \sim B(1,p)$ $(0 < p < 1)$,又 X_1,X_2,$\cdots$,X_n 是来自总体 X 的容量为 n 的一个样本,p 为未知参数,则当 n 充分大($\geqslant 30$)时,由中心极限定理可知,有

$$U = \frac{\overline{X} - P}{\sqrt{p(1-p)/n}} \overset{\text{近似}}{\sim} N(0,1)$$

p_0 为一个已知的常数,关于 p 的检验方法如表 7-9 所示.

表 7-9　单个 0—1 分布总体参数的检验方法

假设		检验统计量	$p = p_0$ 时检验统计量的近似分布	近似拒绝域 W
H_0	H_1			
$p = p_0$	$p \neq p_0$	$U = \dfrac{\overline{X} - p_0}{\sqrt{p_0(1-p_0)/n}}$	$N(0,1)$	$|u| \geqslant u_{1-\frac{\alpha}{2}}$
$p \leqslant p_0$	$p > p_0$			$u \geqslant u_\alpha$
$p \geqslant p_0$	$p < p_0$			$u \leqslant -u_\alpha$

2. 两个 0—1 分布总体参数的检验

对于两个独立的 0—1 分布总体 X 与 Y,我们要检验的是两个总体参数 p_1,p_2 的差异性,由中心极限定理,当 H_0 为真且 n_1,n_2 充分大时,有

$$U = \frac{(\overline{X} - \overline{Y}) - (p_1 - p_2)}{\sqrt{\overline{P}(1-\overline{P})(1/n_1 + 1/n_2)}} \overset{\text{近似}}{\sim} N(0,1)$$

其中,$\overline{P}=(n_1\,\overline{X}+n_2\,\overline{Y})/(n_1+n_2)$,$p_0$ 为一个已知的常数,关于 $p=p_1-p_2$ 的检验方法如表 7-10 所示.

表 7-10　两个 0-1 分布总体参数的检验方法

假设		检验统计量	$p=p_0$ 时检验统计量的近似分布	近似拒绝域 W
H_0	H_1			
$p=p_0$	$p\neq p_0$	$U=\dfrac{\overline{X}-\overline{Y}-p_0}{\sqrt{\overline{P}(1-\overline{P})/(1/n_1+1/n_2)}}$	$N(0,\ 1)$	$\|u\|\geqslant u_{1-\frac{\alpha}{2}}$
$p\leqslant p_0$	$p>p_0$			$u\geqslant u_\alpha$
$p\geqslant p_0$	$p<p_0$			$u\leqslant -u_\alpha$

【范例与方法】

例 1　某城市对成年人查牙,随机抽取 100 人的样本,发现有 59 人患有不同程度的牙疾,问以 0.05 的显著性水平是否说明该市 50% 以上的人患有牙疾.

分析　这是单个 0-1 分布总体参数的单侧检验问题.

解　需检验的假设是:$H_0:p\leqslant 0.5,H_1:p>0.5$

可采用近似 U 检验法的右侧检验法来检验.对于给定的显著性水平 $\alpha 0.05$,查正态分布表得 $u_\alpha=u_{0.05}=1.64$.已知 $n=100,\bar{x}=0.59$,从而统计量 U 的值为

$$u=\frac{\bar{x}-p_0}{\sqrt{p_0(1-p_0)/n}}=\frac{0.59-0.5}{\sqrt{0.5(1-0.5)/100}}=1.8$$

因为 $u=1.8>1.64=u_{0.05}$,故否定零假设 H_0,表明该市有 50% 以上的成年人患有不同程度的牙疾.

例 2　为了比较两种子弹 A, B 的速度(单位:米/秒),在相同条件下进行速度测定,算出样本平均值及标准差如表 7-11 所示.

表 7-11　样本均值及标准差

子弹 A	$n_1=110$	$\bar{x}=2805$	$s_1=120.41$
子弹 B	$n_2=110$	$\bar{y}=2680$	$s_2=105.00$

试用大样本方法检验这两种子弹的平均速度有无显著差异.(取 $\alpha=0.05$)

分析　这是两个总体,方差均未知,对期望差 $\mu=\mu_1-\mu_2$ 的双侧检验问题.

解　设取自子弹 A 的总体的均值为 μ_1,取自子弹 B 的总体的均值为 μ_2,需检验的假设是:$H_0:\mu_1=\mu_2\leftrightarrow H_1:\mu_1\neq\mu_2$.由于两者方差未知,故采用大样本近似 u 检验

法. 引入统计量

$$U = \frac{\overline{X} - \overline{Y}}{\sqrt{S_1^2/n_1 + S_2^2/n_2}} \underset{\text{近似}}{\overset{H_0 \text{为真}}{\sim}} N(0, 1)$$

对于给定的显著性水平 $\alpha = 0.05$，查标准正态分布表得 $u_{\frac{\alpha}{2}} = u_{0.025} = 1.96$，从而拒绝域为 $|u| \geqslant 1.96$.

计算统计量 U 的值为

$$|u| = \left| \frac{2805 - 2680}{\sqrt{120.41^2/110 + 105.00^2/110}} \right| = 8.2061 > 1.96 = u_{\frac{\alpha}{2}}$$

故拒绝 H_0，即认为这两种子弹的平均速度有显著差异.

（七）总体分布的拟合检验

【概念与知识点】

根据来自总体的样本对总体的分布进行推断，以判断总体服从何种分布，这类统计检验称为非参数检验. 解决这类问题的工具之一是 χ^2-检验法，其步骤如下.

(1) 提出原假设 H_0：总体 X 的分布函数为 $F(x)$.

如果总体分布为离散型，则假设具体为

H_0：总体 X 的分布律为 $P\{X = x_i\} = p_i$，$i = 1, 2, \cdots$.

如果总体分布为连续型，则假设具体为

H_0：总体 X 的概率密度函数为 $f(x)$.

(2) 将总体 X 的取值范围分成 k 个互不相交的小区间 $A_1, A_2, \cdots, A_k$.

(3) 把落入第 i 个小区间 A_i 的样本值的个数记作 n_i（称为组频数）.

(4) 当 H_0 为真时，根据所假设的总体理论分布，可算出总体 X 的值落入第 i 个小区间 A_i 的概率 p_i，于是，np_i 就是落入第 i 个小区间 A_i 的样本值的理论频数.

(5) 对给定的显著性水平 α，查 χ^2-分布表得 $\chi^2_{\alpha}(k-1)$，所以拒绝域为 $\chi^2 > \chi^2_{\alpha}(k-r-1)$，其中 r 是用到参数估计值的个数.

(6) 若由所给的样本值 $x_1, x_2, \cdots, x_n$ 算得统计量 $\chi^2 = \sum\limits_{i=1}^{n} \frac{(n_i - n\hat{p}_i)^2}{n\hat{p}_i}$ 的实测值落入拒绝域，则拒绝原假设 H_0，否则就认为差异不显著而接受原假设 H_0.

【范例与方法】

例 1 下面给出了随机选取的某大学一年级学生（200 个）一次高等数学考试的成绩（见表 7-12）：

表 7-12　某大学一年级高等数学考试成绩

分数 X	$[0, 30)$	$[30, 40)$	$[40, 50)$	$[50, 60)$	$[60, 70)$	$[70, 80)$	$[80, 90)$	$[90, 100]$
学生数	5	15	30	51	60	23	10	6

试取 $\alpha = 0.10$ 检验数据来自正态总体 $N(60, 15^2)$.

分析　这是连续型总体分布的拟合检验.

解　按题意需检验假设

$$H_0: X \sim N(60, 15^2), \quad H_1: X \sim N(60, 15^2)$$

我们将分数 X 的取值区间分别记为 A_i, $i=1, 2, \cdots, 8$,若 H_0 为真,则

$$\hat{p}_i = P\{a_{i-1} \leqslant X \leqslant a_i\} = \Phi\left(\frac{a_i - \mu}{\sigma}\right) - \Phi\left(\frac{a_{i-1} - \mu}{\sigma}\right)(i = 1, 2, \cdots, 8)$$

计算结果列于表 7-13.

表 7-13　χ^2-检验计算表

编号	n_i	$\hat{p}_i$	$n\hat{p}_i$	$(n_i - n\hat{p}_i)^2 / n\hat{p}_i$
A_1	5	0.0228	4.56	0.0048
A_2	15	0.069	13.8	0.1043
A_3	30	0.1596	31.92	0.1155
A_4	51	0.2486	49.72	0.0330
A_5	60	0.2486	49.72	2.1255
A_6	23	0.1596	31.92	2.4927
A_7	10	0.069	13.8	1.0464
A_8	6	0.019	3.8	0.3507
$\sum$	200	0.9962	199.24	$\chi^2 = 6.2729$

其中

$$k = 8, \; r = 0, \; \alpha = 0.10, \; \chi_\alpha^2(k-r-1) = \chi_{0.10}^2(7) = 12.017$$

由于

$$\chi^2 = 6.2729 < \chi_{0.10}^2(7)$$

故接受 H_0,即可以认为成绩服从正态分布 $N(60, 15^2)$.

388

例 2 某电话交换台在一小时(60 分)内每分钟接到电话用户的呼唤次数有如下记录(见表 7-14).

表 7-14 每小时内每分钟接到电话用户的呼唤次数

呼唤次数 k	0	1	2	3	4	5	6	$\geqslant 7$
实际频数 f_k	8	16	17	10	6	2	1	0

问统计资料是否可以说明,每分钟电话呼唤次数服从泊松分布?($\alpha = 0.05$)

分析 这是离散型总体分布的拟合检验.

解 设 X 表示每分钟电话呼唤次数,需要检验的假设为 H_0:X 服从泊松分布 $P(\lambda)$.

泊松分布中未知参数 λ 的极大似然估计为

$$\hat{\lambda} = \frac{1}{60} \sum_{k=0}^{\infty} k f_k = 2$$

我们用 $\hat{p}_k = \frac{2^k}{k!} e^{-2}$,$k = 0, 1, 2, 3, 4, 5, 6$,估计概率 $P_k = P\{X = k\}$,$k = 0, 1, 2, 3, 4, 5, 6$;用 $E_k = n \hat{p}_k$,$k = 0, 1, 2, 3, 4$,估计 $\{X = k\}$ 的期望频数,为避免期望频数太小,将呼唤次数为 5 和 6 的情况合并为 $\{X \geqslant 5\}$ 的情况,为第 6 组,其实际频数为 $2 + 1 = 3$,期望频数为

$$E_5 = n(\hat{p}_5 + \hat{p}_6) = 3.16$$

计算结果如表 7-15 所示.

表 7-15 χ^2-检验计算表

分组 k	实际频数 f_k	期望频数 E_k	$(f_k - E_k)^2 / E_k$
0	8	8.12	0.0018
1	16	16.24	0.0036
2	17	16.24	0.0356
3	10	10.83	0.0631
4	6	5.41	0.0640
$\geqslant 5$	3	3.16	0.0081
$\sum$	60	60.00	$\chi^2 = 0.1762$

389

其中

$$k = 6, \ r = 1, \ \alpha = 0.05, \ \chi_a^2(k - r - 1) = \chi_{0.05}^2(4) = 9.488$$

由于

$$\chi^2 = 0.1762 < \chi_{0.05}^2(4)$$

故接受 H_0，即可以认为每分钟电话呼唤次数服从泊松分布 $P(2)$.

三、习题全解

习题 7-1 全解从略.

习 题 7-2

1. 已知某炼铁厂铁水含碳量服从正态分布 $N(4.55, 0.108^2)$. 现在测定了 9 炉铁水,其平均含碳量为 4.484,如果铁水含碳量的方差没有变化,可否认为现在生产的铁水平均含碳量仍为 4.55?（$\alpha = 0.05$）

解 建立假设 $\qquad H_0: \mu = 4.55, \quad H_1: \mu \neq 4.55$

引入统计量 $\qquad U = \dfrac{\overline{X} - 4.55}{\sigma/\sqrt{n}} \overset{H_0 \text{为真}}{\sim} N(0, 1)$

对于给定的显著性水平 $\alpha = 0.05$,确定 c,使 $P\{|U| > c\} = \alpha$.
查标准正态分布表得 $c = u_{\frac{\alpha}{2}} = u_{0.025} = 1.96$,从而拒绝域为 $|u| \geqslant 1.96$
已知 $n = 9$, $\overline{x} = 4.484$, $\sigma = 0.108$,经计算得统计量 U 的值为

$$|u| = \left| \frac{\overline{x} - 4.55}{\sigma/\sqrt{n}} \right| = \left| \frac{4.484 - 4.55}{0.108/\sqrt{9}} \right| = 1.83 < 1.96$$

因此接受 H_0,即可以认为现在生产的铁水平均含碳量仍为 4.55.

2. 由经验知某零件质量 $X \sim N(15, 0.05^2)$（单位:克）,技术革新后,抽出 5 个零件,测得质量为:

$$14.7 \quad 15.1 \quad 14.8 \quad 15.2 \quad 14.6$$

已知方差不变,问平均质量是否仍为 15 克？（取 $\alpha = 0.05$）

解 建立假设 $H_0: \mu = 15, \ H_1: \mu \neq 15$

引入统计量 $U = \dfrac{\overline{X} - 15}{\sigma/\sqrt{n}} \overset{H_0 为真}{\sim} N(0,1)$

对于给定的显著性水平 $\alpha = 0.05$,确定 c,使 $P\{|U| > c\} = \alpha$.

查标准正态分布表得 $c = u_{\alpha/2} = u_{0.025} = 1.96$,从而拒绝域为 $|u| \geqslant 1.96$

已知 $n = 5$,由样本观察值得,$\bar{x} = 14.88$,$\sigma = 0.05$,经计算得统计量 U 的值为

$$|u| = \left| \frac{\bar{x} - 15}{\sigma/\sqrt{n}} \right| = \left| \frac{14.88 - 15}{0.05/\sqrt{5}} \right| = 5.37 > 1.96$$

因此拒绝 H_0,即不能认为平均质量仍为 15 克.

3. 要求一种元件平均使用寿命不得低于 1000 小时,生产者从一批这种元件中随机地取 25 件,测得其寿命的平均值为 950 小时. 已知该种元件寿命服从标准差为 $\sigma = 100$ 小时的正态分布. 试在显著性水平 $\alpha = 0.05$ 下确定这批元件是否合格?

解 可把上述问题归纳为下述假设检验问题:

$$H_0: \mu \geqslant 1000, \quad H_1: \mu < 1000$$

从而可利用左侧检验法来检验,这里 $\mu_0 = 1000$,$n = 25$,$\bar{x} = 950$,$\sigma = 100$. 取显著性水平 $\alpha = 0.05$,查标准正态分布表得 $u_\alpha = u_{0.05} = 1.645$,经计算可得统计量 U 的值为

$$u = \frac{\bar{x} - \mu_0}{\sigma/\sqrt{n}} = \frac{950 - 1000}{100/\sqrt{25}} = -2.5$$

由于 $u = -2.5 < -1.645 = -u_\alpha$,故拒绝 H_0,即认为这批元件不合格.

4. 打包机装糖入包,每包标准重量应该为 100 千克. 每天开工后,要检验所装糖包的总体期望是否合乎标准(100 千克). 某日开工后,随机抽取 9 包,测得 9 包糖重量如下(单位:千克):

99.3　98.7　100.5　101.2　98.3　99.7　99.5　102.1　100.5

打包机装糖的包重服从正态分布,问该天打包机工作是否正常?($\alpha = 0.05$)

解 建立假设 $H_0: \mu = 100$,$H_1: \mu \neq 100$

引入统计量 $\qquad T = \dfrac{\overline{X} - 100}{S/\sqrt{n}} \overset{H_0 为真}{\sim} t(n-1)$

对于给定的显著性水平 $\alpha = 0.05$,确定 c,使 $P\{|T| > c\} = \alpha$. 查 t-分布表得 $c = t_{\frac{\alpha}{2}}(n-1) = t_{0.025}(8) = 2.3060$,从而拒绝域为 $|t| \geqslant 2.3060$.

已知 $n = 9$,$\bar{x} = 99.98$,$s = 1.21$,计算得

$$|t| = \left|\frac{\bar{x} - 100}{s/\sqrt{n}}\right| = \left|\frac{99.98 - 100}{1.21/\sqrt{9}}\right| = 0.0496 < t_{\frac{\alpha}{2}}(n-1)$$

因此接受 H_0，即可以认为该天打包机工作正常.

5. 某种导线的电阻服从正态分布 $N(\mu, 0.005^2)$. 今从新生产的一批导线中随机抽取 9 根，测其电阻，得 $s = 0.008$（单位：欧姆）. 对于 $\alpha = 0.05$，能否认为这批导线电阻的标准差仍为 $0.005(\Omega)$？

解 本题要求在水平 $\alpha = 0.05$ 下检验假设

$$H_0: \sigma^2 = 0.005^2, \quad H_1: \sigma^2 \neq 0.005^2$$

已知 $n = 9$，对于给定的显著性水平 $\alpha = 0.05$，查 χ^2-分布表得

$$\chi^2_{1-\alpha/2}(n-1) = \chi^2_{0.975}(8) = 2.180, \quad \chi^2_{\frac{\alpha}{2}}(n-1) = \chi^2_{0.025}(8) = 17.535$$

又已知 $s = 0.008$ 及 $\sigma_0^2 = 0.005^2$，经计算得统计量 χ^2 的值为

$$\chi^2 = \frac{(n-1)s^2}{\sigma_0^2} = \frac{8 \times 0.008^2}{0.005^2} = 20.48 > \chi^2_{0.025}(8)$$

所以拒绝原假设 H_0，从而不能认为这批导线电阻的标准差仍为 0.005 欧姆.

6. 假定某地区高一考生的数学成绩服从正态分布，在某一次数学统考中，随机抽取了 36 位考生的成绩，算得平均成绩为 66.5 分，标准差 15 分，问在显著性水平 0.05 下，是否可以认为这次考试全体考生的平均成绩为 70 分？

解 建立假设 $\qquad H_0: \mu = 70, \quad H_1: \mu \neq 70$

引入统计量 $\qquad T = \dfrac{\overline{X} - 70}{S/\sqrt{n}} \overset{H_0 \text{为真}}{\sim} t(n-1)$

对于给定的显著性水平 $\alpha = 0.05$，确定 c，使 $P\{|T| > c\} = \alpha$. 查 t-分布表得 $c = t_{\frac{\alpha}{2}}(n-1) = t_{0.025}(35) = 2.0301$，从而拒绝域为 $|t| \geq 2.0301$.

已知 $n = 36, \bar{x} = 66.5, s = 15$，经计算得统计量 T 的值为

$$|t| = \left|\frac{\bar{x} - 70}{s/\sqrt{n}}\right| = \left|\frac{66.5 - 70}{15/\sqrt{36}}\right| = 1.4 < t_{\frac{\alpha}{2}}(n-1)$$

因此接受 H_0，即可以认为这次考试全体考生的平均成绩为 70 分.

7. 考察一鱼塘中鱼的含汞量，随机地取 10 条鱼，测得各条鱼的含汞量（单位：毫克）为：

$$0.8 \quad 1.6 \quad 0.9 \quad 0.8 \quad 1.2 \quad 0.4 \quad 0.7 \quad 1.0 \quad 1.2 \quad 1.1$$

设鱼的含汞量服从正态分布 $N(\mu,\ \sigma^2)$,试检验假设 $H_0:\mu\leqslant1.2, H_1:\mu>1.2$(取 $\alpha=0.10$)

解 对于如下假设检验问题:

$$H_0:\mu\leqslant1.2, \quad H_1:\mu>1.2$$

引入统计量

$$T=\frac{\overline{X}-\mu_0}{S/\sqrt{n}}$$

利用 t-检验法的右侧检验法来检验. 本例中,$\mu_0=1.2$, $n=10$. 取显著性水平 $\alpha=0.10$,查 t-分布表得 $t_\alpha(n-1)=t_{0.10}(9)=1.3830$.

由样本观察值,得 $\overline{x}=0.97$,$s=0.3302$,经计算得统计量 T 的值为

$$t=\frac{\overline{x}-\mu_0}{s/\sqrt{n}}=\frac{0.97-1.2}{0.3302/\sqrt{10}}=-2.2027$$

由于 $t=-2.2027<1.3830=t_\alpha(n-1)$,故接受 H_0,即可以认为鱼的平均含汞量没有超出 1.2 毫克.

8. 某特殊润滑油容器的容量服从正态分布,其方差为 0.03,任意抽查 10 个,测得样本标准差为 $s=0.246$. 在 $\alpha=0.01$ 的显著性水平下,检验假设:$H_0:\sigma^2=0.03$,$H_1:\sigma^2\neq0.03$.

解 本题要求在 $\alpha=0.01$ 水平下检验假设

$$H_0:\sigma^2=0.03, \quad H_1:\sigma^2\neq0.03$$

利用 χ^2-检验法来检验,引入统计量

$$\chi^2=\frac{(n-1)S^2}{\sigma_0^2}\overset{H_0\text{为真}}{\sim}\chi^2(n-1)$$

已知 $n=10$,对于给定的显著性水平 $\alpha=0.01$,查 χ^2-分布表得

$$\chi^2_{1-\frac{\alpha}{2}}(n-1)=\chi^2_{0.995}(9)=1.735,\ \chi^2_{\frac{\alpha}{2}}(n-1)=\chi^2_{0.005}(9)=23.589$$

又已知 $s=0.246$ 及 $\sigma_0^2=0.03$,经计算得统计量 χ^2 的值为

$$\chi^2=\frac{(n-1)s^2}{\sigma_0^2}=\frac{9\times0.246^2}{0.03}=18.1548\in\left(\chi^2_{0.995}(9),\chi^2_{0.005}(9)\right)$$

所以接受原假设 H_0,即可以认为 $\sigma^2=0.03$.

9. 过去经验显示,高三学生完成标准考试的时间为一正态分布变量,其标准差为 6 分钟. 若随机抽取 20 位学生,其样本标准差为 $s=4.51$ 分钟,试在显著性水平 $\alpha=0.05$ 下,检验假设:$H_0:\sigma^2\geqslant 6^2$,$H_1:\sigma^2<6^2$.

解 对于下述假设检验问题:

$$H_0:\sigma^2\geqslant 6^2,\quad H_1:\sigma^2<6^2$$

引入统计量 $$\chi^2=\frac{(n-1)S^2}{\sigma_0^2}$$

利用 χ^2-检验的左侧检验法来检验. 已知 $n=20$,取显著性水平 $\alpha=0.05$,查 χ^2-分布表得 $\chi^2_{1-\alpha}(n-1)=\chi^2_{0.95}(19)=10.117$. 又已知 $s=4.51$,由此经计算得统计量 χ^2 的值为

$$\chi^2=\frac{(n-1)s^2}{\sigma_0^2}=\frac{19\times 4.51^2}{6^2}=10.735>\chi^2_{0.95}(19)$$

所以接受原假设 H_0,即可以认为 $\sigma^2\geqslant 6^2$.

习 题 7-3

1. 分别对某种物品在处理前与处理后分别进行抽样,分析其含脂率(%)如下:

处理前:19 18 21 30 41 12 27

处理后:15 13 7 24 19 6 8 12

假定处理前后的含脂率都服从正态分布,且方差相同,问处理前后含脂率的平均值是否有显著变化?($\alpha=0.05$)

解 记处理前后含脂率的平均值分别为 μ_1 和 μ_2.

建立假设 $$H_0:\mu_1=\mu_2,\quad H_1:\mu_1\neq\mu_2$$

引入统计量 $$T=\frac{\overline{X}-\overline{Y}}{S_w\cdot\sqrt{1/n_1+1/n_2}}\overset{H_0\text{为真}}{\sim}t(n_1+n_2-2)$$

对于给定的显著性水平 $\alpha=0.05$,确定 c,使 $P\{|T|>c\}=\alpha$.

查 t-分布表得 $c=t_{\frac{\alpha}{2}}(n_1+n_2-2)=t_{0.025}(13)=2.1604$,从而拒绝域为 $|t|\geqslant 2.1604$.

由样本观察值,得 $n_1=7,n_2=8$,$\overline{x}=24$,$\overline{y}=13$,$s_1^2=91.3333,s_2^2=38.8571$,因而

$$s_w = \sqrt{\frac{(n_1-1)s_1^2+(n_2-1)s_2^2}{n_1+n_2-2}} = \sqrt{\frac{6\times 91.3333+7\times 38.8571}{7+8-2}} = 7.9421$$

统计量 T 的值为

$$|t| = \left| \frac{\bar{x}-\bar{y}}{s_w \cdot \sqrt{1/n_1+1/n_2}} \right| = \left| \frac{24-13}{7.9421\times \sqrt{1/7+1/8}} \right| = 2.6761 > t_{0.025}(13)$$

则拒绝原假设 H_0，即认为处理前后含脂率的平均值有显著变化.

2. 某厂使用甲、乙两种不同的原料生产同一类产品,分别在甲、乙生产的一星期的产品中取样进行测试,取甲种原料生产的样品 220 件,乙种原料生产的样品 205 件,测得平均重量和重量的方差分别如下:

$$甲：n_1=220, \bar{x}=2.46(千克), s_1^2=0.57(平方千克)$$
$$乙：n_2=205, \bar{y}=2.55(千克), s_2^2=0.48(平方千克)$$

设这两个总体都服从正态分布,且方差相同,问在显著性水平 $\alpha=0.05$ 下能否认为使用原料甲的产品平均重量比使用原料乙产品平均重量要轻?

解 设甲、乙两种原料的平均重量分别为 μ_1 和 μ_2,则需检验的假设是: $H_0:\mu_1\geqslant \mu_2$, $H_1:\mu_1<\mu_2$. 由于两者方差未知但相等,故采用两样本 t-检验法.

引入统计量
$$T = \frac{\bar{X}-\bar{Y}}{S_w\sqrt{\frac{1}{n_1}+\frac{1}{n_2}}}$$

由样本观察值,经计算得

$$s_w = \sqrt{\frac{(n_1-1)s_1^2+(n_2-1)s_2^2}{n_1+n_2-2}} = \sqrt{\frac{219\times 0.57+204\times 0.48}{220+205-2}} = 0.7257$$

从而统计量 T 的值为

$$t = \frac{\bar{x}-\bar{y}}{s_w \cdot \sqrt{1/n_1+1/n_2}} = \frac{2.46-2.55}{0.7257\times \sqrt{\frac{1}{220}+\frac{1}{205}}} = -13.1605$$

查表知 $t_\alpha(n_1+n_2-2)=t_{0.05}(423)<t_{0.05}(45)=1.6794$. 由于 $t<-t_\alpha(n_1+n_2-2)$,故拒绝 H_0,即可以认为使用原料甲的产品平均重量比使用原料乙的产品平均重量要轻.

3. 从锌矿的东、西两支矿脉,各抽取样本容量分别为 9 与 8 的样本进行测试,得样本含锌平均值及样本方差如下:

$$东支：\bar{x}=0.230, s_1^2=0.1337$$

$$西支：\bar{y}=0.269, s_2^2=0.1736$$

若东、西两支矿脉的含锌量都服从正态分布且方差相同,问东、西两支矿脉含锌量的平均值是否可以看作一样? ($\alpha=0.05$)

解 记东、西两支矿脉含锌量的平均值分别为 μ_1 和 μ_2.

建立假设 $\qquad\qquad H_0:\mu_1=\mu_2, \quad H_1:\mu_1\neq\mu_2$

引入统计量 $\qquad\qquad T=\dfrac{\overline{X}-\overline{Y}}{S_w\cdot\sqrt{\dfrac{1}{n_1}+\dfrac{1}{n_2}}}\overset{H_0为真}{\sim}t(n_1+n_2-2)$

对于给定的显著性水平 $\alpha=0.05$,确定 c,使 $P\{|T|>c\}=\alpha$.

查 t-分布表得 $c=t_{\frac{\alpha}{2}}(n_1+n_2-2)=t_{0.025}(15)=2.1315$,从而拒绝域为 $|t|\geqslant2.1315$.

已知 $n_1=9, n_2=8$,由样本观察值得

$$s_w=\sqrt{\frac{(n_1-1)s_1^2+(n_2-1)s_2^2}{n_1+n_2-2}}=\sqrt{\frac{8\times0.1337+7\times0.1736}{9+8-2}}=0.3903$$

经计算得统计量 T 的值为

$$|t|=\left|\frac{\bar{x}-\bar{y}}{s_w\cdot\sqrt{\dfrac{1}{n_1}+\dfrac{1}{n_2}}}\right|=\left|\frac{0.230-0.269}{0.3903\times\sqrt{\dfrac{1}{9}+\dfrac{1}{8}}}\right|=0.2056<t_{0.025}(15)$$

则接受原假设 H_0,即东、西两支矿脉含锌量的平均值可以看作一样.

4. 据推测,矮个子的人比高个子的人寿命要长一些. 下面给出美国 31 个自然死亡的总统的寿命,将他们分为矮个子与高个子两类,列表如下：

矮个子总统:85　79　67　90　80

高个子总统:68　53　63　70　88　74　64　66　60　60　78　71　67

　　　　　　90　73　71　77　72　57　78　67　56　63　64　83　65

假设这两个寿命总体均服从正态分布且方差相等. 试问这些数据是否符合上述推测? ($\alpha=0.05$)

解 设矮个子总统与高个子总统的平均寿命分别为 μ_1 和 μ_2,则需检验的假设是：$H_0:\mu_1\leqslant\mu_2, H_1:\mu_1>\mu_2$. 由于两者方差未知但相等,故采用两样本 t-检验.

引入统计量 $\qquad\qquad T=\dfrac{\overline{X}-\overline{Y}}{S_w\sqrt{\dfrac{1}{n_1}+\dfrac{1}{n_2}}}$

已知 $n_1=5$，$n_2=26$，由样本观察值得，$\bar{x}=80.2$，$\bar{y}=69.1539$，$s_1^2=73.7$，$s_2^2=86.7754$. 经计算得

$$s_w=\sqrt{\frac{(n_1-1)s_1^2+(n_2-1)s_2^2}{n_1+n_2-2}}=\sqrt{\frac{4\times69.1539+25\times86.7754}{5+26-2}}=9.1839$$

从而统计量 T 的值为

$$t=\frac{\bar{x}-\bar{y}}{s_w\cdot\sqrt{\dfrac{1}{n_1}+\dfrac{1}{n_2}}}=\frac{80.2-69.1539}{9.1839\times\sqrt{\dfrac{1}{5}+\dfrac{1}{26}}}=2.4630$$

查表知 $t_\alpha(n_1+n_2-2)=t_{0.05}(29)=1.6991$，由于 $t>t_\alpha(n_1+n_2-2)$，故拒绝 H_0，即可以认为矮个子总统的寿命比高个子总统的寿命长.

5. 为了检验两架光测高温计所确定的温度读数之间有无显著差异，设计了一个试验：用两架仪器同时对一组 10 只炽热灯丝作观察，得数据如表 7-16 所示.

表 7-16   实验观察数据

	1	2	3	4	5	6	7	8	9	10
X/℃	1050	825	918	1183	1200	980	1258	1308	1420	1550
Y/℃	1072	820	936	1185	1211	1002	1254	1330	1425	1545

其中 X 和 Y 分别表示用第一架和第二架高温计观察的结果. 假设 X 和 Y 都服从正态分布，且方差相同. 试根据这些数据来确定这两高温计所确定的温度读数之间有无显著差异？（$\alpha=0.05$）

解   记第一架和第二架高温计所确定的温度读数的平均值分别为 μ_1 和 μ_2.

建立假设 $H_0:\mu_1=\mu_2$， $H_1:\mu_1\neq\mu_2$

引入统计量 $T=\dfrac{\overline{X}-\overline{Y}}{S_w\cdot\sqrt{\dfrac{1}{n_1}+\dfrac{1}{n_2}}}\overset{H_0\text{为真}}{\sim}t(n_1+n_2-2).$

对于给定的显著性水平 $\alpha=0.05$，确定 c，使 $P\{|T|>c\}=\alpha$.

查 t-分布表得 $c=t_{\frac{\alpha}{2}}(n_1+n_2-2)=t_{0.025}(18)=2.1009$，从而拒绝域为 $|t|\geqslant2.1009$.

已知 $n_1=10$，$n_2=10$，由样本观察值得 $\bar{x}=1169.2$，$\bar{y}=1178$，$s_1^2=51975.51$，$s_2^2=50517.33$

从而

$$s_w=\sqrt{\frac{(n_1-1)s_1^2+(n_2-1)s_2^2}{n_1+n_2-2}}=\sqrt{\frac{9\times51975.51+9\times50517.33}{10+10-2}}=226.3767$$

经计算得统计量 T 的值为

$$|t| = \left| \frac{\bar{x} - \bar{y}}{s_w \cdot \sqrt{\frac{1}{n_1} + \frac{1}{n_2}}} \right| = \left| \frac{1169.2 - 1178}{226.3767 \times \sqrt{\frac{1}{10} + \frac{1}{10}}} \right| = 0.0869 < t_{0.025}(18)$$

则接受原假设 H_0，即可以认为这两高温计所确定的温度读数之间无显著差异.

6. 在 20 世纪 70 年代后期人们发现酿造啤酒时，在麦芽干燥过程中会形成致癌物质亚硝基二甲胺(NDMA). 到了 20 世纪 80 年代初期，人们开发了一种新的麦芽干燥过程. 下面给出了分别在新、老两种过程中形成的 NDMA 含量(以 10 亿份中的份数计)，如表 7-17 所示.

表 7-17　NDMA 含量　　　　　　　　　　　单位:份

老过程	6	4	5	5	6	5	5	6	4	6	7	4
新过程	2	1	2	2	1	0	3	2	1	0	1	3

设两样本分别来自正态分布，且两总体的方差相等，但参数均未知. 两样本独立，分别以 μ_1，μ_2 记对应于老、新过程的总体的均值，试检验假设(取 $\alpha = 0.05$)H_0：$\mu_1 - \mu_2 \leq 2$，$H_1 : \mu_1 - \mu_2 > 2$.

解　对于如下假设检验问题：

$$H_0 : \mu_1 - \mu_2 \leq 2, \quad H_1 : \mu_1 - \mu_2 > 2$$

引入统计量

$$T = \frac{\bar{X} - \bar{Y} - \mu_0}{S_W \sqrt{\frac{1}{n_1} + \frac{1}{n_2}}}$$

由于两者方差未知但相等，故采用两样本 t-检验.

已知 $n_1 = n_2 = 12$，查表知 $t_\alpha(n_1 + n_2 - 2) = t_{0.05}(22) = 1.7171$. 由样本观察值得 $\bar{x} = 5.25$，$\bar{y} = 1.5$，$s_1^2 = 0.9318$，$s_2^2 = 1$，经计算得

$$s_w = \sqrt{\frac{(n_1 - 1)s_1^2 + (n_2 - 1)s_2^2}{n_1 + n_2 - 2}} = \sqrt{\frac{11 \times 0.9318 + 11 \times 1}{12 + 12 - 2}} = 0.9828$$

从而，统计量 T 的值为

$$t = \frac{\bar{x} - \bar{y} - 2}{s_w \cdot \sqrt{\frac{1}{n_1} + \frac{1}{n_2}}} = \frac{5.25 - 1.5 - 2}{0.9828 \times \sqrt{\frac{1}{12} + \frac{1}{12}}} = 4.3616$$

由于 $t = 4.3616 > t_\alpha(n_1 + n_2 - 2) = 1.7171$，故拒绝 H_0，即可以认为老、新过程中形成的 NDMA 平均含量差大于 2 份.

7. 某日从 2 台新机床加工的同一种零件中,分别抽若干个样品测量零件尺寸,得数据如表 7-18 所示.

表 7-18　零件尺寸资料　　　　　　单位:分米

甲机床	6.2	5.7	6.5	6.0	6.3	5.8	5.7	6.0	6.0	5.8	6.0
乙机床	5.6	5.9	5.6	5.7	5.8	6.0	5.5	5.7	5.5		

假定零件尺寸服从正态分布,试检验这 2 台新机床加工零件的精度是否有显著差异?($\alpha=0.05$)

解　设甲机床加工的零件尺寸 $X \sim N(\mu_1, \sigma_1^2)$,乙机床加工的零件尺寸 $Y \sim N(\mu_2, \sigma_2^2)$,其中 μ_1, μ_2, σ_1^2, σ_2^2 均为未知,则需检验的假设是:

$$H_0: \sigma_1^2 = \sigma_2^2, \quad H_1: \sigma_1^2 \neq \sigma_2^2$$

引进检验统计量　　$F = \dfrac{S_1^2}{S_2^2} \overset{H_0 为真}{\sim} F(n_1-1, n_2-1)$

已知 $n_1=11$,$n_2=9$,对于给定的 $\alpha=0.05$,查表得

$$F_{\frac{\alpha}{2}}(n_1-1, n_2-1) = F_{0.025}(10, 8) = 4.30$$

$$F_{1-\alpha/2}(n_1-1, n_2-1) = \frac{1}{F_{\frac{\alpha}{2}}(n_2-1, n_1-1)} = \frac{1}{F_{0.025}(8, 10)} = \frac{1}{3.85} = 0.2597$$

由样本观察值可得 $s_1^2=0.064$,$s_2^2=0.03$.经计算得统计量 F 的值为

$$f = \frac{s_1^2}{s_2^2} = \frac{0.064}{0.03} = 2.1333 \in (0.02597, 4.30)$$

则接受原假设 H_0,即可以认为这 2 台新机床加工零件的精度无显著差异.

8. 从两处煤矿各取一样本,测得其含灰率分别如表 7-19 所示.

表 7-19　样本含灰率

甲矿	24.3	20.8	23.7	21.3	17.4
乙矿	18.2	16.9	20.2	16.7	

设矿中含灰率服从正态分布,问甲、乙两煤矿的含灰率有无显著差异?($\alpha=0.05$)

解　设甲矿含灰率 $X \sim N(\mu_1, \sigma_1^2)$,乙矿含灰率 $Y \sim N(\mu_2, \sigma_2^2)$,其中 μ_1, μ_2, σ_1^2, σ_2^2 均为未知,先在 μ_1, μ_2 未知的条件下检验假设

$$H_0: \sigma_1^2 = \sigma_2^2, \quad H_1: \sigma_1^2 \neq \sigma_2^2$$

引进检验统计量 $F=\dfrac{S_1^2}{S_2^2}\overset{H_0\text{为真}}{\sim}F(n_1-1, n_2-1)$

已知 $n_1=5$, $n_2=4$,对于给定的 $\alpha=0.05$,查表得

$$F_{\alpha/2}(n_1-1, n_2-1)=F_{0.025}(4, 3)=15.10$$

$$F_{1-\alpha/2}(n_1-1, n_2-1)=\frac{1}{F_{\alpha/2}(n_2-1, n_1-1)}=\frac{1}{F_{0.025}(3, 4)}=\frac{1}{9.98}=0.1002$$

由样本观察值可得 $\bar{x}=21.5$, $\bar{y}=18$ $s_1^2=7.505$, $s_2^2=2.5933$.经计算得统计量 F 的值为

$$f=\frac{s_1^2}{s_2^2}=\frac{7.505}{2.5933}=2.8940\in(0.1002, 15.10)$$

则接受原假设 H_0,即可以认为 $\sigma_1^2=\sigma_2^2$.

其次,在 $\sigma_1^2=\sigma_2^2$ 但均未知的条件下,检验假设

$$H_0':\mu_1=\mu_2, \quad H_1': \mu_1\neq\mu_2$$

引进统计量 $T=\dfrac{\overline{X}-\overline{Y}}{\sqrt{\dfrac{(n_1-1)S_1^2+(n_2-1)S_2^2}{n_1+n_2-2}}\sqrt{\dfrac{1}{n_1}+\dfrac{1}{n_2}}}\overset{H_0'\text{为真}}{\sim}t(n_1+n_2-2)$

对于给定的 $\alpha=0.05$,查表得 $t_{\frac{\alpha}{2}}(n_1+n_2-2)=t_{0.025}(7)=2.3646$,再由样本观察值统计算得经计量 T 的值

$$|t|=\left|\frac{21.5-18}{\sqrt{\dfrac{4\times7.505+3\times2.5933}{5+4-2}}\sqrt{\dfrac{1}{5}+\dfrac{1}{4}}}\right|=2.2452<t_{\alpha/2}(n_1+n_2-2)$$

所以接受 H_0',即认为甲、乙两煤矿的含灰率无显著差异.

9. 甲、乙两种稻种,为比较其产量,分别种在 10 块试验田中,每块田甲、乙稻种各种一半,假定两稻种产量服从正态分布,最后获得产量如表 7-20 所示.

表 7-20 稻种产量 单位:千克

编号	1	2	3	4	5	6	7	8	9	10
甲种	140	137	136	140	145	148	140	135	144	141
乙种	135	118	115	140	128	131	130	115	133	125

问两种稻种产量是否有显著差异?($\alpha=0.05$)

解 设甲种稻的产量 $X \sim N(\mu_1, \sigma_1^2)$,乙种稻的产量 $Y \sim N(\mu_2, \sigma_2^2)$,其中 μ_1, μ_2, σ_1^2, σ_2^2 均为未知,先在 μ_1, μ_2 未知的条件下检验假设

$$H_0: \sigma_1^2 = \sigma_2^2, \quad H_1: \sigma_1^2 \neq \sigma_2^2$$

引进检验统计量 $F = \dfrac{S_1^2}{S_2^2} \overset{H_0 \text{为真}}{\sim} F(n_1 - 1, n_2 - 1)$

已知 $n_1 = n_2 = 10$,对于给定的 $\alpha = 0.05$,查表得

$$F_{\alpha/2}(n_1 - 1, n_2 - 1) = F_{0.025}(9, 9) = 4.03$$

$$F_{1-\alpha/2}(n_1 - 1, n_2 - 1) = \frac{1}{F_{\frac{\alpha}{2}}(n_2 - 1, n_1 - 1)} = \frac{1}{F_{0.025}(9, 9)} = \frac{1}{4.03} = 0.2481$$

由样本观察值可得 $\bar{x} = 140.6$,$\bar{y} = 127 s_1^2 = 16.9333$,$s_2^2 = 74.2222$.经计算得统计量 F 的值

$$f = \frac{s_1^2}{s_2^2} = \frac{16.9333}{74.2222} = 0.2281 \notin (0.2481, 4.03)$$

则拒绝原假设 H_0,即 $\sigma_1^2 \neq \sigma_2^2$,可以认为这两种稻种产量有显著差异.

10. 随机地选了 8 个人,分别测量了他们在早晨起床时和晚上就寝时的身高,得到数据如表 7-21 所示.

表 7-21　早晚身高数据　　　　　　　　　　　　　　单位:厘米

序号	1	2	3	4	5	6	7	8
早上(x_i)	172	168	180	181	160	163	165	177
晚上(y_i)	172	167	177	179	159	161	166	175

设各对数据的差 Z_i 是来自正态总体 $N(\mu_z, \sigma_z^2)$ 的样本,μ_z,σ_z^2 均未知.问是否可以认为早晨的身高比晚上的身高要高?($\alpha = 0.05$)

解 可把上述问题归纳为下述假设检验问题

$$H_0: \mu_z \leqslant 0, \quad H_1: \mu_z > 0$$

引入统计量

$$T = \frac{\overline{Z} - \mu_0}{S/\sqrt{n}}$$

利用 t-检验法的右侧检验法来检验.

已知 $\mu_0 = 0$,$n = 8$.取显著性水平 $\alpha = 0.05$,查 t-分布表得 $t_\alpha(n-1) = t_{0.05}(7) =$

1.8946.

由样本观察值得 $\bar{z}=1.125$, $s=1.2464$,经计算得统计量 T 的值为

$$t=\frac{\bar{z}-\mu_0}{s/\sqrt{n}}=\frac{1.125-0}{1.2464/\sqrt{8}}=2.5529$$

由于 $t=2.5529>1.8946=t_\alpha(n-1)$,故拒绝 H_0,即可以认为早晨比晚上身高要高.

习 题 7-4

1. 设在木材中抽出 100 根,测其小头直径,得到样本均值 $\bar{x}=11.2$ 厘米,已知标准差 $\sigma_0=2.6$ 厘米. 问能否认为该批木料小头的平均直径是在 12 厘米以上?($\alpha=0.05$)

解 可把上述问题归纳为下述假设检验问题

$$H_0: \mu \geqslant 12, \quad H_1: \mu < 12$$

引入统计量 $$U=\frac{\overline{X}-\mu_0}{\sigma_0/\sqrt{n}}$$

利用 U-检验法的左侧检验法来检验,本例中,$\mu_0=12$, $n=100$. 取显著性水平 $\alpha=0.05$,查标准正态分布表得 $u_\alpha=u_{0.05}=1.645$,经计算可得统计量 U 的值为

$$u=\frac{\bar{x}-\mu_0}{\sigma_0/\sqrt{n}}=\frac{11.2-12}{2.6/\sqrt{100}}=-3.0769<-u_\alpha$$

故拒绝 H_0,即不能认为该批木料小头的平均直径是在 12 厘米以上.

2. 从一批灯泡中抽取 50 个灯泡的随机样本,算得样本平均寿命 $\bar{x}=1900$ 小时,样本标准差 $s=490$ 小时,试在显著性水平 $\alpha=0.01$ 下,检验这批灯泡的平均使用寿命是否为 2000 小时?

解 可把上述问题归纳为下述假设检验问题

$$H_0: \mu = 2000, \quad H_1: \mu \neq 2000$$

由于标准差 σ 未知,据中心极限定理,统计量

$$T=\frac{\overline{X}-\mu}{s/\sqrt{n}} \sim N(0, 1)$$

用统计量 T 代替 U.

由题意,$n=50$, $\mu_0=2000$, $\bar{x}=1900$, $s=490$,取显著性水平 $\alpha=0.01$,查标准

正态分布表得 $u_{\frac{a}{2}}=u_{0.005}=2.575$，经计算可得统计量 T 的值为

$$t=\frac{\overline{x}-\mu_0}{s/\sqrt{n}}=\frac{1900-2000}{490/\sqrt{50}}=-1.4431$$

由于 $|t|\leqslant u_{\frac{a}{2}}$，故拒绝 H_0，即可以认为这批灯泡的平均使用寿命为 2000 小时.

3. 某厂生产一批产品，质量检查给定：次品率 $p\leqslant 0.05$，则这批产品可以出厂，否则不能出厂. 现从这批产品中抽查 400 件产品，发现有 32 件是次品，问：在显著性水平 $\alpha=0.02$ 下，这批产品能否出厂？

解 可把上述问题归纳为下述假设检验问题

$$H_0：p\geqslant 95\%,\quad H_1：p<95\%$$

引进检验统计量 $\quad U=\dfrac{p-p_0}{\sqrt{p_0(1-p_0)/n}}=\dfrac{n\hat{p}-np_0}{\sqrt{np_0(1-p_0)}}$

由题意，$n=400$，$\hat{p}=\dfrac{400-32}{400}=0.92$，$p_0=0.95$，取显著性水平 $\alpha=0.02$，查标准正态分布表得 $u_\alpha=u_{0.02}=2.055$，经计算可得统计量 U 的值为

$$u=\frac{n\hat{p}-np_0}{\sqrt{np_0(1-p_0)}}=\frac{400\times 0.92-400\times 0.95}{\sqrt{400\times 0.95\times(1-0.95)}}=-2.7530$$

由于 $u<-u_\alpha$，故拒绝 H_0，即可以认为这批产品不能出厂.

4. 据报载，为了确定某乡镇发起的一场群众灭鼠运动，鼓励村民养猫灭鼠. 养猫灭鼠的效果，进行入户调查：

养猫户：$n_1=119$，有老鼠活动的有 15 户.

无猫户：$n_2=418$，有老鼠活动的有 58 户.

问：养猫与不养猫对大城市灭鼠有无显著差别？（$\alpha=0.05$）

解 设养猫户、无猫户有老鼠活动的家庭概率分别为 p_1，p_2，由于 $n_1=119$，$n_2=418$，这是大样本情形下两个 $0-1$ 分布总体的概率检验问题. 可把上述问题归纳为下述假设检验问题

$$H_0：p_1=p_2,\quad H_1：p_1\neq p_2$$

由中心极限定理，当 H_0 为真时，且 n_1，n_2 充分大，有

$$U=\frac{\hat{p}_1-\hat{p}_2}{\sqrt{\overline{p}(1-\overline{p})\left(\dfrac{1}{n_1}+\dfrac{1}{n_2}\right)}}\sim N(0,1)$$

因为 $\hat{p}_1 = \bar{x} = \dfrac{15}{119} = 0.126$，$\hat{p}_2 = \bar{y} = \dfrac{58}{418} = 0.139$，$\bar{p} = \dfrac{15+58}{119+418} = 0.136$，经计算得

统计量 U 的值为

$$u = \frac{\hat{p}_1 - \hat{p}_2}{\sqrt{\bar{p}(1-\bar{p})\left(\dfrac{1}{n_1} + \dfrac{1}{n_2}\right)}} = \frac{0.126 - 0.139}{\sqrt{0.136 \times (1 - 0.136)\left(\dfrac{1}{119} + \dfrac{1}{418}\right)}} = -0.3649$$

由 $\alpha = 0.05$，查标准正态分布表得 $u_{\frac{\alpha}{2}} = 1.96$．由于 $|u| \leqslant u_{\frac{\alpha}{2}}$，则接受 H_0，即可以认为养猫与不养猫对大城市灭鼠无显著差别．

5. 某市对成年人检查身体，在随机抽查的 100 人中发现了 59 人患有不同程度的牙疾，试问抽查结果能否说明该市 50% 以上的成年人患有牙疾？（$\alpha = 0.05$）

解 可把上述问题归纳为下述假设检验问题

$$H_0: p \leqslant 50\%, \quad H_1: p > 50\%$$

引入统计量 $\qquad U = \dfrac{n\hat{p} - np_0}{\sqrt{np_0(1-p_0)}} \overset{H_0 \text{为真}}{\sim} N(0, 1)$

由题意，$n = 100$，$\hat{p} = \dfrac{59}{100} = 0.59$，$p_0 = 0.5$，取显著性水平 $\alpha = 0.05$，查标准正态分布表得 $u_\alpha = u_{0.05} = 1.645$，经计算可得统计量 U 的值为

$$u = \frac{n\hat{p} - np_0}{\sqrt{np_0(1-p_0)}} = \frac{100 \times 0.59 - 100 \times 0.5}{\sqrt{100 \times 0.5 \times (1 - 0.5)}} = 1.8$$

由于 $u > u_\alpha$，故拒绝 H_0，即表明该市有 50% 以上的成年人患有牙疾．

6. 某大学随机调查 120 名男生，发现有 50 人非常喜欢看武侠小说，而随机调查的 85 名女生中有 23 人非常喜欢，试在显著性水平 $\alpha = 0.05$ 下，检验男女学生在喜爱武侠小说方面有无显著差异？

解 设男、女生非常喜欢看武侠小说的比例分别为 p_1, p_2，由于 $n_1 = 120, n_2 = 85$，这是大样本情形下两个 0—1 分布总体的概率检验问题．可把上述问题归纳为下述假设检验问题

$$H_0: p_1 = p_2, \quad H_1: p_1 \neq p_2$$

因为 $\hat{p}_1 = \bar{x} = \dfrac{50}{120} = 0.417$，$\hat{p}_2 = \dfrac{23}{85} = 0.271$，$\bar{p} = \dfrac{50+23}{120+85} = 0.376$，经计算得统计量 U 的值为

$$u = \frac{\hat{p}_1 - \hat{p}_2}{\sqrt{\bar{p}(1-\bar{p})\left(\frac{1}{n_1}+\frac{1}{n_2}\right)}} = \frac{0.417 - 0.271}{\sqrt{0.376 \times (1-0.376)\left(\frac{1}{120}+\frac{1}{85}\right)}} = 2.126$$

由 $\alpha = 0.05$,查标准正态分布表得 $u_{\frac{\alpha}{2}} = 1.96$,由于 $|u| > u_{\frac{\alpha}{2}}$,则拒绝 H_0,即可以认为男女学生在喜爱武侠小说方面有显著差异.

习 题 7-5

1. 为募集社会福利基金,某地方政府发行福利彩票,中彩者用摇大转盘的方法确定最后中奖金额. 大转盘均分为 20 份,其中金额为 5 万元、10 万元、20 万元、30 万元、50 万元、100 万元的分别占 2 份、4 份、6 份、4 份、2 份、2 份. 假定大转盘是均匀的,则每一点朝下是等可能的,于是摇出各个奖项的概率如表 7-22 所示.

表 7-22　各个奖项的概率　　　　　　　　　单位:万元

额度	5	10	20	30	50	100
概率	0.1	0.2	0.3	0.2	0.1	0.1

现 20 人参加摇奖,摇得 5 万元、10 万元、20 万元、30 万元、50 万元和 100 万元的人数分别为 2,6,6,3,3,0,由于没有一个人摇到 100 万元,于是有人怀疑大转盘是不均匀的,那么该怀疑是否成立呢?($\alpha = 0.05$)

解　这是一个典型的分布拟合优度检验,总体共有 6 类,分别为 A_i, $i=1, 2$, $\cdots$, 6,其发送概率依次为 0.1, 0.2, 0.3, 0.2, 0.1, 0.1(分别记为 p_i, $i=1, 2, \cdots$, 6),按题意需检验假设

$$H_0: P(A_i) = p_i, \quad i = 1, 2, \cdots, 6$$

引入统计量　　　　　$$\chi^2 = \sum_{i=1}^{k} \frac{(n_i - n\hat{p}_i)^2}{n\hat{p}_i}$$

已知 $k=6$,检验的拒绝域 $W = \{\chi^2 \geqslant \chi_\alpha^2(5)\}$,若取 $\alpha = 0.05$,则查 χ^2 表知 $\chi_{0.05}^2(5) = 11.071$. 由给定数据,经计算得统计量 χ^2 的值为

$$\chi^2 = \sum_{i=1}^{6} \frac{(n_i - n\hat{p}_i)^2}{n\hat{p}_i} = \frac{(2-20\times0.1)^2}{20\times0.1} + \frac{(6-20\times0.2)^2}{20\times0.2} + \frac{(6-20\times0.3)^2}{20\times0.3}$$

$$+ \frac{(3-20\times0.2)^2}{20\times0.2} + \frac{(3-20\times0.1)^2}{20\times0.1} + \frac{(0-20\times0.1)^2}{20\times0.1} = 3.75$$

由于 $\chi^2 = 3.75 < \chi_\alpha^2(5)$,故接受 H_0,即没有理由认为转盘不均匀.

405

2. 检查了一本书的 100 页，记录各页中印刷错误的个数，其结果如表 7-23 所示.

表 7-23　印刷错误结果

错误个数 n_i（个）	0	1	2	3	4	5	6	$\geqslant 7$
含 n_i 个错误的页数 n_i	36	40	19	2	0	2	1	0

问能否认为每一页的印刷错误个数服从泊松分布？（$\alpha = 0.05$）

解　设一页的印刷错误个数为 X，按题意需检验假设

$$H_0 : P\{X = k\} = \frac{\lambda^k}{k!} \mathrm{e}^{-\lambda},\ k = 0,\ 1,\ 2,\ \cdots$$

本例中，只观察到 8 个不同取值，这相当于将总体分成 8 类，当原假设 H_0 为真时，每类出现的概率为

$$p_i = \frac{\lambda^i}{i!} \mathrm{e}^{-\lambda}\ (i = 0,\ 1,\ \cdots,\ 5,\ 6,\ p_7 = \sum_{i=7}^{+\infty} \frac{\lambda^i}{i!} \mathrm{e}^{-\lambda})$$

这里有一个未知参数 λ，采用极大似然估计求得 λ 的估计为：

$$\hat{\lambda} = \frac{1}{100} \times (0 \times 36 + 1 \times 40 + 2 \times 19 + 3 \times 2 + 4 \times 0 + 5 \times 2 + 6 \times 1) = 1$$

将 $\hat{\lambda}$ 代入可以估计出诸 $\hat{p}_i$，计算结果如表 7-24 所示.

表 7-24　χ^2 检验计算表

i	n_i	$\hat{p}_i$	$n\hat{p}_i$	$(n_i - n\hat{p}_i)^2 / n\hat{p}_i$
0	36	0.3679	36.79	0.0167
1	40	0.3679	36.79	0.2801
2	19	0.1839	18.39	0.0202
3	2	0.0613	6.13	2.7825
4	0	0.0153	1.53	1.53
5	2	0.0031	0.31	9.2132
6	1	0.0005	0.05	18.05
7	0	0.0001	0.01	0.01
$\sum$	100	1.0000	100.00	$\chi^2 = 31.9027$

其中　$k = 8, r = 1,\ \alpha = 0.05,\ \chi_\alpha^2(k - r - 1) = \chi_{0.05}^2(6) = 12.592$

由于

$$\chi^2 = 31.9027 > \chi_{0.05}^2(6)$$

故在水平 $\alpha=0.05$ 下拒绝 H_0,不能认为一页的印刷错误个数服从泊松分布.

3. 对某汽车零件制造厂所生产的汽缸螺栓直径进行检验,测得 100 个数据. 分组统计如表 7-25 所示.

表 7-25 分组统计数据

分组	10.93 ~ 10.95	10.95 ~ 10.97	10.97 ~ 10.99	10.99 ~ 11.01	11.01 ~ 11.03	11.03 ~ 11.05	11.05 ~ 11.07	11.07 ~ 11.09
频数	5	8	20	34	17	6	6	4

试检验螺栓直径是否服从正态分布? $(\alpha=0.05)$

解 设螺栓直径为 X,按题意需检验假设

$$H_0:f(x)=f_0(x)=\frac{1}{\sqrt{2\pi}\sigma}e^{-\frac{(x-\mu)^2}{2\sigma^2}},\quad H_1:f(x)\neq f_0(x)$$

由于参数 μ 和 σ^2 未知,采用极大似然估计求得 μ 和 σ^2 的估计分别为

$$\hat{\mu}=\bar{x}=11.0124,\quad \hat{\sigma}^2=s^2=0.03202$$

因为总体为连续型,我们将汽缸螺栓直径 X 的可能取值的区间 $(-\infty,+\infty)$ 分为 8 个互不重叠的小区间 $(a_{i-1},a_i]$, $i=1,2,\cdots,8$. 取事件 $A_i=\{a_{i-1}<X\leqslant a_i\}$, $a_0=-\infty$, $a_8=+\infty$. 若 H_0 为真,则

$$\hat{p}_i=P\{a_{i-1}<X\leqslant a_i\}=\Phi\left(\frac{a_i-\bar{x}}{\hat{\sigma}}\right)-\Phi\left(\frac{a_{i-1}-\bar{x}}{\hat{\sigma}}\right),\ i=1,2,\cdots,8$$

计算结果列于表 7-26.

表 7-26 χ^2 检验计算表

编号	n_i	$\hat{p}_i$	$n\hat{p}_i$	$(n_i-n\hat{p}_i)^2/n\hat{p}_i$
1	5	0.0397	3.97	0.2672
2	8	0.1046	10.46	0.5785
3	20	0.1921	19.21	0.0325
4	34	0.2465	24.65	3.5466
5	17	0.2103	21.03	0.7723
6	6	0.1255	12.55	3.4185
7	6	0.0501	5.01	0.1956
8	4	0.0192	1.92	2.2533
$\sum$	100	1.0000	100	$\chi^2=11.0645$

其中 $k = 8, r = 2, \alpha = 0.05, \chi_\alpha^2(k-r-1) = \chi_{0.05}^2(5) = 11.071$

由于

$$\chi^2 = 11.0645 < \chi_{0.05}^2(5)$$

故接受 H_0,即可以认为螺栓直径服从正态分布.

4. 按孟德尔的遗传定律,让开粉红色花的豌豆随机交配,子代可区分为红花、粉红色花和白花三类,其比例为 $1:2:1$. 为了检验这个理论,特别安排了一个试验:100 株豌豆中开红花 30 株,开粉红花 48 株,开白花 22 株. 问这些数据与孟德尔遗传定律是否一致? $(\alpha=0.05)$

解 总体共有 3 类,分别为 A_i, $i=1,2,3$,其发送概率依次为 $0.25, 0.5, 0.25$(分别记为 p_i, $i=1,2,3$),按题意需检验假设

$$H_0: P(A_i) = p_i, \ i = 1, 2, 3$$

这里 $k=3$,检验的拒绝域 $W = \{\chi^2 \geqslant \chi_\alpha^2(2)\}$,若取 $\alpha=0.05$,则查 χ^2-表知 $\chi_{0.05}^2(2) = 5.991$,由给定数据,经计算得统计量 χ^2 的值为

$$\chi^2 = \sum_{i=1}^{3} \frac{(n_i - np_i)^2}{np_i} = \frac{(30 - 100 \times 0.25)^2}{100 \times 0.25} + \frac{(48 - 100 \times 0.5)^2}{100 \times 0.5}$$
$$+ \frac{(22 - 100 \times 0.25)^2}{100 \times 0.25} = 1.44$$

由于 $\chi^2 = 1.44 < \chi_\alpha^2(2)$,故接受 H_0,即可以认为这些数据与孟德尔遗传定律是一致的.

5. 某市 2008 年的职工家庭抽样调查,获得家庭月收入(单位:百元)的资料如表 7-27 所示.

表 7-27 家庭月收入资料

每月家庭收入(百元)	$\leqslant 40$	$(40, 60]$	$(60, 80]$	$(80, 100]$	> 100
户数(户)	5	16	40	27	12

计算得 100 户家庭平均月收入 $\bar{x} = 72.3$,样本方差 $s^2 = 20^2$. 问该市居民家庭月收入是否服从正态分布 $N(72.3, 20^2)$? $(\alpha=0.05)$

解 设居民家庭月收入为 X,按题意需检验假设

$$H_0: f(x) = f_0(x) = \frac{1}{20\sqrt{2\pi}} e^{-\frac{(x-72.3)^2}{800}}, H_1: f(x) \neq f_0(x)$$

因为总体为连续型,我们将居民家庭月收入 X 的可能取值的区间 $(-\infty, +\infty)$ 分为5个互不重叠的小区间 $(a_{i-1}, a_i]$, $i=1, 2, \cdots, 5$. 取事件 $A_i = \{a_{i-1} < X \leqslant a_i\}$, $a_0 = -\infty$, $a_5 = +\infty$. 若 H_0 为真,则

$$\hat{p}_i = P\{a_{i-1} < X \leqslant a_i\} = \Phi\left(\frac{a_i - 72.3}{20}\right) - \Phi\left(\frac{a_{i-1} - 72.3}{20}\right), \ i=1, 2, \cdots, 5$$

计算结果如表 7-28 所示.

表 7-28 χ^2 检验计算表

编号	n_i	$\hat{p}_i$	$n\hat{p}_i$	$(n_i - n\hat{p}_i)^2 / n\hat{p}_i$
1	5	0.0532	5.32	0.0192
2	16	0.2161	21.61	1.4564
3	40	0.3805	38.05	0.0999
4	27	0.2671	26.71	0.0031
5	12	0.0831	8.31	1.6385
$\sum$	100	1.0000	100	$\chi^2 = 3.2171$

其中　　　$k=5$, $r=0$, $\alpha=0.05$, $\chi_\alpha^2(k-r-1) = \chi_{0.05}^2(4) = 9.488$

由于

$$\chi^2 = 3.2171 < \chi_{0.05}^2(4)$$

故接受 H_0,即可以认为该市居民家庭月收入服从正态分布 $N(72.3, 20^2)$.

总 习 题 七

1. 假设正态总体 $X \sim N(\mu, 1)$, $x_1, x_2, \cdots, x_{10}$ 是来自 X 的 10 个观察值,要在 $\alpha=0.05$ 的水平下检验 $H_0: \mu=0$, $H_1: \mu \neq 0$,取拒绝域为 $R=\{|\bar{x}| \geqslant c\}$.

(1) 求 C.

(2) 若已知 $\bar{x}=1$,是否可以据此接受 H_0.

(3) 若以 $R=\{|\bar{x}| \geqslant 1.15\}$ 作为 H_0 的拒绝域,试求检验的显著水平 α.

解　(1) 选择检验统计量 $U = \dfrac{\overline{X} - \mu_0}{\sigma_0 / \sqrt{n}} \overset{H_0 为真}{\sim} N(0, 1)$

这里 $\mu_0 = 0$, $\sigma_0 = 1$,对于 $\alpha=0.05$.查标准正态分布表知 $P\{|u| \geqslant 1.96\} = 0.05$,

因此拒绝域 $R = \{|u| \geqslant 1.96\} = \{|\sqrt{10}\,\bar{x}\,| \geqslant 1.96\} = \{|\bar{x}| \geqslant 0.62\}$,即 $C = 0.62$.

(2) 由 $\bar{x} = 1 > 0.62$,即 $\bar{x} \in R$,因此不能据此样本推断 $\mu = 0$.

(3) $R = \{|\bar{X}| \geqslant 1.15\} = P\{|\sqrt{10}\,\bar{X}\,| \geqslant 1.15\sqrt{10}\} = 1 - P\{|\sqrt{10}\,\bar{X}\,| < 1.15\sqrt{10}\}$

$$= 1 - [2\Phi(3.64) - 1] = 0.0003$$

由于检验的显著水平 α 就是在 $\mu = 0$ 成立时拒绝 H_0 的概率,因此所求的显著水平为

$$\alpha = P\{U \in R\} = P\{|\sqrt{10}\,\bar{X}\,| \geqslant 1.15\sqrt{10}\} = 0.0003$$

2. 设某厂生产的电视机显像管的寿命(单位:小时)原来服从正态分布 $N(5000, 300^2)$. 现在采用了能提高寿命的新技术,但实际上是否有提高还需要检验. 为此,任意抽取 36 只显像管进行测试,得寿命值为 x_1,x_2,$\cdots$,x_{36}. 现规定,若 $\bar{x} \leqslant 5100$,则认为显像管寿命没有提高;若 $\bar{x} > 5100$,则认为显像管寿命有提高.

(1) 试给出总体及其分布形式.

(2) 问原假设及备择假设是简单的还是复合的?

(3) 试给出样本容量.

(4) 试给出检验法的拒绝域及接受域.

(5) 求犯第一类错误的概率.

解 (1) 任意抽取一只显像管,测试其寿命为 X,则随机变量 X 就是本统计问题的总体. $X \sim N(\mu, 300^2)$,其中 μ 是未知参数.

(2) 待检验的假设为 $H_0: \mu = 5000$,$H_1: \mu > 5000$,这里 H_0 是简单假设,H_1 是复合假设.

(3) 样本 $(x_1$,x_2,$\cdots$,$x_{36})$ 的容量是 36.

(4) 拒绝域为 $W = \left\{(x_1$,x_2,$\cdots$,$x_{36})\ \middle|\ \dfrac{1}{36}\sum\limits_{i=1}^{36} x_i \geqslant 5100\right\}$

接受域为 $\overline{W} = \left\{(x_1$,$x_2$,$\cdots$,$x_{36})\ \middle|\ \dfrac{1}{36}\sum\limits_{i=1}^{36} x_i < 5100\right\}$

(5) 由于 $X \sim N(\mu, 300^2)$,所以

$$\bar{X} = \frac{1}{36}\sum_{i=1}^{36} X_i \sim N\left(\mu, \frac{300^2}{36}\right) = N(\mu, 50^2)$$

此检验法为第一类错误的概率为

$$\alpha = P(\text{拒绝 } H_0 \mid H_0 \text{ 为真}) = P\left(\frac{1}{36}\sum_{i=1}^{36} x_i \geqslant 5100 \mid \mu = 5000\right)$$

$$= \int_{5100}^{+\infty} \frac{1}{\sqrt{2\pi} \times 50} e^{-\frac{(x-5000)^2}{2\times 5000}} \, \mathrm{d}x = \int_{2}^{+\infty} \frac{1}{\sqrt{2\pi}} e^{-\frac{u^2}{2}} \, \mathrm{d}u = 1 - 0.97725 = 0.02275$$

3. 某地 9 月份气温 $X \sim N(\mu,\ \sigma^2)$，观察 9 天，得 $\bar{x} = 30℃$，$s = 0.9℃$. 求：

(1) 该地区 9 月份平均气温的 95% 置信区间.

(2) 能否据此样本认为该地区 9 月份平均气温为 31.5℃. $(\alpha = 0.05)$

(3) 分析(1)与(2)，可以得出什么结论？

解 (1) 置信区间公式为

$$I = \left(\overline{X} - t_{\alpha/2}(n-1)\frac{S}{\sqrt{n}},\ \overline{X} + t_{\alpha/2}(n-1)\frac{S}{\sqrt{n}}\right)$$

检 t-分布表知 $t_{\alpha/2}(n-1) = t_{0.025}(8) = 2.306$，所求的置信区间为

$$I = \left(30 - 2.306 \times \frac{0.9}{\sqrt{9}},\ 30 + 2.306 \times \frac{0.9}{\sqrt{9}}\right) = (29.31,\ 30.69)$$

(2) 待检验的假设为 $H_0: \mu = \mu_0 = 31.5$，$\quad H_1: \mu \neq 31.5$

选取检验统计量 $\qquad T = \dfrac{\overline{X} - 31.50}{S/\sqrt{n}} \overset{H_0 \text{为真}}{\sim} t(n-1)$

对于 $\alpha = 0.05$，查 t-分布表知 $\quad t_{\frac{\alpha}{2}}(n-1) = t_{0.025}(8) = 2.306$

由给定的数据，统计算得统计量 T 的值为

$$|t| = \left|\frac{30 - 31.5}{0.9/\sqrt{9}}\right| = 5$$

由于 $|t| = 5 > t_{\frac{\alpha}{2}}(n-1) = t_{0.025}(8) = 2.306$，因此拒绝 H_0，即不能据此样本认为该地区 9 月份平均气温为 31.5℃.

(3) 对于同一 α 而言，在显著水平 α 下拒绝 $H_0: \mu = \mu_0$ 与 μ_0 在置信度是 $1-\alpha$ 的 μ 置信区间之外是一致的.

4. 某超市为了增加销售，对营销方式、管理人员等进行了一系列调整，调整后随机抽查了 9 天的日销售额（单位：万元），结果如下：

56.4，54.2，50.6，53.7，48.3，55.9，57.4，58.7，55.3

根据统计，调整前的日平均销售额为 51.2 万元，假定日销售额服从正态分布，试问调整措施的效果是否显著？$(\alpha = 0.05)$

411

解 可把上述问题归纳为下述假设检验问题

$$H_0: \mu \leqslant 51.2, \quad H_1: \mu > 51.2$$

引入统计量 $\qquad T = \dfrac{\overline{X} - \mu_0}{S/\sqrt{n}} \overset{H_0 \text{为真}}{\sim} t(n-1)$

从而可利用右侧检验法来检验. 由样本观察值得, $\mu_0 = 51.2$, $n = 9$, $\overline{x} = 54.5$, $s = 3.29$. 取显著性水平 $\alpha = 0.05$, 查标准正态分布表得 $t_\alpha(n-1) = t_{0.05}(8) = 1.8595$, 经计算得统计量 T 的值为

$$t = \frac{\overline{x} - \mu_0}{s/\sqrt{n}} = \frac{54.5 - 51.2}{3.29/\sqrt{9}} = 3.009$$

由于 $t = 3.009 > 1.8595 = t_\alpha(n-1)$, 故拒绝 H_0, 即可以认为调整措施效果显著.

5. 某轮胎制造厂生产一种轮胎, 其平均使用寿命为 30000 千米, 标准差为 4000 千米. 现在采用一种新的工艺生产这种轮胎, 从试制产品中随机抽取 100 只轮胎进行试验, 以测定新的工艺是否优于原有方法, 规定显著水平 $\alpha = 0.02$.

(1) 问此检验是双侧检验还是单侧检验?

(2) 写出原假设和备择假设.

(3) 计算临界值并写出检验法则.

解 (1) 此检验是单侧检验.

(2) $H_0: \mu \leqslant 30000$, $H_1: \mu > 30000$.

(3) 引入统计量

$$T = \frac{\overline{X} - \mu_0}{S/\sqrt{n}}$$

取显著性水平 $\alpha = 0.02$, 查标准正态分布表得 $u_{\frac{\alpha}{2}} = u_{0.01} = 2.33$, 由样本观察值, 经计算得统计量 T 的值 t. 如果 $t \geqslant u_{\frac{\alpha}{2}}$, 则拒绝 H_0, 否则接受 H_0.

6. 某系学生可以被允许选修 3 学分有实验的物理课和 4 学分无实验的物理课, 11 名学生选 3 学分的课, 考试平均分数为 85 分, 标准差为 4.7; 17 名学生选 4 学分的课, 考试平均分数为 79 分, 标准差为 6.1 分. 假定两总体近似服从方差相同的正态分布, 试在显著性水平 $\alpha = 0.05$ 下检验有实验课程的平均分数是否比无实验课程的平均分数高 8 分?

解 设有实验的物理课考试成绩 $X \sim N(\mu_1, \sigma^2)$, 无实验的物理课考试成绩 $Y \sim N(\mu_2, \sigma^2)$, 其中 μ_1, μ_2, σ_1^2, σ_2^2 均为未知, 对于如下假设检验问题

$$H_0 : \mu_1 - \mu_2 \geqslant 8, \quad H_1 : \mu_1 - \mu_2 < 8$$

由于两者方差未知但相等,故采用两样本 t -检验.

引入统计量
$$T = \frac{\overline{X} - \overline{Y} - \mu_0}{S_w \sqrt{\frac{1}{n_1} + \frac{1}{n_2}}}$$

已知 $n_1 = 11, n_2 = 17$, $\bar{x} = 85$, $\bar{y} = 79$, $s_1 = 4.7$, $s_2 = 6.1$,经计算得

$$s_w = \sqrt{\frac{(n_1 - 1)s_1^2 + (n_2 - 1)s_2^2}{n_1 + n_2 - 2}} = \sqrt{\frac{10 \times 4.7^2 + 16 \times 6.1^2}{11 + 17 - 2}} = 5.6031$$

从而统计量 T 的值为

$$t = \frac{\bar{x} - \bar{y} - 8}{s_w \cdot \sqrt{\frac{1}{n_1} + \frac{1}{n_2}}} = \frac{85 - 79 - 8}{5.6031 \times \sqrt{\frac{1}{11} + \frac{1}{17}}} = -0.9225$$

查表知 $t_\alpha(n_1 + n_2 - 2) = t_{0.05}(26) = 1.7058$,由于 $t > -t_\alpha(n_1 + n_2 - 2)$,故接受 H_0,即可以认为实验课程能使平均分数增加 8 分.

7. 略.

8. 对某种癌症患者,过去一直用外科方法进行治疗,治愈率为 2%;某医生用化学疗法治疗 200 名患者,治愈了 6 人,新方法的治愈率为 3%,它比外科方法的治愈率高,是否因此可以判定化学疗法比外科疗法更有效?($\alpha = 0.05$)

解 可把上述问题归纳为下述假设检验问题

$$H_0 : p \leqslant 2\%, \quad H_1 : p > 2\%$$

引入统计量
$$U = \frac{n\hat{p} - np_0}{\sqrt{np_0(1 - p_0)}} \overset{H_0 \text{为真}}{\sim} N(0, 1)$$

由题意,$n = 200$, $\hat{p} = \frac{6}{200} = 0.03$, $p_0 = 0.02$,取显著性水平 $\alpha = 0.05$,查标准正态分布表得 $u_\alpha = u_{0.05} = 1.645$,经计算得统计量 U 的值为

$$u = \frac{n\hat{p} - np_0}{\sqrt{np_0(1 - p_0)}} = \frac{200 \times 0.03 - 200 \times 0.02}{\sqrt{200 \times 0.02 \times (1 - 0.02)}} = 1.0102$$

由于 $u < u_\alpha$,故接受 H_0,即结论不正确.

9. 正常人的脉搏平均为 72 次/分,现某医生测得 10 例慢性四乙基铅中毒患者的脉搏(次/分)如下:

$$54, 67, 68, 78, 70, 66, 67, 70, 65, 69$$

已知四乙基铅中毒者的脉搏服从正态分布,试问四乙基铅中毒者和正常人的脉搏有

413

无显著差异？（$\alpha=0.05$）

解 建立假设 $\qquad H_0:\mu=72,\quad H_1:\mu\neq72$

引入统计量 $\qquad T=\dfrac{\overline{X}-72}{S/\sqrt{n}}\overset{H_0\text{为真}}{\sim}t(n-1)$

对于给定的显著性水平 $\alpha=0.05$，确定 c，使 $P\{|T|>c\}=\alpha$，查 t -分布表得 $c=t_{\frac{\alpha}{2}}(n-1)=t_{0.025}(9)=2.2622$，从而拒绝域为 $|t|\geq2.2622$.

已知 $n=10$，由样本观察值得 $\overline{x}=67.4$，$s=5.9292$，经计算得统计量 T 的值为

$$|t|=\left|\frac{\overline{x}-72}{s/\sqrt{n}}\right|=\left|\frac{67.4-72}{5.9292/\sqrt{10}}\right|=2.4534>t_{\frac{\alpha}{2}}(n-1)$$

因此拒绝 H_0，即可以认为四乙基铅中毒者和正常人的脉搏有显著差异.

10. 灰色的兔与棕色的兔交配能产生灰色、黑色、肉桂色和棕色四种颜色的后代，由遗传学理论知其数量的比例为 $9:3:3:1$. 为了验证这个理论，进行了一些观测，得到的数据如表 7-29 所示.

表 7-29 观测数据

	灰色兔	黑色兔	肉桂色兔	棕色兔	总 计
实测数	149	54	42	11	256
理论数	144	48	48	16	256

问关于兔子的遗传理论是否可信？（$\alpha=0.05$）

解 以 X 记兔子四种颜色的序号，按题意需检验假设 $H_0:X$ 的分布律为（见表 7-30）

表 7-30 X 的分布律

X	1	2	3	4
p_k	0.5625	0.1875	0.1875	0.0625

现在获得一样本如表 7-31 所示.

表 7-31 样本资料

X	1	2	3	4
颜色	灰色	黑色	肉桂色	棕色
实测数	149	54	42	11
A_i	A_1	A_2	A_3	A_4

将在 H_0 下,X 可能取值的全体分成 4 个两两不相交的子集 A_1,A_2,A_3,A_4(以一种颜色作为一个子集),所需计算如表 7-32 所示.

表 7-32 χ^2 检验计算

A_i	n_i	$\hat{p}_i$	$n\hat{p}_i$	$(n_i - n\hat{p}_i)^2/n\hat{p}_i$
A_1	149	0.5625	144	0.1736
A_2	54	0.1875	48	0.75
A_3	42	0.1875	48	0.75
A_4	11	0.0625	16	1.5625
$\sum$	256	1.0000	256	$\chi^2 = 3.2361$

其中 $k = 4,r = 0,\alpha = 0.05,\chi_\alpha^2(k-r-1) = \chi_{0.05}^2(3) = 7.815$

由于

$$\chi^2 = 3.2361 < \chi_{0.05}^2(3)$$

故在水平 $\alpha = 0.05$ 下接受 H_0,可以认为关于兔子的遗传理论是可信的.

四、同步自测题及参考答案

自 测 题 A

一、单项选择题

1. 在假设检验问题中,显著性水平 α 的意义是(   ).

A. 在 H_0 成立的条件下,经检验 H_0 被拒绝的概率

B. 在 H_0 成立的条件下,经检验 H_0 被接受的概率

C. 在 H_0 不成立的条件下,经检验 H_0 被拒绝的概率

D. 在 H_0 不成立的条件下,经检验 H_0 被接受的概率

2. 假设检验时,当样本容量一定,若缩小犯第一类错误的概率,则犯第二类错误的概率(   ).

A. 变小   B. 变大   C. 不变   D. 不确定

3. 设样本 X_1,X_2,$\cdots$,X_n 来自正态总体 $N(\mu,\sigma^2)$,在进行假设检验时,

当(　　)时,一般采用统计量 $t=\dfrac{\overline{X}-\mu_0}{S/\sqrt{n}}$.

    A. μ 未知,检验 $\sigma^2=\sigma_0^2$ B. μ 已知,检验 $\sigma^2=\sigma_0^2$

    C. σ^2 未知,检验 $\mu=\mu_0$ D. σ^2 已知,检验 $\mu=\mu_0$

4. 假设检验是根据样本统计量的观察值是否落入 H_0 的否定域而对原假设 H_0 作出拒绝或接受的推断,因此推断结论(　　).

    A. 不可能犯错误   B. 只可能犯第一类(弃真)错误

    C. 只可能犯第二类(取伪)错误   D. 两类错误都可能犯

5. 设总体 $X\sim N(\mu,\sigma^2)$,统计假设为 $H_0:\mu=\mu_0$,$H_1:\mu\neq\mu_0$,若用 t-检验法,则在显著水平 α 下的拒绝域为(　　).

    A. $|t|<t_{1-\frac{\alpha}{2}}(n-1)$ B. $|t|\geqslant t_{1-\frac{\alpha}{2}}(n-1)$

    C. $t\geqslant t_{1-\alpha}(n-1)$ D. $t<t_{1-\alpha}(n-1)$

6. 从一批零件中随机抽出 100 个测量其直径,测得的平均直径为 5.2 厘米,标准方差为 1.6 厘米,若想知道这批零件的直径是否符合标准直径 5 厘米,因此采用了 t-检验法,那么,在显著水平 α 下,接受域为(　　).

    A. $|t|<t_{1-\frac{\alpha}{2}}(99)$ B. $|t|<t_{1-\frac{\alpha}{2}}(100)$

    C. $|t|\geqslant t_{1-\frac{\alpha}{2}}(99)$ D. $|t|\geqslant t_{1-\frac{\alpha}{2}}(100)$

7. 已知某产品使用寿命 X 服从正态分布,要求平均使用寿命不低于 1 000 小时. 现从一批这种产品中随机抽出 25 只,测得平均使用寿命为 950 小时,样本方差为 100 小时,则可用(　　)检验这批产品是否合格.

    A. t-检验法   B. χ^2-检验法   C. u-检验法   D. F-检验法

8. 作假设检验时,在以下哪种情形下采用 U-检验法的是(　　).

    A. 对单个正态总体,已知总体方差,检验假设 $H_0:\mu=\mu_0$

    B. 对单个正态总体,未知总体方差,检验假设 $H_0:\mu=\mu_0$

    C. 对单个正态总体,已知总体均值,检验假设 $H_0:\sigma^2=\sigma_0^2$

    D. 对两个正态总体,检验假设 $H_0:\sigma_1^2=\sigma_2^2$

二、填空题

1. 设样本 X_1,X_2,$\cdots$,X_n 来自 $N(\mu,\sigma^2)$ 且 $\sigma^2=1.69$,则对假设 $H_0:\mu=35$,$H_1:\mu\neq35$ 进行检验时,采用的检验统计量_____.

2. 设总体 X 服从正态分布 $N(\mu,\sigma^2)$,其中 σ^2 未知,X_1,X_2,$\cdots$,X_n 为来自总体 X 的样本,则对假设 $H_0:\mu=\mu_0$,$H_1:\mu\neq\mu_0$ 进行检验时,采用的检验统计量 $\dfrac{\overline{X}-\mu_0}{S/\sqrt{n}}$

服从 t-分布,其自由度为_____.

3. 设 X_1,X_2,$\cdots$,X_n 来自正态总体 $N(\mu,\sigma^2)$ 的简单随机样本,其中参数 μ 和 σ^2 均未知,记 $\overline{X}=\dfrac{1}{n}\sum\limits_{i=1}^{n}X_i$,$Q^2=\sum\limits_{i=1}^{n}(X_i-\overline{X})^2$,则假设 $H_0:\mu=0$ 时的 t-的检验使用统计量 $t=$_____.

4. u 检验和 t-检验都是关于_____的检验假设,当_____已知时,用 u 检验,当_____未知时,用 t-检验.

三、计算、证明题

1. 已知在正常生产的情况下某种汽车零件的重量(克)服从正态分布 $N(54,0.75)$,在某日生产的零件中抽取 10 件,测得重量如下:

54.0　55.1　53.8　54.2　52.1　54.2　55.0　55.8　55.1　55.3

如果标准差不变,该日生产的零件的平均重量是否有显著差异(取 $\alpha=0.05$)?

2. 某种仪器间接测量硬度,重复测量 5 次,所得数据是 175,173,178,174,176,而用别的精确方法测量硬度为 179(可看作硬度的真值),设测量硬度服从正态分布,问用此种仪器测量的硬度是否显著降低($\alpha=0.05$)?

3. 某工厂生产的铜丝的折断力测试(单元:克)服从正态分布 $N(576,64)$,某日抽取 10 根铜丝进行折断力试验,测得结果如下:

578　572　570　568　572　570　572　596　584　570

是否可以认为该日生产的铜丝折断力的标准差是 8 克($\alpha=0.05$)

4. 来甲城市的旅游者其消费额 X(单位:元)服从正态分布 $N(\mu_1,\sigma_1^2)$,来乙城市的旅游者其消费额 Y(单位:元)服从正态分布 $N(\mu_2,\sigma_2^2)$,从总体 X 中调查了 21 人,其平均消费额 2386 元,标准差 218 元,从总体 Y 中调查了 17 人,其平均消费额 2172 元,标准差 227 元,试在显著水平 $\alpha=0.05$ 下,检验旅游者在这两个城市的消费额有无显著差异.

自测题 A 参考答案

一、单项选择题

1. A; 2. B; 3. C; 4. D; 5. B; 6. A; 7. A; 8. A.

二、填空题

1. $Z=\dfrac{\overline{X}-35}{1.3}\sqrt{n}\sim N(0,1)$; 2. $n-1$; 3. $\dfrac{\overline{X}}{Q}\sqrt{n(n-1)}$;

4. 正态总体均值，总体方差，总体方差.

三、计算、证明题

1. **解** 按题意，要检验的假设是

$$H_0: \mu_0 = 54, \quad H_1: \mu_0 \neq 54$$

检验统计量为

$$U = \frac{\overline{X} - \mu_0}{\sigma/\sqrt{n}}$$

H_0 的拒绝域为

$$W = \{|u| \geqslant u_{a/2}\}$$

由 $\alpha = 0.05$，查正态表得临界值 $u_{\frac{\alpha}{2}} = u_{0.025} = 1.96$

由样本观察值算得 $\quad \overline{x} = 54.46, \quad u = 1.94$

因为 $|u| < 1.96$，故接受假设 H_0，即在 $\alpha = 0.05$ 时，即可以认为该日生产的零件的平均重量与正常生产时无显著差异.

2. **解** $H_0: \mu \geqslant \mu_0, \quad H: \mu < \mu_0$

检验统计量为

$$t = \frac{\overline{X} - \mu_0}{S/\sqrt{n}}$$

H_0 的拒绝域为 $W = \{t \leqslant t_a(n-1)\}$

对 $\alpha = 0.05$，查 t-分布上侧分位数表得 $t_{0.05}(4) = 2.1318$，

由样本观察值得 $\overline{x} = 175.2, s^2 = 3.7$

从而得 $t = -4.417$

由于 $t < t_{0.05}(4)$，故拒绝原假设，即此种仪器测量的硬度显著降低.

3. **解** 需要检验的假设为

$$H_0: \sigma^2 = \sigma_0^2 = 8^2, \quad H_1: \sigma^2 \neq 8^2$$

检验统计量为

$$\chi^2 = \frac{(n-1)S^2}{\sigma_0^2}$$

拒绝域为 $\quad W = \{[\chi^2 \geqslant \chi_{\frac{\alpha}{2}}^2(n-1)] \cup [\chi^2 \leqslant \chi_{1-\frac{\alpha}{2}}^2(n-1)]\}$

对 $\alpha = 0.05$，自由度 $n-1 = 9$，查表得

$$\chi_{0.975}^2 = 2.7, \chi_{0.025}^2 = 19.023$$

计算可得 $\overline{x} = 575.2, s = 8.70$

从而得到统计量的值 $\chi^2 = 10.65$

因为 $2.7 < \chi^2 < 19$，所以接受原假设 H_0，即可以认为该日生产的铜丝折断力的

标准差是 8 克.

4. **解** 已知 $m=21$，$n=17$

(1) 建立统计假设 $H_0: \sigma_1^2=\sigma_2^2$，$H_1: \sigma_1^2 \neq \sigma_2^2$

检验统计量为 $F=\dfrac{S_X^2}{S_Y^2}$

查表得 $F_{0.975}(20,16)=2.68$，$F_{0.025}(20,16)=\dfrac{1}{2.55}=0.3921$

经计算得统计量 F 的值为 $f=\dfrac{s_x^2}{s_y^2}=0.9223$

因为 $F_{\frac{\alpha}{2}}<f<F_{1-\frac{\alpha}{2}}$

所以接受 H_0，即认为 $\sigma_1^2=\sigma_2^2$.

(2) 建立统计假设 $H_0': \mu_1=\mu_2$，$H_1': \mu_1 \neq \mu_2$

检验统计量为

$$T=\frac{\bar{x}-\bar{y}}{\sqrt{\dfrac{(m-1)s_x^2+(n-1)s_y^2}{m+n-2}}\sqrt{\dfrac{1}{m}+\dfrac{1}{n}}}$$

$\alpha=0.05$，查表得 $t_{0.975}(21+17-2)=2.03$

经计算得统计量 T 的值为 $t=2.9540$，因为 $|t|>t_{1-\frac{\alpha}{2}}(36)$，所以旅游者在这两个城市的消费额有显著差异.

419

自 测 题 B

一、单项选择题

1. 下列结论中正确的是（　　）.

A. 假设检验是以小概率原理为依据

B. 假设检验的结果总是正确的

C. 由一组样本值就能得出零假设是否真正正确

D. 对同一总体，用不同的样本，对同一假设进行检验，其结果是完全相同的

2. 下列说法正确的是（　　）.

A. 如果备择假设是正确的，但作出的决策是拒绝备择假设，则犯了弃真错误

B. 如果备择假设是错误的，但作出的决策是接受备择假设，则犯了采伪错误

C. 如果零假设是正确的，作出的决策是接受备择假设，则犯了弃真错误

D. 如果零假设是错误的,作出的决策是接受备择假设,则犯了采伪错误

3. 在假设检验问题中,犯第一类错误的概率 α 的意义是(　　).

A. 在 H_0 不成立的条件下,经检验 H_0 被拒绝的概率

B. 在 H_0 不成立的条件下,经检验 H_0 被接受的概率

C. 在 H_0 成立的条件下,经检验 H_0 被拒绝的概率

D. 在 H_0 成立的条件下,经检验 H_0 被接受的概率

4. 假设检验时,若增大样本容量,则犯两类错误的概率(　　).

A. 都增大　　　　B. 都减少　　　　C. 都不变　　　　D. 一个增大,一个减少

5. 作假设检验时,在(　　)情况下,采用 t-检验法.

A. 对单个正态总体,已知总体方差,检验假设 $H_0:\mu=\mu_0$

B. 对单个正态总体,未知总体方差,检验假设 $H_0:\mu=\mu_0$

C. 对单个正态总体,未知总体均值,检验假设 $H_0:\sigma^2=\sigma_0^2$

D. 对两个正态总体,检验假设 $H_0:\sigma_1^2=\sigma_2^2$

6. 设总体 $X \sim N(\mu,\ \sigma^2)$, σ^2 为未知,通过样本:X_1, X_2, $\cdots$, X_n 检验假设 $H_0:\mu=\mu_0$ 时,需要用统计量(　　).

A. $U=\dfrac{\overline{X}-\mu_0}{\sigma/\sqrt{n}}$ 　　　　　　　　B. $U=\dfrac{\overline{X}-\mu_0}{\sigma/\sqrt{n-1}}$

C. $T=\dfrac{\overline{X}-\mu_0}{S/\sqrt{n}}$ 　　　　　　　　　D. $T=\dfrac{\overline{X}-\mu_0}{S}$

7. 正态总体 $X \sim N(\mu,\ \sigma^2)$, X_1, X_2, $\cdots$, X_n 为样本,$\overline{X}=\dfrac{1}{n}\sum\limits_{i=1}^{n}X_i$,假设检验 $H_0:$

$\sigma^2 \leqslant \sigma_0^2$($\sigma_0$ 为已知数),在显著性水平 α 下,当 $\chi^2=\dfrac{\sum\limits_{i=1}^{n}(X_i-\overline{X})^2}{\sigma_0^2}$(　　)时,拒绝 H_0.

A. $\geqslant \chi_{1-\frac{\alpha}{2}}^2(n-1)$ 　　　　　　B. $\leqslant \chi_{\frac{\alpha}{2}}^2(n-1)$

C. $\leqslant \chi_{1-\alpha}^2(n-1)$ 　　　　　　　D. $\geqslant \chi_{1-\alpha}^2(n-1)$

8. 为检验一电话交换台在某段时间接到的呼唤次数是否服从泊松分布,通常采用(　　)进行检验.

A. u-检验法 　　　　　　　　　B. t-检验法

C. F-检验法 　　　　　　　　　D. 拟合优度的 χ^2-检验法

二、填空题

1. 设总体 $X \sim N(\mu,\ \sigma^2)$ 且 σ^2 未知,用样本检验假设 $H_0:\mu=\mu_0$,$H_1:\mu \neq \mu_0$ 时

采用统计量_____.

2. 设总体 $X \sim N(\mu, \sigma^2)$（μ 和 σ^2 均未知），X_1，X_2，…，X_n 来自总体的简单随机样本，记 $\overline{X} = \frac{1}{n} \sum_{i=1}^{n} X_i$，$Q^2 = \sum_{i=1}^{n} (X_i - \overline{X})^2$，则检验假设 $H_0 : \mu = 0$ 时，构造统计量为_____，它服从_____分布，H_0 的拒绝域为_____.

3. 在 u 检验时，用统计量 $U = \dfrac{\overline{X} - \mu_0}{\sigma / \sqrt{n}}$，若 $H_0 : \mu = \mu_0$ 时，用_____检验，它的拒绝域为_____；若 $H_0 : \mu \geqslant \mu_0$ 时，用_____检验，它的拒绝域为_____.

4. 在 χ^2 检验时，用统计量 $\chi^2 = \dfrac{(n-1)S^2}{\sigma^2}$，若 $H_0 : \sigma^2 = \sigma_0^2$ 时，用_____检验，它的拒绝域为_____；若 $H_0 : \sigma^2 \geqslant \sigma_0^2$ 时，用_____检验，它的拒绝域为_____.

三、计算、证明题

1. 从一批木材中抽取 100 根，测量其小头直径，得到样本平均数为 $\overline{x} = 13.2$ 厘米，已知这批木材小头直径的标准差 $\sigma = 2.6$ 厘米，问该批木材的平均小头直径能否认为是在 12 厘米以上？（取显著性水平 $\alpha = 0.05$）

2. 电工器材厂生产一批保险丝，取 10 根测得其熔化时间（单位：分钟）为 42，65，75，78，59，57，68，54，55，71. 问是否可以认为整批保险丝的平均熔化时间为 70 分钟？（$\alpha = 0.05$，熔化时间为正态变量）

3. 化肥厂用自动打包机装化肥，某日测得 8 包化肥的重量（单位：0.5 公斤）如下：

    98.7　100.5　101.2　98.3　99.7　99.5　101.4　100.5

已知各包重量服从正态分布 $N(\mu, \sigma^2)$

（1）是否可以认为每包平均重量为 100，即 50 公斤（取 $\alpha = 0.05$）？

（2）求参数 σ^2 的 90% 置信区间.

4. 在一批灯泡中抽取 300 只作寿命试验，其结果如表 7-33：

表 7-33　灯泡寿命试验数据

寿命 t(小时)	$t < 100$	$100 \leqslant t < 200$	$200 \leqslant t < 300$	$t \geqslant 300$
灯泡数	121	78	43	58

取 $\alpha = 0.05$，试检验假设 H_0：灯泡寿命服从指数分布 $f(t) = \begin{cases} 0.005e^{-0.005t} & t \geqslant 0 \\ 0 & t < 0 \end{cases}$

自测题 B 参考答案

一、单项选择题

1. A；2. C；3. C；4. B；5. B；6. C；7. D；8. D.

二、填空题

1. $T = \dfrac{\overline{X} - \mu_0}{S/\sqrt{n}} \sim t(n-1)$；2. $t = \dfrac{\overline{X}}{Q}\sqrt{n(n-1)}$，$t(n-1)$，$|t| = \dfrac{|\overline{X}|}{Q}$

$\sqrt{n(n-1)} > t_{\frac{\alpha}{2}}(n-1)$；3. 双边，$|U| \geqslant u_{\frac{\alpha}{2}}$；左边，$U \leqslant -u_{\frac{\alpha}{2}}$；4. 双侧，$\chi^2 \leqslant \chi^2_{1-\frac{\alpha}{2}}(n$

$-1)$或 $\chi^2 \geqslant \chi^2_{\frac{\alpha}{2}}(n-1)$，左侧，$\chi^2 \leqslant \chi^2_{1-\alpha}(n-1)$.

三、计算、证明题

1. **解**　检验假设　$H_0: \mu \leqslant \mu_0 = 12 \text{ cm}$，$H_1: \mu > \mu_0$

检验统计量为 $U = \dfrac{\overline{X} - \mu_0}{\sigma/\sqrt{n}}$

H_0 的拒绝域为 $W = \{u \geqslant u_\alpha\}$

由于显著性水平 $\alpha = 0.05$，查表得 $u_\alpha = u_{0.05} = 1.645$

因为　$u = \dfrac{\bar{x} - \mu_0}{\sigma/\sqrt{n}} = \dfrac{13.2 - 12}{2.6/\sqrt{100}} = 4.615 > 1.645 = u_{0.05}$

则拒绝原假设 $H_0: \mu \leqslant \mu_0 = 12$ 厘米，即在显著性水平 $\alpha = 0.05$ 下，认为该批木材的平均小头直径在 12 厘米以上.

2. **解**　需要检验的假设　$H_0: \mu_0 = 70$，$H_1: \mu_0 \neq 70$

检验统计量为 $T = \dfrac{\overline{X} - \mu_0}{S/\sqrt{n}}$

H_0 的拒绝域为 $W = \{|t| \geqslant t_{\frac{\alpha}{2}}(n-1)\}$

$\alpha = 0.05$，$t_{\frac{\alpha}{2}}(n-1) = t_{\frac{0.05}{2}}(10-1) = 2.2622$

由样本观察值，经计算得 $\bar{x} = 62.4$　$s = 11.04$

所以统计量 T 的值为 $t = \dfrac{\bar{x} - \mu_0}{s/\sqrt{n}} = -2.177$

因为 $|t| \leqslant t_{\frac{\alpha}{2}}(n-1)$，故接受原假设，可以认为整批保险丝的平均熔化时间为 70 分钟.

3. **解**　需要检验的假设　$H_0: \mu_0 = 70$，$H_1: \mu_0 \neq 70$

检验统计量为 $t = \dfrac{\overline{X} - \mu_0}{S/\sqrt{n}}$

H_0 的拒绝域为 $W = \{|t| \geqslant t_{\frac{\alpha}{2}}(n-1)\}$

$\alpha = 0.05$，$t_{\frac{\alpha}{2}}(n-1) = t_{0.025}7 = 2.3646$

由样本观察值，经计算得 $\bar{x} = 99.98$，$s = 1.122$

统计量 T 的值为 $t = \dfrac{\bar{x} - \mu_0}{s/\sqrt{n}} = 0.050$

因为 $|t| < t_{\frac{\alpha}{2}}(n-1)$，故接受原假设.

(2) $\alpha = 0.1$，$n = 8$　查表得 $\chi^2_{0.05}(7) = 14.067$，$\chi^2_{0.95}(7) = 2.167$

$s^2 = 1.259$　故置信区间为

$$\left(\dfrac{(n-1)s^2}{\chi^2_{\frac{\alpha}{2}}(n-1)}, \dfrac{(n-1)s^2}{\chi^2_{1-\frac{\alpha}{2}}(n-1)} \right) = (0.626, 4.067)$$

4. 解　若 H_0 为真，总体 X 的分布函数的估计为 $F(t) = \begin{cases} 1 - e^{-0.005t} & t \geqslant 0 \\ 0 & t < 0 \end{cases}$，

从而可得概率 $P_i = P(A_i)$ 的估计

$\hat{p}_1 = \hat{P}(A_1) = \hat{P}\{t < 100\} = F(100) = 1 - e^{-0.5} = 0.39347$

$\hat{p}_2 = \hat{P}(A_2) = \hat{P}\{100 \leqslant t < 200\} = F(200) - F(100) = e^{-0.5} - e^{-1} = 0.23865$

$\hat{p}_3 = \hat{P}(A_3) = \hat{P}\{200 \leqslant t < 300\} = F(300) - F(200) = e^{-1} - e^{-1.5} = 0.14475$

$\hat{p}_4 = \hat{P}(A_4) = \hat{P}\{t \geqslant 300\} = 1 - F(300) = e^{-1.5} = 0.22313$

计算结果如表 7-34 所示.

表 7-34　χ^2 检验计算表

A_i	f_i	$\hat{p}_i$	$n\hat{p}_i$	$(f_i - n\hat{p}_i)^2/n\hat{p}_i$
$A_1: t < 100$	121	0.39347	118.041	0.0742
$A_2: 100 \leqslant t < 200$	78	0.23865	71.595	0.5729
$A_3: 200 \leqslant t < 300$	43	0.14475	43.425	0.0042
$A_4: t \geqslant 300$	58	0.22313	66.939	1.3778
$\sum$	300	1.0000	300	$\chi^2 = 2.0291$

其中　　$k = 4$，$r = 0$，$\alpha = 0.05$，$\chi^2_\alpha(k-r-1) = \chi^2_{0.05}(3) = 7.815$

由于

$$\chi^2 = 2.0291 < \chi^2_{0.05}(3)$$

故在显著水平 $\alpha = 0.05$ 下接受 H_0，可以认为灯泡寿命服从指数分布.

第八章　方差分析与回归分析

　　本章主要内容是给出单因素方差分析、双因素方差分析问题的处理方法,给出求一元线性回归方程的最小二乘法及检验、估计与预测,并简单介绍多元线性回归问题.

一、知识结构与教学基本要求

(一)知识结构
本章的知识结构见图 8-1.

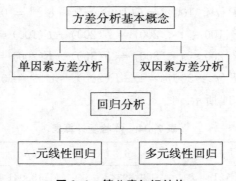

图 8-1　第八章知识结构

(二)教学基本要求
　　(1)了解方差分析的概念.

　　(2)了解偏差平方和分解及分解项的意义和统计特性,掌握单因素方差分析方法.

　　(3)了解多因素方差分析方法.

　　(4)了解回归分析的概念.

　　(5)掌握一元线性回归方程的参数估计和显著性检验,能利用回归方程进行估计和预测.

　　(6)了解多元线性回归分析方法.

二、内容简析与范例

（一）单因素试验的方差分析

【概念与知识点】

设因素 A 有 r 个水平 A_1，A_2，$\cdots$，A_r，在水平 A_j 下进行 n_j 次试验，共进行 $n = \sum\limits_{i=1}^{r} n_i$ 次试验，假设各次试验都是独立的，得到样本观察值 x_{ij}，$i=1, 2, \cdots, n$，$j=1, 2, \cdots, r$，如表 8-1 所示.

表 8-1　样本观察值

水平	A_1	A_2	$\cdots$	A_r
观测值	x_{11}	x_{12}	$\cdots$	x_{1r}
	x_{21}	x_{22}	$\cdots$	x_{2r}
	$\vdots$	$\vdots$		$\vdots$
	$x_{n_1 1}$	$x_{n_2 2}$	$\cdots$	$x_{n_r r}$
样本容量	n_1	n_2	$\cdots$	n_r

设在水平 A_j 下的总体 $X_{xj} \sim N(\mu, \sigma^2)$，要检验的假设是

$$H_0: \mu_1 = \mu_2 = \cdots = \mu_r$$

$$H_1: \mu_1, \mu_2, \cdots, \mu_r \text{ 不全相等}$$

记

$$\overline{X}_j = \frac{1}{n_j} \sum_{i=1}^{n_j} X_{ij}, \ j = 1, 2, \cdots, r$$

$$\overline{X} = \frac{1}{n} \sum_{j=1}^{r} \sum_{i=1}^{n_j} X_{ij} = \frac{1}{n} \sum_{j=1}^{r} n_j \overline{X}_j, \ n = \sum_{j=1}^{r} n_j$$

总偏差平方和

$$S_T = \sum_{j=1}^{r} \sum_{i=1}^{n_j} (X_{ij} - \overline{\overline{X}})^2$$

组间偏差平方和

$$S_A = \sum_{j=1}^{r} n_j (\overline{X}_j - \overline{\overline{X}})^2$$

误差平方和

$$S_E = \sum_{j=1}^{r} \sum_{i=1}^{n_j} (\overline{X}_{ij} - \overline{X}_j)^2$$

实际分析中，常采用如下简便方法：

$$T_j = \sum_{i=1}^{n_j} X_{ij}, \ j = 1, 2, \cdots, r$$

$$T = \sum_{j=1}^{r} \sum_{i=1}^{n_j} X_{ij}$$

$$S_T = \sum_{j=1}^{r} \sum_{i=1}^{n_j} X_{ij}^2 - \frac{T^2}{n},$$

$$S_A = \sum_{j=1}^{r} \frac{T_j^2}{n_j} - \frac{T^2}{n}, \ S_E = S_T - S_A$$

选择统计量 F

$$F = \frac{S_A/(r-1)}{S_E/(n-r)} \sim F(\gamma - 1, \ n - \gamma)$$

对于给定的显著性水平 $\alpha(0 < \alpha < 1)$，查 F-分布表确定 $F_\alpha(r-1, \ n-r)$，并由样本观察值求出 F 的值.

根据观察值计算 F 的数值时，可采用下面的方差分析表(见表 8-2).

表 8-2　方 差 分 析

方差来源	平方和	自由度	均值	F 的值	临界值	显著性
组间	S_A	$\gamma - 1$	$MS_A = \dfrac{S_A}{\gamma - 1}$	$F = \dfrac{MS_A}{MS_E}$	F_α	
误差	S_E	$n - r$				
总和	S_T	$n - 1$	$MS_E = \dfrac{S_E}{n - r}$			

（1）当 $F \leqslant F_\alpha(\gamma - 1, \ n - \gamma)$ 时，接受原假设 H_0，即可认为因素 A 的各水平对试验结果的影响不显著.

（2）当 $F \geqslant F_\alpha(\gamma - 1, \ n - \gamma)$ 时，拒绝原假设 H_0，即可认为因素 A 的各水平对试验结果的影响显著.

【范例与方法】

例 1　一批由同种原料织成的布，用不同的染整工艺处理，进行缩水率试验，目的是考察不同的工艺对布的缩水率是否有显著影响. 现采用 5 种不同的染整工艺，每种工艺处理 4 块布样，测得缩水率的百分数如下表 8-3 所示.

表 8-3　缩水率的百分数

布样号＼染整工艺	Ⅰ	Ⅱ	Ⅲ	Ⅳ	Ⅴ
1	4.3	6.1	6.5	9.3	9.5
2	7.8	7.3	8.3	8.7	8.8
3	3.2	4.2	8.6	8.7	11.4
4	6.5	4.2	8.2	10.1	7.8

试问染整工艺对缩水率影响是否显著($\alpha=0.01$)?

分析　本题是单因素分析问题.应用求解单因素方差分析问题的方法来解.

解　根据题中数据计算各离差平方和,有关结果如表 8-4 所示.

表 8-4　计　算　结　果

水平	Ⅰ	Ⅱ	Ⅲ	Ⅳ	Ⅴ	Σ
1	4.3	6.1	6.5	9.3	9.5	
2	7.8	7.3	8.3	8.7	8.8	
3	3.2	4.2	8.6	8.7	11.4	
4	6.5	4.1	8.2	10.1	7.8	
$T_j=\sum\limits_{i=1}^{4}X_{ij}$	21.8	21.7	31.6	36.8	37.5	149.4
T_j^2	475.24	470.89	998.56	1354.24	1406.25	4705.18
$\sum\limits_{i=1}^{4}X_{ij}^2$	131.82	124.95	252.34	339.88	358.49	1207.48

由表 8-4 可得

$$S_T = \sum_{j=1}^{5}\sum_{i=1}^{4}X_{ij}^2 - \frac{T^2}{n} = 1207.48 - \frac{149.4^2}{20} = 91.46$$

$$S_A = \sum_{j=1}^{5}\frac{T_j^2}{n_j} - \frac{T^2}{n} = \frac{1}{4}\times 4705.18 - \frac{149.4^2}{20} = 60.28$$

$$S_E = S_T - S_A = 91.46 - 60.28 = 31.18$$

自由度分别为　$f_T = 20-1 = 19$

$$f_A = 5-1 = 4$$

$$f_E = 5(4-1) = 15$$

$$F_A = \frac{S_A^2}{f_A}\bigg/\frac{S_E^2}{f_E} = \frac{60.28}{4}\bigg/\frac{31.18}{15} = 7.25$$

对给定的 $\alpha=0.01$,查 F 分布表得 $F_{0.01}(4,15)=4.89$.因 $F_A > F_{0.01}(4,15)$,故

染整工艺对缩水率影响高度显著.

（三）双因素等重复试验的方差分析

【概念与知识点】

在双因素试验中,如果不仅考虑因素 A 及 B 各自对试验结果的影响,而且还要考虑因素 A 与 B 的交互作用对试验结果的影响,则要对因素 A 与 B 的各个水平的每一种配合 (A_i, B_j) ,分别进行 $t \geqslant 2$ 次重复试验,即共进行 $n = rts$ 次试验,假定各次试验都是独立的,得到样本观察值 x_{ijk} , $i = 1, 2, \cdots, r$; $j = 1, 2, \cdots, s$; $k = 1, 2, \cdots, t$.

设在水平 A_i 和 B_i 的配合 (A_i, B_j) 下的总体 $X_{ijk} \sim N(\mu + \alpha_i + \beta_j + r_{ij}, \sigma^2)$, $i = 1, 2, \cdots, r$; $j = 1, 2, \cdots, s$. 要检验假设

H_{0A} : $\alpha_1 = \alpha_2 = \cdots = \alpha_r = 0$, H_{1A} : $\alpha_1, \alpha_2, \cdots, \alpha_r$ 不全等于 0

H_{0B} : $\beta_1 = \beta_2 = \cdots = \beta_s = 0$, H_{1B} : $\beta_1, \beta_2, \cdots, \beta_s$ 不全等于 0

$H_{0A \times B}$: $\gamma_{11} = \cdots = \gamma_{ij} = \cdots \gamma_{rs} = 0$, $H_{1A \times B}$: $\gamma_{11}, \gamma_{12}, \cdots \gamma_{ij}, \cdots, \gamma_{rs}$ 不全等于 0.

记 $\quad \overline{X}_{ij} = \dfrac{1}{t} \sum_{k=1}^{t} X_{ijk}$

$$\overline{X}_{i \cdot \cdot} = \frac{1}{st} \sum_{j=1}^{s} \sum_{k=1}^{t} X_{ijk}, \quad i = 1, 2, \cdots, r$$

$$\overline{X}_{\cdot j \cdot} = \frac{1}{rt} \sum_{i=1}^{r} \sum_{k=1}^{r} X_{ijk}, \quad j = 1, 2, \cdots, s$$

$$\overline{\overline{X}} = \frac{1}{rst} \sum_{i=1}^{r} \sum_{j=1}^{s} \sum_{k=1}^{t} X_{ijk}$$

总离和平方和: $\qquad S_T = \sum_{i=1}^{r} \sum_{j=1}^{s} \sum_{k=1}^{t} (X_{ijk} - \overline{\overline{X}})^2$

因素 A 的离差平方和: $\qquad S_A = st \sum_{i=1}^{r} (X_{i \cdot \cdot} - \overline{\overline{X}})^2$

因素 B 的离差平方和: $\qquad S_B = rt \sum_{j=1}^{s} (\overline{X}_{\cdot j \cdot} - \overline{\overline{X}})^2$

A 与 B 交互作用的离差平方和

$$S_{A \times B} = t \sum_{i=1}^{r} \sum_{j=1}^{s} (\overline{X}_{ij \cdot} - \overline{X}_{i \cdot \cdot} - \overline{X}_{\cdot j \cdot} + \overline{\overline{X}})^2$$

误差平方和

$$S_E = \sum_{i=1}^{r} \sum_{j=1}^{s} \sum_{k=1}^{t} (X_{ijk} - \overline{X}_{ij \cdot})^2$$

$$S_T = S_E + S_A + S_B + S_{A \times B}$$

在实际计算时,采用如下记号

$$T = \sum_{i=1}^{r} \sum_{j=1}^{s} \sum_{k=1}^{t} X_{ijk} = rst\,\overline{X} = n\overline{X}, \quad n = rst$$

$$T_{ij\cdot} = \sum_{k=1}^{t} X_{ijk}, \quad T_{i\cdot\cdot} = \sum_{j=1}^{s} T_{ij\cdot}, \quad T_{\cdot j\cdot} = \sum_{i=1}^{r} T_{ij\cdot}$$

$$i = 1, 2, \cdots, r; \quad j = 1, 2, \cdots, s$$

则
$$S_T = \sum_{i=1}^{r} \sum_{j=1}^{s} \sum_{k=1}^{t} X_{ijk}^2 - \frac{T^2}{n}, \quad S_A = \frac{1}{st} \sum_{i=1}^{r} T_{i\cdot\cdot}^2 - \frac{T^2}{n}$$

$$S_B = \frac{1}{rt} \sum_{j=1}^{s} T_{\cdot j\cdot}^2 - \frac{T^2}{n}, \quad S_{A\times B} = \left(\frac{1}{t} \sum_{t=1}^{r} \sum_{j=1}^{s} T_{ij\cdot}^2 - \frac{T^2}{n} \right) - S_A - S_B$$

$$S_E = S_T - S_A - S_B - S_{A\times B}$$

计算时可由表 8-5 形式进行.

表 8-5 双因素方差分析计算表格

因素A \ 因素B	B_1	B_2	...	B_s	行总和 $T_i\cdot\cdot$
A_1	$T_{11\cdot}$	$T_{12\cdot}$	...	$T_{1s\cdot}$	$T_{1\cdot\cdot}$
A_2	$T_{21\cdot}$	$T_{22\cdot}$	...	$T_{2s\cdot}$	$T_{2\cdot\cdot}$
⋮	...	...	...	...	...
A_r	$T_{r1\cdot}$	$T_{r2\cdot}$	...	$T_{rs\cdot}$	$T_{r\cdot\cdot}$
列总和 $T_{\cdot j\cdot}$	$T_{\cdot1\cdot}$	$T_{\cdot2\cdot}$	...	$T_{\cdot s\cdot}$	总和 T

选择统计量

$$F_A = \frac{S_A/(r-1)}{S_E/rs(t-1)} \sim F(r-1, rs(t-1))$$

$$F_B = \frac{S_B/(S-1)}{S_E/rs(t-1)} \sim F(s-1), rs(t-1)$$

$$F_{A\times B} = \frac{S_{A\times B}/(r-1)(s-1)}{S_E/rs(t-1)} \sim F((r-1)(s-1), rs(t-1))$$

对于给定的 α,查 F-分布表,确定临界值

$F_\alpha(r-1, rs(t-1))$, $F_\alpha(s-1, rs(t-1))$,及 $F_\alpha((r-1)(s-1), rs(t-1))$,并由样本值计算 F_A, F_B, $F_{A\times B}$ 的值.

(1) 若 $F_A \geqslant F_\alpha(r-1, rs(t-1))$,则拒绝 H_{0A},即认为因素 A 对试验结果有显著影响;否则,接受 H_{0A},即认为因素 A 对试验结果无显著影响.

(2) 若 $F_B \geqslant F_a(s-1, rs(t-1))$，则拒绝 H_{0B}，即认为因素 B 对试验结果有显著影响；否则，接受 H_{0B} 即认为因素 B 对试验结果无显著影响．

(3) 若 $F_{A \times B} \geqslant F_a((r-1)(s-1), rs(t-1))$，则拒绝 $H_{0A \times B}$，即认为因素 A 与 B 的交互作用对试验结果有显著影响；否则，接受 $H_{0A \times B}$，即认为因素 A 与 B 的交互作用对试验结果无显著影响．将整个计算过程可列成如下方差分析表（见表 8-6）．

表 8-6　方差分解表

方差来源	平方和	自由度	均值	F 的值	临界值	显著性
因素 A	S_A	$r-1$	$MS_A = \dfrac{S_A}{r-1}$	$F_A = \dfrac{MS_A}{MS_E}$		
因素 B	S_B	$s-1$	$MS_B = \dfrac{S_B}{S-1}$	$F_B = \dfrac{MS_B}{MS_E}$		
交互作用 $A \times B$	$S_{A \times B}$	$(r-1)(s-1)$	$MS_{A \times B} = \dfrac{S_{A \times B}}{(r-1)(s-1)}$	$F_{A \times B} = \dfrac{MS_{A \times B}}{MS_E}$		
误差	S_E	$rs(t-1)$	$MS_E = \dfrac{S_E}{rs(t-1)}$			
总和	S_T	$rst-1$				

【范例与方法】

例 1　3 位操作工甲、乙、丙分别在 4 台不同机器 M_1, M_2, M_3, M_4 上操作 3 天的日产量如表 8-7 所示．

表 8-7　日　产　量

机器	操作工								
	甲			乙			丙		
M_1	15	15	17	19	19	16	16	18	21
M_2	17	17	17	15	15	15	19	22	22
M_3	15	17	16	18	17	16	18	18	18
M_4	18	20	22	15	16	17	17	17	17

试检验：(1) 操作工之间的差异是否显著？

(2) 机器之间的差异是否显著？

(3) 交互作用是否显著（$\alpha = 0.05$）？

分析　操作工与机器分别是要考察的两个因素，每种搭配下各做了 3 次试验，需要考虑两个因素的交互作用．因此本题是一个有交互作用的双因素试验的方差分析问题．

解　设机器为因素 A，操作工为因素 B．将题给数据减去 18，计算 $T_{ij}.$，$T_i..$，$T._j.$，T，如表 8-8 所示．

表 8-8　计算表

因素 B 因素 A	B_1		$T_{i1\cdot}$	B_2		$T_{i2\cdot}$	B_3		$T_{i3\cdot}$	$T_{i\cdot\cdot}$
A_1	-3，-3，-1		-7	1，1，-2		0	-2，0，3		1	-6
A_2	-1，-1，-1		-3	-3，-3，-3		-9	1，4，4		9	-3
A_3	-3，-1，-2		-6	0，-1，-2		-3	0，0，0		0	-9
A_4	0，2，4		6	-3，-2，-1		-6	-1，-1，-1		-3	-3
$T_{\cdot j\cdot}$	-10			-18			7			$T=-21$

$$S_A = \frac{1}{st}\sum_{i=1}^{4} T_{i\cdot\cdot}^2 - \frac{T^2}{n} = \frac{1}{3\times3}\times\left[(-6)^2+(-3)^2+(-9)^2+(-3)^2\right]$$

$$-\frac{(-21)^2}{4\times3\times3}=2.75$$

$$S_B = \frac{1}{rt}\sum_{j=1}^{3} T_{\cdot j\cdot}^2 - \frac{T^2}{n} = \frac{1}{4\times3}\times\left[(-10)^2+(-18)^2+7^2\right]-\frac{(-21)^2}{4\times3\times3}$$

$$=27.1675$$

$$S_{A\times B} = \left(\frac{1}{t}\sum_{i=1}^{4}\sum_{j=1}^{3} T_{ij\cdot}^2 - \frac{T^2}{n}\right)-S_A-S_B = \frac{1}{3}\times\left[(-7)^2+0^2+1^2+\cdots+6^2\right.$$

$$\left.+(-6)^2+(-3)^2\right]-\frac{(-21)^2}{4\times3\times3}-2.75-27.1675=73.50$$

$$S_T = \sum_{i=1}^{4}\sum_{j=1}^{3}\sum_{k=1}^{3} X_{ijk}^2 - \frac{T^2}{n} = (-3)^2+(-3)^2+(-1)^2+\cdots+(-1)^2+(-1)^2$$

$$+(-1)^2-\frac{(-21)^2}{4\times3\times3}=144.75$$

$$S_E = S_T - S_A - S_B - S_{A\times B} = 41.3325$$

列出方差分析表如表 8-9 所示.

表 8-9　方差分析表

方差来源	平方和	自由度	均值	F 的值
A	2.75	3	$MS_A=0.92$	$F_A=0.53$
B	27.17	2	$MS_B=13.58$	$F_B=7.89$
$A\times B$	73.5	6	$MS_{A\times B}=12.25$	$F_{A\times B}=7.11$
误差 E	41.33	24	$MS_E=1.72$	
总和	144.75	35		

由 $\alpha=0.05$，查 F-分布表得

$F_a(3, 24)=3.01,\ F_a(2, 24)=3.40,\ F_a(6, 24)=2.51$

由于

$$F_A = 0.53 < 3.01,\ F_B > 3.40,\ F_{A\times B} = 7.11 > 2.51$$

所以可以看出机器之间差别不显著，而操作工之间的差异及交互作用均是显著的.

注：本题是将所给数据均减去 18 来计算，较方便，否则较繁.

(三) 双因素无重复试验的方差分析

【概念与知识点】

设因素 A 有 r 个水平 A_1, $A_2 \cdots A_r$；因素 B 有 S 个水平 B_1, B_2, $\cdots$, B_S；在因素 A 与 B 的各个水平的每一种配合 $(A_i,\ B_j)$ 下，分别进行一次试验，共进行 $n=rs$ 次试验. 假定各次试验都是独立的，得到样本观察值 x_{ij}，$i=1, 2, \cdots, r$；$j=1, 2, \cdots s$.

设在水平 $(A_i,\ B_j)$ 下的总体 $X_{ij} \sim N(\mu+\alpha_i+\beta_j,\ \sigma^2)$

检验假设

$H_{0A}: \alpha_1 = \alpha_2 = \cdots = \alpha_r = 0$，$H_{1A}: \alpha_1, \cdots, \alpha_r$ 不全等于 0

$H_{0B}: \beta_1 = \beta_2 = \cdots = \beta_s = 0$，$H_{1B}: \beta_1, \cdots, \beta_s$ 不全等于 0

记 $\quad \overline{X}_{i\cdot} = \dfrac{1}{s} \sum\limits_{j=1}^{s} X_{ij}$，$i = 1, 2, \cdots, r$

$\overline{X}_{\cdot j} = \dfrac{1}{r} \sum\limits_{i=1}^{r} X_{ij}$，$i = 1, 2, \cdots, s$

$\overline{\overline{X}} = \dfrac{1}{rs} \sum\limits_{i=1}^{r} \sum\limits_{j=1}^{s} X_{ij}$

总离差平方和、因素 A 的离差平方和、B 的离差平方和、误差平方和分别记为 S_T^2, S_A^2, S_B^2, S_E^2，

$$S_T = \sum_{i=1}^{r} \sum_{j=1}^{s} (\overline{X}_{ij} - \overline{\overline{X}})^2,\quad S_A = s \sum_{j=1}^{r} (\overline{X}_{i\cdot} - \overline{\overline{X}})^2$$

$$S_B = r \sum_{i=1}^{r} (\overline{X}_{\cdot j} - \overline{\overline{X}})^2,\quad S_E = S_T - S_A - S_B$$

实际计算时，采用如下简便方法和符号：

记 $\quad T = \sum\limits_{i=1}^{r} \sum\limits_{j=1}^{s} X_{ij}$

$$T_{i\cdot} = \sum_{j=1}^{s} X_{ij} = S\overline{X}_{i\cdot}, \ i = 1, 2, \cdots, r$$

$$T_{\cdot j} = \sum_{i=1}^{r} X_{ij} = r\overline{X}_{\cdot j}, \ j = 1, 2, s$$

则 $\quad S_T = \sum_{i=1}^{r}\sum_{j=1}^{s} X_{ij}^2 - \dfrac{T^2}{st}, \ S_A = \dfrac{1}{s}\sum_{i=1}^{r} T_{i\cdot}^2 - \dfrac{T^2}{rs}$

$$S_B = \dfrac{1}{r}\sum_{j=1}^{s} T_{\cdot j}^2 - \dfrac{T^2}{rs}, \ S_E = S_T - S_A - S_B$$

选择统计量

$$F_A = \frac{S_A/(r-1)}{S_E/(r-1)(s-1)} \sim F(r-1, (r-1)(s-1))$$

$$F_B = \frac{S_B/(S-1)}{S_E/(r-1)(s-1)} \sim F(s-1, (r-1)(s-1))$$

给定 α,查 F-分布表确定临界值 $F_\alpha(r-1, (r-1)(s-1))$ 和 $F_\alpha(m-1, (r-1)(s-1))$,并与 F_A, F_B 的值进行比较:

(1) 若 $F_A \geqslant F_\alpha((r-1), (r-1)(s-1))$,则拒绝假设 H_{0A},即认为因素 A 对试验结果有显著影响.

(2) 若 $F_A < F_\alpha((r-1), (r-1)(s-1))$,则接受 H_{0A},即认为因素 A 对试验结果无显著影响.

(3) 若 $F_B \geqslant F_\alpha((s-1), (r-1)(s-1))$,则拒绝 H_{0B}.

(4) 若 $F_B < F_\alpha((s-1), (r-1)(s-1))$,则接受 H_{0B}.

计算 F_A 与 F_B 的值时可采用下列方差分析表(见表 8-10).

表 8-10 方 差 分 析

方差来源	平方和	自由度	均值	F 的值	临界值	显著性
因素 A	S_A	$r-1$	$MS_A = \dfrac{S_A}{r-1}$	$F_A = \dfrac{MS_A}{MS_E}$	$F_{A\alpha}$	
因素 B	S_B	$s-1$	$MS_B = \dfrac{S_B}{s-1}$	$F_B = \dfrac{MS_B}{MS_E}$	$F_{B\alpha}$	
误 差	S_E	$(r-1)(s-1)$	$MS_E = \dfrac{S_E}{(r-1)(s-1)}$			
总 和	S_T	$rs-1$				

【范例与方法】

例 1 在某橡胶配方中,考虑了 3 种不同的促进剂,4 种不同分量的氧化锌,每种

433

配方各做一次试验，测得 300％ 定强的有关数据如表 8-11 所示.

表 8-11 试 验 数 据

促进剂 A	氧化锌 B			
	B_1	B_2	B_3	B_4
A_1	31	34	35	39
A_2	33	36	37	38
A_3	35	37	39	42

试问促进剂、氧化剂对定强有无显著影响？

分析 本题是两因素无重复试验的方差分析问题.

解 由题意所给数据，得

$T_{1.} = 139$，$T_{2.} = 144$，$T_{3.} = 153$

$T_{.1} = 99$，$T_{.2} = 107$，$T_{.3} = 111$，$T_{.4} = 119$

$T = 436$，$\displaystyle\sum_{i=1}^{3} \sum_{j=1}^{4} X_{ij}^2 = 15940$

$$S_T = \sum_{i=1}^{3} \sum_{j=1}^{4} x_{ij}^2 - \frac{T^2}{3 \times 4} = 15940 - \frac{(436)^2}{12} = 98.67$$

$$S_A = \frac{1}{4} \sum_{i=1}^{3} T_{i.}^2 - \frac{T^2}{3 \times 4} = 15866.5 - \frac{(436)^2}{12} = 25.17$$

$$S_B = \frac{1}{3} \sum_{j=1}^{4} T_{.j}^2 - \frac{T^2}{3 \times 4} = 15910.67 - \frac{(436)^2}{12} = 69.34$$

$$S_E = S_C - S_A - S_B = 4.16$$

列出方差分析表如表 8-12 所示.

表 8-12 方差分析表

方差来源	平方和	自由度	F 的值
A	25.17	2	$F_A = 18.16$
B	69.43	3	$F_B = 33.35$
误差	4.16	6	
总和	98.67	11	

查 F-分布表得，$F_{0.05}(2,6) = 5.14$，$F_{0.05}(3,6) = 4.76$，$F_{0.01}(2,6) = 10.92$，$F_{0.01}(3,6) = 9.78$. 因 $F_A = 18.16 > 10.92$，$F_B = 33.35 > 9.78$，所以促进剂氧化锌对定强的影响都是高度显著的.

（四）一元线性回归分析

【概念与知识点】

1. 最小二乘法

最小二乘法的基本特点，就是使回归值与实际观察值之差的平方和达到最小，即要求 $Q = \sum_{i=1}^{n} (y_i - \hat{y}_i)^2$ 取得最小值.

设进行 n 次独立试验得到数据为 (x_i, y_i)，$i=1, 2, \cdots, n$. 为了求得回归函数 $\mu(x) = \mu(x, a_1, \cdots, a_k)$ 中所含未知参数 $a_1, a_2, \cdots, a_k$ 的估计值，应使平方和

$$Q = \sum_{i=1}^{n} \left[y_i - \mu(x_i, a_1, \cdots, a_k) \right]^2$$

取最小值，于是解方程组

$$\frac{\partial Q}{\partial a_i} = 0, \ i = 1, 2, \cdots, n$$

可以求得 $a_1, \cdots, a_k$ 的估计值 $\hat{a}_1, \cdots, \hat{a}_k$，从而得到回归方程 $\hat{y} = \mu(x)$. 这种方法被称为最小二乘法.

2. 参数估计

设 Y 与 x 间的关系式为

$$Y = \beta_0 + \beta_1 x + \varepsilon, \ \varepsilon \sim N(0, \sigma^2)$$

其中 $\beta_0, \beta_1, \sigma^2$ 为模型参数. 上式称为一元线性回归模型.

设 (x_i, y_i)，$i=1, 2, \cdots, n$，为 (x, y) 的 n 组独立观察值，则

$$\bar{x} = \frac{1}{n} \sum_{i=1}^{n} x_i, \quad \bar{y} = \frac{1}{n} \sum_{i=1}^{n} y_i$$

$$L_{xx} = \sum_{i=1}^{n} (x_i - \bar{x})^2 = \sum_{i=1}^{n} x_i^2 - n\bar{x}^2,$$

$$L_{yy} = \sum_{i=1}^{n} (y_i - \bar{x})^2 = \sum_{i=1}^{n} y_i^2 - n\bar{y}^2$$

$$L_{xy} = \sum_{i=1}^{n} (x_i - \bar{x})(y_i - \hat{y}) = \sum_{i=1}^{n} x_i y_i - n\bar{x}\,\bar{y}$$

按最小二乘法，β_0, β_1 的估计值为

$$\hat{\beta}_1 = \frac{L_{xy}}{L_{xx}}, \ \hat{\beta}_0 = \bar{y} - \hat{\beta}_1 \bar{x}$$

从而可得回归方程为

$$\hat{y} = \hat{\beta}_0 + \hat{\beta}_1 x$$

一般取

$$\hat{\sigma}^2 = \frac{1}{n-2} \sum_{i=1}^{n} (Y_i - \hat{\beta}_0 - \hat{\beta}_1 x_i)^2$$

为 σ^2 的估计量,可以证明 $E\hat{\sigma}^2 = \sigma^2$.

3. 回归方程的显著性检验

回归方程的显著性检验是利用试验得到的数据 (x_1, y_2), (x_2, y_2), $\cdots$, (x_n, y_n) 选取不同的统计量进行判定,有 3 种不同的方法:

(1) T-检验法.

(2) F-检验法(即方差分析法).

(3) 相关系数显著性检验法.

* T-检验法是选取统计量 T,

$$T = \frac{\hat{\beta} \sqrt{L_{xx}}}{\sqrt{\dfrac{L_{yy} - \hat{\beta}_2 L_{xy}}{n-2}}} \sim t(n-2)$$

对于给定的显著性水平 α,查 t-分布表得 $t_{\frac{\alpha}{2}}(n-2)$,计算统计量 T 的值得 t,当 $|t| > t_{\frac{\alpha}{2}}(n-2)$ 时,则可认为 Y 与 X 之间线性相关关系显著;若 $|t| \leqslant t_{\frac{\alpha}{2}}(n-2)$,则认为 Y 与 X 之间线性相关系不显著.

* F-检验法是选取统计量 F

$$F = \frac{SSR/1}{SSE/(n-2)} \sim F(1, n-2)$$

对于给定的显著性水平 α,查 F-分布表得 $F_\alpha(1, n-2)$,就算统计量 F 的值,得 f,当 $f \geqslant F_\alpha(1, n-2)$ 时,则可以认为 Y 与 X 之间线性相关关系显著;若 $f < F_\alpha(1, n-2)$,则认为 Y 与 X 之间线性相关关系不显著.

* 相关系数显著性检法是计算样本的相关系数 r,

$$r = \frac{L_{xy}}{\sqrt{L_{xx}L_{yy}}}$$

对于给定的显著性水平 $\alpha(0<\alpha<1)$,查相关系数临界值表确定 r_α,若 $|r|\leqslant r_\alpha$,则可以认为 Y 与 x 之间线性相关关系不显著;若 $|r|>r_\alpha$,则可认为 Y 与 x 之间线性相关关系显著,即回归方程是显著的.

需要指出的是,上述 3 种方法的检验效果是一致的.

4. 估计与预测

对于 x 某个给定的值 x_0,由回归方程可得到回归值 $\hat{y}_0 = \hat{\beta}_0 + \hat{\beta}_1 x_0$,称 $\hat{y}_0$ 为 Y 在 x_0 的预测值,也就是 $x=x_0$ 时 Y 的点估计.

在显著性水平 αF,实际观察值 y_0 的置信度为 $1-\alpha$ 的预测区间为

$$(\hat{y}_0 - \delta(x_0), \ \hat{y}_0 + \delta(x_0))$$

其中
$$\delta(x_0) = t_{\frac{\alpha}{2}}(n-1) \cdot \hat{\sigma} \cdot \sqrt{1 + \frac{1}{n} + \frac{(x_0 - \bar{x})^2}{L_{xx}}}$$

【范例与方法】

例 1　在钢线碳含量对于电阻的效应的研究中,得到如表 8-13 所示一批数据.

表 8-13　数 据 资 料

碳含量 $x/\%$	0.1	0.3	0.40	0.55	0.70	0.80	0.95
20℃时电阻 $y/\mu\Omega$	15	18	19	21	22.6	23.6	26

求 y 对 x 的线性回归方程,并检验回归方程的显著性.

分析　该例是一元线性回归问题.

解　列出如下数据计算表(见表 8-14).

表 8-14　数 据 计 算

序号	x_i	y_i	x_i^2	y_i^2	$x_i y_i$
1	0.1	15	0.01	225	1.5
2	0.3	18	0.09	324	5.4
3	0.4	19	0.16	361	7.6
4	0.55	21	0.3025	441	11.55

序号	x_i	y_i	x_i^2	y_i^2	$x_i y_i$
5	0.70	22.6	0.49	510.76	15.82
6	0.80	23.8	0.64	566.44	19.04
7	0.95	26	0.9025	676	24.7
Σ	3.8	145.2	2.595	3104.2	85.61

由表 8-14 数据得

$$\bar{x} = \frac{1}{7} \sum_{i=1}^{7} x_i = \frac{3.8}{7} = 0.543, \quad \bar{y} = \frac{1}{7} \sum_{i=1}^{7} y_i = \frac{145.4}{7} = 20.77$$

$$L_{xy} = \sum_{i=1}^{7} x_i y_i - 7\,\bar{x}\,\bar{y} = 85.61 - 7 \times 0.543 \times 20.77 = 6.663,$$

$$L_{xx} = \sum_{i=1}^{7} x_i^2 - 7\,\bar{x}^2 = 2.595 - 7 \times (0.543)^2 = 0.531$$

所以

$$\hat{\beta}_1 = \frac{L_{xy}}{L_{xx}} = \frac{6.663}{0.531} = 12.55$$

$$\hat{\beta}_0 = \hat{y}_0 - \hat{\beta}_1\,\bar{x} = 20.77 - 12.55 \times 0.543 = 13.96$$

回归直线方程为

$$\hat{y} = 13.96 + 12.55x$$

利用相关系数检验法检验回归方程的显著性：

$$L_{yy} = \sum_{i=1}^{7} y_i^2 - 7\,\bar{y}^2 = 3104.2 - 7 \times (20.77)^2 = 84.450$$

$$r = \frac{L_{xy}}{\sqrt{L_{xx} L_{yy}}} = \frac{6.663}{\sqrt{0.531 \times 84.450}} = 0.995$$

对于 $\alpha = 0.05$，自由度 $7 - 2 = 5$，查相关系数表得临界值 $r_{0.05} = 0.754$，对于 $\alpha = 0.01$，自由度 5，查相关系数表得临界值 $r_{0.01} = 0.874$.

由于 $r = 0.995 > r_{0.05}$，故钢线碳含量对电阻的效应线性关系显著.

(五) 多元线性回归分析

【概念知识点】

设随机变量 Y 与普通变量 $x_1, \cdots, x_k$ 间具有如下线性关系

$$Y = \beta_0 + \beta_1 x_1 + \cdots + \beta_R x_R + \varepsilon$$

$\varepsilon \sim N(0, \sigma^2)$，$\beta_0, \cdots, \beta_k, \sigma^2$ 都是未知参数，$k \geqslant 2$. 称上式定义的模型为多元线性回归模型.

设 $(x_{i1}, x_{i2}, \cdots, x_{ik}, y_i) i = 1, 2, \cdots, n$，是 $(X_1, X_2, \cdots, X_k, Y)$ 的 n 个独立观察值，令 $\boldsymbol{Y} = (y_1, y_2, \cdots, y_n)^{\mathrm{T}}$，$\boldsymbol{\beta} = (\beta_0, \beta_1, \cdots, \beta_k)^{\mathrm{T}}$，$\boldsymbol{\varepsilon} = (\varepsilon_1, \varepsilon_2, \cdots, \varepsilon_n)^{\mathrm{T}}$，则可得 $\boldsymbol{\beta}$ 的最小二乘估计为

$$\hat{\boldsymbol{\beta}} = (\boldsymbol{X}^{\mathrm{T}} \boldsymbol{X})^{-1} \boldsymbol{X}^{\mathrm{T}} \boldsymbol{Y}$$

其中 $\boldsymbol{X}$ 为

$$\boldsymbol{X} = \begin{bmatrix} 1 & x_{11} & x_{12} & \cdots & x_{1k} \\ 1 & x_{21} & x_{22} & \cdots & x_{2k} \\ \vdots & \vdots & \vdots & & \vdots \\ 1 & x_{n1} & x_{n2} & \cdots & x_{nk} \end{bmatrix}$$

从而可得回归方程为

$$\hat{y} = \hat{\beta}_0 + \hat{\beta}_1 x_1 + \cdots + \hat{\beta}_k x_k$$

而 σ^2 的估计取为 $\hat{\sigma}^2 = \dfrac{1}{n-k-1} \sum_{i=1}^{n} \left(y_i - \sum_{j=1}^{k} x_{ij} \hat{\beta}_j \right)^2$，可以证明 $E\hat{\sigma}^2 = \sigma^2$.

439

【范例与方法】

例 1 某种化工产品的得率 Y 与反应温度 x_1、反应时间 x_2 及某反应物浓度 x_3 有关. 今得试验结果如 8-15 所示，其中 x_1, x_2, x_3 均为二水平且均以编码形式表达.

表 8-15 得率与反应温度、反应时间、反应物浓度的关系

x_1	-1	-1	-1	-1	1	1	1	1
x_2	-1	-1	1	1	-1	-1	1	1
x_3	-1	1	-1	1	-1	1	-1	1
得率 Y	7.6	10.3	9.2	10.2	8.4	11.1	9.8	12.6

求 Y 对 x_1, x_2, x_3 的多元线性回归方程.

分析 本例是多元线性回归分析、可应用求多元线性回归方程的公式计算.

解 回归函数 $\mu(x_1, x_2, x_3) = \beta_0 + \beta_1 x_1 + \beta_2 x_2 + \beta_3 x_3$，对应的多元线性回归模型为

$$Y = \beta_0 + \beta_1 x + \beta_2 x_2 + \beta_3 x_3 + \varepsilon(\varepsilon \sim N(0, \sigma^2))$$

设

$$\boldsymbol{X} = \begin{pmatrix} 1 & -1 & -1 & -1 \\ 1 & -1 & -1 & 1 \\ 1 & -1 & 1 & -1 \\ 1 & -1 & 1 & 1 \\ 1 & 1 & -1 & -1 \\ 1 & 1 & -1 & 1 \\ 1 & 1 & 1 & -1 \\ 1 & 1 & 1 & 1 \end{pmatrix}, \quad \boldsymbol{Y} = \begin{pmatrix} 7.6 \\ 10.3 \\ 9.2 \\ 10.2 \\ 8.4 \\ 11.1 \\ 9.8 \\ 12.6 \end{pmatrix}, \quad \beta = \begin{pmatrix} \beta_0 \\ \beta_1 \\ \beta_2 \\ \beta_3 \end{pmatrix}$$

经计算得

$$\boldsymbol{X}^{\mathrm{T}}\boldsymbol{X} = \begin{pmatrix} 8 & 0 & 0 & 0 \\ 0 & 8 & 0 & 0 \\ 0 & 0 & 8 & 0 \\ 0 & 0 & 0 & 8 \end{pmatrix}, \quad \boldsymbol{X}^{\mathrm{T}}\boldsymbol{Y} = \begin{pmatrix} 79.2 \\ 4.6 \\ 4.4 \\ 9.2 \end{pmatrix}$$

$$(\boldsymbol{X}^{\mathrm{T}}\boldsymbol{X})^{-1} = \frac{1}{8^4}\begin{pmatrix} 8^3 & 0 & 0 & 0 \\ 0 & 8^3 & 0 & 0 \\ 0 & 0 & 8^3 & 0 \\ 0 & 0 & 0 & 8^3 \end{pmatrix} = \frac{1}{8}\begin{pmatrix} 1 & 0 & 0 & 0 \\ 0 & 1 & 0 & 0 \\ 0 & 0 & 1 & 0 \\ 0 & 0 & 0 & 1 \end{pmatrix}$$

则得 $\boldsymbol{\beta}$ 的最小二乘估计为

$$\hat{\boldsymbol{\beta}} = (\boldsymbol{X}^{\mathrm{T}}\boldsymbol{X})^{-1}\boldsymbol{X}^{\mathrm{T}}\boldsymbol{Y} = \begin{pmatrix} 9.9 \\ 0.575 \\ 0.55 \\ 1.15 \end{pmatrix} = \begin{pmatrix} \hat{b}_0 \\ \hat{b}_1 \\ \hat{b}_2 \\ \hat{b}_3 \end{pmatrix}$$

故 $\hat{\beta}_0 = 9.9$，$\hat{\beta}_1 = 0.575$，$\hat{\beta}_2 = 0.55$，$\hat{\beta}_3 = 1.15$

于是多元线性回归方程为

$$\hat{y} = 9.9 + 0.575 x_1 + 0.55 x_2 + 1.15 x_3$$

440

三、习题全解

习 题 8-1

1. 一家连锁超市的零售经理想要知道宠物玩具的货架位置对其销售量是否有影响. 考虑 3 种不同的走道位置：前部、中部和后部. 随机选取 18 家商店作为样本，给每个走道位置随机分配 6 家商店. 所有这些商店的产品展示区域和价格一样，在为期 1 个月的实验后，记录这种产品在每家商店的销售量（单位：千元），数据如表 8-16 所示. 在 $\alpha = 0.05$ 的显著性水平下，是否有证据表明不同的走道位置平均的销售量显著差异？如有，试推荐一种比较优的位置，并简单说明理由.

表 8-16　产品销售表　　　　　　　　　单位：千元

走道位置		
前	中	后
8.6	3.2	4.6
7.2	2.4	6.0
5.4	2.0	4.0
6.2	1.4	2.8
5.0	1.8	2.2
4.0	1.6	2.8

解　计算和、平均值、方差，表 8-17 所示.

表 8-17　计算法、均值、方差

组	观测数	和	均值	方差
前	6	36.4	6.066667	2.714667
中	6	12.4	2.066667	0.426667
后	6	22.4	3.733333	2.010667

得方差分析表，见表 8-18 所示.

表 8-18   方 差 分 析 表

差异源	平方和	自由度	均值	F 的值	临界值
组间	48.44444	2	24.22222	14.10455	3.68
组内	25.76	15	1.717333		
总计	74.20444	17			

走道位置与平均销售量有显著差异.

2. 某家电制造公司准备购进一批 $5^{\#}$ 电池,现有 A, B, C 三个电池生产企业愿意供货,为比较它们生产的电池质量,从每个企业各随机抽检 5 只电池,经试验得其相应寿命(小时)数据,如表 8-19 所示.试分析三个企业生产的电池的平均寿命之间有无显著差异?($\alpha = 0.05$)

表 8-19   电 池 寿 命

试验号	电池生产企业		
	A	B	C
1	50	32	45
2	50	28	42
3	43	30	38
4	40	34	48
5	39	26	40

解   计算和、均值、方差如表 8-20 所示.

表 8-20   计算和、均值、方差

组	观察数	和	均值	方差
A	5	222	44.4	28.3
B	5	150	30	10
C	5	213	42.6	15.8

得方差分析表,如表 8-21 所示.

表 8-21　方差分析表

差异源	平方和	自由度	均值	F 的值	临界值
组间	615.6	2	307.8	17.06839	3.885294
组内	216.4	12	18.03333		
总计	832	14			

结论:有显著差异.

3. 一家食品公司为长平区的几家商店提供某品牌的玉米饼. 公司希望延长其玉米饼产品的货架上保质期. 根据 4 种不同的配方制作玉米饼产品,每种 6 炉. 然后将它们存储在相同的环境中,每天检查其新鲜度(数据如表 8-22 所示). 详细分析这些数据,在 0.05 的显著性水平下,是否有证据表明用不同配方生产出来的产品在货架上的平均保质期有所不同? 如果有,请试推荐一种比较优的配方,并简单说明理由.

表 8-22　配料方案

A	B	C	D	A	B	C	D
94	88	76	82	97	83	79	89
100	89	69	80	101	79	80	80
90	88	76	78	90	82	72	82

解　计算和、均值、方差如表 8-23 所示.

表 8-23　计算和、均值、方差

组	观察数	和	均值	方差	组	观察数	和	均值	方差
A	6	572	95.33333	23.06667	C	6	452	75.33333	17.46667
B	6	509	84.83333	16.56667	D	6	491	81.83333	14.56667

得方差分析表,如表 8-24 所示.

表 8-24　方差分析表

差异源	平方和	自由度	均值	F 的值	临界值
组间	1251	3	417	23.27442	3.098391
组内	358.3333	20	17.91667		
总计	1609.333	23			

结论:有显著差异.

4. 某灯泡厂用 4 种不同配料方案制成的灯丝生产了 4 批灯泡,今从中分别抽样对其使用寿命进行试验,得到表 8-25 所示的结果(单位:小时),问这几种配料方案对使用寿命有无显著影响?($\alpha = 0.01$)

表 8-25　灯泡寿命数据　　　　　　　　　　　　　　单位:小时

试验号	寿　　　　命			
	A_1	A_2	A_3	A_4
1	1600	1850	1460	1510
2	1610	1640	1550	1520
3	1650	1640	1600	1530
4	1680	1700	1620	1570
5	1700	1750	1640	1600
6	1720	—	1660	1680
7	1800	—	1740	—
8	—	—	1820	—

解　计算和、均值、方差如表 8-26 所示.

表 8-26　计算和、均值、方差

组	观察数	求和	均值	方差
$A1$	7	11760	1680	4766.667
$A2$	5	8580	1716	7730
$A3$	8	13090	1636.25	12169.64
$A4$	6	9410	1568.333	4136.667

方差分析表,如表 8-27 所示.

表 8-27　方　差　分　析　表

差异源	平方和	自由度	均值	F 的值	临界值
组间	69470.71	3	23156.9	3.080291	3.049125
组内	165390.8	22	7517.765		
总计	234861.5	25			

结论:有显著差异.

习　题　8-2

1. 表 8-28 给出了在某市 5 个不同地点,不同时间采集到的空气中的颗粒物(以毫克/立方米计)的含量数据.

表 8-28　颗粒物的含量　　　　　　　　　单位:毫克/立方米

		因素 B(地点)				
		1	2	3	4	5
	6 月	76	67	81	56	51
因素 A (时间)	7 月	82	69	96	59	70
	8 月	68	59	67	54	42
	9 月	63	56	64	58	37

试在显著性水平 $\alpha=0.05$ 下检验:在不同时间、不同地点的颗粒物含量的均值有无显著差异?

解　$T_{i\cdot}$, $T_{\cdot j}$ 的值如表 8-29 所示.

表 8-29　计算 $T_{i\cdot}$, $T_{\cdot j}$

		因素 B(地点)					
		1	2	3	4	5	$T_{i\cdot}$
	6 月	76	67	81	56	51	331
因素 A (时间)	7 月	82	69	96	59	70	376
	8 月	68	59	67	54	42	290
	9 月	63	56	64	58	37	278
	$T_{\cdot j}$	289	251	308	227	200	1275

$$S_T = \sum_{i=1}^{r}\sum_{j=1}^{s} x_{ij}^2 - \frac{T^2}{rs} = 76^2 + 67^2 + \cdots + 37^2 - \frac{1275^2}{20} = 3571.75$$

$$S_A = \frac{1}{5}(331^2 + 376^2 + 290^2 + 278^2) - \frac{1275^2}{20} = 1182.95$$

$$S_B = \frac{1}{4}(289^2 + 251^2 + 308^2 + 227^2 + 200^2) - \frac{1275^2}{20} = 1947.50$$

$$S_E = 357.75 - (1182.95 + 1947.50) = 441.30$$

得方差分析表,如表 8-30 所示.

表 8-30　双因素方差分析表

方程来源	平方和	自由度	均值	F 的值
因素 A	1182.95	3	394.32	10.72
因素 B	1947.5	4	486.88	13.24
误差	441.3	12	36.78	
总和	3571.75	19		

由于 $F_{0.05}(3,12) = 3.49 < 10.72$,$F_{0.05}(4,12) = 3.26 < 13.24$,因此时间和地点对颗粒物的含量的影响均为显著.

2. 为了保证某零件镀铬的质量,需重点考察通电方法和液温的影响. 通电方法选取三个水平:A_1(现行方法)、A_2(改进方案一)、A_3(改进方案二);液温选取两个水平:B_1(现行温度)、B_2(增加 10℃);每个水平组合各进行 2 次试验,所得结果如表 8-31 所示(指标值以大为好). 问通电方法、液温和它们的交互作用对该质量指标有无显著影响? ($\alpha = 0.01$)

表 8-31　试 验 结 果

指标值　因素B　因素A	B_1		B_2	
A_1	9.2	9.0	9.8	9.8
A_2	9.8	9.8	10	10
A_3	10	9.8	10	10

解　$r=3$,$s=2$,$t=2$

计算 $T_{i..}$,$T_{.j.}$ 如表 8-32 所示.

表 8-32　$T_{i..}$,$T_{.j.}$ 表

	B_1	B_2	$T_{i..}$
A_1	9.1	9.8	9.45
A_2	9.8	10	9.9
A_3	9.9	10	9.95
$T_{.j.}$	9.6	9.93	$\bar{x} = 9.77$

进一步计算得双因素方差分析如表 8-33 所示.

$$S_A = 0.61, S_B = 0.33, S_{A \times B} = 0.21, S_E = 0.04, S_T = 0.19.$$

对 $\alpha = 0.01$ 查表得

$$F_\alpha(r-1, rs(t-1)) = F_{0.01}(2, 6) = 10.92$$

$$F_\alpha((s-1), rs(t-1)) = F_{0.01}(1, 6) = 13.75$$

$$F_\alpha((r-1)(s-1), rs(t-1)) = F_{0.01}(2, 6) = 10.92$$

表 8-33 双因素方差分析表

方差来源	平方和	自由度	F 的值	临界值
因素 A	0.61	2	45.75	10.92
因素 B	0.33	1	49.50	13.75
交互作用	0.33	2	15.75	10.92
误差	0.04	6		
总和	1.19	11		

从表 8-33 知, $F_A > F_{0.01}(2, 6)$, $F_B > F_{0.01}(1, 6)$, $F_{A \times B} > F_{0.01}(2, 6)$. 这说明通电方法、液温和它们的交互作用对该质量指标都有显著影响.

3. 在某种金属材料的生产过程中,对热处理温度(因素 B)与时间(因素 A)各取两个水平,产品强度的测定结果(相对值)如表 8-34 所示.

表 8-34 强度测定结果

A \ B	B_1	B_2	$T_i..$
A_1	38.0 38.6	47.0 44.8	168.4
A_2	45.0 43.8	42.4 40.8	172
$T._j.$	165.4	175	340.4

在同一条件下每个试验重复 2 次.设各水平搭配下强度的总体服从正态分布且方差相同,各样本独立,问热处理温度、时间以及这两者的交互作用对产品强度是否有显著的影响?($\alpha = 0.05$)

解 根据题设数据,得

$$S_T = (38.0^2 + 38.6^2 + \cdots + 40.8^2) - \frac{340.4^2}{8} = 71.82$$

$$S_A = \frac{1}{4}(168.4^2 + 172^2) - \frac{340.4^2}{8} = 1.62$$

$$S_B = \frac{1}{4}(165.4^2 + 175^2) - \frac{340.4^2}{8} = 11.52$$

$$S_{A \times B} = 14551.24 - 14484.02 - 1.62 - 11.52 = 54.08$$

$$S_E = 71.82 - SS_A - SS_B - SS_{A \times B} = 4.6$$

双因素方差分析如表 8-35 所示.

表 8-35 双因素方差分析表

方差来源	平方和	自由度	均值	F 的值
因素 A	1.62	1	1.62	
因素 B	11.52	1	11.52	$F_A = 1.4$
$A \times B$	54.08	1	54.08	$F_B = 10.0$
误差	4.6	4	1.15	
总体	71.82	7		$F_{A \times B} = 47.0$

由 $F_{0.05}(1, 4) = 7.71$,可以得出

$$F_A = 1.4 < F_{0.05}(1, 4) = 7.71,$$

$$F_B = 10.0 > F_{0.05}(1, 4) = 7.71,$$

$$F_{A \times B} = 47.0 > F_{0.05}(1, 4) = 7.71$$

所以,认为时间对强度的影响不显著,而温度的影响显著,且交互作用的影响显著.

4. 考察合成纤维中对纤维弹性有影响的两个因素:收缩率 A 和总拉伸倍数 B, A 和 B 各取四种水平.整个试验重复 2 次,结果如表 8-36 所示.

表 8-36 试 验 数 据

因素 B 因素 A	$460(B_1)$	$520(B_2)$	$580(B_3)$	$640(B_4)$
$0(A_1)$	71, 73	72, 73	75, 73	77, 75
$4(A_2)$	73, 75	76, 74	78, 77	74, 74
$8(A_3)$	76, 73	79, 77	74, 75	74, 73
$12(A_4)$	75, 73	73, 72	70, 71	69, 69

试问:收缩率和总拉伸倍数分别对纤维弹性有无显著影响？两者对纤维弹性有无显

著交互作用?($\alpha=0.05$)

解 经计算得

$S_A=70.594, S_B=8.594, S_{A\times B}=79.531, S_E=21.500, S_T=180.219$

所以

$$MS_A=\frac{S_A}{r-1}=23.531, MS_B=\frac{S_B}{s-1}=2.865$$

$$MS_{A\times B}=\frac{S_{A\times B}}{(r-1)(s-1)}=8.837, MS_E=\frac{S_E}{rs(t-1)}=1.344$$

得双因素方差分析表如表 8-37 所示.

表 8-37 双因素方差分析表

方差来源	平方和	自由度	均值	F 的值
因素 A(收缩率)	70.594	3	23.531	17.5
因素 B(总拉伸倍数)	8.594	3	2.865	2.1
交互作用 I	79.531	9	8.837	6.6
随机误差 e	21.500	16	1.344	
总和	180.219	31		

$$F_{0.05}(3,16)=3.24, F_{0.05}(9,16)=2.54$$

由于 $F_A>3.24, F_B<3.24, F_I>2.54$,故合成纤维收缩率对弹性有显著影响,总拉伸倍数对弹性无显著影响,而收缩率和总拉伸倍数对弹性有显著的交互作用.

5. 有 5 种不同品种的种子和 4 种不同的施肥方案,在 20 块同样面积的土地上,分别采用 5 种种子和 4 种施肥方案搭配进行试验,取得的收获量数据如表 8-38 所示.检验不同品种的种子对收获量的影响是否有显著差异?不同的施肥方案对收获量的影响是否有显著差异?($\alpha=0.05$)

表 8-38 收 获 量 数 据

品种	施 肥 方 案			
	1	2	3	4
1	12.0	9.5	10.4	9.7
2	13.7	11.5	12.4	9.6
3	14.3	12.3	11.4	11.1
4	14.2	14.0	12.5	12.0
5	13.0	14.0	13.1	11.4

解 本题是无重复双因素分析问题. 计算和、均值、方差,如表 8-39 所示.

表 8-39 计算和、均值、方差

SUMMARY	观察数	和	均值	方差
1	4	41.6	10.4	1.286667
2	4	47.2	11.8	2.966667
3	4	49.1	12.275	2.0825
4	4	52.7	13.175	1.189167
5	4	51.5	12.875	1.169167
1	5	67.2	13.44	0.913
2	5	61.3	12.26	3.563
3	5	59.8	11.96	1.133
4	5	53.8	10.76	1.133

得方差分析表,如表 8-40 所示.

表 8-40 方差分析表

差异源	平方和	自由度	均值	F 的值	临界值
行	19.067	4	4.76675	7.239716	3.259167
列	18.1815	3	6.0605	9.204658	3.490295
误差	7.901	12	0.658417		
总计	45.1495	19			

结论:不同品种的种子对收获量的影响有显著差异,不同的施肥方案对收获量的影响也有显著差异.

习 题 8-3

1. 以家庭为单位,某种商品年需求量与该商品价格之间的一组调查数据如表 8-41所示.

表 8-41 调 查 数 据

价格 x(元)	5	2	2	2.3	2.5	2.6	2.8	3	3.3	3.5
需求量 y(kg)	1	3.5	3	2.7	2.4	2.5	2	1.5	1.2	1.2

450

(1) 求经验回归方程 $\hat{y}=\hat{\beta}_0+\hat{\beta}_1 x$.

(2) 检验线性关系的显著性($\alpha=0.05$).

解 (1) $\bar{x}=2.9, L_{xx}=7.18, \bar{y}=2.1, L_{yy}=6.58$

$$L_{xy}=\sum_{i=1}^n x_i y_i - n\bar{x}\bar{y}=54.97-2.1\times 2.9\times 10=-5.93$$

故 $\hat{\beta}_1=\dfrac{L_{xy}}{L_{xx}}=-0.826, \hat{\beta}_0=\bar{y}-\hat{\beta}_1\bar{x}=4.449$

得回归方程为

$$\hat{y}=4.495-0.826x.$$

(2) $SSR=\hat{\beta}_1 L_{xy}=(-0.826)\times(-5.93)=4.898$,

$\quad\quad SSE=L_{yy}-\hat{\beta}_1 L_{xy}=1.682$

取统计量

$$T=\frac{\hat{\beta}_1\sqrt{L_{xx}}}{\sqrt{\dfrac{SSE}{n-2}}}\sim t(n-2)$$

T 的值为

$$t=\frac{-0.826\times\sqrt{7.18}}{\sqrt{\dfrac{1.682}{8}}}=-4.827$$

查 t-分布的分位数表,得 $t_{0.025}(8)=2.306$,由于 $|t|>t_{0.025}(8)$,故需求量与价格存在显著的线性关系.

2. 某建材实验室做陶粒混凝土实验室中,考察每立方米混凝土的水泥用量(千克)对混凝土抗压强度(千克/平方厘米)的影响,测得下列数据(见表 8-42).

表 8-42 相 关 数 据

水泥用量 x	150	160	170	180	190	200	210	220	230	240	250	260
抗压强度 y	56.9	58.3	61.6	64.6	68.1	71.3	74.1	77.4	80.2	82.6	86.9	89.7

(1) 求经验回归方程 $\hat{y}=\hat{\beta}_0+\hat{\beta}_1 x$.

(2) 检验一元线性回归方程的显著性($\alpha=0.05$).

(3) 设 $x_0=225\,\text{kg}$,求 y 的预测值及置信度为 0.95 的预测区间.

解 (1) $n=12, \bar{x}=205, L_{xx}=14300, \bar{y}=72.6$

451

$$L_{yy} = 1323.82$$

$$L_{xy} = \sum_{i=1}^{n} x_i y_i - n\bar{x}\bar{y} = 182943 - 12 \times 205 \times 72.6 = 4347$$

故

$$\hat{\beta}_1 = L_{xy}/L_{xx} = 0.304, \quad \hat{\beta}_0 = \bar{y} - \hat{\beta}_1\bar{x} = 10.28$$

得经验回归方程为

$$\hat{y} = 10.28 + 0.304x$$

(2) $SSR = \hat{\beta}_1 L_{xy} = 1321.488$, $SSE = L_{yy} - \hat{\beta}_1 L_{xy} = 2.332$

取统计量

$$T = \frac{\hat{\beta}_1 \sqrt{L_{xx}}}{\sqrt{\dfrac{SSE}{n-2}}} \sim t(n-2)$$

T 的值为

$$t = \frac{0.304 \times \sqrt{14300}}{\sqrt{\dfrac{2.332}{10}}} = 75.280$$

查 t-分布的分位数表,得 $t_{0.025}(10) = 2.228$,由于 $|t| > t_{0.025}(10)$,所以回归效果显著.

(3) $\delta(225) = t_{0.025}(10) \cdot \hat{\sigma}\sqrt{1 + \dfrac{1}{12} + \dfrac{(225-205)^2}{14300}} = 1.054 t_{0.025}(10)\hat{\sigma}$

$$\hat{\sigma} = \sqrt{\frac{SSE}{n-2}} = \sqrt{\frac{2.332}{10}} = 0.4829, \quad t_{0.025}(10) = 2.2281$$

又 $\hat{y}(225) = 10.28 + 0.304 \times 225 = 78.68$

所求预测区间为

$$(78.68 \pm 2.2281 \times 0.4829 \times 1.054) = (78.68 \pm 1.134)$$

3. 某市的社会商品零售总额和全民所有制职工工资总额的数据如表 8-43 所示.

表 8-43　社会商品零售额与职工工资总额的数据

年份	年1	年2	年3	年4	年5	年6	年7	年8	年9	年10
职工工资总额 x/亿元	23.8	27.6	31.6	32.4	33.7	34.9	43.2	52.8	63.8	73.4
社会商品零售额 y/亿元	41.4	51.8	61.7	67.9	68.7	77.5	95.9	137.4	155	175

试求社会商品零售总额 y 对职工工资总额 x 的线性回归方程,并求 σ^2 的估计.

解 计算过程如表 8-44 所示.

表 8-44 计 算 表

序号	x_i	y_i	x_i^2	y_i^2	$x_i y_i$
年 1	23.8	41.4	566.44	1713.96	985.32
年 2	27.3	51.8	761.76	2683.24	1429.68
年 3	31.6	61.7	998.56	3806.89	1949.72
年 4	32.4	67.9	1049.76	4610.41	2199.96
年 5	33.7	68.7	1135.69	4719.69	2315.19
年 6	34.9	77.5	1218.01	6006.25	2704.75
年 7	43.2	95.9	1866.24	9196.81	4142.88
年 8	52.8	137.4	1787.84	18878.76	7254.72
年 9	63.8	155.0	4070.44	24025.00	9889.00
年 10	73.4	175.0	5387.56	30625.00	12845.00
Σ	417.2	932.3	19842.30	106266.01	45716.22

$$L_{xx} = \sum x_i^2 - \frac{1}{n}\left(\sum x_i\right)^2 = 19842.3 - \frac{1}{10}(417.2)^2 = 2436.716$$

$$L_{xy} = \sum x_i y_i - \frac{1}{n}\sum x_i \sum y_i = 45716.22 - \frac{1}{10}\times 417.2 \times 932.3 = 6820.664$$

$$L_{yy} = \sum y_i^2 - \frac{1}{n}\left(\sum y_i\right)^2 = 106266.01 - \frac{(932.3)^2}{10} = 19347.681$$

$$\hat{\beta}_1 = \frac{L_{xy}}{L_{xx}} = \frac{6820.664}{2436.716} = 2.7991, \; SSE = L_{yy} - \hat{\beta}_1 L_{xy} = 255.9604$$

$$\hat{\beta}_0 = \bar{y} - \hat{\beta}_1 \bar{x} = 93.23 - 2.7991 \times 41.72 = -23.55$$

于是,回归直线为

$$\hat{y} = -23.55 + 2.7991x$$

$$\hat{\sigma}^2 = \frac{SSE}{n-2} = \frac{255.9604}{8} = 31.995$$

4. 假定从靠近大学校园的 10 家小吃店得到有关学生总数和季度营业额的数据如表 8-45 所示.

表 8-45　学生总数与季度营业额数据

餐厅 i	学生总数 x_i（千人）	季度营业额 y_i（千元）	餐厅 i	学生总数 x_i（千人）	季度营业额 y_i（千元）
1	2	58	6	16	137
2	6	105	7	20	157
3	8	88	8	20	169
4	8	118	9	22	149
5	12	117	10	26	202

（1）求：小吃店季度营业额关于学生总数的回归方程．

（2）设某餐厅位于一个有 10000 名学生的校园附近，求餐厅的季度营业额的预测值、平均季度营业额的 95％的置信区间以及季度营业额的 95％的预测区间．

解　（1）$\sum\limits_{i=1}^{10} x_i = 140$，$\bar{x} = 14$，　$\sum\limits_{i=1}^{10} x_i^2 = 2528$

$$\sum\limits_{i=1}^{10} y_i = 1300,\ \bar{y} = 130,\quad \sum\limits_{i=1}^{10} y_i^2 = 184730,\quad \sum\limits_{i=1}^{10} x_i y_i = 21040$$

$$L_{xx} = \sum\limits_{i=1}^{10} x_i^2 - 10\,\bar{x}^2 = 568$$

$$L_{yy} = \sum\limits_{i=1}^{10} y_i^2 - 10\,\bar{y}^2 = 15730$$

$$L_{xy} = \sum\limits_{i=1}^{10} x_i y_i - 10\,\bar{x}\,\bar{y} = 2840$$

则

$$\hat{\beta}_1 = \frac{L_{xy}}{L_{xx}} = \frac{2840}{568} = 5$$

$$\hat{\beta} = \bar{y} - \hat{\beta}_1 \bar{x} = 130 - 5 \times 14 = 60$$

所以，小吃店季度营业额关于学生总数的回归方程为：$\hat{y} = 60 + 5x$.

（2）$x_0 = 10$，则 $\hat{y}_0 = 60 + 5 \times 10 = 110$

即在有 10000 名学生的校园附近的餐厅季度营业额的预测值为 110000.

$$SSE = L_{yy} - \hat{\beta}_1 L_{xy} = 15730 - 5 \times 2840 = 1530$$

$$t_{0.025}(8) = 2.306$$

$$\hat{\sigma} = \sqrt{\frac{SSE}{10.2}} = \sqrt{\frac{1530}{8}} = 13.82932$$

$$\delta(x_0) = t_{0.025}(8) \cdot \hat{\sigma} \cdot \sqrt{1 + \frac{1}{10} + \frac{(x_0 - \bar{x})^2}{L_{xx}}}$$

$$= 2.306 \times 13.829 \times 1.0622 = 33.874$$

所以预测区间为 (110 ± 33.874)，即当学生数量为 10000 人时，季度营业额的 95% 预测区间为 76125 元到 143875 元.

习 题 8-4

1. 设 $Y = (y_1, y_2, y_3)^T$ 服从线性模型

$$Y_i = \beta_0 + \beta_1 x_i + \beta_2 (3x_i^2 - 2) \quad (i = 1, 2, 3)$$

其中 $x_i = -1$，$x_2 = 0$，$x_3 = 1$，试写出矩阵 X，并求出 β_0，β_1，β_2 的最小二乘估计.

解 $X = \begin{pmatrix} 1 & x_1 & 3x_1^2 & -2 \\ 1 & x_2 & 3x_2^2 & -2 \\ 1 & x_3 & 3x_3^2 & -2 \end{pmatrix} = \begin{pmatrix} 1 & -1 & 1 \\ 1 & 0 & -2 \\ 1 & 1 & 1 \end{pmatrix}$

$X^T X = \begin{pmatrix} 3 & 0 & 0 \\ 0 & 2 & 0 \\ 0 & 0 & 6 \end{pmatrix}$, $(X^T X)^{-1} = \begin{pmatrix} 1/3 & 0 & 0 \\ 0 & 1/2 & 0 \\ 0 & 0 & 1/6 \end{pmatrix}$

$X^T Y = \begin{pmatrix} y_1 & + y_2 & + y_3 \\ -y_1 & & + y_3 \\ y_1 & -2y_2 & + y_3 \end{pmatrix}$

故 $(\beta_0, \beta_1, \beta_2)$ 的最小二乘估计为

$$\begin{pmatrix} \hat{\beta}_0 \\ \hat{\beta}_1 \\ \hat{\beta}_3 \end{pmatrix} = (X^T X)^{-1} X^T Y = \begin{pmatrix} \dfrac{1}{3}(y_1 + y_2 + y_3) \\ \dfrac{1}{2}(-y_1 + y_3) \\ \dfrac{1}{6}(y_1 - 2y_2 + y_3) \end{pmatrix}$$

2. 随着越来越多的人使用互联网,使得许多公司不得不考虑如何利用互联网销售他们的产品,因此公司想知道社会上有哪些人会使用互联网. 他们把这项工作交给了一位统计学家. 统计学家经过分析认为上网时间与上网者的受教育程度、年龄、收入等有关. 于是他随机收集了 50 个上网者的数据,分别记录了他们的上网的时间.受教育程度、年龄、收入等数据,如表 8-46 所示.

表 8-46　50 个上网者上网时间、年龄、收入和受教育程度的数据

上网时间（小时）	年龄（岁）	收入（千元）	教育（年）	上网时间（小时）	年龄（岁）	收入（千元）	教育（年）
0	39	64	7	12	38	58	11
8	37	53	14	13	31	53	9
12	24	68	12	5	47	23	7
5	48	66	10	0	47	12	5
0	52	35	11	9	41	34	11
8	40	46	15	8	34	23	10
12	36	57	14	7	45	25	12
7	37	35	11	11	31	45	8
10	28	54	14	0	49	34	7
0	44	32	10	11	35	82	14
14	28	53	12	10	38	60	12
4	53	45	11	14	32	68	13
10	39	61	13	7	50	42	10
8	35	21	12	8	35	12	10
10	44	66	12	7	43	34	13
0	41	34	9	0	42	37	6
10	32	48	12	7	44	34	8
6	44	62	10	4	47	43	5
5	49	23	10	9	46	54	10
0	48	72	9	0	33	23	12
9	40	51	6	15	40	83	12
13	28	55	11	12	31	53	16
6	43	34	12	0	33	27	4
10	43	65	12	10	40	58	11
9	33	57	9	10	30	54	13

（1）试建立上网时间与受教育程度、年龄、收入等数据的线性回归方程，并解释各自回归系数的含义.

（2）根据建立的回归方程，对回归方程的线性关系的显著性进行检验.（$\alpha = 0.05$）

解 （1）通过计算，得到上网时间与年龄、收入、受教育程度的多元线性回归方程为

$$\hat{y} = 7.708657514 - 0.248729162x_1 + 0.078670072x_2 + 0.542074872x_3$$

各回归系数的实际意义如下

$\hat{\beta}_1 = -0.248729162$ 表示在其他变量不变的情况下，年龄每增加一岁，上网时间平均减少 0.248729162 小时.

$\hat{\beta}_2 = 0.078670072$ 表示在其他变量不变的情况下，收入每 1000 元，上网时间平均增加 0.078670072 小时.

$\hat{\beta}_2 = 0.542074872$ 表示在其他变量不变的情况下，收入每 1000 元，上网时间平均增加 0.542074872 小时.

（2）建立方差分析表，如表 8-47 所示.

表 8-47　上网时间与年龄、收入、受教育程度的方差分析表

方差来源	平方和	自由度	均值	F 的值
回归	548.5926102	3	182.8642034	19.657883
剩余	427.9073898	46	9.302334562	
合计	976.5	49		

$$\alpha = 0.05,\ F_\alpha(k,\ n-k-1) = F_{0.05}(3,\ 46) = 2.80$$

由于 19.657883＞2.8，所以有充分的证据可以推断，模型有效，即上网时间与年龄、收入、受教育程度之间的线性关系是显著的.

检验系数 $H_0: \beta_i = 0 \leftrightarrow H_0: \beta_i \neq 0 (i=1,\ 2,\ 3)$

$$t_{\alpha/2}(n-k-1) = t_{0.025}(46) = 2$$

计算结果如表 8-48 所示.

表 8-48　检验回归系数的计算过程

	β_i	标准误差	统计量 t_i
x_1	-0.248729162	0.065656321	-3.78835061
x_2	0.078670072	0.02702993	2.910480041
x_3	0.542074872	0.180292928	3.006634137

由于 $t_1 = -3.788 < -2$, $t_2 = 2.91 < 2$, $t_3 = 3.007 < 2$

因此,在显著性水平 $\alpha = 0.05$ 下,β_1, β_2, β_3 都是显著的,即可以认为 $\beta_1 \neq 0$, $\beta_2 \neq 0$, $\beta_3 \neq 0$.

总习题八

1. 某食品检测机构收集了一批关于热狗卡路里的数据,其中包含了 63 种品牌热狗的卡路里含量,如表 8-49 所示.

表 8-49　四种类型热狗的卡路里含量

类　型	卡路里含量
牛肉	186 181 176 149 184 190 158 139 175 148 152 111 141 153 190 157 131 149 135 132
猪肉	173 191 182 190 172 147 146 139 175 136 179 153 107 195 135 140 138
禽肉	129 132 102 106 94 102 87 99 107 113 135 142 86 143 152 146 144
特色类	155 170 114 191 162 146 140 187 180

热狗有四种类型:牛肉、猪肉、禽肉、还有特色类. 设 μ_1 代表牛肉类热狗的平均卡路里含量,μ_2 代表猪肉类热狗的平均卡路里含量,μ_3 代表禽肉类热狗的平均卡路里含量,μ_4 代表特色类热狗的平均卡路里含量. 并且所有卡路里含量都是独立的且方差为 σ^2 的正态随机变量. 试问不同类型的热狗的卡路里含量是否不同以及不同到什么程度. ($\alpha = 0.05$)

解　建立假设:$H_0: \mu_1 = \mu_2 = \mu_3 \leftrightarrow H_1:$ 至少有两个均值不相等

从表 8-49 中可得:样本容量为 $n_1 = 20$(牛肉),$n_2 = 17$(猪肉),$n_3 = 17$(禽肉),$n_4 = 9$(特色类)

通过计算有

$$S_A = \frac{1}{n}H - \frac{1}{nk}T^2 = 19454, \quad S_E = G - \frac{1}{n}H = 32995$$

所以有

$$MS_A = \frac{SS_A}{k-1} = \frac{57512.23}{3-1} = 6485, \quad MS_E = \frac{SS_e}{n-k} = \frac{506983.50}{60-3} = 559.2$$

$$F = \frac{MS_A}{MS_E} = \frac{28756.12}{8894.45} = 11.60$$

方差分析如表 8-50 所示.

表 8-50　四种类型热狗卡路里含量的方差分析表

方差来源	平方和	自由度	均值	F 的值
组内 误差	19454 32995	3 59	6485 559.2	11.60
总和	52449	62		

因为 $\alpha = 0.05, F_{0.05}(3, 59) = 2.764, F = 11.60 > 2.764$,所以拒绝原假设,认为不同类型热狗的卡路里是不同的.

2. 在一个小麦种植试验中,考察 4 种不同的肥料(因素 A)与 3 种不同的品种(因素 B),选择 12 块形状大小条件尽量一致的地块,每块上施加 $4 \times 3 = 12$ 种处理之一,试验结果如表 8-51 所示.

表 8-51　试　验　结　果

		因素 B(小麦品种)			
		1	2	3	$T_i.$
因素 A (施肥种类)	1	164	175	174	510
	2	155	157	147	459
	3	159	166	158	483
	4	158	157	153	468
	$T._j$	636	652	632	1920

给定显著性水平 $\alpha = 0.05$ 检验假设:(1)使用不同肥料小麦平均产量有无差异.

（2）使用不同品种的小麦平均产量有无差异.

解
$$S_T = \sum_{i=1}^{r}\sum_{j=1}^{s} X_{ij}^2 - \frac{T^2}{rs} = 307862 - 307200 = 662$$

$$H = T_1^2 + T_2^2 + \cdots + T_r^2 = 923094$$

$$K = Q_1^2 + Q_2^2 + \cdots + Q_s^2 = 1229024$$

$$S_A = \frac{H}{s} - \frac{T^2}{rs} = 307698 - 307200 = 498$$

$$S_B = \frac{K}{r} - \frac{T^2}{rs} = 307256 - 307200 = 56$$

$$S_E = S_T - S_A - S_B = 662 - 498 - 56 = 108$$

它们的自由度分别为：$rs-1 = 11$，$r-1 = 3$，$s-1 = 2$，$(r-1)(s-1) = 6$
方差分析如表 8-52 所示.

表 8-52　小麦种植试验的方差分析表

方差来源	平方和	自由度	均值	F 的值
肥料 A	498	3	166	9.22
品种 B	56	2	28	1.56
随机误差	108	6	18	
总和	662	11		

$$F_{0.95}(3,6) = 4.76, \quad F_{0.95}(2,6) = 5.14$$

由于 9.22＞4.76，应拒绝原假设（1）.

由于 $F_{0.99}(3,6) = 9.78 > 9.22$，在水平 0.01 之下不能拒绝原假设（1），就是说，不同肥料对小麦亩产量影响显著而非高度显著. 又 $1.56 < F_{0.05}(2,6) = 5.14$，故应接受假设（2），即认为三个品种对小麦亩产无差异.

3. 考察温度对产量的影响，测得下列 10 组数据（见表 8-5）.

表 8-53　考 察 资 料

温度 x(℃)	20	25	30	35	40	45	50	55	60	65
产量 y(kg)	13.2	15.1	16.4	17.1	17.9	18.7	19.6	21.2	22.5	24.3

（1）求经验回归方程　$\hat{y} = \hat{\beta}_0 + \hat{\beta}_1 x$.

（2）检验回归的显著性（$\alpha = 0.05$）.

（3）求 $x=42℃$ 时产量 y 的预测值及置信度为 0.95 的预测区间.

4. 设 x 固定时，y 为正态变量,对 x,y 有如表 8-54 所示的观察值.

表 8-54　x, y 的观察值

x	−0.2	0.6	1.4	1.3	0.1	−1.6	−1.7	−0.7	−1.8	−1.1
y	−6.1	−0.5	7.2	6.9	−0.2	−2.1	−3.9	3.8	−7.5	−2.1

（1）求相关系数.（2）求 y 对 x 的线性回归方程.（3）当 $x=0.5$ 时,求 y 的 95% 的预测区间.

解　计算过程如表 8-55 所示.

表 8-55　计　算　表

序号	x_i	y_i	x_i^2	y_i^2	$x_i y_i$
1	−2.0	−6.1	4	37.21	12.2
2	0.6	−0.5	0.36	0.25	−0.30
3	1.4	7.2	1.96	51.84	10.08
4	1.3	6.9	1.69	47.61	8.97
5	0.1	−0.2	0.01	0.04	−0.02
6	−1.6	−2.1	2.56	4.41	3.36
7	−1.7	−3.9	2.89	15.21	6.63
8	0.7	3.9	2.49	14.44	2.66
9	−1.8	−7.5	3.24	56.26	13.5
10	−1.1	−2.1	1.21	4.41	2.31
Σ	−4.1	−4.5	18.41	231.67	59.39

（1）$\bar{x}=\dfrac{-4.1}{10}=-0.41$, $\bar{y}=\dfrac{-4.5}{10}=-0.45$

所以,线性回归方程为

$$\hat{y} = 0.96 + 3.44x$$

$$L_{xx} = \sum_{i=1}^{10} x_1^2 - 10\,\bar{x}^2 = 16.729$$

$$L_{yy} = \sum_{i=1}^{10} y_i^2 - 10\,\bar{y}^2 = 229.645$$

$$L_{xy} = \sum_{i=1}^{10} x_i y_i - 10 \, \bar{x} \, \bar{y} = 57.545$$

所以

$$r = \frac{L_{xy}}{\sqrt{L_{xx} L_{yy}}} = 0.928$$

(2) $\hat{\beta}_1 = \dfrac{L_{xy}}{L_{xx}} = \dfrac{57.545}{16.729} = 3.44$，$\hat{\beta}_0 = \bar{y} - \hat{\beta} \bar{x} = 0.96$

所以线性回归方程为 $\hat{y} = 0.96 + 3.44x$.

(3) $\hat{a} + \hat{b} x - \hat{\sigma} t_{0.05}(8) \sqrt{1 + \dfrac{1}{10} + \dfrac{(x - \bar{x})^2}{\sum\limits_{i=1}^{n} (x_i - \bar{x})^2}} \leqslant y$

$\leqslant \hat{a} + \hat{b} x + \hat{\sigma} t_{0.05}(8) \sqrt{1 + \dfrac{1}{10} + \dfrac{(x - \bar{x})^2}{\sum\limits_{i=1}^{n} (x_i - \bar{x})^2}}$

$\hat{\sigma} t_{0.05}(8) \sqrt{1 + \dfrac{1}{10} + \dfrac{(x - \bar{x})^2}{\sum\limits_{i=1}^{n} (x_i - \bar{x})^2}} = 2 \times 1.996$

当 $x = 0.5$ 时，y 的 95% 预测区间为 $(-1.312, 6.67)$.

5. 某农场通过试验取得早稻收获量与春季降雨量和春季温度的数据如表 8-56 所示.

表 8-56 试 验 数 据

收获量(Y)	降雨量(X_1)	温度(X_2)	收获量(Y)	降雨量(X_1)	温度(X_2)
2250	25	6	7200	110	14
3450	33	8	7500	115	16
4500	45	10	8250	120	17
6750	105	13			

(1) 确定早稻收获量(Y)对春季降雨量(X_1)和春季温度(X_2)之间的二元线性回归方程.

(2) 解释回归系数的实际意义.

解 (1) 设所求回归方程为 $\hat{y} = \hat{\beta}_0 + \hat{\beta}_1 x_1 + \hat{\beta}_2 x_2$

令

$$X = \begin{pmatrix} 1 & 25 & 6 \\ 1 & 33 & 8 \\ 1 & 45 & 10 \\ 1 & 105 & 13 \\ 1 & 110 & 14 \\ 1 & 115 & 16 \\ 1 & 120 & 17 \end{pmatrix}, \quad Y = \begin{pmatrix} 2250 \\ 3450 \\ 4500 \\ 6750 \\ 7200 \\ 7500 \\ 8250 \end{pmatrix}$$

经计算,得

$$X^{\mathrm{T}}X = \begin{pmatrix} 7 & 553 & 84 \\ 553 & 54489 & 7649 \\ 84 & 7649 & 1110 \end{pmatrix}, \quad X^{\mathrm{T}}Y = \begin{pmatrix} 39900 \\ 3725850 \\ 534900 \end{pmatrix}$$

$$\hat{\beta} = \begin{pmatrix} \hat{\beta}_0 \\ \hat{\beta}_1 \\ \hat{\beta}_2 \end{pmatrix} = (X^{\mathrm{T}}X)^{-1}X^{\mathrm{T}}Y = \begin{pmatrix} 7 & 553 & 84 \\ 553 & 54489 & 7649 \\ 84 & 7649 & 1110 \end{pmatrix}^{-1} \begin{pmatrix} 39900 \\ 3725850 \\ 534900 \end{pmatrix} = \begin{pmatrix} -0.591 \\ 22.386 \\ 327.672 \end{pmatrix}$$

于是得到回归方程为

$$\hat{y} = -0.591 + 22.386x_1 + 327.672x_2$$

(2) $\hat{\beta}_1 = 22.386$,表明在春季温度(X_2)不变的情况下,春季降雨量(X_1)每增加一个单位,早稻收获量(Y)平均增加 22.386 个单位.

$\hat{\beta}_2 = 327.672$,表明在春季降雨量(X_1)不变的情况下,春季温度(X_2)每增加一个单位,早稻收获量(Y)平均增加 327.672 个单位;

6. 在硝酸钠($NaNO_3$)的溶解度试验中,对不同的温度(单位:℃)测得溶解于 100 毫升水中的硝酸钠质量 Y 的观察值如表 8-57 所示.

表 8-57 试 验 数 据

t	0	4	10	15	21	29	36	51	68
y	66.7	71.0	76.3	80.6	85.7	92.9	99.6	113.6	125.1

从理论知 y 与 t 满足线性回归模型,求:

(1) 求 y 对 t 的回归方程.

（2）检验回归方程的显著性（$\alpha=0.01$）.

（3）求 y 在 $t=25$℃时的预测区间（置信水平为 0.95）.

解 计算如表 8-58 所示.

表 8-58 计　算　表

序号	t_i	y_i	t_i^2	y_i^2	$t_i y_i$
1	0	66.7	0	4448.89	0
2	4	71.0	16	5041.00	284
3	10	76.3	100	5821.69	763
4	15	80.6	225	6496.36	1209
5	21	85.7	441	7344.49	1799.7
6	29	92.9	841	8630.41	2694.1
7	36	99.9	1296	9980.01	3596.4
8	51	113.6	2601	12904.96	5793.6
9	68	125.1	4624	15560.01	8506.8
Σ	234	811.8	10144	76317.82	24646.6

（1）$\bar{t}=26$，$\bar{y}=90.2$

$$L_{yy}=\sum_{i=1}^9 y_i^2-9\bar{y}^2=76317.82-73224.36=3093.46$$

$$L_{tt}=\sum_{i=1}^9 t_i^2-9\bar{t}^2=10144-6084=4060$$

$$L_{ty}=\sum_{i=1}^9 t_i y_i-9\bar{t}\,\bar{y}=24646.6-21106.8=3539.8$$

所以

$$\hat{\beta}_1=\frac{L_{ty}}{L_{tt}}=0.87187,\quad \hat{\beta}_0=\bar{y}-\hat{\beta}_1\bar{t}=67.5313$$

故 y 对 t 的回归方程为 $\hat{y}=67.5313+0.87187t$

（2）$SSE=L_{yy}-\hat{\beta}_1 L_{ty}=7.215$，$t_{0.025}(7)=2.365$

$$\hat{\sigma}=\sqrt{\frac{SSE}{q-2}}=1.0152$$

取统计量

$$T = \frac{\hat{\beta}_1}{\sqrt{\dfrac{SSE}{n-2}}} \sim t(n-2)$$

T 的值为 $t=54.722$.

因为 $|t| > t_{0.025}(7)$，所以线性回归显著.

（3）$\hat{y}_0 = 67.5313 + 0.87187 \times 25 = 89.3281$

$$\delta(25) = t_{\alpha/2}(n-2) \cdot \hat{\sigma} \cdot \sqrt{1 + \frac{1}{n} + \frac{(t_0 - \bar{t})^2}{l_{tt}}}$$

$$= 2.3646 \times 1.0152 \times 1.05 = 2.53$$

y 在 $t=25{}^\circ\!C$ 时的置信度为 0.95 下的预测区间为

$$(\hat{y}_0 - \delta(25),\ \hat{y}_0 + \delta(25)) = (86.79, 91.85)$$

四、同步自测题及参考答案

自 测 题 A

一、选择题

1. 方差分析的基本依据（基础）是（　　）.

A. 离差平方和分解公式　　　　　B. 自由度分解公式

C. 假设检验法　　　　　　　　　D. A 和 B 同时成立

2. 设一元线性回归模型为 $Y = \beta_0 + \beta_1 x + \varepsilon (E\varepsilon = 0,\ D\varepsilon = \sigma^2)$，求回归系数 β_0 和 β_1 之估计的方法只能是（　　）.

A. 最大似然法　　　　　　　　　B. 最小二乘法

C. 矩估计法　　　　　　　　　　D. （A）或者（B）

二、填空题

1. 设 r 个相互独立的正态总体 $X_i \sim N(\mu_i,\ \sigma^2)$，$i=1, 2, \cdots, r$，$X_{i1}, X_{i2}, \cdots,$

X_{in_i} 是从第 i 个总体 X_i 中抽取的容量为 n_i 的样本,欲检验假设 H_0：$\mu_1 = \mu_2 = \cdots = \mu_r$,选用统计量_____,当 H_0 成立时,该统计量服从_____分布,拒绝域为_____(显著性水平为 α).

2. 在双因素非重复试验的方差分析中,平方和分解式为_____,A 因素引起的离差平方和为_____,B 因素引起的平方和为_____,随机误差平方和为_____.

3. 回归分析是处理变量间_____关系的一种数理统计方法,若两个变量(或多个变量)间具有线性关系,则称相应的回归分析为_____,若变量间不具有线性相关系,就称相应的回归分析为_____.

4. 最小二乘法的基本特点是使回归值与_____的平方和为最小,最小二乘法的理论依据是_____.

三、计算、证明题

1. 抽查某地区 3 所小学五年级男学生的身高得数据如表 8-59 所示. 问该地区这 3 所小学五年级男学生的平均身高是否有显著差别($\alpha = 0.05$)?

表 8-59　五年级男生身高数据　　　　　　　　单位:公分

学校						
1	128.1	134.1	133.1	138.9	140.8	127.4
2	150.3	147.9	136.8	126.0	150.7	155.8
3	140.6	143.1	144.5	143.7	148.5	146.4

2. 将抗生素注入人体会产生抗生素与血浆蛋白质结合的现象,以致减少了药效。表 8-60 列出了当 5 种常用的抗生素注入牛的体内时,抗生素与血浆蛋白质结合的百分比. 试在水平 $\alpha = 0.05$ 下检验这些百分比的均值有无显著的差异.

表 8-60　抗生素与血浆蛋白质结合的百分比

青霉素	四环素	链霉素	红霉素	氯霉素
29.6	27.3	5.8	21.6	29.2
24.3	32.6	6.2	17.4	32.8
28.5	30.8	11.0	18.3	25.0
32.0	34.8	8.3	19.0	24.2

3. 表 8-61 给出某种化工过程在三种浓度、四种温度水平下得率的数据.

表 5-61　得 率 资 料

浓度(%) (因素 A)	温度(℃)(因素 B)			
	10	24	38	52
2	14 10	11 11	13 9	10 12
4	9 7	10 8	7 11	6 10
6	5 11	13 14	12 13	14 10

试在水平 $\alpha=0.05$ 下检验:在不同浓度下得率的均值有无显著差异;在不同温度下利率的均值是否有显著差异;交互作用的效应是否显著.

4. 在钢线碳含量对于电阻的效应的研究中,得到以下的数据如表 8-62 所示.

表 8-62　试 验 数 据

碳含量 x(%)	0.10	0.30	0.40	0.55	0.70	0.80	0.95
电阻 y(20℃时,微欧)	15	18	19	21	22.6	23.8	26

(1) 画出散点图.(2) 求线性回归方程 $\hat{y}=\hat{a}+\hat{b}x$.(3) 求 ε 的方差 σ^2 的无偏估计.(4) 求 $x=0.50$ 处观察值 Y 的置信水平为 0.95 的预测区间.

自测题 A 参考答案

一、1. D; 2. B.

二、1. $F=\dfrac{\sum\limits_{i=1}^{r} n_i(\overline{X}_i-\overline{\overline{X}})^2/(r-1)}{\sum\limits_{i=1}^{r}(X_{ij}-\overline{X}_i)^2(n-r)}$, $F(r-1, n-r)$, $F\geqslant F_\alpha(r-1, n-r)$

2. S_T;S_A;S_B;S_E.

3. 相关,线性回归分析;非线性回归分析.

4. 实际观测值之差;函数的极值原理.

三、计算、证明题

1. **解**　设各小学五年级男学生的身高 Y_1, Y_2, Y_3 相互独立,且服从相同方差的正态分布 $N(\mu_i, \sigma^2)$,$i=1, 2, 3$.

要求检验假设 $H_0:\mu_1=\mu_2=\mu_3$

将题给数据列入表8-63进行计算.

表8-63 计 算 表

学校	身 高 数 据						$\sum\limits_{j} y_{ij}$	$\left(\sum\limits_{j} y_{ij}\right)^2$	$\sum\limits_{j} y_{ij}^2$
1	128.1	134.1	133.1	138.9	140.8	127.4	802.4	643 845.76	107 456.64
2	150.3	147.9	136.8	126.0	150.7	155.8	867.5	752 556.25	126 038.87
3	140.6	143.1	144.5	143.7	148.5	146.4	866.8	751 342.24	125 261.12
Σ							2536.72	147 744.25	358 756.63

由表8-64可得

$$S_A = \frac{1}{6}\sum_{i}^{3}\left(\sum_{i}^{6} y_{ij}\right)^2 - \frac{1}{3\times 6}\left(\sum_{i=1}^{3}\sum_{j=1}^{6} y_{ij}\right)^2$$

$$= \frac{1}{6}\times 2147744.25 - \frac{1}{18}(2536.7)^2 = 456.8812$$

$$S_E = \sum_{i=1}^{3}\sum_{j=1}^{6} y_{ij}^2 - \frac{1}{6}\sum_{i=1}^{3}\left(\sum_{j=1}^{6} y_{ij}\right)^2$$

$$= 358756.63 - \frac{1}{6}\times 2147744.25 = 799.2550$$

于是统计量观察值 $F = \dfrac{465.8812/(3-1)}{799.2550/3(6-1)} = 4.3717$

给定 $\alpha = 0.05$，查 F-分布表得 $F_{0.05}(2, 15) = 3.68$，因为 $4.3717 > 3.68$，所以拒绝 H_0，即认为3所小学五年级男学生的身高有显著差别.

2. **解** 该题为单因素五水平的方差分析问题. 设总体 $X_i \sim N(\mu_i, \sigma^2)$, $i = 1, 2,$ $3, 4, 5$. 检验假设

$H_0: \mu_1 = \mu_2 = \mu_3 = \mu_4 = \mu_5$

$H_1: \mu_1, \mu_2, \mu_3, \mu_5$ 不全相等

根据样本的观察值，经计算得

$$\sum_{i=1}^{5}\sum_{j=1}^{4} x_{ij} = 458.7, \quad \sum_{i=1}^{5}\sum_{j=1}^{4} x_{ij}^2 = 12136.93$$

$$\sum_{i=1}^{5}(\bar{x}_{i\cdot})^2 = 3000.276875$$

S_T，S_A，S_E 的观察值为

$$S_T = \sum_{i=1}^{5} \sum_{j=1}^{4} x_{ij}^2 - \frac{1}{20} \left(\sum_{i=1}^{5} \sum_{j=1}^{4} x_{ij} \right)^2$$

$$= 12136.93 - \frac{1}{2}(458.7)^2 = 1616.6455$$

$$S_A = 4 \sum_{i=1}^{5} (\bar{x}_{i.})^2 - \frac{1}{20} \left(\sum_{i=1}^{5} \sum_{j=1}^{4} x_{ij} \right)^2$$

$$= 4 \times 3000.276875 - 10520.2845$$

$$= 1480.823$$

$$S_E = S_T - S_A = 1616.6455 - 1480.823 = 135.8225$$

由 $\alpha = 0.05$，查 F-分布表得 $F_{0.05}(4, 15) = 3.06$，得方差分析表如下表 8-64 所示.

表 8-64　方差分析表

方差来源	平方和	自由度	均值	F 的值	临界值
因素 A	1480.823	4	$MS_A = \dfrac{1480.823}{4}$	$F = \dfrac{MS_A}{MS_E} = 40.885$	$F_{0.05}(4, 15) = 3.06$
误差 E	135.8225	15	$MS_E = \dfrac{135.8225}{15}$		
总和	1616.6455	19			

由于 $F = 40.885 > F_{0.05}(4, 15)$，所以拒绝原假设，可以认为百分比的均值有显著差异.

3. **解**　计算 $T_{ij}.$，$T_i..$，$T_{.j}.$，T 如表 8-65 所示.

表 8-65　计　算　表

A　＼　B	β_1	β_2	β_3	β_4	$T_i..$
A_1	24	22	22	22	90
A_2	16	18	18	16	68
A_3	16	27	25	24	92
$T_{.j}.$	56	67	65	62	$T = 250$

得

$$S_A = \frac{1}{3 \times 2}(90^2 + 68^2 + 92^2) - \frac{250^2}{3 \times 4 \times 2} = 44.333$$

$$S_B = \frac{1}{4 \times 2}(56^2 + 67^2 + 65^2 + 62^2) - \frac{250^2}{3 \times 4 \times 2} = 11.5$$

$$S_{A \times B} = \left(\frac{1}{2} \sum_{i=1}^{3} \sum_{j=1}^{4} T_{ij\cdot}^2 - \frac{T^2}{n} \right) - S_A - S_B = 27$$

$$S_T = \sum_{i=1}^{3} \sum_{j=1}^{4} \sum_{k=1}^{2} x_{xjk}^2 - \frac{T^2}{n} = 147.833$$

$$S_E = S_T - S_A - S_B - S_{A \times B} = 65$$

列出方差分析表,如表 8-66 所示.

表 8-66　方差分析表

方差来源	平方和	自由度	均值	F 的值	临界值
因素 A	44.3333	2	$MS_A = 22.1667$	$F_A = 4.09$	$F_{0.05}(2, 12) = 3.89$
因素 B	11.5	3	$MS_B = 3.8333$	$F_B = 0.7077$	$F_{0.05}(3, 12) = 3.49$
交互作用 $A \times B$	27	6	$MS_{A \times B} = 45$	$F_{AB} = 0.8308$	$F_{0.05}(6, 12) = 3.00$
误差 E	65	12	$MS_E = 5.4167$		
总和	147.8333	23			

由 $\alpha = 0.05$,查 F-分布表得

$$F_{0.05}(2, 12) = 3.89, \; F_{0.05}(3, 12) = 3.49, \; F_{0.05}(6, 12) = 3.00$$

由于 $F_A = 4.09 > F_{0.05}(2, 12)$,可以认为在不同浓度下得率均值有显著差异;由于 $F_B = 0.7077 < F_{0.05}(3, 12)$,可以认为在不同温度下得率均值无显著差异,由于 $F_{A \times B} = 0.8308 < F_{0.05}(6, 12)$,可以认为交互作用的效应不显著.

注:如果将题目中所给数据均减去 20,然后按新数据进行计算较方便.如内容简析与范例中(二)的例题.

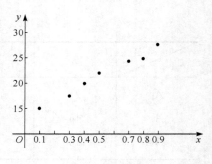

图 8-2　散点图

4. 解　(1) 散点如图 8-2 所示.

(2) 由散点图可见,该回归是一元线性回归.列出如下数据表(见表 8-67).

表 8-67 计 算 表

序号	x_i	y_i	x_i^2	y_i^2	$x_i y_i$
1	0.10	15	0.01	225	1.5
2	0.30	18	0.09	324	5.4
3	0.40	19	0.16	361	7.6
4	0.55	21	0.3025	441	11.55
5	0.70	22.6	0.49	510.76	15.82
6	0.80	23.8	0.64	566.44	19.04
7	0.95	26	0.9025	676	24.7
$\sum$	3.8	145.4	2.595	3104.2	85.61

由表 8-67 数据得

$$\bar{x} = 0.5429, \bar{y} = 20.7714$$

$$L_{xx} = 0.5321, L_{xy} = 6.6786, L_{yy} = 84.0343$$

所以

$$\hat{\beta}_1 = \frac{L_{xy}}{L_{xx}} = 12.5514$$

$$\hat{\beta}_0 = \bar{y} - \hat{\beta}_1 \bar{x} = 13.9572$$

回归直线方程为

$$\hat{y} = 13.9572 + 12.5514x$$

(3) σ^2 的无偏估计为

$$\hat{\sigma}^2 = \frac{Q_e}{n-2} = \frac{1}{n-2} \sum_{i=1}^n (y_i - \hat{y}_i)^2 = \frac{1}{n-2}[S_{yy} - (\hat{b})^2 S_{xx}]$$

将 $n=7, S_{yy}=84.0342858, \hat{b}=12.55033557, S_{xx}=0.532142857$ 代入,得 σ^2 的无偏估计值为

$$\hat{\sigma}^2 = \frac{1}{5}[84.0342858 - (12.55033557)^2 \times 0.532142857]$$

$$= 0.043194654$$

而 $\hat{\sigma} = 0.207833236$

（4）由 $\alpha = 0.05$，查 t-分布表得 $t_{0.025}(5) = 2.5706$，$x = 0.50$ 的置信度为 0.95 预测区间为

$$(\hat{y}_0 - \delta(x_0), \ \hat{y}_0 + \delta(x_0))$$

$$\delta(x_0) = t_{\frac{\alpha}{2}}(n-1) \cdot \sqrt{1 + \frac{1}{n} + \frac{(x_0 - \bar{x})^2}{L_{xx}}}$$

据数据得

$$\delta(0.50) = 0.5720$$

$$\hat{y}_0 = 20.2329$$

所以置信度为 0.95 的预测区间为

$$(20.2329 - 0.5720, \ 20.2329 + 0.5720) = (19.6609, 20.8049)$$

自 测 题 B

一、选择题

1. 在方差分析中，常用的检验法为（　　）.

A. F-检验法 　　　　　　　　B. U-检验法

C. χ^2-检验法 　　　　　　　D. t-检验法

2. 设 A，B 为两因素，要考察 A 和 B 之间的交互作用是否显著，需进行（　　）.

A. 两因素非重复试验的方差分析

B. 两因素等重复试验的方差分析

C. A 和 B 都可以

D. 离差平方和分解，但不需要统计分析

二、填空题

1. 方差分析实际上是一个假设检验问题，它是检验＿＿＿＿＿正态总体，＿＿＿＿＿是否相等的一种统计分析方法.

2. 在单因素方差分析中，$S_T = S_A + S_E$ 〔其中 $S_T = \sum\limits_{j=1}^{r} \sum\limits_{i=1}^{n} (X_{ij} - \overline{X})^2$，$S_A = \sum\limits_{j=1}^{r} n_j (\overline{X}_j - \overline{X})^2$〕被称为＿＿＿＿＿，而 $S_E = $＿＿＿＿＿被称作＿＿＿＿＿

平方和,S_A 被称为_____平方和.

3. 设 Y 与 x 间的关系式为 $Y = \beta_0 + \beta_1 x + \varepsilon$, $\varepsilon \sim N(0, \sigma^2)$, (y_i, x_i), $i = 1, 2, \cdots, n$, 是(Y, x) 的 n 组独立观察值,则回归系数的最小二乘估计为 $\hat{\beta}_1 = $_____, $\hat{\beta}_0 = $_____.

4. 在 3 中,β_1 的最小二乘估计 $\hat{\beta}_1$ 服从_____分布,$E\hat{\beta}_1 = $_____,$\sigma^2$ 的无偏估计量为_____.

三、计算、证明题

1. 一个年级有三个小班,他们进行了一次数学考试.现从各个班级随机地抽取了一些学生,记录其成绩如表 8-68 所示.

表 8-68 成绩记录数据

Ⅰ			Ⅱ			Ⅲ		
73	66	73	88	77	74	68	41	87
89	60	77	78	31	80	79	59	71
82		45	48	78	56	56	68	15
43		93	91	62	85	91		53
80		36	51	76	96	71		79

试在显著性水平 0.05 下检验各班级的平均分数有无显著差异.

2. 用不同的生产方法(不同的硫化时间和不同的加速剂)制造的硬橡胶的拉牵强度(单位:公斤/平方厘米)的数据如表 8-69 所示.

表 8-69 硬橡胶的拉牵强度

140℃下硫化时间(秒)	加速剂		
	甲	乙	丙
40	39, 36	43, 37	37, 41
60	41, 35	42, 39	39, 40
80	40, 30	43, 36	36, 38

3. 除了研究金属管的防腐蚀的功能,考虑了 4 种不同的涂料涂层.将金属管埋设在 3 种不同性质的土壤中,经历了一定时间,测得金属管被腐蚀的最大深度如表 8-70所示(以毫米计).

表 8-70　金属管被腐蚀的深度

	土壤类型(因素 B)		
	1	2	3
涂层(因素 A)	1.63	1.35	1.27
	1.34	1.30	1.22
	1.19	1.14	1.27
	1.30	1.09	1.32

试取水平 $\alpha=0.05$,检验在不同涂层下腐蚀的最大深度的平均值有无显著差异,在不同土壤下腐蚀的最大深度的平均值有无显著差异. 设两因素间没有交互作用效应.

4. 设 x 固定时,y 为正态变量,对 x,y 有表 8-71 所示观察值.

表 8-71　x、y 的观察值

x	−2.0	0.6	1.4	1.3	0.1	−1.6	−1.7	0.7	−1.8	−1.1
y	−6.1	−0.5	7.2	6.9	−0.2	−2.1	−3.9	3.8	−7.5	−2.1

(1) 求 y 对 x 的线性回归方程.

(2) 求相关系数,检验线性关系的显著性.

自测题 B 参考答案

一、1. A; 2. B.

二、1. 多个同方差的正态总体,均值;

2. 离差平方和分解式,$\sum\limits_{j=1}^{r}\sum\limits_{i=1}^{n_i}(x_{ij}-\bar{x}_j)^2$,组内平方和,组间平方和;

3. $\hat{\beta}_1=\dfrac{L_{xy}}{L_{xx}}$,$\hat{\beta}_0=\bar{y}-\hat{\beta}_1\bar{x}$;

4. 正态分布,b,$\hat{\sigma}^2=\dfrac{SSE}{n-2}=\dfrac{\sum\limits_{j=1}^{n}(y_i-\hat{y}_i)^2}{n-2}$.

三、计算、证明题

1. **解**　试验指标是成绩,因素为班,三个小班为三个水平. 设总体 $X_i\sim N(\mu_i,\sigma^2)$,$i=1,2,3$,$\mu_i$,$\sigma^2$ 均未知. 检验假设

$$H_0:\mu_1=\mu_2=\mu_3,\ H_1:\mu_1,\mu_2,\mu_3\ \text{不全相等}$$

根据样本的观察值,经计算得

$$\sum_{i=1}^{3} \sum_{j=1}^{n_i} x_{ij} = 2726, \quad \sum_{i=1}^{3} \sum_{j=1}^{n_i} x_{xj}^2 = 199462$$

$$\bar{x}_1. = 68.0833, \quad \bar{x}_2. = 71.4, \quad \bar{x}_3. = 64.4615$$

则得 S_T, S_A, S_E 的观察值为

$$S_T = 199462 - \frac{1}{40}(2726)^2 = 13685.1$$

$$S_A = 12 \times 68.0833^2 + 15 \times 71.4^2 + 13 \times 64.4615^2 - \frac{1}{40}(2726)^2$$

$$= 186112.1336 - 185776.9 = 335.234$$

$$S_E = S_T - S_A = 13685.1 - 335.234 = 13349.866$$

于是

$$F = \frac{335.234/2}{13349.866/37} = 0.4646$$

方差分析如表 8-72 所示.

表 8-72 方 差 分 析 表

方差来源	平方和	自由度	均值	F 的值	临界值
因素 A	335.234	2	$MS_A = \dfrac{335.234}{2}$	$F=0.4646$	$F_{0.05}(2, 37) = 3.23$
误差 E	13349.866	37	$MS_E = \dfrac{13349.866}{37}$		
总和	13685.1	39			

由于 $F = 0.464 < F_{0.05}(2, 37)$,所以可以认为各班平均成绩无显著差异.

2. 解 将所给数据减去 40,计算 $T_{ij}.$,$T_{i}..$,$T_{.j}.$,T,如表 8-73 所示.

表 8-73 计 算 表

因素 A \ 因素 B	B_1	$T_{i1}.$	B_2	$T_{i2}.$	B_3	$T_{i3}.$	$T_i.$
A_1	$-1, -4$	-5	$3, -3$	0	$-3, 1$	-2	-7
A_2	$1, -5$	-4	$2, -1$	1	$-1, 0$	-1	-4
A_3	$0, -10$	-10	$3, -4$	-1	$-4, -2$	-6	-17
$T_{.j}.$	-19		0		-9		$T = -28$

$$S_A = \frac{1}{3 \times 2} \times \left[(-7)^2 + (-4)^2 + (-17)^2 \right] - \frac{28^2}{3 \times 3 \times 2} = 15.4444$$

$$S_B = \frac{1}{3 \times 2} \times \left[(-19)^2 + 0^2 + (-9)^2 \right] - \frac{28^2}{3 \times 3 \times 2} = 30.1111$$

$$S_{A \times B} = \frac{1}{2} \left[(-5)^2 + 0^2 + (-2)^2 + (-4)^2 + 1^2 + (-1)^2 \right.$$
$$\left. + (-10)^2 + (-1)^2 + (-6)^2 \right] - \frac{28^2}{3 \times 3 \times 2} - S_A - S_B = 2.8889$$

$$S_T = 222 - \frac{28^2}{3 \times 3 \times 2} = 178.4444$$

$$S_E = S_T - S_A - S_B - S_{A \times B} = 130$$

方差分析如表 8-74 所示.

表 8-74　方差分析表

方差来源	平方和	自由度	均值	F 的值	临界值	显著性
A	15.4444	2	$MS_A = 7.7222$	$F_A = 0.5346$	$F_{0.90}(2, 9) = 3.01$	
B	30.1111	2	$MS_B = 15.0556$	$F_B = 1.043$	$F_{0.90}(2, 9) = 3.01$	
$A \times B$	2.8889	4	$MS_{A \times B} = 0.7223$	$F_{A \times B} = 0.0500$	$F_{0.90}(4, 9) = 2.69$	
误差 E	130	9	$MS_E = 14.4444$			
总和	178.444					

由于 $F_A < F_{0.90}(2, 9)$，$F_B < F_{0.90}(2, 9)$，$F_{A \times B} < F_{0.90}(4, 9)$，所以硫化时间，加速剂及它们的交互作用对硬橡胶的抗牵强度的影响均不显著.

3. **解**　试验指标是金属管腐蚀的最大深度，两个因素为涂层 A 和土壤类型 B，因素 A 有四个水平，因素 B 有三个水平，是双因素无重复试验的方差分析问题. 即有 12 个总体，设总体 $X_{ij} \sim N(\mu_{ij}, \sigma^2)$，$i = 1, 2, 3, 4$，$j = 1, 2, 3$. 检验假设

$$H_{0A}: \alpha_1 = \alpha_2 = \alpha_3 = \alpha_4 = 0, \quad H_{1A}: \alpha_1, \alpha_2, \alpha_3, \alpha_4 \text{ 不全为零}$$

根据样本观察值，经计算得

$$\sum_{i=1}^{4} \sum_{j=1}^{3} x_{ij} = 15.42, \quad \sum_{i=1}^{4} \sum_{j=1}^{3} x_{ij}^2 = 20.0154$$

$$\bar{x}_{1.} = 1.41667, \quad \bar{x}_{2.} = 1.28667, \quad \bar{x}_{3.} = 1.2$$

$$\bar{x}_{4.} = 1.23667, \quad \bar{x}_{.1} = 1.365, \quad \bar{x}_{.2} = 1.22, \quad \bar{x}_{.3} = 12.7$$

$$\sum_{i=1}^{4}(\bar{x}_{i.})^2 = 6.631826267, \quad \sum_{j=1}^{3}(\bar{x}_{.j})^2 = 4.964525$$

由此得 S_T, S_A, S_B, S_E 的观察值为

$$S_T = 20.0154 - \frac{1}{12}(15.42)^2 = 0.2007$$

$$S_A = 3 \times 6.63183 - \frac{1}{12}(15.42)^2 = 0.0808$$

$$S_B = 4 \times 4.96453 - \frac{1}{12}(15.42)^2 = 0.0434$$

$$S_E = S_T - S_A - S_B = 0.2007 - 0.0808 - 0.0434 = 0.0765$$

计算 F_A 和 F_B 的观察值为

$$F_A = \frac{S_A/3}{S_E/6} = \frac{0.0808/3}{0.0765/6} = \frac{0.0808 \times 6}{0.0765 \times 3} = 2.1124$$

$$F_B = \frac{S_B/2}{S_E/6} = \frac{0.0434/2}{0.0765/6} = \frac{0.0434 \times 6}{0.0765 \times 2} = 1.702$$

方差分析如表 8-75 所示.

表 8-75　方差分析表

方差来源	平方和	自由度	均值	F 的值	临界值
因素 A	0.0808	3	$\bar{S}_A = 0.0269$	$F_A = 2.1124$	$F_{0.05}(3, 6) = 4.76$
因素 B	0.0434	2	$\bar{S}_B = 0.0217$	$F_B = 1.702$	$F_{0.05}(2, 6) = 5.14$
误差 E	0.0756	6	$\bar{S}_E = 0.01275$		
总和	0.2007	11			

由于 $F_A = 2.1124 < 4.76$，$F_B = 1.702 < 5.14$，故都不落在拒绝域中，所以接受原假设 H_{0A} 和 H_{0B}，可以认为不同涂层下腐蚀的最大深度的平均值和不同土壤下腐蚀的最大深度的平均值均无显著差异.

4. **解**　将数据列表计算如表 8-76 所示.

表 8-76　计　算　表

序号	x_i	y_i	x_i^2	y_i^2	$x_i y_i$
1	-2.0	-6.0	4	37.21	12.2
2	0.6	-0.5	0.36	0.25	-0.30
3	1.4	7.2	1.96	51.84	10.08
4	1.3	6.9	1.69	47.61	8.97
5	0.1	-0.2	0.01	0.04	-0.02
6	-1.6	-2.1	2.56	4.41	3.36
7	-1.7	-3.9	2.89	15.21	6.63
8	0.7	3.8	2.49	14.44	2.66
9	-1.8	-7.5	3.24	56.26	13.5
10	-1.1	-2.1	1.21	4.41	2.31
Σ	-4.1	-4.5	18.41	231.67	59.39

由表 8-77 数据可得

$$\bar{x} = \frac{-4.1}{10} = -0.41, \ \bar{y} = \frac{-4.5}{10} = -0.45$$

$$L_{xy} = \sum_{i=1}^{10} x_i y_i - 10\,\bar{x}\,\bar{y}$$

$$= 59.39 - 10 \times (-0.41) \times (-0.45) = 57.545$$

$$L_{xx} = \sum_{i=1}^{10} x_i^2 - 10\,\bar{x}^2 = 18.41 - 10 \times (-0.41)^2 = 16.729$$

$$L_{yy} = \sum_{i=1}^{10} y_i^2 - 10\,\bar{y}^2 = 231.67 - 10 \times (-0.45)^2 = 229.645$$

所以

$$\hat{\beta}_1 = \frac{L_{xy}}{L_{xx}} = 3.44$$

$$\hat{\beta}_0 = \bar{y} - \hat{\beta}_1\,\bar{x} = 0.96$$

回归直线方程为

$$y = 0.96 + 3.44x$$

用 T-检验法检验线性关系的显著性

统计量
$$T = \frac{\hat{\beta}_1 \sqrt{L_{xx}}}{\sqrt{\dfrac{L_{yy} - \hat{\beta}_1 L_{xy}}{n-2}}} \sim T(10-2).$$

T 的值为 $t = \dfrac{3.44 \times \sqrt{16.729}}{\sqrt{\dfrac{229.645 - 3.44 \times 57.545}{10-2}}} = 7.0673$

对于 $\alpha = 0.01$,查 t-分布表得 $t_{\frac{\alpha}{2}}(8) = 3.355$. 由于 $|t| > t_{\frac{\alpha}{2}}(8)$,所以 x 与 y 的线性关系显著.

附表 常用分布表

附表一 常用概率分布表

1. 常用离散型分布

名称	概率分布及其定义域、参数条件	参数	数学期望 $E(X)$	方差 $D(X)$
两点分布	$P(X=k)=p^k(1-p)^{1-k}$，$k=0,1$	$0<p<1$	p	$p(1-p)$
二项分布 $B(n,p)$	$P(X=k)=\binom{n}{k}p^k q^{n-k}$，$k=0,1,\cdots,n$	$p>0,q>0,$ $p+q=1$	np	npq
泊松分布 $P(\lambda)$	$P(X=k)=\frac{\lambda^k}{k!}\mathrm{e}^{-\lambda}$，$k=0,1,2,\cdots$	$\lambda>0$	λ	λ
几何分布 $G(p)$	$P(X=k)=pq^{k-1}$，$k=1,2,\cdots$	$p>0,q>0,$ $p+q=1$	$\dfrac{1}{p}$	$\dfrac{q}{p^2}$
超几何分布 $H(n,M,N)$	$P(X=k)=\binom{M}{k}\binom{N-M}{n-k}\big/\binom{N}{n}$	N,M,n为正整数，$0\leq M\leq N,$ $0\leq n\leq N$	$E(X)=\dfrac{nM}{N}$	$D(X)=n\dfrac{N-n}{N-1}\dfrac{M(N-M)}{N^2}$
负二项分布	$P(X=k)=\binom{k-1}{r-1}p^r(1-p)^{k-r}$，$k=r,r+1,\cdots$	$r\geq 1,0<p<1$	$\dfrac{r}{p}$	$\dfrac{r(1-p)}{p^2}$

2. 常用连续型分布

名称记号	分布密度及其定义域	参数	数学期望 $E(X)$	方差 $D(X)$
均匀分布 $U[a, b]$	$f(x) = \begin{cases} \dfrac{1}{b-a}, & a \leqslant x \leqslant b \\ 0, & \text{其它} \end{cases}$	$-\infty < a < b < \infty$	$\dfrac{a+b}{2}$	$\dfrac{(b-a)^2}{12}$
正态分布 $N(\mu, \sigma^2)$	$f(x) = \dfrac{1}{\sqrt{2\pi}\sigma} e^{-\frac{(x-\mu)^2}{2\sigma^2}}, \quad -\infty < x < \infty$	$\begin{array}{c} -\infty < \mu < \infty, \\ \sigma > 0 \end{array}$	μ	σ^2
指数分布 $Exp(\lambda)$	$f(x) = \begin{cases} \lambda e^{-\lambda x}, & x \geqslant 0 \\ 0, & x < 0 \end{cases}$	$\lambda > 0$	$\dfrac{1}{\lambda}$	$\dfrac{1}{\lambda^2}$
贝塔分布 $\beta(p, q)$	$f(x) = \begin{cases} \dfrac{\Gamma(p+q)}{\Gamma(p)\Gamma(q)} x^{p-1}(1-x)^{q-1}, & 0 < x < 1 \\ 0, & \text{其它} \end{cases}$	$p > 0, q > 0$	$\dfrac{p}{p+q}$	$\dfrac{pq}{(p+q)^2(p+q+1)}$
伽马分布 $\Gamma(c, \alpha, \beta)$	$f(x) = \begin{cases} \dfrac{\beta^\alpha}{\Gamma(\alpha)} (x-c)^{\alpha-1} e^{-\beta(x-c)}, & x > c \\ 0, & x \leqslant c \end{cases}$	$\alpha > 0, \beta > 0$	$\dfrac{\alpha}{\beta} + c$	$\dfrac{\alpha}{\beta^2}$

481

（续表）

名称记号	分布密度及其定义域	参数	数学期望 $E(X)$	方差 $D(X)$
对数正态分布 $Ln(\mu, \sigma^2)$	$f(x) = \begin{cases} \dfrac{1}{\sqrt{2\pi}\sigma x}\mathrm{e}^{-\frac{(\ln x-\mu)^2}{2\sigma^2}}, & x>0 \\ 0, & x\leqslant 0 \end{cases}$	$-\infty<\mu<\infty,$ $\sigma>0$	$\mathrm{e}^{\mu+\frac{\sigma^2}{2}}$	$\mathrm{e}^{2\mu+\sigma^2}(\mathrm{e}^{\sigma^2}-1)$
柯西分布	$f(x) = \dfrac{1}{\pi(1+x^2)}$		不存在	不存在
χ^2 分布	$f(x) = \begin{cases} \dfrac{1}{2^{n/2}\Gamma(n/2)}x^{n/2-1}\mathrm{e}^{-x/2}, & x>0 \\ 0, & 其它 \end{cases}$	$n\geqslant 1$	n	$2n$
t 分布	$f(x) = \dfrac{\Gamma\left(\dfrac{n+1}{2}\right)}{\sqrt{n\pi}\,\Gamma(n/2)}\left(1+\dfrac{x^2}{n}\right)^{-(n+1)/2}$	$n\geqslant 1$	0	$\dfrac{n}{n-2},\ n>2$
F 分布	$f(x) = \begin{cases} \dfrac{n_1^{\frac{n_1}{2}}\,n_2^{\frac{n_2}{2}}}{B\left(\dfrac{n_1}{2}, \dfrac{n_2}{2}\right)}x^{\frac{n_1}{2}-1}(n_2+n_1x)^{-\frac{n_1+n_2}{2}}, & x>0 \\ 0, & 其它 \end{cases}$	n_1, n_2	$\dfrac{n_2}{n_2-2},\ n_2>2$	$\dfrac{2n_2^2(n_1+n_2-2)}{n_1(n_2-2)^2(n_2-4)},$ $n_2>4$

附表二　泊松分布表

$$F(c) = \sum_{k=0}^{c} \frac{\lambda^k}{k!} e^{-\lambda}$$

c \ λ	0.1	0.2	0.3	0.4	0.5	0.6	0.7	0.8	0.9	1.0	1.5	2.0	2.5	3.0
0	0.9048	0.8187	0.7408	0.6703	0.6065	0.5488	0.4966	0.4493	0.4066	0.3679	0.2231	0.1353	0.0821	0.0498
1	0.9953	0.9825	0.9631	0.9384	0.9098	0.8781	0.8442	0.8088	0.7725	0.7358	0.5578	0.4060	0.2873	0.1991
2	0.9998	0.9989	0.9964	0.9921	0.9856	0.9769	0.9659	0.9526	0.9371	0.9197	0.8088	0.6767	0.5438	0.4232
3	1.0000	0.9999	0.9997	0.9992	0.9982	0.9966	0.9942	0.9909	0.9865	0.9810	0.9344	0.8571	0.7576	0.6472
4		1.0000	1.0000	0.9999	0.9998	0.9996	0.9992	0.9986	0.9977	0.9963	0.9814	0.9473	0.8912	0.8153
5				1.0000	1.0000	1.0000	0.9999	0.9998	0.9997	0.9994	0.9955	0.9834	0.9580	0.9161
6							1.0000	1.0000	1.0000	0.9999	0.9991	0.9955	0.9858	0.9665
7										1.0000	0.9998	0.9989	0.9958	0.9881
8											1.0000	0.9998	0.9989	0.9962
9												1.0000	0.9997	0.9989
10													0.9999	0.9997
11													1.0000	0.9999
12														1.0000

x \ λ	3.5	4.0	4.5	5.0	5.5	6.0	6.5	7.0	7.5	8.0	8.5	9.0	9.5	10.0
0	0.0302	0.0183	0.0111	0.0067	0.0041	0.0025	0.0015	0.0009	0.0006	0.0003	0.0002	0.0001	0.0001	0.0000
1	0.1359	0.0916	0.0611	0.0404	0.0266	0.0174	0.0113	0.0073	0.0047	0.0030	0.0019	0.0012	0.0008	0.0005
2	0.3208	0.2381	0.1736	0.1247	0.0884	0.0620	0.0430	0.0296	0.0203	0.0138	0.0093	0.0062	0.0042	0.0028

（续表）

x \ λ	3.5	4.0	4.5	5.0	5.5	6.0	6.5	7.0	7.5	8.0	8.5	9.0	9.5	10.0
3	0.5366	0.4335	0.3423	0.2650	0.2017	0.1512	0.1118	0.0818	0.0591	0.0424	0.0301	0.0212	0.0149	0.0103
4	0.7254	0.6288	0.5321	0.4405	0.3575	0.2851	0.2237	0.1730	0.1321	0.0996	0.0744	0.0550	0.0403	0.0293
5	0.8576	0.7851	0.7029	0.6160	0.5289	0.4457	0.3690	0.3007	0.2414	0.1912	0.1496	0.1157	0.0885	0.0671
6	0.9347	0.8893	0.8311	0.7622	0.6860	0.6063	0.5265	0.4497	0.3782	0.3134	0.2562	0.2068	0.1649	0.1301
7	0.9733	0.9489	0.9134	0.8666	0.8095	0.7440	0.6728	0.5987	0.5246	0.4530	0.3856	0.3239	0.2687	0.2202
8	0.9901	0.9786	0.9597	0.9319	0.8944	0.8472	0.7916	0.7291	0.6620	0.5925	0.5231	0.4557	0.3918	0.3328
9	0.9967	0.9919	0.9829	0.9682	0.9462	0.9161	0.8774	0.8305	0.7764	0.7166	0.6530	0.5874	0.5218	0.4579
10	0.9990	0.9972	0.9933	0.9863	0.9747	0.9574	0.9332	0.9015	0.8622	0.8159	0.7634	0.7060	0.6453	0.5830
11	0.9997	0.9991	0.9976	0.9945	0.9890	0.9799	0.9661	0.9467	0.9208	0.8881	0.8487	0.8030	0.7520	0.6968
12	0.9999	0.9997	0.9992	0.9980	0.9955	0.9912	0.9840	0.9730	0.9573	0.9362	0.9091	0.8758	0.8364	0.7916
13	1.0000	0.9999	0.9997	0.9993	0.9983	0.9964	0.9929	0.9872	0.9784	0.9658	0.9486	0.9261	0.8981	0.8645
14		1.0000	0.9999	0.9998	0.9994	0.9986	0.9970	0.9943	0.9897	0.9827	0.9726	0.9585	0.9400	0.9165
15			1.0000	0.9999	0.9998	0.9995	0.9988	0.9976	0.9954	0.9918	0.9862	0.9780	0.9665	0.9513
16				1.0000	0.9999	0.9998	0.9996	0.9990	0.9980	0.9963	0.9934	0.9889	0.9823	0.9730
17					1.0000	0.9999	0.9998	0.9996	0.9992	0.9984	0.9970	0.9947	0.9911	0.9857
18						1.0000	0.9999	0.9999	0.9997	0.9993	0.9987	0.9976	0.9957	0.9928
19							1.0000	1.0000	0.9999	0.9997	0.9995	0.9989	0.9980	0.9965
20									1.0000	0.9999	0.9998	0.9996	0.9991	0.9984
21										1.0000	0.9999	0.9998	0.9996	0.9993
22											1.0000	0.9999	0.9999	0.9997
23												1.0000	0.9999	0.9999

附表三 标准正态分布函数表

$$\left(\Phi(x) = \frac{1}{\sqrt{2\pi}} \int_{-\infty}^{x} e^{-\frac{t^2}{2}} dt\right)$$

x \ α	0.00	0.01	0.02	0.03	0.04	0.05	0.06	0.07	0.08	0.09
0.0	0.5000	0.5040	0.5080	0.5120	0.5160	0.5199	0.5239	0.5279	0.5319	0.5359
0.1	0.5398	0.5438	0.5478	0.5517	0.5557	0.5596	0.5636	0.5675	0.5714	0.5753
0.2	0.5793	0.5832	0.5871	0.5910	0.5948	0.5987	0.6026	0.6064	0.6103	0.6141
0.3	0.6179	0.6217	0.6255	0.6293	0.6331	0.6368	0.6406	0.6443	0.6480	0.6517
0.4	0.6554	0.6591	0.6628	0.6664	0.6700	0.6736	0.6772	0.6808	0.6844	0.6879
0.5	0.6915	0.6950	0.6985	0.7019	0.7054	0.7088	0.7123	0.7157	0.7190	0.7224
0.6	0.7257	0.7291	0.7324	0.7357	0.7389	0.7422	0.7454	0.7486	0.7517	0.7549
0.7	0.7580	0.7611	0.7642	0.7673	0.7704	0.7734	0.7764	0.7794	0.7823	0.7852
0.8	0.7881	0.7910	0.7939	0.7967	0.7995	0.8023	0.8051	0.8078	0.8106	0.8133
0.9	0.8159	0.8186	0.8212	0.8238	0.8264	0.8289	0.8315	0.8340	0.8365	0.8389
1.0	0.8413	0.8438	0.8461	0.8485	0.8508	0.8531	0.8554	0.8577	0.8599	0.8621
1.1	0.8643	0.8665	0.8686	0.8708	0.8729	0.8749	0.8770	0.8790	0.8810	0.8830
1.2	0.8849	0.8869	0.8888	0.8907	0.8925	0.8944	0.8962	0.8980	0.8997	0.9015
1.3	0.9032	0.9049	0.9066	0.9082	0.9099	0.9115	0.9131	0.9147	0.9162	0.9177
1.4	0.9192	0.9207	0.9222	0.9236	0.9251	0.9265	0.9279	0.9292	0.9306	0.9319
1.5	0.9332	0.9345	0.9357	0.9370	0.9382	0.9394	0.9406	0.9418	0.9429	0.9441
1.6	0.9452	0.9463	0.9474	0.9484	0.9495	0.9505	0.9515	0.9525	0.9535	0.9545
1.7	0.9554	0.9564	0.9573	0.9582	0.9591	0.9599	0.9608	0.9616	0.9625	0.9633

（续表）

486

x	0.00	0.01	0.02	0.03	0.04	0.05	0.06	0.07	0.08	0.09
1.8	0.9641	0.9649	0.9656	0.9664	0.9671	0.9678	0.9686	0.9693	0.9699	0.9706
1.9	0.9713	0.9719	0.9726	0.9732	0.9738	0.9744	0.9750	0.9756	0.9761	0.9767
2.0	0.9772	0.9778	0.9783	0.9788	0.9793	0.9798	0.9803	0.9808	0.9812	0.9817
2.1	0.9821	0.9826	0.9830	0.9834	0.9838	0.9842	0.9846	0.9850	0.9854	0.9857
2.2	0.9861	0.9864	0.9868	0.9871	0.9875	0.9878	0.9881	0.9884	0.9887	0.9890
2.3	0.9893	0.9896	0.9898	0.9901	0.9904	0.9906	0.9909	0.9911	0.9913	0.9916
2.4	0.9918	0.9920	0.9922	0.9925	0.9927	0.9929	0.9931	0.9932	0.9934	0.9936
2.5	0.9938	0.9940	0.9941	0.9943	0.9945	0.9946	0.9948	0.9949	0.9951	0.9952
2.6	0.9953	0.9955	0.9956	0.9957	0.9959	0.9960	0.9961	0.9962	0.9963	0.9964
2.7	0.9965	0.9966	0.9967	0.9968	0.9969	0.9970	0.9971	0.9972	0.9973	0.9974
2.8	0.9974	0.9975	0.9976	0.9977	0.9977	0.9978	0.9979	0.9979	0.9980	0.9981
2.9	0.9981	0.9982	0.9982	0.9983	0.9984	0.9984	0.9985	0.9985	0.9986	0.9986
3.0	0.9987	0.9987	0.9987	0.9988	0.9988	0.9989	0.9989	0.9989	0.9990	0.9990
3.1	0.9990	0.9991	0.9991	0.9991	0.9992	0.9992	0.9992	0.9992	0.9993	0.9993
3.2	0.9993	0.9993	0.9994	0.9994	0.9994	0.9994	0.9994	0.9995	0.9995	0.9995
3.3	0.9995	0.9995	0.9995	0.9996	0.9996	0.9996	0.9996	0.9996	0.9996	0.9997
3.4	0.9997	0.9997	0.9997	0.9997	0.9997	0.9997	0.9997	0.9997	0.9997	0.9998
3.5	0.9998	0.9998	0.9998	0.9998	0.9998	0.9998	0.9998	0.9998	0.9998	0.9998
3.6	0.9998	0.9998	0.9999	0.9999	0.9999	0.9999	0.9999	0.9999	0.9999	0.9999
3.7	0.9999	0.9999	0.9999	0.9999	0.9999	0.9999	0.9999	0.9999	0.9999	0.9999
3.8	0.9999	0.9999	0.9999	0.9999	0.9999	0.9999	0.9999	0.9999	0.9999	0.9999
3.9	1.0000	1.0000	1.0000	1.0000	1.0000	1.0000	1.0000	1.0000	1.0000	1.0000

附表四　t 分布上侧分位数表

$(P\{t(n) > t_\alpha(n)\} = \alpha)$

n \ α	0.20	0.15	0.10	0.05	0.025	0.01	0.005
1	1.376	1.963	3.078	6.314	12.706	31.821	63.656
2	1.061	1.386	1.886	2.92	4.303	6.965	9.925
3	0.978	1.25	1.638	2.353	3.182	4.541	5.841
4	0.941	1.19	1.533	2.132	2.776	3.747	4.604
5	0.92	1.156	1.476	2.015	2.571	3.365	4.032
6	0.906	1.134	1.44	1.943	2.447	3.143	3.707
7	0.896	1.119	1.415	1.895	2.365	2.998	3.499
8	0.889	1.108	1.397	1.86	2.306	2.896	3.355
9	0.883	1.1	1.383	1.833	2.262	2.821	3.25
10	0.879	1.093	1.372	1.812	2.228	2.764	3.169
11	0.876	1.088	1.363	1.796	2.201	2.718	3.106
12	0.873	1.083	1.356	1.782	2.179	2.681	3.055
13	0.87	1.079	1.35	1.771	2.16	2.65	3.012
14	0.868	1.076	1.345	1.761	2.145	2.624	2.977
15	0.866	1.074	1.341	1.753	2.131	2.602	2.947
16	0.865	1.071	1.337	1.746	2.12	2.583	2.921
17	0.863	1.069	1.333	1.74	2.11	2.567	2.898
18	0.862	1.067	1.33	1.734	2.101	2.552	2.878
19	0.861	1.066	1.328	1.729	2.093	2.539	2.861
20	0.86	1.064	1.325	1.725	2.086	2.528	2.845

（续表）

α n	0.20	0.15	0.10	0.05	0.025	0.01	0.005
21	0.859	1.063	1.323	1.721	2.08	2.518	2.831
22	0.858	1.061	1.321	1.717	2.074	2.508	2.819
23	0.858	1.06	1.319	1.714	2.069	2.5	2.807
24	0.857	1.059	1.318	1.711	2.064	2.492	2.797
25	0.856	1.058	1.316	1.708	2.06	2.485	2.787
26	0.856	1.058	1.315	1.706	2.056	2.479	2.779
27	0.855	1.057	1.314	1.703	2.052	2.473	2.771
28	0.855	1.056	1.313	1.701	2.048	2.467	2.763
29	0.854	1.055	1.311	1.699	2.045	2.462	2.756
30	0.854	1.055	1.31	1.697	2.042	2.457	2.75
31	0.8535	1.0541	1.3095	1.6955	2.0395	2.453	2.7441
32	0.8531	1.0536	1.3086	1.6939	2.037	2.449	2.7385
33	0.8527	1.0531	1.3078	1.6924	2.0345	2.445	2.7333
34	0.8524	1.0526	1.307	1.6909	2.0323	2.441	2.7284
35	0.8521	1.0521	1.3062	1.6896	2.0301	2.438	2.7239
36	0.8518	1.0516	1.3055	1.6883	2.0281	2.434	2.7195
37	0.8515	1.0512	1.3049	1.6871	2.0262	2.431	2.7155
38	0.8512	1.0508	1.3042	1.686	2.0244	2.428	2.7116
39	0.851	1.0504	1.3037	1.6849	2.0227	2.426	2.7079
40	0.8507	1.0501	1.303	1.684	2.021	2.423	2.704
60	0.8477	1.0455	1.296	1.671	2.000	2.390	2.660
120	0.8446	1.0409	1.289	1.658	1.98	2.358	2.617

附表五 χ² 分布上侧分位数表

$$(P\{\chi^2(n) > \chi^2_\alpha(n)\} = \alpha)$$

n \ α	0.995	0.99	0.975	0.95	0.90	0.75	0.50	0.25	0.10	0.05	0.025	0.01	0.005
1	0.00004	0.00016	0.001	0.004	0.016	0.102	0.455	1.323	2.706	3.841	5.024	6.635	7.879
2	0.010	0.020	0.051	0.103	0.211	0.575	1.386	2.773	4.605	5.991	7.378	9.210	10.597
3	0.072	0.115	0.216	0.352	0.584	1.213	2.366	4.108	6.251	7.815	9.348	11.345	12.838
4	0.207	0.297	0.484	0.711	1.064	1.923	3.357	5.385	7.779	9.488	11.143	13.277	14.860
5	0.412	0.554	0.831	1.145	1.610	2.675	4.351	6.626	9.236	11.070	12.833	15.086	16.750
6	0.676	0.872	1.237	1.635	2.204	3.455	5.348	7.841	10.645	12.592	14.449	16.812	18.548
7	0.989	1.239	1.690	2.167	2.833	4.255	6.346	9.037	12.017	14.067	16.013	18.475	20.278
8	1.344	1.646	2.180	2.733	3.490	5.071	7.344	10.219	13.362	15.507	17.535	20.090	21.955
9	1.735	2.088	2.700	3.325	4.168	5.899	8.343	11.389	14.684	16.919	19.023	21.666	23.589
10	2.156	2.558	3.247	3.940	4.865	6.737	9.342	12.549	15.987	18.307	20.483	23.209	25.188
11	2.603	3.053	3.816	4.575	5.578	7.584	10.341	13.701	17.275	19.675	21.920	24.725	26.757
12	3.074	3.571	4.404	5.226	6.304	8.438	11.340	14.845	18.549	21.026	23.337	26.217	28.300
13	3.565	4.107	5.009	5.892	7.042	9.299	12.340	15.984	19.812	22.362	24.736	27.688	29.819
14	4.075	4.660	5.629	6.571	7.790	10.165	13.339	17.117	21.064	23.685	26.119	29.141	31.319
15	4.601	5.229	6.262	7.261	8.547	11.037	14.339	18.245	22.307	24.996	27.488	30.578	32.801
16	5.142	5.812	6.908	7.962	9.312	11.912	15.338	19.369	23.542	26.296	28.845	32.000	34.267
17	5.697	6.408	7.564	8.672	10.085	12.792	16.338	20.489	24.769	27.587	30.191	33.409	35.718
18	6.265	7.015	8.231	9.390	10.865	13.675	17.338	21.605	25.989	28.869	31.526	34.805	37.156
19	6.844	7.633	8.907	10.117	11.651	14.562	18.338	22.718	27.204	30.144	32.852	36.191	38.582
20	7.434	8.260	9.591	10.851	12.443	15.452	19.337	23.828	28.412	31.410	34.170	37.566	39.997
21	8.034	8.897	10.283	11.591	13.240	16.344	20.337	24.935	29.615	32.671	35.479	38.932	41.401
22	8.643	9.542	10.982	12.338	14.041	17.240	21.337	26.039	30.813	33.924	36.781	40.289	42.796
23	9.260	10.196	11.689	13.091	14.848	18.137	22.337	27.141	32.007	35.172	38.076	41.638	44.181
24	9.886	10.856	12.401	13.848	15.659	19.037	23.337	28.241	33.196	36.415	39.364	42.980	45.559
25	10.520	11.524	13.120	14.611	16.473	19.939	24.337	29.339	34.382	37.652	40.646	44.314	46.928

（续表）

n＼α	0.995	0.99	0.975	0.95	0.90	0.75	0.50	0.25	0.10	0.05	0.025	0.01	0.005
26	11.160	12.198	13.844	15.379	17.292	20.843	25.336	30.435	35.563	38.885	41.923	45.642	48.290
27	11.808	12.879	14.573	16.151	18.114	21.749	26.336	31.528	36.741	40.113	43.195	46.963	49.645
28	12.461	13.565	15.308	16.928	18.939	22.657	27.336	32.620	37.916	41.337	44.461	48.278	50.993
29	13.121	14.256	16.047	17.708	19.768	23.567	28.336	33.711	39.087	42.557	45.722	49.588	52.336
30	13.787	14.953	16.791	18.493	20.599	24.478	29.336	34.800	40.256	43.773	46.979	50.892	53.672
31	14.458	15.655	17.539	19.281	21.434	25.390	30.336	35.887	41.422	44.985	48.232	52.191	55.003
32	15.134	16.362	18.291	20.072	22.271	26.304	31.336	36.973	42.585	46.194	49.480	53.486	56.328
33	15.815	17.074	19.047	20.867	23.110	27.219	32.336	38.058	43.745	47.400	50.725	54.776	57.648
34	16.501	17.789	19.806	21.664	23.952	28.136	33.336	39.141	44.903	48.602	51.966	56.061	58.964
35	17.192	18.509	20.569	22.465	24.797	29.054	34.336	40.223	46.059	49.802	53.203	57.342	60.275
36	17.887	19.233	21.336	23.269	25.643	29.973	35.336	41.304	47.212	50.998	54.437	58.619	61.581
37	18.586	19.960	22.106	24.075	26.492	30.893	36.336	42.383	48.363	52.192	55.668	59.893	62.883
38	19.289	20.691	22.878	24.884	27.343	31.815	37.335	43.462	49.513	53.384	56.896	61.162	64.181
39	19.996	21.426	23.654	25.695	28.196	32.737	38.335	44.539	50.660	54.572	58.120	62.428	65.476
40	20.707	22.164	24.433	26.509	29.051	33.660	39.335	45.616	51.805	55.758	59.342	63.691	66.766
41	21.421	22.906	25.215	27.326	29.907	34.585	40.335	46.692	52.949	56.942	60.561	64.950	68.053
42	22.138	23.650	25.999	28.144	30.765	35.510	41.335	47.766	54.090	58.124	61.777	66.206	69.336
43	22.859	24.398	26.785	28.965	31.625	36.436	42.335	48.840	55.230	59.304	62.990	67.459	70.616
44	23.584	25.148	27.575	29.787	32.487	37.363	43.335	49.913	56.369	60.481	64.201	68.710	71.893
45	24.311	25.901	28.366	30.612	33.350	38.291	44.335	50.985	57.505	61.656	65.410	69.957	73.166
46	25.041	26.657	29.160	31.439	34.215	39.220	45.335	52.056	58.641	62.830	66.617	71.201	74.437
47	25.775	27.416	29.956	32.268	35.081	40.149	46.335	53.127	59.774	64.001	67.821	72.443	75.704
48	26.511	28.177	30.755	33.098	35.949	41.079	47.335	54.196	60.907	65.171	69.023	73.683	76.969
49	27.249	28.941	31.555	33.930	36.818	42.010	48.335	55.265	62.038	66.339	70.222	74.919	78.231
50	27.991	29.707	32.357	34.764	37.689	42.942	49.335	56.334	63.167	67.505	71.420	76.154	79.490

附表六　F分布上侧分位数表

$$(P\{F(n_1,n_2) > F_\alpha(n_1,n_2)\} = \alpha)$$

$\alpha = 0.10$

n_1 \ n_2	1	2	3	4	5	6	7	8	9	10	12	15	20	24	30	40	60	120	∞
1	39.86	49.50	53.59	55.83	57.24	58.20	58.91	59.44	59.86	60.19	60.71	61.22	61.74	62.00	62.26	62.53	62.79	63.06	63.33
2	8.53	9.00	9.16	9.24	9.29	9.33	9.35	9.37	9.38	9.39	9.41	9.42	9.44	9.45	9.46	9.47	9.47	9.48	9.49
3	5.54	5.46	5.39	5.34	5.31	5.28	5.27	5.25	5.24	5.23	5.22	5.20	5.18	5.18	5.17	5.16	5.15	5.14	5.13
4	4.54	4.32	4.19	4.11	4.05	4.01	3.98	3.95	3.94	3.92	3.90	3.87	3.84	3.83	3.82	3.80	3.79	3.78	4.76
5	4.06	3.78	3.62	3.52	3.45	3.40	3.37	3.34	3.32	3.30	3.27	3.24	3.21	3.19	3.17	3.16	3.14	3.12	3.10
6	3.78	3.46	3.29	3.18	3.11	3.05	3.01	2.98	2.96	2.94	2.90	2.87	2.84	2.82	2.80	2.78	2.76	2.74	2.72
7	3.59	3.26	3.07	2.96	2.88	2.83	2.78	2.75	2.72	2.70	2.67	2.63	2.59	2.58	2.56	2.54	2.51	2.49	2.47
8	3.46	3.11	2.92	2.81	2.73	2.67	2.62	2.59	2.56	2.54	2.50	2.46	2.42	2.40	2.38	2.36	2.34	2.32	2.29
9	3.36	3.01	2.81	2.69	2.61	2.55	2.51	2.47	2.44	2.42	2.38	2.34	2.30	2.28	2.25	2.23	2.21	2.18	2.16
10	3.29	2.92	2.73	2.61	2.52	2.46	2.41	2.38	2.35	2.32	2.28	2.24	2.20	2.18	2.16	2.13	2.11	2.08	2.06
11	3.23	2.86	2.66	2.54	2.45	2.39	2.34	2.30	2.27	2.25	2.21	2.17	2.12	2.10	2.08	2.05	2.03	2.00	1.97
12	3.18	2.81	2.61	2.48	2.39	2.33	2.28	2.24	2.21	2.19	2.15	2.10	2.06	2.04	2.01	1.99	1.96	1.93	1.90
13	3.14	2.76	2.56	2.43	2.35	2.28	2.23	2.20	2.16	2.14	2.10	2.05	2.01	1.98	1.96	1.93	1.90	1.88	1.85
14	3.10	2.73	2.52	2.39	2.31	2.24	2.19	2.15	2.12	2.10	2.05	2.01	1.96	1.94	1.91	1.89	1.86	1.83	1.80
15	3.07	2.70	2.49	2.36	2.27	2.21	2.16	2.12	2.09	2.06	2.02	1.97	1.92	1.90	1.87	1.85	1.82	1.79	1.76

（续表）

n_2 \ n_1	1	2	3	4	5	6	7	8	9	10	12	15	20	24	30	40	60	120	∞
16	3.05	2.67	2.46	2.33	2.24	2.18	2.13	2.09	2.06	2.03	1.99	1.94	1.89	1.87	1.84	1.81	1.78	1.75	1.72
17	3.03	2.64	2.44	2.31	2.22	2.15	2.10	2.06	2.03	2.00	1.96	1.91	1.86	1.84	1.81	1.78	1.75	1.72	1.69
18	3.01	2.62	2.42	2.29	2.20	2.13	2.08	2.04	2.00	1.98	1.93	1.89	1.84	1.81	1.78	1.75	1.72	1.69	1.66
19	2.99	2.61	2.40	2.27	2.18	2.11	2.06	2.02	1.98	1.96	1.91	1.86	1.81	1.79	1.76	1.73	1.70	1.67	1.63
20	2.97	2.59	2.38	2.25	2.16	2.09	2.04	2.00	1.96	1.94	1.89	1.84	1.79	1.77	1.74	1.71	1.68	1.64	1.61
21	2.96	2.57	2.36	2.23	2.14	2.08	2.02	1.98	1.95	1.92	1.87	1.83	1.78	1.75	1.72	1.69	1.66	1.62	1.59
22	2.95	2.56	2.35	2.22	2.13	2.06	2.01	1.97	1.93	1.90	1.86	1.81	1.76	1.73	1.70	1.67	1.64	1.60	1.57
23	2.94	2.55	2.34	2.21	2.11	2.05	1.99	1.95	1.92	1.89	1.84	1.80	1.74	1.72	1.69	1.66	1.62	1.59	1.55
24	2.93	2.54	2.33	2.19	2.10	2.04	1.98	1.94	1.91	1.88	1.83	1.78	1.73	1.70	1.67	1.64	1.61	1.57	1.53
25	2.92	2.53	2.32	2.18	2.09	2.02	1.97	1.93	1.89	1.87	1.82	1.77	1.72	1.69	1.66	1.63	1.59	1.56	1.52
26	2.91	2.52	2.31	2.17	2.08	2.01	1.96	1.92	1.88	1.86	1.81	1.76	1.71	1.68	1.65	1.61	1.58	1.54	1.50
27	2.90	2.51	2.30	2.17	2.07	2.00	1.95	1.91	1.87	1.85	1.80	1.75	1.70	1.67	1.64	1.60	1.57	1.53	1.49
28	2.89	2.50	2.29	2.16	2.06	2.00	1.94	1.90	1.87	1.84	1.79	1.74	1.69	1.66	1.63	1.59	1.56	1.52	1.48
29	2.89	2.50	2.28	2.15	2.06	1.99	1.93	1.89	1.86	1.83	1.78	1.73	1.68	1.65	1.62	1.58	1.55	1.51	1.47
30	2.88	2.49	2.28	2.14	2.05	1.98	1.93	1.88	1.85	1.82	1.77	1.72	1.67	1.64	1.61	1.57	1.54	1.50	1.46
40	2.84	2.44	2.23	2.09	2.00	1.93	1.87	1.83	1.79	1.76	1.71	1.66	1.61	1.57	1.54	1.51	1.47	1.42	1.38
60	2.79	2.39	2.18	2.04	1.95	1.87	1.82	1.77	1.74	1.71	1.66	1.60	1.54	1.51	1.48	1.44	1.40	1.35	1.29
120	2.75	2.35	2.13	1.99	1.90	1.82	1.77	1.72	1.68	1.65	1.60	1.55	1.48	1.45	1.41	1.37	1.32	1.26	1.19
∞	2.71	2.30	2.08	1.94	1.85	1.77	1.72	1.67	1.63	1.60	1.55	1.49	1.42	1.38	1.34	1.30	1.24	1.17	1.00

$\alpha = 0.05$

n_1 \ n_2	1	2	3	4	5	6	7	8	9	10	12	15	20	24	30	40	60	120	∞
1	161.4	199.5	215.7	224.6	230.2	234.0	236.8	238.9	240.5	241.9	243.9	245.9	248.0	249.1	250.1	251.1	252.2	253.3	254.3
2	18.51	19.00	19.16	19.25	19.30	19.33	19.35	19.37	19.38	19.40	19.41	19.43	19.45	19.45	19.46	19.47	19.48	19.49	19.50
3	10.13	9.55	9.28	9.12	9.01	8.94	8.89	8.85	8.81	8.79	8.74	8.70	8.66	8.64	8.62	8.59	8.57	8.55	8.53
4	7.71	6.94	6.59	6.39	6.26	6.16	6.09	6.04	6.00	5.96	5.91	5.86	5.80	5.77	5.75	5.72	5.69	5.66	5.63
5	6.61	5.79	5.41	5.19	5.05	4.95	4.88	4.82	4.77	4.74	4.68	4.62	4.56	4.53	4.50	4.46	4.43	4.40	4.36
6	5.99	5.14	4.76	4.53	4.39	4.28	4.21	4.15	4.10	4.06	4.00	3.94	3.87	3.84	3.81	3.77	3.74	3.70	3.67
7	5.59	4.74	4.35	4.12	3.97	3.87	3.79	3.73	3.68	3.64	3.57	3.51	3.44	3.41	3.38	3.34	3.30	3.27	3.23
8	5.32	4.46	4.07	3.84	3.69	3.58	3.50	3.44	3.39	3.35	3.28	3.22	3.15	3.12	3.08	3.04	3.01	2.97	2.93
9	5.12	4.26	3.86	3.63	3.48	3.37	3.29	3.23	3.18	3.14	3.07	3.01	2.94	2.90	2.86	2.83	2.79	2.75	2.71
10	4.96	4.10	3.71	3.48	3.33	3.22	3.14	3.07	3.02	2.98	2.91	2.85	2.77	2.74	2.70	2.66	2.62	2.58	2.54
11	4.84	3.98	3.59	3.36	3.20	3.09	3.01	2.95	2.90	2.85	2.79	2.72	2.65	2.61	2.57	2.53	2.49	2.45	2.40
12	4.75	3.89	3.49	3.26	3.11	3.00	2.91	2.85	2.80	2.75	2.69	2.62	2.54	2.51	2.47	2.43	2.38	2.34	2.30
13	4.67	3.81	3.41	3.18	3.03	2.92	2.83	2.77	2.71	2.67	2.60	2.53	2.46	2.42	2.38	2.34	2.30	2.25	2.21
14	4.60	3.74	3.34	3.11	2.96	2.85	2.76	2.70	2.65	2.60	2.53	2.46	2.39	2.35	2.31	2.27	2.22	2.18	2.13
15	4.54	3.68	3.29	3.06	2.90	2.79	2.71	2.64	2.59	2.54	2.48	2.40	2.33	2.29	2.25	2.20	2.16	2.11	2.07
16	4.49	3.63	3.24	3.01	2.85	2.74	2.66	2.59	2.54	2.49	2.42	2.35	2.28	2.24	2.19	2.15	2.11	2.06	2.01
17	4.45	3.59	3.20	2.96	2.81	2.70	2.61	2.55	2.49	2.45	2.38	2.31	2.23	2.19	2.15	2.10	2.06	2.01	1.96

（续表）

494

n_2 \ n_1	1	2	3	4	5	6	7	8	9	10	12	15	20	24	30	40	60	120	∞
18	4.41	3.55	3.16	2.93	2.77	2.66	2.58	2.51	2.46	2.41	2.34	2.27	2.19	2.15	2.11	2.06	2.02	1.97	1.92
19	4.38	3.52	3.13	2.90	2.74	2.63	2.54	2.48	2.42	2.38	2.31	2.23	2.16	2.11	2.07	2.03	1.98	1.93	1.88
20	4.35	3.49	3.10	2.87	2.71	2.60	2.51	2.45	2.39	2.35	2.28	2.20	2.12	2.08	2.04	1.99	1.95	1.90	1.84
21	4.32	3.47	3.07	2.84	2.68	2.57	2.49	2.42	2.37	2.32	2.25	2.18	2.10	2.05	2.01	1.96	1.92	1.87	1.81
22	4.30	3.44	3.05	2.82	2.66	2.55	2.46	2.40	2.34	2.30	2.23	2.15	2.07	2.03	1.98	1.94	1.89	1.84	1.78
23	4.28	3.42	3.03	2.80	2.64	2.53	2.44	2.37	2.32	2.27	2.20	2.13	2.05	2.01	1.96	1.91	1.86	1.81	1.76
24	4.26	3.40	3.01	2.78	2.62	2.51	2.42	2.36	2.30	2.25	2.18	2.11	2.03	1.98	1.94	1.89	1.84	1.79	1.73
25	4.24	3.39	2.99	2.76	2.60	2.49	2.40	2.34	2.28	2.24	2.16	2.09	2.01	1.96	1.92	1.87	1.82	1.77	1.71
26	4.23	3.37	2.98	2.74	2.59	2.47	2.39	2.32	2.27	2.22	2.15	2.07	1.99	1.95	1.90	1.85	1.80	1.75	1.69
27	4.21	3.35	2.96	2.73	2.57	2.46	2.37	2.31	2.25	2.20	2.13	2.06	1.97	1.93	1.88	1.84	1.79	1.73	1.67
28	4.20	3.34	2.95	2.71	2.56	2.45	2.36	2.29	2.24	2.19	2.12	2.04	1.96	1.91	1.87	1.82	1.77	1.71	1.65
29	4.18	3.33	2.93	2.70	2.55	2.43	2.35	2.28	2.22	2.18	2.10	2.03	1.94	1.90	1.85	1.81	1.75	1.70	1.64
30	4.17	3.32	2.92	2.69	2.53	2.42	2.33	2.27	2.21	2.16	2.09	2.01	1.93	1.89	1.84	1.79	1.74	1.68	1.62
40	4.08	3.23	2.84	2.61	2.45	2.34	2.25	2.18	2.12	2.08	2.00	1.92	1.84	1.79	1.74	1.69	1.64	1.58	1.51
60	4.00	3.15	2.76	2.53	2.37	2.25	2.17	2.10	2.04	1.99	1.92	1.84	1.75	1.70	1.65	1.59	1.53	1.47	1.39
120	3.92	3.07	2.68	2.45	2.29	2.18	2.09	2.02	1.96	1.91	1.83	1.75	1.66	1.61	1.55	1.50	1.43	1.35	1.25
∞	3.84	3.00	2.60	2.37	2.21	2.10	2.01	1.94	1.88	1.83	1.75	1.67	1.57	1.52	1.46	1.39	1.32	1.22	1.00

$\alpha = 0.025$

n_1 \ n_2	1	2	3	4	5	6	7	8	9	10	12	15	20	24	30	40	60	120	∞
1	647.8	799.5	864.2	899.6	921.8	937.1	948.2	956.7	963.3	968.6	976.7	984.9	993.1	997.2	1001	1006	1010	1014	1018
2	38.51	39.00	39.17	39.25	39.30	39.33	39.36	39.37	39.39	39.40	39.41	39.43	39.45	39.46	39.46	39.47	39.48	39.49	39.50
3	17.44	16.04	15.44	15.10	14.88	14.73	14.62	14.54	14.47	14.42	14.34	14.25	14.17	14.12	14.08	14.04	13.99	13.95	13.90
4	12.22	10.65	9.98	9.60	9.36	9.20	9.07	8.98	8.90	8.84	8.75	8.66	8.56	8.51	8.46	8.41	8.36	8.31	8.26
5	10.01	8.43	7.76	7.39	7.15	6.98	6.85	6.76	6.68	6.62	6.52	6.43	6.33	6.28	6.23	6.18	6.12	6.07	6.02
6	8.81	7.26	6.60	6.23	5.99	5.82	5.70	5.60	5.52	5.46	5.37	5.27	5.17	5.12	5.07	5.01	4.96	4.90	4.85
7	8.07	6.54	5.89	5.52	5.29	5.12	4.99	4.90	4.82	4.76	4.67	4.57	4.47	4.41	4.36	4.31	4.25	4.20	4.14
8	7.57	6.06	5.42	5.05	4.82	4.65	4.53	4.43	4.36	4.30	4.20	4.10	4.00	3.95	3.89	3.84	3.78	3.73	3.67
9	7.21	5.71	5.08	4.72	4.48	4.32	4.20	4.10	4.03	3.96	3.87	3.77	3.67	3.61	3.56	3.51	3.45	3.39	3.33
10	6.94	5.46	4.83	4.47	4.24	4.07	3.95	3.85	3.78	3.72	3.62	3.52	3.42	3.37	3.31	3.26	3.20	3.14	3.08
11	6.72	5.26	4.63	4.28	4.04	3.88	3.76	3.66	3.59	3.53	3.43	3.33	3.23	3.17	3.12	3.06	3.00	2.94	2.88
12	6.55	5.10	4.47	4.12	3.89	3.73	3.61	3.51	3.44	3.37	3.28	3.18	3.07	3.02	2.96	2.91	2.85	2.79	2.72
13	6.41	4.97	4.35	4.00	3.77	3.60	3.48	3.39	3.31	3.25	3.15	3.05	2.95	2.89	2.84	2.78	2.72	2.66	2.60
14	6.30	4.86	4.24	3.89	3.66	3.50	3.38	3.29	3.21	3.15	3.05	2.95	2.84	2.79	2.73	2.67	2.61	2.55	2.49
15	6.20	4.77	4.15	3.80	3.58	3.41	3.29	3.20	3.12	3.06	2.96	2.86	2.76	2.70	2.64	2.59	2.52	2.46	2.40
16	6.12	4.69	4.08	3.73	3.50	3.34	3.22	3.12	3.05	2.99	2.89	2.79	2.68	2.63	2.57	2.51	2.45	2.38	2.32
17	6.04	4.62	4.01	3.66	3.44	3.28	3.16	3.06	2.98	2.92	2.82	2.72	2.62	2.56	2.50	2.44	2.38	2.32	2.25

（续表）

n_1 \ n_2	1	2	3	4	5	6	7	8	9	10	12	15	20	24	30	40	60	120	∞
18	5.98	4.56	3.95	3.61	3.38	3.22	3.10	3.01	2.93	2.87	2.77	2.67	2.56	2.50	2.44	2.38	2.32	2.26	2.19
19	5.92	4.51	3.90	3.56	3.33	3.17	3.05	2.96	2.88	2.82	2.72	2.62	2.51	2.45	2.39	2.33	2.27	2.20	2.13
20	5.87	4.46	3.86	3.51	3.29	3.13	3.01	2.91	2.84	2.77	2.68	2.57	2.46	2.41	2.35	2.29	2.22	2.16	2.09
21	5.83	4.42	3.82	3.48	3.25	3.09	2.97	2.87	2.80	2.73	2.64	2.53	2.42	2.37	2.31	2.25	2.18	2.11	2.04
22	5.79	4.38	3.78	3.44	3.22	3.05	2.93	2.84	2.76	2.70	2.60	2.50	2.39	2.33	2.27	2.21	2.14	2.08	2.00
23	5.75	4.35	3.75	3.41	3.18	3.02	2.90	2.81	2.73	2.67	2.57	2.47	2.36	2.30	2.24	2.18	2.11	2.04	1.97
24	5.72	4.32	3.72	3.38	3.15	2.99	2.87	2.78	2.70	2.64	2.54	2.44	2.33	2.27	2.21	2.15	2.08	2.01	1.94
25	5.69	4.29	3.69	3.35	3.13	2.97	2.85	2.75	2.68	2.61	2.51	2.41	2.30	2.24	2.18	2.12	2.05	1.98	1.91
26	5.66	4.27	3.67	3.33	3.10	2.94	2.82	2.73	2.65	2.59	2.49	2.39	2.28	2.22	2.16	2.09	2.03	1.95	1.88
27	5.63	4.24	3.65	3.31	3.08	2.92	2.80	2.71	2.63	2.57	2.47	2.36	2.25	2.19	2.13	2.07	2.00	1.93	1.85
28	5.61	4.22	3.63	3.29	3.06	2.90	2.78	2.69	2.61	2.55	2.45	2.34	2.23	2.17	2.11	2.05	1.98	1.91	1.83
29	5.59	4.20	3.61	3.27	3.04	2.88	2.76	2.67	2.59	2.53	2.43	2.32	2.21	2.15	2.09	2.03	1.96	1.89	1.81
30	5.57	4.18	3.59	3.25	3.03	2.87	2.75	2.65	2.57	2.51	2.41	2.31	2.20	2.14	2.07	2.01	1.94	1.87	1.79
40	5.42	4.05	3.46	3.13	2.90	2.74	2.62	2.53	2.45	2.39	2.29	2.18	2.07	2.01	1.94	1.88	1.80	1.72	1.64
60	5.29	3.93	3.34	3.01	2.79	2.63	2.51	2.41	2.33	2.27	2.17	2.06	1.94	1.88	1.82	1.74	1.67	1.58	1.48
120	5.15	3.80	3.23	2.89	2.67	2.52	2.39	2.30	2.22	2.16	2.05	1.94	1.82	1.76	1.69	1.61	1.53	1.43	1.31
∞	5.02	3.69	3.12	2.79	2.57	2.41	2.29	2.19	2.11	2.05	1.94	1.83	1.71	1.64	1.57	1.48	1.39	1.27	1.00

$\alpha = 0.01$

n_1 \ n_2	1	2	3	4	5	6	7	8	9	10	12	15	20	24	30	40	60	120	∞
1	4052	4999	5403	5625	5764	5859	5928	5981	6022	6056	6106	6157	6209	6235	6261	6287	6313	6339	6366
2	98.50	99.00	99.17	99.25	99.30	99.33	99.36	99.37	99.39	99.40	99.42	99.43	99.45	99.46	99.47	99.47	99.48	99.49	99.50
3	34.12	30.82	29.46	28.71	28.24	27.91	27.67	27.49	27.35	27.23	27.05	26.87	26.69	26.60	26.50	26.41	26.32	26.22	26.13
4	21.20	18.00	16.69	15.98	15.52	15.21	14.98	14.80	14.66	14.55	14.37	14.20	14.02	13.93	13.84	13.75	13.65	13.56	13.46
5	16.26	13.27	12.06	11.39	10.97	10.67	10.46	10.29	10.16	10.05	9.89	9.72	9.55	9.47	9.38	9.29	9.20	9.11	9.02
6	13.75	10.92	9.78	9.15	8.75	8.47	8.26	8.10	7.98	7.87	7.72	7.56	7.40	7.31	7.23	7.14	7.06	6.97	6.88
7	12.25	9.55	8.45	7.85	7.46	7.19	6.99	6.84	6.72	6.62	6.47	6.31	6.16	6.07	5.99	5.91	5.82	5.74	5.65
8	11.26	8.65	7.59	7.01	6.63	6.37	6.18	6.03	5.91	5.81	5.67	5.52	5.36	5.28	5.20	5.12	5.03	4.95	4.86
9	10.56	8.02	6.99	6.42	6.06	5.80	5.61	5.47	5.35	5.26	5.11	4.96	4.81	4.73	4.65	4.57	4.48	4.40	4.31
10	10.04	7.56	6.55	5.99	5.64	5.39	5.20	5.06	4.94	4.85	4.71	4.56	4.41	4.33	4.25	4.17	4.08	4.00	3.91
11	9.65	7.21	6.22	5.67	5.32	5.07	4.89	4.74	4.63	4.54	4.40	4.25	4.10	4.02	3.94	3.86	3.78	3.69	3.60
12	9.33	6.93	5.95	5.41	5.06	4.82	4.64	4.50	4.39	4.30	4.16	4.01	3.86	3.78	3.70	3.62	3.54	3.45	3.36
13	9.07	6.70	5.74	5.21	4.86	4.62	4.44	4.30	4.19	4.10	3.96	3.82	3.66	3.59	3.51	3.43	3.34	3.25	3.17
14	8.86	6.51	5.56	5.04	4.69	4.46	4.28	4.14	4.03	3.94	3.80	3.66	3.51	3.43	3.35	3.27	3.18	3.09	3.00
15	8.68	6.36	5.42	4.89	4.56	4.32	4.14	4.00	3.89	3.80	3.67	3.52	3.37	3.29	3.21	3.13	3.05	2.96	2.87

（续表）

n_2 \ n_1	1	2	3	4	5	6	7	8	9	10	12	15	20	24	30	40	60	120	∞
16	8.53	6.23	5.29	4.77	4.44	4.20	4.03	3.89	3.78	3.69	3.55	3.41	3.26	3.18	3.10	3.02	2.93	2.84	2.75
17	8.40	6.11	5.18	4.67	4.34	4.10	3.93	3.79	3.68	3.59	3.46	3.31	3.16	3.08	3.00	2.92	2.83	2.75	2.65
18	8.29	6.01	5.09	4.58	4.25	4.01	3.84	3.71	3.60	3.51	3.37	3.23	3.08	3.00	2.92	2.84	2.75	2.66	2.57
19	8.18	5.93	5.01	4.50	4.17	3.94	3.77	3.63	3.52	3.43	3.30	3.15	3.00	2.92	2.84	2.76	2.67	2.58	2.49
20	8.10	5.85	4.94	4.43	4.10	3.87	3.70	3.56	3.46	3.37	3.23	3.09	2.94	2.86	2.78	2.69	2.61	2.52	2.42
21	8.02	5.78	4.87	4.37	4.04	3.81	3.64	3.51	3.40	3.31	3.17	3.03	2.88	2.80	2.72	2.64	2.55	2.46	2.36
22	7.95	5.72	4.82	4.31	3.99	3.76	3.59	3.45	3.35	3.26	3.12	2.98	2.83	2.75	2.67	2.58	2.50	2.40	2.31
23	7.88	5.66	4.76	4.26	3.94	3.71	3.54	3.41	3.30	3.21	3.07	2.93	2.78	2.70	2.62	2.54	2.45	2.35	2.26
24	7.82	5.61	4.72	4.22	3.90	3.67	3.50	3.36	3.26	3.17	3.03	2.89	2.74	2.66	2.58	2.49	2.40	2.31	2.21
25	7.77	5.57	4.68	4.18	3.85	3.63	3.46	3.32	3.22	3.13	2.99	2.85	2.70	2.62	2.54	2.45	2.36	2.27	2.17
26	7.72	5.53	4.64	4.14	3.82	3.59	3.42	3.29	3.18	3.09	2.96	2.81	2.66	2.58	2.50	2.42	2.33	2.23	2.13
27	7.68	5.49	4.60	4.11	3.78	3.56	3.39	3.26	3.15	3.06	2.93	2.78	2.63	2.55	2.47	2.38	2.29	2.20	2.10
28	7.64	5.45	4.57	4.07	3.75	3.53	3.36	3.23	3.12	3.03	2.90	2.75	2.60	2.52	2.44	2.35	2.26	2.17	2.06
29	7.60	5.42	4.54	4.04	3.73	3.50	3.33	3.20	3.09	3.00	2.87	2.73	2.57	2.49	2.41	2.33	2.23	2.14	2.03
30	7.56	5.39	4.51	4.02	3.70	3.47	3.30	3.17	3.07	2.98	2.84	2.70	2.55	2.47	2.39	2.30	2.21	2.11	2.01
40	7.31	5.18	4.31	3.83	3.51	3.29	3.12	2.99	2.89	2.80	2.66	2.52	2.37	2.29	2.20	2.11	2.02	1.92	1.80
60	7.08	4.98	4.13	3.65	3.34	3.12	2.95	2.82	2.72	2.63	2.50	2.35	2.20	2.12	2.03	1.94	1.84	1.73	1.60
120	6.85	4.79	3.95	3.48	3.17	2.96	2.79	2.66	2.56	2.47	2.34	2.19	2.03	1.95	1.86	1.76	1.66	1.53	1.38
∞	6.63	4.61	3.78	3.32	3.02	2.80	2.64	2.51	2.41	2.32	2.18	2.04	1.88	1.79	1.70	1.59	1.47	1.32	1.00

$\alpha = 0.005$

n_2 \ n_1	1	2	3	4	5	6	7	8	9	10	12	15	20	24	30	40	60	120	∞
1	16211	20000	21615	22500	23056	23437	23715	23925	24091	24224	24426	24630	24836	24940	25044	25148	25253	25359	25463
2	198.5	199.0	199.2	199.2	199.3	199.3	199.3	199.4	199.4	199.4	199.4	199.4	199.4	199.5	199.5	199.5	199.5	199.5	199.5
3	55.55	49.80	47.47	46.19	45.39	44.84	44.43	44.13	43.88	43.69	43.39	43.08	42.78	42.62	42.47	42.31	42.15	41.99	41.83
4	31.33	26.28	24.26	23.15	22.46	21.97	21.62	21.35	21.14	20.97	20.70	20.44	20.17	20.03	19.89	19.75	19.61	19.47	19.32
5	22.78	18.31	16.53	15.56	14.94	14.51	14.20	13.96	13.77	13.62	13.38	13.15	12.90	12.78	12.66	12.53	12.40	12.27	12.14
6	18.63	14.54	12.92	12.03	11.46	11.07	10.79	10.57	10.39	10.25	10.03	9.81	9.59	9.47	9.36	9.24	9.12	9.00	8.88
7	16.24	12.40	10.88	10.05	9.52	9.16	8.89	8.68	8.51	8.38	8.18	7.97	7.75	7.64	7.53	7.42	7.31	7.19	7.08
8	14.69	11.04	9.60	8.81	8.30	7.95	7.69	7.50	7.34	7.21	7.01	6.81	6.61	6.50	6.40	6.29	6.18	6.06	5.95
9	13.61	10.11	8.72	7.96	7.47	7.13	6.88	6.69	6.54	6.42	6.23	6.03	5.83	5.73	5.62	5.52	5.41	5.30	5.19
10	12.83	9.43	8.08	7.34	6.87	6.54	6.30	6.12	5.97	5.85	5.66	5.47	5.27	5.17	5.07	4.97	4.86	4.75	4.64
11	12.23	8.91	7.60	6.88	6.42	6.10	5.86	5.68	5.54	5.42	5.24	5.05	4.86	4.76	4.65	4.55	4.45	4.34	4.23
12	11.75	8.51	7.23	6.52	6.07	5.76	5.52	5.35	5.20	5.09	4.91	4.72	4.53	4.43	4.33	4.23	4.12	4.01	3.90
13	11.37	8.19	6.93	6.23	5.79	5.48	5.25	5.08	4.94	4.82	4.64	4.46	4.27	4.17	4.07	3.97	3.87	3.76	3.65
14	11.06	7.92	6.68	6.00	5.56	5.26	5.03	4.86	4.72	4.60	4.43	4.25	4.06	3.96	3.86	3.76	3.66	3.55	3.44
15	10.80	7.70	6.48	5.80	5.37	5.07	4.85	4.67	4.54	4.42	4.25	4.07	3.88	3.79	3.69	3.58	3.48	3.37	3.26

（续表）

n_1 \ n_2	1	2	3	4	5	6	7	8	9	10	12	15	20	24	30	40	60	120	∞
16	10.58	7.51	6.30	5.64	5.21	4.91	4.69	4.52	4.38	4.27	4.10	3.92	3.73	3.64	3.54	3.44	3.33	3.22	3.11
17	10.38	7.35	6.16	5.50	5.07	4.78	4.56	4.39	4.25	4.14	3.97	3.79	3.61	3.51	3.41	3.31	3.21	3.10	2.98
18	10.22	7.21	6.03	5.37	4.96	4.66	4.44	4.28	4.14	4.03	3.86	3.68	3.50	3.40	3.30	3.20	3.10	2.99	2.87
19	10.07	7.09	5.92	5.27	4.85	4.56	4.34	4.18	4.04	3.93	3.76	3.59	3.40	3.31	3.21	3.11	3.00	2.89	2.78
20	9.94	6.99	5.82	5.17	4.76	4.47	4.26	4.09	3.96	3.85	3.68	3.50	3.32	3.22	3.12	3.02	2.92	2.81	2.69
21	9.83	6.89	5.73	5.09	4.68	4.39	4.18	4.01	3.88	3.77	3.60	3.43	3.24	3.15	3.05	2.95	2.84	2.73	2.61
22	9.73	6.81	5.65	5.02	4.61	4.32	4.11	3.94	3.81	3.70	3.54	3.36	3.18	3.08	2.98	2.88	2.77	2.66	2.55
23	9.63	6.73	5.58	4.95	4.54	4.26	4.05	3.88	3.75	3.64	3.47	3.30	3.12	3.02	2.92	2.82	2.71	2.60	2.48
24	9.55	6.66	5.52	4.89	4.49	4.20	3.99	3.83	3.69	3.59	3.42	3.25	3.06	2.97	2.87	2.77	2.66	2.55	2.43
25	9.48	6.60	5.46	4.84	4.43	4.15	3.94	3.78	3.64	3.54	3.37	3.20	3.01	2.92	2.82	2.72	2.61	2.50	2.38
26	9.41	6.54	5.41	4.79	4.38	4.10	3.89	3.73	3.60	3.49	3.33	3.15	2.97	2.87	2.77	2.67	2.56	2.45	2.33
27	9.34	6.49	5.36	4.74	4.34	4.06	3.85	3.69	3.56	3.45	3.28	3.11	2.93	2.83	2.73	2.63	2.52	2.41	2.29
28	9.28	6.44	5.32	4.70	4.30	4.02	3.81	3.65	3.52	3.41	3.25	3.07	2.89	2.79	2.69	2.59	2.48	2.37	2.25
29	9.23	6.40	5.28	4.66	4.26	3.98	3.77	3.61	3.48	3.38	3.21	3.04	2.86	2.76	2.66	2.56	2.45	2.33	2.21
30	9.18	6.35	5.24	4.62	4.23	3.95	3.74	3.58	3.45	3.34	3.18	3.01	2.82	2.73	2.63	2.52	2.42	2.30	2.18
40	8.83	6.07	4.98	4.37	3.99	3.71	3.51	3.35	3.22	3.12	2.95	2.78	2.60	2.50	2.40	2.30	2.18	2.06	1.93
60	8.49	5.79	4.73	4.14	3.76	3.49	3.29	3.13	3.01	2.90	2.74	2.57	2.39	2.29	2.19	2.08	1.96	1.83	1.69
120	8.18	5.54	4.50	3.92	3.55	3.28	3.09	2.93	2.81	2.71	2.54	2.37	2.19	2.09	1.98	1.87	1.75	1.61	1.43
∞	7.88	5.30	4.28	3.72	3.35	3.09	2.90	2.74	2.62	2.52	2.36	2.19	2.00	1.90	1.79	1.67	1.53	1.36	1.00

$\alpha = 0.001$

n_1 \ n_2	1	2	3	4	5	6	7	8	9	10	12	15	20	24	30	40	60	120	∞
1	405284	500000	540379	562500	576405	585937	592873	598144	602284	605621	610668	615764	620908	623497	626099	628712	631337	633972	636588
2	998.5	999.0	999.2	999.2	999.3	999.3	999.4	999.4	999.4	999.4	999.4	999.4	999.4	999.5	999.5	999.5	999.5	999.5	999.5
3	167.0	148.5	141.1	137.1	134.6	132.8	131.6	130.6	129.9	129.2	128.3	127.4	126.1	125.9	125.4	125.0	124.5	124.0	123.5
4	74.14	61.25	56.18	53.44	51.71	50.53	49.66	49.00	48.47	48.05	47.41	46.76	46.10	45.77	45.43	45.09	44.75	44.40	44.05
5	47.18	37.12	33.20	31.09	29.75	28.83	28.16	27.65	27.24	26.92	26.42	25.91	25.39	25.13	24.87	24.60	24.33	24.06	23.79
6	35.51	27.00	23.70	21.92	20.80	20.03	19.46	19.03	18.69	18.41	17.99	17.56	17.12	16.90	16.67	16.44	16.21	15.98	15.75
7	29.25	21.69	18.77	17.20	16.21	15.52	15.02	14.63	14.33	14.08	13.71	13.32	12.93	12.73	12.53	12.33	12.12	11.91	11.70
8	25.41	18.49	15.83	14.39	13.48	12.86	12.40	12.05	11.77	11.54	11.19	10.84	10.48	10.30	10.11	9.92	9.73	9.53	9.33
9	22.86	16.39	13.90	12.56	11.71	11.13	10.70	10.37	10.11	9.89	9.57	9.24	8.90	8.72	8.55	8.37	8.19	8.00	7.81
10	21.04	14.91	12.55	11.28	10.48	9.93	9.52	9.20	8.96	8.75	8.45	8.13	7.80	7.64	7.47	7.30	7.12	6.94	6.76
11	19.69	13.81	11.56	10.35	9.58	9.05	8.66	8.35	8.12	7.92	7.63	7.32	7.01	6.85	6.68	6.52	6.35	6.18	6.00
12	18.64	12.97	10.80	9.63	8.89	8.38	8.00	7.71	7.48	7.29	7.00	6.71	6.40	6.25	6.09	5.93	5.76	5.59	5.42
13	17.82	12.31	10.21	9.07	8.35	7.86	7.49	7.21	6.98	6.80	6.52	6.23	5.93	5.78	5.63	5.47	5.30	5.14	4.97
14	17.14	11.78	9.73	8.62	7.92	7.44	7.08	6.80	6.58	6.40	6.13	5.85	5.56	5.41	5.25	5.10	4.94	4.77	4.60
15	16.59	11.34	9.34	8.25	7.57	7.09	6.74	6.47	6.26	6.08	5.81	5.54	5.25	5.10	4.95	4.80	4.64	4.47	4.31

（续表）

n_1 \ n_2	1	2	3	4	5	6	7	8	9	10	12	15	20	24	30	40	60	120	∞
16	16.12	10.97	9.01	7.94	7.27	6.80	6.46	6.19	5.98	5.81	5.55	5.27	4.99	4.85	4.70	4.54	4.39	4.23	4.06
17	15.72	10.66	8.73	7.68	7.02	6.56	6.22	5.96	5.75	5.58	5.32	5.05	4.78	4.63	4.48	4.33	4.18	4.02	3.85
18	15.38	10.39	8.49	7.46	6.81	6.35	6.02	5.76	5.56	5.39	5.13	4.87	4.59	4.45	4.30	4.15	4.00	3.84	3.67
19	15.08	10.16	8.28	7.27	6.62	6.18	5.85	5.59	5.39	5.22	4.97	4.70	4.43	4.29	4.14	3.99	3.84	3.68	3.51
20	14.82	9.95	8.10	7.10	6.46	6.02	5.69	5.44	5.24	5.08	4.82	4.56	4.29	4.15	4.00	3.86	3.70	3.54	3.38
21	14.59	9.77	7.94	6.95	6.32	5.88	5.56	5.31	5.11	4.95	4.70	4.44	4.17	4.03	3.88	3.74	3.58	3.42	3.26
22	14.38	9.61	7.80	6.81	6.19	5.76	5.44	5.19	4.99	4.83	4.58	4.33	4.06	3.92	3.78	3.63	3.48	3.32	3.15
23	14.20	9.47	7.67	6.70	6.08	5.65	5.33	5.09	4.89	4.73	4.48	4.23	3.96	3.82	3.68	3.53	3.38	3.22	3.05
24	14.03	9.34	7.55	6.59	5.98	5.55	5.23	4.99	4.80	4.64	4.39	4.14	3.87	3.74	3.59	3.45	3.29	3.14	2.97
25	13.88	9.22	7.45	6.49	5.89	5.46	5.15	4.91	4.71	4.56	4.31	4.06	3.79	3.66	3.52	3.37	3.22	3.06	2.89
26	13.74	9.12	7.36	6.41	5.80	5.38	5.07	4.83	4.64	4.48	4.24	3.99	3.72	3.59	3.44	3.30	3.15	2.99	2.82
27	13.61	9.02	7.27	6.33	5.73	5.31	5.00	4.76	4.57	4.41	4.17	3.92	3.66	3.52	3.38	3.23	3.08	2.92	2.75
28	13.50	8.93	7.19	6.25	5.66	5.24	4.93	4.69	4.50	4.35	4.11	3.86	3.60	3.46	3.32	3.18	3.02	2.86	2.69
29	13.39	8.85	7.12	6.19	5.59	5.18	4.87	4.64	4.45	4.29	4.05	3.80	3.54	3.41	3.27	3.12	2.97	2.81	2.64
30	13.29	8.77	7.05	6.12	5.53	5.12	4.82	4.58	4.39	4.24	4.00	3.75	3.49	3.36	3.22	3.07	2.92	2.76	2.59
40	12.61	8.25	6.59	5.70	5.13	4.73	4.44	4.21	4.02	3.87	3.64	3.40	3.14	3.01	2.87	2.73	2.57	2.41	2.23
60	11.97	7.77	6.17	5.31	4.76	4.37	4.09	3.86	3.69	3.54	3.32	3.08	2.83	2.69	2.55	2.41	2.25	2.08	1.89
120	11.38	7.32	5.79	4.95	4.42	4.04	3.77	3.55	3.38	3.24	3.02	2.78	2.53	2.40	2.26	2.11	1.95	1.77	1.54
∞	10.83	6.91	5.42	4.62	4.10	3.74	3.47	3.27	3.10	2.96	2.74	2.51	2.27	2.13	1.99	1.84	1.66	1.45	1.00